21世纪应用型本科院校规划教材

# 高等数学

主　编　刘大瑾
副主编　白路锋　王晓春
编　者　王　娅　叶建兵　刘明颖　李文涛
　　　　张文彬　周海林　谌文超

南京大学出版社

图书在版编目(CIP)数据

高等数学 / 刘大瑾主编. —— 南京：南京大学出版社，2015.7(2021.7重印)

21世纪应用型本科院校规划教材

ISBN 978-7-305-15374-7

Ⅰ. ①高… Ⅱ. ①刘… Ⅲ. ①高等数学－高等学校－教材 Ⅳ. ①O13

中国版本图书馆CIP数据核字(2015)第129941号

| 出版发行 | 南京大学出版社 |
|---|---|
| 社　　址 | 南京市汉口路22号　　邮　编　210093 |
| 出 版 人 | 金鑫荣 |
| 书　　名 | 高等数学 |
| 主　　编 | 刘大瑾 |
| 责任编辑 | 吴　华　　　编辑热线　025-83596997 |
| 照　　排 | 南京南琳图文制作有限公司 |
| 印　　刷 | 丹阳兴华印务有限公司 |
| 开　　本 | 787×1092　1/16　印张 24　字数 614千 |
| 版　　次 | 2015年7月第1版　2021年7月第8次印刷 |
| ISBN | 978-7-305-15374-7 |
| 定　　价 | 49.00元 |

网址：http://www.njupco.com
官方微博：http://weibo.com/njupco
微信服务号：njuyuexue
销售咨询热线：(025)83594756

\* 版权所有，侵权必究
\* 凡购买南大版图书，如有印装质量问题，请与所购图书销售部门联系调换

# 前　言

　　高等数学是高等院校理工科、经济管理学科等专业的重要基础课，也是相关学科专业的学生学习与研究其他后续数学课程和专业课程必不可少的工具．随着我国高等教育逐步由"精英教育"向"大众教育"转变，高校教育目标也倾向于为社会培养具有实践能力和创新精神的专门人才，作为传统学科的高等数学进行改革和新的探索也成为必然．为此，编者根据"高等数学课程教学基本要求"，汲取近年来高等数学教学改革的成果及一线教师多年的教学经验，编写了这本《高等数学》．

　　在本书的编写宗旨方面，既注重学生基础知识的培养，也着力于学生思考、分析和解决问题能力的培养，力求做到基础性、严谨性、实用性、可读性的和谐统一．

　　首先，以往使用的众多教材有偏重于演绎论证、逻辑推理及用纯数学的语言描述等问题，显得过于抽象，学生易产生畏难情绪．本书在不影响教材系统性和严谨性的前提下，适当地淡化了数学的抽象化色彩，形象具体，条理清晰，简洁流畅．其次，学习的最终目的是应用．本书在有关的章节从学生熟悉的问题入手，引入实例，以培养学生"用已知解决未知"的能力．此外，针对生源的层次不一样，知识背景亦不尽相同的情况，我们在习题的选编上，不仅选题新颖，而且难度适中，附有参考答案，以方便师生参阅，充分满足个性化的教学需求．

　　本教材共分十一章，主要内容包括极限与连续、导数与微分、导数的应用、定积分、不定积分、常微分方程、级数、向量代数与空间解析几何、多元函数微分学、多元函数积分学、曲线积分与曲面积分等．考虑到定积分和不定积分的关系，第4章将定积分调整到不定积分之前进行讲解．

　　本书由刘大瑾任主编，白路锋、王晓春任副主编．参加本书编写还有（以姓氏笔画为序）：王娅、叶建兵、刘明颖、李文涛、张文彬、周海林、谌文超．

　　限于编者水平，书中难免有不当之处，恳请广大读者不吝指出．

编　者

2015 年 5 月

# 目 录

## 第1章 函数与极限 ··················································································· 1
- 1.1 函数的有关概念 ············································································· 1
- 1.2 数列的极限 ··················································································· 14
- 1.3 函数的极限 ··················································································· 17
- 1.4 无穷小量与无穷大量 ······································································ 20
- 1.5 极限的运算法则 ············································································· 21
- 1.6 两个重要极限与无穷小的比较 ························································ 24
- 1.7 函数连续性的概念 ········································································· 31
- 1.8 初等函数的连续性 ········································································· 35
- 1.9 闭区间上连续函数的性质 ······························································ 38
- 1.10 再论极限 ···················································································· 40

## 第2章 导数与微分 ·················································································· 48
- 2.1 导数的概念 ··················································································· 48
- 2.2 导数的计算 ··················································································· 55
- 2.3 高阶导数 ······················································································ 64
- 2.4 微 分 ·························································································· 67

## 第3章 微分中值定理与导数的应用 ·························································· 77
- 3.1 微分中值定理 ················································································ 77
- 3.2 洛必达法则 ··················································································· 84
- 3.3 函数的单调性与极值 ······································································ 89
- 3.4 曲线的凹向与拐点 ········································································· 95
- 3.5 函数图像的讨论 ············································································· 99
- 3.6 函数的最大值和最小值及其应用 ···················································· 103
- 3.7 曲 率 ·························································································· 107

## 第4章 定积分与不定积分 ········································································ 112
- 4.1 定积分的概念 ················································································ 112
- 4.2 定积分的基本性质 ········································································· 116
- 4.3 微积分的基本公式 ········································································· 118
- 4.4 不定积分 ······················································································ 123

## 第 5 章 积分的计算与应用 ················· 128
### 5.1 换元积分法 ················· 128
### 5.2 分部积分法 ················· 138
### 5.3 积分表的使用 ················· 142
### 5.4 广义积分 ················· 144
### 5.5 定积分的应用 ················· 147

## 第 6 章 微分方程 ················· 155
### 6.1 微分方程的基本概念 ················· 155
### 6.2 一阶微分方程 ················· 158
### 6.3 可降阶的高阶微分方程 ················· 165
### 6.4 高阶线性微分方程 ················· 168
### 6.5 二阶常系数线性微分方程 ················· 171

## 第 7 章 级 数 ················· 179
### 7.1 常数项级数的概念与性质 ················· 179
### 7.2 常数项级数的审敛法 ················· 185
### 7.3 幂级数 ················· 197
### 7.4 函数展开成幂级数 ················· 204
### 7.5 傅里叶级数 ················· 214

## 第 8 章 向量代数与空间解析几何 ················· 227
### 8.1 向量及其线性运算 ················· 227
### 8.2 数量积与向量积 ················· 232
### 8.3 平面与空间直线 ················· 235
### 8.4 曲面及其方程 ················· 240
### 8.5 空间曲线及其方程 ················· 245

## 第 9 章 多元函数微分学 ················· 248
### 9.1 多元函数的基本概念 ················· 248
### 9.2 偏导数与全微分 ················· 253
### 9.3 多元复合函数及隐函数求导法则 ················· 263
### 9.4 多元函数微分学的几何应用 ················· 275
### 9.5 方向导数与梯度 ················· 282
### 9.6 多元函数的极值及其求法 ················· 285
### 9.7 二元函数的泰勒公式 ················· 294

**第 10 章　多元函数积分学** ················································································· 297
　10.1　二重积分的概念与性质 ············································································ 297
　10.2　二重积分的计算 ······················································································ 301
　10.3　三重积分 ································································································ 310
　10.4　重积分的应用 ························································································· 318

**第 11 章　曲线积分与曲面积分** ········································································· 323
　11.1　对弧长的曲线积分 ··················································································· 323
　11.2　对坐标的曲线积分 ··················································································· 326
　11.3　对面积的曲面积分 ··················································································· 332
　11.4　对坐标的曲面积分 ··················································································· 335
　11.5　几类积分的关系 ······················································································ 339

**附录 1　初等数学常用公式** ··············································································· 346
**附录 2　简易积分表** ························································································· 349
**附录 3　参考答案** ···························································································· 355

**参考文献** ········································································································ 376

# 第 1 章

# 函数与极限

函数是数学中最重要的基本概念之一,是现实世界中量与量之间的依存关系在数学中的反映. 在这一章中,我们将在中学已有的知识的基础之上,进一步阐明函数的一般定义. 函数是变量与变量之间的一种对应关系,高等数学以变量为研究对象,极限方法是研究变量的一种基本方法;连续是函数的一种重要性态,是极限方法的一个重要应用.

## 1.1 函数的有关概念

函数的概念与基本初等函数的性质和图形在中学已经学过,本节只是中学内容的复习、总结与提高.

常用的一些符号:

"$\forall$"表示"任给"或"一切",例如 $\forall x \geqslant 0$ 表示"一切非负实数 $x$";

"$\exists$"表示"存在"、"找到";

实数集——$\mathbb{R}$;一切自然数的集合——$\mathbb{N}$;一切整数的集合——$\mathbb{Z}$;

一切有理数的集合——$\mathbb{Q}$;推出——$\Rightarrow$;当且仅当——$\Leftrightarrow$.

### 1.1.1 数轴上的区间,点的邻域

由于变量的特征总是体现在一定的范围内,而这个一定的范围一般用区间来表示,下面我们就介绍区间和邻域这些表达函数取值范围的一些常用概念.

1. 数轴上的区间

区间为一类数集. 设 $a, b$ 为两个实数,且 $a<b$.

(1) 数集 $\{x \mid x \in \mathbb{R}, a<x<b\}$ 称为开区间,记作 $(a, b)$,即 $(a, b) = \{x \mid x \in \mathbb{R}, a<x<b\}$,如图 1-1 所示.

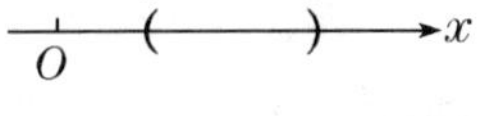

图 1-1

(2) 数集 $\{x \mid x \in \mathbb{R}, a \leqslant x \leqslant b\}$ 称为闭区间,记作 $[a, b]$,即 $[a, b] = \{x \mid x \in \mathbb{R}, a \leqslant x \leqslant b\}$,如图 1-2 所示.

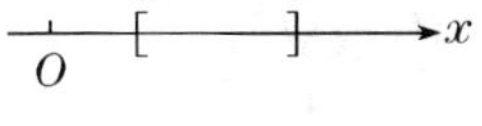

图 1-2

(3) 数集 $\{x \mid x \in \mathbb{R}, a<x \leqslant b\}$,$\{x \mid x \in \mathbb{R}, a \leqslant x<b\}$ 称为半开半闭区间,分别记作 $(a, b]$,$[a, b)$,即 $(a, b] = \{x \mid x \in \mathbb{R}, a<x \leqslant b\}$,$[a, b) = \{x \mid x \in \mathbb{R}, a \leqslant x<b\}$.

说明:上述这些区间称为有限区间,数 $b-a$ 称为区间长度.

(4) 无限区间:

$[a,+\infty)=\{x|x\in\mathbb{R},a\leq x<+\infty\}$, $(a,+\infty)=\{x|x\in\mathbb{R},a<x<+\infty\}$,
$(-\infty,b)=\{x|x\in\mathbb{R},-\infty<x<b\}$, $(-\infty,b]=\{x|x\in\mathbb{R},-\infty<x\leq b\}$.

**2. 点的邻域**

为了研究函数的局部性质，也就是小范围内的性质，常常要用到邻域的概念。

**定义 1-1** 设 $a$ 是一个实数，$\delta$ 为正数，称数集 $\{x||x-a|<\delta\}$ 为点 $a$ 的 $\delta$ 邻域，记作 $U(a,\delta)$，即 $U(a,\delta)=\{x||x-a|<\delta\}$，如图 1-3 所示。

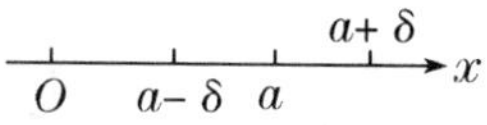

图 1-3

例如，$|x-5|<\frac{1}{2}$，即以点 $a=5$ 为中心，以 $\frac{1}{2}$ 为半径的邻域，也就是开区间 $(4.5,5.5)$。

数集 $\{x|0<|x-a|<\delta\}$ 称为点 $a$ 的去心的 $\delta$ 邻域，记作 $\mathring{U}(a,\delta)$，即 $\mathring{U}(a,\delta)=\{x|0<|x-a|<\delta\}$。

例如，$0<|x-1|<2$，即为以点 $a=1$ 为中心，半径为 2 的空心邻域 $(-1,1)\cup(1,3)$。

为了方便，有时把开区间 $(a-\delta,a)$ 称为 $a$ 的左 $\delta$ 邻域，把开区间 $(a,a+\delta)$ 称为 $a$ 的右 $\delta$ 邻域。

### 1.1.2 映射

民间有这样一句话，"一叶落而知天下秋"，用树叶的飘落来反映季节的变化，这就是树叶飘落和季节之间建立了一种对应关系。更一般的，现实生活中，常常要用到用一种事物的变化来研究另外一种事物的变化，而映射概念就是对这样一种现实问题的数学抽象。

**定义 1-2** 设 $X,Y$ 是两个非空集合，如果存在一个法则 $f$，使得对于 $X$ 中每一个元素 $x$，按照法则 $f$，在 $Y$ 中有唯一确定的元素 $y$ 与之对应，则称 $f$ 为从 $X$ 到 $Y$ 的映射，记为
$$f:X\to Y \text{ 或 } y=f(x),$$
其中，$D_f=X$ 称为 $f$ 的原象集，$R_f=\{f(x)|x\in X\}$ 称为 $f$ 的象集，即 $R_f=f(X)$，$R_f\subset Y$。

对于映射的概念我们需要强调以下几点：

(1) 映射是有方向的，$A$ 到 $B$ 的映射与 $B$ 到 $A$ 的映射往往不是同一个映射。

(2) 映射要求对于集合 $A$ 中的每一个元素，在集合 $B$ 中都有它的象，并且这个象是唯一确定的。这种集合 $A$ 中元素的任意性和在集合 $B$ 中对应元素的唯一性是映射的重要性质，缺一不可。

(3) 映射允许集合 $A$ 中不同的元素在集合 $B$ 中有相同的象，即映射可以是"多对一"或"一对一"，但不能是"一对多"。

**定义 1-3** 设 $f$ 是集合 $X$ 到集合 $Y$ 的映射，若 $R_f=Y$，即 $Y$ 中任一元素 $y$ 都是 $X$ 中某元素的象，则称 $f$ 为 $X$ 到 $Y$ 上的映射或满射；若对 $X$ 中任意两个不同的元素 $x_1\neq x_2$，它们的象 $f(x_1)\neq f(x_2)$，则称 $f$ 为 $X$ 到 $Y$ 上的单射；若 $f$ 既是单射，又是满射，则称 $f$ 为一一映射（或双射）。

**【例 1-1】** 设 $f:\left[-\frac{\pi}{2},\frac{\pi}{2}\right]\to[-1,1]$，对每个 $x\in\left[-\frac{\pi}{2},\frac{\pi}{2}\right]$，$f(x)=\sin x$。这里 $f$ 是一个映射，其定义域 $D_f=\left[-\frac{\pi}{2},\frac{\pi}{2}\right]$，值域 $R_f=[-1,1]$。容易验证 $f$ 既是单射，又是满射，因此是一一映射。

【例1-2】 设 $f: \mathbb{R} \to \mathbb{R}$，对每个 $x \in \mathbb{R}$，$f(x) = x^2$. 显然，$f$ 是一个映射，$f$ 的定义域 $D_f = \mathbb{R}$，值域 $R_f = \{y | y \geq 0\}$，它是 $\mathbb{R}$ 的一个真子集. 对于 $R_f$ 中的元素 $y$，除 $y = 0$ 外，它的原象不是唯一的. 如 $y = 4$ 的原象就有 $x = 2$, $x = -2$ 两个. 容易验证，$f$ 既不是单射，又不是满射.

映射又称为算子. 根据集合 $X, Y$ 的情形，在不同的数学分支中，映射有不同的惯用名称. 例如，从非空数集 $X$ 到数集 $Y$ 的映射又称为 $X$ 上的泛函，从非空集 $X$ 到它自身的映射又称为 $X$ 上的变换，从实数集（或其子集）$X$ 到实数集 $Y$ 的映射通常称为定义在 $X$ 上的函数.

### 1.1.3 函数的定义

**1. 函数的概念**

在日常生活中，有两个常见的量：一种量的值是固定的，称为常量；一种量可以取不同的值，称为变量. 函数研究的就是变量之间的对应关系.

首先，我们来看下面的两个例子：

【例1-3】 自由落体运动中，下落的距离 $S$ 和时间 $t$ 是变量，它们有如下关系：$S = \frac{1}{2}gt^2$, $t \in [0, T]$.

【例1-4】 用一边长为 $a$ 的正方形铁皮做一个高为 $x$ 的无盖小盒，设其容积为 $V$，$V = x \times (a - 2x)^2$, $0 < x < \frac{a}{2}$.

在以上两例中，关系式 $S = \frac{1}{2}gt^2$ 反映了 $S$ 与 $t$ 之间的一种依存关系，关系式 $V = x \times (a - 2x)^2$ 反映了 $V$ 与 $x$ 之间的一种依存关系，这种变量之间的依存关系就称为函数.

下面我们介绍函数的定义.

**定义1-4** 设 $x$ 和 $y$ 是两个变量，$D$ 是一给定的数集。如果对 $\forall x \in D$，变量 $y$ 按照一定的法则总有唯一确定的数值和它对应，则称 $y$ 是 $x$ 的函数，记作 $y = f(x)$.

数集 $D$ 叫做这个函数的定义域，$x$ 叫做自变量，$y$ 叫做因变量. 函数 $f$ 在点 $x$ 的函数值，记为 $f(x)$，全体函数值的集合称为函数 $f$ 的值域，记作 $f(D)$，即

$$f(D) = \{y | y = f(x), x \in D\}.$$

当自变量 $x$ 取值 $x_0$ 时，与 $x_0$ 对应的变量 $y$ 的数值 $y_0$ 称为函数在点 $x_0$ 处的函数值，即 $y_0 = f(x_0)$.

若 $x_0 \in D_f$，则称 $f(x)$ 在点 $x = x_0$ 有定义或 $f(x_0)$ 存在，称 $f(x)$ 在点 $x = x_0$ 有定义.

集合 $W = \{y | y = f(x), x \in D\}$ 称为函数的值域. 例1-3、例1-4 的值域分别为：$W_1 = \left[0, \frac{1}{2}gT^2\right]$，$W_2 = \left(0, \frac{2a^3}{27}\right]$.

对于函数的定义我们给出以下几点说明：

(1) 对 $\forall x \in D$，按照一定的法则只有一个 $y$ 值与之对应，则称函数 $y = f(x)$ 为单值函数，否则称函数 $y = f(x)$ 为多值函数. 如函数 $y = x^2$ 为单值函数，函数 $x^2 + y^2 = r^2$ 为多值函数.

(2) 函数的三要素：定义域、对应关系（对应法则）、值域. 其中决定性要素是定义域、对

应关系(对应法则).

若函数 $y=f(x)$ 有实际意义,按照实际意义来确定定义域.若函数 $y=f(x)$ 没有实际意义,这时定义域是指与唯一确定的实数值的因变量对应的自变量的全体数值组成的集合.

特别要注意的一点是若函数的定义域和对应关系(对应法则)相同,则为同一函数.

【例 1-5】 求函数 $y=x^2$, $y=\sqrt{1-x}$, $y=\sqrt{1-x^2}$ 的定义域和值域.

**解** 函数 $y=x^2$ 的定义域和值域分别为 $(-\infty,+\infty)$, $[0,+\infty)$;

函数 $y=\sqrt{1-x}$ 的定义域和值域分别为 $(-\infty,1]$, $[0,+\infty)$;

函数 $y=\sqrt{1-x^2}$ 的定义域和值域分别为 $[-1,1]$, $[0,1]$.

【例 1-6】 求狄利克雷函数 $D(x)=\begin{cases} 1 & x \text{ 是有理数}; \\ 0 & x \text{ 是无理数} \end{cases}$ 的定义域和值域.

**解** 定义域和值域分别为 $(-\infty,+\infty)$, $\{0,1\}$.

【例 1-7】 线性函数 $y=f(x)=kx$ 其函数关系就是我们熟知的正比关系,其图形是一条直线.

【例 1-8】 求下列函数的定义域:

(1) $y=\sqrt{16-x^2}+\ln\sin x$;  (2) $y=\dfrac{1}{\sqrt{3-x^2}}+\arcsin\left(\dfrac{x}{2}-1\right)$.

**解** (1) 由所给函数知,要使函数 $y$ 有定义,必须满足两种情况,偶次根式的被开方式大于等于零或对数函数符号内的式子为正,可建立不等式组,并求出联立不等式组的解,即

$$\begin{cases} 16-x^2 \geqslant 0; \\ \sin x > 0. \end{cases}$$

推得

$$\begin{cases} -4 \leqslant x \leqslant 4; \\ 2n\pi < x < (2n+1)\pi, n=0,\pm 1,\pm 2,\cdots. \end{cases}$$

此不等式组的公共解为 $-4 \leqslant x < -\pi$ 与 $0 < x < \pi$,所以函数的定义域为 $[-4,-\pi) \cup (0,\pi)$.

(2) 由所给函数知,要使函数有定义,必须分母不为零且偶次根式的被开方式非负,反正弦函数符号内的式子绝对值小于等于 1,可建立不等式组,并求出联立不等式组的解,即

$$\begin{cases} \sqrt{3-x^2} \neq 0; \\ 3-x^2 > 0; \\ \left|\dfrac{x}{2}-1\right| \leqslant 1. \end{cases}$$

推得

$$\begin{cases} -\sqrt{3} < x < \sqrt{3}; \\ 0 \leqslant x \leqslant 4. \end{cases}$$

即 $0 \leqslant x < \sqrt{3}$,因此,所给函数的定义域为 $[0,\sqrt{3})$.

函数由解析式给出时,其定义域是使解析式子有意义的一切实数. **为此求函数的定义域时应遵守以下原则:**

(1) 反三角函数 $\arcsin x$, $\arccos x$,要满足 $|x| \leqslant 1$;

(2) 分段函数的定义域是各段定义域的并集;

(3) 求复合函数的定义域时,一般是外层向里层逐步求.

## 2. 函数的特性

(1) 函数的有界性.

**定义 1-5** 设函数 $f(x)$ 的定义域为 $D$,区间 $X \subset D$.

① 如果存在正数 $M$,使得 $\forall x \in X$,都有 $|f(x)| \leqslant M$,则称函数 $f(x)$ 在区间 $X$ 上有界.

② 如果存在常数 $M_1$,使得 $\forall x \in X$,都有 $f(x) \leqslant M_1$,则称函数 $f(x)$ 在区间 $X$ 上有上界.

③ 如果存在常数 $M_2$,使得 $\forall x \in X$,都有 $f(x) \geqslant M_2$,则称函数 $f(x)$ 在区间 $X$ 上有下界.

若函数 $f(x)$ 在区间 $I$ 内有界,则称 $f(x)$ 在区间 $I$ 内为有界函数.图像在直线 $y=-M$ 与 $y=M$ 之间,如图 1-4 所示.

例如,函数 $y=\sin x$,对于 $(-\infty,+\infty)$ 内的任一 $x$,都有 $|\sin x| \leqslant 1$ 成立,所以 $y=\sin x$ 在 $(-\infty,+\infty)$ 内有界,而函数 $y=\dfrac{1}{x}$ 在 $(1,5)$ 内有界,但在 $(0,1)$ 内无界.

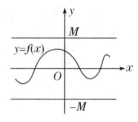

图 1-4

(2) 函数的单调性.

**定义 1-6** 若对任意 $x_1, x_2 \in (a,b)$,当 $x_1 < x_2$ 时,有 $f(x_1) < f(x_2)$,则称函数 $y=f(x)$ 是区间 $(a,b)$ 上的单调增加函数;当 $x_1 < x_2$ 时,有 $f(x_1) > f(x_2)$,则称函数 $y=f(x)$ 是区间 $(a,b)$ 上的单调减少函数,单调增加函数和单调减少函数统称为单调函数,若函数 $y=f(x)$ 是区间 $(a,b)$ 上的单调函数,则称区间 $(a,b)$ 为单调区间.

单调增加的函数的图像表现为自左至右是单调上升的曲线,如图 1-5 所示;单调减少的函数的图像表现为自左至右是单调下降的曲线,如图 1-6 所示.

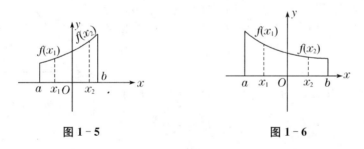

图 1-5　　　　　图 1-6

例如,函数 $y=x^2$ 在区间 $(-\infty,+\infty)$ 内不是单调函数,但在区间 $(-\infty,0)$ 内单调减少,在区间 $(0,+\infty)$ 内单调增加.

又如函数 $y=\tan x$ 在 $\left(-\dfrac{\pi}{2}, \dfrac{\pi}{2}\right)$ 内单调增加,它是一个单调函数.

(3) 函数的奇偶性.

**定义 1-7** 设函数 $f(x)$ 的定义域为 $D$,关于原点对称(即若 $x \in D$,则有 $-x \in D$).

① 如果对于任意 $x \in D$, $f(-x)=f(x)$ 恒成立,则称函数 $f(x)$ 为偶函数.

② 如果对于任意 $x \in D$, $f(-x)=-f(x)$ 恒成立,则称函数 $f(x)$ 为奇函数.

既不是奇函数也不是偶函数的函数,称为非奇非偶函数.

偶函数的图形关于 $y$ 轴对称,如图 1-7 所示;奇函数的图形关于原点对称,如图 1-8 所示.

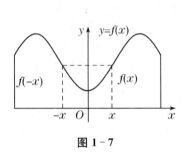
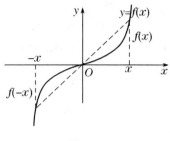

图 1-7　　　　　　　　　　　图 1-8

例如,容易验证 $f(x)=x^3$ 是奇函数,$f(x)=x^2$ 是偶函数,$y=\sin x+\cos x$ 是非奇非偶函数.

(4) 函数的周期性.

**定义 1-8**　设函数 $f(x)$ 的定义域为 $D$,如果存在一个不为零的数 $l$,使得对于任一 $x\in D$,有 $(x\pm l)\in D$,且 $f(x\pm l)=f(x)$ 恒成立,则称函数 $f(x)$ 为周期函数,数 $l$ 称为函数 $f(x)$ 的周期.

显然当 $l$ 为函数 $f(x)$ 的一个周期时,则 $\pm l,\pm 2l,\pm 3l,\pm 4l,\cdots$ 也都是 $f(x)$ 的一个周期,通常我们所说的周期函数的周期是指最小正周期,在每一个周期内的图像是相同的.

例如,函数 $y=\sin x$ 是以 $2\pi$ 为周期的周期函数,函数 $y=\cot x$ 是以 $\pi$ 为周期的周期函数.

### 3. 反函数和复合函数

(1) 反函数.

**定义 1-9**　设函数 $y=f(x)$ 的定义域为 $D$,值域为 $W$,如果对于 $\forall y\in W$,$D$ 上有唯一的 $x$ 与 $y$ 对应,这个数值适合关系 $f(x)=y$,从而得到一个以 $y$ 为自变量,$x$ 为因变量的函数,称为函数 $y=f(x)$ 的反函数,记为 $x=\varphi(y)$,$x=f^{-1}(y)$.

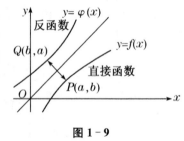

图 1-9

函数与反函数的图像关于 $y=x$ 对称,如图 1-9 所示.

例如,函数 $y=\sin x\left(-\dfrac{\pi}{2}\leqslant x\leqslant\dfrac{\pi}{2}\right)$ 的反函数为 $x=\arcsin y(-1\leqslant y\leqslant 1)$. 又例如,$y=x^3$,$x\in\mathbb{R}$,则 $x=\sqrt[3]{y}=y^{\frac{1}{3}}$,$y\in\mathbb{R}$. $y=f(x)$ 的反函数为 $x=f^{-1}(y)$,但 $y=f^{-1}(x)$ 也称为 $y=f(x)$ 的反函数,如 $y=\sqrt[3]{x}$ 也称为 $y=x^3$ 的反函数.

(2) 复合函数.

实际问题中经常出现这样的情形:在某变化过程中,第一个量依赖于第二个量,而第二个量又依赖于第三个量,实际上,第一个量可由第三个量来确定,这实际上就是一种复合函数的问题.

**定义 1-10**　设 $y=f(u)$ 定义域为 $D_1$,$u=g(x)$ 定义域为 $D_2$,而且 $g(D_2)\subset D_1$,则
$$x\in D_2 \to u=g(x)\in D_1 \to y=f(u)$$
$$y=f[g(x)].$$

$y=f[g(x)]$ 称为由 $y=f(u)$ 与 $u=g(x)$ 复合而成的复合函数,记为

$$f \circ g(x) = f[g(x)].$$

复合函数也可以描述为:设 $y$ 是 $u$ 的函数,即 $y=f(u)$,而 $u$ 又是 $x$ 的函数,即 $u=g(x)$,且 $g(x)$ 的值域全部或部分在 $f(u)$ 的定义域内,那么 $y$ 通过 $u$ 而得到 $x$ 的函数 $y=f(u)=f[g(x)]$ 叫做 $x$ 的复合函数,$u$ 叫做中间变量.

$g(D_2) \subset D_1 (g(D) \subset D_f)$ 为 $f$ 与 $g$ 可以复合的条件,如 $y=\arcsin u$ 与 $u=x^2+2$ 不能复合.

有时,$y=f(u)$ 与 $u=g(x)$ 复合的定义域可能是 $u=g(x)$ 的定义域的一部分,如 $y=\arcsin u$ 与 $u=x^3$ 复合得 $y=\arcsin x^3$,定义域为 $[-1,1]$,为 $u=x^3$ 的定义域 $(-\infty,+\infty)$ 的一部分.

两个以上的函数也可以进行复合运算,并且满足结合律,即 $f \circ (g \circ h) = (f \circ g) \circ h$,但是一般复合运算不满足交换律,即 $f \circ g \neq g \circ f$.

复合函数的中间变量不止一个,有的复合函数的中间变量可以有两个或更多个,例如,$y=\sin u, u=\cos v, v=\ln x$,则 $y=\sin[\cos(\ln x)]$ 是经过中间变量 $u$ 和 $v$ 复合而成的.

### 1.1.4 函数的三种表示方法

中学时已经学过表示函数的方法有三种:图像法、表格法、解析法(公式法),这里只作简要介绍.

(1) 图像法. 用函数的图形来表示函数的方法称为函数的图像表示方法,简称图像法. 这种方法直观性强并可观察函数的变化趋势,但根据函数图形所求出的函数值准确度不高且不便于作理论研究.

(2) 表格法. 将自变量的某些取值及与其对应的函数值列成表格表示函数的方法称为函数的表格表示方法,简称表格法. 这种方法的优点是查找函数值方便,缺点是数据有限、不直观、不便于作理论研究.

(3) 公式法. 用一个(或几个)公式表示函数的方法称为函数的公式表示方法,简称公式法,也称为解析法. 这种方法的优点是形式简明,便于作理论研究与数值计算,缺点是不如图像法来得直观.

在用公式法表示函数时经常遇到下面几种情况:

① **分段函数**. 在自变量的不同取值范围内,用不同的公式表示的函数,称为分段函数. 如

$$f(x) = \begin{cases} x+1 & x<0; \\ x^2 & 0 \leq x<2; \\ \ln x & 2 \leq x \leq 5 \end{cases}$$

就是一个定义在区间 $(-\infty, 5]$ 上的分段函数.

**值得强调的是**分段函数是用几个公式合起来表示的一个函数,而不是表示几个函数.

② **用参数方程确定的函数**. 用参数方程

$$\begin{cases} x=\varphi(t); \\ y=\psi(t) \end{cases} (t \in I)$$

表示变量 $x$ 与 $y$ 之间的函数关系,称为用参数方程确定的函数. 例如,函数

$$y=\sqrt{1-x^2} \quad (x \in [-1,1])$$

可以用参数方程 $\begin{cases} x = \cos t; \\ y = \sin t \end{cases} (0 \leqslant t \leqslant \pi)$ 表示.

③ **隐函数**. 如果在方程 $F(x,y)=0$ 中,当 $x$ 在某区间 $I$ 内任意取定一个值时,相应地,总有满足该方程的唯一的 $y$ 值存在,则称方程 $F(x,y)=0$ 在区间 $I$ 内确定了一个隐函数. 例如方程 $e^x + xy - 1 = 0$ 就确定了变量 $y$ 与变量 $x$ 之间的函数关系.

**注意** 能表示成 $y = f(x)$(其中 $f(x)$ 仅为 $x$ 的解析式)的形式的函数,称为显函数. 把一个隐函数化成显函数的过程称为**隐函数的显化**. 例如,$e^x + xy - 1 = 0$ $(x \neq 0)$ 可以化成显函数 $y = \dfrac{1 - e^x}{x}$. 但有些隐函数却不可能化成显函数,例如,$e^x + xy - e^y = 0$.

### 1.1.5 初等函数

幂函数、指数函数、对数函数、三角函数和反三角函数统称为基本初等函数,这些函数在中学的数学课程中都已经学过,这里仅对这些函数的性质作简要的复习.

首先来介绍基本初等函数及其性质.

1. 常数函数

$y = C$($C$ 为常数)(如图 1-10).

这是所有函数中最简单的一类,对于所有的 $x$,它始终取同一个值,定义域为实数域.

2. 幂函数

$y = x^\alpha$ $(\alpha \neq 0)$.

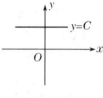

图 1-10

**性质 1-1** $y = x^\alpha$ 的定义域随 $\alpha$ 值不同而异,但不论 $\alpha$ 值是多少,它在 $(0, +\infty)$ 内总是有定义的.

当 $\alpha > 0$ 时,$y = x^\alpha$ 在 $(0, +\infty)$ 是增函数;当 $\alpha < 0$ 时,$y = x^\alpha$ 在 $(0, +\infty)$ 是减函数.

3. 指数函数

$y = a^x$ $(a > 0, a \neq 1)$(如图 1-11).

定义域:$(-\infty, +\infty)$,值域:$(0, +\infty)$,当 $a = e$ 时,$y = e^x$.

运算性质有:① $a^{x_1} \cdot a^{x_2} = a^{x_1 + x_2}$;② $(ab)^x = a^x \cdot b^x$;③ $(a^x)^p = a^{xp}$.

4. 对数函数

$y = \log_a x$ $(a > 0, a \neq 1)$(如图 1-12).

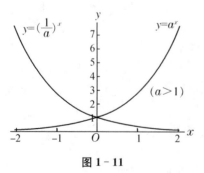

图 1-11

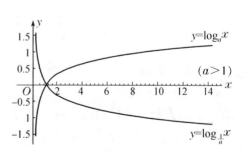

图 1-12

定义域:$(0,+\infty)$,值域:$(-\infty,+\infty)$,当 $a=e$ 时,$y=\ln x$.

运算性质有:① $\log_a(x_1 x_2)=\log_a x_1+\log_a x_2$,$\log_a(x_1/x_2)=\log_a x_1-\log_a x_2$;

② $\log_a x^b=b\log_a x$;

③ $\log_a x=\log_b x/\log_b a$;

④ $a^{\log_a x}=x$.

### 5. 三角函数

三角函数包括:

正弦函数:$y=\sin x$,余弦函数:$y=\cos x$;

正切函数:$y=\tan x$,余切函数:$y=\cot x$;

正割函数:$y=\sec x$,余割函数:$y=\csc x$.

**常用三角公式:**

$\sin(-x)=-\sin x$,$\cos(-x)=\cos x$.

同角的三角函数的关系:

① $\sin^2 x+\cos^2 x=1$;② $\tan x=\sin x/\cos x=1/\cot x$;③ $\tan x \cdot \cot x=1$;

④ $1+\tan^2 x=\sec^2 x$;⑤ $1+\cot^2 x=\csc^2 x$;⑥ $\sin x \cdot \csc x=1$;

⑦ $\cos x \cdot \sec x=1$.

两角之和或差的三角函数:

① $\sin(x\pm y)=\sin x\cos y\pm\cos x\sin y$;② $\cos(x\pm y)=\cos x\cos y\mp\sin x\sin y$.

倍角和半角的三角函数:

① $\sin 2x=2\sin x \cdot \cos x$;② $\cos 2x=2\cos^2 x-1=1-2\sin^2 x$.

三角函数的和与差:

$\sin x+\sin y=2\sin\dfrac{x+y}{2}\cos\dfrac{x-y}{2}$;$\sin x-\sin y=2\cos\dfrac{x+y}{2}\sin\dfrac{x-y}{2}$;

$\cos x+\cos y=2\cos\dfrac{x+y}{2}\cos\dfrac{x-y}{2}$;$\cos x-\cos y=-2\sin\dfrac{x+y}{2}\sin\dfrac{x-y}{2}$.

三角函数的乘积:

$\sin x \cdot \sin y=\dfrac{1}{2}[\cos(x-y)-\cos(x+y)]$;$\cos x \cdot \cos y=\dfrac{1}{2}[\cos(x-y)+\cos(x+y)]$;

$\sin x \cdot \cos y=\dfrac{1}{2}[\sin(x+y)+\sin(x-y)]$;$\cos x \cdot \sin y=\dfrac{1}{2}[\sin(x+y)-\sin(x-y)]$.

### 6. 反三角函数

反正弦函数:$y=\arcsin x$,定义域:$[-1,1]$,值域:$\left[-\dfrac{\pi}{2},\dfrac{\pi}{2}\right]$.

反余弦函数:$y=\arccos x$,定义域:$[-1,1]$,值域:$[0,\pi]$.

反正切函数:$y=\arctan x$,定义域:$(-\infty,+\infty)$,值域:$\left(-\dfrac{\pi}{2},\dfrac{\pi}{2}\right)$.

反余切函数:$y=\text{arccot}\, x$,定义域:$(-\infty,+\infty)$,值域:$(0,\pi)$.

在高等数学里,相对于基本初等函数而言,更多的是遇到初等函数的问题. 由基本初等函数经过有限次四则运算和有限次复合运算所构成,并可用一个式子表示的函数称为**初等函数**.

例如，$y=2\sin x+3\cos x$，$y=\cos(\sin x)$，$y=\sin(\ln x)+x^2$.

在初等函数的定义中,明确指出是用一个式子表示的函数,若一个函数必须用几个式子表示(如分段函数),则它就不是初等函数,例如,

$$f(x)=\begin{cases} x & x>0; \\ \sin x & x\leqslant 0 \end{cases}$$

就不是初等函数,称为非初等函数.

### 1.1.6 建立函数关系举例

为了解决应用问题,先要给问题建立数学模型,即建立函数关系,为此要明确问题中的因变量和自变量;再根据题意建立等式,从而得出函数关系;然后确定函数的定义域,求应用问题中的函数的定义域,除函数的解析式外,还要考虑变量在实际问题中的含义.下面我们通过几个实例来介绍如何建立函数关系,为以后运用微积分解决实际问题打一些基础.

用函数思想解决几何(如平面几何、立体几何及解析几何)问题,这是常常出现的数学本身的综合运用问题.

【例1-9】 如图1-13所示,一动点$P$自边长为1的正方形$ABCD$的顶点$A$出发,沿正方形的边界运动一周,再回到$A$点.若点$P$的路程为$x$,点$P$到顶点$A$的距离为$y$,求$A,P$两点间的距离$y$与点$P$的路程$x$之间的函数关系式.

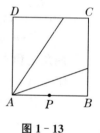

图1-13

**解** (1) 当点$P$在$AB$上,即$0\leqslant x\leqslant 1$时,$AP=x$,也就是$y=x$.

(2) 当点$P$在$BC$边上,即$1<x\leqslant 2$时,$AB=1$,$AB+BP=x$,$BP=x-1$,根据勾股定理,得$AP^2=AB^2+BP^2$,所以

$$y=AP=\sqrt{1+(x-1)^2}=\sqrt{x^2-2x+2}.$$

(3) 当点$P$在$DC$边上,即$2<x\leqslant 3$时,$AD=1$,$DP=3-x$.根据勾股定理,得$AP^2=AD^2+DP^2$,所以

$$y=AP=\sqrt{1+(3-x)^2}=\sqrt{x^2-6x+10}.$$

(4) 当点$P$在$AD$边上,即$3<x\leqslant 4$时,有$y=AP=4-x$,所以所求的函数关系式为

$$y=\begin{cases} x & 0\leqslant x\leqslant 1; \\ \sqrt{x^2-2x+2} & 1<x\leqslant 2; \\ \sqrt{x^2-6x+10} & 2<x\leqslant 3; \\ 4-x & 3<x\leqslant 4. \end{cases}$$

【例1-10】 已知$A,B$两地相距150公里,某人开汽车以60公里/小时的速度从$A$地到达$B$地,在$B$地停留一小时后再以50公里/小时的速度返回$A$地,将汽车离开$A$地的距离$x$表示为时间$t$的函数.

**解** 根据题意:

(1) 汽车由$A$到$B$行驶$t$小时所走的距离$x=60t(0\leqslant t\leqslant 2.5)$;

(2) 汽车在$B$地停留1小时,则汽车离开$A$地的距离$x=150(2.5<t\leqslant 3.5)$;

(3) 由$B$地返回$A$地,则汽车离开$A$地的距离$x=150-50(t-3.5)=325-50t(3.5<t\leqslant 6.5)$.总之

$$x = \begin{cases} 60t & 0 \leqslant t \leqslant 2.5; \\ 150 & 2.5 < t \leqslant 3.5; \\ 325 - 50t & 3.5 < t \leqslant 6.5. \end{cases}$$

工程设计问题是指运用数学知识对工程的定位、大小、采光等情况进行合理布局、计算的一类问题.

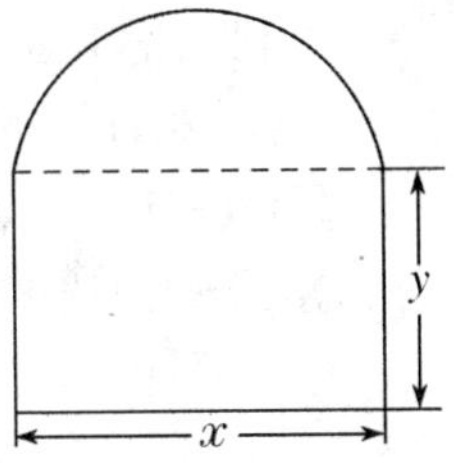

**【例1-11】** 要在墙上开一个上部为半圆,下部为矩形的窗户(如图1-14),在窗框为定长 $l$ 的条件下,要使窗户透光面积最大,窗户应具有怎样的尺寸?

**解** 设半圆的直径为 $x$,矩形的高度为 $y$,窗户透光面积为 $S$,则

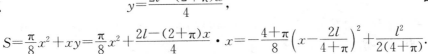

窗框总长
$$l = \frac{\pi x}{2} + x + 2y,$$

所以
$$y = \frac{2l - (2+\pi)x}{4},$$

$$S = \frac{\pi}{8}x^2 + xy = \frac{\pi}{8}x^2 + \frac{2l-(2+\pi)x}{4} \cdot x = -\frac{4+\pi}{8}\left(x - \frac{2l}{4+\pi}\right)^2 + \frac{l^2}{2(4+\pi)}.$$

当 $x = \dfrac{2l}{4+\pi}$ 时,  $S_{\max} = \dfrac{l^2}{2(4+\pi)}$,

此时,
$$y = \frac{l}{4+\pi} = \frac{x}{2}.$$

图1-14

窗户中的矩形高为 $\dfrac{l}{4+\pi}$,且半径等于矩形的高时,窗户的透光面积最大.

**说明** 应用二次函数解实际问题,关键是设好适当的一个变量,建立目标函数.

**【例1-12】** 要使火车安全行驶,按规定,铁道转弯处的圆弧半径不允许小于600 m,如果某段铁路两端相距156 m,弧所对的圆心角小于180°,试确定圆弧弓形的高所允许的取值范围.

**解** 设圆的半径为 $R$,圆弧弓形高 $CD = x$ m,如图1-15所示.
在 Rt△$BOD$ 中,
$$DB = 78, OD = R - x,$$

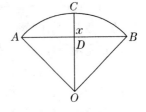

图1-15

所以
$$(R-x)^2 + 78^2 = R^2.$$

解得
$$R = \frac{x^2 + 6084}{2x}.$$

由题意知 $R \geqslant 600$,所以
$$\frac{x^2 + 6084}{2x} \geqslant 600,$$

得
$$x^2 - 1200x + 6084 \geqslant 0 (x > 0),$$

解得 $x \leqslant 5.1$ 或 $x \geqslant 1194.9$(舍去),圆弧弓形高的允许值范围是(0,5.1].

在营销活动中,常常会遇到计算产品成本、利润(率),确定销售价格,考虑销售活动的盈利、亏本等情况的一类问题,也就是成本最低、利润最大的问题. 在营销问题中,应掌握有关计算公式:利润=销售价-进货价.

**【例1-13】** 将进货价为8元的商品按每件10元售出,每天可销售200件,若每件售价涨价0.5元,其销售量就减少10件.问应将售价定为多少时,才能使所赚利润最大?并求出

这个最大利润.

**解** 设每件售价提高 $x$ 元,则每件得利润 $(2+x)$ 元,每天销售量变为 $(200-20x)$ 件,所获利润
$$y=(2+x)(200-20x)=-20(x-4)^2+720.$$
当 $x=4$ 时,即售价定为 14 元时,每天可获最大利润为 720 元.

单利是指本金到期后的利息不再加入本金计算.设本金为 $P$ 元,每期利率为 $r$,经过 $n$ 期后,按单利计算的本利和公式为 $S_n=P(1+nR)$.

【例 1-14】 某人于 1996 年 6 月 15 日存入银行 1000 元整存整取定期一年储蓄,月息为 9‰,求到期的本利和为多少?

**解** 这里 $P=1000$ 元,$r=9‰$,$n=12$,由公式得
$$S_{12}=P(1+12r)=1000\times(1+0.009\times 12)=1108 \text{ 元}.$$
本利和为 1108 元.

复利是一种计算利率的方法,即把前一期的利息和本金加在一起做本金,再计算下一期的利息.设本金为 $P$,每期利率为 $r$,设本利和为 $y$,存期为 $x$,则复利函数式为 $y=P(1+r)^x$.

【例 1-15】 某企业计划发行企业债券,每张债券现值 500 元,按年利率 6.5% 的复利计息,问多少年后每张债券一次偿还本利和 1000 元?(参考 $\lg 2=0.3010$,$\lg 1.065=0.0274$).

**解** 设 $n$ 年后每张债券一次偿还本利和 1000 元,由 $1000=500(1+6.5\%)^n$,解得
$$n=\lg 2/\lg 1.065\approx 11,$$
即 11 年后每张债券应一次偿还本利和 1000 元.

由上面的几个例子,我们可以看出,运用数学工具解决实际问题时,通常要先找出变量间的函数关系,用数学式子表示出来,然后再进行分析和计算.为了便于解决问题,我们这里给出建立函数模型的具体步骤:

第一步 分析问题中哪些是变量,哪些是常量,分别用字母表示.
第二步 根据所给条件,运用数学、物理、经济及其他知识,确定等量关系.
第三步 具体写出解析式 $y=f(x)$,并指明其定义域.

## 习题 1.1

1. 填空题:

(1) 设 $f\left(1+\dfrac{1}{x}\right)=1+\dfrac{1}{x^2}$,则 $f(x)=$ _____.

(2) 设 $f(x+1)=x^2+x$,则 $f\left(\dfrac{1}{x}\right)=$ _____.

(3) 设函数 $f(x)$ 的定义域是 $[0,1]$,则 $f(\ln x)$ 的定义域为 _____.

(4) 已知函数 $f(x+y)=f(x)+f(y)$ 对任何实数都成立,则 $f(0)=$ _____.

(5) 函数 $y=\sin 2x-\tan\dfrac{x}{3}$ 的图形关于 _____ 对称.

2. 下列函数是否相等,为什么?

(1) $y=\dfrac{x^2}{x}$ 与 $y=x$；  (2) $y=x$ 与 $y=(\sqrt{x})^2$；

(3) $y=|\sin x|$ 与 $y=\sqrt{1-\cos^2 x}$；  (4) $y=x^3+1$ 与 $s=t^3+1$；

(5) $f(x)=\ln(\sqrt{x^2+3}-x), g(x)=-\ln(\sqrt{x^2+3}+3)$；

(6) $f(x)=\sqrt[3]{x^5-2x^3}, g(x)=x\sqrt[3]{x^2-2}$.

3. 甲、乙两地相距 $s$ km，汽车从甲地匀速行驶到乙地，速度不得超过 $c$ km/h，已知汽车每小时的运输成本(以元为单位)由可变部分和固定部分组成：可变部分与速度 $v$(km/h)的平方成正比，比例系数为 $b$，固定部分为 $a$ 元.

(1) 把全程运输成本 $y$(元)表示为速度 $v$(km/h)的函数，并指出这个函数的定义域；

(2) 为了使全程运输成本最小，汽车应以多大速度行驶？

4. 求函数 $y=\dfrac{x^2+4x+3}{x^2+x-6}$ 的值域.

5. 已知 $f(x)$ 定义域为 $[0,1]$，求 $f(x^2), f(\sin x), f(x+a), f(x+a)+f(x-a)(a>0)$ 的定义域.

6. 某医药研究所开发一种新药，据监测，如果成人按规定的剂量服用，服药后每毫升血液中的含药量 $y$(微克)与服药后的时间 $t$(小时)之间近似满足如图所示的曲线. 其中 $OA$ 是线段，曲线 $ABC$ 是函数 $y=k \cdot a^t (t\geqslant 1, a>0$，且 $k, a$ 是常数)的图像.

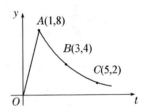

(1) 写出服药后 $y$ 关于 $t$ 的函数关系式；

(2) 据测定：每毫升血液中含药量不少于 2 微克时治疗疾病有效，假若某病人第一次服药为早上 6:00，为了保持疗效，第二次服药最迟应该在当天几点钟？

(3) 若按(2)中的最迟时间服用第二次药，则第二次服药后再过 3 小时，该病人每毫升血液中含药量为多少微克(精确到 0.1 微克)？

7. 解答题：

(1) 某城市的行政管理部门，在保证居民正常用水需要的前提下，为了节约用水，制定了如下收费方法：每户居民每月用水量不超过 4.5 吨时，水费按 0.64 元/吨计算，超过部分每吨以 5 倍价格收费. 试建立每月水费用与用水数量之间的函数关系，并计算用水量分别为 3.5 吨、4.5 吨、5.5 吨的用水费用.

(2) 函数 $f(x)=\dfrac{1}{2}+\lg\dfrac{1-x}{1+x}$.

① 求此函数的定义域，并判断该函数的单调性；② 解关于 $x$ 的不等式 $f\left[x\left(x-\dfrac{1}{2}\right)\right]<\dfrac{1}{2}$.

(3) 已知函数 $y=f(x)$ 是定义在 $\mathbb{R}$ 上的周期函数，周期 $T=5$，函数 $y=f(x)(-1\leqslant x\leqslant 1)$ 是奇函数，且在 $[1,4]$ 上是二次函数，在 $x=2$ 时函数取得最小值 $-5$.

① 证明：$f(1)+f(4)=0$；② 求 $y=f(x), x\in[1,4]$ 的解析式.

(4) 在一圆柱形容器内倒进某种溶液，该容器的底半径为 $r$，高为 $H$. 当倒进溶液后液面的高度为 $h$ 时，溶液的体积为 $V$. 试把 $h$ 表示为 $V$ 的函数，并指出其定义区间.

8. 求下列函数的反函数：

(1) $y=\sin x$; (2) $y=\ln(x+2)$;

(3) $y=\sqrt{x-1}$; (4) $y=e^{x^3}$.

9. 设 $f(x)$ 是定义在 $[-l,l]$ 上的任意函数，证明：

(1) $f(x)+f(-x)$ 是偶函数，$f(x)-f(-x)$ 是奇函数；

(2) $f(x)$ 可表示成偶函数与奇函数之和的形式.

10. 求下列函数的定义域：

(1) $y=\sin\sqrt{4-x^2}$; (2) $y=\dfrac{1}{x^2-4x+3}+\sqrt{x+2}$;

(3) $y=\arccos\ln\dfrac{x}{10}$; (4) $y=\sqrt{\sin x}+\sqrt{16-x^2}$.

11. 设 $f(x)=\begin{cases}2^x & -1<x<0,\\ 2 & 0\leqslant x<1,\\ x-1 & 1<x\leqslant 3,\end{cases}$ 求 $f(3),f(2),f(0),f\left(\dfrac{1}{2}\right),f\left(-\dfrac{1}{2}\right)$.

12. 设 $f(x)=\sqrt{x},g(x)=-x^2+4x-3$，求 $f[g(x)]$ 的定义域.

13. 已知 $f(x)$ 是二次多项式，且 $f(x+1)-f(x)=8x+3$，求 $f(x)$.

14. 求下列函数的反函数：

(1) $y=\ln(x+2)$; (2) $y=\dfrac{2^x}{2^x+1}$; (3) $y=\begin{cases}x+1 & x\geqslant 0,\\ x^3 & x<0.\end{cases}$

15. 在下列各题中，求由所给函数构成的复合函数，并求此函数分别对应于给定自变量值 $x_1$ 和 $x_2$ 的函数值：

(1) $y=e^u, u=x^2+1, x_1=0, x_2=2$;

(2) $y=u^2+1, u=e^v-1, v=x+1, x_1=1, x_2=-1$.

## 1.2 数列的极限

### 1.2.1 数列的极限

在中学我们已经学过数列的概念，这里我们再简要回顾一下.

一列无穷多个数 $x_1,x_2,x_3,\cdots,x_n,\cdots$ 按次序一个接一个地排列下去，就构成一个数列，记作 $\{x_n\}$，第 $n$ 项 $x_n$ 称为数列的一般项或通项.

例如：(1) $\dfrac{1}{2},\dfrac{2}{3},\dfrac{3}{4},\cdots,\dfrac{n}{n+1},\cdots$;

(2) $1,(-1),1,(-1),\cdots,1,(-1),\cdots$.

事实上，对于任给的正整数 $n$，都有一个数 $x_n$ 与之对应，即数列给出了一个以正整数集为定义域的函数，此函数称为整标函数，$x_n=f(n)$.

例如，我们来观察以下几个数列的特点：

| 数列 $\{x_n\}$ | 通项 $x_n$ | 当 $n$ 无限增大时，$x_n$ 的变化趋势 |
| --- | --- | --- |
| $\dfrac{1}{2},\dfrac{2}{3},\dfrac{3}{4},\dfrac{4}{5},\cdots$ | $\dfrac{n}{n+1}$ | 1 |

| | | |
|---|---|---|
| $2,2,2,2,\cdots$ | $2$ | $2$ |
| $-\frac{1}{2},\frac{1}{4},-\frac{1}{8},\frac{1}{16},\cdots$ | $\left(-\frac{1}{2}\right)^n$ | $0$ |
| $1,-1,1,-1,\cdots$ | $(-1)^{n-1}$ | 不趋于某一确定常数 |
| $1,3,5,7,\cdots$ | $2n-1$ | $\infty$ |

称趋于确定常数的数列有极限,确定常数为数列的极限值.

**定义 1-11** 对于数列 $\{x_n\}$,当 $n$ 无限增大时,若其通项 $x_n$ 无限接近于某一常数 $A$,即当 $n$ 无限增大时,$|x_n-A|$ 趋向于零,则称数列 $\{x_n\}$ 收敛,数 $A$ 为数列 $\{x_n\}$ 的极限,记作

$$\lim_{n\to\infty}x_n=A \text{ 或 } x_n\to A(n\to\infty).$$

否则称 $\{x_n\}$ 发散

为了更好地理解极限的定义,我们来考虑下面的两个简单的例子.

(1) 对于数列 $x_n=1+\frac{1}{n}$ 的极限,当 $n$ 无限增大时,$|x_n-A|=\left|1+\frac{1}{n}-1\right|\to 0$,从而数列 $x_n=1+\frac{1}{n}$ 的极限为 1;

(2) 对于数列 $x_n=\frac{3n+1}{2n+1}$ 的极限,当 $n$ 无限增大时,$|x_n-A|=\left|\frac{3n+1}{2n+1}-\frac{3}{2}\right|\to 0$,从而数列 $x_n=\frac{3n+1}{2n+1}$ 的极限为 $\frac{3}{2}$.

这里,我们不加证明地给出数列极限的运算定理.

**定理 1-1** 如果 $\lim_{n\to\infty}x_n=A, \lim_{n\to\infty}y_n=B$,则

(1) $\lim_{n\to\infty}(x_n\pm y_n)=A\pm B$;

(2) $\lim_{n\to\infty}(x_n\cdot y_n)=A\cdot B$;

(3) $\lim_{n\to\infty}\frac{x_n}{y_n}=\frac{A}{B}(y_n\neq 0, n=1,2,\cdots 且 B\neq 0)$.

**【例 1-16】** 求极限 $\lim_{n\to\infty}\left(1-\frac{1}{2^2}\right)\left(1-\frac{1}{3^2}\right)\cdots\left(1-\frac{1}{n^2}\right)$.

**解** $\lim_{n\to\infty}\left(1-\frac{1}{2^2}\right)\left(1-\frac{1}{3^2}\right)\cdots\left(1-\frac{1}{n^2}\right)$

$=\lim_{n\to\infty}\frac{1\cdot 3}{2^2}\times\frac{2\cdot 4}{3^2}\times\frac{3\cdot 5}{4^2}\times\cdots\times\frac{(n-1)(n+1)}{n^2}=\lim_{n\to\infty}\frac{n+1}{2n}=\frac{1}{2}$.

**【例 1-17】** 求下列极限:

(1) $\lim_{n\to\infty}\left[n\left(1-\frac{1}{3}\right)\left(1-\frac{1}{4}\right)\left(1-\frac{1}{5}\right)\cdots\left(1-\frac{1}{n+2}\right)\right]$;

(2) $\lim_{n\to\infty}\left[\frac{1}{1\cdot 4}+\frac{1}{4\cdot 7}+\frac{1}{7\cdot 10}+\cdots+\frac{1}{(3n-2)(3n+1)}\right]$.

**解** 这里只给出解题的关键步骤和思路.

本例应该先求出数列的解析式,然后再求极限.注意到(1)题是连乘积的形式,可以进行约分变形

$$n\left(1-\frac{1}{3}\right)\left(1-\frac{1}{4}\right)\left(1-\frac{1}{5}\right)\cdots\left(1-\frac{1}{n+2}\right)=n\cdot\frac{2}{3}\cdot\frac{3}{4}\cdot\frac{4}{5}\cdot\cdots\cdot\frac{n+1}{n+2}=\frac{2n}{n+2}.$$

故原式 $=\lim_{n\to\infty}\frac{2n}{n+2}=2.$

注意到(2)题是分数和的形式,可以用"裂项法"变形.

$$\frac{1}{1\cdot 4}+\frac{1}{4\cdot 7}+\frac{1}{7\cdot 10}+\cdots+\frac{1}{(3n-2)(3n+1)}$$
$$=\frac{1}{3}\left[\left(1-\frac{1}{4}\right)+\left(\frac{1}{4}-\frac{1}{7}\right)+\left(\frac{1}{7}-\frac{1}{10}\right)+\cdots+\left(\frac{1}{3n-2}-\frac{1}{3n+1}\right)\right]$$
$$=\frac{1}{3}\left(1-\frac{1}{3n+1}\right)=\frac{n}{3n+1}.$$

故原式 $\lim_{n\to\infty}\frac{n}{3n+1}=\frac{1}{3}.$

【例 1-18】 求下列极限:(1) $\lim_{n\to\infty}\frac{7n^3-3n^2+n+5}{4n^3-1}$;(2) $\lim_{n\to\infty}\frac{3^{n-1}-2^n}{2^{n-1}-3^n}.$

**分析** 注意(1)中的式子可以分子、分母同除以 $n^3$,就能够求出极限.

**解** 原式 $=\lim_{n\to\infty}\dfrac{7-\dfrac{3}{n}+\dfrac{1}{n^2}+\dfrac{5}{n^3}}{4-\dfrac{1}{n^3}}=\dfrac{\lim_{n\to\infty}7-\lim_{n\to\infty}\dfrac{3}{n}+\lim_{n\to\infty}\dfrac{1}{n^2}+\lim_{n\to\infty}\dfrac{5}{n^3}}{\lim_{n\to\infty}4-\lim_{n\to\infty}\dfrac{1}{n^3}}$

$$=\frac{7-0+0+0}{4-0}=\frac{7}{4}.$$

注意到(2)中含有幂型数,可以分子、分母同除以 $3^n$.

**解** 原式 $=\lim_{n\to\infty}\dfrac{\dfrac{1}{3}-\left(\dfrac{2}{3}\right)^n}{\dfrac{1}{3}\left(\dfrac{2}{3}\right)^{n-1}-1}=\dfrac{\lim_{n\to\infty}\dfrac{1}{3}-\lim_{n\to\infty}\left(\dfrac{2}{3}\right)^n}{\dfrac{1}{3}\lim_{n\to\infty}\left(\dfrac{2}{3}\right)^{n-1}-\lim_{n\to\infty}1}=\dfrac{\dfrac{1}{3}-0}{0-1}=-\dfrac{1}{3}.$

### 1.2.2 数列极限的性质

下面,我们给出数列极限的唯一性和有界性定理,将在§1.10 中给出其证明.

**定理 1-2(唯一性)** 若数列 $\{x_n\}$ 收敛,则其极限是唯一的.

在数列极限问题中我们经常会遇到**有界数列**的概念,**有界数列**就是指下面一种情况:

对数列 $\{x_n\}$,如果存在正数 $M$,使得一切 $x_n$ 都满足 $|x_n|\leqslant M$,则称数列 $\{x_n\}$ 有界;如果这样的正数 $M$ 不存在,则称数列 $\{x_n\}$ 无界.

**定理 1-3(有界性)** 若数列 $\{x_n\}$ 收敛,则数列 $\{x_n\}$ 有界.

**注意** 数列 $\{x_n\}$ 收敛 $\Rightarrow$ 数列 $\{x_n\}$ 有界,但反之,则不成立.

为了更好地认识数列的极限的性质,我们下面介绍子数列的有关概念和性质.

**定义 1-12** 无穷数列 $\{x_n\}$ 的子数列是指数列 $\{x_n\}$ 的子列按照原来的顺序排列而得到的一个无穷数列.

**性质 1-2(收敛数列与其子数列的关系)** 如果数列 $\{x_n\}$ 收敛,那么它的任何一个子数列也收敛且与数列 $\{x_n\}$ 有相同的极限.

由上面的性质可知,如果数列 $\{x_n\}$ 的两个子列收敛于不同的两个数,则数列 $\{x_n\}$ 发散.

如:$1,-1,1,-1,\cdots,(-1)^{n+1},\cdots$,子列$\{x_{2k-1}\}$收敛于1,而子列$\{x_{2k}\}$收敛于$-1$,故数列$\{(-1)^{n+1}\}$是发散的.这个例子说明发散数列可能会有收敛的子列,同时也说明有界数列不一定收敛.

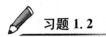  习题 1.2

1. 观察下列数列$\{x_n\}$的一般项 $x_n$,写出它们的极限:

(1) $x_n = \dfrac{1-n}{n}$;  (2) $x_n = n(-1)^n$;

(3) $x_n = 1 + \dfrac{1}{2} + \dfrac{1}{2^2} + \cdots + \dfrac{1}{2^n}$;  (4) $x_n = 1 + (-1)^{n+1}\dfrac{1}{n}$.

2. 求下列数列的极限:

(1) $\lim\limits_{n\to\infty}\dfrac{n}{3^n}$;  (2) $\lim\limits_{n\to\infty}\dfrac{1^2+2^2+\cdots+n^2}{n^3}$;

(3) $\lim\limits_{n\to\infty}\left[\dfrac{1}{1\cdot 2}+\dfrac{1}{2\cdot 3}+\cdots+\dfrac{1}{n(n+1)}\right]$;

(4) $\lim\limits_{n\to\infty}\left(\dfrac{1}{n^2}+\dfrac{2}{n^2}+\cdots+\dfrac{n}{n^2}\right)$;  (5) $\lim\limits_{n\to\infty}\sqrt[n]{a}\quad(a>0)$;

(6) $\lim\limits_{n\to\infty}\dfrac{3n^2+n+1}{n^3+4n^2-1}$.

3. 是非题,若非,请举例说明:

(1) 设在常数 $a$ 的无论怎样小的 $\varepsilon$ 邻域内存在着$\{x_n\}$的无穷多点,则$\{x_n\}$的极限为 $a$;

(2) 若$\lim\limits_{n\to\infty}x_{2n}=a$, $\lim\limits_{n\to\infty}x_{2n-1}=a$,则$\lim\limits_{n\to\infty}x_n=a$;

(3) 设 $x_n=0.33\cdots 3$($n$ 个 3),则$\lim\limits_{n\to\infty}x_n=\dfrac{1}{3}$.

4. 举例验证如果$\lim\limits_{n\to\infty}x_n=a$,则$\lim\limits_{n\to\infty}|x_n|=|a|$,反之未必成立.

5. 举例验证若数列 $x_n$ 有界,又$\lim\limits_{n\to\infty}y_n=0$,证明$\lim\limits_{n\to\infty}x_ny_n=0$.

6. 求下列极限:

(1) $\lim\limits_{n\to\infty}\dfrac{4n^3-2n+1}{2n^3+3n^2-1}$;  (2) $\lim\limits_{n\to\infty}\dfrac{(-2)^n+3^n}{(-2)^{n+1}+3^{n+1}}$;

(3) $\lim\limits_{n\to\infty}n(\sqrt{n^2+1}-\sqrt{n^2-1})$;  (4) $\lim\limits_{n\to\infty}\dfrac{1+3+\cdots+(2n-1)}{1+2+\cdots+n}$;

(5) $\lim\limits_{n\to\infty}\dfrac{n\arctan nx}{\sqrt{n^2+n}}$;  (6) $\lim\limits_{n\to\infty}\dfrac{1-e^{-nx}}{1+e^{-nx}}$;

(7) $\lim\limits_{n\to\infty}\left(\dfrac{1}{2}+\dfrac{1}{2^2}+\cdots+\dfrac{1}{2^n}\right)$;  (8) $\lim\limits_{n\to\infty}\dfrac{3n^4+2n+1}{4n^5+5n+3}$.

## 1.3 函数的极限

数列是定义在正整数集合上的函数,它的极限只是一种特殊的函数的极限.现在,我们讨论定义在实数集合上的函数 $y=f(x)$ 的极限,首先讨论当 $x\to\infty$ 时函数的极限.

### 1.3.1 当 $x \to \infty$ 时函数的极限

**定义 1-13** 设函数 $y=f(x)$ 对于任意大的 $x$ 都有定义,如果当 $|x|$ 无限增大时,函数 $f(x)$ 无限地趋近某个常数 $A$,也就是下式成立

$$|f(x)-A| \to 0 (x \to \infty),$$

则称 $A$ 为函数 $f(x)$ 当 $x$ 趋于无穷大时的极限. 记作 $\lim_{x \to \infty} f(x) = A$ 或 $f(x) \to A(x \to \infty)$.

需要注意的是 $x \to \infty$ 是指 $x \to +\infty$ 和 $x \to -\infty$ 同时成立.

类似地可定义: $\lim_{x \to -\infty} f(x) = A$ 和 $\lim_{x \to +\infty} f(x) = A$.

**性质 1-3** $\lim_{x \to \infty} f(x) = A \Leftrightarrow \lim_{x \to +\infty} f(x) = \lim_{x \to -\infty} f(x) = A$

**【例 1-19】** 考察函数 $f(x) = \dfrac{1}{x}$ 当 $x \to \infty$ 时的极限.

**分析** 观察 $|x| \to \infty$ 时,即 $x \to -\infty$ 和 $x \to +\infty$ 时, $\dfrac{1}{x}$ 的变化情况.

**解** $x \to +\infty, f(x) \to 0; x \to -\infty, f(x) \to 0,$ 从而 $\lim_{x \to \infty} f(x) = 0$.

**【例 1-20】** 考察函数 $y = 2^x$ 当 $x \to \infty$ 时的极限.

**解** 因为 $\lim_{x \to -\infty} 2^x = 0, \lim_{x \to +\infty} 2^x = \infty$,所以 $\lim_{x \to \infty} 2^x$ 不存在.

### 1.3.2 当 $x \to x_0$ 时函数的极限

有时我们需要知道 $x$ 仅从 $x_0$ 的右侧 ($x > x_0$) 或 $x$ 仅从 $x_0$ 的左侧 ($x < x_0$) 趋向于 $x_0$ 时, $f(x)$ 的变化趋势. 于是,就引进左右极限的概念.

我们先来观察下面的例子,考虑极限 $\lim_{x \to 2} \dfrac{x^2-4}{x-2}, \lim_{x \to 2}(x+2)$.

观察 $x \to 2^-, x \to 2^+$ 时 $x$ 的变化情况,这里, $x \to 2^-$ 表示 $x$ 从 2 的左边趋向于 2; $x \to 2^+$ 表示 $x$ 从 2 的右边趋向于 2, $x \to 2$ 同时包含了 $x \to 2^-$ 和 $x \to 2^+$.

$x \to 2^-$ 时, $\dfrac{x^2-4}{x-2} \to 4, (x+2) \to 4; x \to 2^+$ 时, $\dfrac{x^2-4}{x-2} \to 4, (x+2) \to 4$.

这时,称 $\lim_{x \to 2} \dfrac{x^2-4}{x-2} = 4, \lim_{x \to 2}(x+2) = 4$.

上面的例子实际上讨论了左右极限和极限的概念问题,也就是我们下面所讲的概念.

**定义 1-14** 设函数 $y=f(x)$ 在点 $x_0$ 的左半邻域内有定义,如果当 $x$ 从 $x_0$ 的左侧方向趋近于 $x_0$ 时,函数 $f(x)$ 无限地趋近一个确定的常数 $A$,则称 $A$ 为函数 $f(x)$ 当 $x$ 趋于 $x_0$ 时的左极限.

记作: $\lim_{x \to x_0^-} f(x) = A$ 或 $f(x) \to A(x \to x_0^-)$ 或 $f(x_0 - 0)$.

同样定义: $\lim_{x \to x_0^+} f(x) = A$ 或 $f(x) \to A(x \to x_0^+)$ 或 $f(x_0 + 0)$.

左极限和右极限都叫做单侧极限. 更多的时候,我们要研究 $x$ 从 $x_0$ 的两边无限地趋近 $x_0$ 时的极限情况,也就是下面要讨论的极限概念.

**定义 1-15** 设函数 $y=f(x)$ 在点 $x_0$ 的某个(去心)邻域内有定义,如果当 $x$ 从 $x_0$ 的两边无限地趋近 $x_0$ 时,函数 $f(x)$ 无限地趋近某个常数 $A$,也就是下式成立

$$|f(x)-A|\to 0 (x\to x_0),$$

则称 $A$ 为函数 $f(x)$ 当 $x$ 趋于 $x_0$ 时的极限.记作:

$$\lim_{x\to x_0}f(x)=A \text{ 或 } f(x)\to A(x\to x_0).$$

**【例 1-21】** 求下列函数的极限.

(1) $\lim\limits_{x\to x_0}2x$;(2) $\lim\limits_{x\to x_0}c$($c$ 为常数);(3) $\lim\limits_{x\to 0}\sin x$;(4) $\lim\limits_{x\to 0}\cos x$.

**分析** 如图 1-16,1-17,1-18,1-19 所示.由图像观察 $x\to x_0^-$,$x\to x_0^+$ 时 $f(x)$ 的变化情况.

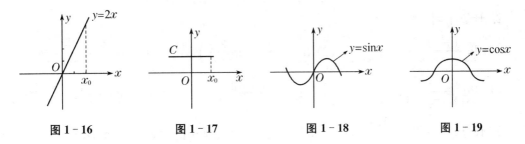

图 1-16　　　　图 1-17　　　　图 1-18　　　　图 1-19

事实上,这里 $\lim\limits_{x\to x_0}f(x)=f(x_0)$.

**注意** 一般情况下,上式不一定成立.

### 1.3.3 函数极限的性质

**定理 1-4(唯一性)** 若 $\lim\limits_{x\to x_0}f(x)=A$,且 $\lim\limits_{x\to x_0}f(x)=B$,则 $A=B$.

**定理 1-5(局部有界性)** 若 $\lim\limits_{x\to x_0}f(x)=A$,则存在一个 $\mathring{U}(x_0,\delta)$,使得函数 $f(x)$ 在 $\mathring{U}(x_0,\delta)$ 内有界.

**定理 1-6(保号性)** 如果 $\lim\limits_{x\to x_0}f(x)=A$,而且 $A>0$(或 $A<0$),则存在一个 $\mathring{U}(x_0,\delta)$,当 $x$ 在 $\mathring{U}(x_0,\delta)$ 内时,就有 $f(x)>0$(或 $f(x)<0$).

**定理 1-7** 如果在 $x_0$ 的某一去心邻域内 $f(x)\geqslant 0$(或 $f(x)\leqslant 0$),而且 $\lim\limits_{x\to x_0}f(x)=A$,那么 $A\geqslant 0$(或 $A\leqslant 0$).

**定理 1-8** $\lim\limits_{x\to x_0}f(x)=A$ 的充分必要条件为 $\lim\limits_{x\to x_0^+}f(x)=\lim\limits_{x\to x_0^-}f(x)=A$,即极限存在的充分必要条件为左、右极限都存在并且相等.

**【例 1-22】** 设 $f(x)=\begin{cases}x & x<3;\\ 3 & x\geqslant 3.\end{cases}$ 求 $\lim\limits_{x\to 3}f(x)$.

**分析** 先求 $\lim\limits_{x\to 3^-}f(x)$,$\lim\limits_{x\to 3^+}f(x)$,如果 $\lim\limits_{x\to 3^-}f(x)=\lim\limits_{x\to 3^+}f(x)=A$,则 $\lim\limits_{x\to 3}f(x)=A$,否则不存在.

**解** $\lim\limits_{x\to 3^-}f(x)=\lim\limits_{x\to 3^-}x=3$,$\lim\limits_{x\to 3^+}f(x)=\lim\limits_{x\to 3^+}3=3$,故 $\lim\limits_{x\to 3}f(x)=3$.

**【例 1-23】** 设 $f(x)=\begin{cases}x & x<0;\\ x+1 & x\geqslant 0.\end{cases}$ 求 $\lim\limits_{x\to 0^-}f(x)$,$\lim\limits_{x\to 0^+}f(x)$,$\lim\limits_{x\to 0}f(x)$.

**解** $\lim\limits_{x\to 0^+}f(x)=\lim\limits_{x\to 0^+}(x+1)=1$,$\lim\limits_{x\to 0^-}f(x)=\lim\limits_{x\to 0^-}x=0$,

即

$$\lim\limits_{x\to 0^-}f(x)\neq \lim\limits_{x\to 0^+}f(x),$$

故 $\lim\limits_{x\to 0}f(x)$ 不存在.

**习题 1.3**

1. 研究下列函数在 $x=0$ 处的左、右极限,并指出是否有极限:

(1) $f(x)=\dfrac{|x|}{x}$;

(2) $f(x)=\begin{cases} 1-x & x>0, \\ 0 & x=0, \\ 1+x^2 & x<0. \end{cases}$

2. 计算下列极限:

(1) $\lim\limits_{h\to 0}\dfrac{(x+h)^3-x^3}{h}$;

(2) $\lim\limits_{x\to 1}\left(\dfrac{1}{1-x}-\dfrac{3}{1-x^3}\right)$;

(3) $\lim\limits_{x\to 7}\dfrac{2-\sqrt{x-3}}{x^2-49}$;

(4) $\lim\limits_{x\to 1}\dfrac{x^2-2}{x^2-x+1}$;

(5) $\lim\limits_{x\to 0}\dfrac{\sqrt{x+1}-1}{x}$;

(6) $\lim\limits_{x\to\infty}\dfrac{\cos x}{x}$.

3. 设 $f(x)=\begin{cases} 2x-1, & x<1, \\ 0, & x\geqslant 1, \end{cases}$ 问 $\lim\limits_{x\to 1}f(x)$ 是否存在?画出 $y=f(x)$ 的图形.

4. 求 $f(x)=\dfrac{x}{x}$, $\varphi(x)=\dfrac{|x|}{x}$ 当 $x\to 0$ 时的左、右极限,并说明它们在 $x\to 0$ 时的极限是否存在.

5. $f(x)$ 当 $x\to x_0$ 时的右极限 $f(x_0^+)$ 及左极限 $f(x_0^-)$ 都存在且相等是 $\lim\limits_{x\to x_0}f(x)$ 存在的什么条件?

6. 利用 $y=\sin x$ 的图形作出下列函数的图形,并求出 $x\to 0$ 时 $y$ 的极限.

(1) $y=|\sin x|$;

(2) $y=\sin|x|$;

(3) $y=2\sin\dfrac{x}{2}$.

## 1.4 无穷小量与无穷大量

在极限的计算问题中,我们常会遇到一些特殊类型的极限,即以 0 或以 ∞ 为极限值类型的极限,这就涉及我们下面所讲的无穷小量与无穷大量.

**定义 1-16** 在某一变化过程中,以 0 为极限的变量称为无穷小(量).

**注意** 无穷小是变量,必须与某一变化过程相联系,这里所说的变量可以是一个函数,也可以是一个数列.

例如,$\lim\limits_{x\to\infty}\dfrac{1}{x}=0$,称 $\dfrac{1}{x}$ 为当 $x\to\infty$ 时的无穷小量;$\lim\limits_{x\to+\infty}\dfrac{1}{2^x}=0$,称 $\dfrac{1}{2^x}$ 为当 $x\to+\infty$ 时的无穷小量.

下面我们来看一个无穷小和极限之间的一个性质.

**性质 1-4** $\lim\limits_{x\to x_0}f(x)=A\Leftrightarrow f(x)=A+\alpha(x)$,$\alpha(x)$ 为 $x\to x_0$ 时的无穷小.

**定义 1-17** 在某一变化过程中,绝对值无限增大的变量称为无穷大(量).

**注意** 无穷大也是变量,不是一个很大的数,它是相对于某一变化过程而言的.

例如,$\lim\limits_{x\to 0}\dfrac{1}{x}=\infty$,称$\dfrac{1}{x}$为当$x\to 0$时的无穷大量;$\lim\limits_{x\to 0^+}\ln x=-\infty$,$\lim\limits_{x\to\infty}x^2=+\infty$.

**注意** 同一变量相对于不同的变化过程而言可能是无穷小量,也可能是无穷大量.

下面,我们不加证明地给出无穷小量与无穷大量的性质及其关系:

**定理 1-9** 有限个无穷小的和也是无穷小.

**定理 1-10** 有界函数与无穷小的乘积是无穷小.

**推论 1-1** 常数与无穷小的乘积是无穷小.

**推论 1-2** 有限个无穷小的乘积也是无穷小.

**定理 1-11** 在某一个变化过程中,如果$y$是无穷大量,则在同一变化过程中$\dfrac{1}{y}$是无穷小量;如果$y$是无穷小量($y\neq 0$),则在同一变化过程中$\dfrac{1}{y}$是无穷大量.

【例 1-24】 求$\lim\limits_{x\to\infty}\dfrac{1}{1+x^2}$.

**解** $x\to\infty$时,$1+x^2\to+\infty$,所以由定理1-11得$\dfrac{1}{1+x^2}\to 0$.

【例 1-25】 求$\lim\limits_{x\to\infty}\dfrac{\sin x}{x}$.

**解** $x\to\infty$时,$\dfrac{\sin x}{x}=\dfrac{1}{x}\cdot\sin x$,而$\dfrac{1}{x}$是无穷小量,$\sin x$是有界变量,故$\lim\limits_{x\to\infty}\dfrac{\sin x}{x}=0$.

### 习题 1.4

1. 指出下列各题中,哪些是无穷小,哪些是无穷大.

   (1) $x\to 0$,$\dfrac{1+2x}{x^2}$;(2) $x\to 3$,$\dfrac{x+1}{x^2-9}$;(3) $x\to 0$,$2^{-x}-1$;(4) $x\to 0^+$,$\ln x$.

2. 求下列极限:(1) $\lim\limits_{x\to 0}x^2\cos\dfrac{1}{x+x^2}$;(2) $\lim\limits_{x\to+\infty}(\cos\sqrt{x+1}-\cos\sqrt{x})$.

3. 通过计算极限指出哪些变量在指定条件下是无穷小或无穷大:

   (1) $\lim\limits_{x\to 0}\dfrac{\sin x}{1+\cos x}$;(2) $\lim\limits_{x\to\infty}\dfrac{\arctan x}{1+x^2}$;(3) $\lim\limits_{x\to-\infty}e^x\cdot\sin x$;(4) $\lim\limits_{x\to 0}\dfrac{x+1}{\sin x}$.

## 1.5 极限的运算法则

本节讨论极限的运算法则和无穷小的比较两部分内容,并用极限的运算法则求一些函数的极限,同时用等价无穷小的代换可以简便地计算一些极限问题,后面我们还会介绍计算极限的其他方法.

### 1.5.1 极限的四则运算

**定理 1-12** 如果$\lim f(x)=A$,$\lim g(x)=B$,则

(1) $\lim[f(x) \pm g(x)] = \lim f(x) \pm \lim g(x) = A \pm B$;

(2) $\lim[f(x) \cdot g(x)] = \lim f(x) \cdot \lim g(x) = A \cdot B$;

(3) $\lim \dfrac{f(x)}{g(x)} = \dfrac{\lim f(x)}{\lim g(x)} = \dfrac{A}{B} (B \neq 0)$.

这里需要强调的是以上定理中没有明确给出"lim"所对应的变化过程,意思是指以上定理对变量的任何变化过程都是成立的,而且对数列的极限也是成立的,对于每一条结论中的"lim"都是指同一个变化过程.

这里我们只对定理 1-12(1) 中的 $\lim[f(x) \pm g(x)] = \lim f(x) \pm \lim g(x) = A \pm B$ 加号情况给予证明,其他结论类似可证.

由 $\lim f(x) = A, \lim g(x) = B$,由 §1.4 中的极限与无穷小关系的性质可得
$$f(x) = A + \alpha(x), g(x) = B + \beta(x),$$
$\alpha(x), \beta(x)$ 都为和极限相同变化过程中的无穷小,从而 $f(x) + g(x) = A + B + \alpha(x) + \beta(x)$,再应用 §1.4 中的极限与无穷小关系的性质即可得到结论.

定理 1-12 中的(1)和(2)可推广到有限个的情况,即

$\lim[f(x) + g(x) - h(x)] = \lim f(x) + \lim g(x) - \lim h(x)$;

$\lim[f(x) \cdot g(x) \cdot h(x)] = \lim f(x) \cdot \lim g(x) \cdot \lim h(x)$.

用反证法和上面的运算定理我们很容易知道,如果 $\lim_{x \to x_0} f(x)$ 存在,$\lim_{x \to x_0} g(x)$ 不存在,则可判定 $\lim_{x \to x_0}[f(x) + g(x)]$ 必定不存在,详细证明过程留给读者来完成.

**推论 1-3** 如果 $\lim f(x)$ 存在,$c$ 为常数,则 $\lim[cf(x)] = c \lim f(x)$.

**推论 1-4** 如果 $\lim f(x)$ 存在,$n$ 为正整数,则 $\lim[f(x)]^n = [\lim f(x)]^n$.

**【例 1-26】** 求 $\lim_{x \to 1}(2x - 1)$.

**解** $\lim_{x \to 1}(2x - 1) = \lim_{x \to 1} 2x - \lim_{x \to 1} 1 = 2 \lim_{x \to 1} x - 1 = 2 \cdot 1 - 1 = 1$.

**注意** 若 $f(x)$ 是一多项式,则 $\lim_{x \to x_0} f(x) = f(x_0)$.

**【例 1-27】** 求 $\lim_{x \to 2} \dfrac{x^3 - 1}{x^2 - 5x + 3}$.

**解** $\lim_{x \to 2} \dfrac{x^3 - 1}{x^2 - 5x + 3} = \dfrac{\lim_{x \to 2}(x^3 - 1)}{\lim_{x \to 2}(x^2 - 5x + 3)} = \dfrac{\lim_{x \to 2} x^3 - \lim_{x \to 2} 1}{\lim_{x \to 2} x^2 - \lim_{x \to 2} 5x + \lim_{x \to 2} 3} = \dfrac{2^3 - 1}{2^2 - 10 + 3} = -\dfrac{7}{3}$.

**注意** 若 $f(x) = \dfrac{q(x)}{p(x)}, p(x_0) \neq 0, p(x), q(x)$ 是多项式,则

$$\lim_{x \to x_0} f(x) = \lim_{x \to x_0} \dfrac{q(x)}{p(x)} = \dfrac{\lim_{x \to x_0} q(x)}{\lim_{x \to x_0} p(x)} = \dfrac{q(x_0)}{p(x_0)}.$$

若 $p(x_0) = 0$ 呢?注意此时商的运算法则不能用,设法消去零因子.

对于多项式函数 $f(x) = a_0 x^n + a_1 x^{n-1} + \cdots + a_{n-1} x + a_n$,

有
$$\lim_{x \to x_0} f(x) = \lim_{x \to x_0}(a_0 x^n + a_1 x^{n-1} + \cdots + a_{n-1} x + a_n)$$
$$= a_0 (\lim_{x \to x_0} x)^n + a_1 (\lim_{x \to x_0} x)^{n-1} + \cdots + a_{n-1} \lim_{x \to x_0} x + a_n$$
$$= a_0 x_0^n + a_1 x_0^{n-1} + \cdots + a_{n-1} x_0 + a_n = f(x_0).$$

对于有理分式函数 $$F(x)=\frac{P(x)}{Q(x)},$$

其中,$P(x),Q(x)$ 都是多项式,于是有 $\lim\limits_{x\to x_0}P(x)=P(x_0)$,$\lim\limits_{x\to x_0}Q(x)=Q(x_0)$.

因此,当 $Q(x_0)\neq 0$ 时,$\lim\limits_{x\to x_0}F(x)=\lim\limits_{x\to x_0}\frac{P(x)}{Q(x)}=\frac{\lim\limits_{x\to x_0}P(x)}{\lim\limits_{x\to x_0}Q(x)}=\frac{P(x_0)}{Q(x_0)}=F(x_0)$.

一般情况为
$$\lim_{x\to\infty}\frac{a_0x^m+a_1x^{m-1}+\cdots+a_{m-1}x+a_m}{b_0x^n+b_1x^{n-1}+\cdots+b_{n-1}x+b_n}=\begin{cases}\dfrac{a_0}{b_0} & \text{当 } n=m;\\ 0 & \text{当 } n>m;\\ \infty & \text{当 } n<m.\end{cases}$$

【例 1-28】 求 $\lim\limits_{x\to 3}\dfrac{x-3}{x^2-9}$.

**解** $\lim\limits_{x\to 3}\dfrac{x-3}{x^2-9}=\lim\limits_{x\to 3}\dfrac{x-3}{(x-3)(x+3)}=\lim\limits_{x\to 3}\dfrac{1}{x+3}=\dfrac{1}{6}$.

当 $x\to 3$ 时,分子及分母的极限都是零,于是分子、分母不能分别取极限,因为分子及分母有公因子 $x-3$,而 $x\to 3$ 时 $x\neq 3$,$x-3\neq 0$,可约去这个不为零的公因子.

【例 1-29】 求 $\lim\limits_{x\to 1}\dfrac{2x-3}{x^2-5x+4}$.

**解** 分母的极限为零,不能用商的运算法则.
$\lim\limits_{x\to 1}\dfrac{x^2-5x+4}{2x-3}=\dfrac{1^2-5\cdot 1+4}{2\cdot 1-3}=0$,则 $\lim\limits_{x\to 1}\dfrac{2x-3}{x^2-5x+4}=\infty$.

【例 1-30】 求 $\lim\limits_{x\to\infty}\dfrac{3x^3+4x^2+1}{7x^3+5x^2-3}$.

**解** $\lim\limits_{x\to\infty}\dfrac{3x^3+4x^2+1}{7x^3+5x^2-3}=\lim\limits_{x\to\infty}\dfrac{3+\dfrac{4}{x}+\dfrac{1}{x^3}}{7+\dfrac{5}{x}-\dfrac{3}{x^3}}=\dfrac{3}{7}$.

【例 1-31】 $\lim\limits_{x\to 4}\dfrac{\sqrt{1+2x}-3}{\sqrt{x-2}-\sqrt{2}}$.

**解** $\lim\limits_{x\to 4}\dfrac{\sqrt{1+2x}-3}{\sqrt{x-2}-\sqrt{2}}=\lim\limits_{x\to 4}\dfrac{(2x-8)(\sqrt{x-2}+\sqrt{2})}{(x-4)(\sqrt{1+2x}+3)}=\lim\limits_{x\to 4}\dfrac{2(\sqrt{x-2}+\sqrt{2})}{(\sqrt{1+2x}+3)}=\dfrac{2\sqrt{2}}{3}$.

【例 1-32】 $\lim\limits_{x\to\infty}(\sqrt{x^2+1}-\sqrt{x^2-1})$.

**解** $\lim\limits_{x\to\infty}(\sqrt{x^2+1}-\sqrt{x^2-1})=\lim\limits_{x\to\infty}\dfrac{x^2+1-(x^2-1)}{\sqrt{x^2+1}+\sqrt{x^2-1}}=\lim\limits_{x\to\infty}\dfrac{2}{\sqrt{x^2+1}+\sqrt{x^2-1}}$

$=\lim\limits_{x\to\infty}\dfrac{\dfrac{2}{|x|}}{\sqrt{1+\dfrac{1}{x^2}}+\sqrt{1-\dfrac{1}{x^2}}}=0$.

**定理 1-13(复合函数的极限运算法则)** 设函数 $y=f[g(x)]$ 是由函数 $y=f(u)$ 与函数 $u=g(x)$ 复合而成,$f[g(x)]$ 在点 $x_0$ 的某去心邻域内有定义,若
$$\lim_{x\to x_0}g(x)=u_0,\lim_{u\to u_0}f(u)=A,$$

且存在 $\delta_0 > 0$，当 $x \in \overset{\circ}{U}(x_0, \delta_0)$，有 $g(x) \neq u_0$，则
$$\lim_{x \to x_0} f[g(x)] = \lim_{u \to u_0} f(u) = A.$$
由定理 1-13 可得，当 $\lim\limits_{x \to x_0} g(x) = \infty$，$\lim\limits_{u \to \infty} f(u) = A$，有
$$\lim_{x \to x_0} f[g(x)] = \lim_{u \to \infty} f(u) = A.$$
或当 $\lim\limits_{x \to \infty} g(x) = \infty$，$\lim\limits_{u \to \infty} f(u) = A$，有
$$\lim_{x \to \infty} f[g(x)] = \lim_{u \to \infty} f(u) = A.$$

### 习题 1.5

1. 计算下列极限：

(1) $\lim\limits_{x \to 2} \dfrac{x^2+5}{x-3}$；

(2) $\lim\limits_{x \to \sqrt{3}} \dfrac{x^2-3}{x^2+1}$；

(3) $\lim\limits_{x \to 1} \dfrac{x^2-2x+1}{x^2-1}$；

(4) $\lim\limits_{x \to 0} \dfrac{4x^3-2x^2+x}{3x^2+2x}$；

(5) $\lim\limits_{h \to 0} \dfrac{(x+h)^2-x^2}{h}$；

(6) $\lim\limits_{x \to \infty} \left(2 - \dfrac{1}{x} + \dfrac{1}{x^2}\right)$；

(7) $\lim\limits_{x \to \infty} \dfrac{x^2-1}{2x^2-x-1}$；

(8) $\lim\limits_{x \to \infty} \dfrac{x^2+x}{x^4-3x^2-1}$；

(9) $\lim\limits_{x \to 4} \dfrac{x^2-6x+8}{x^2-5x+4}$；

(10) $\lim\limits_{x \to \infty} \left(1 + \dfrac{1}{x}\right)\left(2 - \dfrac{1}{x^2}\right)$；

(11) $\lim\limits_{n \to \infty} \left(1 + \dfrac{1}{2} + \dfrac{1}{4} + \cdots + \dfrac{1}{2^n}\right)$；

(12) $\lim\limits_{n \to \infty} \dfrac{(n+1)(n+2)(n+3)}{5n^3}$.

2. 两个无穷小的商是否一定是无穷小，举例说明.

3. 计算下列极限：

(1) $\lim\limits_{x \to 2} \dfrac{x^3+2x^2}{(x-2)^2}$；

(2) $\lim\limits_{x \to \infty} \dfrac{x^2}{2x+1}$；

(3) $\lim\limits_{x \to \infty} (2x^3 - x + 1)$.

4. 计算下列极限：

(1) $\lim\limits_{x \to 0} x^2 \sin \dfrac{1}{x}$；

(2) $\lim\limits_{x \to \infty} \dfrac{\arctan x}{x}$；

(3) $\lim\limits_{x \to +\infty} \dfrac{1}{x} e^{\frac{1}{x}}$.

## 1.6 两个重要极限与无穷小的比较

在这一节中我们首先来介绍两个"极限存在准则"，然后再应用这两个重要准则得到两个重要极限. 首先介绍夹逼准则.

### 1.6.1 极限存在准则

这里我们不加证明地给出准则 I.

**定理 1-14（准则 I）** 如果数列 $x_n, y_n$ 及 $z_n$ 满足下列条件：

(1) $y_n \leqslant x_n \leqslant z_n (n=1,2,3,\cdots)$；(2) $\lim\limits_{n \to \infty} y_n = a$，$\lim\limits_{n \to \infty} z_n = a$.

则 $\lim\limits_{n \to \infty} x_n$ 存在，且 $\lim\limits_{n \to \infty} x_n = a$.

**定理 1-15（准则Ⅰ′）** 若当 $x \in \mathring{U}(x_0, \sigma)(|x| > M)$ 时,有:

(1) $g(x) \leqslant f(x) \leqslant h(x)$;　(2) $\lim\limits_{\substack{x \to x_0 \\ (x \to \infty)}} g(x) = \lim\limits_{\substack{x \to x_0 \\ (x \to \infty)}} h(x) = A$.

则 $\lim\limits_{\substack{x \to x_0 \\ (x \to \infty)}} f(x)$ 存在,且 $\lim\limits_{\substack{x \to x_0 \\ (x \to \infty)}} f(x) = A$.

夹逼准则是证明极限存在的一种重要方法,利用夹逼准则求极限的关键是构造出 $y_n$ 与 $z_n$,并且 $y_n$ 与 $z_n$ 的极限是容易求的. 下面我们来看两个应用夹逼准则的例子.

**【例 1-33】** 求 $\lim\limits_{n \to \infty} \left( \dfrac{1}{\sqrt{n^2+1}} + \dfrac{1}{\sqrt{n^2+2}} + \cdots + \dfrac{1}{\sqrt{n^2+n}} \right)$.

**解** 因为 $\dfrac{n}{\sqrt{n^2+n}} \leqslant \dfrac{1}{\sqrt{n^2+1}} + \dfrac{1}{\sqrt{n^2+2}} + \cdots + \dfrac{1}{\sqrt{n^2+n}} \leqslant \dfrac{n}{\sqrt{n^2+1}}$,

又 $\lim\limits_{n \to \infty} \dfrac{n}{\sqrt{n^2+n}} = \lim\limits_{n \to \infty} \dfrac{1}{\sqrt{1+\dfrac{1}{n}}} = 1, \lim\limits_{n \to \infty} \dfrac{n}{\sqrt{n^2+1}} = \lim\limits_{n \to \infty} \dfrac{1}{\sqrt{1+\dfrac{1}{n^2}}} = 1$,

所以 $\lim\limits_{n \to \infty} \left( \dfrac{1}{\sqrt{n^2+1}} + \dfrac{1}{\sqrt{n^2+2}} + \cdots + \dfrac{1}{\sqrt{n^2+n}} \right) = 1$.

**【例 1-34】** 求 $\lim\limits_{n \to \infty} \dfrac{n!}{n^n}$.

**解** $0 < \dfrac{n!}{n^n} = \dfrac{1 \cdot 2 \cdots n}{n \cdot n \cdots n} < \dfrac{1}{n}$,由夹逼准则得

$$\lim_{n \to \infty} \dfrac{n!}{n^n} = 0.$$

鉴于夹逼准则的重要性,这里再给出两个应用夹逼准则的思考题.

(1) 求极限:$\lim\limits_{n \to \infty} n \left( \dfrac{1}{n^2+\pi} + \dfrac{1}{n^2+2\pi} + \cdots + \dfrac{1}{n^2+n\pi} \right)$;

(2) 求极限:$\lim\limits_{n \to \infty} (1 + 2^n + 3^n)^{\frac{1}{n}}$.

在介绍单调有界准则以前首先来介绍单调数列.

单调数列就是指对于数列 $y_n = f(n)$,若对于任意的 $n$,有

$$f(n) < f(n+1)(f(n) > f(n+1)), n \in \mathbb{Z}_+,$$

则称数列 $y_n = f(n)$ 是单调增加(减少)的数列.

有界数列就是指对于数列 $y_n = f(n)$,若 $\forall n \in \mathbb{Z}_+$,有 $m \leqslant y_n \leqslant M (m, M$ 为常数),则称数列是有界数列.

在以上两个概念的基础上我们来介绍准则Ⅱ.

**定理 1-16（准则Ⅱ）** 设数列 $y_n = f(n)$,若 $\forall n \in \mathbb{Z}_+, f(n) \leqslant f(n+1)(f(n) \geqslant f(n+1))$ 且 $y_n \leqslant M(m \leqslant y_n)$,则 $\lim\limits_{n \to \infty} y_n$ 存在,即单调增加(减少)有上界(下界)的数列有极限.

例如,$y_n = 1 - \dfrac{1}{n}, y_1 = 0 < y_2 = \dfrac{1}{2} < y_3 = \dfrac{2}{3} < \cdots < y_n = 1 - \dfrac{1}{n} < 1, \lim\limits_{n \to \infty} y_n = 1$.

**【例 1-35】** 证明数列 $x_n = \sqrt{3 + \sqrt{3 + \sqrt{\cdots + \sqrt{3}}}}$ ($n$ 重根式)的极限存在,并求出极限.

**证明** 显然 $x_{n+1} > x_n$,所以 $\{x_n\}$ 是单调增加的,又 $x_1 = \sqrt{3} < 3$,假定 $x_k < 3, x_{k+1} =$

$\sqrt{3+x_k} < \sqrt{3+3} < 3$，由归纳法可知 $\{x_n\}$ 是有界的，所以 $\lim\limits_{n\to\infty} x_n$ 存在.

因为 $x_{n+1} = \sqrt{3+x_n}$，$x_{n+1}^2 = 3+x_n$，$\lim\limits_{n\to\infty} x_{n+1}^2 = \lim\limits_{n\to\infty}(3+x_n)$，$A^2 = 3+A$，解得 $A = \dfrac{1+\sqrt{13}}{2}$，$A = \dfrac{1-\sqrt{13}}{2}$（舍去），所以 $\lim\limits_{n\to\infty} x_n = \dfrac{1+\sqrt{13}}{2}$.

### 1.6.2 两个重要极限

1. 第一个重要极限 $\lim\limits_{x\to 0}\dfrac{\sin x}{x} = 1$

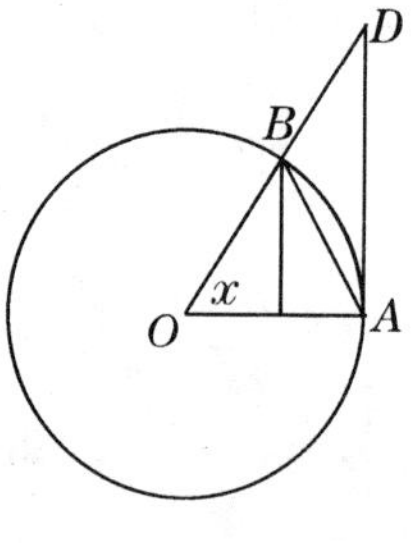

证明要点：如图 1-20 所示，因为
$$S_{\triangle AOB} < S_{\text{扇形}AOB} < S_{\triangle AOD},$$
所以 $\dfrac{1}{2}\cdot 1\cdot \sin x < \dfrac{1}{2}\cdot x\cdot 1 < \dfrac{1}{2}\cdot \tan x\cdot 1 \Rightarrow \sin x < x < \tan x$
$\Rightarrow 1 < \dfrac{x}{\sin x} < \dfrac{1}{\cos x} \Rightarrow \cos x < \dfrac{\sin x}{x} < 1.$

因为 $\lim\limits_{x\to 0}\cos x = 1$，

所以 $\lim\limits_{x\to 0}\dfrac{\sin x}{x} = 1.$

图 1-20

**【例 1-36】** 求 $\lim\limits_{x\to 0}\dfrac{\tan x}{x}$.

**解** $\lim\limits_{x\to 0}\dfrac{\tan x}{x} = \lim\limits_{x\to 0}\dfrac{\frac{\sin x}{\cos x}}{x} = \lim\limits_{x\to 0}\dfrac{\sin x}{x}\cdot\dfrac{1}{\cos x} = \lim\limits_{x\to 0}\dfrac{\sin x}{x}\lim\limits_{x\to 0}\dfrac{1}{\cos x} = 1.$

**【例 1-37】** 求 $\lim\limits_{x\to 0}\dfrac{\sin kx}{x}$ $(k\neq 0)$.

**解** $\lim\limits_{x\to 0}\dfrac{\sin kx}{x} = k\lim\limits_{x\to 0}\dfrac{\sin kx}{kx} \xrightarrow{t=kx} k\lim\limits_{t\to 0}\dfrac{\sin t}{t} = k.$

**【例 1-38】** 求 $\lim\limits_{x\to 0}\dfrac{1-\cos x}{x^2}$.

**解** $\lim\limits_{x\to 0}\dfrac{1-\cos x}{x^2} = \lim\limits_{x\to 0}\dfrac{2\sin^2\frac{x}{2}}{x^2} = \lim\limits_{x\to 0}\dfrac{\left(\dfrac{\sin\frac{x}{2}}{\frac{x}{2}}\right)^2\cdot\left(\dfrac{x}{2}\right)^2}{2\cdot\left(\dfrac{x}{2}\right)^2} = \dfrac{1}{2}.$

**【例 1-39】** 求 $\lim\limits_{x\to\infty} x\sin\dfrac{1}{x}$.

**解** $\lim\limits_{x\to\infty} x\sin\dfrac{1}{x} = \lim\limits_{x\to\infty}\dfrac{\sin\frac{1}{x}}{\frac{1}{x}} = 1.$

**【例 1-40】** 求 $\lim\limits_{x\to\pi}\dfrac{\sin x}{x-\pi}$.

**解** 令 $t = x-\pi$，则 $\lim\limits_{x\to\pi}\dfrac{\sin x}{x-\pi} = \lim\limits_{t\to 0}\dfrac{\sin(t+\pi)}{t} = \lim\limits_{t\to 0}\dfrac{-\sin t}{t} = -1.$

**【例 1-41】** 求 $\lim\limits_{x\to 0}\dfrac{\sqrt{1+x\sin x}-\cos x}{\sin^2\dfrac{x}{2}}$.

**解** 因为 $\lim\limits_{x\to 0}(\sqrt{1+x\sin x}+\cos x)=2$,所以

$$\lim_{x\to 0}\frac{\sqrt{1+x\sin x}-\cos x}{\sin^2\dfrac{x}{2}}$$

$$=\lim_{x\to 0}\frac{x\sin x+\sin^2 x}{\sin^2\dfrac{x}{2}(\sqrt{1+x\sin x}+\cos x)}=\frac{1}{2}\lim_{x\to 0}\frac{x\sin x+\sin^2 x}{\sin^2\dfrac{x}{2}}$$

$$=\frac{1}{2}\lim_{x\to 0}\frac{2\sin\dfrac{x}{2}\cos\dfrac{x}{2}(x+\sin x)}{\sin^2\dfrac{x}{2}}=\frac{1}{2}\lim_{x\to 0}\frac{2\cos\dfrac{x}{2}(x+\sin x)}{\sin\dfrac{x}{2}}$$

$$=\lim_{x\to 0}\cos\dfrac{x}{2}\left(\dfrac{x}{\sin\dfrac{x}{2}}+2\cos\dfrac{x}{2}\right)=\lim_{x\to 0}\cos\dfrac{x}{2}\left(2\cdot\dfrac{\dfrac{x}{2}}{\sin\dfrac{x}{2}}+2\cos\dfrac{x}{2}\right)=4.$$

在实际题目的计算中,我们常常需要特别注意第一个重要极限的如下本质特点:

(1) 类型: $\dfrac{0}{0}$;

(2) 结构: $\lim\limits_{\varphi(x)\to 0}\dfrac{\sin\varphi(x)}{\varphi(x)}=1$;

(3) 此极限与过程有关.

2. 第二个重要极限 $\lim\limits_{n\to\infty}\left(1+\dfrac{1}{n}\right)^n=\mathrm{e}$(数列形式)   $\lim\limits_{x\to\infty}\left(1+\dfrac{1}{x}\right)^x=\mathrm{e}$(函数形式)

在函数形式中若令 $y=\dfrac{1}{x}$,则有 $\lim\limits_{y\to 0}(1+y)^{1/y}=\mathrm{e}$.

**注意** 此重要极限也有两个特征:第一,对于给定的极限过程,底数为"1+无穷小"的形式,这一给定的极限过程可以是 $x\to\infty$,也可是 $x\to x_0$,甚至可以是单边的极限过程;第二,指数在给定的极限过程下为无穷大并且是底数中无穷小的倒数. 满足这两个条件的极限必等于 e.

**【例 1-42】** 求 $\lim\limits_{x\to\infty}\left(1-\dfrac{1}{x}\right)^x$.

**解** $\lim\limits_{x\to\infty}\left(1-\dfrac{1}{x}\right)^x=\lim\limits_{x\to\infty}\left(1+\dfrac{1}{-x}\right)^{-x\cdot(-1)}=\mathrm{e}^{-1}.$

**【例 1-43】** 求 $\lim\limits_{x\to\infty}\left(\dfrac{x}{1+x}\right)^{2x}$.

**解** $\lim\limits_{x\to\infty}\left(\dfrac{x}{1+x}\right)^{2x}=\lim\limits_{x\to\infty}\dfrac{1}{\left(1+\dfrac{1}{x}\right)^{2x}}=\dfrac{1}{\mathrm{e}^2}.$

**【例 1-44】** 求 $\lim\limits_{x\to\infty}\left(\dfrac{x+a}{x-a}\right)^x$.

**解** 原式 $= \lim\limits_{x\to\infty}\left(1+\dfrac{2a}{x-a}\right)^x = \lim\limits_{x\to\infty}\left(1+\dfrac{1}{\frac{x-a}{2a}}\right)^{\frac{x-a}{2a}2a+a}$

$$= \left[\lim_{x\to\infty}\left(1+\dfrac{1}{\frac{x-a}{2a}}\right)^{\frac{x-a}{2a}}\right]^{2a} \lim_{x\to\infty}\left[1+\dfrac{1}{\frac{x-a}{2a}}\right]^a = e^{2a}.$$

本例也可以利用以下列方法运算：

$$\text{原式} = \lim_{x\to\infty}\left[\dfrac{1+\dfrac{a}{x}}{1-\dfrac{a}{x}}\right]^x = \dfrac{\lim\limits_{x\to\infty}\left(1+\dfrac{a}{x}\right)^x}{\lim\limits_{x\to\infty}\left(1-\dfrac{a}{x}\right)^x} = e^{2a}.$$

在实际的计算中我们常常要用到第二个重要极限的如下本质特点：

(1) 类型：$1^\infty$；

(2) 结构：$\lim\limits_{\varphi(x)\to\infty}\left[1+\dfrac{1}{\varphi(x)}\right]^{\varphi(x)} = e$；

(3) 与极限过程有关．

### 1.6.3 无穷小量的比较

两个无穷小的和、差、乘积仍是无穷小，但关于两个无穷小的商，却会出现不同的情况．例如，$x\to 0$ 时，$3x, x^2, \sin x$ 都是无穷小，但

$$\lim_{x\to 0}\dfrac{x^2}{3x}=0, \lim_{x\to 0}\dfrac{3x}{x^2}=\infty, \lim_{x\to 0}\dfrac{\sin x}{x}=1.$$

两个无穷小之比的极限的各种不同情况，反映了不同的无穷小趋向零的"快慢"程度．

**定义 1-18** 如果 $\lim\dfrac{\beta}{\alpha}=0$，就说 $\beta$ 是比 $\alpha$ 高阶的无穷小，记作 $\beta=o(\alpha)$；

如果 $\lim\dfrac{\beta}{\alpha}=\infty$，就是说 $\beta$ 是比 $\alpha$ 低阶的无穷小；

如果 $\lim\dfrac{\beta}{\alpha}=c\neq 0$，就说 $\beta$ 与 $\alpha$ 是同阶无穷小；

如果 $\lim\dfrac{\beta}{\alpha^k}=c\neq 0, k>0$，就说 $\beta$ 是关于 $\alpha$ 的 $k$ 阶无穷小；

如果 $\lim\dfrac{\beta}{\alpha}=1$，就说 $\beta$ 与 $\alpha$ 是等价无穷小，记作 $\alpha\sim\beta$．

因为 $\lim\limits_{x\to 0}\dfrac{x^2}{3x}=0$，所以当 $x\to 0$，$x^2$ 是比 $3x$ 高阶的无穷小，即 $x^2=o(3x)(x\to 0)$；

因为 $\lim\limits_{x\to 0}\dfrac{3x}{x^2}=\infty$，所以当 $x\to 0$，$3x$ 是比 $x^2$ 低阶的无穷小；

因为 $\lim\limits_{x\to 0}\dfrac{\sin x}{x}=1$（见 §1.6 中两个重要极限），所以当 $x\to 0$，$\sin x$ 与 $x$ 是等价无穷小，即 $\sin x\sim x(x\to 0)$．

**【例 1-45】** 证明：当 $x\to 0$ 时，$\sqrt[n]{1+x}-1\sim\dfrac{1}{n}x$．

**证明** 因为 $a^n-b^n=(a-b)(a^{n-1}+ba^{n-2}+\cdots+b^{n-1})$，所以

$$\lim_{x\to 0}\dfrac{\sqrt[n]{1+x}-1}{\dfrac{1}{n}x} = \lim_{x\to 0}\dfrac{(\sqrt[n]{1+x})^n-1}{\dfrac{1}{n}x\left[\sqrt[n]{(1+x)^{n-1}}+\sqrt[n]{(1+x)^{n-2}}+\cdots+1\right]}$$

$$=\lim_{x\to 0}\frac{n}{\sqrt[n]{(1+x)^{n-1}}+\sqrt[n]{(1+x)^{n-2}}+\cdots+1}=1.$$

关于等价无穷小的重要性质:

**定理 1-17** $\beta$ 与 $\alpha$ 是等阶无穷小的充分必要条件为 $\beta=\alpha+o(\alpha)$.

**定理 1-18** 设 $\alpha\sim\alpha',\beta\sim\beta'$ 且 $\lim\frac{\beta'}{\alpha'}$ 存在,则 $\lim\frac{\beta}{\alpha}=\lim\frac{\beta'}{\alpha'}$.

**注意** 根据定理 1-15,可利用等阶无穷小简化极限运算,即求两个无穷小之比的极限时分子和分母都可用等价无穷小来代替.

【例 1-46】 求 $\lim\limits_{x\to 0}\frac{\tan 2x}{\sin 5x}$.

**解** 当 $x\to 0$,$\tan 2x\sim 2x$,$\sin 5x\sim 5x$,所以 $\lim\limits_{x\to 0}\frac{\tan 2x}{\sin 5x}=\frac{2x}{5x}=\frac{2}{5}$.

【例 1-47】 求 $\lim\limits_{x\to 0}\frac{\sin x}{x^3+3x}$.

**解** 当 $x\to 0$,$\sin x\sim x$,无穷小 $x^3+3x$ 与自身等价,所以
$$\lim_{x\to 0}\frac{\sin x}{x^3+3x}=\lim_{x\to 0}\frac{x}{x^3+3x}=\lim_{x\to 0}\frac{1}{x^2+3}=\frac{1}{3}.$$

【例 1-48】 求 $\lim\limits_{x\to 0}\frac{(1+x^2)^{\frac{1}{3}}-1}{\cos x-1}$.

**解** 当 $x\to 0$,$(1+x^2)^{\frac{1}{3}}-1\sim\frac{1}{3}x^2$,$\cos x-1\sim-\frac{1}{2}x^2$,所以
$$\lim_{x\to 0}\frac{(1+x^2)^{\frac{1}{3}}-1}{\cos x-1}=\lim_{x\to 0}\frac{\frac{1}{3}x^2}{-\frac{1}{2}x^2}=-\frac{2}{3}.$$

特别要强调的是利用等价无穷小代换的时候,只有含有无穷小的乘积式子中的无穷小才可用无穷小的等价代换,而无穷小与无穷小的和差是不能应用等价代换的.

【例 1-49】 求 $\lim\limits_{x\to 0}\frac{\tan x-\sin x}{x^3}$.

**解** 原式 $=\lim\limits_{x\to 0}\frac{x-x}{x^3}=0$,这种解法是错误地应用了等价无穷小的代换.

正确的解法应该是

原式 $=\lim\limits_{x\to 0}\frac{(1-\cos x)\sin x}{x^3\cos x}=\lim\limits_{x\to 0}\frac{1-\cos x}{x^2}\cdot\lim\limits_{x\to 0}\frac{\sin x}{x}\cdot\lim\limits_{x\to 0}\frac{1}{\cos x}.$

因为 $1-\cos x\sim\frac{1}{2}x^2$,所以
$$\lim_{x\to 0}\frac{1-\cos x}{x^2}=\lim_{x\to 0}\frac{\frac{1}{2}x^2}{x^2}=\frac{1}{2},$$

所以原式 $=\frac{1}{2}\times 1\times 1=\frac{1}{2}$.

**注意** 常见的等价无穷小量:

$\sin x\sim x$, $\quad x\to 0$; $\qquad e^x-1\sim x$, $\quad x\to 0$;

$\tan x \sim x$, $\quad x \to 0$; $\qquad \arcsin x \sim x$, $\quad x \to 0$;

$1-\cos x \sim \dfrac{x^2}{2}$, $\quad x \to 0$; $\qquad \arctan x \sim x$, $\quad x \to 0$;

$\ln(1+x) \sim x$, $\quad x \to 0$; $\qquad \sqrt[n]{1+x}-1 \sim \dfrac{1}{n}x$, $\quad x \to 0$.

### 习题 1.6

1. 计算下列极限:

(1) $\lim\limits_{x \to 0}\dfrac{\sin^2 x}{x^2}$;

(2) $\lim\limits_{x \to 0}\dfrac{\sin^2 4x}{x^2}$;

(3) $\lim\limits_{x \to 0}\dfrac{x^3}{3\sin^3 2x}$;

(4) $\lim\limits_{x \to \infty} x \tan \dfrac{1}{x}$;

(5) $\lim\limits_{x \to 0} x \cot x$;

(6) $\lim\limits_{x \to 0}\dfrac{\sin 4x}{\sqrt{x+1}-1}$.

2. 计算下列极限:

(1) $\lim\limits_{x \to \infty}\left(1+\dfrac{3}{x}\right)^{x+1}$;

(2) $\lim\limits_{x \to \infty}\left(1-\dfrac{1}{x}\right)^{2x}$;

(3) $\lim\limits_{x \to 0}(1+9x)^{\frac{1}{x}}$;

(4) $\lim\limits_{x \to 0}(1-2x)^{\frac{1}{x}}$;

(5) $\lim\limits_{x \to \infty}\left(\dfrac{2-x}{2}\right)^{\frac{2}{x}}$;

(6) $\lim\limits_{x \to 0}\left(\dfrac{1}{1+x}\right)^{\frac{1}{2x}+1}$;

(7) $\lim\limits_{x \to 0}\dfrac{\ln(1+2x)}{\sin 3x}$;

(8) $\lim\limits_{n \to \infty}\{n[\ln(n+2)-\ln n]\}$.

3. 用极限存在准则求证下列极限:

(1) 设 $a_i > 0 (i=1,2,\cdots,m)$, $M = \max\{a_1,\cdots,a_m\}$, 证明:
$$\lim\limits_{n \to \infty}\sqrt[n]{a_1^n + a_2^n + \cdots + a_m^n} = M.$$

(2) 设 $x_1 > \sqrt{3}$, $x_{n+1} = \dfrac{3(1+x_n)}{3+x_n}$ $(n=1,2,\cdots)$, 证明此数列收敛, 并求出它的极限.

(3) $\lim\limits_{n \to \infty}\sqrt{1+\dfrac{1}{n}} = 1$.

(4) 数列 $\sqrt{2}, \sqrt{2+\sqrt{2}}, \sqrt{2+\sqrt{2+\sqrt{2}}}, \cdots$ 的极限存在.

4. 求下列极限:

(1) $\lim\limits_{n \to \infty}\left(\dfrac{1}{n+\sqrt{1}}+\cdots+\dfrac{1}{n+\sqrt{n}}\right)$;

(2) $\lim\limits_{n \to \infty} n\left(\dfrac{1}{n^2+\pi}+\cdots+\dfrac{1}{n^2+n\pi}\right)$;

(3) $\lim\limits_{n \to \infty}\sqrt[n]{\dfrac{2+(-1)^n}{2^n}}$;

(4) $\lim\limits_{x \to \infty} x \sin \dfrac{1}{x}$.

5. 当 $x \to 0$ 时, 试比较下列无穷小的阶:

(1) $\alpha(x) = x^3 + 2x^2$, $\beta(x) = 2x^2$;

(2) $\alpha(x) = \sin x$, $\beta(x) = x$;

(3) $\alpha(x) = \tan x$, $\beta(x) = x$;

(4) $\alpha(x) = 1-\cos x$, $\beta(x) = \dfrac{1}{2}x^2$.

6. 已知 $\lim\limits_{x \to 1}\dfrac{x^2+ax+b}{1-x} = 5$, 求 $a, b$.

7. 求下列函数的极限:

(1) $\lim\limits_{x \to 0}\dfrac{1-\cos x}{3x^2}$;

(2) $\lim\limits_{x \to 0}\dfrac{\tan x - \sin x}{\sin x^3}$;

(3) 求 $\lim\limits_{x\to 0}\dfrac{\tan 3x}{\sin 3x}$;

(4) 求 $\lim\limits_{x\to 0}\dfrac{\tan x-\sin x}{\sin^3 2x}$;

(5) 求 $\lim\limits_{x\to 0}\dfrac{(1+x^2)^{1/3}-1}{\cos x-1}$;

(6) 求 $\lim\limits_{x\to 0}\dfrac{\sqrt{1+\tan x}-\sqrt{1-\tan x}}{\sqrt{1+2x}-1}$;

(7) 计算 $\lim\limits_{x\to 0}\dfrac{e^{\frac{\sin x}{3}}-1}{\arctan x}$;

(8) 计算 $\lim\limits_{x\to 0}\dfrac{\sqrt{2}-\sqrt{1+\cos x}}{\sin^2 x}$.

8. 证明下列各式:

(1) $2x-x^2=o(\sqrt[3]{x})(x\to 0)$;

(2) $x\sin\sqrt{x}=o(x^{\frac{3}{4}})(x\to 0^+)$;

(3) $\sqrt{1+x}-1=o(\sqrt{x})(x\to 0)$;

(4) $(1+x)^n=1+nx+o(x)(x\to 0)$($n$ 为正整数);

(5) $2x^3+x^2=o(x)(x\to 0)$;

(6) $o[g(x)]\pm o[g(x)]=o[g(x)](x\to x_0)$;

(7) $o[g_1(x)]\cdot o[g_2(x)]=o[g_1(x)\cdot g_2(x)](x\to x_0)$.

9. 当 $x\to 1$ 时,无穷小 $1-x$ 和① $1-\sqrt[3]{x}$,② $2(1-\sqrt{x})$ 是否同阶?是否等价?

10. 求 $\lim\limits_{\varphi\to 0}\dfrac{1-\sqrt[n]{\cos n\varphi}}{\varphi^2}(n\in\mathbb{N})$.

11. 两个无穷小的商是否一定是无穷小?试举例说明.

12. 两个无穷大的商是否一定是无穷大?举例说明.

## 1.7 函数连续性的概念

函数的连续性是函数的重要性态之一,客观世界存在着很多连续变化的现象,如气温的变化、河水的流动、植物的生长等,都是连续地变化着的.这种现象在函数关系上的反映就是函数的连续性.所谓函数变化是连续的,指的是当自变量发生的变化极其微小的时候,对应函数的变化也极其微小.

### 1.7.1 函数连续性的概念

在给出函数连续性的概念以前,首先给出增量的概念.设变量 $u$ 从它的一个初值 $u_1$ 变到终值 $u_2$,终值与初值的差 $u_2-u_1$ 就叫做变量 $u$ 的增量,即 $\Delta u=u_2-u_1$(从 $u_1$ 变到 $u_2$).

**注意** 增量可正可负.

设函数 $y=f(x)$ 在点 $x_0$ 的某邻域内有定义(含 $x_0$ 点).在点 $x_0$,自变量的增量为
$$\Delta x=x-x_0 \quad (x=x_0+\Delta x).$$
相应有函数的增量
$$\Delta y=f(x_0+\Delta x)-f(x_0).$$

**定义 1-19** 若 $\lim\limits_{\Delta x\to 0}\Delta y=\lim\limits_{\Delta x\to 0}[f(x_0+\Delta x)-f(x_0)]=0$,则称 $f(x)$ 在点 $x_0$ 连续.

**定义 1-20** 若 $\lim\limits_{x\to x_0}f(x)=f(x_0)$ 或 $\lim\limits_{\Delta x\to 0}f(x_0+\Delta x)=f(x_0)$,则称 $f(x)$ 在点 $x_0$ 连续.

**注意** 连续性的定义满足下列三点:

(1) $f(x)$ 在 $x=x_0$ 处有定义;

(2) $\lim_{x \to x_0} f(x)$ 存在；

(3) 极限值等于 $f(x_0)$.

在高等数学里经常遇到在区间上连续的函数, $f(x)$ 在**区间上连续**是指 $f(x)$ 在区间 $I$ 上每点都连续.

例如, $y = \sin x$ 在 $(-\infty, +\infty)$ 连续, $y = \ln x$ 在 $(0, +\infty)$ 连续, 即 $\forall x \in I$, 有
$$\lim_{\Delta x \to 0} f(x + \Delta x) = f(x).$$

**注意** 连续即 $\lim_{x \to x_0} f(x) = f(\lim_{x \to x_0} x)$.

左连续: $\lim_{x \to x_0^-} f(x) = f(x_0)$, 即当 $x$ 从 $x_0$ 左边趋向于 $x_0$ 时, $f(x)$ 趋向于 $f(x_0)$;

右连续: $\lim_{x \to x_0^+} f(x) = f(x_0)$, 即当 $x$ 从 $x_0$ 右边趋向于 $x_0$ 时, $f(x)$ 趋向于 $f(x_0)$.

由连续性的定义我们很容易得到如下重要的常用的结论:

$f(x)$ 在 $x_0$ 连续 $\Leftrightarrow f(x)$ 在 $x_0$ 左、右连续(常常需要讨论分段函数在分界点的连续性).

【例 1-50】 设函数 $f(x) = \begin{cases} \dfrac{\cos x}{x+2} & x \geq 0; \\ \dfrac{\sqrt{a} - \sqrt{a-x}}{x} & x < 0 \quad (a > 0). \end{cases}$ 求 $a$, 使 $f(x)$ 在 $x = 0$ 连续.

**解** $f(0) = \dfrac{1}{2}$, $\lim_{x \to 0^+} \dfrac{\cos x}{x+2} = \dfrac{1}{2}$,

$$\lim_{x \to 0^-} \frac{\sqrt{a} - \sqrt{a-x}}{x} = \lim_{x \to 0^-} \frac{x}{x(\sqrt{a} + \sqrt{a-x})} = \frac{1}{2\sqrt{a}},$$

所以当 $\dfrac{1}{2\sqrt{a}} = \dfrac{1}{2}$ 时, 即 $a = 1$ 时, $f(x)$ 在 $x = 0$ 连续.

### 1.7.2 函数的间断点

**定义 1-21** 设函数 $f(x)$ 在点 $x_0$ 的某去心邻域内有定义, 在以下三种情况下, $x_0$ 为 $f(x)$ 的间断点, 也称不连续点:

(1) $f(x_0)$ 无定义, 如 $f(x) = \dfrac{x^2-1}{x-1}$ 在 $x=1$ 无定义, $f(x) = \sin \dfrac{1}{x}$ 在 $x=0$ 无定义;

(2) $\lim_{x \to x_0} f(x)$ 不存在(含 $\infty$ 和 $f(x_0+0) \neq f(x_0-0)$);

(3) $\lim_{x \to x_0} f(x)$ 存在但不等于 $f(x_0)$.

**1. 第一类间断点**

函数 $f(x)$ 在 $x_0$ 的左极限 $f(x_0-0)$ 和右极限 $f(x_0+0)$ 都存在, 但是不等于 $f(x_0)$, 这时候 $x_0$ 为第一类间断点. 具体地又分为如下两种情况:

(1) **可去间断点** $\lim_{x \to x_0} f(x)$ 存在, 但不等于 $f(x_0)$(或不存在).

如 $\lim_{x \to 0} \dfrac{\sin x}{x} = 1$ 及 $\lim_{x \to 1} \dfrac{x^2-1}{x-1} = 2$, 在 $x=0$ 及 $x=1$ 没有定义.

(2) **跳跃间断点** 当 $f(x_0+0) \neq f(x_0-0)$ 时, $x_0$ 为 $f(x)$ 的跳跃间断点.

如 $f(x)=\begin{cases} x^2 & x\leqslant 1; \\ x+1 & x>1 \end{cases}$ 在 $x=1$ 时, $\begin{cases} f(1+0)=2; \\ f(1-0)=1. \end{cases}$

对可去间断点,若补充定义 $f(x_0)=\lim\limits_{x\to x_0}f(x)$,则 $f(x)$ 在 $x_0$ 连续.

例如,$f(x)=(1+2x)^{\frac{1}{3x}}$,有 $\lim\limits_{x\to 0}(1+2x)^{\frac{1}{3x}}=e^{\frac{2}{3}}$,若定义 $f(0)=e^{\frac{2}{3}}$,可使 $f(x)$ 在 $x=0$ 连续.

**2. 第二类间断点**

$f(x_0+0)$ 与 $f(x_0-0)$ 至少有一个不存在(含 $\infty$),具体地又分为如下两种情况.

(1) **无穷间断点**　例如　$\lim\limits_{x\to \frac{\pi}{2}}\tan x=\infty$,

$x=\frac{\pi}{2}$ 是 $f(x)=\tan x$ 的无穷间断点,$x=2$ 是 $f(x)=e^{\frac{1}{x-2}}$ 无穷间断点,因为

$$\begin{cases} \lim\limits_{x\to 2^+}e^{\frac{1}{x-2}}=+\infty; \\ \lim\limits_{x\to 2^-}e^{\frac{1}{x-2}}=0. \end{cases}$$

所以 $x=2$ 是 $f(x)=e^{\frac{1}{x-2}}$ 的无穷间断点.

(2) **振荡间断点**　例如,$y=\sin\frac{1}{x}$ 在 $x=0$ 是振荡间断点;$y=\cos\frac{1}{x^2-4}$ 在 $x=\pm 2$ 是振荡间断点,函数值在 $-1$ 与 $1$ 之间无限次振荡.

【例 1-51】　设 $f(x)=\lim\limits_{n\to\infty}\dfrac{1-e^{nx}}{1+e^{nx}}$,讨论 $f(x)$ 在 $x=0$ 的连续性.

**解**　因为 $x>0$ 时,$e^{nx}\to +\infty(n\to\infty)$,$x<0$ 时,$e^{nx}\to 0$,从而有

$$f(x)=\begin{cases} 1 & x<0; \\ 0 & x=0; \\ -1 & x>0. \end{cases}$$

所以 $x=0$ 为跳跃间断点.

【例 1-52】　讨论 $f(x)=\begin{cases} x^\alpha \sin\dfrac{1}{x} & x\neq 0; \\ 0 & x=0 \end{cases}$ 在 $x=0$ 的连续性($\alpha\in\mathbb{R}$).

**解**　$f(0)=0,\lim\limits_{x\to 0}f(x)=\lim\limits_{x\to 0}x^\alpha \sin\dfrac{1}{x}=\begin{cases} 0 & \text{当 }\alpha>0; \\ \text{不存在} & \text{当 }\alpha\leqslant 0. \end{cases}$

所以当 $\alpha>0$ 时,$\lim\limits_{x\to 0}f(x)=f(0)$,即在 $x=0$ 连续;当 $\alpha\leqslant 0$ 时,不连续.

【例 1-53】　求 $k$ 的值,使 $f(x)=\begin{cases} x^{\frac{1}{x-1}} & 0<x<1; \\ e^{x+k} & x\geqslant 1 \end{cases}$ 在 $x=1$ 连续.

**解**　$f(1)=e^{1+k},\lim\limits_{x\to 1^+}f(x)=e^{1+k},\lim\limits_{x\to 1^-}f(x)=\lim\limits_{x\to 1^-}[1+(x-1)]^{\frac{1}{x-1}}=e$,

当 $k=0$ 时,$\lim\limits_{x\to 1}f(x)=f(1)$ 连续.

【例 1-54】　设 $f(x)=\begin{cases} x^2+a & x\geqslant 1; \\ \cos\pi x & x<1 \end{cases}$ 处处连续,求 $a$.

**解**　$f(1)=1+a=\lim\limits_{x\to 1^+}f(x),\lim\limits_{x\to 1^-}f(x)=\cos\pi=-1$.

所以 $a=-2$ 时,在 $x=1$ 连续,故在 $(-\infty,+\infty)$ 连续.

【例1-55】 设 $f(x)=\begin{cases}\dfrac{(a+b)x+b}{\sqrt{3x+1}-\sqrt{x+3}} & x\neq 1;\\ 4 & x=1.\end{cases}$ 求 $a,b$, 使 $f(x)$ 在 $x=1$ 连续.

**解** $\lim\limits_{x\to 1}f(x)=4=f(1).$

因为 $x\to 1$ 时, 分母$\to 0$, 所以分子$\to 0$, 即 $\lim\limits_{x\to 1}(a+b)x+b=a+2b=0$,

即 $a=-2b$, 所以 $\lim\limits_{x\to 1}f(x)=\lim\limits_{x\to 1}\dfrac{-b(x-1)}{(3x+1)-(x+3)}\cdot(\sqrt{3x+1}+\sqrt{x+3})$

$$=-\dfrac{b}{2}\lim\limits_{x\to 1}\dfrac{x-1}{x-1}(\sqrt{3x+1}+\sqrt{x+3})=-2b=4.$$

所以 $b=-2, a=4$.

【例1-56】 设 $f(x)=\begin{cases}\dfrac{\sin ax}{\sqrt{1-\cos x}} & x<0;\\ b & x=0;\\ \dfrac{1}{x}[\ln x-\ln(x+x^2)] & x>0.\end{cases}$ 求 $a,b$, 使 $f(x)$ 在 $x=0$ 连续.

**解** $\lim\limits_{x\to 0^-}f(x)=\lim\limits_{x\to 0^-}\dfrac{\sin ax}{\sqrt{1-\cos x}}=\lim\limits_{x\to 0^-}\dfrac{ax}{\sqrt{\dfrac{1}{2}x^2}}=-\sqrt{2}a,$

$$\lim\limits_{x\to 0^+}f(x)=\lim\limits_{x\to 0^+}\dfrac{-\ln(1+x)}{x}=-1.$$

$f(0)=b$, 所以有 $-\sqrt{2}a=-1=b$, 即 $b=-1, a=\dfrac{\sqrt{2}}{2}$ 时, $f(x)$ 在 $x=0$ 连续.

**习题 1.7**

1. 当 $x=0$ 时下列函数 $f(x)$ 无定义, 试定义 $f(0)$ 的值, 使 $f(x)$ 在 $x=0$ 连续:

(1) $f(x)=\dfrac{\sqrt{1+x}-1}{\sqrt[3]{1+x}-1}$;  (2) $f(x)=\sin x\cdot\sin\dfrac{1}{x}$.

2. 指出下列函数的间断点并判定其类型:

(1) $f(x)=\dfrac{1+x}{1+x^3}$;  (2) $f(x)=\dfrac{x^2-x}{|x|(x^2-1)}+x^2$;

(3) $f(x)=\begin{cases}e^{\frac{1}{x-1}} & x>0,\\ \ln(1+x) & -1<x\leqslant 0;\end{cases}$  (4) $f(x)=e^{\frac{1}{x}}$.

3. 确定 $a$ 和 $b$, 使函数 $f(x)=\dfrac{e^x-b}{(x-a)(x-1)}$ 有无穷间断点 $x=0$, 有可去间断点 $x=1$.

4. 求函数 $f(x)=(1+x)^{\tan\left(\frac{x}{x-\frac{\pi}{4}}\right)}$ 在 $(0,2\pi)$ 内的间断点, 并判断其类型.

5. 设 $f(x)=\lim\limits_{n\to\infty}\dfrac{x^{2n-1}+ax^2+bx}{x^{2n}+1}.$

(1) 求 $f(x)$; (2) 当 $f(x)$ 连续时, 求 $a,b$ 的值.

6. 指出下列函数的间断点及其所属类型, 若是可去间断点, 试补充或修改定义, 使函数在该点连续：

(1) $y=\dfrac{|x|}{\sin x}$；

(2) $y=\arctan\dfrac{1}{x-1}$；

(3) $y=x-[x]$，其中$[x]$表示不超过$x$的最大整数；

(4) $f(x)=\dfrac{1}{1-\mathrm{e}^{\frac{x}{x-1}}}$.

7. 指出函数 $f(x)=\lim\limits_{n\to\infty}\dfrac{1-x^{2n}}{1+x^{2n}}x$ 的间断点及其类型，并作出 $f(x)$ 的图形.

8. 试分别举出具有以下性质的函数 $f(x)$ 的例子：

(1) $x=0,\pm 1,\pm 2,\cdots,\pm\dfrac{1}{2},\cdots,\pm n,\pm\dfrac{1}{n},\cdots$ 是 $f(x)$ 的所有间断点，且它们都是无穷间断点；

(2) $f(x)$ 在 $\mathbf{R}$ 上处处不连续，但 $|f(x)|$ 在 $\mathbf{R}$ 上处处连续；

(3) $f(x)$ 在 $\mathbf{R}$ 上处处有定义，但仅在一点连续.

9. 设 $f(x)=\begin{cases}\dfrac{\arcsin 2x}{x} & x\neq 0,\\ k & x=0,\end{cases}$ 求 $k$ 值，使得 $f(x)$ 在 $x=0$ 处连续.

## 1.8 初等函数的连续性

由函数极限的运算定理以及函数在某点连续性的定义，可得出下面的定理

**定理 1-19** 设 $f(x),g(x)$ 在点 $x=x_0$ 连续，则 $f(x)\pm g(x),f(x)g(x),\dfrac{f(x)}{g(x)}$（当 $g(x_0)\neq 0$ 时）均在点 $x_0$ 连续.

**证明** 这里只证明 $f(x)+g(x)$ 的情形，其余可类似证明.

因为 $f(x),g(x)$ 在 $x=x_0$ 处连续，故有 $\lim\limits_{x\to x_0}f(x)=f(x_0),\lim\limits_{x\to x_0}g(x)=g(x_0)$.

根据极限运算法则以及上式可得

$$\lim_{x\to x_0}[f(x)+g(x)]=\lim_{x\to x_0}f(x)+\lim_{x\to x_0}g(x)=f(x_0)+g(x_0),$$

所以 $f(x)+g(x)$ 在 $x_0$ 连续.

例如，因 $\tan x=\dfrac{\sin x}{\cos x},\cot x=\dfrac{\cos x}{\sin x}$，而 $\sin x,\cos x$ 都在实数域上连续，故由定理 1-19 可知 $\tan x,\cot x$ 在其定义域内连续.

**定理 1-20** 若 $y=f(x)$ 在区间 $I_x$ 上单增（减）且连续，则反函数 $x=\varphi(y)$ 在 $I_y=\{y\mid y=f(x),x\in I_x\}$ 上单增（减）且连续.

例如，$y=x^3$ 在 $(-\infty,+\infty)$ 单增，连续，则 $x=\sqrt[3]{y}$ 在 $(-\infty,+\infty)$ 单增，连续；$y=\cos x$ 在 $[0,\pi]$ 单减，连续，则 $x=\arccos y$ 在 $[-1,1]$ 单减，连续.

**定理 1-21** 设 $y=f[\varphi(x)]$，若 $\lim\limits_{x\to x_0}\varphi(x)=a$，而 $y=f(u)$ 在 $u=a$ 点连续，则有

$$\lim_{x\to x_0}f[\varphi(x)]=f[\lim_{x\to x_0}\varphi(x)]=f(a).$$

**注意** 相当于代换，令 $u=\varphi(x)$，当 $x\to x_0$ 时，$u\to a$，

$$\lim_{x\to x_0}f[\varphi(x)]=\lim_{u\to a}f(u)=f(a).$$

【例 1-57】 $y=\dfrac{\ln(1+x)}{x}=\ln(1+x)^{\frac{1}{x}}$ 由 $y=\ln u, u=(1+x)^{\frac{1}{x}}$ 复合,

$$\lim_{x\to 0}\dfrac{\ln(1+x)}{x}=\lim_{x\to 0}\ln(1+x)^{\frac{1}{x}}=\ln e=1.\ (因为 \ln u 在 u=e 连续)$$

【例 1-58】 $y=\arcsin(\sqrt{x^2+x}-x)$ 由 $y=\arcsin u, u=\sqrt{x^2+x}-\sqrt{x}$ 复合,

$$\lim_{x\to+\infty}\arcsin(\sqrt{x^2+x}-x)=\arcsin\left(\lim_{x\to+\infty}\dfrac{x^2+x-x^2}{\sqrt{x^2+x}+x}\right)=\arcsin\dfrac{1}{2}=\dfrac{\pi}{6}.$$

【例 1-59】 证明当 $x\to 0$ 时, $a^x-1\sim x\ln a$.

**证明** 令 $a^x-1=u$, 当 $x\to 0$ 时, $u\to 0$,

$$\lim_{x\to 0}\dfrac{a^x-1}{x\ln a}=\lim_{u\to 0}\dfrac{u}{\log_a(1+u)}\cdot\dfrac{1}{\ln a}=\lim_{u\to 0}\dfrac{u}{\ln(1+u)}=\lim_{u\to 0}\dfrac{1}{\ln(1+u)^{\frac{1}{u}}}=\dfrac{1}{\ln e}=1,$$

所以 $a^x-1\sim x\ln a\,(x\to 0)$.

【例 1-60】 设 $f(x)=\lim\limits_{t\to+\infty}\dfrac{1-xe^{tx}}{x+e^{tx}}$, 讨论 $f(x)$ 的连续性.

**解** 因为 $t\to+\infty$ 时, $e^{tx}=\begin{cases}\to+\infty & x>0;\\ \to 0 & x<0.\end{cases}$ 所以 $f(x)=\begin{cases}-x & 当 x>0;\\ \dfrac{1}{x} & 当 x<0;\\ 1 & 当 x=0.\end{cases}$

因为 $f(0)=1, \lim\limits_{x\to 0^-}f(x)=\lim\limits_{x\to 0^-}\dfrac{1}{x}=-\infty,$
所以 $x=0$ 是无穷间断点. $f(x)$ 在区间 $(-\infty,0)$ 和 $(0,+\infty)$ 内是连续的.

【例 1-61】 利用连续性求极限:

(1) $\lim\limits_{x\to\frac{\pi}{6}}\ln(2\cos 2x)$; (2) $\lim\limits_{x\to\infty}\tan[\ln(4x^2+1)-\ln(x^2+4x)]$; (3) $\lim\limits_{x\to a}\dfrac{\sin x-\sin a}{x-a}$.

**解** (1) 因为函数 $f(x)=\ln(2\cos 2x)$ 是初等函数, $f(x)$ 在点 $x=\dfrac{\pi}{6}$ 有定义, 所以

$$\lim_{x\to\frac{\pi}{6}}\ln(2\cos 2x)=f\left(\dfrac{\pi}{6}\right)=\ln\left(2\cos 2\cdot\dfrac{\pi}{6}\right)=0.$$

(2) 原式 $=\lim\limits_{x\to\infty}\tan\ln\dfrac{4x^2+1}{x^2+4x}=\tan\ln\left(\lim\limits_{x\to\infty}\dfrac{4x^2+1}{x^2+4x}\right)=\tan(\ln 4).$

(3) $\lim\limits_{x\to a}\dfrac{\sin x-\sin a}{x-a}=\lim\limits_{x\to a}\dfrac{2\cos\dfrac{x+a}{2}\sin\dfrac{x-a}{2}}{x-a}=\lim\limits_{x\to a}\cos\dfrac{x+a}{2}\cdot\lim\limits_{x\to a}\dfrac{\sin\dfrac{x-a}{2}}{\dfrac{x-a}{2}}$

$=\cos\dfrac{a+a}{2}\cdot 1=\cos a.$

【例 1-62】 设 $f(x)=\begin{cases}e^{\frac{1}{x-1}} & x>0;\\ \ln(1+x) & -1<x\leq 0.\end{cases}$ 讨论 $f(x)$ 的连续性.

**解** $x\to 1^+, f(x)\to+\infty, x\to 1^-, f(x)\to 0, x=1$ 是无穷间断点.
$x\to 0^+, f(x)\to e^{-1}, x\to 0^-, f(x)\to 0, x=0$ 是跳跃间断点.

又由于每段都是初等函数,所以 $f(x)$ 在区间 $(-1,0),(0,1),(1,+\infty)$ 内是连续的.

**【例 1-63】** 设 $f(x)$ 是连续函数,求常数 $c$,使得
$$g(x)=\begin{cases} f(x) & x\leqslant 0 \\ \mathrm{e}^x+c & x>0 \end{cases} \text{ 在 } (-\infty,+\infty) \text{ 上连续.}$$

**解** 因为 $f(0)$ 存在,$g(0)=f(0)$,$\lim_{x\to 0^-}g(x)=f(0)$,$\lim_{x\to 0^+}g(x)=\lim_{x\to 0^+}(\mathrm{e}^x+c)=1+c$.

当 $f(0)=1+c$,即 $c=f(0)-1$ 时,$g(x)$ 在 $x=0$ 连续,而当 $x<0$ 和 $x>0$ 时,$g(x)$ 为初等或连续函数,所以 $g(x)$ 在 $(-\infty,+\infty)$ 连续.

基本初等函数在其定义域内是连续的. 如 $y=\dfrac{1}{\sqrt{x}},x>0$;$y=3^x,x\in\mathbb{R}$.

根据初等函数的定义,由基本初等函数的连续性以及连续函数的和、差、积、商的连续性和复合函数的连续性定理,可得以下重要结论.

一切初等函数在其定义区间内均为连续的,如 $y=\arcsin\sqrt{1+x^2}$.

利用连续性求极限 $\lim_{x\to x_0}f(x)$,即求函数值 $f(x_0)$.

例如,$\lim_{x\to\frac{\pi}{2}}\dfrac{\ln x}{\sin x}=\dfrac{\ln\frac{\pi}{2}}{\sin\frac{\pi}{2}}=\ln\dfrac{\pi}{2}$,$\lim_{x\to 0}\dfrac{\mathrm{e}^x\cos x+5}{1+x^2+\ln(1-x)}=\dfrac{1+5}{1+0+\ln 1}=6$.

讨论分段函数的连续性时,断点处要用左、右连续,在各段内若为初等函数则为连续的.

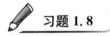

## 习题 1.8

1. 判断题:

(1) $\lim_{n\to\infty}\left[\dfrac{1}{1\times 3}+\dfrac{1}{3\times 5}+\cdots+\dfrac{1}{(2n-1)(2n+1)}\right]=\dfrac{1}{2}$;

(2) 设 $f(x)$ 在 $x_0$ 点连续,则 $\lim_{x\to x_0}f(x)=f(\lim x)$;

(3) 如果函数 $f(x)$ 在 $[a,b]$ 上有定义,在 $[a,b]$ 上连续,且 $f(a)\times f(b)<0$,则在 $(a,b)$ 内至少存在一点 $\xi$,使得 $f(\xi)=0$;

(4) 若 $f(x)$ 连续,则 $|f(x)|$ 必连续;

(5) 若函数 $f(x)$ 在 $[a,b]$ 上连续且恒为正,则 $\dfrac{1}{f(x)}$ 在 $[a,b]$ 上必连续;

(6) 若 $\lim_{x\to x_0}f(x)=a$,且 $a>0$,则在 $x_0$ 的某一邻域内恒有 $f(x)>0$.

2. 计算下列极限:

(1) $\lim_{x\to 4}\dfrac{\sqrt{1+2x}-3}{\sqrt{x}-2}$;
(2) $\lim_{x\to 0}\dfrac{x^2}{1-\sqrt{1+x^2}}$;
(3) $\lim_{x\to 0}\ln\dfrac{\sin x}{x}$;

(4) $\lim_{x\to 0}(1+3\tan x)^{\cot x}$;
(5) $\lim_{x\to 1}\dfrac{\sqrt{5x-4}-\sqrt{x}}{x-1}$;
(6) $\lim_{x\to 0}\dfrac{\mathrm{e}^x-1}{x}$.

3. 求下列极限:

(1) $\lim_{x\to\infty}\mathrm{e}^{\frac{1}{x}}$;
(2) $\lim_{x\to 0}\ln\left|\dfrac{\arctan x}{x}\right|$;
(3) $\lim_{x\to\infty}\left(1+\dfrac{1}{x}\right)^{\frac{x}{2}}$;

(4) $\lim\limits_{x \to 0}(1+3\tan^2 x)^{\cot^2 x}$;　　(5) $\lim\limits_{x \to \infty}\left(\dfrac{3+x}{6+x}\right)^{\frac{x-1}{2}}$;　　(6) $\lim\limits_{x \to 0}\dfrac{\sqrt{1+\tan x}-\sqrt{1+\sin x}}{x\sqrt{1+\sin^2 x}-x}$.

4. 设函数 $f(x)=\begin{cases} e^x & x<0, \\ a+x & x\geqslant 0, \end{cases}$ 应当如何选择数 $a$，使得 $f(x)$ 成为在 $(-\infty,+\infty)$ 内的连续函数？

## 1.9　闭区间上连续函数的性质

闭区间上的连续函数有很多重要性质，其中不少性质从几何上直观地看是很明显的，但证明却不容易，需要用到实数理论，我们将以定理的形式把这些定理叙述出来，但略去严格的证明. 首先，我们来介绍以下几个常用的概念.

**定义 1-22**　若 $f(x)$ 在开区间 $(a,b)$ 内连续，在左端点右连续，右端点左连续，则称 $f(x)$ 在闭区间 $[a,b]$ 上连续.

**定义 1-23**　对于区间 $I$ 上有定义的函数 $f(x)$，如果有 $x_0 \in I$，使得 $\forall x \in I$，有
$$f(x) \leqslant f(x_0) \quad (f(x) \geqslant f(x_0)),$$
则称 $f(x_0)$ 是 $f(x)$ 在区间 $I$ 上的最大值（最小值）.

例如，$f(x)=1+\sin x$ 在 $[0,2\pi]$ 上有最大值 2，最小值 0；$f(x)=\mathrm{sgn}\, x$ 在 $(-\infty,+\infty)$ 内有最大值 1，最小值 $-1$；$f(x)=x$ 在 $(a,b)$ 内没有最大值.

### 1.9.1　有界性与最大最小值定理

**定理 1-22**（有界性与最大最小值定理）　在闭区间上连续的函数在该区间上有界且一定能取得它的最大值和最小值.

**注意**　特别注意定理的条件，否则不能保证结论成立.
(1) 开区间结论不一定成立，如图 1-21 所示；
(2) 区间内有间断点结论不一定成立，如图 1-22 所示.

### 1.9.2　零点定理与介值定理

若存在 $x_0$ 使 $f(x_0)=0$，则 $x_0$ 称为 $f(x)$ 的零点.

**定理 1-23**（零点定理）　设函数 $f(x)$ 在闭区间 $[a,b]$ 上连续，且 $f(a)$ 与 $f(b)$ 异号（即 $f(a)f(b)<0$），那么在开区间 $(a,b)$ 内至少有一点 $\xi$，使 $f(\xi)=0$（如图 1-23）.

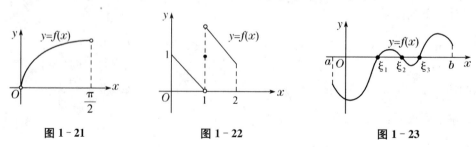

图 1-21　　　　　　　　图 1-22　　　　　　　　图 1-23

**定理 1-24（介值定理）** 设函数 $f(x)$ 在闭区间 $[a,b]$ 上连续，且这区间的端点取不同的函数值
$$f(a)=A \text{ 及 } f(b)=B,$$
那么，对于 $A$ 与 $B$ 之间的任意一个数 $C$，在开区间 $(a,b)$ 内至少有一点 $\xi$，使得
$$f(\xi)=C \quad (a<\xi<b).$$

**证明** 设 $\varphi(x)=f(x)-C$，则 $\varphi(x)$ 在闭区间 $[a,b]$ 上连续，且 $\varphi(a)=A-C$ 与 $\varphi(b)=B-C$ 异号．根据零点定理，开区间 $(a,b)$ 内至少有一点 $\xi$，使得
$$\varphi(\xi)=0 \quad (a<\xi<b).$$
又 $\varphi(\xi)=f(\xi)-C$，因此由上式即得
$$f(\xi)=C \quad (a<\xi<b).$$

**推论 1-5** 设 $f(x)$ 在闭区间 $[a,b]$ 上连续，则 $f(x)$ 在闭区间 $[a,b]$ 能取得介于最大、最小值之间的任何值．

**【例 1-64】** 证明方程 $x^3-4x^2+1=0$ 在区间 $(0,1)$ 内至少有一实根．

**证明** 设 $f(x)=x^3-4x^2+1$，则 $f(x) \in C[0,1]$（表示 $[0,1]$ 上连续函数的集合，后面类似），因为 $f(0)=1>0, f(1)=-2<0$，所以至少 $\exists \xi \in (0,1)$（零点定理），使得 $f(\xi)=0$．

**【例 1-65】** 试证方程 $\sin x+x+1=0$，在 $(-\pi/2, \pi/2)$ 内至少有一个根．

**证明** 设 $y=f(x)=\sin x+x+1$，则 $f(x)$ 在 $[-\pi/2, \pi/2]$ 上连续，且
$$f\left(-\frac{\pi}{2}\right)=-\frac{\pi}{2}<0, f\left(\frac{\pi}{2}\right)=\frac{\pi}{2}+2>0,$$
所以至少 $\exists \xi \in \left(-\frac{\pi}{2}, \frac{\pi}{2}\right)$（根据零点定理），使 $f(\xi)=0$．

**【例 1-66】** 试证方程 $x \cdot 2^x-1=0$ 至少有一个小于 1 的实根．

**证明** 设 $f(x)=x \cdot 2^x-1$，则 $f(x)$ 在 $[0,1]$ 上连续，且 $f(0)=-1<0, f(1)=1>0$，所以由零点定理至少 $\exists \xi \in (0,1)$，使得 $f(\xi)=0$．

**【例 1-67】** 证明：若 $f(x)$ 在 $[a,b]$ 上连续，且 $f(a)<a, f(b)>b$，则在 $(a,b)$ 内至少有一点 $c$，使得 $f(c)=c$．

**证明** 令 $y=g(x)=f(x)-x$，则 $g(x)$ 在 $[a,b]$ 上连续，且
$$g(a)=f(a)-a<0, g(b)=f(b)-b>0,$$
所以至少 $\exists c \in (a,b)$（根据零点定理），使得 $g(c)=0$，即 $f(c)-c=0$，也即 $f(c)=c$．

**【例 1-68】** 证明方程 $x=\sin x+2$ 至少有一个小于 3 的正根．

**证明** 设 $f(x)=x-\sin x-2$ 在 $[0,3]$ 上连续，
$$f(0)=-2<0, f(3)=1-\sin 3>0,$$
所以存在 $\xi \in (0,3)$，使 $f(\xi)=0$，即 $\xi=\sin \xi+2$ 为方程根．

**【例 1-69】** 设 $f(x), g(x)$ 在 $[a,b]$ 上连续，$f(a)<g(a), f(b)>g(b)$．证明存在 $\xi \in (a,b)$，使 $f(\xi)=g(\xi)$．

**证明** 设 $F(x)=f(x)-g(x), x \in [a,b], F(x)$ 连续，
$$F(a)=f(a)-g(a)<0, F(b)=f(b)-g(b)>0.$$
由零点定理存在 $\xi \in (a,b)$，使 $F(\xi)=0$，即 $f(\xi)=g(\xi)$．

### 习题 1.9

1. 若 $f(x)$ 在 $[a,b]$ 上连续，$a<x_1<x_2<\cdots<x_n<b$，则在 $[x_1,x_n]$ 上必有 $\xi$，使
$$f(\xi)=\frac{\sum_{i=1}^{n}f(x_i)}{n}.$$

2. 证明方程 $x=a\sin x+b$ 至少有一个不超过 $a+b$ 的正根（其中 $a>0, b>0$）.

3. 设 $f(x)$ 在 $[0,1]$ 上连续，$0\leqslant f(x)\leqslant 1$. 证明：至少存在一点 $\xi\in[0,1]$，使得 $f(\xi)=\xi$.

4. 设 $f(x)$ 在 $(a,b)$ 上连续，且 $\lim\limits_{x\to a^+}f(x)=\lim\limits_{x\to b^-}f(x)=B$，又存在 $x_1\in(a,b)$，使 $f(x_1)>B$. 证明 $f(x)$ 在 $(a,b)$ 上有最大值.

5. 证明方程 $x-2\sin x=0$ 在区间 $\left(\dfrac{\pi}{2},\pi\right)$ 内至少有一个根.

6. 证明：设 $f(x)$ 在 $(-\infty,+\infty)$ 内连续，$x_1,x_2$ 是方程 $f(x)=0$ 的两个相邻的根（$x_1<x_2$），若存在 $x_0\in(x_1,x_2)$，使 $f(x_0)>0$（或 $f(x_0)<0$），则对任一 $x\in(x_1,x_2)$，都有 $f(x)>0$（或 $f(x)<0$）.

7. 验证方程 $4x=2^x$ 有一个根在 $0$ 与 $1/2$ 之间.

8. 设函数 $f(x)$ 在 $[0,1]$ 上连续，且 $f(0)=f(2)$，证明在 $[0,1]$ 上至少存在一点 $\beta$，使得 $f(\beta)=f(\beta+1)$.

## 1.10 再论极限

平常你会听到有人说："我的忍耐已经到了极限"；或者你开车上高速，某个路段规定最高车速是 100 公里/小时，那么你在该路段的速度的极限值就是 100 公里/小时，不能超过这个值，否则警察就可能找上你的麻烦.

在英文里，limit（极限）通常指一条不能超越的边界或界限. 在数学里，当函数的 $x$ 逐渐趋近某个定值时，该函数的值也会逐渐趋近某个值，这个值就是函数的"极限". 再举一个例子，如果你有一尺长的金条，每个上你家来的人你要把手里剩下的金条的 $1/2$ 分给他，当然先来的人占便宜，分到的金条比后来的人多. 如果全中国 13 亿人都上你家来，你想想，最后你手里的金条还能剩下多少？可能要用显微镜来看才能看到了，用数学的话说，当到你家来的人数 $n$ 趋于无穷大时，你手里的金条长度趋于 0.

写成数列的形式就是：$y_n=\dfrac{1}{2^n}$，取极限，$\lim\limits_{n\to\infty}\dfrac{1}{2^n}=0$.

下面研究数列 $x_n=1+(-1)^{n-1}\dfrac{1}{n}$，$n=1,2,\cdots$ 的变化趋势：

(1) 随着 $n$ 的增大，$x_n$ 逐渐接近数 1；

$2,\dfrac{1}{2},\dfrac{4}{3},\dfrac{3}{4},\dfrac{6}{5},\dfrac{5}{6},\dfrac{8}{7},\dfrac{7}{8},\dfrac{10}{9},\dfrac{9}{10},\dfrac{12}{11},\dfrac{11}{12},\dfrac{14}{13},\dfrac{13}{14},\dfrac{16}{15},\dfrac{15}{16},\cdots$.

(2) 随着 $n$ 的增大，$x_n$ 与 1 的距离 $|x_n-1|=\dfrac{1}{n}$ 想要多小就可以多小；

(3) 也就是说,想要 $|x_n-1|=\dfrac{1}{n}$ 足够小,只要 $n$ 足够大就可以.

例如 ① 给定 $\dfrac{1}{100}$,由 $\dfrac{1}{n}<\dfrac{1}{100}$,只要 $n>100$,就有 $|x_n-1|<\dfrac{1}{100}$;

② 给定 $\dfrac{1}{1000}$,由 $\dfrac{1}{n}<\dfrac{1}{1000}$,只要 $n>1000$,就有 $|x_n-1|<\dfrac{1}{1000}$;

③ 给定 $\dfrac{1}{10000}$,由 $\dfrac{1}{n}<\dfrac{1}{10000}$,只要 $n>10000$,就有 $|x_n-1|<\dfrac{1}{10000}$;

……

一般地,给定任意小的数 $\varepsilon>0$,由 $\dfrac{1}{n}<\varepsilon$,只要 $n>N=\left[\dfrac{1}{\varepsilon}\right]$,就有 $|x_n-1|<\varepsilon$.

这样,我们抓住了数列 $\{x_n\}$ 趋向 1 的本质特征,这为给出数列极限的定义奠定了基础.

### 1.10.1 数列的极限概念和性质

**定义 1-24** 设 $\{x_n\}$ 为一数列,$a$ 是一个常数,如果对于任意给定的正数 $\varepsilon$(不论它多么小),总存在正整数 $N$,使得当 $n>N$ 时,恒有 $|x_n-a|<\varepsilon$,则称常数 $a$ 是数列 $\{x_n\}$ 的极限,或者称数列 $\{x_n\}$ 收敛于 $a$,记作
$$\lim_{n\to\infty}x_n=a \text{ 或 } x_n\to a(n\to\infty).$$

即 $\lim\limits_{n\to\infty}x_n=a \Leftrightarrow \forall \varepsilon>0, \exists N\in\mathbb{N}_+$,使得 $n>N$ 时,$|x_n-a|<\varepsilon$.

对于数列 $\{x_n\}$,若这样的 $a$ 不存在,则称该数列发散.

**【例 1-70】** 证明:$\lim\limits_{n\to\infty}\dfrac{n+(-1)^{n-1}}{n}=1$.

**分析** 对于 $\forall \varepsilon>0$,欲使 $|x_n-1|=\left|(-1)^{n-1}\dfrac{1}{n}\right|=\dfrac{1}{n}<\varepsilon$,只需 $n>\dfrac{1}{\varepsilon}$ 或 $n>\left[\dfrac{1}{\varepsilon}\right]+1$ 即可.

**证明** 对于 $\forall \varepsilon>0$,取 $N=\left[\dfrac{1}{\varepsilon}\right]+1\in\mathbb{N}_+$,当 $n>N\geqslant\dfrac{1}{\varepsilon}$ 时,恒有 $|x_n-1|=\dfrac{1}{n}<\varepsilon$,

所以
$$\lim_{n\to\infty}\dfrac{n+(-1)^{n-1}}{n}=\lim_{n\to\infty}x_n=1.$$

**【例 1-71】** 证明:$\lim\limits_{n\to\infty}\dfrac{(-1)^n}{(n+1)^2}=0$.

**分析** 对于 $\forall \varepsilon>0$,欲使 $|x_n-0|=\dfrac{1}{(n+1)^2}<\dfrac{1}{n}<\varepsilon$,只需 $n>\dfrac{1}{\varepsilon}$ 或 $n>\left[\dfrac{1}{\varepsilon}\right]+1$ 即可.

**证明** 对于 $\forall \varepsilon>0$,取 $N=\left[\dfrac{1}{\varepsilon}\right]+1\in\mathbb{N}_+$,当 $n>N\geqslant\dfrac{1}{\varepsilon}$ 时,恒有
$$|x_n-0|=\dfrac{1}{(n+1)^2}<\dfrac{1}{n}<\varepsilon,$$

所以 $\lim\limits_{n\to\infty}\dfrac{(-1)^n}{(n+1)^2}=\lim\limits_{n\to\infty}x_n=0$.

**【例 1-72】** 设 $0<|q|<1$,证明:$\lim\limits_{n\to\infty}q^{n-1}=0$.

**分析** 对于 $\forall \varepsilon>0$,欲使 $|x_n-0|=|q|^{n-1}<\varepsilon$,只需

$$(n-1)\ln|q| < \ln\varepsilon \text{ 或 } n > \frac{\ln\varepsilon}{\ln|q|} + 1 \text{ 或 } n > \left[\frac{\ln\varepsilon}{\ln|q|} + 1\right]$$

即可.

**证明** 对于 $\forall \varepsilon > 0$, 取 $N = \max\left\{\left[\frac{\ln\varepsilon}{\ln|q|} + 1\right], 1\right\} \in \mathbb{N}_+$, 当 $n > N \geqslant \frac{\ln\varepsilon}{\ln|q|} + 1$ 时, 恒有 $|x_n - 0| = |q|^{n-1} < \varepsilon$, 所以 $\lim\limits_{n\to\infty} q^{n-1} = \lim\limits_{n\to\infty} x_n = 0$.

【**例 1-73**】 证明: 数列 $\{x_n\} = \{(-1)^{n-1}\}$ 是发散的.

**证明** 用反证法. 假设 $\exists a \in \mathbb{R}$, 使得 $\lim\limits_{n\to\infty} x_n = a$, 则对于 $\varepsilon = \frac{1}{2} > 0$, $\exists N \in \mathbb{N}_+$, 使得 $n > N$ 时, $|x_n - a| < \varepsilon$.

特别地, 有 $|x_{N+1} - a| < \varepsilon$, $|x_{N+2} - a| < \varepsilon$, 那么
$$2 = |x_{N+1} - x_{N+2}| = |(x_{N+1} - a) - (x_{N+2} - a)| \leqslant |x_{N+1} - a| + |x_{N+2} - a| < \varepsilon + \varepsilon = 2\varepsilon = 1,$$
即 $2 < 1$, 矛盾. 所以, 数列 $\{x_n\} = \{(-1)^{n-1}\}$ 是发散的.

**定理 1-25** 收敛数列的极限唯一.

**证明** 用反证法. 假设 $\lim\limits_{n\to\infty} x_n = a$, $\lim\limits_{n\to\infty} x_n = b$ 同时成立, 且 $a < b$, 取 $\varepsilon = \frac{b-a}{2}$, 因 $\lim\limits_{n\to\infty} x_n = a$, 故存在 $N_1$, 使 $n > N_1$ 时,
$$|x_n - a| < \frac{b-a}{2},$$
从而
$$x_n < \frac{b+a}{2}.$$

同理, 因 $\lim\limits_{n\to\infty} x_n = b$, 故存在 $N_2$, 使 $n > N_2$ 时, $|x_n - b| < \frac{b-a}{2}$, 从而 $x_n > \frac{a+b}{2}$. 取 $N = \max\{N_1, N_2\}$, 则当 $n > N$ 时, 会有两个矛盾的不等式同时成立. 故假设不真, 因此, 收敛数列的极限必唯一.

**定理 1-26** 收敛数列必有界. 即 $\lim\limits_{n\to\infty} x_n = a \Rightarrow |x_n| \leqslant M$.

**证明** 因 $\lim\limits_{n\to\infty} x_n = a$, 那么对于 $\varepsilon = 1 > 0$, $\exists N \in \mathbb{N}_+$, 使得 $n > N$ 时, $|x_n - a| < \varepsilon$.

若取 $M = \max\{|x_1|, |x_2|, \cdots, |x_N|, 1 + |a|\} > 0$, 当 $1 \leqslant n \leqslant N$ 时, $|x_n| \leqslant M$.

而当 $n > N$ 时, $|x_n| = |(x_n - a) + a| \leqslant |x_n - a| + |a| < 1 + |a| \leqslant M$, 这样, 对于所有 $n \in \mathbb{N}_+$, 都有 $|x_n| \leqslant M$, 所以 $|x_n| \leqslant M$.

下面我们来讨论 $\lim\limits_{n\to\infty} x_n = a$ 的几何意义.

对于 $a$ 的任何一个邻域 $U(a, \varepsilon) = (a - \varepsilon, a + \varepsilon)$, 总存在 $N \in \mathbb{N}_+$, 当 $n > N$ 时, 所有的 $x_n$ 都落在邻域 $(a - \varepsilon, a + \varepsilon)$ 中, 而至多只有有限项 $x_n$ 落在这个邻域外, 如图 1-24 所示.

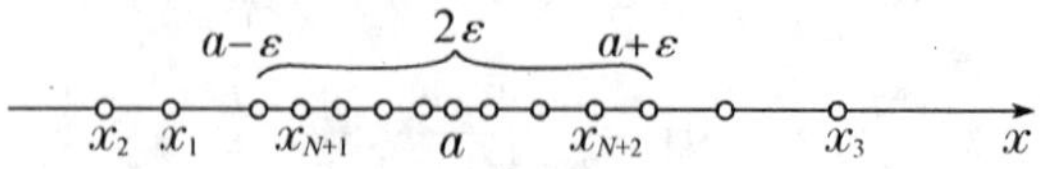

图 1-24

通过子数列来研究数列的极限存在与否是一种常用的重要的方法, 下面我们给出子数列的概念和相关性质.

**定义 1-25**  数列 $\{x_n\}$ 中任意抽取无限多项并保持这些项在原数列 $\{x_n\}$ 中的先后次序而得到的数列称为数列 $\{x_n\}$ 的子数列,可写成
$$x_{n_1},x_{n_2},\cdots,x_{n_k},\cdots.$$
显然:$n_k \geqslant k$.

关于子数列有下面的一些性质:

**性质 1-5**  若 $\lim\limits_{n\to\infty}x_n=a$,则 $\forall \{x_{n_k}\}$,均有 $\lim\limits_{k\to\infty}x_{n_k}=a$.(反之亦然)

**证明**  因 $\lim\limits_{n\to\infty}x_n=a$,那么 $\forall \varepsilon>0$,$\exists N\in\mathbb{N}_+$,使得 $n>N$ 时,$|x_n-a|<\varepsilon$. 于是当 $k>N$ 时,由于 $n_k\geqslant k>N$,从而 $|x_{n_k}-a|<\varepsilon$,所以 $\lim\limits_{k\to\infty}x_{n_k}=a$.

**性质 1-6**  若 $\{x_n\}$ 有两个子数列收敛于不同的数,那么 $\{x_n\}$ 必发散.

【**例 1-74**】  证明:数列 $\{x_n\}=\{(-1)^{n-1}\}$ 是发散的.

**证明**  考察 $\{x_n\}$ 的两个子数列 $\{x_{2k}\}$ 和 $\{x_{2k-1}\}$,由于 $\lim\limits_{k\to\infty}x_{2k}=-1$,$\lim\limits_{k\to\infty}x_{2k-1}=1$,所以数列 $\{x_n\}=\{(-1)^{n-1}\}$ 是发散的.

自然数中 $\infty$ 的 $N$ 邻域是指 $\mathring{U}(\infty,N)=\{n\mid n>N, n\in\mathbb{N}_+\}$.

由上面的记法,数列极限的概念可以表述为如下形式 $\lim\limits_{n\to\infty}x_n=a \Leftrightarrow \forall \varepsilon>0$,$\exists N\in\mathbb{N}_+$,使得 $n\in\mathring{U}(\infty,N)$ 时,$|x_n-a|<\varepsilon$.

### 1.10.2 函数的极限

下面研究当 $x\to 1$ 时,函数 $f(x)=2x-1$ 的变化趋势:

(1) 随着 $x$ 趋近 1,$f(x)$ 逐渐接近常数 1;

(2) 随着 $|x-1|$ 趋近 0,$|f(x)-1|=2|x-1|$ 想要多小就可以多小;

(3) 也就是说,想要 $|f(x)-1|$ 多小,只要 $|x-1|$ 足够小就可以.

例如

① 给定 $\dfrac{1}{100}$,只要 $|x-1|<\dfrac{1}{2}\cdot\dfrac{1}{100}$,就有 $|f(x)-1|<\dfrac{1}{100}$;

② 给定 $\dfrac{1}{1000}$,只要 $|x-1|<\dfrac{1}{2}\cdot\dfrac{1}{1000}$,就有 $|f(x)-1|<\dfrac{1}{1000}$;

③ 给定 $\dfrac{1}{10000}$,只要 $|x-1|<\dfrac{1}{2}\cdot\dfrac{1}{10000}$,就有 $|f(x)-1|<\dfrac{1}{10000}$;

……

一般地,给定任意小的数 $\varepsilon>0$,只要 $|x-1|<\dfrac{\varepsilon}{2}$,就有 $|f(x)-1|<\varepsilon$.

这样,我们抓住了当 $x\to 1$ 时,函数 $f(x)=2x-1$ 趋向 1 的本质特征,这为给出函数极限的定义奠定了基础.

**定义 1-26**  $A$ 为一常数,若 $\forall \varepsilon>0$,$\exists \delta>0$,使得当 $0<|x-x_0|<\delta$ 时,恒有
$$|f(x)-A|<\varepsilon,$$
则称函数当 $x$ 趋近 $x_0$ 时的极限为 $A$,记作
$$\lim\limits_{x\to x_0}f(x)=A \text{ 或 } f(x)\to A(x\to x_0).$$

下面我们来讨论函数极限的几何意义：无论 $\varepsilon$ 是多小的正数，总可以找到 $x_0$ 的一个去心的 $\delta$ 邻域 $\mathring{U}(x_0,\delta)$，只要 $x$ 在这个去心邻域中，函数 $f(x)$ 的图形就一定落在由两条直线 $y=A\pm\varepsilon$ 决定的带型区域中，如图 1-25 所示.

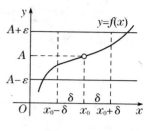

图 1-25

【例 1-75】 证明 $\lim\limits_{x\to x_0}C=C$ ($C$ 为常数).

**分析** 对于 $\forall\varepsilon>0$，欲使 $|f(x)-C|=|C-C|=0<\varepsilon$，只需 $|x-x_0|<1$ 即可.

**证明** $\forall\varepsilon>0$，取 $\delta=1>0$，当 $0<|x-x_0|<\delta$ 时，恒有
$$|f(x)-C|=0<\varepsilon,$$
所以 $\lim\limits_{x\to x_0}C=C$.

【例 1-76】 证明 $\lim\limits_{x\to x_0}x=x_0$.

**分析** 对于 $\forall\varepsilon>0$，欲使 $|f(x)-x_0|=|x-x_0|<\varepsilon$，只需 $|x-x_0|<\varepsilon$ 即可.

**证明** 对于 $\forall\varepsilon>0$，取 $\delta=\varepsilon>0$，当 $0<|x-x_0|<\delta$ 时，恒有
$$|f(x)-x_0|=|x-x_0|<\varepsilon,$$
所以 $\lim\limits_{x\to x_0}x=x_0$.

【例 1-77】 证明 $\lim\limits_{x\to 2}(3x-2)=4$.

**分析** 对于 $\forall\varepsilon>0$，欲使 $|f(x)-4|=3|x-2|<\varepsilon$，只需 $|x-2|<\dfrac{\varepsilon}{3}$ 即可.

**证明** 对于 $\forall\varepsilon>0$，取 $\delta=\dfrac{\varepsilon}{3}>0$，当 $0<|x-2|<\delta$ 时，恒有
$$|f(x)-4|=3|x-2|<\varepsilon,$$
所以 $\lim\limits_{x\to 2}(3x-2)=4$.

【例 1-78】 证明 $\lim\limits_{x\to 1}\dfrac{x^2-1}{x-1}=2$.

**分析** 对于 $\forall\varepsilon>0$，欲使 $|f(x)-2|=|(x+1)-2|=|x-1|<\varepsilon$，只需 $0<|x-1|<\varepsilon$ 即可.

**证明** 对于 $\forall\varepsilon>0$，取 $\delta=\varepsilon>0$，当 $0<|x-1|<\delta$ 时，恒有
$$|f(x)-2|=|x-1|<\varepsilon,$$
所以 $\lim\limits_{x\to 1}\dfrac{x^2-1}{x-1}=2$.

【例 1-79】 证明 $\lim\limits_{x\to 1}\dfrac{2x+1}{x+3}=\dfrac{3}{4}$.

**分析** 对于 $\forall\varepsilon>0$，欲使
$$\left|f(x)-\dfrac{3}{4}\right|=\left|\dfrac{2x+1}{x+3}-\dfrac{3}{4}\right|=\left|\dfrac{8x+4-3x-9}{4(x+3)}\right|=\dfrac{5}{4}\left|\dfrac{x-1}{(x-1)+4}\right|<\varepsilon,$$
在 $|x-1|\leqslant 1$ 时，只需 $\dfrac{5}{4}\cdot\dfrac{|x-1|}{3}<\varepsilon$ 或 $|x-1|<\dfrac{12}{5}\varepsilon$ 即可.

**证明** 对于 $\forall\varepsilon>0$，取 $\delta=\min\left\{\dfrac{12}{5}\varepsilon,1\right\}>0$，当 $0<|x-1|<\delta$ 时，恒有

$$\left|f(x)-\frac{3}{4}\right|=\frac{5}{4}\left|\frac{x-1}{(x-1)+4}\right|\leqslant\frac{5}{4}\cdot\frac{|x-1|}{4-|x-1|}<\frac{5}{4}\cdot\frac{|x-1|}{3}<\varepsilon,$$

所以 $\lim\limits_{x\to 1}\dfrac{2x+1}{x+3}=\dfrac{3}{4}$.

**【例 1-80】** 证明 $\lim\limits_{x\to x_0}\sqrt{x}=\sqrt{x_0}\,(x_0>0)$.

**分析** 对于 $\forall \varepsilon>0$, 欲使

$$|f(x)-x_0|=|\sqrt{x}-\sqrt{x_0}|=\frac{|x-x_0|}{\sqrt{x}+\sqrt{x_0}}\leqslant\frac{1}{\sqrt{x_0}}|x-x_0|<\varepsilon,$$

只需 $|x-x_0|<\varepsilon\sqrt{x_0}$ 即可.

**证明** 对于 $\forall \varepsilon>0$, 取 $\delta=\min\{\varepsilon\sqrt{x_0},x_0\}>0$, 当 $0<|x-x_0|<\delta$ 时, 恒有

$$|f(x)-x_0|\leqslant\frac{1}{\sqrt{x_0}}|x-x_0|<\frac{1}{\sqrt{x_0}}\cdot\varepsilon\sqrt{x_0}=\varepsilon,$$

所以 $\lim\limits_{x\to x_0}\sqrt{x}=\sqrt{x_0}\,(x_0>0)$.

### 1.10.3 函数极限的性质

**性质 1-7（局部有界性）** 设 $\lim\limits_{x\to\lambda}y=A\Rightarrow\exists\theta>0$, 使得 $|y|\leqslant M(M>0), x\in\overset{\circ}{U}(\lambda,\theta)$.

**注意** 反之不然, 例如 $\{(-1)^{n-1}\}$ 有界但发散.

**证明** 因 $\lim\limits_{x\to\lambda}y=A\Rightarrow$ 对于 $\varepsilon=1>0, \exists\theta>0$, 使得 $x\in\overset{\circ}{U}(\lambda,\theta)$ 时,

$$|f(x)-A|<\varepsilon\Rightarrow|f(x)|=|f(x)-A+A|\leqslant|f(x)-A|+|A|<\varepsilon+|A|=1+|A|,$$

取 $M=1+|A|$, 所以 $|y|\leqslant M(M>0), x\in\overset{\circ}{U}(\lambda,\theta)$.

**性质 1-8（唯一性）** 设 $\lim\limits_{x\to\lambda}y=A, \lim\limits_{x\to\lambda}y=B\Rightarrow A=B$.

**证明** 用反证法. 假设 $A\neq B$, 对于 $\varepsilon_0=\dfrac{|A-B|}{2}>0$, 因 $\lim\limits_{x\to\lambda}y=A, \lim\limits_{x\to\lambda}y=B$,

那么, $\exists\theta_1>0$ 使得 $x\in\overset{\circ}{U}(\lambda,\theta_1)$ 时, $|y-A|<\varepsilon_0$,

同时, $\exists\theta_2>0$ 使得 $x\in\overset{\circ}{U}(\lambda,\theta_2)$ 时, $|y-B|<\varepsilon_0$,

取 $\theta>0$ 使得 $\overset{\circ}{U}(\lambda,\theta)=\overset{\circ}{U}(\lambda,\theta_1)\cap\overset{\circ}{U}(\lambda,\theta_2)$,

则当 $x\in\overset{\circ}{U}(\lambda,\theta)$ 时, 同时有 $|y-A|<\varepsilon_0, |y-B|<\varepsilon_0$,

于是 $|A-B|=|(y-B)-(y-A)|\leqslant|y-B|+|y-A|<2\varepsilon_0=|A-B|$,

即有 $|A-B|<|A-B|$, 矛盾, 所以 $A=B$.

**性质 1-9（局部保号性）**

(1) 若 $\lim\limits_{x\to\lambda}y=A>0\Rightarrow\exists\theta>0$, 使得 $y>0, x\in\overset{\circ}{U}(\lambda,\theta)$;

(2) 若 $\lim\limits_{x\to\lambda}y=A<0\Rightarrow\exists\theta>0$,使得 $y<0, x\in\mathring{U}(\lambda,\theta)$.

**证明** (1) 因 $\lim\limits_{x\to\lambda}y=A>0\Rightarrow$ 对于 $\varepsilon_0=\dfrac{a}{2}>0, \exists\theta>0$,使得 $x\in\mathring{U}(\lambda,\theta)$ 时,$|y-A|<\varepsilon_0 \Rightarrow$

$-\varepsilon_0<y-A<\varepsilon_0 \Rightarrow y>A-\varepsilon_0=\dfrac{A}{2}>0\Rightarrow y>0, x\in\mathring{U}(\lambda,\theta)$.

(2) 同理可证.

**性质 1-10**(保号性)

(1) 若 $\lim\limits_{x\to\lambda}v=A, \lim\limits_{x\to\lambda}u=B$,且 $v\leqslant u, x\in\mathring{U}(\lambda)\Rightarrow A\leqslant B$;

(2) 若 $\lim\limits_{x\to\lambda}u=B$,且 $u\geqslant 0, x\in\mathring{U}(\lambda)\Rightarrow B\geqslant 0$;

(3) 若 $\lim\limits_{x\to\lambda}v=A$,且 $v\leqslant 0, x\in\mathring{U}(\lambda)\Rightarrow A\leqslant 0$.

**证明** (1) 反证法:假设 $A>B$,对于 $\varepsilon_0=\dfrac{A-B}{2}>0$,因 $\lim\limits_{x\to\lambda}v=A, \lim\limits_{x\to\lambda}u=B$,

那么,$\exists\theta_1>0$,使得 $x\in\mathring{U}(\lambda,\theta_1)$ 时,$|v-A|<\varepsilon_0 \Rightarrow \dfrac{A+B}{2}=A-\varepsilon_0<v$,

同时,$\exists\theta_2>0$,使得 $x\in\mathring{U}(\lambda,\theta_2)$ 时,$|u-B|<\varepsilon_0 \Rightarrow u<B+\varepsilon_0=\dfrac{A+B}{2}$.

取 $\theta>0$,使得 $\mathring{U}(\lambda,\theta)=\mathring{U}(\lambda,\theta_1)\cap\mathring{U}(\lambda,\theta_2)$,

则当 $x\in\mathring{U}(\lambda,\theta)$ 时,同时有 $\dfrac{A+B}{2}<v, u<\dfrac{A+B}{2}$,

于是 $u<\dfrac{A+B}{2}<v$,这与条件 $v\leqslant u$ 矛盾,所以 $A\leqslant B$.

(2),(3)证明略.

**性质 1-11** $\lim\limits_{x\to x_0}f(x)=A \Leftrightarrow \lim\limits_{x\to x_0^+}f(x)=\lim\limits_{x\to x_0^-}f(x)=A$.

**证明** "$\Rightarrow$" $\lim\limits_{x\to x_0}f(x)=A \Rightarrow \forall\varepsilon>0, \exists\delta>0$,使得 $0<|x-x_0|<\delta$ 时,$|f(x)-A|<\varepsilon$,

从而, 当 $0<x-x_0<\delta$ 时,$|f(x)-A|<\varepsilon$;

也有 当 $0<x_0-x<\delta$ 时,$|f(x)-A|<\varepsilon$.

所以 $\lim\limits_{x\to x_0^+}f(x)=\lim\limits_{x\to x_0^-}f(x)=A$.

"$\Leftarrow$" $\lim\limits_{x\to x_0^+}f(x)=\lim\limits_{x\to x_0^-}f(x)=A \Rightarrow \forall\varepsilon>0, \exists\delta_1,\delta_2>0$ 使得

当 $0<x-x_0<\delta_1$ 时,$|f(x)-A|<\varepsilon$;当 $0<x_0-x<\delta_2$ 时,$|f(x)-A|<\varepsilon$.

取 $\delta=\min\{\delta_1,\delta_2\}>0$,当 $0<|x-x_0|<\delta$ 时,有 $|f(x)-A|<\varepsilon$,所以 $\lim\limits_{x\to x_0}f(x)=A$.

**性质 1-12** $\lim\limits_{x\to\infty}f(x)=A \Leftrightarrow \lim\limits_{x\to+\infty}f(x)=\lim\limits_{x\to-\infty}f(x)=A$.

**证明** "$\Rightarrow$" $\lim\limits_{x\to\infty}f(x)=A \Rightarrow \forall\varepsilon>0, \exists K>0$,使得 $|x|>K$ 时,$|f(x)-A|<\varepsilon$,

从而, 当 $x>K$ 时,$|f(x)-A|<\varepsilon$;

也有 当 $x<-K$ 时,$|f(x)-A|<\varepsilon$.

所以 $$\lim_{x\to+\infty}f(x)=\lim_{x\to-\infty}f(x)=A.$$

"$\Leftarrow$" $\lim_{x\to+\infty}f(x)=\lim_{x\to-\infty}f(x)=A\Rightarrow \forall \varepsilon>0, \exists K_1, K_2>0$ 使得

当 $x>K_1$ 时，$|f(x)-A|<\varepsilon$；当 $x<-K_2$ 时，$|f(x)-A|<\varepsilon$.

取 $K=\max\{K_1,K_2\}>0$，当 $|x|>K$ 时，有 $|f(x)-A|<\varepsilon$，所以 $\lim_{x\to\infty}f(x)=A$.

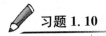

**习题 1.10**

1. 按定义证明下列极限：

(1) $\lim\limits_{x\to+\infty}\dfrac{6x+5}{x}=6$；　　(2) $\lim\limits_{x\to 2}(x^2-6x+10)=2$；　　(3) $\lim\limits_{x\to\infty}\dfrac{x^2-5}{x^2-1}=1$；

(4) $\lim\limits_{x\to 2^-}\sqrt{4-x^2}=0$；　　(5) $\lim\limits_{x\to x_0}\cos x=\cos x_0$；　　(6) $\lim\limits_{n\to\infty}\dfrac{1}{n^2}=0$；

(7) $\lim\limits_{n\to\infty}\dfrac{2n+1}{3n+1}=\dfrac{2}{3}$；　　(8) $\lim\limits_{n\to\infty}\dfrac{\sqrt{n^2+a^2}}{n}=1$.

2. 根据定义，叙述 $\lim\limits_{x\to x_0}f(x)\neq A$.

3. 设 $\lim\limits_{x\to x_0}f(x)=A$，证明：$\lim\limits_{h\to 0}f(x_0+h)=A$.

4. 证明：若 $\lim\limits_{x\to x_0}f(x)=A$，则 $\lim\limits_{x\to x_0}|f(x)|=|A|$. 当且仅当 $A$ 为何值时，反之也成立？

5. 证明：函数 $f(x)=|x|$ 当 $x\to 0$ 时极限为零.

6. 证明：若 $x\to+\infty$ 以及 $x\to-\infty$ 时，函数 $f(x)$ 的极限都存在且都等于 $A$，则
$$\lim_{x\to\infty}f(x)=A.$$

7. 当 $x\to 1$ 时，$y=x^2\to 1$，问 $\delta$ 等于多少时，使得当 $|x-1|<\delta$ 时，有 $|y-1|<0.01$.

# 第 2 章

## 导数与微分

本章研究导数和微分,这两者是微分学的基本概念.

我们主要讨论函数的导数和微分的基本概念,并建立一整套计算导数和微分的公式与法则,从而从根本上解决初等函数的求导数(求微分)的问题.

## 2.1 导数的概念

### 2.1.1 两个引例

牛顿和莱布尼茨被公认为微积分的创始人,导数的概念与他们两人各自研究的问题直接相关:牛顿研究了变速直线运动的瞬时速度问题,而莱布尼茨则研究了曲线的切线问题.

以下我们分析这两个引例,并引入导数的概念.

**1. 变速直线运动的瞬时速度问题**

设一个质点的运动规律为 $s=s(t)$. 我们知道,如果该质点做匀速直线运动,则其在任何时刻的速度相等;若其做变速直线运动,那么在各个时刻质点的速度均不相同,为了求出该质点在某一时刻 $t_0$ 时的瞬时速度,在 $t_0$ 时刻附近取某个时刻 $t$,容易求出 $[t_0,t]$(或者 $[t,t_0]$)时间段上质点的平均速度为

$$\bar{v}=\frac{s(t)-s(t_0)}{t-t_0},$$

不难想象,当时刻 $t$ 越接近 $t_0$ 时,平均速度 $\bar{v}$ 就越接近于 $t_0$ 时刻的瞬时速度,所以,当极限 $\lim\limits_{t\to t_0}\frac{s(t)-s(t_0)}{t-t_0}$ 存在时,我们就将此极限值定义为质点在 $t_0$ 时刻的瞬时速度.

**2. 平面曲线的切线斜率**

为严格起见,我们采用极限的办法来定义曲线的切线. 设函数 $y=f(x)$ 的图像为曲线 $C$,如图 2-1 所示,在曲线 $C$ 上有一点 $M_0(x_0,f(x_0))$,在 $M_0$ 点的附近取一点 $M(x,f(x))$,作割线 $M_0M$,当点 $M$ 沿曲线 $C$ 趋近于点 $M_0$ 时,若割线 $M_0M$ 的极限位置 $M_0T$ 存在,就将此极限位置定义为曲线 $C$ 在点 $M_0$ 处的切线.

容易知道,割线 $M_0M$ 的斜率为 $\frac{f(x)-f(x_0)}{x-x_0}$,且当点 $M$ 沿曲线

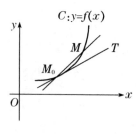

图 2-1

$C$ 趋近于点 $M_0$,即 $x \to x_0$ 时,割线的位置越来越接近于切线的位置,割线的斜率越来越接近于切线的斜率. 因此,若极限 $\lim\limits_{x \to x_0} \dfrac{f(x)-f(x_0)}{x-x_0}$ 存在,就将此极限值定义为曲线 $C$ 在点 $M_0$ 处的切线的斜率.

### 2.1.2 导数的定义

在以上两个实例中,我们得到了形如

$$\lim_{x \to x_0} \frac{f(x)-f(x_0)}{x-x_0}$$

的极限形式. 下面我们只考虑这种特殊形式的极限问题,由此抽象出导数的数学定义.

**定义 2-1** 设函数 $y=f(x)$ 在点 $x_0$ 的某个邻域内有定义,若极限

$$\lim_{x \to x_0} \frac{f(x)-f(x_0)}{x-x_0}$$

存在(有限),则称函数 $y=f(x)$ 在点 $x_0$ 处可导,并称此极限值为函数 $y=f(x)$ 在点 $x_0$ 处的**导数**,记为 $f'(x_0), y' \Big|_{x=x_0}, \dfrac{\mathrm{d}y}{\mathrm{d}x}\Big|_{x=x_0}$ 或 $\dfrac{\mathrm{d}f(x)}{\mathrm{d}x}\Big|_{x=x_0}$,即

$$f'(x_0) = \lim_{x \to x_0} \frac{f(x)-f(x_0)}{x-x_0}.$$

函数在点 $x_0$ 处可导也称为函数在点在 $x_0$ 处具有导数或导数存在. 若上述极限不存在,则称函数 $y=f(x)$ 在点 $x_0$ 处不可导. 特别地,若不可导的情况是极限为无穷大,习惯上也称函数在点 $x_0$ 处的导数是无穷大,即 $f'(x_0) = \infty$.

导数的定义完全是构造性的. 为了在不同场合使用的方便,导数的定义式也有其他的形式. 记

$$\Delta x = x - x_0, \quad \Delta y = f(x) - f(x_0) = f(x_0 + \Delta x) - f(x_0),$$

当 $x \to x_0$ 时,有 $\Delta x \to 0$,于是

$$f'(x_0) = \lim_{\Delta x \to 0} \frac{\Delta y}{\Delta x} = \lim_{\Delta x \to 0} \frac{f(x_0 + \Delta x) - f(x_0)}{\Delta x} = \lim_{h \to 0} \frac{f(x_0 + h) - f(x_0)}{h}.$$

导数是函数增量 $\Delta y$ 与自变量增量 $\Delta x$ 比值的极限,这个增量比称为函数关于自变量的平均变化率,而导数 $f'(x_0)$ 则可称为函数 $f(x)$ 在点 $x_0$ 处的变化率,刻画的是函数随自变量变化而变化的快慢程度.

如果一个函数 $f(x)$ 在开区间 $I=(a,b)$ 内的每一点均可导,那么我们就得到了一个新的函数关系:

$$I \to \mathbb{R},$$
$$x \to f'(x),$$

我们将这个新函数称为函数 $f(x)$ 的**导函数**,记为 $f'(x), y', \dfrac{\mathrm{d}y}{\mathrm{d}x}$ 或 $\dfrac{\mathrm{d}f(x)}{\mathrm{d}x}$.

将函数在一点处的导数定义略加改动就得到了导函数的定义式:

$$f'(x) = \lim_{\Delta x \to 0} \frac{\Delta y}{\Delta x} = \lim_{\Delta x \to 0} \frac{f(x+\Delta x)-f(x)}{\Delta x} = \lim_{h \to 0} \frac{f(x+h)-f(x)}{h},$$

在不致混淆的情况下,导函数简称为导数. 很显然,函数 $f(x)$ 在点 $x_0$ 处的导数 $f'(x_0)$ 就是其导函数 $f'(x)$ 在点 $x_0$ 处的函数值,即

$$f'(x_0) = f'(x)\big|_{x=x_0}.$$

我们已经指出导数的定义完全是构造性的，因此可以依照如下步骤来计算一些简单函数的导数：

第一步　计算函数的增量 $\Delta y = f(x + \Delta x) - f(x)$；

第二步　计算极限 $\lim\limits_{\Delta x \to 0} \dfrac{\Delta y}{\Delta x}$；

第三步　根据极限的结果，给出函数可导性的结论．

【例 2-1】　设 $f(x) = C$，$C$ 是常数，证明：$f'(x) = 0$．

**证明**　计算函数的增量 $\Delta y = f(x + \Delta x) - f(x) = 0$，则
$$\lim_{\Delta x \to 0} \frac{\Delta y}{\Delta x} = 0,$$
即
$$f'(x) = 0,$$
结果表明常数的导数为零．

【例 2-2】　求函数 $f(x) = x^\alpha\,(\alpha \in \mathbb{R})$ 的导数．

**解**　函数的增量 $\Delta y = f(x + \Delta x) - f(x) = (x + \Delta x)^\alpha - x^\alpha$，则
$$\frac{\Delta y}{\Delta x} = \frac{(x+\Delta x)^\alpha - x^\alpha}{\Delta x} = \frac{x^\alpha \left[\left(1 + \dfrac{\Delta x}{x}\right)^\alpha - 1\right]}{\Delta x},$$

当 $\Delta x \to 0$ 时，$\dfrac{\Delta x}{x} \to 0$，$\left(1 + \dfrac{\Delta x}{x}\right)^\alpha - 1 \sim \alpha \dfrac{\Delta x}{x}$，于是，
$$\lim_{\Delta x \to 0} \frac{\Delta y}{\Delta x} = \lim_{\Delta x \to 0} \frac{x^\alpha \cdot \alpha \dfrac{\Delta x}{x}}{\Delta x} = \alpha x^{\alpha - 1},$$
即
$$(x^\alpha)' = \alpha x^{\alpha - 1},\ \alpha \in \mathbb{R}.$$

【例 2-3】　求函数 $f(x) = \sin x$ 的导数．

**解**　函数的增量 $\Delta y = f(x + \Delta x) - f(x) = \sin(x + \Delta x) - \sin x$
$$= 2\cos\left(x + \frac{\Delta x}{2}\right)\sin\frac{\Delta x}{2},$$
则
$$\lim_{\Delta x \to 0} \frac{\Delta y}{\Delta x} = \lim_{\Delta x \to 0} \frac{2\cos\left(x + \dfrac{\Delta x}{2}\right)\sin\dfrac{\Delta x}{2}}{\Delta x}$$
$$= \lim_{\Delta x \to 0} \cos\left(x + \frac{\Delta x}{2}\right) \frac{\sin\dfrac{\Delta x}{2}}{\dfrac{\Delta x}{2}}$$
$$= \lim_{\Delta x \to 0} \cos\left(x + \frac{\Delta x}{2}\right) \cdot \lim_{\Delta x \to 0} \frac{\sin\dfrac{\Delta x}{2}}{\dfrac{\Delta x}{2}}$$
$$= \cos x,$$
即

$$(\sin x)' = \cos x.$$

类似地,
$$(\cos x)' = -\sin x.$$

**【例 2-4】** 求函数 $f(x)=a^x (a>0, a\neq 1)$ 的导数.

**解** 函数的增量 $\Delta y = f(x+\Delta x)-f(x) = a^{x+\Delta x}-a^x = a^x(a^{\Delta x}-1)$,则

$$\lim_{\Delta x \to 0}\frac{\Delta y}{\Delta x}=\lim_{\Delta x \to 0}\frac{a^x(a^{\Delta x}-1)}{\Delta x},$$

注意到当 $\Delta x \to 0$ 时,$a^{\Delta x}-1 \sim \Delta x \cdot \ln a$,于是

$$\lim_{\Delta x \to 0}\frac{\Delta y}{\Delta x}=\lim_{\Delta x \to 0}\frac{a^x(a^{\Delta x}-1)}{\Delta x}=a^x\lim_{\Delta x \to 0}\frac{\Delta x \cdot \ln a}{\Delta x}=a^x \ln a,$$

即
$$(a^x)' = a^x \ln a.$$

特别地,$(e^x)' = e^x$,这是一个常用的公式.

**【例 2-5】** 求函数 $f(x)=\log_a x (a>0, a\neq 1)$ 的导数.

**解** 函数的增量

$$\Delta y = f(x+\Delta x)-f(x) = \log_a(x+\Delta x)-\log_a x = \log_a\left(1+\frac{\Delta x}{x}\right),$$

则
$$\lim_{\Delta x \to 0}\frac{\Delta y}{\Delta x}=\lim_{\Delta x \to 0}\frac{1}{\Delta x}\cdot\log_a\left(1+\frac{\Delta x}{x}\right)=\lim_{\Delta x \to 0}\log_a\left(1+\frac{\Delta x}{x}\right)^{\frac{1}{\Delta x}}$$

$$=\lim_{\Delta x \to 0}\log_a\left(1+\frac{\Delta x}{x}\right)^{\frac{x}{\Delta x}\cdot\frac{1}{x}}=\log_a e^{\frac{1}{x}}$$

$$=\frac{1}{x}\log_a e=\frac{1}{x}\cdot\frac{\ln e}{\ln a}=\frac{1}{x\ln a},$$

即
$$(\log_a x)' = \frac{1}{x\ln a}.$$

特别地,$(\ln x)' = \frac{1}{x}$,这也是一个常用的公式.

**【例 2-6】** 设函数 $f(x)$ 在 $x=0$ 处可导,且 $f(0)=0$,求:

(1) $\lim\limits_{x \to 0}\frac{f(tx)}{x}$,$t \neq 0$;

(2) $\lim\limits_{t \to 0}\frac{f(tx)}{x}$.

**解** (1) $\lim\limits_{x \to 0}\frac{f(tx)}{x}=\lim\limits_{x \to 0}\frac{f(tx)-f(0)}{tx-0}\cdot t=tf'(0).$

(2) $\lim\limits_{t \to 0}\frac{f(tx)}{x}=\lim\limits_{t \to 0}\frac{f(tx)-f(0)}{tx-0}\cdot t=\lim\limits_{t \to 0}\frac{f(tx)-f(0)}{tx-0}\cdot\lim\limits_{t \to 0}t$

$=f'(0)\cdot 0=0.$

现在我们知道,若函数 $f(x)$ 在点 $x_0$ 处可导,则

$$f'(x_0)=\lim_{x \to x_0}\frac{f(x)-f(x_0)}{x-x_0},$$

注意到极限存在的充分必要条件是两个单侧极限存在且相等,即

$$f(x)\text{在点 } x_0 \text{ 处可导} \Leftrightarrow \lim_{x \to x_0} \frac{f(x)-f(x_0)}{x-x_0} \text{ 存在}$$

$$\Leftrightarrow \lim_{x \to x_0^-} \frac{f(x)-f(x_0)}{x-x_0}, \lim_{x \to x_0^+} \frac{f(x)-f(x_0)}{x-x_0} \text{ 存在且相等.}$$

这里我们得到了两个单侧极限,若这两个单侧极限均存在,则分别称为 $f(x)$ 在点 $x_0$ 处的**左导数和右导数**,记为 $f'_-(x_0), f'_+(x_0)$,即

$$f'_-(x_0) = \lim_{x \to x_0^-} \frac{f(x)-f(x_0)}{x-x_0},$$

$$f'_+(x_0) = \lim_{x \to x_0^+} \frac{f(x)-f(x_0)}{x-x_0}.$$

左导数和右导数统称为**单侧导数**. 单侧导数概念的出现,其根源是我们定义了单侧极限.

有了单侧导数的概念,我们就可以把上面关于 $f(x)$ 在点 $x_0$ 处可导的充分必要条件"翻译"成如下的定理.

**定理 2-1** 函数 $f(x)$ 在点 $x_0$ 处可导 $\Leftrightarrow$ 单侧导数 $f'_-(x_0), f'_+(x_0)$ 均存在,且 $f'_-(x_0) = f'_+(x_0)$.

【例 2-7】 我们用单侧导数的观点来考察函数 $f(x) = |x|$ 在 $x=0$ 处的可导性,容易求出:

$$f'_-(0) = \lim_{x \to 0^-} \frac{f(x)-f(0)}{x-0} = \lim_{x \to 0^-} \frac{-x-0}{x-0} = -1,$$

$$f'_+(0) = \lim_{x \to 0^+} \frac{f(x)-f(0)}{x-0} = \lim_{x \to 0^+} \frac{x-0}{x-0} = 1,$$

两个单侧导数存在但是不相等,所以 $f(x) = |x|$ 在 $x=0$ 处不可导.

【例 2-8】 求函数 $f(x) = \begin{cases} x \sin x & x>0; \\ x^2 & x \leqslant 0 \end{cases}$ 在定义域的分段点 $x=0$ 处的导数.

**解** 计算两个单侧导数:

$$f'_-(0) = \lim_{x \to 0^-} \frac{f(x)-f(0)}{x-0} = \lim_{x \to 0^-} \frac{x^2-0}{x-0} = \lim_{x \to 0^-} x = 0,$$

$$f'_+(0) = \lim_{x \to 0^+} \frac{f(x)-f(0)}{x-0} = \lim_{x \to 0^+} \frac{x \sin x - 0}{x-0} = \lim_{x \to 0^+} \sin x = 0.$$

这表明

$$f'_-(0) = f'_+(0).$$

故函数 $f(x)$ 在 $x=0$ 处可导,且 $f'(0) = 0$.

现在可以定义函数 $f(x)$ 在闭区间 $[a,b]$ 上的可导性,即若函数 $f(x)$ 在开区间 $(a,b)$ 内可导,且 $f'_+(a), f'_-(b)$ 均存在,则函数 $f(x)$ 在 $[a,b]$ 上可导.

### 2.1.3 导数的几何意义

在 §2.1.1 我们知道,曲线 $y=f(x)$ 在点 $(x_0, f(x_0))$ 的切线斜率 $k$ 是割线斜率当 $x \to x_0$ 时的极限,即

$$k = \lim_{x \to x_0} \frac{f(x)-f(x_0)}{x-x_0}.$$

由导数定义知，$k=f'(x_0)$，所以，若函数 $f(x)$ 在点 $x_0$ 处可导，则 $f'(x_0)$ 表示曲线 $y=f(x)$ 在点 $(x_0,f(x_0))$ 处的切线的斜率，即 $k=\tan\alpha=f'(x_0)$，其中 $\alpha$ 是切线的倾角，表示切线与 $x$ 轴正向的夹角. 若 $f'(x_0)>0$，则 $\alpha$ 是锐角；若 $f'(x_0)<0$，则 $\alpha$ 是钝角；若 $f'(x_0)=0$，则此切线与 $x$ 轴平行(如图2-2).

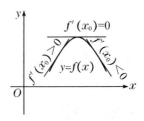

图 2-2

特别地，若 $f(x)$ 在点 $x_0$ 处不可导，其导数是无穷大时，曲线 $y=f(x)$ 的割线以垂直于 $x$ 轴的直线 $x=x_0$ 为极限位置，也就是说曲线 $y=f(x)$ 在点 $(x_0,f(x_0))$ 处存在与 $x$ 轴垂直的切线 $x=x_0$. 例如，函数 $f(x)=\sqrt[3]{x}$ 在 $(-\infty,+\infty)$ 内连续，在 $x=0$ 处不可导，导数为无穷大(读者可以自行验证). 这一事实反映在图形上就表现为曲线 $f=\sqrt[3]{x}$ 在原点 $O$ 处具有垂直于 $x$ 轴的切线 $x=0$(如图 2-3). 这也表明曲线在一点处的导数存在与切线存在不是一回事.

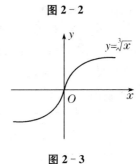

图 2-3

根据上面的分析可知，若函数 $f(x)$ 在点 $x_0$ 处可导，则曲线 $y=f(x)$ 在点 $(x_0,f(x_0))$ 处的切线方程为 $y-f(x_0)=f'(x_0)(x-x_0)$. 过点 $(x_0,f(x_0))$ 且与切线相互垂直的直线称为曲线 $y=f(x)$ 在该点处的法线，其方程为
$$y-f(x_0)=-\frac{1}{f'(x_0)}(x-x_0), f'(x_0)\neq 0.$$

【例 2-9】 过点 $(0,0)$ 作曲线 $y=e^x$ 的切线 $L$，求曲线上的切点坐标及切线 $L$ 的方程.

**解** 设曲线上的切点坐标为 $(x_0,e^{x_0})$，则切线 $L$ 在该点处的斜率为
$$k=y'|_{x=x_0}=e^x|_{x=x_0}=e^{x_0},$$
切线 $L$ 的方程为
$$y-e^{x_0}=e^{x_0}(x-x_0),$$
将 $(0,0)$ 代入，解得 $x_0=1$，故切点坐标为 $(1,e)$，切线 $L$ 的方程为
$$y=ex.$$

【例 2-10】 设曲线 $f(x)=x^n$ 在点 $(1,1)$ 处的切线与 $x$ 轴的交点为 $(x_n,0)$，计算 $\lim\limits_{n\to\infty}f(x_n)$.

**解** 该曲线在点 $(1,1)$ 处的切线斜率为
$$k=f'(x)\big|_{x=1}=(x^n)'\big|_{x=1}=nx^{n-1}\big|_{x=1}=n,$$
故曲线 $f(x)=x^n$ 在点 $(1,1)$ 处的切线方程为
$$y-1=n(x-1),$$
令 $y=0$，则
$$x_n=\frac{n-1}{n},$$
因此，
$$\lim_{n\to\infty}f(x_n)=\lim_{n\to\infty}\left(\frac{n-1}{n}\right)^n=\lim_{n\to\infty}\left(1+\frac{-1}{n}\right)^{(-n)\cdot(-1)}=\frac{1}{e}.$$

### 2.1.4 函数的可导性与连续性的关系

**定理 2-2** 若函数 $f(x)$ 在点 $x_0$ 处可导，则 $f(x)$ 在点 $x_0$ 处必然连续.

**证明** 设函数 $f(x)$ 在点 $x_0$ 处可导，则

$$f'(x_0)=\lim_{\Delta x\to 0}\frac{\Delta y}{\Delta x}$$

存在且有限. 根据函数极限与无穷小的关系,我们有

$$\frac{\Delta y}{\Delta x}=f'(x_0)+\alpha,\alpha\to 0(\Delta x\to 0),$$

将此式改写为 $\Delta y=f'(x_0)\cdot\Delta x+\alpha\cdot\Delta x,$

很显然,当 $\Delta x\to 0$ 时, $\Delta y\to 0$ ,这表明函数 $f(x)$ 在点 $x_0$ 处连续.

需要指出,可导仅是函数在该点连续的充分条件,而不是必要条件. 也就是说,若函数 $f(x)$ 在点 $x_0$ 处连续,则 $f(x)$ 在点 $x_0$ 处未必可导. 例如,函数 $f(x)=|x|$ 在 $x=0$ 处连续,但是该函数在 $x=0$ 处并不可导. 曲线 $f(x)=|x|$ 在原点 $O$ 处没有切线(如图 2-4).

在微积分理论尚不完善的时候,人们普遍认为连续函数除了个别点之外都是可导的. 1872 年,德国数学家魏尔斯特拉斯构造了一个处处连续但是处处不可导的函数的例子,这个反例与人们通常的认识大相径庭,震惊了整个数学界,这就促使人们在微积分的研究中更加注重理性的思维,从而大大推动了微积分严格理论基石的建立. 到了现代,人们对这种处处连续但是处处不可导的函数的认识愈加深刻,促进了更先进的数学知识的出现.

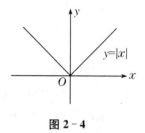

图 2-4

### 习题 2.1

1. 已知质点的运动规律为 $s=t^2+2t$ ,求(1)质点在 $t=2$ 秒至 $t=4$ 秒这段时间内的平均速度;(2)质点在 $t=2$ 秒时的瞬时速度.

2. (1) 设 $f(x)=\sqrt{x^3}$ ,利用导数定义求 $f'(1)$.

    (2) 设 $f(x)=e^{3x}$ ,利用导数定义求 $f'(x)$.

    (3) 利用导数定义证明 $(\cos x)'=-\sin x$.

3. (1) 设函数 $f(x)$ 满足 $f(0)=0, f'(0)=2$ ,求极限 $\lim\limits_{x\to 0}\dfrac{f(x)}{x}$.

    (2) 设 $f(x)$ 在点 $x=a$ 处可导,求极限 $\lim\limits_{h\to 0}\dfrac{f(a-h)-f(a+2h)}{h}$.

    (3) 若 $f(x)$ 在点 $x=a$ 处可导,求极限 $\lim\limits_{h\to 0}\dfrac{f(a+nh)-f(a-mh)}{h}$ ($m,n$ 为非零常数).

4. 如果两个可导函数 $f(x)$ 与 $g(x)$ 满足 $f(0)=0, g(0)=0, f'(0)$ 与 $g'(0)$ 均存在且 $g'(0)\neq 0$ ,证明: $\lim\limits_{x\to 0}\dfrac{f(x)}{g(x)}=\dfrac{f'(0)}{g'(0)}$.

5. 判断下列函数在指定点处是否可导,并在可导时求出导数值:

    (1) $f(x)=\begin{cases}x^3 & x>1,\\ 2-x^2 & x\leqslant 1,\end{cases} x_0=1$;(2) $f(x)=\begin{cases}\dfrac{1-\cos 2x}{x} & x\neq 0,\\ 0 & x=0,\end{cases} x_0=0$.

6. 在曲线 $y=x^2$ 上取 $M_1(1,1), M_2(3,9)$ 两点,试求曲线上的一点,使得该点处的切线平行于割线 $M_1M_2$.

7. 确定常数 $a$ 的值,使直线 $y=ax$ 成为曲线 $y=\ln x$ 的切线.

8. 试确定常数 $a,b$ 的值,使得函数在点 $x=0$ 处可导:

(1) $f(x)=\begin{cases} e^x-1 & x>0, \\ \ln(a+bx) & x\leqslant 0; \end{cases}$    (2) $f(x)=\begin{cases} \dfrac{1-\cos ax}{x} & x<0, \\ 0 & x=0, \\ \dfrac{\ln(b+x^2)}{x} & x>0. \end{cases}$

9. 若 $f(x)$ 为偶函数,且 $f'(0)$ 存在,证明: $f'(0)=0$.

10. 讨论下列函数在 $x=0$ 处的连续性与可导性:

(1) $y=|\sin x|$;    (2) $y=\begin{cases} x^2\sin\dfrac{1}{x} & x\neq 0, \\ 0 & x=0. \end{cases}$

## 2.2 导数的计算

在本节中,我们将讨论计算导数的几个基本法则,借助于这些法则将求出§2.1 中未讨论过的几个基本初等函数的导数,有了基本初等函数的导数公式以及导数计算的几个法则,我们将完全解决初等函数的求导问题.

### 2.2.1 基本初等函数的导数公式

在§2.1 中,我们已经得到了如下基本初等函数的导数:

$$(x^a)'=\alpha x^{a-1};(a^x)'=a^x\ln a,a>0,a\neq 1;(\log_a x)'=\dfrac{1}{x\ln a},a>0,a\neq 1;$$

$$(\sin x)'=\cos x;(\cos x)'=-\sin x.$$

对于 $\tan x,\cot x,\arcsin x,\arccos x,\arctan x,\text{arccot}\, x$ 这几个基本初等函数的导数问题,将在给出了几个求导法则后解决.

### 2.2.2 函数的和、差、积、商的求导法则

**定理 2-3** 若函数 $f(x)$ 和 $g(x)$ 均在点 $x$ 处可导,则它们的和、差、积、商(分母不为零)均在点 $x$ 处可导,且

(1) $[f(x)\pm g(x)]'=f'(x)\pm g'(x)$;

(2) $[f(x)\cdot g(x)]'=f'(x)g(x)+f(x)g'(x)$;

(3) $\left[\dfrac{f(x)}{g(x)}\right]'=\dfrac{f'(x)g(x)-f(x)g'(x)}{g^2(x)},g(x)\neq 0.$

**证明** (1) $[f(x)\pm g(x)]'=\lim\limits_{h\to 0}\dfrac{[f(x+h)\pm g(x+h)]-[f(x)\pm g(x)]}{h}$

$=\lim\limits_{h\to 0}\dfrac{f(x+h)-f(x)}{h}\pm\lim\limits_{h\to 0}\dfrac{g(x+h)-g(x)}{h}$

$=f'(x)\pm g'(x).$

(2) $[f(x)\cdot g(x)]'=\lim\limits_{h\to 0}\dfrac{f(x+h)g(x+h)-f(x)g(x)}{h}$

$$=\lim_{h\to 0}\left[\frac{f(x+h)-f(x)}{h}\cdot g(x+h)+f(x)\cdot\frac{g(x+h)-g(x)}{h}\right]$$

$$=\lim_{h\to 0}\frac{f(x+h)-f(x)}{h}\cdot\lim_{h\to 0}g(x+h)+f(x)\cdot\lim_{h\to 0}\frac{g(x+h)-g(x)}{h}$$

$$=f'(x)g(x)+f(x)g'(x).$$

其中,$\lim\limits_{h\to 0}g(x+h)=g(x)$,事实上,$g(x)$在点 $x$ 处可导,则 $g(x)$在点 $x$ 处连续,从而

$$\lim_{h\to 0}g(x+h)=g(x).$$

(3) $\left[\dfrac{f(x)}{g(x)}\right]'=\lim\limits_{h\to 0}\dfrac{\dfrac{f(x+h)}{g(x+h)}-\dfrac{f(x)}{g(x)}}{h}=\lim\limits_{h\to 0}\dfrac{f(x+h)g(x)-f(x)g(x+h)}{g(x+h)g(x)h}$

$$=\lim_{h\to 0}\frac{[f(x+h)-f(x)]g(x)-f(x)[g(x+h)-g(x)]}{g(x+h)g(x)h}$$

$$=\lim_{h\to 0}\frac{\dfrac{f(x+h)-f(x)}{h}g(x)-f(x)\dfrac{g(x+h)-g(x)}{h}}{g(x+h)g(x)}$$

$$=\frac{f'(x)g(x)-f(x)g'(x)}{g^2(x)}.$$

这个定理中的前两个结论均可以推广到有限个可导函数的情形,我们有如下的结果:

**推论 2-1** 设 $f_i(x)(i=1,2,\cdots,n),f(x)$均可导,则有

(1) $\left[\sum\limits_{i=1}^{n}f_i(x)\right]'=\sum\limits_{i=1}^{n}f'_i(x)$ ;

(2) $[Cf(x)]'=Cf'(x)$,$C$ 为常数;

(3) $\left[\prod\limits_{i=1}^{n}f_i(x)\right]'=f'_1(x)f_2(x)\cdots f_n(x)+f_1(x)f'_2(x)\cdots f_n(x)+\cdots+f_1(x)f_2(x)\cdots f'_n(x)$.

【例 2-11】 设 $f(x)=x^4+3x^2-4x+\mathrm{e}$,求 $f'(x)$.

**解** $f'(x)=(x^4+3x^2-4x+\mathrm{e})'=(x^4)'+(3x^2)'-(4x)'+(\mathrm{e})'$
$$=4x^3+6x-4.$$

一般地,对于多项式函数

$$p_n(x)=a_nx^n+a_{n-1}x^{n-1}+\cdots+a_1x+a_0,$$

其导数为

$$p'_n(x)=na_nx^{n-1}+(n-1)a_{n-1}x^{n-2}+\cdots+a_1,$$

导数 $p'_n(x)$要比函数 $p_n(x)$低一个幂次.

【例 2-12】 设 $f(x)=\sin x\cdot\ln x$,计算 $f'(\pi)$.

**解** $f'(x)=(\sin x\cdot\ln x)'=(\sin x)'\ln x+\sin x(\ln x)'$
$$=\cos x\ln x+\frac{\sin x}{x},$$

则

$$f'(\pi)=-\ln\pi.$$

【例 2-13】 求 $f(x)=\tan x$ 的导数.

**解** $f'(x)=(\tan x)'=\left(\dfrac{\sin x}{\cos x}\right)'=\dfrac{(\sin x)'\cos x-\sin x(\cos x)'}{\cos^2 x}$

$$= \frac{\cos^2 x + \sin^2 x}{\cos^2 x} = \frac{1}{\cos^2 x} = \sec^2 x,$$

即
$$(\tan x)' = \sec^2 x.$$

同理可得
$$(\cot x)' = -\csc^2 x.$$

**【例 2-14】** 求 $f(x) = \sec x$ 的导数.

**解** $f'(x) = (\sec x)' = \left(\frac{1}{\cos x}\right)' = \frac{(1)' \cdot \cos x - 1 \cdot (\cos x)'}{\cos^2 x}$

$$= \frac{\sin x}{\cos^2 x} = \tan x \sec x,$$

即
$$(\sec x)' = \tan x \sec x.$$

同理可得
$$(\csc x)' = -\cot x \csc x.$$

### 2.2.3 复合函数的求导法则

**定理 2-4** 若函数 $u = g(x)$ 在点 $x$ 处可导, $y = f(u)$ 在点 $u = g(x)$ 处可导, 则复合函数 $y = f[g(x)]$ 在点 $x$ 处可导, 且

$$\frac{\mathrm{d}y}{\mathrm{d}x} = f'(u) \cdot g'(x),$$

或
$$\frac{\mathrm{d}y}{\mathrm{d}x} = \frac{\mathrm{d}y}{\mathrm{d}u} \cdot \frac{\mathrm{d}u}{\mathrm{d}x}.$$

**证明** 由于 $y = f(u)$ 在点 $u = g(x)$ 处可导, 则

$$f'(u) = \lim_{\Delta u \to 0} \frac{\Delta y}{\Delta u},$$

依据函数极限与无穷小的关系, 得到如下等式:

$$\frac{\Delta y}{\Delta u} = f'(u) + \alpha,$$

其中 $\alpha \to 0 (\Delta u \to 0)$.

注意到上式中 $\Delta u \neq 0$, 将上式改写为

$$\Delta y = f'(u) \cdot \Delta u + \alpha \cdot \Delta u,$$

当 $\Delta u = 0$ 时, 函数 $\alpha = \frac{\Delta y}{\Delta u} - f'(u) = \alpha(\Delta u)$ 没有定义. 规定 $\Delta u = 0$ 时, $\alpha = 0$, 此时 $\Delta y = f(u + \Delta u) - f(u) = 0$, 这表明 $\Delta y = f'(u) \cdot \Delta u + \alpha \cdot \Delta u$ 对 $\Delta u = 0$ 也成立, 且函数 $\alpha(\Delta u)$ 在 $\Delta u = 0$ 处连续.

用 $\Delta x \neq 0$ 去除等式的两边, 则

$$\lim_{\Delta x \to 0} \frac{\Delta y}{\Delta x} = \lim_{\Delta x \to 0}\left[f'(u) \cdot \frac{\Delta u}{\Delta x} + \alpha \cdot \frac{\Delta u}{\Delta x}\right] = \lim_{\Delta x \to 0}[f'(u) + \alpha] \cdot \frac{\Delta u}{\Delta x}$$

$$= \lim_{\Delta x \to 0}[f'(u) + \alpha] \cdot \lim_{\Delta x \to 0}\frac{\Delta u}{\Delta x}.$$

对于第一个极限，因为 $u=g(x)$ 在点 $x$ 处可导，则 $u=g(x)$ 在点 $x$ 处连续，当 $\Delta x \to 0$，有 $\Delta u \to 0$，从而

$$\lim_{\Delta x \to 0}[f'(u)+\alpha]=f'(u)+\lim_{\Delta x \to 0}\alpha=f'(u)+\lim_{\Delta u \to 0}\alpha=f'(u).$$

对于第二个极限，显然有

$$\lim_{\Delta x \to 0}\frac{\Delta u}{\Delta x}=g'(x),$$

综上所述，我们有

$$\lim_{\Delta x \to 0}\frac{\Delta y}{\Delta x}=f'(u)\cdot g'(x),$$

即

$$\frac{dy}{dx}=f'(u)\cdot g'(x),$$

或

$$\frac{dy}{dx}=\frac{dy}{du}\cdot\frac{du}{dx}.$$

在这个证明中，我们规定 $\Delta u=0$ 时，$\alpha=0$，这不仅是自然的，也是必要的。由于 $u$ 是中间变量，$\Delta x \neq 0$ 时，$\Delta u$ 可能为零，因此这样的补充规定使得证明对 $\Delta u \neq 0$ 和 $\Delta u=0$ 都成立。

这个定理就是复合函数的求导法则，通常称为**链式法则**。该法则可以推广到有限个中间变量的情形。以两个中间变量为例：设函数 $y=f(u),u=g(v),v=h(x)$ 均可导，则复合函数 $y=f\{g[h(x)]\}$ 的导数为

$$\frac{dy}{dx}=\frac{dy}{du}\cdot\frac{du}{dv}\cdot\frac{dv}{dx}.$$

【例 2-15】 设 $y=\ln(\sin x)$，求 $\frac{dy}{dx}$.

**解** $y=\ln(\sin x)$ 可以看成是由 $y=\ln u,u=\sin x$ 复合而成，则

$$\frac{dy}{dx}=\frac{dy}{du}\cdot\frac{du}{dx}=\frac{1}{u}\cdot\cos x=\frac{\cos x}{\sin x}=\cot x.$$

【例 2-16】 设 $y=\sqrt{1+\ln^2 x}$，求 $\frac{dy}{dx}$.

**解** $y=\sqrt{1+\ln^2 x}$ 可以看成是由 $y=\sqrt{u},u=1+v^2,v=\ln x$ 复合而成，则

$$\frac{dy}{dx}=\frac{dy}{du}\cdot\frac{du}{dv}\cdot\frac{dv}{dx}=\frac{1}{2\sqrt{u}}\cdot 2v\cdot\frac{1}{x}$$

$$=\frac{1}{2\sqrt{1+\ln^2 x}}\cdot 2\ln x\cdot\frac{1}{x}$$

$$=\frac{\ln x}{x\sqrt{1+\ln^2 x}}.$$

从这两个例子可以看出，在应用复合函数求导的链式法则时，首先应将复合函数分解为简单函数（这些简单函数的导数容易求出），然后使用链式法则由外层函数到内层函数逐层求导，直到对自变量求导为止，不要脱节，不要遗漏，最后将出现的中间变量都替换为自变量，这样就完成了复合函数的求导。

在对复合函数的分解和求导过程熟练以后，就不必写出中间变量和函数的复合过程，直接采用下面的办法即可。

【例 2-17】 求函数 $y=\ln(x+\sqrt{x^2+1})$ 的导数.

**解** $y' = [\ln(x+\sqrt{x^2+1})]' = \dfrac{1}{x+\sqrt{x^2+1}} \cdot (x+\sqrt{x^2+1})'$

$= \dfrac{1}{x+\sqrt{x^2+1}} \cdot \left[1 + \dfrac{(x^2+1)'}{2\sqrt{x^2+1}}\right]$

$= \dfrac{1}{x+\sqrt{x^2+1}} \cdot \left(1 + \dfrac{2x}{2\sqrt{x^2+1}}\right) = \dfrac{1}{\sqrt{x^2+1}}.$

【例 2-18】 证明以下的导数公式:
$$(\log_a|x|)' = \dfrac{1}{x\ln a},$$
其中 $a>0, a\neq 1, x\neq 0$.

**证明** 当 $x>0$ 时,
$$(\log_a|x|)' = (\log_a x)' = \dfrac{1}{x\ln a},$$

当 $x<0$ 时,
$$(\log_a|x|)' = [\log_a(-x)]' = \dfrac{1}{-x\ln a} \cdot (-x)' = \dfrac{1}{x\ln a},$$

故当 $x\neq 0$ 时,
$$(\log_a|x|)' = \dfrac{1}{x\ln a}.$$

特别地,当 $a=e$ 时,
$$(\ln|x|)' = \dfrac{1}{x}.$$

这是一个重要的结果,在不定积分的计算中将会有其应用.

【例 2-19】 在以下两个函数中,设 $f(u)$ 是可导函数,计算 $\dfrac{dy}{dx}$:

(1) $y = f(\sin^2 x) + \sin f^2(x)$;  (2) $y = f(e^x)e^{f(x)}$.

**解** (1) $\dfrac{dy}{dx} = f'(\sin^2 x) \cdot 2\sin x \cdot \cos x + \cos f^2(x) \cdot 2f(x) \cdot f'(x)$

$= f'(\sin^2 x)\sin 2x + 2f(x)f'(x)\cos f^2(x).$

(2) $\dfrac{dy}{dx} = f'(e^x) \cdot e^x \cdot e^{f(x)} + f(e^x) \cdot e^{f(x)} \cdot f'(x).$

必须指出,对于复合函数 $f(g(x))$,下面两种记号的含义不能混淆:
$$f'(g(x)) = f'(u)\big|_{u=g(x)} \text{ 表示函数对中间变量的导数},$$
$$(f(g(x)))' = f'(g(x))g'(x) \text{ 表示函数对自变量的导数}.$$

### 2.2.4 隐函数的导数

前面讨论的函数,其形式常表示为 $y=f(x)$,用这种形式表示的函数通常称为显函数. 现在,我们已经有较多的办法来计算这种函数的导数.

一般地,对于一个给定的关于 $x,y$ 的方程 $F(x,y)=0$,在一定的条件下总会唯一地决定一个关于 $x$ 的函数 $y$,这种形式的函数称为**隐函数**(至于给定的方程 $F(x,y)=0$ 能否决定一个隐函数,这个问题将在多元函数的讨论中给出解答). 如果可以从方程 $F(x,y)=0$ 中

解出 $y=y(x)$,称其为隐函数的显化,此时 $y=y(x)$ 的求导问题容易解决. 但是,有些情况下隐函数的显化是困难的,甚至是不可能的,此时导数的计算应该如何实施呢?

为方便起见,这里我们总是假设隐函数存在并且可导,如果方程 $F(x,y)=0$ 决定了一个隐函数 $y=y(x)$,将其代入原方程得到恒等式 $F(x,y(x))=0$. 既然是恒等式,两端只要同时作同样的运算,仍然保持相等,因此只需在恒等式的两端同时对 $x$ 求导就得到了需要的导数(注意到此等式的左端会出现关于自变量的复合函数,求导过程用到复合函数求导的链式法则),以下举例说明.

【例 2-20】 求由方程 $x\sqrt{y}+e^y=\sin(x+y)$ 所决定的隐函数 $y=y(x)$ 的导数.

**解** 将方程中的 $y$ 视为 $x$ 的函数,在方程的两端同时对 $x$ 求导,注意应用复合函数求导的链式法则,

$$\sqrt{y}+x\frac{1}{2\sqrt{y}}\cdot y'+e^y\cdot y'=\cos(x+y)\cdot(1+y'),$$

解出

$$y'=\frac{2\sqrt{y}\cos(x+y)-2y}{x+2\sqrt{y}e^y-2\sqrt{y}\cos(x+y)}.$$

【例 2-21】 设方程 $2x+y-e^{xy}=0$ 决定了隐函数 $y=y(x)$,求 $y'(0)$.

**解** 在方程的两端同时对 $x$ 求导,注意到 $y$ 是 $x$ 的函数,

$$2+y'-e^{xy}(y+xy')=0,$$

解出

$$y'=\frac{ye^{xy}-2}{1-xe^{xy}},$$

将 $x=0$ 代入原方程,得到当 $x=0$ 时,$y=1$,代入上式得

$$y'(0)=-1.$$

通常,对函数 $y=f(x)$ 而言,其导数 $y'=f'(x)$ 仍然是 $x$ 的函数. 但是,在上面的例子中,我们看到隐函数的导数中出现了 $y$,这是自然的,这样的结果不会影响导数几何意义的应用.

【例 2-22】 求曲线 $x^3+y^3=3axy$ 在点 $\left(\frac{3}{2}a,\frac{3}{2}a\right)$ 处的切线方程和法线方程.

**解** 在曲线方程的两端同时关于 $x$ 求导,

$$3x^2+3y^2y'=3a(y+xy'),$$

解出

$$y'=\frac{ay-x^2}{y^2-ax}.$$

当 $x=y=\frac{3}{2}a$ 时,$y'=-1$,即曲线在所给点处的切线斜率为 $-1$,故所求的切线方程为

$$y-\frac{3}{2}a=-\left(x-\frac{3}{2}a\right),$$

即

$$x+y=3a,$$

法线方程为

$$y-\frac{3}{2}a=x-\frac{3}{2}a,$$

即

$$y=x.$$

利用隐函数求导的方法,我们来给出反三角函数的导数公式.

【例 2-23】 证明下列导数公式:

(1) $(\arcsin x)' = \dfrac{1}{\sqrt{1-x^2}}, |x|<1$;

(2) $(\arccos x)' = -\dfrac{1}{\sqrt{1-x^2}}, |x|<1$;

(3) $(\arctan x)' = \dfrac{1}{1+x^2}, x \in \mathbb{R}$;

(4) $(\operatorname{arccot} x)' = -\dfrac{1}{1+x^2}, x \in \mathbb{R}$.

**证明** (1) 设 $y = \arcsin x, |x|<1$,则
$$\sin y = x, y \in \left(-\dfrac{\pi}{2}, \dfrac{\pi}{2}\right),$$
两端同时关于 $x$ 求导, $\cos y \cdot y' = 1$,

注意到 $y \in \left(-\dfrac{\pi}{2}, \dfrac{\pi}{2}\right), \cos y > 0$,于是,
$$y' = \dfrac{1}{\cos y} = \dfrac{1}{\sqrt{1-\sin^2 y}} = \dfrac{1}{\sqrt{1-x^2}},$$
即
$$(\arcsin x)' = \dfrac{1}{\sqrt{1-x^2}}.$$

(2) 设 $y = \arccos x, |x|<1$,则
$$\cos y = x, y \in (0,\pi),$$
两端同时关于 $x$ 求导, $-\sin y \cdot y' = 1$,

注意到 $y \in (0,\pi), \sin y > 0$,于是,
$$y' = -\dfrac{1}{\sin y} = -\dfrac{1}{\sqrt{1-\cos^2 y}} = -\dfrac{1}{\sqrt{1-x^2}},$$
即
$$(\arccos x)' = -\dfrac{1}{\sqrt{1-x^2}}.$$

(3) 设 $y = \arctan x, x \in \mathbb{R}$,则
$$\tan y = x, y \in \left(-\dfrac{\pi}{2}, \dfrac{\pi}{2}\right),$$
两端同时关于 $x$ 求导,
$$\sec^2 y \cdot y' = 1,$$
于是,
$$y' = \dfrac{1}{\sec^2 y} = \dfrac{1}{1+\tan^2 y} = \dfrac{1}{1+x^2},$$
即
$$(\arctan x)' = \dfrac{1}{1+x^2}.$$

(4) 设 $y = \operatorname{arccot} x, x \in \mathbb{R}$,则
$$\cot y = x, y \in (0,\pi),$$
两端同时关于 $x$ 求导,
$$-\csc^2 y \cdot y' = 1,$$
于是,
$$y' = -\dfrac{1}{\csc^2 y} = -\dfrac{1}{1+\cot^2 y} = -\dfrac{1}{1+x^2},$$

即
$$(\operatorname{arccot} x)' = -\frac{1}{1+x^2}.$$

以下继续利用隐函数求导法来解决两类比较复杂的函数的求导问题：

第一类函数形如 $u(x)^{v(x)}$（$u(x)>0$，通常称为幂指函数）；第二类函数则含有乘、除、乘方、开方运算等多个因式.

**【例 2-24】** 设 $y = x^{\sin\frac{1}{\sqrt{x}}}$（$x>0$），求 $\dfrac{\mathrm{d}y}{\mathrm{d}x}$.

**解** 在 $y = x^{\sin\frac{1}{\sqrt{x}}}$ 两边同时取对数（自然对数），则有

$$\ln y = \sin\frac{1}{\sqrt{x}} \cdot \ln x,$$

两端同时关于 $x$ 求导，注意到 $y$ 是 $x$ 的函数，

$$\frac{1}{y} \cdot y' = \cos\frac{1}{\sqrt{x}} \cdot \left(-\frac{1}{2x^{3/2}}\right) \cdot \ln x + \frac{1}{x} \cdot \sin\frac{1}{\sqrt{x}},$$

解出

$$\frac{\mathrm{d}y}{\mathrm{d}x} = y' = x^{\sin\frac{1}{\sqrt{x}}}\left(-\frac{\ln x}{2x\sqrt{x}}\cos\frac{1}{\sqrt{x}} + \frac{1}{x}\sin\frac{1}{\sqrt{x}}\right).$$

**【例 2-25】** 设 $y = \dfrac{\mathrm{e}^x \cos x}{\sqrt{x^2-1}(2x+1)^3}$，求 $\dfrac{\mathrm{d}y}{\mathrm{d}x}$.

**解** 为严格起见，先在等式两边取绝对值，再取自然对数，我们得到

$$\ln|y| = x + \ln|\cos x| - \frac{1}{2}\ln|x^2-1| - 3\ln|2x+1|,$$

两端同时关于 $x$ 求导，注意到 $y$ 是 $x$ 的函数，

$$\frac{1}{y} \cdot y' = 1 + \frac{-\sin x}{\cos x} - \frac{1}{2} \cdot \frac{2x}{x^2-1} - 3 \cdot \frac{2}{2x+1},$$

故

$$\frac{\mathrm{d}y}{\mathrm{d}x} = y' = \frac{\mathrm{e}^x \cos x}{\sqrt{x^2-1}(2x+1)^3}\left(1 - \tan x - \frac{x}{x^2-1} - \frac{6}{2x+1}\right).$$

例 2-25 的解答时先在等式两边取绝对值，再取对数，以后在解题时为简单起见可以不必讨论函数的符号，也不必取绝对值，可以直接取对数即可. 事实上这样做的结果与先取绝对值再取对数的结果是一致的.

例 2-24 和例 2-25 采用的求导方法称为**"对数求导法"**. 可以看出，对数求导法的好处在于该方法可以将乘、除、乘方、开方运算的求导转化为加、减、乘、除的求导，从而降低了计算量.

**注意** 例 2-24 和例 2-25 都可以有其他的求导方法. 形如 $y = u(x)^{v(x)}$（$u(x)>0$）的幂指函数，它可以视为由 $y = \mathrm{e}^w$ 与 $w = v(x)\ln u(x)$ 复合得到的复合函数. 因此，利用复合函数的求导法则，例 2-24 还可以采用如下的方法求导：记 $y = x^{\sin\frac{1}{\sqrt{x}}} = \mathrm{e}^{\sin\frac{1}{\sqrt{x}} \cdot \ln x}$，则

$$y' = \left(\mathrm{e}^{\sin\frac{1}{\sqrt{x}} \cdot \ln x}\right)' = \mathrm{e}^{\sin\frac{1}{\sqrt{x}} \cdot \ln x} \cdot \left(\sin\frac{1}{\sqrt{x}} \cdot \ln x\right)'$$

$$= \mathrm{e}^{\sin\frac{1}{\sqrt{x}} \cdot \ln x}\left[\cos\frac{1}{\sqrt{x}} \cdot \left(-\frac{1}{2x^{\frac{3}{2}}}\right) \cdot \ln x + \frac{1}{x} \cdot \sin\frac{1}{\sqrt{x}}\right]$$

$$= x^{\sin\frac{1}{\sqrt{x}}}\left(-\frac{\ln x}{2x\sqrt{x}}\cos\frac{1}{\sqrt{x}} + \frac{1}{x}\sin\frac{1}{\sqrt{x}}\right),$$

例 2-25 可以直接利用函数的积和商的求导法则来计算其导数,但是计算非常繁琐. 现在把前面得到的求导法则和基本初等函数的导数公式列出如下.

**基本求导法则:**

(1) $(u\pm v)'=u'\pm v'$;

(2) $(uv)'=u'v+uv'$, $(Cu)'=Cu'$ ($C$ 为常数);

(3) $\left(\dfrac{u}{v}\right)'=\dfrac{u'v-uv'}{v^2}$, $\left(\dfrac{1}{v}\right)'=-\dfrac{v'}{v^2}$;

(4) 复合函数导数 $\dfrac{dy}{dx}=\dfrac{dy}{du}\cdot\dfrac{du}{dx}$.

**基本初等函数的导数公式:**

(1) $(C)'=0$;

(2) $(x^\alpha)'=\alpha x^{\alpha-1}$;

(3) $(a^x)'=a^x\ln a$, $(e^x)'=e^x$;

(4) $(\log_a x)'=\dfrac{1}{x\ln a}$, $(\ln x)'=\dfrac{1}{x}$;

(5) $(\sin x)'=\cos x$;

(6) $(\cos x)'=-\sin x$;

(7) $(\tan x)'=\sec^2 x$;

(8) $(\cot x)'=-\csc^2 x$;

(9) $(\sec x)'=\tan x\sec x$;

(10) $(\csc x)'=-\cot x\csc x$;

(11) $(\arcsin x)'=\dfrac{1}{\sqrt{1-x^2}}$;

(12) $(\arccos x)'=-\dfrac{1}{\sqrt{1-x^2}}$;

(13) $(\arctan x)'=\dfrac{1}{1+x^2}$;

(14) $(\text{arccot } x)'=-\dfrac{1}{1+x^2}$.

**本节内容的脉络:**

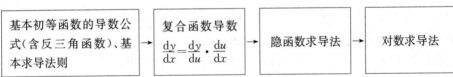

 习题 2.2

1. 推导如下的两个导数公式: $(\cot x)'=-\csc^2 x$, $(\csc x)'=-\cot x\csc x$.

2. 求下列函数的导数:

(1) $y=x^2\cos x\ln\sqrt{x}$;

(2) $y=x\log_2 x+\ln 2$;

(3) $y=x\ln x+\dfrac{\ln x}{x}$;

(4) $y=a^x\cdot x^a$;

(5) $y=\ln\dfrac{\sqrt{1-x}}{\sqrt{1+x}}$;

(6) $y=(x^2-1)(x^2-4)(x^2-9)$;

(7) $y=\sin(\sin x)$;

(8) $y=\ln(\arccos 2x)$;

(9) $y=x\arcsin\dfrac{x}{2}+\sqrt{4-x^2}$;

(10) $y=\ln(1+x+\sqrt{2x+x^2})$;

(11) $y=\arcsin x+\arccos x$;  (12) $y=\arctan x \cdot \text{arccot}\, x$.

3. 求下列函数的导数：

(1) $y=x^x$，由此求 $y=x^{x^x}$ 的导数； (2) $y=x^{\sin x}+2^x$；

(3) $y=\left(\dfrac{x}{1+x}\right)^x$； (4) $y=\dfrac{(x-3)^2(2x-1)}{(x+1)^3}$；

(5) $y=\sqrt{\dfrac{(x-1)(x-2)}{(x-3)(x-4)}}$； (6) $y=(2^x+3^x)^{\frac{1}{x}}$.

4. 证明：

(1) 可导的偶函数，其导数是奇函数；

(2) 可导的奇函数，其导数是偶函数；

(3) 可导的周期函数，其导数仍是周期函数.

5. 设函数 $y=f(x)$ 可导，计算下列导数值：

(1) $y=f(\sin^2 x)+f(\cos^2 x)$，计算 $\dfrac{dy}{dx}\Big|_{x=\frac{\pi}{4}}$；(2) $y=f(a+t)-f(a-t)$，计算 $\dfrac{dy}{dt}\Big|_{t=0}$.

(3) $y=e^{f(\sin x)}$，求 $\dfrac{dy}{dx}$；(4) $y=\ln[f(x^2)]$，求 $\dfrac{dy}{dx}$.

6. 设函数 $f(x)$ 和 $g(x)$ 可导，求下列函数的导数：

(1) $y=\sqrt{f^2(x)+g^2(x)+\pi}$；(2) $y=f(\ln x)+\ln[g^2(x)]$.

7. 求由下列方程所决定的隐函数 $y=y(x)$ 的导数 $\dfrac{dy}{dx}$：

(1) $y\sin x=\cos(x-y)$； (2) $\arctan\dfrac{y}{x}=\ln\sqrt{x^2+y^2}$；

(3) $y=a+\ln xy+e^{x+y}$； (4) $x^2-y^2-4xy=0$；

(5) $e^{xy}+\tan(xy)=y$； (6) $x^y=y^x$.

8. 求曲线 $x^3+y^3-xy=7$ 在点 $(1,2)$ 处的切线方程和法线方程.

9. 设曲线 $C$ 的方程为 $\sqrt{x}+\sqrt{y}=\sqrt{a}(a>0)$，证明：曲线上任意一点处的切线截两个坐标轴的截距之和为常数.

10. 证明双曲线 $xy=a^2$ 上任一点处的切线与两个坐标轴围成的三角形的面积都等于 $2a^2$.

## 2.3 高阶导数

### 2.3.1 高阶导数的定义

设函数 $y=f(x)$ 的导数为 $f'(x)$，这仍然是一个 $x$ 的函数，若 $f'(x)$ 仍然可导，我们就可以继续讨论 $f'(x)$ 的求导问题，由此就引出高阶导数的概念.

**定义 2-2** 若极限 $\lim\limits_{\Delta x\to 0}\dfrac{f'(x_0+\Delta x)-f'(x_0)}{\Delta x}$ 存在，则称此极限为函数 $y=f(x)$ 在点 $x_0$ 处的二阶导数，记为 $f''(x_0)$，$y''\big|_{x=x_0}$，$\dfrac{d^2 f(x)}{dx^2}\Big|_{x=x_0}$ 或 $\dfrac{d^2 y}{dx^2}\Big|_{x=x_0}$，即

$$f''(x_0) = \lim_{\Delta x \to 0} \frac{f'(x_0 + \Delta x) - f'(x_0)}{\Delta x},$$

并称 $f(x)$ 在点 $x_0$ 处二阶可导. 若 $f(x)$ 在区间 $I$ 上的每点均二阶可导,则称 $f(x)$ 在区间 $I$ 上二阶可导,并称 $f''(x)\left(y'', \dfrac{d^2 f(x)}{dx^2} \text{ 或 } \dfrac{d^2 y}{dx^2}\right)$ 为 $f(x)$ 的二阶导(函)数.

容易看出

$$f''(x) = \lim_{\Delta x \to 0} \frac{f'(x + \Delta x) - f'(x)}{\Delta x}, x \in I,$$
$$f''(x_0) = f''(x)|_{x = x_0}.$$

一般地,对于正整数 $n \geq 2$,可以归纳地定义函数 $y = f(x)$ 的 $n$ 阶导数. 读者可以参照二阶导数的定义给出 $n$ 阶导数的定义.

二阶及二阶以上的导数称为高阶导数. 为方便起见,将 $f(x)$ 自身称为 $f(x)$ 的零阶导数.

函数 $f(x)$ 的 4 阶以上导数采用的记号是 $f^{(n)}(x), n \geq 4$,而 $f(x)$ 的一阶、二阶、三阶导数可以记为 $f'(x), f''(x), f'''(x)$. 函数 $f(x)$ 的 $n$ 阶导数还可以记为 $y^{(n)}, \dfrac{d^n y}{dx^n}, \dfrac{d^n f(x)}{dx^n}$.

根据上述讨论可知,$y^{(n)} = (y^{(n-1)})'$,也就是说,求函数的高阶导数,只需要将函数逐次求导,因此前面得到的导数运算法则和基本导数公式仍然适用. 以下利用高阶导数的定义来求几个基本初等函数的 $n$ 阶导数.

【例 2-26】 求 $y = e^x$ 的 $n$ 阶导数.

**解** 
$$y' = e^x, y'' = (y')' = (e^x)' = e^x, \cdots,$$

容易知道,
$$(e^x)^{(n)} = e^x,$$

类似地,
$$(a^x)^{(n)} = a^x (\ln a)^n.$$

【例 2-27】 求 $y = \sin x$ 的 $n$ 阶导数.

**解** $y' = (\sin x)' = \cos x = \sin\left(x + \dfrac{\pi}{2}\right),$

$$y'' = \cos\left(x + \frac{\pi}{2}\right) = \sin\left(x + \frac{\pi}{2} + \frac{\pi}{2}\right) = \sin\left(x + 2 \cdot \frac{\pi}{2}\right),$$

$$y''' = \cos\left(x + 2 \cdot \frac{\pi}{2}\right) = \sin\left(x + 2 \cdot \frac{\pi}{2} + \frac{\pi}{2}\right) = \sin\left(x + 3 \cdot \frac{\pi}{2}\right),$$

……

一般地,
$$(\sin x)^{(n)} = \sin\left(x + n \cdot \frac{\pi}{2}\right),$$

类似地,
$$(\cos x)^{(n)} = \cos\left(x + n \cdot \frac{\pi}{2}\right).$$

【例 2-28】 求 $y = x^\alpha$ 的 $n$ 阶导数.

**解**
$$y' = (x^\alpha)' = \alpha x^{\alpha-1},$$
$$y'' = (\alpha x^{\alpha-1})' = \alpha \cdot (\alpha-1) x^{\alpha-2},$$

……

一般地,
$$(x^\alpha)^{(n)} = \alpha \cdot (\alpha-1) \cdot \cdots \cdot (\alpha-n+1) x^{\alpha-n},$$

特别地,当 $\alpha = n$ 时,
$$(x^n)^{(n)} = n \cdot (n-1) \cdot \cdots \cdot 1 = n!,$$

从而当 $m>n$ 时，$m$ 为正整数，$(x^n)^{(m)}=0$.

当 $\alpha=-1$ 时，$y=\dfrac{1}{x}$，其 $n$ 阶导数为

$$\left(\dfrac{1}{x}\right)^{(n)}=(-1)\cdot(-2)\cdots(-n)x^{-1-n}=(-1)^n\dfrac{n!}{x^{n+1}},$$

进一步可知

$$\left(\dfrac{1}{x+a}\right)^{(n)}=(-1)^n\dfrac{n!}{(x+a)^{n+1}},$$

$$(\ln x)^{(n)}=\left(\dfrac{1}{x}\right)^{(n-1)}=(-1)^{n-1}\dfrac{(n-1)!}{x^n},$$

$$(\ln(1+x))^{(n)}=(-1)^{n-1}\dfrac{(n-1)!}{(x+1)^n}\ (x>-1).$$

### 2.3.2 高阶导数运算法则和莱布尼茨(Leibniz)公式

**定理 2-5** 设函数 $u(x),v(x)$ 均在区间 $I$ 上 $n$ 阶可导，$\alpha,\beta\in\mathbb{R}$，则在区间 $I$ 上，$\alpha u(x)+\beta v(x)$，$u(x)\cdot v(x)$ 均 $n$ 阶可导，且：

(1) $(\alpha u(x)+\beta v(x))^{(n)}=\alpha u^{(n)}(x)+\beta v^{(n)}(x)$；

(2) $(u(x)\cdot v(x))^{(n)}=\sum\limits_{k=0}^{n}C_n^k u^{(n-k)}(x)v^{(k)}(x)$.

此定理的证明可以参考相关教材，其中的第二个结论称为莱布尼茨公式，它在形式上是完全类似于二项式定理的. 利用该定理的第一条，并结合例 2-28，立即得到一个关于 $n$ 次多项式的导数的结论：

设 $p_n(x)=a_n x^n+a_{n-1}x^{n-1}+\cdots+a_1 x+a_0$，则

$$(p_n(x))^{(n)}=a_n\cdot n!,$$

$$(p_n(x))^{(m)}=0,m>n,m\ 为正整数.$$

【例 2-29】 设 $y=x^2\cos x$，求 $y^{(200)}$.

**解** $y^{(200)}=\sum\limits_{k=0}^{200}C_{200}^k(x^2)^{(200-k)}(\cos x)^{(k)}$

$=C_{200}^{198}(x^2)''(\cos x)^{(198)}+C_{200}^{199}(x^2)'(\cos x)^{(199)}+C_{200}^{200}(x^2)(\cos x)^{(200)}$

$=C_{200}^2\cdot 2\cdot\cos\left(x+198\cdot\dfrac{\pi}{2}\right)+C_{200}^1\cdot 2x\cdot\cos\left(x+199\cdot\dfrac{\pi}{2}\right)+x^2\cos\left(x+200\cdot\dfrac{\pi}{2}\right)$

$=-39800\cos x+400x\sin x+x^2\cos x.$

【例 2-30】 设方程 $\arctan\dfrac{y}{x}=\ln\sqrt{x^2+y^2}$ 确定了隐函数 $y=y(x)$，计算二阶导数 $\dfrac{d^2 y}{dx^2}$.

**解** 在方程的两端同时关于 $x$ 求导，注意 $y$ 是 $x$ 的函数，

$$\dfrac{\dfrac{xy'-y}{x^2}}{1+\left(\dfrac{y}{x}\right)^2}=\dfrac{2x+2yy'}{2(x^2+y^2)},$$

化简得到
$$y' = \frac{dy}{dx} = \frac{x+y}{x-y},$$

故
$$y'' = \left(\frac{x+y}{x-y}\right)' = \frac{(1+y')(x-y)-(x+y)(1-y')}{(x-y)^2} = \frac{2(x^2+y^2)}{(x-y)^3}.$$

【例 2-31】 设方程 $e^y + xy = e$ 确定了隐函数 $y = y(x)$，求 $\dfrac{d^2 y}{dx^2}\Big|_{x=0}$.

**解** 在方程的两端同时关于 $x$ 求导，得
$$e^y \cdot y' + y + xy' = 0,$$

再次关于 $x$ 求导，得
$$e^y \cdot (y')^2 + e^y \cdot y'' + y' + y' + xy'' = 0,$$

当 $x=0$ 时，从方程中解出 $y\big|_{x=0} = 1$，再利用上述的两个等式得
$$y'\big|_{x=0} = -\frac{1}{e}, \quad y''\big|_{x=0} = e^{-2}.$$

 习题 2.3

1. 求下列函数的二阶导数：
   (1) $y = x^3 \cos 2x$；
   (2) $y = x^2 e^{-x}$；
   (3) $y = f(x^2)$，假设 $f(u)$ 二阶可导；
   (4) $y = f^2(x)$，假设 $f(x)$ 二阶可导.

2. (1) 验证函数 $y = e^x \sin x$ 满足关系式 $y'' - 2y' + 2y = 0$；
   (2) 验证函数 $y = \sin(\ln x) + \cos(\ln x)$ 满足关系式 $x^2 y'' + xy' + y = 0$.

3. 求下列函数的指定导数：
   (1) $y = (x^2 + x + 1)\sin x$，求 $y^{(4)}$；
   (2) $y = x^2 e^{2x}$，求 $y^{(20)}$；
   (3) $y = e^{2x} \sin 3x$，求 $y'''(0)$；
   (4) $y = 2^{\sin x} \cos(\sin x)$，求 $y''(0)$.

4. 求下列函数的 $n$ 阶导数：
   (1) $y = \dfrac{1}{x^2 - 3x + 2}$；
   (2) $y = \sin^2 x$；
   (3) $y = xe^x$；
   (4) $y = \dfrac{x^n - 1}{x - 1} + \sin 2x$；
   (5) $y = \ln(x^2 + 2x - 3)$；
   (6) $y = x \ln x$.

5. (1) 设方程 $x - y + \dfrac{1}{2}\sin y = 0$ 确定了隐函数 $y = y(x)$，求 $\dfrac{dy}{dx}$ 和 $\dfrac{d^2 y}{dx^2}$.
   (2) 设方程 $y = x + \arctan y$ 确定了隐函数 $y = y(x)$，求 $\dfrac{dy}{dx}$ 和 $\dfrac{d^2 y}{dx^2}$.

## 2.4 微 分

与导数的概念一样，微分是微分学中的另一个重要的概念，它与导数密切相关.

### 2.4.1 微分的定义

对于给定的函数 $y = f(x)$，有时需要考察函数的增量 $\Delta y = f(x + \Delta x) - f(x)$ 与自变量

的增量 $\Delta x$ 之间的关系. 对一次函数 $y=kx+b(k\neq 0)$ 而言, $\Delta y=f(x+\Delta x)-f(x)=[k(x+\Delta x)+b]-(kx+b)=k\cdot\Delta x$, $\Delta y$ 是 $\Delta x$ 的线性函数.

现在,我们要研究一般的连续函数 $y=f(x)$,此时 $\Delta y$ 可能与 $\Delta x$ 存在相当复杂的函数关系(并不是像一次函数那样, $\Delta y$ 与 $\Delta x$ 存在线性关系). 于是,一个很自然的问题就是此时能否用 $\Delta x$ 的线性函数来近似表示函数的增量 $\Delta y$? 这种近似的精度如何? 以下我们首先讨论一个实例, 由此实例给出微分的概念.

**【例 2-32】** 设有一个半径为 $x_0$ 且质地均匀的圆形铁片,均匀受热之后半径由 $x_0$ 增大到 $x_0+\Delta x$,求此时铁片的面积大约改变了多少?

**解** 记铁片面积的改变量为 $\Delta A$,则
$$\Delta A=\pi(x_0+\Delta x)^2-\pi x_0^2=2\pi x_0\cdot\Delta x+\pi(\Delta x)^2,$$
注意到当 $\Delta x\to 0$ 时, $\frac{\pi(\Delta x)^2}{\Delta x}\to 0$, 则
$$\pi(\Delta x)^2=o(\Delta x),$$
于是, $\Delta A$ 可进一步表示为
$$\Delta A=2\pi x_0\cdot\Delta x+o(\Delta x).$$

现在来讨论这个实例. $\Delta A$ 由两个部分构成,其中 $2\pi x_0\cdot\Delta x$ 是 $\Delta x$ 的线性函数,而 $o(\Delta x)$ 是当 $\Delta x\to 0$ 时比 $\Delta x$ 高阶的无穷小. 于是,当 $\Delta x$ 很小的时候,为简单起见,就可以用 $\Delta A$ 的线性的主要部分(简称为线性主部)来近似 $\Delta A$, 即 $\Delta A\approx 2\pi x_0\cdot\Delta x$, 这种"局部线性化"的想法就刻画了微分的实质.

**定义 2-3** 设函数 $y=f(x)$ 在点 $x_0$ 的邻域 $U(x_0)$ 内有定义, $x_0+\Delta x\in U(x_0)$, 若函数在点 $x_0$ 处的增量 $\Delta y=f(x_0+\Delta x)-f(x_0)$ 可以表示为
$$\Delta y=A\cdot\Delta x+o(\Delta x),$$
其中 $A$ 是 $\Delta x$ 与无关的常数,则称 $y=f(x)$ 在点 $x_0$ 处可微, $A\Delta x$ 称为 $y=f(x)$ 在点 $x_0$ 处的**微分**, 记为 $\mathrm{d}f(x)\big|_{x=x_0}$ 或 $\mathrm{d}y\big|_{x=x_0}$, 即
$$\mathrm{d}f(x)\big|_{x=x_0}=\mathrm{d}y\big|_{x=x_0}=A\Delta x.$$

由微分的定义可以知道,当 $A\neq 0$ 时,由于
$$\lim_{\Delta x\to 0}\frac{\Delta y}{\mathrm{d}y}=\lim_{\Delta x\to 0}\frac{\mathrm{d}y+o(\Delta x)}{\mathrm{d}y}=\lim_{\Delta x\to 0}\left[1+\frac{o(\Delta x)}{A\Delta x}\right]=1,$$
则 $\mathrm{d}y\sim\Delta y(\Delta x\to 0)$, 这表明 $\mathrm{d}y$ 是 $\Delta y$ 的主要部分,且 $\mathrm{d}y$ 是 $\Delta x$ 的线性函数,所以 $\mathrm{d}y$ 称为 $\Delta y$ 的线性主部. 需要注意,常数 $A$ 与 $\Delta x$ 无关,但是与函数 $y=f(x)$ 自身及点 $x_0$ 是有关的.

可微概念与导数概念是密切相关的:导数被定义为增量比值的极限,刻画的是函数随自变量变化而变化的快慢程度,而微分则是刻画函数随自变量变化而变化的大致程度. 两者从不同角度揭示了问题的同一本质特征. 可以证明,对一元函数而言,可导与可微是等价的.

**定理 2-6** 函数 $y=f(x)$ 在点 $x_0$ 处可导 $\Leftrightarrow$ 函数 $y=f(x)$ 在点 $x_0$ 处可微且微分定义中的 $A=f'(x_0)$.

**证明** 设 $y=f(x)$ 在点 $x_0$ 处可导,则
$$\lim_{\Delta x\to 0}\frac{\Delta y}{\Delta x}=f'(x_0),$$
由极限与无穷小的关系,有

$$\frac{\Delta y}{\Delta x} = f'(x_0) + \alpha,$$

其中 $\lim\limits_{\Delta x \to 0} \alpha = 0$,于是 $\Delta y = f'(x_0) \cdot \Delta x + \alpha \Delta x$,由于 $\lim\limits_{\Delta x \to 0} \frac{\alpha \Delta x}{\Delta x} = 0$,则

$$\Delta y = f'(x_0) \cdot \Delta x + o(\Delta x),$$

依据函数在一点可微的定义可知,$y = f(x)$ 在点 $x_0$ 处可微,且 $A = f'(x_0)$.

反过来,若函数 $y = f(x)$ 在点 $x_0$ 处可微,则

$$\Delta y = A \cdot \Delta x + o(\Delta x),$$

考察以下极限

$$\lim_{\Delta x \to 0} \frac{\Delta y}{\Delta x} = \lim_{\Delta x \to 0} \left[ A + \frac{o(\Delta x)}{\Delta x} \right] = A,$$

故 $f(x)$ 在点 $x_0$ 处可导,且 $f'(x_0) = A$.

若函数 $y = f(x)$ 在区间 $I$ 上任意点 $x$ 处都可微,则称 $y = f(x)$ 为区间 $I$ 上的**可微函数**.函数在任意点 $x$ 处的微分称为**函数的微分**,记作 $\mathrm{d}y$ 或 $\mathrm{d}f(x)$,即 $\mathrm{d}y = \mathrm{d}f(x) = f'(x) \Delta x$,$x \in I$.

通常规定自变量 $x$ 的增量 $\Delta x = \mathrm{d}x$,称为自变量的微分,从而函数 $y = f(x)$ 在点 $x_0$ 处的微分可记为

$$\mathrm{d}y \Big|_{x = x_0} = f'(x_0) \mathrm{d}x.$$

函数 $y = f(x)$ 的微分可记为

$$\mathrm{d}y = f'(x) \mathrm{d}x.$$

事实上,设有函数 $y = f(x) = x$,则 $\mathrm{d}y = \mathrm{d}x = f'(x) \Delta x = \Delta x$,这表明上面的规定是合理的.

有了函数微分的概念和记号后,就可以从一个新的观点来认识导数.以前我们将 $\dfrac{\mathrm{d}y}{\mathrm{d}x}$ 作为一个整体来表示导数,现在可以将导数视为"微商"(即函数微分与自变量微分的商),也就是一个分式.

回顾复合函数求导的链式法则,若函数 $y = f[g(x)]$ 由 $y = f(u), u = g(x)$ 复合而成,则

$$\frac{\mathrm{d}y}{\mathrm{d}x} = \frac{\mathrm{d}y}{\mathrm{d}u} \cdot \frac{\mathrm{d}u}{\mathrm{d}x},$$

从微商的观点来看是容易理解和记忆的.

进一步可知,$\dfrac{\mathrm{d}y}{\mathrm{d}x} = \dfrac{1}{\dfrac{\mathrm{d}x}{\mathrm{d}y}}$,这表明,若函数 $x = f(y)$ 在区间 $I_y$ 内单调,可导,且 $f'(y) \neq 0$,则它的反函数 $y = f^{-1}(x)$ 在区间 $I_x = \{x \mid x = f(y), y \in I_y\}$ 内也可导,且满足求导公式

$$\frac{\mathrm{d}y}{\mathrm{d}x} = \frac{1}{\dfrac{\mathrm{d}x}{\mathrm{d}y}},$$

该结论可以简单地表述为:反函数的导数等于直接函数导数的倒数.

【**例 2 - 33**】 函数 $x = \sin y$ 在开区间 $I_y = \left( -\dfrac{\pi}{2}, \dfrac{\pi}{2} \right)$ 内单调,可导,且 $(\sin y)' = \cos y > 0$,则其反函数 $y = \arcsin x$ 在开区间 $I_x = (-1, 1)$ 内的导数为

$$(\arcsin x)' = \frac{1}{(\sin y)'} = \frac{1}{\cos y},$$

其中 $\cos y = \sqrt{1-\sin^2 y} = \sqrt{1-x^2}$(因 $y \in \left(-\frac{\pi}{2}, \frac{\pi}{2}\right)$ 时,$\cos y > 0$),故

$$(\arcsin x)' = \frac{1}{\sqrt{1-x^2}}, |x| < 1.$$

类似地可以求得:

$$(\arccos x)' = -\frac{1}{\sqrt{1-x^2}} (|x| < 1),$$

$$(\arctan x)' = \frac{1}{1+x^2} (x \in \mathbb{R}),$$

$$(\text{arccot } x)' = -\frac{1}{1+x^2} (x \in \mathbb{R}).$$

这与例 2-23 的结果是一致的.

### 2.4.2 微分的几何意义

设函数 $y=f(x)$ 表示一条曲线,若 $f(x)$ 在点 $x_0$ 处可导,则曲线在点 $M_0(x_0, y_0)$ 处的切线斜率 $k = f'(x_0) = \tan \alpha$,其中 $\alpha$ 是切线 $M_0T$ 的倾角,$y_0 = f(x_0)$.

如图 2-5 所示,在点 $M_0$ 的附近取一点 $M(x_0 + \Delta x, y_0 + \Delta y)$,则有

$$MN = \Delta y, M_0 N = \Delta x,$$
$$NT = M_0 N \cdot \tan \alpha = f'(x_0) \cdot \Delta x = dy,$$

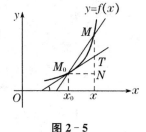

图 2-5

所以函数 $y = f(x)$ 在点 $x_0$ 处的微分恰好就是函数曲线在点 $(x_0, y_0)$ 处的切线在 $x_0$ 处的增量,这就是微分的几何意义.

注意到 $MN = NT + TM$,也就是 $\Delta y = dy + TM$. 当 $\Delta x$ 很小时,可以用微分 $dy$ 来近似函数增量 $\Delta y$,反映在几何上,就是用切线的增量 $NT$ 来近似曲线的增量 $MN$,其误差为 $TM$. 另一方面,$\Delta y \approx dy$,即

$$f(x) - f(x_0) \approx f'(x_0) \cdot (x - x_0),$$

也就是

$$f(x) \approx f'(x_0) \cdot (x - x_0) + f(x_0) = f'(x_0) \cdot x + f(x_0) - f'(x_0) \cdot x_0,$$

很显然,$f'(x_0) \cdot x + f(x_0) - f'(x_0) \cdot x_0$ 是 $x$ 的线性函数,也是曲线 $y = f(x)$ 在点 $(x_0, y_0)$ 处的切线. 在点 $x_0$ 的附近用线性函数来近似函数 $f(x)$,反映在几何上就是在点 $(x_0, y_0)$ 的附近可以将曲线 $y = f(x)$ 拉直,体现了"以直代曲"的思想.

### 2.4.3 基本初等函数的微分公式与微分运算法则

对于函数 $y = f(x)$,其微分 $dy = f'(x)dx$,由此可见,微分的计算就归结为计算导数. 依据基本初等函数的导数公式,可以方便地给出基本初等函数的微分公式:

(1) $d(C) = 0$;      (2) $d(x^\alpha) = \alpha x^{\alpha-1} dx$;

(3) $d(a^x) = a^x \ln a \, dx, d(e^x) = e^x dx$;      (4) $d(\log_a x) = \frac{1}{x \ln a} dx, d(\ln x) = \frac{1}{x} dx$;

(5) $d(\sin x) = \cos x dx$;  (6) $d(\cos x) = -\sin x dx$;

(7) $d(\tan x) = \sec^2 x dx$;  (8) $d(\cot x) = -\csc^2 x dx$;

(9) $d(\sec x) = \tan x \sec x dx$;  (10) $d(\csc x) = -\cot x \csc x dx$;

(11) $d(\arcsin x) = \dfrac{1}{\sqrt{1-x^2}} dx$;  (12) $d(\arccos x) = -\dfrac{1}{\sqrt{1-x^2}} dx$;

(13) $d(\arctan x) = \dfrac{1}{1+x^2} dx$;  (14) $d(\text{arccot} x) = -\dfrac{1}{1+x^2} dx$.

函数和、差、积、商的微分运算规律总结在下面的定理中.

**定理 2-7** 设 $u(x), v(x)$ 均是可微函数,则
$$d(u \pm v) = du \pm dv, \quad d(uv) = u dv + v du,$$
$$d(Cu) = c d(u), C 为常数, \quad d\left(\frac{u}{v}\right) = \frac{v du - u dv}{v^2}, v \neq 0.$$

定理的证明是简单的,略去.

**【例 2-34】** 已知 $y = \dfrac{\sin x}{1+x^2}$,求 $dy$.

**解** $dy = d\left(\dfrac{\sin x}{1+x^2}\right) = \dfrac{(1+x^2) \cdot d\sin x - \sin x \cdot d(1+x^2)}{(1+x^2)^2}$

$\qquad = \dfrac{(1+x^2) \cdot \cos x dx - 2x \cdot \sin x dx}{(1+x^2)^2}$

$\qquad = \dfrac{(1+x^2)\cos x - 2x \sin x}{(1+x^2)^2} dx.$

关于复合函数的微分法则,我们有如下结论:设 $y = f(u)$,若 $u$ 是自变量,则
$$dy = f'(u) du.$$
若 $u$ 是复合函数 $y = f[g(x)]$ 的中间变量,即 $u = g(x)$,则
$$dy = \{f[g(x)]\}' dx = f'(u) \cdot g'(x) dx = f'(u) du.$$
这表明,不论 $u$ 是自变量还是中间变量,$y = f(u)$ 的微分 $dy$ 总可以写成 $dy = f'(u) du$,这一结论称为一阶微分形式不变性.

**【例 2-35】** 设 $y = \ln\cos\sqrt{x}$,求 $dy$.

**解** $dy = d(\ln\cos\sqrt{x}) = \dfrac{1}{\cos\sqrt{x}} d(\cos\sqrt{x})$

$\qquad = \dfrac{-\sin\sqrt{x}}{\cos\sqrt{x}} d(\sqrt{x}) = -\tan\sqrt{x} \cdot \dfrac{1}{2\sqrt{x}} dx = -\dfrac{\tan\sqrt{x}}{2\sqrt{x}} dx.$

当然,这里也可以先求出 $y$ 的导数,再乘上 $dx$,即
$$y' = \frac{1}{\cos\sqrt{x}} \cdot (-\sin\sqrt{x}) \cdot \frac{1}{2\sqrt{x}} = -\frac{\tan\sqrt{x}}{2\sqrt{x}},$$
从而,
$$dy = y' dx = -\frac{\tan\sqrt{x}}{2\sqrt{x}} dx.$$

**【例 2-36】** 求由方程 $e^{xy} + \cos(xy) - y^2 = 0$ 所确定的隐函数 $y = y(x)$ 的微分 $dy$.

**解** (方法一)注意到方程中 $y$ 为 $x$ 的函数,利用隐函数求导法,将方程两边同时关于 $x$ 求导,有

$$e^{xy}(y+xy') - \sin(xy)(y+xy') - 2yy' = 0,$$

解出

$$y' = \frac{y[\sin(xy) - e^{xy}]}{xe^{xy} - x\sin(xy) - 2y},$$

故

$$dy = y'dx = \frac{y[\sin(xy) - e^{xy}]}{xe^{xy} - x\sin(xy) - 2y}dx.$$

（方法二）在方程两边同时取微分得

$$d(e^{xy} + \cos xy - y^2) = 0,$$

即

$$d(e^{xy}) + d(\cos xy) - d(y^2) = 0,$$

利用一阶微分形式不变性得

$$e^{xy}d(xy) - \sin(xy)d(xy) - 2ydy = 0,$$

即

$$e^{xy}(ydx + xdy) - \sin(xy)(ydx + xdy) - 2ydy = 0,$$

解出

$$dy = \frac{y[\sin(xy) - e^{xy}]}{xe^{xy} - x\sin(xy) - 2y}dx.$$

本例的第二种方法反过来又为计算隐函数的导数提供了一种方法.

【例 2-37】 在括号内填上适当的函数,使下列等式成立:
(1) $d(\quad) = \cos\alpha x dx$;
(2) $d(\sin x^2) = (\quad)d(\sqrt{x})$.

**解** (1) 由于 $d(\sin\alpha x) = \alpha\cos\alpha x dx$, 则

$$\cos\alpha x dx = \frac{1}{\alpha}d(\sin\alpha x) = d\left(\frac{1}{\alpha}\cdot\sin\alpha x\right).$$

故对所有常数 $C$, 有

$$\left(\frac{1}{\alpha}\cdot\sin\alpha x + C\right) = \cos\alpha x dx.$$

(2) 由于

$$d(\sin x^2) = \cos x^2 dx^2 = 2x\cos x^2 dx$$

$$d(\sqrt{x}) = \frac{1}{2\sqrt{x}}dx,$$

则

$$\frac{d(\sin x^2)}{d(\sqrt{x})} = \frac{2x\cos x^2 dx}{\frac{1}{2\sqrt{x}}dx} = 4x\sqrt{x}\cos x^2,$$

故

$$d(\sin x^2) = (4x\sqrt{x}\cos x^2)d(\sqrt{x}).$$

### 2.4.4 由参数方程所确定的函数的导数

一般地,两个变量 $x$ 和 $y$ 的函数关系也可以由参数方程 $\begin{cases} x=\varphi(t), \\ y=\psi(t). \end{cases} t \in I$ 给出. 若可以消去参数 $t$,得到 $x$ 和 $y$ 的方程,利用隐函数求导法,就可以求出 $y$ 关于 $x$ 的导数(更好的情况下可以得到 $y$ 关于 $x$ 的显式表达式,此时 $y$ 关于 $x$ 的导数容易得到). 当消去参数的过程过于复杂,甚至不可实施时,我们可以利用"微分"来推导一个直接从参数方程中求出 $y$ 对 $x$ 的导数的方法:

$$\frac{\mathrm{d}y}{\mathrm{d}x} = \frac{\psi'(t)\mathrm{d}t}{\varphi'(t)\mathrm{d}t} = \frac{\psi'(t)}{\varphi'(t)},$$

这表明求由参数方程确定的函数 $y=y(x)$ 的导数 $\frac{\mathrm{d}y}{\mathrm{d}x}$,只需要分别求出两个微分 $\mathrm{d}y, \mathrm{d}x$,两者相除即可.

**【例 2-38】** 求摆线 $\begin{cases} x=a(t-\sin t), \\ y=a(1-\cos t) \end{cases}$ 在参数 $t=\frac{\pi}{3}$ 处的切线方程.

**解** 容易求出
$$\mathrm{d}y = a(1-\cos t)'\mathrm{d}t = a\sin t\mathrm{d}t,$$
$$\mathrm{d}x = a(t-\sin t)'\mathrm{d}t = a(1-\cos t)\mathrm{d}t,$$

于是
$$\frac{\mathrm{d}y}{\mathrm{d}x} = \frac{a\sin t\mathrm{d}t}{a(1-\cos t)\mathrm{d}t} = \frac{\sin t}{1-\cos t}.$$

当 $t=\frac{\pi}{3}$ 时,记摆线所对应的点为 $\left(\frac{2\pi-3\sqrt{3}}{6}a, \frac{1}{2}a\right)$,摆线在此点的切线的斜率为

$$k = \frac{\mathrm{d}y}{\mathrm{d}x}\bigg|_{t=\frac{\pi}{3}} = \sqrt{3},$$

故摆线在 $t=\frac{\pi}{3}$ 处的切线方程为

$$y - \frac{1}{2}a = \sqrt{3}\left(x - \frac{2\pi-3\sqrt{3}}{6}a\right).$$

**注意** 由参数方程所确定的函数的导数仍然是关于参数的函数.

对于由参数方程 $\begin{cases} x=\varphi(t), \\ y=\psi(t) \end{cases}$ 所确定的函数,我们已经得到其导数公式为

$$\frac{\mathrm{d}y}{\mathrm{d}x} = \frac{\psi'(t)\mathrm{d}t}{\varphi'(t)\mathrm{d}t} = \frac{\psi'(t)}{\varphi'(t)}.$$

若 $x=\varphi(t), y=\psi(t)$ 关于参数 $t$ 二阶可导,记 $\frac{\psi'(t)}{\varphi'(t)} = g(t)$,则

$$\frac{\mathrm{d}^2 y}{\mathrm{d}x^2} = \frac{\mathrm{d}}{\mathrm{d}x}\left(\frac{\mathrm{d}y}{\mathrm{d}x}\right) = \frac{\mathrm{d}[g(t)]}{\mathrm{d}x} = \frac{g'(t)\mathrm{d}t}{\varphi'(t)\mathrm{d}t} = \frac{g'(t)}{\varphi'(t)} = \frac{\psi''(t)\varphi'(t) - \psi'(t)\varphi''(t)}{[\varphi'(t)]^3}.$$

**【例 2-39】** 接例 2-38,求 $\frac{\mathrm{d}^2 y}{\mathrm{d}x^2}$.

**解** 已经求得 $\frac{\mathrm{d}y}{\mathrm{d}x} = \frac{\sin t}{1-\cos t} = \cot\frac{t}{2}$,则

$$\frac{d^2 y}{dx^2} = \frac{\left(\cot \frac{t}{2}\right)'}{a(t-\sin t)} = -\frac{1}{2}\csc^2 \frac{t}{2} \cdot \frac{1}{a(1-\cos t)} = -\frac{1}{4a}\csc^4 \frac{t}{2}.$$

### 2.4.5 微分在近似计算中的应用

设函数 $y = f(x)$ 在点 $x_0$ 处可微,则由函数增量与微分的关系可得
$$\Delta y = dy + o(\Delta x),$$
当 $|\Delta x|$ 很小时,若 $f'(x_0) \neq 0$,则
$$\Delta y \approx dy = f'(x_0)\Delta x,$$
即
$$\Delta y = f(x_0 + \Delta x) - f(x_0) \approx f'(x_0)\Delta x,$$
也就是
$$f(x_0 + \Delta x) \approx f(x_0) + f'(x_0)\Delta x.$$
记 $x = x_0 + \Delta x$,即 $\Delta x = x - x_0$,上式可以改写为
$$f(x) \approx f(x_0) + f'(x_0)(x - x_0).$$

其几何意义是当 $x$ 充分接近 $x_0$ 时,可以用切线 $y = f(x_0) + f'(x_0)(x - x_0)$ 来近似代替曲线 $y = f(x)$,这种线性近似的想法常用来对复杂问题进行简化. 一般地,为了求得 $f(x)$ 的近似值,可以在 $x$ 的附近找一点 $x_0$,只要 $f(x_0)$ 和 $f'(x_0)$ 容易求出,即可求得 $f(x)$ 的近似值.

这里的 $f(x_0) + f'(x_0)(x - x_0)$ 就是函数 $f(x)$ 在点 $x_0$ 附近的一次多项式近似表达式. 这样近似的精度有时还是不够的,以后我们将研究用一个 $n$ 次多项式来近似函数 $f(x)$ 的问题.

特别地,当 $x_0 = 0$ 时,我们有
$$f(x) \approx f(0) + f'(0)x,$$
此式称为当 $|x|$ 很小时,$f(x)$ 的一次多项式近似表达式. 利用此近似式,我们可以导出一些常用的近似公式:当 $|x|$ 很小时,
$$\sin x \approx x, \tan x \approx x, e^x \approx 1 + x,$$
$$\ln(1+x) \approx x, (1+x)^\alpha \approx 1 + \alpha x, \sqrt[n]{1+x} \approx 1 + \frac{1}{n} \cdot x,$$

【例 2-40】 计算 $\sqrt[3]{30}$ 的近似值.

**解** $\sqrt[3]{30} = \sqrt[3]{27+3} = \sqrt[3]{27 \times \left(1 + \frac{1}{9}\right)} = 3 \times \sqrt[3]{1 + \frac{1}{9}},$

依据近似公式 $\sqrt[n]{1+x} \approx 1 + \frac{1}{n}x$,$|x|$ 很小时,
$$\sqrt[3]{1 + \frac{1}{9}} \approx 1 + \frac{1}{3} \times \frac{1}{9} = 1 + \frac{1}{27},$$
故
$$\sqrt[3]{30} \approx 3 + \frac{1}{9} \approx 3.111.$$

我们知道,由于测量时误差必然存在,实际测得的数值 $x_0$ 只能是真实值 $x$ 的近似. 设另一个量 $y$ 由函数 $y = f(x)$ 计算得到,因而由实际测得的数值 $x_0$ 计算得到的 $y_0$ 也只是 $y$ 的

一个近似值. 若已知测量值 $x_0$ 的误差限为 $\delta_x$, 即
$$|\Delta x| = |x - x_0| \leqslant \delta_x,$$
则当 $\delta_x$ 很小时,
$$|\Delta y| = |f(x) - f(x_0)| \approx |f'(x_0)(x - x_0)| \leqslant |f'(x_0)|\delta_x,$$
记 $\delta_y = |f'(x_0)|\delta_x$, 称 $\delta_y$ 为**绝对误差限**, 从而**相对误差限**为
$$\frac{\delta_y}{|y_0|} = \left|\frac{f'(x_0)}{f(x_0)}\right|\delta_x.$$

**【例 2-41】** 若实验测得一个球体的直径为 42 cm, 测量仪器的精度为 $\delta_x = 0.05$ cm(即 $\delta_x = 0.05$), 试求用该测量值计算球体积时引起的误差.

**解** 求球体积的函数为
$$y = \frac{1}{6}\pi x^3,$$
取 $x_0 = 42, \delta_x = 0.05$, 求得
$$y_0 = \frac{1}{6}\pi x_0^3 \approx 38792.39 \text{ cm}^3,$$
故绝对误差限、相对误差限分别为
$$\delta_y = |f'(x_0)|\delta_x = \left|\frac{1}{2}\pi x_0^2\right|\delta_x = \frac{\pi}{2} \cdot 42^2 \cdot 0.05 \approx 138.54 \text{ cm}^3,$$
$$\frac{\delta_y}{|y_0|} = \left|\frac{f'(x_0)}{f(x_0)}\right|\delta_x = \frac{\frac{1}{2}\pi x_0^2}{\frac{1}{6}\pi x_0^3}\delta_x = \frac{3}{x_0}\delta_x \approx 3.57‰.$$

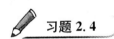

### 习题 2.4

1. 求函数 $y = x^3 - x$ 在点 $x_0 = 2$ 处, 当 $\Delta x = 0.01$ 时的增量 $\Delta y$ 和微分 $dy$.

2. 已知函数 $y = f(x)$ 在点 $x$ 处的增量满足 $\Delta y = f(x + \Delta x) - f(x) = 2x^3 \Delta x + \alpha$, 其中 $\alpha$ 是当 $\Delta x \to 0$ 时的高阶无穷小, 求适合条件的一个函数 $f(x)$.

3. 将适当的函数填入下列括号内, 使等式成立:
   (1) $d[\ln(x + \sqrt{1 + x^2})] = (\underline{\quad})d(\sqrt{1 + x^2})$;
   (2) $d[\ln(\cos\sqrt{x})] = (\underline{\quad})d(\sqrt{x})$;
   (3) $d[\tan^2(1 + 2x^2)] = (\underline{\quad})dx$;
   (4) $d(\underline{\quad}) = \sec^2 3x\,dx$.

4. 求下列显函数或隐函数的微分:
   (1) $y = \arcsin\sqrt{1 - x^2}$;  (2) $y = \cos^2(1 + 3x^2)$;
   (3) $e^x \sin y - e^{-y}\cos x = 0$;  (4) $x^2 + xy + y^2 = \ln 2$.

5. 求下列参数方程所确定的函数在指定点处的导数 $\dfrac{dy}{dx}$:
   (1) $\begin{cases} x = t\ln t, \\ y = \dfrac{\ln t}{t}, \end{cases} t = 1$;  (2) $\begin{cases} x = t(t\cos t - 2\sin t), \\ y = t(t\sin t + 2\cos t), \end{cases} t = \dfrac{\pi}{4}$;

(3) $\begin{cases} x=f(t)-\pi, \\ y=f(e^{3t}-1), \end{cases}$ 其中 $f'(0)\neq 0, t=0.$

6. 求下列参数方程所确定的函数的导数 $\dfrac{dy}{dx}$ 和二阶导数 $\dfrac{d^2y}{dx^2}$:

(1) $\begin{cases} x=\ln\sqrt{1+t^2}, \\ y=\arctan t; \end{cases}$ (2) $\begin{cases} x=f'(t), \\ y=tf'(t)-f(t), \end{cases}$ 其中 $f''(t)$ 存在,$f''(t)\neq 0$;

(3) $\begin{cases} x=1-t^2, \\ y=t-t^3; \end{cases}$ (4) $\begin{cases} x=at\cos t, \\ y=at\sin t. \end{cases}$

7. 求曲线 $\begin{cases} x=a\cos t, \\ y=b\sin t \end{cases}$ 在 $t=\dfrac{\pi}{4}$ 所对应的切线方程和法线方程.

8. (1) 设 $y=\cos x^2$,计算 $\dfrac{dy}{dx},\dfrac{d^2y}{dx^2},\dfrac{dy}{dx^2}$;

(2) 设 $y=f(\ln x)e^{f(x)}$,其中 $f(x)$ 可微,求 $dy$.

9. 求下列近似值:

(1) $\sin 30°30'$;(2) $e^{1.01}$;(3) $\ln 0.98$;(4) $(1.01)^{12}$.

10. 为了使测量时计算得到的球体积精确到 $1\%$,问测量半径 $r$ 时允许发生的相对误差最多不超过多少?

# 第 3 章 微分中值定理与导数的应用

导数是研究函数性态的重要工具.本章主要研究如何利用这些知识来解决一些实际问题.为此,首先介绍微分中值定理,它是导数应用的基础.

## 3.1 微分中值定理

通常我们所讲的中值定理就是指罗尔定理、拉格朗日中值定理和柯西中值定理.

### 3.1.1 罗尔定理

**定理 3-1（罗尔(Rolle)定理）** 如果函数 $y=f(x)$ 满足：

(1) 在闭区间 $[a,b]$ 上连续；

(2) 在开区间 $(a,b)$ 内可导；

(3) 在区间端点处的函数值相等,即 $f(a)=f(b)$,

那么在 $(a,b)$ 内至少存在一点 $\xi$,使得 $f'(\xi)=0$（如图 3-1）.

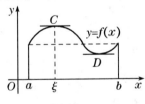

图 3-1

**证明** (1) 如果 $f(x)$ 是常函数,即 $f(x)\equiv C$,则 $f'(x)\equiv 0$,定理的结论显然成立.

(2) 如果 $f(x)$ 不是常函数,根据闭区间上连续函数的性质,$f(x)$ 在 $[a,b]$ 上有最大值和最小值.由于函数在两端点的函数值相等,则 $f(x)$ 的最大值点和最小值点至少有一个在 $(a,b)$ 内取得,不妨设最大值点 $\xi\in(a,b)$.于是

$$f'(\xi)=f'_-(\xi)=\lim_{x\to\xi^-}\frac{f(x)-f(\xi)}{x-\xi}\geq 0,$$

$$f'(\xi)=f'_+(\xi)=\lim_{x\to\xi^+}\frac{f(x)-f(\xi)}{x-\xi}\leq 0,$$

所以 $f'(\xi)=0$.

【例3-1】 验证函数 $f(x)=2x^2-x-3$ 在区间 $[-1,1.5]$ 上满足罗尔定理的所有条件,并请求出满足定理的数值 $\xi$.

**解** 因为 $f(x)=2x^2-x-3$ 是多项式函数,所以 $f(x)$ 在 $[-1,1.5]$ 上连续,在 $(-1,1.5)$ 内可导.

又因为
$$f(-1)=0, f(1.5)=0,$$
所以,函数 $f(x)$ 在 $[-1,1.5]$ 上满足罗尔定理的所有条件.

令 $f'(\xi)=4\xi-1=0$,
解得
$$\xi=\frac{1}{4}\in(-1,1.5).$$

【例3-2】 设方程 $a_0 x^n + a_1 x^{n-1} + \cdots + a_{n-1} x = 0$ 有一个正根 $x=x_0$,证明方程 $a_0 n x^{n-1} + a_1(n-1)x^{n-2} + \cdots + a_{n-1} = 0$ 必有一个小于 $x_0$ 的正根.

**证明** 令 $f(x)=a_0 x^n + a_1 x^{n-1} + \cdots + a_{n-1} x,$
容易验证 $f(x)$ 在 $[0,x_0]$ 上连续,在 $(0,x_0)$ 内可导,且 $f(0)=f(x_0)=0$. 对 $f(x)$ 在 $[0,x_0]$ 上利用罗尔定理,则至少存在一点 $\xi\in(0,x_0)$,使得
$$f'(\xi)=a_0 n \xi^{n-1} + a_1(n-1)\xi^{n-2} + \cdots + a_{n-1} = 0,$$
即 $a_0 n x^{n-1} + a_1(n-1)x^{n-2} + \cdots + a_{n-1} = 0$ 必有一个小于 $x_0$ 的正根.

【例3-3】 证明方程 $x^5-5x+1=0$ 有且仅有一个小于 1 的正实根.

**证明** (1) 存在性.

设 $f(x)=x^5-5x+1$,容易验证 $f(x)$ 在 $[0,1]$ 连续,且 $f(0)=1, f(1)=-3.$

由介值定理知存在 $x_0\in(0,1)$,使得
$$f(x_0)=0,$$
即方程有小于 1 的正根.

(2) 唯一性.

假设另有 $x_1\in(0,1), x_1\neq x_0$,使得 $f(x_1)=0$.

在以 $x_1, x_0$ 为端点的区间上应用罗尔定理,即在 $x_1, x_0$ 之间至少存在一个点 $\xi$,使得
$$f'(\xi)=0,$$
但 $f'(x)=5(x^4-1)<0, x\in(0,1)$,矛盾,假设不成立.

综上所述,方程 $x^5-5x+1=0$ 有且仅有一个小于 1 的正实根.

【例3-4】 若函数 $f(x)$ 在闭区间 $[a,b]$ 上连续,在开区间内 $(a,b)$ 可微,且 $f(a)=f(b)=0$,则存在 $\xi\in(a,b)$,使
$$f(\xi)+f'(\xi)=0.$$

**证明** 令 $g(x)=f(x)e^x$,因为 $f(a)=f(b)=0$,所以 $g(a)=g(b)=0$. 再由罗尔定理得,存在 $\xi\in(a,b)$,使 $g'(\xi)=0.$ 即
$$f(\xi)e^\xi + f'(\xi)e^\xi = 0,$$

所以
$$f(\xi)+f'(\xi)=0$$
成立.

### 3.1.2 拉格朗日中值定理

罗尔定理中的 $f(a)=f(b)$ 这个条件是很特殊的(即使是性质完美的初等函数也难以满足),也限制了罗尔定理的应用.如果把 $f(a)=f(b)$ 这个条件取消,保留其他两个条件,并得到相应的结论,就是微分学中十分重要的拉格朗日中值定理.

**定理 3-2(拉格朗日(Lagrange)中值定理)**

如果函数 $f(x)$ 满足:

(1) 在闭区间 $[a,b]$ 上连续;

(2) 在开区间 $(a,b)$ 内可导.

那么在 $(a,b)$ 内至少存在一点 $\xi(a<\xi<b)$,使等式
$$f(b)-f(a)=f'(\xi)(b-a) \tag{3-1}$$
成立(如图 3-2).

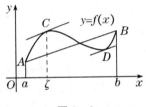

图 3-2

在给出证明前,先解释一下定理的几何意义,从而引出定理的证明方法.从几何直观上看,弦 $AB$ 的斜率为 $\dfrac{f(b)-f(a)}{b-a}$,曲线在点 $C$ 处的切线的斜率为 $f'(\xi)$,如果把(3-1)式改写一下,于是有 $\dfrac{f(b)-f(a)}{b-a}=f'(\xi)$,因此拉格朗日中值定理的几何意义为:如果连续曲线 $y=f(x)$ 的弧 $AB$ 上除端点外处处具有不垂直于 $x$ 轴的切线,那么在弧 $AB$ 上至少存在一个点 $C$,使得曲线在 $C$ 点处的切线平行于弦 $AB$.

对照罗尔定理,由 $f(b)=f(a)$ 知弦 $AB$ 是平行于 $x$ 轴的,再由 $f'(\xi)=0$ 知点 $C$ 处的切线也是平行于 $x$ 轴的,因此曲线在 $C$ 点处的切线平行于弦 $AB$.所以,罗尔定理可以看成是拉格朗日中值定理的一种特殊情形.

从上述罗尔定理和拉格朗日中值定理的关系,自然想到可以借助于罗尔定理来完成拉格朗日中值定理的证明.由于函数 $f(x)$ 本身不满足 $f(a)=f(b)$ 这个条件,所以我们需要构造一个新的函数 $F(x)$.

事实上,弦 $AB$ 的方程为
$$y=f(a)+\dfrac{f(b)-f(a)}{b-a}(x-a),$$
而曲线 $y=f(x)$ 与弦 $AB$ 在端点 $a,b$ 处相交,所以若用曲线 $y=f(x)$ 与弦 $AB$ 的方程的差

构成新函数 $F(x)$,即

$$F(x)=f(x)-\left[f(a)+\frac{f(b)-f(a)}{b-a}(x-a)\right].$$

显然有 $F(b)=F(a)$.

**证明** 引进辅助函数

$$F(x)=f(x)-\left[f(a)+\frac{f(b)-f(a)}{b-a}(x-a)\right],$$

容易验证 $F(x)$ 在 $[a,b]$ 上满足罗尔定理的三个条件,且

$$F'(x)=f'(x)-\frac{f(b)-f(a)}{b-a}.$$

根据罗尔定理,可知在 $(a,b)$ 内至少存在一个点 $\xi$,使得 $F'(\xi)=0$,即

$$f'(\xi)-\frac{f(b)-f(a)}{b-a}=0,$$

因此

$$f(b)-f(a)=f'(\xi)(b-a).$$

显然,对于 $b<a$ 的情形(3-1)式也成立,(3-1)式也称为拉格朗日中值公式.

**注意** 把(3-1)式改写成 $\frac{f(b)-f(a)}{b-a}=f'(\xi)$,左式 $\frac{f(b)-f(a)}{b-a}$ 表示函数 $f(x)$ 在 $[a,b]$ 上的整体变化的平均变化率,右边 $f'(\xi)$ 表示 $(a,b)$ 内某个点 $\xi$ 处的局部变化率,所以,拉格朗日中值公式反映了可导函数在 $[a,b]$ 上整体的平均变化率和在 $(a,b)$ 内某个点 $\xi$ 处的局部变化率之间的关系. 若从物理的角度来看,上式也表示整体的平均速度等于某一内点处的瞬时速度. 因此,拉格朗日中值定理也是联系局部和整体的纽带.

设 $x, x+\Delta x \in (a,b)$,在区间 $[x,x+\Delta x]$(当 $\Delta x>0$)或者在区间 $[x+\Delta x,x]$(当 $\Delta x<0$)上应用(3-1)式,则有

$$f(x+\Delta x)-f(x)=f'(x+\theta \Delta x)\cdot \Delta x \quad (0<\theta<1), \tag{3-2}$$

即

$$\Delta y=f'(x+\theta \Delta x)\cdot \Delta x \quad (0<\theta<1). \tag{3-3}$$

(3-3)式精确揭示了可导函数在一个区间上的增量与函数在该区间内某点处的导数之间的关系,因此这个定理也叫做有限增量定理,(3-3)式称为有限增量公式.

**推论 3-1** 如果 $f(x)$ 在区间 $I$ 上的导数恒等于零,那么 $f(x)$ 在区间 $I$ 上是一个常数(即 $f(x)\equiv C$).

**证明** 设 $x_1,x_2(x_1<x_2)$ 为区间 $I$ 上的任意两个点,则对 $f(x)$ 在 $[x_1,x_2]$ 上应用拉格朗日中值定理得

$$f(x_2)-f(x_1)=f'(\xi)(x_2-x_1) \quad (x_1<\xi<x_2).$$

由假设知 $f'(\xi)=0$,所以 $f(x_2)-f(x_1)=0$,即

$$f(x_1)=f(x_2)=C.$$

由 $x_1,x_2$ 的任意性知,$f(x)$ 在区间 $I$ 上的函数值总是相等的,即在区间 $I$ 上 $f(x)\equiv C$.

推论 3-1 表明函数 $f(x)$ 在区间 $I$ 上是一个常数的充要条件是在 $I$ 内 $f'(x)\equiv 0$.

**推论 3-2** 如果函数 $f(x)$ 与 $g(x)$ 在区间 $I$ 上恒有 $f'(x)=g'(x)$，则这两个函数在区间 $I$ 上至多相差一个常数，即
$$f(x)=g(x)+C(C\text{ 为常数}).$$

【例 3-5】 验证拉格朗日中值定理对函数 $f(x)=5x^2+x-2$ 在区间 $[0,1]$ 上的正确性.

**证明** 验证定理，包括验证定理条件与结论两部分.

因为 $f(x)=5x^2+x-2$ 是多项式函数，所以 $f(x)$ 在 $[0,1]$ 上连续，在 $(0,1)$ 内可导，且 $f'(x)=10x+1$，解方程
$$\frac{f(1)-f(0)}{1-0}=6\Rightarrow f'(\xi)=10\xi+1=6,$$
得 $\xi=\frac{1}{2}\in(0,1)$. 故拉格朗日中值定理是正确的.

【例 3-6】 证明 $\arcsin x+\arccos x=\frac{\pi}{2}(-1\leqslant x\leqslant 1)$.

**证明** 令 $f(x)=\arcsin x+\arccos x$，因为
$$f'(x)=\frac{1}{\sqrt{1-x^2}}-\frac{1}{\sqrt{1-x^2}}=0,$$
由推论知 $f(x)\equiv C$，又 $f(0)=\frac{\pi}{2}$，即 $C=\frac{\pi}{2}$，所以
$$\arcsin x+\arccos x=\frac{\pi}{2}.$$

【例 3-7】 应用拉格朗日中值定理证明下列不等式：
$$\frac{b-a}{b}<\ln\frac{b}{a}<\frac{b-a}{a},$$
其中 $0<a<b$.

**证明** 设 $f(x)=\ln x$，则 $f(x)$ 在 $[a,b]$ 上连续且可导，所以 $f(x)$ 在 $[a,b]$ 上满足拉格朗日中值定理的条件，于是 $\exists\xi\in(a,b)$，使得 $\ln\frac{b}{a}=\ln b-\ln a=f'(\xi)(b-a)=\frac{1}{\xi}(b-a)$，因为 $0<a<\xi<b$，

所以
$$\frac{b-a}{b}<\frac{b-a}{\xi}<\frac{b-a}{a},$$
即
$$\frac{b-a}{b}<\ln\frac{b}{a}<\frac{b-a}{a}.$$

### 3.1.3 柯西中值定理

**定理 3-3（柯西（Cauchy）中值定理）**

如果函数 $f(x), g(x)$ 满足条件：

(1) 在闭区间 $[a,b]$ 上连续；

(2) 在开区间 $(a,b)$ 内可导；

(3) 对任一 $x\in(a,b)$，$g'(x)\neq 0$.

那么在 $(a,b)$ 内至少存在一点 $\xi$，使等式

$$\frac{f(b)-f(a)}{g(b)-g(a)}=\frac{f'(\xi)}{g'(\xi)} \qquad (3-4)$$

成立(如图 3-3).

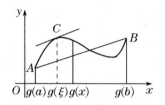

图 3-3

**证明** 由题设 $g'(x)\neq 0$ 知 $g(b)-g(a)\neq 0$. 因为若 $g(b)-g(a)=0$，即 $g(b)=g(a)$，根据罗尔定理，至少存在一点 $\xi_1\in(a,b)$，使得 $g'(\xi_1)=0$，矛盾.

类似拉格朗日中值定理的证明，考虑辅助函数

$$F(x)=\frac{f(b)-f(a)}{g(b)-g(a)}[g(x)-g(a)]-[f(x)-f(a)],$$

容易验证 $F(x)$ 在 $[a,b]$ 上满足罗尔定理的三个条件，即 $F(a)=F(b)=0$，$F(x)$ 在 $[a,b]$ 上连续，$F(x)$ 在 $(a,b)$ 内可导，且

$$F'(x)=\frac{f(b)-f(a)}{g(b)-g(a)}g'(x)-f'(x),$$

根据罗尔定理，在开区间 $(a,b)$ 内至少存在一个点 $\xi$，使得 $F'(\xi)=0$，即

$$F'(\xi)=\frac{f(b)-f(a)}{g(b)-g(a)}g'(\xi)-f'(\xi)=0,$$

由此可得

$$\frac{f(b)-f(a)}{g(b)-g(a)}=\frac{f'(\xi)}{g'(\xi)}.$$

事实上，如果取 $g(x)=x$，则 $g(b)-g(a)=b-a$，$g'(\xi)=1$，此时 (3-4) 式就变成了

$$f(b)-f(a)=f'(\xi)(b-a) \quad (a<\xi<b).$$

因此，拉格朗日中值定理是柯西中值定理当 $g(x)=x$ 时的特殊情形，或者说柯西定理是拉格朗日中值定理的推广.

**【例 3-8】** 验证函数 $f(x)=x^3$ 与 $g(x)=x^2+1$ 在区间 $[1,2]$ 上是否满足柯西中值定理的所有条件？如满足，请求出满足定理的数值 $\xi$.

**证明** 显然，$f(x)=x^3$ 与 $g(x)=x^2+1$ 在区间 $[1,2]$ 上连续，在 $(1,2)$ 内可导，且对 $\forall x \in(1,2)$ 内 $g'(x)=2x\neq 0$，所以 $f(x)$ 与 $g(x)$ 满足柯西中值定理的所有条件.

在开区间 $(1,2)$ 内至少存在一个点 $\xi$，使得

$$\frac{f(2)-f(1)}{g(2)-g(1)}=\frac{f'(\xi)}{g'(\xi)},$$

即
$$\frac{8-1}{5-2}=\frac{3\xi^2}{2\xi},$$
解得
$$\xi=\frac{14}{9}\in(1,2).$$

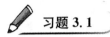 习题 3.1

1. 验证函数 $f(x)=x\sqrt{3-x}$ 在区间 $[0,3]$ 上是否满足罗尔定理的所有条件,并请求出满足定理的数值 $\xi$.

2. 不用求出函数 $f(x)=(x-1)(x-2)(x-3)(x-4)$ 的导数,说明方程 $f'(x)=0$ 有几个实根,并指出它们所在的区间.

3. 若 4 次方程 $a_0x^4+a_1x^3+a_2x^2+a_3x+a_4=0$ 有 4 个不同的实根,证明方程 $4a_0x^3+3a_1x^2+2a_2x+a_3=0$ 的所有根皆为实根.

4. 证明多项式 $f(x)=x^3-3x+a$ 在 $[0,1]$ 上不可能有两个零点.

5. 设 $f(x)$ 在 $[0,1]$ 上连续,在 $(0,1)$ 内可导,且 $f(1)=0$. 求证:存在 $\xi\in(0,1)$,使
$$f'(\xi)=-\frac{f(\xi)}{\xi}.$$

6. 若函数 $f(x)$ 在闭区间 $[a,b]$ 上连续,在开区间内 $(a,b)$ 可微,且 $f(a)=f(b)=0$,则存在 $\xi\in(a,b)$,使
$$f(\xi)+f'(\xi)=0.$$

7. 若函数 $f(x)$ 在闭区间 $[a,b]$ 上连续,在开区间内 $(a,b)$ 可微,且 $f(a)=f(b)=0$,则对于任意自然数 $n$,存在 $\xi\in(a,b)$,使 $-nf(\xi)+f'(\xi)=0$.

8. 若函数 $f(x)$ 在闭区间 $[a,b]$ 上连续,在开区间内 $(a,b)$ 可微,且 $f(a)=f(b)=0$,则存在 $\xi\in(a,b)$,使
$$f(\xi)g'(\xi)+f'(\xi)=0.$$

9. 若函数 $f(x)$ 在 $(a,b)$ 内具有二阶导函数,且 $f(x_1)=f(x_2)=f(x_3)(a<x_1<x_2<x_3<b)$,证明:在 $(x_1,x_3)$ 内至少有一点 $\xi$,使得 $f''(\xi)=0$.

10. 试证明对函数 $f(x)=px^2+qx+r$ 应用拉格朗日中值定理时所求得的点 $\xi$ 总是位于区间的正中间.

11. 一位货车司机在收费亭处拿到一张罚款单,说他在限速为 65 公里/小时的收费道路上 2 小时内走了 159 公里.罚款单列出的违章理由为该司机超速行驶.为什么?

12. 列举一个函数 $f(x)$ 满足:$f(x)$ 在 $[a,b]$ 上连续,在 $(a,b)$ 内除某一点外处处可导,但在 $(a,b)$ 内不存在点 $\xi$,使 $f(b)-f(a)=f'(\xi)(b-a)$.

13. 设 $\lim_{x\to\infty}f'(x)=k$,求 $\lim_{x\to\infty}[f(x+a)-f(x)]$.

14. 15 世纪郑和下西洋的最大的宝船能在 12 小时内一次航行 110 海里.试解释为什么在航行过程中的某时刻宝船的速度一定超过 9 海里/小时.

15. 证明下列等式:

(1) $\arctan x + \text{arccot}\, x = \dfrac{\pi}{2}, x \in (-\infty, +\infty)$;

(2) $\sin^2 x + \cos^2 x = 1$;

(3) $\sec^2 x - \tan^2 x = 1$;

(4) $2\sin^2 x + \cos 2x = 1$.

16. 证明:若函数 $f(x)$ 在 $(-\infty, +\infty)$ 内满足关系式 $f'(x) = f(x)$,且 $f(0) = 1$,则 $f(x) = e^x$.

17. 证明不等式:

(1) $\dfrac{x}{1+x} < \ln(1+x) < x \quad (x > 0)$;

(2) $\dfrac{1}{1+h^2} < \text{arctan}\, h < h \quad (h > 0)$;

(3) $e^x > e \cdot x, (x > 1)$;

(4) $|\sin a - \sin b| \leqslant |a - b|$.

18. 函数 $f(x) = x^3$ 与 $g(x) = x^2 + 1$ 在区间 $[1, 2]$ 上是否满足柯西中值定理的所有条件? 如满足,请求出满足定理的数值 $\xi$.

19. 设函数 $f(x)$ 在 $[a, b]$ 上连续,在 $(a, b)$ 内可导 $(a > 0)$,试证明:存在 $\xi \in (a, b)$,使得 $f(b) - f(a) = \xi f'(\xi) \ln \dfrac{b}{a}$.

## 3.2 洛必达法则

如果当 $x \to a$(或 $x \to \infty$)时,两个函数 $f(x)$ 和 $g(x)$ 都趋于零或者都趋于无穷大,那么极限 $\lim\limits_{\substack{x \to a \\ (x \to \infty)}} \dfrac{f(x)}{g(x)}$ 可能存在,也可能不存在,通常把这类极限叫做未定式,分别记作 $\dfrac{0}{0}$ 或 $\dfrac{\infty}{\infty}$.

例如,$\lim\limits_{x \to 0} \dfrac{x}{\sin x}$,$\lim\limits_{x \to \frac{\pi}{2}} \dfrac{\tan x}{\tan 3x}$,$\lim\limits_{x \to +\infty} \dfrac{x}{e^x}$ 等就是未定式. 在 §1.4 的无穷大(小)量的比较中,曾经计算过未定式的极限,只是在计算未定式时需要做一些适当的变形,而这些变形往往没有一般的办法,需要视具体情况而定. 本节将利用导数作为工具,给出计算未定式极限的一般方法,即洛必达法则.

首先我们讨论 $\dfrac{0}{0}$ 型未定式,关于这种情形有以下定理:

**定理 3-4** 设函数 $f(x)$ 和 $F(x)$ 在点 $a$ 的某个去心邻域内有定义,且满足:

(1) $\lim\limits_{x \to a} f(x) = 0, \lim\limits_{x \to a} F(x) = 0$;

(2) $f(x), F(x)$ 在 $a$ 的某去心邻域内可导,且 $F'(x) \neq 0$;

(3) $\lim\limits_{x \to a} \dfrac{f'(x)}{F'(x)}$ 存在(或为无穷大).

则

$$\lim_{x \to a} \dfrac{f(x)}{F(x)} = \lim_{x \to a} \dfrac{f'(x)}{F'(x)}.$$

这种在一定条件下通过分子、分母分别求导再求极限来确定未定式的值的方法称为洛必达法则.

**证明**　由条件(1)知,点 $a$ 是函数 $f(x)$ 和 $F(x)$ 的可去间断点,补充或改变函数 $f(x)$ 和 $F(x)$ 在点 $a$ 的定义

$$f(a)=F(a)=0.$$

取 $x\in(a-\delta_0,a+\delta_0)$ 且 $x\neq a$,则 $f(x),F(x)$ 在以 $x$ 和 $a$ 为端点的区间上,满足柯西定理的条件,故有

$$\frac{f(x)}{F(x)}=\frac{f(x)-f(a)}{F(x)-F(a)}=\frac{f'(\xi)}{F'(\xi)},$$

其中 $\xi$ 在 $x$ 和 $a$ 之间. 因为当 $x\to a$ 时 $\xi\to a$,而由条件(3)知,$\lim\limits_{x\to a}\dfrac{f'(x)}{F'(x)}$ 存在(或为无穷大),故

$$\lim_{x\to a}\frac{f(x)}{F(x)}=\lim_{x\to a}\frac{f'(\xi)}{F'(\xi)}=\lim_{\xi\to a}\frac{f'(\xi)}{F'(\xi)}=\lim_{x\to a}\frac{f'(x)}{F'(x)}.$$

从定理 3-4 的证明中可以发现,当把定理中的 $x\to a$ 改成 $x\to a^+$(或者 $x\to a^-$),只要把定理中相应的条件改为该单侧邻域上成立,而结论中的极限改成单侧极限,定理仍然成立.

另外,当把 $x\to a$ 改成 $x\to\infty$(或者 $x\to+\infty$,$x\to-\infty$)时,只要对条件作相应的修改,仍有相同的结论. 有兴趣的读者可以自己证明.

**【例 3-9】**　求 $\lim\limits_{x\to 0}\dfrac{\ln(1+x)}{x}$　($\dfrac{0}{0}$ 型).

**解**　原式 $=\lim\limits_{x\to 0}\dfrac{\ln(1+x)}{x}$

$$=\lim_{x\to 0}\frac{\dfrac{1}{1+x}}{1}=\lim_{x\to 0}\frac{1}{1+x}=1.$$

**【例 3-10】**　求 $\lim\limits_{x\to 1}\dfrac{x^3-3x+2}{x^3-x^2-x+1}$　($\dfrac{0}{0}$ 型).

**解**　原式 $=\lim\limits_{x\to 1}\dfrac{3x^2-3}{3x^2-2x-1}=\lim\limits_{x\to 1}\dfrac{6x}{6x-2}=\dfrac{3}{2}.$

如果 $f'(x),F'(x)$ 仍然满足定理 3-4 中相应的条件,则有

$$\lim_{x\to a}\frac{f(x)}{F(x)}=\lim_{x\to a}\frac{f'(x)}{F'(x)}=\lim_{x\to a}\frac{f''(x)}{F''(x)},$$

且可以依次类推到有限次.

**【例 3-11】**　求 $\lim\limits_{x\to a}\dfrac{\sin x-\sin a}{x-a}$　($\dfrac{0}{0}$ 型).

**解**　原式 $=\lim\limits_{x\to a}\dfrac{\sin x-\sin a}{x-a}=\lim\limits_{x\to a}\dfrac{\cos x}{1}=\cos a.$

**【例 3-12】**　求 $\lim\limits_{x\to+\infty}\dfrac{\dfrac{\pi}{2}-\arctan x}{\dfrac{1}{x}}$　($\dfrac{0}{0}$ 型).

**解**　原式 $=\lim\limits_{x\to+\infty}\dfrac{-\dfrac{1}{1+x^2}}{-\dfrac{1}{x^2}}=\lim\limits_{x\to+\infty}\dfrac{x^2}{1+x^2}=1.$

对于 $x \to a$ 或 $x \to \infty$ 时的 $\dfrac{\infty}{\infty}$ 型未定式，也有相应的洛必达法则，定理内容如下：

**定理 3-5**　设函数 $f(x)$ 和 $F(x)$ 在点 $a$ 的某个去心邻域内有定义，且满足：

(1) $\lim\limits_{x \to a} f(x) = \infty, \lim\limits_{x \to a} F(x) = \infty$；

(2) $f(x), F(x)$ 在 $a$ 的某个去心邻域内可导，且 $F'(x) \neq 0$；

(3) $\lim\limits_{x \to a} \dfrac{f'(x)}{F'(x)}$ 存在（或为无穷大）．

则

$$\lim_{x \to a} \frac{f(x)}{F(x)} = \lim_{x \to a} \frac{f'(x)}{F'(x)}.$$

同样的，若将此定理中的 $x \to a$ 改成 $x \to a^+, x \to a^-$ 或者 $x \to \infty (x \to +\infty, x \to -\infty)$，那么在相应的条件下，仍有相同的结论．

**【例 3-13】**　求 $\lim\limits_{x \to 0} \dfrac{\ln \sin ax}{\ln \sin bx}$　（$\dfrac{\infty}{\infty}$ 型）．

**解**　原式 $= \lim\limits_{x \to 0} \dfrac{a \cos ax \cdot \sin bx}{b \cos bx \cdot \sin ax}$

$\qquad\quad = \lim\limits_{x \to 0} \dfrac{\cos bx}{\cos ax} = 1.$

**【例 3-14】**　求 $\lim\limits_{x \to \frac{\pi}{2}} \dfrac{\tan x}{\tan 3x}$　（$\dfrac{\infty}{\infty}$ 型）．

**解**　原式 $= \lim\limits_{x \to \frac{\pi}{2}} \dfrac{\sec^2 x}{3 \sec^2 3x} = \dfrac{1}{3} \lim\limits_{x \to \frac{\pi}{2}} \dfrac{\cos^2 3x}{\cos^2 x}$

$\qquad\quad = \dfrac{1}{3} \lim\limits_{x \to \frac{\pi}{2}} \dfrac{-6 \cos 3x \sin 3x}{-2 \cos x \sin x}$

$\qquad\quad = \lim\limits_{x \to \frac{\pi}{2}} \dfrac{\sin 6x}{\sin 2x} = \lim\limits_{x \to \frac{\pi}{2}} \dfrac{6 \cos 6x}{2 \cos 2x} = 3.$

其他还有一些 $0 \cdot \infty, \infty - \infty, 0^0, 1^\infty, \infty^0$ 型未定式，也可通过转化成 $\dfrac{0}{0}$ 型和 $\dfrac{\infty}{\infty}$ 型的未定式来计算，下面分别举例来说明．

**【例 3-15】**　求 $\lim\limits_{x \to 1} \left( \dfrac{2}{x^2 - 1} - \dfrac{1}{x - 1} \right)$　（$\infty - \infty$）型．

**解**　原式 $= \lim\limits_{x \to 1} \dfrac{1 - x}{x^2 - 1}$

$\qquad\quad = \lim\limits_{x \to 1} \dfrac{-1}{2x} = -\dfrac{1}{2}.$

**【例 3-16】**　求 $\lim\limits_{x \to +\infty} x^{-2} e^x$　（$0 \cdot \infty$）型．

**解**　原式 $= \lim\limits_{x \to +\infty} \dfrac{e^x}{x^2} = \lim\limits_{x \to +\infty} \dfrac{e^x}{2x}$

$\qquad\quad = \lim\limits_{x \to +\infty} \dfrac{e^x}{2} = +\infty.$

**【例 3-17】**　求 $\lim\limits_{x \to 0^+} x^x$　（$0^0$）型．

**解** 原式 $= \lim\limits_{x \to 0^+} e^{x \ln x} = \exp(\lim\limits_{x \to 0^+} x \ln x)$

$= \exp\left(\lim\limits_{x \to 0^+} \dfrac{\ln x}{\dfrac{1}{x}}\right) = \exp\left(\lim\limits_{x \to 0^+} \dfrac{\dfrac{1}{x}}{-\dfrac{1}{x^2}}\right) = e^0 = 1.$

【例 3-18】 求 $\lim\limits_{x \to \infty} \left(1 + \dfrac{a}{x}\right)^x$ $(1^\infty)$ 型.

**解** 因为 $\lim\limits_{x \to \infty} \left(1 + \dfrac{a}{x}\right)^x = \lim\limits_{x \to \infty} e^{x \ln\left(1 + \frac{a}{x}\right)}$,

而 $\lim\limits_{x \to \infty} x \left[\ln\left(1 + \dfrac{a}{x}\right)\right] = \lim\limits_{x \to \infty} \dfrac{\ln\left(1 + \dfrac{a}{x}\right)}{\dfrac{1}{x}} = \lim\limits_{x \to \infty} \dfrac{\dfrac{1}{1 + \dfrac{a}{x}} \cdot \left(-\dfrac{a}{x^2}\right)}{-\dfrac{1}{x^2}}$

$= \lim\limits_{x \to \infty} \dfrac{ax}{x + a} = \lim\limits_{x \to \infty} \dfrac{a}{1} = a,$

所以

$$\lim\limits_{x \to \infty} \left(1 + \dfrac{a}{x}\right)^x = \lim\limits_{x \to \infty} e^{x \ln\left(1 + \frac{a}{x}\right)} = e^a.$$

【例 3-19】 求 $\lim\limits_{x \to 0^+} (\cot x)^{\frac{1}{\ln x}}$ $(\infty^0)$ 型.

**解** 由于

$$(\cot x)^{\frac{1}{\ln x}} = e^{\frac{1}{\ln x} \cdot \ln(\cot x)},$$

而 $\lim\limits_{x \to 0^+} \dfrac{1}{\ln x} \cdot \ln(\cot x) = \lim\limits_{x \to 0^+} \dfrac{-\dfrac{1}{\cot x} \cdot \dfrac{1}{\sin^2 x}}{\dfrac{1}{x}}$

$= \lim\limits_{x \to 0^+} \dfrac{-x}{\cos x \cdot \sin x} = -1,$

所以原式 $= e^{-1}$.

**注意** 洛必达法则是求未定式的一种有效方法,但与其他求极限方法结合使用,效果更好.

【例 3-20】 求 $\lim\limits_{x \to \infty} \dfrac{x + \sin x}{x}$.

**解** 因为

$$\lim\limits_{x \to \infty} \left(\dfrac{x + \sin x}{x}\right)' = \lim\limits_{x \to \infty} \dfrac{1 + \cos x}{1}$$

不存在,所以不能用洛必达法则. 事实上,

$$原式 = \lim\limits_{x \to \infty} \left(1 + \dfrac{\sin x}{x}\right)$$
$$= 1 + 0 = 1.$$

【例 3-21】 求 $\lim\limits_{n \to \infty} \left[\tan^n\left(\dfrac{\pi}{4} + \dfrac{2}{n}\right)\right]$.

**解** 设 $f(x) = \left[\tan^x\left(\dfrac{\pi}{4} + \dfrac{2}{x}\right)\right]$,则

$$f(n) = \left[\tan^n\left(\dfrac{\pi}{4} + \dfrac{2}{n}\right)\right],$$

因为

$$\lim_{x\to+\infty} f(x) = \exp\left[\lim_{x\to+\infty} x\ln\tan\left(\dfrac{\pi}{4} + \dfrac{2}{x}\right)\right]$$

$$= \exp\left[\lim_{x\to+\infty} \dfrac{\ln\tan\left(\dfrac{\pi}{4} + \dfrac{2}{x}\right)}{\dfrac{1}{x}}\right]$$

$$= \exp\left[\lim_{x\to+\infty} \dfrac{\sec^2\left(\dfrac{\pi}{4} + \dfrac{2}{x}\right)\left(-\dfrac{2}{x^2}\right)}{-\dfrac{1}{x^2}\tan\left(\dfrac{\pi}{4} + \dfrac{2}{x}\right)}\right] = e^4.$$

从而,

$$\text{原式} = \lim_{n\to\infty} f(n) = \lim_{x\to+\infty} f(x) = e^4.$$

### 习题 3.2

1. 用洛必达法则求下列极限:

(1) $\lim\limits_{x\to 0} \dfrac{\tan x}{x}$;

(2) $\lim\limits_{x\to \pi} \dfrac{\sin 3x}{\tan 5x}$;

(3) $\lim\limits_{x\to 0^+} \dfrac{\ln\sin 3x}{\ln\sin x}$;

(4) $\lim\limits_{x\to 0} \dfrac{\tan x - x}{x^2 \tan x}$;

(5) $\lim\limits_{x\to \frac{\pi}{2}} \dfrac{\ln\sin x}{(\pi - 2x)^2}$;

(6) $\lim\limits_{x\to a} \dfrac{x^m - a^m}{x^n - a^n}$;

(7) $\lim\limits_{x\to 0} \dfrac{e^x - 1 + x^3}{x}$;

(8) $\lim\limits_{x\to 0} \dfrac{x - \arcsin x}{\sin^3 x}$;

(9) $\lim\limits_{\theta\to 0} \dfrac{\cos\left(\dfrac{\pi}{2}\cos\theta\right)}{\sin\theta}$;

(10) $\lim\limits_{x\to 0}\left(\dfrac{1}{x} - \dfrac{1}{e^x - 1}\right)$;

(11) $\lim\limits_{x\to 0}\left(\dfrac{1}{\sin x} - \dfrac{1}{x}\right)$;

(12) $\lim\limits_{x\to 1^+}\left(\dfrac{1}{x-1} - \dfrac{1}{\ln x}\right)$;

(13) $\lim\limits_{x\to 1}(x-1)\tan\dfrac{\pi x}{2}$;

(14) $\lim\limits_{x\to+\infty}\left(\dfrac{x+1}{x-1}\right)^x$;

(15) $\lim\limits_{x\to \frac{\pi}{4}}(\tan x)^{\tan 2x}$;

(16) $\lim\limits_{x\to 0} \dfrac{e^x - e^{-x}}{\sin x}$;

(17) $\lim\limits_{x\to \frac{\pi}{2}} \dfrac{\tan x}{\tan 3x}$;

(18) $\lim\limits_{x\to +\infty} \dfrac{\ln\left(1 + \dfrac{1}{x}\right)}{\text{arccot } x}$;

(19) $\lim\limits_{x\to 0} \dfrac{\ln(1 + x^2)}{\sec x - \cos x}$;

(20) $\lim\limits_{x\to 0} x\cot 2x$;

(21) $\lim\limits_{x\to 0} x^2 e^{\frac{1}{x^2}}$;

(22) $\lim\limits_{x\to +0} x^{\sin x}$;

(23) $\lim\limits_{x\to +0} \left(\frac{1}{x}\right)^{\tan x}$.

2. 验证下列极限存在,但不能用洛必达法则得出.

(1) $\lim\limits_{x\to\infty} \dfrac{x+\cos x}{x}$;

(2) $\lim\limits_{x\to 0} \dfrac{x^2 \sin\frac{1}{x}}{\sin x}$.

3. 讨论函数 $f(x)=\begin{cases}\left[\dfrac{(1+x)^{\frac{1}{x}}}{e}\right]^{\frac{1}{x}} & x>0 \\ e^{-\frac{1}{2}} & x\leqslant 0\end{cases}$,在点 $x=0$ 处的连续性.

## 3.3 函数的单调性与极值

### 3.3.1 函数的单调性的判别法

单调性是函数的重要性质之一,前面我们已经给出了它的定义.按照定义,从几何图形上看,单调递增函数的图形自左向右表现为上升的一条曲线,如图3-4所示;单调递减函数的图形表现为自左向右下降的一条曲线,如图3-5所示.

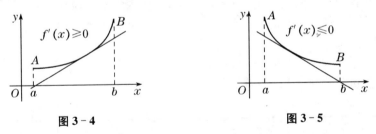

图3-4    图3-5

**注意** 对于区间$[a,b]$上的连续函数$y=f(x)$,如果在$[a,b]$上为增函数,则其图形上各点处的切线斜率不为负,即$f'(x)\geqslant 0$;如果在$[a,b]$上为减函数,则其图形上各点处的切线斜率不为正,即$f'(x)\leqslant 0$.由此可见,函数的单调性与导数的符号有着密切的关系.

反过来,能否用导数的符号来判定函数的单调性呢?

**定理3-6(函数单调性的判定法)** 设函数$y=f(x)$在$[a,b]$上连续,在$(a,b)$内可导.

(1) 如果在$(a,b)$内$f'(x)>0$,那么函数$y=f(x)$在$[a,b]$上单调增加;

(2) 如果在$(a,b)$内$f'(x)<0$,那么函数$y=f(x)$在$[a,b]$上单调减少.

**证明** 我们只证单调增加的情形,单调减少的情形可类似地得到.

在$[a,b]$上任取两点$x_1,x_2(x_1<x_2)$,应用拉格朗日中值定理,得到

$$f(x_2)-f(x_1)=f'(\xi)(x_2-x_1) \quad (x_1<\xi<x_2).$$

由条件在$(a,b)$内导数$f'(x)>0$,那么也有$f'(\xi)>0$.于是

$$f(x_2)-f(x_1)=f'(\xi)(x_2-x_1)>0 \quad (x_2-x_1>0),$$

即
$$f(x_2) > f(x_1).$$

函数 $y = f(x)$ 在 $[a,b]$ 上单调增加.

**注意**  如果把判定法中的闭区间换成其他各种区间（包括无穷区间），只要把定理 3-6 中要求在端点处连续的条件去掉，结论也成立.

【例 3-22】 判定函数 $f(x) = \arctan x - x$ 单调性.

**解**  $f'(x) = \dfrac{1}{1+x^2} - 1$,

$$= -\dfrac{1}{1+x^2} \leqslant 0, \text{（仅当 } x = 0 \text{ 时等号成立）}$$

所以 $f(x)$ 在 $(-\infty, +\infty)$ 内单调减少.

【例 3-23】 讨论函数 $f(x) = 2x^2 - 4x + 1$ 的单调性.（没有指定在什么区间怎么办？）

**解**  $f'(x) = 4(x-1)$，函数 $f(x) = 2x^2 - 4x + 1$ 的定义域为 $(-\infty, +\infty)$.

因为在区间 $(-\infty, 1)$ 内 $f'(x) < 0$，所以函数 $f(x) = 2x^2 - 4x + 1$ 在 $(-\infty, 1]$ 上单调减少；因为在 $(1, +\infty)$ 内 $f'(x) > 0$，所以函数 $f(x) = 2x^2 - 4x + 1$ 在区间 $[1, +\infty)$ 上单调增加.

总结以上分析，我们可以按以下步骤来判定函数单调性：

第一步  确定函数的定义域；

第二步  求使 $f'(x) = 0$ 或不存在的点，并以这些点为分界点，将定义域划分为若干个子区间；

第三步  在各个子区间内确定 $f'(x)$ 的符号，从而判定函数在其上的单调性.

【例 3-24】 讨论函数 $f(x) = 2x^3 - 6x^2 - 18x - 7$ 的单调性.（没有指定在什么区间怎么办？）

**解**  $y' = 6x^2 - 12x - 18 = 6(x-3)(x+1) = 0$.

令 $y' = 0$ 得驻点 $x_1 = -1, x_2 = 3$.

列表得

| $x$ | $(-\infty, -1)$ | $-1$ | $(-1, 3)$ | $3$ | $(3, +\infty)$ |
| --- | --- | --- | --- | --- | --- |
| $y'$ | $+$ | $0$ | $-$ | $0$ | $+$ |
| $y$ | ↗ |  | ↘ |  | ↗ |

可见函数在 $(-\infty, -1]$ 和 $[3, +\infty)$ 内单调增加，在 $[-1, 3]$ 内单调减少.

【例 3-25】 确定函数 $y = x + |\sin 2x|$ 的单调区间.

**解**  $y = \begin{cases} x + \sin 2x & k\pi \leqslant x \leqslant k\pi + \dfrac{\pi}{2}, \\ x - \sin 2x & k\pi + \dfrac{\pi}{2} < x < k\pi + \pi \end{cases} \quad (k = 0, \pm 1, \pm 2, \cdots),$

$y' = \begin{cases} 1 + 2\cos 2x & k\pi \leqslant x \leqslant k\pi + \dfrac{\pi}{2}, \\ 1 - 2\cos 2x & k\pi + \dfrac{\pi}{2} < x < k\pi + \pi \end{cases} \quad (k = 0, \pm 1, \pm 2, \cdots).$

$y'$ 是以 $\pi$ 为周期的函数,在 $[0,\pi]$ 内令 $y'=0$,得驻点 $x_1=\dfrac{\pi}{3}$,$x_2=\dfrac{5\pi}{6}$,不可导点为 $x_3=\dfrac{\pi}{2}$.

列表得

| $x$ | $\left(0,\dfrac{\pi}{3}\right)$ | $\dfrac{\pi}{3}$ | $\left(\dfrac{\pi}{3},\dfrac{\pi}{2}\right)$ | $\dfrac{\pi}{2}$ | $\left(\dfrac{\pi}{2},\dfrac{5\pi}{6}\right)$ | $\dfrac{5\pi}{6}$ | $\left(\dfrac{5\pi}{6},\pi\right)$ |
|---|---|---|---|---|---|---|---|
| $y'$ | + | 0 | − | 不存在 | + | 0 | − |
| $y$ | ↗ |  | ↘ |  | ↗ |  | ↘ |

根据函数在 $[0,\pi]$ 上的单调性及 $y'$ 在 $(-\infty,+\infty)$ 的周期性可知函数在 $\left[\dfrac{k\pi}{2},\dfrac{k\pi}{2}+\dfrac{\pi}{3}\right]$ 上单调增加,在 $\left[\dfrac{k\pi}{2}+\dfrac{\pi}{3},\dfrac{k\pi}{2}+\dfrac{\pi}{2}\right]$ 上单调减少 $(k=0,\pm 1,\pm 2,\cdots)$.

下面是利用单调性证明不等式的一些例子.

**【例 3-26】** 证明:当 $x>0$ 时,$1+\dfrac{1}{2}x>\sqrt{1+x}$.

**证明** 设 $f(x)=1+\dfrac{1}{2}x-\sqrt{1+x}$,则 $f(x)$ 在 $[0,+\infty)$ 内是连续的.

因为
$$f'(x)=\dfrac{1}{2}-\dfrac{1}{2\sqrt{1+x}}$$
$$=\dfrac{\sqrt{1+x}-1}{2\sqrt{1+x}}>0,$$

所以 $f(x)$ 在 $(0,+\infty)$ 内是单调增加的.

从而当 $x>0$ 时,
$$f(x)>f(0)=0,$$
即
$$1+\dfrac{1}{2}x-\sqrt{1+x}>0,$$
也就是
$$1+\dfrac{1}{2}x>\sqrt{1+x}.$$

**【例 3-27】** 证明:当 $x>4$ 时,有 $2^x>x^2$.

**证明** 构造辅助函数 $F(x)\overset{\triangle}{=\!=}2^x-x^2$,
$$F'(x)=2^x\ln 2-2x,$$
$$F''(x)=2^x\cdot(\ln 2)^2-2=2[2^{x-3}(\ln 4)^2-1],$$

当 $x\in[4,+\infty)$ 时,
$$2^{x-3}\geqslant 2,(\ln 4)^2>1,$$

故当 $x\geqslant 4$ 时,
$$F''(x)>0,$$

所以 $F'(x)$ 在 $[4,+\infty)$ 上单调增加,从而有 $F'(x)>F'(4)$,而
$$F'(4)=2^4\ln 2-2\cdot 4=16\ln 2-8=8(\ln 4-1)>0,$$
于是 $F'(x)>0$,$F(x)$ 在 $[4,+\infty)$ 上也单调增加,从而有
$$F(x)>F(4)=2^4-4^2=0,$$
即
$$2^x>x^2\ (x>4).$$

### 3.3.2 函数的极值及其求法

在本节例 3-23 中,点 $x=1$ 是函数 $f(x)=2x^2-4x+1$ 的单调区间的分界点. 在 $x=1$ 的左侧邻近,函数 $f(x)$ 是单调减少的,在 $x=1$ 的右侧邻近,函数 $f(x)$ 是单调增加的. 因此,存在点 $x=1$ 的一个去心领域,对于这个去心领域内的任意点 $x$,$f(x)>f(1)$ 均成立. 具有这种性质的点在应用上有着重要的意义,值得我们对此作一般性的讨论.

**定义 3-1**  设函数 $f(x)$ 在点的 $x_0$ 某邻域 $U(x_0)$ 内有定义. 如果在去心邻域 $\overset{\circ}{U}(x_0)$ 内有
$$f(x)<f(x_0)\ (\text{或}\ f(x)>f(x_0)),$$
则称 $f(x_0)$ 是函数 $f(x)$ 的一个极大值(或极小值).

极大值、极小值统称为极值,极大值点、极小值点统称为极值点. 例如,对于例 3-23 中的函数 $f(x)=2x^2-4x+1$ 而言,$x=1$ 是极小值点,$f(1)$ 是极小值.

函数的极大值和极小值概念是局部性的. 如果 $f(x_0)$ 是函数 $f(x)$ 的一个极大值,那只是就 $x_0$ 附近的一个局部范围来说,$f(x_0)$ 是 $f(x)$ 的一个最大值;如果就 $f(x)$ 的整个定义域来说,$f(x_0)$ 不一定是最大值. 极小值的情形也类似.

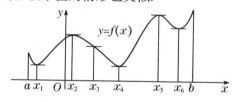

图 3-6

图 3-6 中,函数有三个极小值:$f(x_1),f(x_4),f(x_6)$;两个极大值:$f(x_2),f(x_5)$. 其中极小值 $f(x_6)$ 比极大值 $f(x_2)$ 还大.

由图像我们发现,在函数取得极值处,曲线的切线是水平的. 但曲线上有水平切线的地方,函数不一定取得极值. 例如,图 3-6 中点 $(x_3,f(x_3))$ 处,切线水平,但是 $f(x_3)$ 不是极值.

**定理 3-7(必要条件)**  设函数 $f(x)$ 在点 $x_0$ 处可导,且在 $x_0$ 处取得极值,那么该函数在点 $x_0$ 处的导数为零,即 $f'(x_0)=0$.

**证明**  假定 $f(x_0)$ 是极大值. 根据极大值的定义,在 $x_0$ 的某个去心邻域内有 $f(x)<f(x_0)$. 于是
$$f'(x_0)=f'_-(x_0)=\lim_{x\to x_0^-}\frac{f(x)-f(x_0)}{x-x_0}\geq 0,$$

同时
$$f'(x_0)=f'_+(x_0)=\lim_{x\to x_0^+}\frac{f(x)-f(x_0)}{x-x_0}\leqslant 0,$$
从而得到 $f'(x_0)=0$.

使得函数 $f(x)$ 导数等于零的点(即方程 $f'(x)=0$ 的实根),也称为驻点. 极值点和驻点的关系:

(1) 驻点不一定是极值点. 如函数 $y=x^3$,在 $x=0$ 处.

(2) 极值点不一定在驻点处取得. 如函数 $y=|x|$,在 $x=0$ 处.

**定理 3-8(第一种充分条件)** 设函数 $f(x)$ 在点 $x_0$ 处连续,且在 $x_0$ 的某去心邻域 $\mathring{U}(x_0,\delta)$ 内可导.

(1) 若 $x_0\in(x_0-\delta,x_0)$ 时,$f'(x)>0$,而 $x_0\in(x_0,x_0+\delta)$ 时,$f'(x)<0$,那么函数 $f(x)$ 在 $x_0$ 处取得极大值;

(2) 若 $x_0\in(x_0-\delta,x_0)$ 时,$f'(x)<0$,而 $x_0\in(x_0,x_0+\delta)$ 时,$f'(x)>0$,那么函数 $f(x)$ 在 $x_0$ 处取得极小值;

(3) 若 $x\in\mathring{U}(x_0,\delta)$ 时,$f'(x)$ 的符号保持不变,那么函数 $f(x)$ 在 $x_0$ 处没有极值.

定理 3-8 也可简单地这样说:当 $x$ 在 $x_0$ 的邻近渐增地经过 $x_0$ 时,如果 $f'(x)$ 的符号由负变正,那么 $f(x)$ 在 $x_0$ 处取得极小值;如果 $f'(x)$ 的符号由正变负,那么 $f(x)$ 在 $x_0$ 处取得极大值;如果 $f'(x)$ 的符号并不改变,那么 $f(x)$ 在 $x_0$ 处没有极值.

确定极值点和极值的步骤:

第一步  求出导数 $f'(x)$;

第二步  求出 $f(x)$ 的全部驻点和不可导点;

第三步  列表判断(考察 $f'(x)$ 的符号在每个驻点和不可导点的左右邻近的情况,以便确定该点是否是极值点,如果是极值点,按定理 3-8 确定对应的函数值是极大值还是极小值);

第四步  确定出函数的所有极值点和极值.

**【例 3-28】** 求函数 $f(x)=2x+3\sqrt[3]{x^2}$ 的极值.

**解** (1) $f(x)$ 在 $(-\infty,+\infty)$ 内连续,除 $x=0$ 外处处可导,且
$$f'(x)=2\left(1+\frac{1}{\sqrt[3]{x}}\right);$$

(2) 令 $f'(x)=0$,得驻点 $x=-1$,另外 $x=0$ 为 $f(x)$ 的不可导点;

(3) 列表判断

| $x$ | $(-\infty,-1)$ | $-1$ | $(-1,0)$ | $0$ | $(0,+\infty)$ |
|---|---|---|---|---|---|
| $f'(x)$ | $+$ | $0$ | $-$ | 不可导 | $+$ |
| $f(x)$ | ↗ | $1$ | ↘ | $0$ | ↗ |

(4) 极大值为 $f(-1)=1$,极小值为 $f(0)=0$.

**定理 3-9(第二种充分条件)** 设函数 $f(x)$ 在点 $x_0$ 处具有二阶导数且 $f'(x_0)=0$,$f''(x_0)\neq 0$,那么

(1) 当 $f''(x_0)<0$ 时，函数 $f(x)$ 在 $x_0$ 处取得极大值；

(2) 当 $f''(x_0)>0$ 时，函数 $f(x)$ 在 $x_0$ 处取得极小值.

定理 3-9 表明，如果函数 $f(x)$ 在驻点 $x_0$ 处的二阶导数 $f''(x)\neq 0$，那么该点 $x_0$ 一定是极值点，并且可以按二阶导数 $f''(x_0)$ 的正负来判定 $f(x_0)$ 是极大值还是极小值. 但如果 $f''(x)=0$，定理 3-9 就不适用.

例如我们讨论：函数 $f(x)=x^4$，$g(x)=x^3$ 在点 $x=0$ 是否有极值？

(1) $f'(x)=4x^3$，$f'(0)=0$；$f''(x)=12x^2$，$f''(0)=0$. 但当 $x<0$ 时 $f'(x)<0$，当 $x>0$ 时，$f'(x)>0$，所以 $f(0)$ 为极小值；

(2) $g'(x)=3x^2$，$g'(0)=0$；$g''(x)=6x$，$g''(0)=0$，但 $g(0)$ 不是极值.

【例 3-29】 求函数 $f(x)=x^3-3x^2-9x+5$ 的极值.

**解** (1) $f'(x)=3x^2-6x-9=3(x+1)(x-3)$；

(2) 令 $f'(x)=0$，求得驻点 $x_1=-1$，$x_2=3$；

(3) $f''(x)=6(x-1)$；

(4) 因 $f''(-1)<0$，所以 $f(x)$ 在 $x_1=-1$ 处取得极大值，极大值为 $f(-1)=10$；

(5) 因 $f''(3)>0$，所以 $f(x)$ 在 $x_1=3$ 处取得极小值，极小值为 $f(3)=-22$.

 习题 3.3

1. 函数 $y=ax^2+1$ 在 $(0,+\infty)$ 内单调增加，则 $a$ 为何值？

2. 求函数 $y=x-\ln(1+x)$ 的单调区间.

3. 求函数 $y=x^2(1+x)^{-1}$ 的单调区间和极值.

4. 讨论方程 $\ln x=ax$（其中 $a>0$）有几个实根？

5. 证明下列不等式：

(1) 当 $\dfrac{\pi}{2}>x>0$ 时，$x-\dfrac{1}{3}x^3<\sin x<x$；

(2) 当 $x>0$ 时，$\ln(1+x)>\dfrac{\arctan x}{1+x}$；

(3) 当 $0<x<\dfrac{\pi}{2}$ 时，$\tan x>x+\dfrac{1}{3}x^3$；

(4) 当 $x>0$ 时，$1+x\ln(x+\sqrt{1+x^2})>\sqrt{1+x^2}$；

(5) 当 $0<x<\dfrac{\pi}{2}$ 时，$\sin x+\tan x>2x$.

6. 设 $y=x^3+ax^2+bx+2$ 在 $x_1=1$ 和 $x_2=2$ 取得极值，试确定 $a$ 与 $b$ 的值，并证明：$y(x_1)$ 是极大值，$y(x_2)$ 是极小值.

7. 单调函数的导函数是否必为单调函数？研究下面这个例子：
$$f(x)=x+\sin x.$$

## 3.4 曲线的凹向与拐点

### 3.4.1 曲线的凹向与拐点的定义

一条曲线不仅有上升和下降的问题(即函数的单调性),还有弯曲方向的问题.讨论曲线的凹向就是讨论曲线的弯曲方向问题.

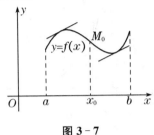

图 3-7

图 3-7 画出了区间 $(a,b)$ 上的一段曲线弧,曲线上的点 $M_0(x_0,f(x_0))$ 把曲线弧分作两段. 在区间 $(a,x_0)$ 内,曲线向上弯曲,称曲线是向上凸的;在区间 $(x_0,b)$ 内,曲线向下弯曲,称曲线是向上凹的. 我们进一步观察曲线的凹向与其切线的关系:曲线是向上凸时,过曲线上任一点作切线,切线在上,而曲线在下;而曲线向上凹时,曲线与其切线的相对位置刚好相反. 由于在曲线上的点 $M_0(x_0,f(x_0))$ 的两侧,曲线的凹向不同,这样的点,称为曲线的拐点. 拐点是扭转曲线弯曲方向的点,也是函数凸凹的分界点.

如何把这些直观的想法用数量关系表示出来呢?

**定义 3-2** 设函数 $f$ 为定义在区间 $I$ 上的连续函数,若对 $I$ 上任意两点 $x_1,x_2$,总有

$$f\left(\frac{x_1+x_2}{2}\right) > \frac{f(x_1)+f(x_2)}{2},$$

则称曲线 $y=f(x)$ 在 $I$ 上是(向上)凸的(或凸弧).如图 3-8(a)所示.

反之,如果总有

$$f\left(\frac{x_1+x_2}{2}\right) < \frac{f(x_1)+f(x_2)}{2},$$

则称曲线 $y=f(x)$ 在 $I$ 上是(向上)凹的(或凹弧).如图 3-8(b)所示.

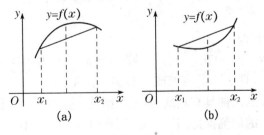

图 3-8

一般的,设曲线 $y=f(x)$ 在区间 $I$ 上连续点 $x_0$ 是 $I$ 的内点. 如果曲线 $y=f(x)$ 在经过点 $(x_0,f(x_0))$ 时,曲线的凹凸性改变了,即在该点的两侧分别是凸与凹的,那么就称点 $(x_0,f(x_0))$ 为曲线 $y=f(x)$ 的拐点.

### 3.4.2 凹向与拐点的判别法

设在区间 $I$ 内有曲线弧 $y=f(x)$，$\alpha$ 表示曲线切线的倾角. 由定理 3-6 知，当 $f''(x)>0$ 时，导函数 $f'(x)$ 单调增加，从而切线斜率 $\tan\alpha$ 随 $x$ 增加而由小变大. 图 3-9 中(a)，(b)，(c) 分别给出倾角 $\alpha$ 为锐角、钝角、既为锐角又为钝角的情形. 这时，曲线弧是凹的. 而当 $f''(x)<0$ 时，导函数 $f'(x)$ 单调减少，切线斜率 $\tan\alpha$ 随 $x$ 增加而由大变小. 由图 3-10 知，这种情形，曲线弧是凸的.

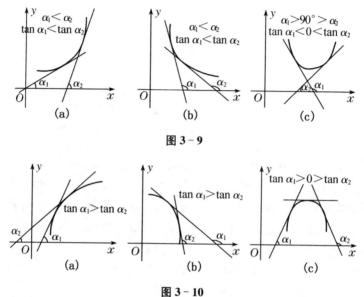

图 3-9

图 3-10

根据上述几何分析，有如下判定曲线凹向的定理.

**定理 3-10（凹向判别的充分条件）** 在函数 $f(x)$ 二阶可导的区间 $I$ 内，
(1) 若 $f''(x)>0$，则曲线 $y=f(x)$ 是凹的；
(2) 若 $f''(x)<0$，则曲线 $y=f(x)$ 是凸的.

**定理 3-11（拐点必要条件）** 若 $f(x)$ 在 $x_0$ 点处二阶可导，则 $(x_0,f(x_0))$ 为曲线 $y=f(x)$ 的拐点的必要条件是 $f''(x_0)=0$.

综上所述知：函数 $f(x)$ 的拐点 $(x_0,f(x_0))$ 只可能是以下两类点：
(1) $f''(x_0)=0$；
(2) $f$ 在 $x_0$ 点不可导.

**定理 3-12** 设函数 $f(x)$ 在 $x_0$ 的某邻域 $(x_0-d,x_0+d)$ 内连续，在 $(x_0-d,x_0)$ 及 $(x_0,x_0+d)$ 内具有二阶导数，且 $f''(x_0)=0$（或 $f''(x_0)$ 不存在）.
(1) 若 $f''(x)$ 在 $x_0$ 的两侧具有相反的符号，则点 $(x_0,f(x_0))$ 是曲线 $y=f(x)$ 的拐点.
(2) 若 $f''(x)$ 在 $x_0$ 的两侧保持同一符号，则点 $(x_0,f(x_0))$ 不是曲线 $y=f(x)$ 的拐点.

**【例 3-30】** 判定曲线 $y=4x-x^2$ 的凹向.

**解** 函数的定义域是 $(-\infty,+\infty)$.
$$y'=4-2x,$$
$$y''=-2,$$

因为 $y'' < 0$，所以曲线在 $(-\infty, +\infty)$ 内是凸的.

【例 3-31】 判断曲线 $y = (x-1)x^{\frac{2}{3}}$ 的凹向与拐点.

**解** $y' = \dfrac{5x-2}{3\sqrt[3]{x}}$，

$y'' = \dfrac{2}{9} \dfrac{5x+1}{\sqrt[3]{x^4}}$.

令 $y'' = 0$，得 $x = -\dfrac{1}{5}$，且当 $x = 0$ 时，$y'$ 不存在. 这两点把定义域 $(-\infty, +\infty)$ 分成 $\left(-\infty, -\dfrac{1}{5}\right)$，$\left(-\dfrac{1}{5}, 0\right)$，$(0, +\infty)$. 列表讨论如下：

| $x$ | $\left(-\infty, -\dfrac{1}{5}\right)$ | $-\dfrac{1}{5}$ | $\left(-\dfrac{1}{5}, 0\right)$ | 0 | $(0, +\infty)$ |
|---|---|---|---|---|---|
| $y''$ | $-$ | 0 | $+$ | 不存在 | $+$ |
| $y$ | 凸 | 拐点 | 凹 |  | 凹 |

由表知，曲线 $y = (x-1)x^{\frac{2}{3}}$ 在区间 $\left(-\infty, -\dfrac{1}{5}\right)$ 内凸，在区间 $\left(-\dfrac{1}{5}, +\infty\right)$ 内凹，因为 $y\left(-\dfrac{1}{5}\right) = -\dfrac{5}{6}\sqrt[3]{\dfrac{1}{25}}$，所以曲线拐点为 $\left(-\dfrac{1}{5}, -\dfrac{6}{5}\sqrt[3]{\dfrac{1}{25}}\right)$.

【例 3-32】 利用函数图形的凹凸性，证明下列不等式：

$$\dfrac{e^x + e^y}{2} > e^{\frac{x+y}{2}} \quad (x \neq y).$$

**证明** 设 $f(t) = e^t$，则 $f'(t) = e^t$，$f''(t) = e^t$.

因为 $f''(t) > 0$，所以曲线 $f(t) = e^t$ 在 $(-\infty, +\infty)$ 内是凹的.

所以对任意的 $x, y \in (-\infty, +\infty)$，$x \neq y$ 有

$$\dfrac{1}{2}[f(x) + f(y)] > f\left(\dfrac{x+y}{2}\right),$$

即

$$\dfrac{e^x + e^y}{2} > e^{\frac{x+y}{2}} \quad (x \neq y).$$

【例 3-33】 试证明曲线 $y = \dfrac{x-1}{x^2+1}$ 有三个拐点位于同一直线上.

**证明** $y' = \dfrac{-x^2 + 2x + 1}{(x^2+1)^2}$，

$y'' = \dfrac{2x^3 - 6x^2 - 6x + 2}{(x^2+1)^3}$

$= \dfrac{2(x+1)[x-(2-\sqrt{3})][x-(2+\sqrt{3})]}{(x^2+1)^3}$.

令 $y'' = 0$，得 $x_1 = -1$，$x_2 = 2-\sqrt{3}$，$x_3 = 2+\sqrt{3}$.

列表得

| $x$ | $(-\infty,-1)$ | $-1$ | $(-1,2-\sqrt{3})$ | $2-\sqrt{3}$ | $(2-\sqrt{3},2+\sqrt{3})$ | $2+\sqrt{3}$ | $(2+\sqrt{3},+\infty)$ |
|---|---|---|---|---|---|---|---|
| $y''$ | $-$ | $0$ | $+$ | $0$ | $-$ | $0$ | $+$ |
| $y$ | $\cap$ | $-1$ | $\cup$ | $\dfrac{1-\sqrt{3}}{4(2-\sqrt{3})}$ | $\cap$ | $\dfrac{1+\sqrt{3}}{4(2+\sqrt{3})}$ | $\cup$ |

可见拐点为 $(-1,-1)$，$\left(2-\sqrt{3},\dfrac{1-\sqrt{3}}{4(2-\sqrt{3})}\right)$，$\left(2+\sqrt{3},\dfrac{1+\sqrt{3}}{4(2+\sqrt{3})}\right)$. 因为

$$\frac{\dfrac{1-\sqrt{3}}{4(2-\sqrt{3})}-(-1)}{2-\sqrt{3}-(-1)}=\frac{1}{4},$$

$$\frac{\dfrac{1+\sqrt{3}}{4(2+\sqrt{3})}-(-1)}{2+\sqrt{3}-(-1)}=\frac{1}{4},$$

所以这三个拐点在一条直线上.

 习题 3.4

1. 讨论下列函数的凸凹区间及拐点：

(1) $y=x^3-5x^2+3x+5$；

(2) $y=\ln(1+x^2)$；

(3) $y=(x+1)^4+e^x$；

(4) $y=xe^{-x}$.

2. 问 $a,b$ 为何值时，点 $(1,3)$ 为曲线 $y=ax^3+bx^2$ 的拐点，并求曲线的凹凸区间.

3. 试决定曲线 $y=ax^3+bx^2+cx+d$ 中的 $a,b,c,d$，使得曲线在 $x=-2$ 处有水平切线，$(1,-10)$ 为拐点，且点 $(-2,44)$ 在曲线上.

4. 试决定 $y=k(x^2-3)^2$ 中 $k$ 的值，使曲线的拐点处的法线通过原点.

5. 设 $\varphi(x)$ 具有三阶导数，且 $\varphi(x_0)\neq 0$，证明：曲线 $f(x)=(x-x_0)^3\varphi(x)$ 必有拐点，其坐标为 $(x_0,0)$.

6. 设 $y=f(x)$ 在 $x=x_0$ 的某邻域内具有三阶连续导数，如果 $f''(x_0)=0$，而 $f'''(x_0)\neq 0$，试问 $(x_0,f(x_0))$ 是否为拐点？为什么？

7. 利用函数图形的凹凸性，证明下列不等式：

(1) $\dfrac{1}{2}(x^n+y^n)>\left(\dfrac{x+y}{2}\right)^n$ $(x>0,y>0,x\neq y,n>1)$；

(2) $x\ln x+y\ln y>(x+y)\ln\dfrac{x+y}{2}$ $(x>0,y>0,x\neq y)$.

## 3.5 函数图像的讨论

函数的图像对于观察和研究函数的性质具有直观的指导意义. 中学阶段我们利用描点法可以作出函数的图像,这样的做法具有一定的偶然性,函数的一些重要特性容易遗漏. 前面几节课我们就函数的一些重要特性的判定作了介绍,本节课我们就结合这些方法,介绍较为准确地作出函数图像的步骤.

### 3.5.1 曲线渐近线的存在的条件及求法

1. 水平渐近线

如果 $\lim\limits_{x\to\infty}f(x)=a$(或 $\lim\limits_{x\to-\infty}f(x)=a$ 或 $\lim\limits_{x\to+\infty}f(x)=a$),那么称直线 $y=a$ 为曲线 $y=f(x)$ 的一条水平渐近线.

例如,$\lim\limits_{x\to+\infty}\arctan x=\dfrac{\pi}{2}$,$\lim\limits_{x\to-\infty}\arctan x=-\dfrac{\pi}{2}$,所以直线 $y=\dfrac{\pi}{2}$ 和 $y=-\dfrac{\pi}{2}$ 是曲线 $y=\arctan x$ 的两条水平渐近线.

2. 垂直渐近线

如果 $\lim\limits_{x\to b}f(x)=\infty$(或 $\lim\limits_{x\to b^+}f(x)=\infty$ 或 $\lim\limits_{x\to b^-}f(x)=\infty$),那么称直线 $x=b$ 为曲线 $y=f(x)$ 的一条垂直渐近线.

例如,$\lim\limits_{x\to 2^+}\ln(x-2)=-\infty$,所以直线 $x=2$ 是曲线 $y=\ln(x-2)$ 的垂直渐近线.

3. 斜渐近线

如果 $\lim\limits_{x\to+\infty}[f(x)-kx]=b$ 且 $\lim\limits_{x\to+\infty}\dfrac{f(x)}{x}=k$,那么称直线 $y=kx+b$ 为曲线 $y=f(x)$ 一条斜渐近线. 对于 $x\to-\infty$ 或 $x\to\infty$ 也有相同的结论.

例如,双曲线 $\dfrac{x^2}{a^2}-\dfrac{y^2}{b^2}=1$ 的渐近线为 $\dfrac{x}{a}\pm\dfrac{y}{b}=0$.

【例 3-34】 求曲线 $f(x)=\dfrac{x^3}{x^2+2x-3}$ 的渐近线.

**解** 由于 $\lim\limits_{x\to\infty}\dfrac{f(x)}{x}=\lim\limits_{x\to\infty}\dfrac{x^3}{x^3+2x^2-3x}=1$,所以 $k=1$. 又

$$\lim_{x\to\infty}[f(x)-kx]=\lim_{x\to\infty}\left(\dfrac{x^3}{x^2+2x-3}-x\right)$$
$$=\lim_{x\to\infty}\dfrac{-2x^2+3x}{x^2+2x-3}=-2,$$

所以 $b=-2$. 从而曲线的斜渐近线方程为 $y=x-2$. 又因为

$$f(x)=\dfrac{x^3}{(x+3)(x-1)},$$

所以 $\lim\limits_{x\to-3}f(x)=\infty$,$\lim\limits_{x\to 1}f(x)=\infty$. 从而曲线的垂直渐近线为 $x=-3,x=1$.

### 3.5.2 函数作图

描点作图是作函数图形的基本方法. 现在掌握了微分学的基本知识,如果先利用微分法

讨论函数和曲线的性态,然后再描点作图,就能使作出的图形较为准确.

作函数的图形,一般步骤如下:

第一步　确定函数的定义域、间断点,以明确图形的范围;

第二步　讨论函数的奇偶性、周期性,以判别图形的对称性、周期性;

第三步　考察曲线的渐近线,以把握曲线伸向无穷远的趋势;

第四步　确定函数的单调区间、极值点,确定曲线的凹向及拐点,这就使我们掌握了图形的大致形状;

第五步　为了描点的需要,有时还要选出曲线上若干个点,特别是曲线与坐标轴的交点;

第六步　根据以上讨论,描点作出函数的图形.

【例 3-35】 作出函数 $y=\dfrac{1}{3}x^3-x$ 的图像.

**解** （1）函数的定义域为 $(-\infty,+\infty)$.

（2）该函数是奇函数,图像关于原点对称.

（3）$y'=x^2-1$,令 $y'=0$,得 $x=\pm 1$;$y''=2x$,令 $y''=0$,得 $x=0$.

列表如下:

| $x$ | $(-\infty,-1)$ | $-1$ | $(-1,0)$ | $0$ | $(0,1)$ | $1$ | $(1,+\infty)$ |
| --- | --- | --- | --- | --- | --- | --- | --- |
| $y'$ | $+$ | $0$ | $-$ | $-$ | $-$ | $0$ | $+$ |
| $y''$ | $-$ | $-$ | $-$ | $0$ | $+$ | $+$ | $+$ |
| $y$ | 凸 | 极大值 $\dfrac{2}{3}$ | 凸 | 拐点$(0,0)$ | 凹 | 极小值 $-\dfrac{2}{3}$ | 凹 |

（4）无渐近线.

（5）取辅助点 $\left(-2,-\dfrac{2}{3}\right)$,$(-\sqrt{3},0)$,$(\sqrt{3},0)$,$\left(2,\dfrac{2}{3}\right)$.

（6）描点作图,如图 3-11 所示.

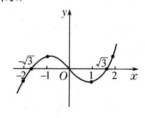

**图 3-11**

【例 3-36】 作出函数 $y=\dfrac{x}{x^2-1}$ 的图像.

**解** （1）函数的定义域为 $(-\infty,-1)\cup(-1,1)\cup(1,+\infty)$.

（2）函数是奇函数,图像关于原点对称.

（3）$y'=\dfrac{-(1+x^2)}{(x^2-1)^2}<0$,$y''=\dfrac{2x(x^2+3)}{(x^2-1)^3}$,令 $y''=0$,得 $x=0$.

列表如下:

| $x$ | $(-\infty,-1)$ | $(-1,0)$ | $0$ | $(0,1)$ | $(1,+\infty)$ |
|---|---|---|---|---|---|
| $y'$ | $-$ | $-$ | $-$ | $-$ | $-$ |
| $y''$ | $-$ | $+$ | $0$ | $-$ | $+$ |
| $y$ | 凸 | 凹 | 拐点$(0,0)$ | 凸 | 凹 |

(4) 渐近线：

$\lim\limits_{x\to\infty}\dfrac{x}{x^2-1}=0$，所以 $y=0$ 是函数的水平渐近线．

$\lim\limits_{x\to\pm 1}\dfrac{x}{x^2-1}=\infty$，所以 $x=\pm 1$ 是函数的两条垂直渐近线．

(5) 取辅助点：$M_1\left(3,\dfrac{3}{8}\right),M_2\left(2,\dfrac{2}{3}\right),M_3\left(\dfrac{3}{2},\dfrac{6}{5}\right),M_4\left(-\dfrac{1}{2},\dfrac{2}{3}\right)$．

(6) 描点作图，如图 3-12 所示．

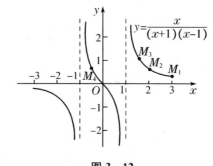

图 3-12

【例 3-37】 作函数 $y=\mathrm{e}^{-x^2}$ 的图形．

**解** （1）定义域是 $(-\infty,+\infty)$．

（2）该函数为偶函数，图形关于 $y$ 轴对称．

（3）渐近线：

$$\lim\limits_{x\to\infty}\mathrm{e}^{-x^2}=0,$$

直线 $y=0$ 为水平渐近线．

（4）单调性、极值、凹向及拐点

$$y'=-2x\mathrm{e}^{-x^2},$$
$$y''=2\mathrm{e}^{-x^2}(2x^2-1).$$

由 $y'=0$，得 $x_1=0$；由 $y''=0$，得

$$x_2=\dfrac{\sqrt{2}}{2},x_3=-\dfrac{\sqrt{2}}{2}.$$

列表讨论：

| $x$ | $\left(-\infty, -\frac{\sqrt{2}}{2}\right)$ | $-\frac{\sqrt{2}}{2}$ | $\left(-\frac{\sqrt{2}}{2}, 0\right)$ | 0 | $\left(0, \frac{\sqrt{2}}{2}\right)$ | $\frac{\sqrt{2}}{2}$ | $\left(\frac{\sqrt{2}}{2}, +\infty\right)$ |
|---|---|---|---|---|---|---|---|
| $y'$ | + | + | + | 0 | − | − | − |
| $y''$ | + | 0 | − | − | − | 0 | + |
| $y$ | 凹 | 拐点 | 凸 | 极大值 | 凸 | 拐点 | 凹 |

由表知，$y(0)=1$ 是极大值，$\left(\frac{\sqrt{2}}{2}, e^{-\frac{1}{2}}\right)$ 和 $\left(-\frac{\sqrt{2}}{2}, e^{-\frac{1}{2}}\right)$ 是拐点.

(5) 描点作图，如图 3-13 所示.

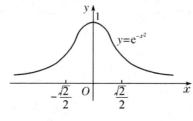

图 3-13

 **习题 3.5**

1. 求下列函数的渐近线：

(1) $y = 2x + \arctan \frac{x}{2}$；

(2) $y = \frac{x^2}{1+x}$；

(3) $y = \frac{\ln x}{x-1}$；

(4) $y = xe^{-x^2}$.

2. 讨论函数的性态，并作出其图形：

(1) $y = x + \frac{1}{x^2}$；

(2) $y = e^{-x^2}$；

(3) $y = \frac{|x| \cdot x}{x+1}$；

(4) $f(x) = \sqrt[3]{(x-1)^2} \cdot \sqrt[3]{x+1}$.

## 3.6 函数的最大值和最小值及其应用

在工农业生产、工程技术及科学实验中,常常会遇到这样一类问题:在一定条件下,怎样使"产品最多"、"用料最省"、"成本最低"、"效率最高"等问题,这类问题在数学上有时可归结为求某一函数(通常称为目标函数)的最大值或最小值问题.

根据第 1 章中连续函数的性质我们知道,一个在闭区间 $[a,b]$ 上连续的函数一定能在区间上取得最大值和最小值. 又若函数在区间内部点取得最大(小)值,则显然该点是函数的极值点. 为求函数的最值,首先讨论一下极值和最值的关系.

### 3.6.1 极值与最值的关系

最值和极值是不同的. 最值是就某一区间考察的,是整体的、绝对的;而极值是仅就某点的邻域来考察的,是局部的、相对的. 因而极小值可能大于极大值,但对于最值来说,最小值不可能大于最大值.

### 3.6.2 最大值和最小值的求法

设函数 $f(x)$ 在 $[a,b]$ 上连续,则可以通过如下步骤计算函数的最大值和最小值:

第一步  求出函数 $f(x)$ 在 $(a,b)$ 内的所有可能极值点:驻点和不可导点;

第二步  计算函数 $f(x)$ 在驻点、不可导点及端点 $a,b$ 处的函数值;

第三步  比较这些函数值,其中最大的是函数 $f(x)$ 在 $[a,b]$ 上的最大值,最小的是函数 $f(x)$ 在 $[a,b]$ 上的最小值.

【例 3-38】 求函数 $f(x)=2x^3+3x^2-12x+14$ 在 $[-3,4]$ 上的最大值和最小值.

**解** $f'(x)=6x^2+6x-12$,解方程 $f'(x)=0$,得
$$x_1=-2, x_2=1.$$

由于
$$f(-3)=23, f(-2)=34, f(1)=7, f(4)=142,$$

因此,函数 $f(x)$ 在 $[-3,4]$ 上的最大值为 $f(4)=142$,最小值为 $f(1)=7$.

【例 3-39】 求函数 $f(x)=|x^2-3x+2|$ 在 $[-3,4]$ 上的最大值与最小值.

**解** 由于
$$f(x)=\begin{cases} x^2-3x+2 & x\in[-3,1]\cup[2,4]; \\ -x^2+3x-2 & x\in(1,2). \end{cases}$$

所以
$$f'(x)=\begin{cases} 2x-3 & x\in(-3,1)\cup(2,4); \\ -2x+3 & x\in(1,2). \end{cases}$$

求得 $f(x)$ 在 $(-3,4)$ 内的驻点为 $x=\dfrac{3}{2}$,不可导点为 $x_1=1, x_2=2$.

而

$$f(-3)=20, f(1)=0, f\left(\frac{3}{2}\right)=\frac{1}{4}, f(2)=0, f(4)=6.$$

经比较 $f(x)$ 在 $x=-3$ 处取得最大值 20,在 $x_1=1, x_2=2$ 处取得最小值 0.

### 3.6.3 最大值、最小值的应用

函数的最大值与最小值问题,在实践中有广泛的应用. 在给定条件的情况下,要求效益最佳的问题,就是最大值问题;而在效益一定的情况下,要求所给条件最小的问题,是最小值问题.

在解决实际问题时,首先要把问题的要求作为目标,建立目标函数,并确定函数的定义域;其次,应用极值知识求目标函数的最大值或最小值;最后应按问题的要求给出结论.

实际问题求最值步骤:

第一步 建立目标函数;

第二步 求最值.

【例 3-40】 有一杠杆,支点在它的一端,在距支点 0.1 m 处挂一重量为 49 kg 的物体,加力于杠杆的另一端使杠杆保持水平(如图 3-14). 如果杠杆的线密度为 5 kg/m,求最省力的杆长?

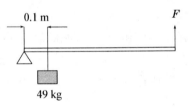

图 3-14

**解** 设杆长为 $x(\mathrm{m})$,加于杠杆一端的力为 $F$,则有

$$xF=\frac{1}{2}x \cdot 5x+49 \cdot 0.1,$$

即

$$F=\frac{5}{2}x+\frac{4.9}{x}(x>0).$$

令

$$F'=\frac{5}{2}-\frac{4.9}{x^2}=0,$$

解得

$$x=1.4(唯一驻点).$$

由问题的实际意义知,$F$ 的最小值一定在 $(0,+\infty)$ 内取得.

而 $F$ 在 $(0,+\infty)$ 内只有一个驻点 $x=1.4$,所以 $F$ 一定在 $x=1.4$ m 处取得最小值,即最省力的杆长为 1.4 m.

事实上,对于可导函数 $f(x)$ 来说,若其在一个区间(有限或无限,开或闭)内只有一个驻点 $x_0$,且该驻点 $x_0$ 是函数 $f(x)$ 的极值点,那么当 $f(x_0)$ 是极大(小)值时,$f(x_0)$ 就是该区间

上的最大(小)值,如图 3-15 和图 3-16 所示.

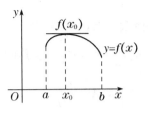

图 3-15

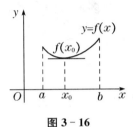

图 3-16

【例 3-41】 将边长为 $a$ 的一块正方形铁皮,四角各截去一个大小相同的小正方形,然后将四边折起做一个无盖的方盒.问截掉的小正方形边长为多大时,所得方盒的容积最大?最大容积为多少(如图 3-17)?

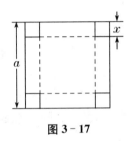

图 3-17

**解** (1) 分析问题,建立目标函数.

按题目的要求在铁皮大小给定的条件下,要使方盒的容积最大是我们的目标.而方盒的容积依赖于截掉的小正方形的边长,这样,目标函数就是方盒的容积与截掉的小正方形边长之间的函数关系.

设小正方形的边长为 $x$,则方盒底的边长为 $a-2x$,若以 $V$ 表示方盒的容积,则 $V$ 与 $x$ 的函数关系是

$$V = x(a-2x)^2, x \in \left(0, \frac{a}{2}\right).$$

(2) 解最大值问题,即确定 $x$ 的取值,以使 $V$ 取最大值.

$$\frac{dV}{dx} = (a-2x)^2 - 4x(a-2x)$$
$$= (a-2x)(a-6x).$$

令 $\frac{dV}{dx}=0$,得驻点 $x=\frac{a}{6}$ 和 $x=\frac{a}{2}$,其中 $\frac{a}{2}$ 舍去,因为它不在区间 $\left(0,\frac{a}{2}\right)$ 内.

因为当 $x\in(0,\frac{a}{6})$ 时, $\frac{dV}{dx}>0$, 当 $x\in(\frac{a}{6},\frac{a}{2})$ 时, $\frac{dV}{dx}<0$, 所以 $x=\frac{a}{6}$ 是极大值点. 由于在区间内部只有一个极值点且是极大值点, 这也就是取最大值的点.

于是, 当小正方形边长 $x=\frac{a}{6}$ 时, 方盒容积最大, 其值为

$$V=\frac{2a^3}{27}.$$

**【例 3-42】** 一房地产公司有 50 套公寓要出租, 当月租金定为 1000 元时, 公寓会全部租出去, 当月租金每增加 50 元时, 就会多一套公寓租不出去, 而租出去的公寓每月需花费 100 元的维修费. 试问房租定为多少可获最大收入?

**解** 房租定为 $x$ 元, 纯收入为 $R$ 元.

当 $x\leqslant 1000$ 时,

$$R=50x-50\times 100=50x-5000,$$

当 $x=1000$ 时, 得最大纯收入 45000 元.

当 $x>1000$ 时,

$$R=\left[50-\frac{1}{50}(x-1000)\right]\cdot x-\left[50-\frac{1}{50}(x-1000)\right]\cdot 100$$

$$=-\frac{1}{50}x^2+72x-7000,$$

$$R'=-\frac{1}{25}x+72.$$

令 $R'=0$, 得 $(1000,+\infty)$ 内唯一驻点 $x=1800$.

因为 $R''=-\frac{1}{25}<0$, 所以 1800 为极大值点, 同时也是最大值点, 最大值为 $R=57800$.

因此, 房租定为 1800 元可获最大收入.

### 习题 3.6

1. 求下列函数的最大最小值:

(1) $f(x)=x+\sqrt{1-x}$ 在 $[-1,1]$ 上;

(2) $f(x)=x^4-8x^2+2$ 在 $[-1,3]$ 上;

(3) $f(x)=x^2-\frac{54}{x}$ 在 $(-\infty,0)$ 上;

(4) $f(x)=\arctan\frac{1-x}{1+x}$ 在 $[0,1]$ 上;

(5) $f(x)=\begin{cases}\frac{x^2}{4}+\frac{x}{2}-\frac{15}{4} & x<0 \\ x^3-6x^2+8x & x\geqslant 0\end{cases}$ 在 $(-\infty,+\infty)$ 上.

2. 由直线 $y=0, x=8$ 及抛物线 $y=x^2$ 围成一个曲边三角形, 在曲边 $y=x^2$ 上求一点, 使曲线在该点处的切线与直线 $y=0, x=8$ 所围成的三角形面积最大?

3. 某车间靠墙壁要盖一间长方形小屋,现有存砖只够砌 20 cm 长的墙壁,问应围成怎样的长方形才能使这间小屋的面积最大?

4. 某显示器生产商,若以每台 1500 元的价格出售显示器,每天可以售出 1000 台.经市场调查后发现,当价格每降低 50 元,每天可增加销售 100 台.问要达到最大销售额,应降价多少元?

5. 把一根直径为 $d$ 的圆木锯成截面为矩形的梁,问矩形截面的高 $h$ 和宽 $b$ 应如何选择才能使梁的抗弯截面模量 $W\left(W=\dfrac{1}{6}bh^2\right)$ 最大?

## 3.7 曲 率

### 3.7.1 弧微分

设函数 $f(x)$ 在区间 $(a,b)$ 内具有连续导数. 在曲线 $y=f(x)$ 上取定点 $M_0(x_0,y_0)$ 作为度量弧长的基点,并规定依 $x$ 轴的方向作为曲线的正向,如图 3-18 所示. 对曲线上任一点 $M(x,y)$,规定有向弧段 $\overparen{M_0M}$ 的值 $s$(简称为弧 $s$)如下:$s$ 的绝对值等于这弧段的长度,当有向弧段 $\overparen{M_0M}$ 的方向与曲线的正向一致时 $s>0$,相反时 $s<0$. 显然,弧 $s=\overparen{M_0M}$ 是 $x$ 的函数:$s=s(x)$,而且 $s(x)$ 是 $x$ 的单调增函数. 下面来求 $s(x)$ 的导数及微分.

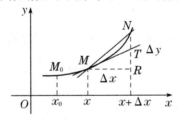

图 3-18

设 $x, x+\Delta x$ 为 $(a,b)$ 内两个邻近的点,它们在曲线 $y=f(x)$ 上的对应点为 $M, N$,并设对应于 $x$ 的增量 $\Delta x$,弧 $s$ 的增量为 $\Delta s = \overparen{MN}$,于是

$$\left(\dfrac{\Delta s}{\Delta x}\right)^2 = \left(\dfrac{\overparen{MN}}{\Delta x}\right)^2 = \left(\dfrac{\overparen{MN}}{|MN|}\right)^2 \cdot \dfrac{|MN|^2}{(\Delta x)^2} = \left(\dfrac{\overparen{MN}}{|MN|}\right)^2 \cdot \dfrac{(\Delta x)^2+(\Delta y)^2}{(\Delta x)^2}$$

$$= \left(\dfrac{\overparen{MN}}{|MN|}\right)^2 \cdot \left[1+\left(\dfrac{\Delta y}{\Delta x}\right)^2\right],$$

$$\dfrac{\Delta s}{\Delta x} = \pm\sqrt{\left(\dfrac{\overparen{MN}}{|MN|}\right)^2 \cdot \left[1+\left(\dfrac{\Delta y}{\Delta x}\right)^2\right]}.$$

因为 $\lim\limits_{\Delta x \to 0}\dfrac{|MN|}{\overparen{MN}} = \lim\limits_{N \to M}\dfrac{|MN|}{\overparen{MN}} = 1$,又 $\lim\limits_{\Delta x \to 0}\dfrac{\Delta y}{\Delta x} = y'$,因此 $\dfrac{ds}{dx} = \pm\sqrt{1+y'^2}$. 由于 $s=s(x)$ 是单调增函数,从而 $\dfrac{ds}{dx}>0$,$\dfrac{ds}{dx}=\sqrt{1+y'^2}$. 于是 $ds=\sqrt{1+y'^2}dx$,这就是弧微分公式.

### 3.7.2 曲率及其计算公式

在工程技术中,有时需要研究曲线的弯曲程度.对于圆而言,直观上我们发现,在圆心角相同时,圆弧段的弯曲程度随着弧段的长度增加而减弱,在弧长相同时,圆弧段的弯曲程度随着端点处的切线的转角增加而增强.事实上,这一结论对于一般曲线也成立.

按照上面的分析,我们给出曲率的定义:设曲线 $C$ 是光滑的,在曲线 $C$ 上选定一点 $M_0$ 作为度量弧 $s$ 的基点,如图 3-19 所示.设曲线上点 $M$ 对应于弧 $s$,在点 $M$ 处切线的倾角为 $\alpha$,曲线上另外一点 $N$ 对应于弧 $s+\Delta s$,在点 $N$ 处切线的倾角为 $\alpha+\Delta\alpha$,那么弧段 $\overset{\frown}{MN}$ 的长度为 $|\Delta s|$,当动点从 $M$ 移动到 $N$ 切线转过的角度为 $|\Delta\alpha|$,则称 $\left|\dfrac{\Delta\alpha}{\Delta s}\right|$ 为弧段 $\overset{\frown}{MN}$ 的平均弯曲程度,并记作 $\overline{K}$,即 $\overline{K}=\left|\dfrac{\Delta\alpha}{\Delta s}\right|$.

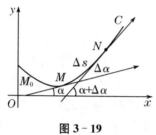

图 3-19

当极限 $\lim\limits_{\Delta s\to 0}\left|\dfrac{\Delta\alpha}{\Delta s}\right|$ 存在时,称此极限为曲线 $C$ 在点 $M$ 处的曲率,记作 $K$,即

$$K=\lim_{\Delta s\to 0}\left|\frac{\Delta\alpha}{\Delta s}\right|.$$

根据上面的定义,当 $C$ 为直线时,其上任意一点处的切线与直线本身重合,切线的倾斜角不变,$\Delta\alpha=0$,从而其曲率 $K=0$.而当 $C$ 是半径为 $R$ 的圆时,若从点 $M$ 到点 $N$ 处的切线转过的角度为 $|\Delta\alpha|$,那么从 $M$ 到 $N$ 的圆弧 $|\Delta s|=|R\Delta\alpha|$,于是 $K=\lim\limits_{\Delta s\to 0}\left|\dfrac{\Delta\alpha}{\Delta s}\right|=\dfrac{1}{R}$ 是常数.这和直观感觉是一致的:直线不弯曲,而圆的弯曲程度到处一样,且半径越小时,弯曲程度就越大.

对于一般曲线 $C:y=f(x)$,若它在 $M$ 点处的切线的倾角 $\alpha$,那么相应的切线所转过的角度为 $\Delta\alpha=0$,当 $f(x)$ 具有二阶导数时,由于 $\tan\alpha=y'$,所以

$$\sec^2\alpha\cdot d\alpha=y''dx,$$

$$d\alpha=\frac{y''}{\sec^2\alpha}dx=\frac{y''}{1+\tan^2\alpha}dx$$
$$=\frac{y''}{1+y'^2}dx.$$

又 $ds=\sqrt{1+y'^2}dx$,从而得曲率的计算公式

$$K=\left|\frac{d\alpha}{ds}\right|$$
$$=\frac{|y''|}{(1+y'^2)^{\frac{3}{2}}}.$$

若曲线以参数方程为 $\begin{cases} x=\varphi(t); \\ y=\psi(t) \end{cases}$ 的形式给出，则曲率

$$K=\frac{|\varphi'(t)\psi''(t)-\varphi''(t)\psi'(t)|}{[\varphi'^2(t)+\psi'^2(t)]^{\frac{3}{2}}}.$$

**【例 3-43】** 计算直线 $y=ax+b$ 上任一点的曲率.

**解** $y'=a, y''=0$，所以直线 $y=ax+b$ 上任一点的曲率 $K=0$，即直线的曲率处处为零.

**【例 3-44】** 计算半径为 $R$ 的圆上任一点的曲率.

**解** 由于圆的参数方程为 $\begin{cases} x=R\cos t; \\ y=R\sin t. \end{cases}$ 所以 $K=\frac{1}{R}$. 即圆上各点处的曲率等于半径的倒数，且半径越小，曲率越大.

**【例 3-45】** 求曲线 $x=a\cos^3 t, y=a\sin^3 t$ 在 $t=t_0$ 处的曲率.

**解** $y'=\dfrac{(a\sin^3 t)'}{(a\cos^3 x)'}=-\tan t$,

$y''=\dfrac{(-\tan x)'}{(a\cos^3 x)'}=\dfrac{1}{3a\sin t \cdot \cos^4 t}.$

所求曲率为

$$K=\frac{|y''|}{(1+y'^2)^{3/2}}=\left|\frac{\dfrac{1}{3a\sin t\cdot\cos^4 t}}{(1+\tan^2 t)^{3/2}}\right|$$

$$=\left|\frac{1}{3a\sin t\cos^3 t}\right|=\frac{2}{3|a\sin 2t|},$$

$$K\big|_{t=t_0}=\frac{2}{3|a\sin 2t_0|}.$$

即圆上各点处的曲率等于半径的倒数，且半径越小曲率越大.

### 3.7.3 曲率圆与曲率半径

如图 3-20 所示，设曲线 $C$ 在点 $M(x,y)$ 处的曲率为 $K(K\neq 0)$，在点 $M$ 处的曲线的法线上，在凹的一侧取一点 $D$，使 $|DM|=\dfrac{1}{K}=\rho$，以 $D$ 为圆心，$\rho$ 为半径作圆，这个圆叫做曲线在点 $M$ 处的曲率圆，$D$ 叫做曲线在点 $M$ 处的曲率中心，$\rho$ 叫做曲线在点 $M$ 处的曲率半径.

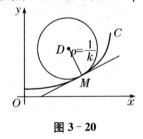

图 3-20

由上述定义，曲线在点 $M$ 处的曲率 $K(K\neq 0)$ 与曲线在点 $M$ 处的曲率半径 $\rho$ 有如下关系：

$$\rho=\frac{1}{K},$$
$$K=\frac{1}{\rho}.$$

【例 3-46】 求抛物线 $y=x^2-4x+3$ 在其顶点处的曲率及曲率半径.

**解** $y'=2x-4, y''=2.$

令 $y'=0$，得顶点的横坐标为 $x=2$.
$$y'|_{x=2}=0,$$
$$y''|_{x=2}=2.$$

所求曲率为
$$K=\frac{|y''|}{(1+y'^2)^{3/2}}$$
$$=\frac{|2|}{(1+0^2)^{3/2}}=2,$$

曲率半径为
$$\rho=\frac{1}{K}=\frac{1}{2}.$$

【例 3-47】 对数曲线 $y=\ln x$ 上哪一点处的曲率半径最小？求出该点处的曲率半径.

**解** $y'=\frac{1}{x}, y''=-\frac{1}{x^2}.$

$$K=\frac{|y''|}{(1+y'^2)^{\frac{3}{2}}}$$
$$=\frac{\left|-\frac{1}{x^2}\right|}{\left(1+\frac{1}{x^2}\right)^{\frac{3}{2}}}=\frac{x}{(1+x^2)^{\frac{3}{2}}},$$
$$\rho=\frac{(1+x^2)^{\frac{3}{2}}}{x},$$
$$\rho'=\frac{\frac{3}{2}(1+x^2)^{\frac{1}{2}}\cdot 2x\cdot x-(1+x^2)^{\frac{3}{2}}}{x^2}$$
$$=\frac{\sqrt{1+x^2}(2x^2-1)}{x^2}.$$

令 $\rho'=0$，得 $x=\frac{\sqrt{2}}{2}$. 因为当 $0<x<\frac{\sqrt{2}}{2}$ 时，$\rho'<0$；当 $x>\frac{\sqrt{2}}{2}$ 时，$\rho'>0$，所以 $x=\frac{\sqrt{2}}{2}$ 是函数 $\rho$ 的极小值点，同时也是函数 $\rho$ 的最小值点，当 $x=\frac{\sqrt{2}}{2}$ 时，$y=\ln\frac{\sqrt{2}}{2}$.

因此，在曲线上点 $\left(\frac{\sqrt{2}}{2}, \ln\frac{\sqrt{2}}{2}\right)$ 处曲率半径最小，最小曲率半径为 $\rho=\frac{3\sqrt{3}}{2}$.

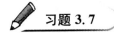

习题 3.7

1. 求下列函数的曲率和曲率半径：

(1) 双曲线 $xy=1$ 在点 $(1,1)$ 处；

(2) 曲线 $y=\sin x$ 在点 $\left(\dfrac{\pi}{2},1\right)$ 处；

(3) 曲线 $y=a\sin^3 t, x=a\cos^3 t (a>0)$ 在 $t$ 处.

2. 抛物线 $y=ax^2+bx+c$ 上哪一点处的曲率最大？

3. 设工件表面的截线为抛物线 $y=0.4x^2$，现在要用砂轮磨削其内表面，问用直径多大的砂轮才比较合适？

# 第 4 章

# 定积分与不定积分

积分学作为高等数学中的主要内容之一,它的思想方法是解决一类实际问题的重要的思想方法.在这一章我们先来介绍定积分的概念和性质,给出微积分学的基本定理,然后再讨论函数求导数的逆运算——不定积分.

## 4.1 定积分的概念

### 4.1.1 引例

【引例 4-1】 曲边梯形的面积.

在实践中我们经常要计算平面图形的面积,在初等数学中,我们已掌握了矩形、三角形、圆等规则几何图形面积的计算,那么不规则的、更一般的平面图形的面积如何去计算呢?

为讨论方便,我们先来计算这类平面图形中的最简单的一种,即曲边梯形的面积.

在直角坐标系中,由连续曲线 $y=f(x)$ ($f(x) \geqslant 0$),直线 $x=a, x=b$ 及 $x$ 轴所围成的图形称为曲边梯形,如图 4-1 所示.

计算曲边梯形面积之所以困难是因为曲边梯形在底边上各点的高 $f(x)$ 随 $x$ 而变化,无法直接运用规则图形的面积计算公式,怎么办?退一步,先求近似值.我们用平行于 $y$ 轴

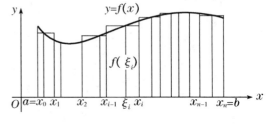

图 4-1

的直线将曲边梯形分成若干个小曲边梯形(如图 4-1),在每一个小曲边梯形中,每一个小曲边梯形都可近似地看作是小矩形,而曲边梯形的面积也就可以近似地看作若干个小矩形的面积之和,即小矩形的面积之和就是曲边梯形面积的近似值.很显然,把曲边梯形分得越细,近似程度就越高,要求的面积值越精确,再使用极限这一工具就行了.下面我们就根据这一思想分四步来具体进行讨论.

第一步 分割 在 $(a,b)$ 内插入 $n-1$ 个分点,$a=x_0<x_1<\cdots<x_{n-1}<x_n=b$,把区间 $[a,b]$ 任意分成 $n$ 个小区间 $[x_0,x_1],[x_1,x_2],\cdots,[x_{n-1},x_n]$,其区间长度记为
$$\Delta x_i = x_i - x_{i-1}(i=1,2,\cdots,n),$$
过各分点作垂直于 $x$ 轴的直线,把曲边梯形分成 $n$ 个小曲边梯形.

第二步 作近似 在第 $i$ 个小区间 $[x_{i-1},x_i]$ 上任取一点 $\xi_i$,以 $f(\xi_i)$ 为高,$\Delta x_i$ 为宽的

小矩形的面积来近似代替相应的小曲边梯形 $\Delta A_i$ 的面积,即
$$\Delta A_i = f(\xi_i) \cdot \Delta x_i (i=1,2,\cdots,n).$$

**第三步 求和** 将这 $n$ 个小曲边梯形面积的近似值相加,其和就是曲边梯形 $A$ 的近似值.
$$A \approx f(\xi_1)\Delta x_1 + f(\xi_2)\Delta x_2 + \cdots + f(\xi_n)\Delta x_n = \sum_{i=1}^{n} f(\xi_i)\Delta x_i.$$

**第四步 取极限** 记 $\lambda = \max\{\Delta x_1, \Delta x_2, \cdots, \Delta x_n\}$,当分点数无限增加,同时每一个小区间的长度趋向于零时,即 $\lambda \to 0$,其和式的极限就是曲边梯形的面积.
$$A = \lim_{\lambda \to 0} \sum_{i=1}^{n} f(\xi_i)\Delta x_i.$$

【引例 4-2】 变速直线运动的路程.

设一物体沿直线运动,其运动速度 $v=v(t)$ 是时间 $t$ 的连续函数,求在一段时间 $[a,b]$ 内该物体所走过的路程 $s$.

在匀速直线运动中,速度 $v$ 为常数,物体所走过的路程 $s$ 等于速度与时间的乘积,但现在速度是随时间变化的,不是常数,是变量,就不能直接用速度乘时间来计算路程.由于速度 $v=v(t)$ 是连续函数,在很短的一段时间内它的变化很小,且时间间隔越小,速度的变化也越小,所以在很短的时间间隔内将变速直线运动近似地看作匀速直线运动,求得路程的近似值.因此,可以用类似于求曲边梯形面积的方法和步骤来计算路程 $s$.

**第一步 分割** 在 $(a,b)$ 内插入 $n-1$ 个分点,$a=t_0<t_1<\cdots<t_{n-1}<t_n=b$,把区间 $[a,b]$ 任意分成 $n$ 个小区间
$$[t_0,t_1],[t_1,t_2],\cdots,[t_{n-1},t_n],$$
其区间长度记为 $\Delta t_i = t_i - t_{i-1}(i=1,2,\cdots,n)$.

**第二步 作近似** 在第 $i$ 个小区间 $[t_{i-1},t_i]$ 上任取一点 $\xi_i$,以 $v(\xi_i)\Delta t_i$ 作为物体从时刻 $t_{i-1}$ 到时刻 $t_i$ 所经过的路程 $\Delta s_i$ 的近似值.
$$\Delta s_i \approx v(\xi_i)\Delta t_i (i=1,2,\cdots,n).$$

**第三步 求和** 将每一个小区间内物体所经过的路程的近似值相加,得到物体从 $t=a$ 到 $t=b$ 时间内所经过的路程 $s$ 的近似值.
$$s \approx v(\xi_1)\Delta t_1 + v(\xi_2)\Delta t_2 + \cdots + v(\xi_n)\Delta t_n = \sum_{i=1}^{n} v(\xi_i)\Delta t_i.$$

**第四步 取极限** 记 $\lambda = \max\{\Delta t_1, \Delta t_2, \cdots, \Delta t_n\}$,当最大的小区间长度趋向于零时,即 $\lambda \to 0$,上面的和式的极限就是物体从时刻 $a$ 到时刻 $b$ 所经过的路程 $s$.
$$s = \lim_{\lambda \to 0} \sum_{i=1}^{n} v(\xi_i)\Delta t_i.$$

### 4.1.2 定积分的定义

以上两个引例,尽管问题的实际意义不同,但是处理和解决问题的思想方法是一致的,整体上变化的量在局部过程中近似地认为是不变的,通过分割作近似,最后都归结为一种和式的极限.还有许多实际问题,都可以归结到这样计算一种和式的极限.于是将它抽象成下面的定义.

**定义 4-1** 设函数 $f(x)$ 在区间 $[a,b]$ 上有界,在 $[a,b]$ 中任意插入 $n-1$ 个分点:
$$a=x_0<x_1<\cdots<x_{n-1}<x_n=b,$$
将区间 $[a,b]$ 任意分成 $n$ 个小区间
$$[x_{i-1},x_i]\,(i=1,2,\cdots,n),$$
其长度为 $\Delta x_i=x_i-x_{i-1}$,记 $\lambda=\max\limits_{1\leqslant i\leqslant n}\{\Delta x_i\}$. 在每个小区间 $[x_{i-1},x_i]$ 上任取一点 $\xi_i\,(x_{i-1}\leqslant \xi_i \leqslant x_i)$,作乘积 $f(\xi_i)\Delta x_i\,(i=1,2,\cdots,n)$,并求和
$$s=\sum_{i=1}^n f(\xi_i)\Delta x_i.$$

如果不论将区间 $[a,b]$ 怎样分成小区间及 $\xi_i$ 怎样取法,只要当 $\lambda\to 0$ 时,和 $s$ 总有极限 $I$ 存在,则称极限 $I$ 为函数 $f(x)$ 在区间 $[a,b]$ 上的定积分,记作 $\int_a^b f(x)\mathrm{d}x$,即
$$\int_a^b f(x)\mathrm{d}x=\lim_{\lambda\to 0}\sum_{i=1}^n f(\xi_i)\Delta x_i,$$
其中记号 $\int$ 称为积分号,$f(x)$ 叫做被积函数,$f(x)\mathrm{d}x$ 叫做被积表达式,$x$ 叫做积分变量,$a$ 叫做积分下限,$b$ 叫做积分上限,$[a,b]$ 叫做积分区间.

于是引例 4-1 中的曲边梯形的面积 $A$ 和做变速直线运动的物体所通过的路程 $s$ 可分别写成定积分的形式.
$$A=\int_a^b f(x)\mathrm{d}x,\, s=\int_a^b v(t)\mathrm{d}t,$$

由定义可知,当 $f(x)$ 在区间 $[a,b]$ 上的定积分存在时,它的值仅与被积函数与积分区间有关,而与区间 $[a,b]$ 的分法及 $\xi_i$ 的取法无关,也与积分变量无关,于是有
$$\int_a^b f(x)\mathrm{d}x=\int_a^b f(t)\mathrm{d}t=\int_a^b f(u)\mathrm{d}u=\cdots.$$

在定积分的定义中,我们假设 $a<b$,如果 $b<a$,我们规定
$$\int_a^b f(x)\mathrm{d}x=-\int_b^a f(x)\mathrm{d}x,$$
即定积分的上、下限互换时,定积分变号.

特别地,当 $a=b$ 时,有
$$\int_a^a f(x)\mathrm{d}x=0.$$

若函数 $f(x)$ 在区间 $[a,b]$ 上的定积分存在,则称 $f(x)$ 在 $[a,b]$ 上可积,那么什么样的函数才是可积的呢? 对此,给出下面的定理.

**定理 4-1** 如果函数 $f(x)$ 在区间 $[a,b]$ 上满足下列条件之一,则 $f(x)$ 在 $[a,b]$ 上可积.

(1) $f(x)$ 在区间 $[a,b]$ 上连续;

(2) $f(x)$ 在区间 $[a,b]$ 上有界且只有有限个间断点.

### 4.1.3 定积分的几何意义

根据引例 4-1 和定积分的定义,可以推出,当 $f(x)\geqslant 0$ 时,$\int_a^b f(x)\mathrm{d}x$ 的几何意义是由

曲线 $y=f(x)$，直线 $x=a$，$x=b$ 及 $x$ 轴所围成的曲边梯形的面积。当 $f(x) \leqslant 0$ 时，$f(\xi_i) \leqslant 0$，而 $\Delta x_i > 0$，由定义可知，$\int_a^b f(x)\mathrm{d}x \leqslant 0$，由曲线 $y=f(x)$，直线 $x=a$，$x=b$ 及 $x$ 轴所围成的曲边梯形在 $x$ 轴的下方，定积分 $\int_a^b f(x)\mathrm{d}x$ 在几何上也表示上述曲边梯形面积的负值。当 $f(x)$ 在区间 $[a,b]$ 上有正有负时，定积分 $\int_a^b f(x)\mathrm{d}x$ 的几何意义为：在 $[a,b]$ 上各个曲边梯形的正负面积的代数和（如图 4-2）。

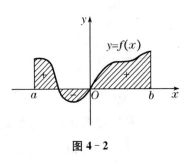

图 4-2

【例 4-1】 根据定积分的定义计算 $\int_0^1 x^2 \mathrm{d}x$。

**解** 因为 $f(x)=x^2$ 在 $[0,1]$ 上连续，所以定积分存在，且积分与区间 $[0,1]$ 的分法及 $\xi$ 的取法无关。

(1) 把区间 $[0,1]$ 分成 $n$ 等份，分点为 $x_0=0, x_1=\dfrac{1}{n}, \cdots, x_i=\dfrac{i}{n}, \cdots, x_n=1$。每个小区间的长度都为 $\Delta x_i = \dfrac{1}{n} (i=1,2,\cdots,n)$。

(2) 作乘积并求和，取 $\xi_i = x_i (i=1,2,\cdots,n)$，

$$\sum_{i=1}^n f(\xi_i) \Delta x_i = \sum_{i=1}^n \xi_i^2 \Delta x_i = \sum_{i=1}^n \left(\dfrac{i}{n}\right)^2 \dfrac{1}{n}$$

$$= \dfrac{1}{n^3} \sum_{i=1}^n i^2 = \dfrac{1^2+2^2+\cdots+n^2}{n^3}$$

$$= \dfrac{1}{n^3} \cdot \dfrac{1}{6} n(n+1)(2n+1) = \dfrac{1}{6} \cdot \dfrac{(n+1)(2n+1)}{n^2}.$$

(3) 取极限由于 $\lambda = \dfrac{1}{n}$，所以 $\lambda \to 0$，即 $n \to \infty$，

$$\lim_{\lambda \to 0} \sum_{i=1}^n f(\xi_i) \Delta x_i = \lim_{n\to\infty} \dfrac{1}{6} \dfrac{(n+1)(2n+1)}{n^2} = \dfrac{1}{3},$$

$$\int_0^1 x^2 \mathrm{d}x = \dfrac{1}{3}.$$

【例 4-2】 利用定积分的几何意义计算 $\int_0^a \sqrt{a^2-x^2}\,\mathrm{d}x\,(a>0)$。

**解** 由定积分的几何意义，$\int_0^a \sqrt{a^2-x^2}\,\mathrm{d}x$ 的值等于由曲线 $y=\sqrt{a^2-x^2}$，$x=0$ 及 $x$ 轴所围曲边梯形的面积，即四分之一圆的面积（如图 4-3）为

$$\int_0^a \sqrt{a^2-x^2}\,\mathrm{d}x = \dfrac{\pi}{4} a^2.$$

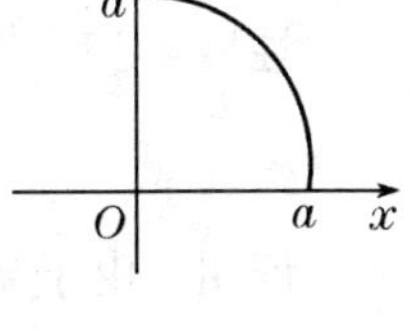

图 4-3

**习题 4.1**

1. 利用定积分的定义计算：$\int_0^1 x\,dx$.

2. 利用定积分的几何意义，说明下列等式的正确性：

(1) $\int_0^1 (x+1)\,dx = \dfrac{3}{2}$；

(2) $\int_{-\pi}^{\pi} \sin x\,dx = 0$；

(3) $\int_{-\frac{\pi}{2}}^{\frac{\pi}{2}} \cos x\,dx = 2\int_0^{\frac{\pi}{2}} \cos x\,dx$.

## 4.2 定积分的基本性质

由定积分的定义可知，定积分是和式的极限，由极限的四则运算法则可以推出一些基本性质，在下面的讨论中，我们假设函数在所讨论的区间上都是可积的。

**性质 4-1** 被积函数中常数因子可以提到积分号以前，即
$$\int_a^b kf(x)\,dx = k\int_a^b f(x)\,dx.$$

**证明** $\int_a^b kf(x)\,dx = \lim_{\lambda \to 0} \sum_{i=1}^n kf(\xi_i)\Delta x_i = \lim_{\lambda \to 0} k \sum_{i=1}^n f(\xi_i)\Delta x_i$

$= k \lim_{\lambda \to 0} \sum_{i=1}^n f(\xi_i)\Delta x_i = k\int_a^b f(x)\,dx.$

**性质 4-2** 函数代数和的积分等于积分的代数和，即
$$\int_a^b [f(x) \pm g(x)]\,dx = \int_a^b f(x)\,dx \pm \int_a^b g(x)\,dx.$$

**证明** $\int_a^b [f(x) \pm g(x)]\,dx = \lim_{\lambda \to 0} \sum_{i=1}^n [f(\xi_i) \pm g(\xi_i)]\Delta x_i$

$= \lim_{\lambda \to 0} \sum_{i=1}^n f(\xi_i)\Delta x_i \pm \lim_{\lambda \to 0} \sum_{i=1}^n g(\xi_i)\Delta x_i$

$= \int_a^b f(x)\,dx \pm \int_a^b g(x)\,dx.$

该性质可以推广到有限个代数和的情况。

**性质 4-3** 积分区间具有可加性，即若 $a < c < b$，则
$$\int_a^b f(x)\,dx = \int_a^c f(x)\,dx + \int_c^b f(x)\,dx.$$

**证明** 由于 $f(x)$ 在 $[a,b]$ 上可积，因此不论怎么样分割 $[a,b]$，积分的极限总是不变的。故对 $[a,b]$ 进行分割时，可以将 $c$ 作为一个分点，不妨设 $x_k = c$，即
$$a = x_0 < x_1 < \cdots < x_{k-1} < x_k = c < x_{k+1} < \cdots < x_n = b,$$

则
$$\sum_{i=1}^n f(\xi_i)\Delta x_i = \sum_{i=1}^k f(\xi_i)\Delta x_i + \sum_{i=k+1}^n f(\xi_i)\Delta x_i.$$

$\lambda \to 0$,两端取极限即得

$$\int_a^b f(x)\mathrm{d}x = \int_a^c f(x)\mathrm{d}x + \int_c^b g(x)\mathrm{d}x.$$

事实上,不论 $a,b,c$ 的相对大小如何,上述等式总成立. 例如,当 $a<b<c$ 时,由于

$$\int_a^c f(x)\mathrm{d}x = \int_a^b f(x)\mathrm{d}x + \int_b^c f(x)\mathrm{d}x.$$

于是

$$\int_a^b f(x)\mathrm{d}x = \int_a^c f(x)\mathrm{d}x - \int_b^c f(x)\mathrm{d}x = \int_a^c f(x)\mathrm{d}x + \int_c^b f(x)\mathrm{d}x.$$

**性质 4-4**　如果被积函数在区间 $[a,b]$ 上为常数 1,则

$$\int_a^b \mathrm{d}x = b - a.$$

**证明**　$\displaystyle\int_a^b \mathrm{d}x = \lim_{\lambda \to 0}\sum_{i=1}^n \Delta x_i = \lim_{\lambda \to 0}(b-a) = b-a.$

**性质 4-5**　设区间 $[a,b]$ 上,$f(x) \leqslant g(x)$,则

$$\int_a^b f(x)\mathrm{d}x \leqslant \int_a^b g(x)\mathrm{d}x.$$

**证明**　$\displaystyle\int_a^b g(x)\mathrm{d}x - \int_a^b f(x)\mathrm{d}x = \int_a^b [g(x)-f(x)]\mathrm{d}x = \lim_{\lambda \to 0}\sum_{i=1}^n [g(\xi_i)-f(\xi_i)]\Delta x_i.$

由于 $g(\xi_i)-f(\xi_i) \geqslant 0$,又 $\Delta x_i > 0$,由极限的性质知上式右端非负,故

$$\int_a^b f(x)\mathrm{d}x \leqslant \int_a^b g(x)\mathrm{d}x.$$

**性质 4-6**　若在区间 $[a,b]$ 上,$m \leqslant f(x) \leqslant M$,则

$$m(b-a) \leqslant \int_a^b f(x)\mathrm{d}x \leqslant M(b-a).$$

**证明**　因为 $\forall x \in [a,b]$,有 $m \leqslant f(x) \leqslant M$,所以由性质 4-5,有

$$\int_a^b m\,\mathrm{d}x \leqslant \int_a^b f(x)\mathrm{d}x \leqslant \int_a^b M\,\mathrm{d}x.$$

再由性质 4-1 及性质 4-4,有

$$m(b-a) \leqslant \int_a^b f(x)\mathrm{d}x \leqslant M(b-a).$$

这个不等式说明由被积函数在积分区间上的最大值和最小值可以估计出积分值的范围.

**【例 4-3】**　估计定积分 $\displaystyle\int_{-1}^1 \mathrm{e}^{x^2}\mathrm{d}x$ 的值范围.

**解**　设 $f(x) = \mathrm{e}^{x^2}$,则 $f'(x) = 2x\mathrm{e}^{x^2}$.

令 $f'(x) = 0$,得 $x = 0$. 又 $f(-1) = \mathrm{e}, f(0) = 1, f(1) = \mathrm{e}$,故

$$m = 1, M = \mathrm{e}.$$

由定积分的估值得

$$2 \leqslant \int_{-1}^1 \mathrm{e}^{x^2}\mathrm{d}x \leqslant 2\mathrm{e}.$$

**性质 4-7**　如果函数 $f(x)$ 在区间 $[a,b]$ 上连续,则在 $[a,b]$ 上至少有一点 $\xi(a \leqslant \xi \leqslant b)$ 使得

$$\int_a^b f(x)\mathrm{d}x = f(\xi)(b-a)$$

成立.

**证明** 由性质 4-6,得

$$m \leqslant \frac{1}{b-a}\int_a^b f(x)\mathrm{d}x \leqslant M,$$

这说明数值 $c=\frac{1}{b-a}\int_a^b f(x)\mathrm{d}x$ 是介于 $f(x)$ 的最大值 $M$ 和最小值 $m$ 之间的. 根据闭区间上连续函数的介值定理, 在 $[a,b]$ 上至少存在一点 $\xi$, 使得 $f(\xi)=c$, 即

$$f(\xi)=\frac{1}{b-a}\int_a^b f(x)\mathrm{d}x \quad (a\leqslant\xi\leqslant b),$$

即

$$\int_a^b f(x)\mathrm{d}x = f(\xi)(b-a).$$

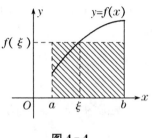

图 4-4

这个性质称为定积分中值定理,它的几何意义是:对于以 $[a,b]$ 为底边,连续函数 $y=f(x)$ 为曲边的曲边梯形,至少存在一个同一底边而高为 $f(\xi)$ 的矩形,两者面积相等(如图4-4).

中值定理中的 $\frac{1}{b-a}\int_a^b f(x)\mathrm{d}x$ 称为函数 $f(x)$ 在区间 $[a,b]$ 上的平均值,它是有限个数的平均值概念的推广.

### 习题 4.2

1. 比较下列各对积分的大小:

(1) $\int_0^1 x^2 \mathrm{d}x$ 与 $\int_0^1 x^4 \mathrm{d}x$;

(2) $\int_0^{\frac{\pi}{2}} \sin x \mathrm{d}x$ 与 $\int_0^{\frac{\pi}{2}} \sin^2 x \mathrm{d}x$;

(3) $\int_3^4 \ln x \mathrm{d}x$ 与 $\int_3^4 (\ln x)^3 \mathrm{d}x$.

2. 求证: $\frac{2}{5} \leqslant \int_1^2 \frac{x}{x^2+1} \mathrm{d}x \leqslant \frac{1}{2}$.

3. 估计下列各积分的值:

(1) $\int_1^4 (x^2+1)\mathrm{d}x$;

(2) $\int_{\frac{\pi}{4}}^{\frac{5\pi}{4}} (1+\sin^2 x)\mathrm{d}x$.

## 4.3 微积分的基本公式

### 4.3.1 原函数

根据定积分的定义计算定积分是一件很不容易的事,这是因为求一个和式的极限一般很困难,因此,我们要寻找一种计算定积分的新方法.本节将利用定积分中值定理来研究变上限的定积分与它的导数之间的关系,在此基础上,推出一个简便的计算定积分的公式,即牛顿-莱布尼茨公式.

在引例 4-2 中,我们讨论了做变速直线运动的物体所经过的路程,设物体在时刻 $t$ 的位置为 $s(t)$,其速度为 $v(t)$,则它在时间间隔 $[a,b]$ 内所通过的路程为 $s=\int_a^b v(t)\mathrm{d}t$.

另一方面,在时间间隔 $[a,b]$ 内,物体所通过的路程可以表示为 $s(b)-s(a)$,于是有
$$\int_a^b v(t)\mathrm{d}t = s(b)-s(a).$$

在 §2.1 里我们知道位置函数的导数是速度函数,即有 $s'(t)=v(t)$,将函数 $s(t)$ 与 $v(t)$ 的上述关系反过来,我们给出下面的定义.

**定义 4-2** 设 $f(x)$ 在区间 $I$ 上有定义,如果存在 $I$ 上的可微函数 $F(x)$,使得 $F'(x)=f(x)$ 或 $\mathrm{d}F(x)=f(x)\mathrm{d}x, x\in I$,则称 $F(x)$ 为 $f(x)$ 在 $I$ 上的一个原函数.

例如,因为 $(\ln x)' = \frac{1}{x}$,故 $\ln x$ 是 $\frac{1}{x}$ 在 $(0,+\infty)$ 内的一个原函数,同样因为
$$(\ln x+1)' = \frac{1}{x}, (\ln x+C)' = \frac{1}{x},$$
故 $\ln x+1, \ln x+C$ 也是 $\frac{1}{x}$ 在 $(0,+\infty)$ 内的原函数,即 $\frac{1}{x}$ 在 $(0,+\infty)$ 内的原函数不是唯一的,哪一个原函数是我们所要的呢? 这个问题的答案用下面定理的形式来表示.

**定理 4-2** 如果已知 $f(x)$ 在区间 $I$ 内有一个原函数 $F(x)$,那么 $F(x)+C$($C$ 为任意常数)也是 $f(x)$ 的原函数,且 $f(x)$ 在该区间内的所有原函数都可以表示为 $F(x)+C$ 的形式.

**证明** 设 $F(x)$ 和 $G(x)$ 是 $f(x)$ 在 $I$ 内两个不同的原函数,并令 $Z(x)=F(x)-G(x)$,因为
$$F'(x)=f(x), G'(x)=f(x),$$
所以
$$Z'(x)=F'(x)-G'(x)=f(x)-f(x)=0.$$
根据导数恒为 0 的函数必为常数的定理可知
$$Z(x)=C,$$
即
$$F(x)-G(x)=C.$$

从这个定理可以看出,如果一个函数有一个原函数,它就有无限多个原函数,那么我们要问:一个函数满足什么条件时,才有原函数存在,下面我们来讨论这个问题.

### 4.3.2 积分上限的函数及其导数

设函数 $f(x)$ 在区间 $[a,b]$ 上连续,那么定积分 $\int_a^x f(t)\mathrm{d}t$ 一定存在,其中 $a\leqslant x\leqslant b$,由定积分的定义可知定积分的值只与被积函数、积分区间有关,当积分上限取为在区间 $[a,b]$ 上变化的变量时,积分 $\int_a^x f(t)\mathrm{d}t$ 的值一定与 $x$ 有关,其值随 $x$ 而变化,是 $x$ 的函数,我们把它记为 $\Phi(x)$,即
$$\Phi(x) = \int_a^x f(t)\mathrm{d}t \quad (a\leqslant x\leqslant b),$$
这个积分称为变上限的积分,$\Phi(x)$ 称为积分上限函数. 关于变上限函数的导数,我们有下面的定理.

**定理 4-3**　如果函数 $f(x)$ 在区间 $[a,b]$ 上连续，则积分上限的函数
$$\Phi(x) = \int_a^x f(t) dt$$
在 $[a,b]$ 上具有导数，且它的导数是
$$\Phi'(x) = \frac{d}{dx} \int_a^x f(t) dt = f(x) \quad (a \leqslant x \leqslant b).$$

**证明**　给自变量 $x$ 以增量 $\Delta x$，且使 $(x+\Delta x)$ 在连续区间内
$$\Phi(x+\Delta x) = \int_a^{x+\Delta x} f(t) dt,$$
函数的增量为
$$\Delta \Phi(x) = \Phi(x+\Delta x) - \Phi(x) = \int_a^{x+\Delta x} f(t) dt - \int_a^x f(t) dt$$
$$= \int_a^x f(t) dt + \int_x^{x+\Delta x} f(t) dt - \int_a^x f(t) dt$$
$$= \int_x^{x+\Delta x} f(t) dt.$$

应用积分中值定理
$$\Delta \Phi(x) = f(\xi) \cdot \Delta x \quad (\xi \text{ 在 } x \text{ 与 } x+\Delta x \text{ 之间}),$$
$$\frac{\Delta \Phi(x)}{\Delta x} = f(\xi) \quad (\Delta x \neq 0).$$

令 $\Delta x \to 0$，由于 $f(x)$ 是连续函数，因此 $\Delta x \to 0$ 时，$\xi \to x$，
$$\lim_{\Delta x \to 0} \frac{\Delta \Phi(x)}{\Delta x} = \lim_{\xi \to x} f(\xi) = f(x),$$
所以
$$\Phi'(x) = \frac{d}{dx} \int_a^x f(t) dt = f(x).$$

这个定理阐明连续函数 $f(x)$ 的积分上限函数，其导数就等于 $f(x)$，再根据原函数的定义，变上限积分 $\Phi(x)$ 是它的被积函数 $f(x)$ 的一个原函数，下面给出原函数的存在原理.

**定理 4-4**　如果函数 $f(x)$ 在区间 $[a,b]$ 上连续，那么函数 $f(x)$ 在区间 $[a,b]$ 上的原函数一定存在，且变上限积分
$$\Phi(x) = \int_a^x f(t) dt$$
就是 $f(x)$ 在 $[a,b]$ 上的一个原函数.

**【例 4-4】** 求 $\dfrac{d}{dx} \int_x^0 \ln(1+t^2) dt$.

**解**　$\dfrac{d}{dx} \int_x^0 \ln(1+t^2) dt = \dfrac{d}{dx} \left[ -\int_0^x \ln(1+t^2) dt \right]$
$$= -\frac{d}{dx} \int_0^x \ln(1+t^2) dt = -\ln(1+x^2).$$

**【例 4-5】** 求 $\dfrac{d}{dx} \int_0^{x^2} \sin t^2 dt$.

**解**　$\int_0^{x^2} \sin t^2 dt$ 可看成是由 $\int_0^u \sin t^2 dt$ 与 $u = x^2$ 构成的复合函数，根据复合函数求导法则，有

$$\frac{d}{dx}\int_0^{x^2}\sin t^2\,dt = \left[\frac{d}{du}\int_0^u \sin t^2\,dt\right]\cdot\frac{du}{dx} = \sin u^2\cdot 2x = 2x\sin x^4.$$

### 4.3.3 微积分基本公式

由原函数的基本定义,变速直线运动的位置函数 $s(t)$ 是速度函数 $v(t)$ 的原函数,于是公式 $\int_a^b v(t) = s(b)-s(a)$ 说明函数 $v(t)$ 在区间 $[a,b]$ 上的定积分等于它的原函数 $s(t)$ 在 $b$ 点与 $a$ 点的函数值差. 下面我们说明这个结论是具有普遍性的.

**定理 4-5** 设连续函数 $f(x)$ 在 $[a,b]$ 上的任意一个原函数为 $F(x)$,则

$$\int_a^b f(x)\,dx = F(b)-F(a).$$

这个公式称为牛顿-莱布尼茨公式,它为计算定积分提供了一个有效而简便的方法. 按照这个公式,计算定积分只要先用不定积分求出被积函数的任何一个原函数,然后将上、下限代入原函数求其差,即为定积分之值. 这个公式揭示了原函数和定积分、积分与微分之间的联系,从而把求定积分 $\int_a^b f(x)\,dx$ 的问题变为求 $f(x)$ 的原函数的问题,这个公式通常也叫微积分定理. 下面我们给出这个定理的证明.

**证明** 根据积分存在定理得

$$\Phi(x) = \int_a^x f(t)\,dt$$

是 $f(x)$ 的一个原函数,则

$$F(x)-\Phi(x) = C \quad (C\text{ 为常数}),$$

即

$$F(x)-\int_a^x f(t)\,dt = C.$$

令 $x=a$ 代入得

$$F(a) = C,$$

那么

$$F(x) = \int_a^x f(t)\,dt + F(a),$$

再令 $x=b$ 代入上式,得

$$\int_a^b f(x)\,dx = F(b)-F(a).$$

为了使用方便,我们把 $F(b)-F(a)$ 用记号 $F(x)\Big|_a^b$ 表示,即

$$\int_a^b f(x)\,dx = F(x)\Big|_a^b = F(b)-F(a).$$

**【例 4-6】** 计算定积分 $\int_0^1 \frac{1}{1+x^2}\,dx.$

**解** 被积函数 $\frac{1}{1+x^2}$ 在 $[a,b]$ 上连续,由牛顿-莱布尼茨公式,得

$$\int_0^1 \frac{1}{1+x^2}\,dx = \arctan x\Big|_0^1 = \arctan 1 - \arctan 0 = \frac{\pi}{4}.$$

**【例 4-7】** 计算定积分 $\int_{\frac{\pi}{6}}^{\frac{\pi}{3}} \cos^2\frac{x}{2}\,dx.$

**解** $\int_{\frac{\pi}{6}}^{\frac{\pi}{3}} \cos^2 \frac{x}{2} dx = \int_{\frac{\pi}{6}}^{\frac{\pi}{3}} \frac{1+\cos x}{2} dx = \frac{1}{2}(x+\sin x)\Big|_{\frac{\pi}{6}}^{\frac{\pi}{3}}$

$= \frac{1}{2}\left[\left(\frac{\pi}{3}+\frac{\sqrt{3}}{2}\right)-\left(\frac{\pi}{6}+\frac{1}{2}\right)\right] = \frac{\pi}{12}+\frac{\sqrt{3}-1}{4}.$

**【例 4-8】** 计算 $\int_0^5 |2x-4| dx$.

**解** 因为当 $0 \leqslant x \leqslant 2$ 时,$2x-4 \leqslant 0$,则
$$|2x-4| = 4-2x,$$
当 $2 \leqslant x \leqslant 5$ 时,$2x-4 \geqslant 0$,所以
$$|2x-4| = 2x-4,$$
因而
$$\int_0^5 |2x-4| dx = \int_0^2 |2x-4| dx + \int_2^5 |2x-4| dx$$
$$= \int_0^2 (4-2x) dx + \int_2^5 (2x-4) dx$$
$$= (4x-x^2)\Big|_0^2 + (x^2-4x)\Big|_2^5$$
$$= 13.$$

**【例 4-9】** 一质点做直线运动,已知其速度 $v = 2t + 4 (\text{m/s})$,试求在前 10 s 内质点所经过的距离?

**解** 设质点经过的距离为 $s(t)$,由引例 4-2 知,前 10 s 质点经过的距离为
$$s(t) = \int_0^{10} v(t) dt = \int_0^{10} (2t+4) dt = (t^2+4t)\Big|_0^{10} = 140 \text{ m}.$$
在前 10 s 质点经过的距离为 140 m.

## 习题 4.3

1. 求下列各函数的导数:

   (1) $y = \int_0^x \ln(1+t) dt$;
   
   (2) $y = \int_x^{-1} t^2 \sin t \, dt$;
   
   (3) $y = \int_0^{x^2} \frac{1}{1+t^3} dt$.

2. 求下列极限:

   (1) $\lim_{x \to 0} \frac{1}{x^3} \int_0^x \sin t^2 dt$;
   
   (2) $\lim_{x \to \infty} \frac{\left[\int_0^x e^{t^2} dt\right]^2}{\int_0^x e^{2t^2} dt}$.

3. 计算下列定积分:

   (1) $\int_1^2 \sqrt[4]{x} dx$;
   
   (2) $\int_1^2 \left(x^2 + \frac{1}{x^4}\right) dx$;
   
   (3) $\int_0^a (\sqrt{x} - \sqrt{a})^2 dx$;
   
   (4) $\int_{-1}^0 \frac{3x^4 + 3x^2 + 1}{x^2 + 1} dx$;

(5) $\int_0^{\frac{\pi}{4}} \tan^2 x \, dx$;

(6) $\int_0^1 \frac{x^2-1}{x^2+1} dx$;

(7) $\int_0^{\pi} \cos^2 \frac{x}{2} dx$;

(8) 设 $f(x) = \begin{cases} \frac{\pi}{2}+1 & -1 \leqslant x \leqslant 0 \\ \sqrt{x} & 0 < x \leqslant 1 \end{cases}$,求 $\int_{-1}^1 f(x) dx$.

4. 设 $k$ 为正整数,证明 $\int_{-\pi}^{\pi} \cos kx \, dx = \int_{-\pi}^{\pi} \sin kx \, dx = 0$.

5. 设 $f(x)$ 在 $[a,b]$ 上连续,且 $f(x) > 0$. 令 $F(x) = \int_a^x f(t) dt + \int_b^x \frac{1}{f(t)} dt$,证明:

(1) $F'(x) \geqslant 2$;

(2) 方程 $F(x) = 0$ 在 $[a,b]$ 内有且仅有一个实根.

## 4.4 不定积分

微积分基本公式建立了定积分与原函数之间的联系,从而计算定积分的关键是要求出被积函数的原函数. 那么如何求原函数呢? 为了系统地给出求原函数的方法,首先将原函数加以拓展,引入不定积分的概念.

### 4.4.1 不定积分的概念

在上一节中得到结论:若 $F(x)$ 是 $f(x)$ 在区间 $I$ 上的一个原函数,则 $F(x)+C$($C$ 为任意常数)便是 $f(x)$ 在 $I$ 上的所有原函数,代表了 $f(x)$ 的一切原函数,这就是不定积分的概念.

**定义 4-3** 设 $F(x)$ 是 $f(x)$ 在区间 $I$ 上的一个原函数,则 $F(x)+C$($C$ 为任意常数)称为 $f(x)$ 在 $I$ 内的不定积分,记作 $\int f(x) dx$,即 $\int f(x) dx = F(x) + C$,其中,被积函数、被积表达式及记号"$\int$"等都与定积分的定义 4-1 中对应相同,不同的是这里没有积分上下限,它包含一个不确定的任意常数 $C$,常数 $C$ 称之为积分常数.

显然,找到了函数 $f(x)$ 的一个原函数,便可得到它的全体原函数.

**【例 4-10】** 求 $\int \cos x \, dx$.

**解** 由于 $(\sin x)' = \cos x$,即 $\sin x$ 是 $\cos x$ 的一个原函数,所以
$$\int \cos x \, dx = \sin x + C.$$

**【例 4-11】** 求 $\int \frac{1}{x} dx$.

**解** 由于当 $x > 0$ 时,$(\ln x)' = \frac{1}{x}$,所以
$$\int \frac{1}{x} dx = \ln x + C.$$

当 $x<0$ 时，$-x>0$，
$$[\ln(-x)]' = \frac{1}{-x}(-1) = \frac{1}{x},$$
所以
$$\int \frac{1}{x}dx = \ln(-x) + C.$$
上面两式合并，得
$$\int \frac{1}{x}dx = \ln|x| + C \quad (x \neq 0).$$

**【例 4-12】** 已知曲线通过点 $(0,1)$，且在其上任一点 $(x,y)$ 处的切线斜率为 $2x$，求曲线方程.

**解** 设曲线方程为 $y=f(x)$.

由于曲线上任一点 $(x,y)$ 处的切线斜率为 $\frac{dy}{dx}=2x$，即
$$\frac{df(x)}{dx}=2x.$$
$f(x)$ 是 $2x$ 的一个原函数，
$$\int 2x\,dx = x^2 + C, \quad y = x^2 + C.$$
因为曲线通过 $(0,1)$，所以 $C=1$，故所求曲线方程为
$$y = x^2 + 1.$$

下面我们来说明不定积分的几何意义. 若 $F(x)$ 是 $f(x)$ 的一个原函数，则 $f(x)$ 的不定积分
$$\int f(x)dx = F(x) + C$$
是 $f(x)$ 的原函数族，任意常数每取一个值 $C$，就确定 $f(x)$ 的一个原函数，在直角坐标平面上就表示一条曲线，这条曲线称为 $f(x)$ 的一条积分曲线. 随着 $C$ 取不同的值，在坐标面上就得到无穷多条积分曲线，称为 $f(x)$ 的积分曲线族，而族中任一条积分曲线在横坐标相同点处的切线是平行的，它们的斜率都等于 $f(x)$，图 4-5 就是 $2x$ 的积分曲线族.

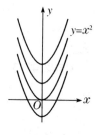

图 4-5

### 4.4.2 基本积分公式

由于求不定积分是求导数的逆运算，因此我们可以从导数的基本公式得到相应的基本积分公式如下：

(1) $\int k\,dx = kx + C$（$k$ 为常数）；

(2) $\int x^\mu dx = \frac{x^{\mu+1}}{\mu+1} + C$（$\mu \neq -1$）；

(3) $\int \frac{1}{x}dx = \ln|x| + C$；

(4) $\int e^x dx = e^x + C$；

(5) $\int a^x dx = \frac{a^x}{\ln a} + C$；

(6) $\int \sin x\,dx = -\cos x + C$；

(7) $\int \cos x\,dx = \sin x + C$；

(8) $\int \sec^2 x\,dx = \tan x + C$；

(9) $\int \csc^2 x \, dx = -\cot x + C$;  (10) $\int \frac{1}{1+x^2} dx = \arctan x + C$;

(11) $\int \frac{1}{\sqrt{1-x^2}} dx = \arcsin x + C$.

### 4.4.3 不定积分的基本性质

由不定积分的定义和求导的运算法则可以推得下面三个基本性质:

**性质 4-8** 设 $f(x)$ 的不定积分存在，$F(x)$ 是可导函数，则

$$\frac{d}{dx}\left[\int f(x) dx\right] = f(x) \text{ 或 } d\left[\int f(x) dx\right] = f(x) dx;$$

$$\int F'(x) dx = F(x) + C \text{ 或 } \int dF(x) = F(x) + C.$$

性质 4-8 说明微分运算和积分运算是互为逆运算，先积分后微分，两种运算互相抵消，但先微分后积分，互相抵消后加上任意常数.

**性质 4-9** 设 $f(x)$ 和 $g(x)$ 的不定积分存在，则

$$\int [f(x) \pm g(x)] dx = \int f(x) dx \pm \int g(x) dx,$$

即函数和差的不定积分等于各个函数的不定积分之和差.

**性质 4-10** 设 $f(x)$ 的不定积分存在，$K \neq 0$ 为常数，则

$$\int Kf(x) dx = K \int f(x) dx,$$

即被积函数中不为零的常数可以提到积分号的外面去.

性质 4-9 与性质 4-10 合称为不定积分运算的线性性质，且可以推广到以下情形:

$$\int [K_1 f_1(x) \pm K_2 f_2(x) \pm \cdots \pm K_n f_n(x)] dx =$$

$$K_1 \int f_1(x) dx \pm K_2 \int f_2(x) dx \pm \cdots \pm K_n \int f_n(x) dx.$$

与求极限、求导数类似，利用基本积分表及以上性质，可以求出一些简单组合形式的被积函数的不定积分.

**【例 4-13】** 求 $\int (2^x - \sin x + 5x\sqrt{x}) dx$.

**解** $\int (2^x - \sin x + 5x\sqrt{x}) dx$

$= \int 2^x dx - \int \sin x dx + 5 \int x^{\frac{3}{2}} dx$

$= \frac{2^x}{\ln 2} - (-\cos x) + 5 \times \left(\frac{2}{5} x^{\frac{5}{2}}\right) + C$

$= \frac{2^x}{\ln 2} + \cos x + 2x^{\frac{5}{2}} + C.$

**【例 4-14】** 求 $\int \frac{(1-x)^2}{x^2} dx$.

**解** $\int \frac{(1-x)^2}{x^2} dx$

$$= \int \frac{1-2x+x^2}{x^2} dx$$

$$= \int \frac{1}{x^2} dx - 2\int \frac{1}{x} dx + \int dx$$

$$= -\frac{1}{x} - 2\ln|x| + x + C.$$

【例 4 - 15】 求 $\int (2^x + 3^x)^2 dx$.

**解** $\int (2^x + 3^x)^2 dx = \int (2^{2x} + 2 \times 2^x \times 3^x + 3^{2x}) dx$

$$= \int 4^x dx + 2\int 6^x dx + \int 9^x dx$$

$$= \frac{4^x}{\ln 4} + 2 \times \frac{6^x}{\ln 6} + \frac{9^x}{\ln 9} + C.$$

【例 4 - 16】 求 $\int \frac{1-x^2}{x^2(1+x^2)} dx$.

**解** $\int \frac{1-x^2}{x^2(1+x^2)} dx = \int \frac{1+x^2-2x^2}{x^2(1+x^2)} dx$

$$= \int \frac{1}{x^2} dx - 2\int \frac{1}{1+x^2} dx$$

$$= -\frac{1}{x} - 2\arctan x + C.$$

【例 4 - 17】 求 $\int \tan^2 x \, dx$.

**解** 基本积分表中没有这种类型的积分,先利用三角恒等式变形,然后再求积分.
$\int \tan^2 x \, dx = \int (\sec^2 x - 1) dx = \int \sec^2 x \, dx - \int dx = \tan x - x + C.$

【例 4 - 18】 求 $\int \frac{1}{\sin^2 x \cos^2 x} dx$.

**解** 基本积分表中也没有这种类型的积分,仿照上例,先将被积函数恒等变形,再积分.

$$\int \frac{1}{\sin^2 x \cos^2 x} dx = \int \frac{\cos^2 x + \sin^2 x}{\sin^2 x \cos^2 x} dx$$

$$= \int \left( \frac{1}{\sin^2 x} + \frac{1}{\cos^2 x} \right) dx$$

$$= \int \csc^2 x \, dx + \int \sec^2 x \, dx$$

$$= -\cot x + \tan x + C.$$

【例 4 - 19】 求 $\int \frac{x^4+1}{x^2+1} dx$.

**解** $\int \frac{x^4+1}{x^2+1} dx = \int \left( x^2 - 1 + \frac{2}{x^2+1} \right) dx$

$$= \int x^2 dx - \int dx + 2\int \frac{1}{x^2+1} dx$$

$$= \frac{1}{3} x^3 - x + 2\arctan x + C.$$

在分项积分后,每个不定积分的结果都有任意常数,但由于任意常数之和仍为常数,因此只需最后结果写出一个任意常数就行了.

根据微积分基本公式,若我们能够求得被积函数的不定积分,取其中的一个原函数(通常取 $C=0$ 的那一个),则定积分计算问题就解决了.

**习题 4.4**

1. 证明函数 $\sin^2 x$,$-\cos^2 x$ 和 $-\dfrac{1}{2}\cos 2x$ 都是 $\sin 2x$ 的原函数.

2. 求下列不定积分:

(1) $\displaystyle\int \dfrac{1}{x^2} \mathrm{d}x$;

(2) $\displaystyle\int x\sqrt{x}\, \mathrm{d}x$;

(3) $\displaystyle\int \left(1-\dfrac{1}{x^2}\right)\sqrt{x\sqrt{x}}\, \mathrm{d}x$;

(4) $\displaystyle\int \left(\dfrac{1}{\sqrt{x}}-\sqrt[3]{x}\right)\mathrm{d}x$;

(5) $\displaystyle\int \left(\dfrac{1-x^3}{\sqrt{x}}\right)\mathrm{d}x$;

(6) $\displaystyle\int \left(\cos x+\dfrac{1}{2}\sin x+\mathrm{e}^x\right)\mathrm{d}x$;

(7) $\displaystyle\int \dfrac{x^3-x}{1+x}\mathrm{d}x$;

(8) $\displaystyle\int \tan^2 x\, \mathrm{d}x$;

(9) $\displaystyle\int \sin^2 \dfrac{x}{2} \mathrm{d}x$;

(10) $\displaystyle\int 2^x \mathrm{e}^x \mathrm{d}x$;

(11) $\displaystyle\int \dfrac{\sqrt{x^3}+1}{\sqrt{x}+1}\mathrm{d}x$;

(12) $\displaystyle\int \dfrac{2x^2}{1+x^2}\mathrm{d}x$;

(13) $\displaystyle\int \dfrac{1+2x^2}{x^2(1+x^2)}\mathrm{d}x$;

(14) $\displaystyle\int \dfrac{1+\cos^2 x}{1+\cos 2x}\mathrm{d}x$;

(15) $\displaystyle\int \sqrt{x\sqrt{x\sqrt{x}}}\, \mathrm{d}x$;

(16) $\displaystyle\int \dfrac{\cos 2x}{\sin x+\cos x}\mathrm{d}x$.

3. 已知一曲线经过原点,且曲线上任一点的切线斜率为 $\sin x$,求该曲线方程.

# 第 5 章

# 积分的计算与应用

从上一章可知,计算定积分的简便方法是牛顿-莱布尼茨公式,关键是要求出原函数. 利用基本积分公式和积分的运算性质,所能计算的不定积分是非常有限的,因此要进一步研究计算积分的方法. 本章首先讨论求积分的两个基本方法——换元积分法和分部积分法,然后将定积分的概念推广到无限区间上去,最后介绍定积分的一些简单应用.

## 5.1 换元积分法

### 5.1.1 不定积分的第一类换元法

由于积分运算是微分运算的逆运算,因此我们把复合函数的微分法反过来用于求不定积分,利用积分变量的代换,把要求的积分简化成基本积分中已有的形式或原函数为已知的其他形式,这种积分法则,称为换元积分法,简称为换元法. 换元法分为两类,即第一类换元法和第二类换元法,我们先来讲第一类换元法.

**定理 5-1** 设 $f(u)$ 具有原函数,$u=\varphi(x)$ 可导,则有换元公式

$$\int f[\varphi(x)]\varphi'(x)\mathrm{d}x = \int f[\varphi(x)]\mathrm{d}\varphi(x) = \left[\int f(u)\mathrm{d}u\right]_{u=\varphi(x)}.$$

**证明** 设 $F(u)$ 为 $f(u)$ 的原函数,即

$$\int f(u)\mathrm{d}u = F(u)+C,$$

由于

$$\frac{\mathrm{d}F[\varphi(x)]}{\mathrm{d}x}=F'(u)\cdot\varphi'(x)=f[\varphi(x)]\varphi'(x),$$

所以 $\int f[\varphi(x)]\varphi'(x)\mathrm{d}x = F[\varphi(x)]+C = [F(u)+C]_{u=\varphi(x)} = \left[\int f(u)\mathrm{d}u\right]_{u=\varphi(x)}.$

从这个方法中可以看出,设要求的不定积分是 $\int g(x)\mathrm{d}x$,先把 $g(x)\mathrm{d}x$ 凑成 $f[\varphi(x)]\varphi'(x)\mathrm{d}x$,即 $f[\varphi(x)]\mathrm{d}\varphi(x)$ 的形式,是第一类换元积分法的重点和难点. 因此这种方法又称为凑微分法. 至于怎样适当选择新变量 $u=\varphi(x)$,并无统一的规律,这就要求我们在做习题时注意总结经验,准确分析被积函数的特征,这样才能正确地选取变量代换 $u=\varphi(x)$.

【例 5-1】 求 $\int 2\sin 2x\mathrm{d}x$.

**解** 由于 $\int 2\sin 2x\,dx = \int \sin 2x\,d(2x)$,

故设 $u=2x$,则有

$$\int 2\sin 2x\,dx = \int \sin u\,du = -\cos u + C = -\cos 2x + C.$$

【例 5-2】 求 $\int \sqrt[3]{2x+1}\,dx$.

**解** 由于 $\int \sqrt[3]{2x+1}\,dx = \frac{1}{2}\int \sqrt[3]{2x+1}\,d(2x+1)$,

故设 $u=2x+1$,则有

$$\int \sqrt[3]{2x+1}\,dx = \frac{1}{2}\int \sqrt[3]{u}\,du = \frac{3}{8}u^{\frac{4}{3}} + C = \frac{3}{8}(2x+1)^{\frac{4}{3}} + C.$$

上面两个积分计算,使用了变换 $u=ax+b$,即

$$\int f(ax+b)\,dx = \frac{1}{a}\int f(ax+b)\,d(ax+b) = \frac{1}{a}\left[\int f(u)\,du\right]_{u=ax+b}.$$

【例 5-3】 求 $\int \frac{e^x}{1+e^x}\,dx$.

**解** 由于 $\int \frac{e^x}{1+e^x}\,dx = \int \frac{d(e^x)}{1+e^x} = \int \frac{d(1+e^x)}{1+e^x}$,

故设 $u=1+e^x$,则有

$$\int \frac{e^x}{1+e^x}\,dx = \int \frac{1}{u}\,du = \ln|u| + C = \ln(1+e^x) + C.$$

在上例中,使用了变换 $u=e^x$,即

$$\int f(e^x)e^x\,dx = \int f(e^x)\,d(e^x) = \left[\int f(u)\,du\right]_{u=e^x}.$$

【例 5-4】 求 $\int \frac{1}{x(1+3\ln x)}\,dx$.

**解** 由于 $\int \frac{1}{x(1+3\ln x)}\,dx = \int \frac{1}{1+3\ln x}\,d\ln x = \frac{1}{3}\int \frac{1}{1+3\ln x}\,d(3\ln x+1)$,

故设 $u=3\ln x+1$,则有

$$\int \frac{1}{x(1+3\ln x)}\,dx = \frac{1}{3}\int \frac{1}{u}\,du = \frac{1}{3}\ln|u| + C = \frac{1}{3}\ln|3\ln x+1| + C.$$

在上例中,使用了变换 $u=a\ln x+b$,

即 $\int f(a\ln x+b)\cdot \frac{dx}{x} = \frac{1}{a}\int f(a\ln x+b)\,d(a\ln x+b) = \left[\int f(u)\,du\right]_{u=a\ln x+b}$.

【例 5-5】 求 $\int x\sqrt{x^2-2}\,dx$.

**解** 由于 $\int x\sqrt{x^2-2}\,dx = \frac{1}{2}\int \sqrt{x^2-2}\,d(x^2-2)$,

故设 $u=x^2-2$,则有

$$\int x\sqrt{x^2-2}\,dx = \frac{1}{2}\int \sqrt{u}\,du = \frac{1}{3}u^{\frac{3}{2}} + C = \frac{1}{3}(x^2-2)^{\frac{3}{2}} + C.$$

【例 5-6】 求 $\int \frac{1}{\sqrt{x}}\cos 3\sqrt{x}\,dx$.

**解** 由于 $\int \dfrac{1}{\sqrt{x}}\cos 3\sqrt{x}\,dx = \dfrac{2}{3}\int \cos(3\sqrt{x})\,d(3\sqrt{x})$，

故设 $u=3\sqrt{x}$，则有

$$\int \dfrac{1}{\sqrt{x}}\cos(3\sqrt{x})\,dx = \dfrac{2}{3}\int \cos u\,du = \dfrac{2}{3}\sin u + C = \dfrac{2}{3}\sin 3\sqrt{x} + C.$$

上面两个例子中，使用了 $u=ax^n$ $(n\neq 1)$，即

$$\int f(ax^n)x^{n-1}\,dx = \dfrac{1}{an}\int f(ax^n)\,d(ax^n) = \dfrac{1}{an}\left[\int f(u)\,du\right]_{u=ax^n}.$$

在第一类换元积分时，常用到下列式子：

$$\int f(\cos x)\sin x\,dx = -\int f(\cos x)\,d\cos x = -\left[\int f(u)\,du\right]_{u=\cos x};$$

$$\int f(\sin x)\cos x\,dx = \int f(\sin x)\,d\sin x = \left[\int f(u)\,du\right]_{u=\sin x};$$

$$\int f(\tan x)\sec^2 x\,dx = \int f(\tan x)\,d\tan x = \left[\int f(u)\,du\right]_{u=\tan x};$$

$$\int f(\cot x)\csc^2 x\,dx = -\int f(\cot x)\,d\cot x = -\left[\int f(u)\,du\right]_{u=\cot x};$$

$$\int f(\arcsin x)\dfrac{1}{\sqrt{1-x^2}}\,dx = \int f(\arcsin x)\,d\arcsin x = \left[\int f(u)\,du\right]_{u=\arcsin x};$$

$$\int f(\arctan x)\dfrac{1}{1+x^2}\,dx = \int f(\arctan x)\,d\arctan x = \left[\int f(u)\,du\right]_{u=\arctan x}.$$

在对变量代换比较熟练以后，就不一定写出中间变量 $u$.

**【例 5-7】** 求 $\int \dfrac{1}{4-x^2}\,dx$.

**解**
$$\int \dfrac{1}{4-x^2}\,dx = \int \dfrac{1}{(2-x)(2+x)}\,dx = \dfrac{1}{4}\int\left(\dfrac{1}{x+2}+\dfrac{1}{2-x}\right)dx$$
$$= \dfrac{1}{4}\int \dfrac{1}{x+2}\,dx - \dfrac{1}{4}\int \dfrac{1}{x-2}\,dx$$
$$= \dfrac{1}{4}\int \dfrac{1}{x+2}\,d(x+2) - \dfrac{1}{4}\int \dfrac{1}{x-2}\,d(x-2)$$
$$= \dfrac{1}{4}\ln|x+2| + C_1 - \dfrac{1}{4}\ln|x-2| + C_2 = \dfrac{1}{4}\ln\left|\dfrac{x+2}{x-2}\right| + C.$$

**【例 5-8】** 求 $\int \cot x\,dx$.

**解** $\int \cot x\,dx = \int \dfrac{\cos x}{\sin x}\,dx = \int \dfrac{1}{\sin x}\,d\sin x = \ln|\sin x| + C.$

**【例 5-9】** 求 $\int \csc x\,dx$.

**解** $\int \csc x\,dx = \int \dfrac{1}{\sin x}\,dx = \int \dfrac{1}{2\sin\dfrac{x}{2}\cos\dfrac{x}{2}}\,dx$

$$= \int \dfrac{1}{\tan\dfrac{x}{2}\cos^2\dfrac{x}{2}}\,d\left(\dfrac{x}{2}\right) = \int \dfrac{\sec^2\dfrac{x}{2}}{\tan\dfrac{x}{2}}\,d\left(\dfrac{x}{2}\right)$$

$$= \int \frac{1}{\tan \frac{x}{2}} d\left(\tan \frac{x}{2}\right) = \ln \left| \tan \frac{x}{2} \right| + C.$$

同样可得 $\int \sec x dx = \ln | \sec x + \tan x | + C.$

【例 5 - 10】 求 $\int \frac{1}{a^2 + x^2} dx \quad (a \neq 0).$

**解** $\int \frac{1}{a^2 + x^2} dx = \frac{1}{a^2} \int \frac{1}{1 + \left(\frac{x}{a}\right)^2} dx$

$$= \frac{1}{a} \int \frac{1}{1 + \left(\frac{x}{a}\right)^2} d\left(\frac{x}{a}\right) = \frac{1}{a} \arctan \frac{x}{a} + C.$$

【例 5 - 11】 求 $\int \cos^2 x dx.$

**解** $\int \cos^2 x dx = \int \frac{1}{2}(1 + \cos 2x) dx = \frac{1}{2} \int dx + \frac{1}{4} \int \cos 2x d2x = \frac{1}{2} x + \frac{1}{4} \sin 2x + C.$

【例 5 - 12】 求 $\int \sin^3 x dx.$

**解** $\int \sin^3 x dx = \int \sin^2 x \cdot \sin x dx$

$$= -\int \sin^2 x d\cos x = -\int (1 - \cos^2 x) d\cos x$$

$$= -\cos x + \frac{1}{3} \cos^3 x + C.$$

【例 5 - 13】 求 $\int \sin^2 x \cdot \cos^3 x dx.$

**解** $\int \sin^2 x \cdot \cos^3 x dx = \int \sin^2 x \cdot \cos^2 x \cdot \cos x dx = \int \sin^2 x \cdot \cos^2 x d\sin x$

$$= \int \sin^2 x \cdot (1 - \sin^2 x) d\sin x = \int \sin^2 x d\sin x - \int \sin^4 x d\sin x$$

$$= \frac{1}{3} \sin^3 x - \frac{1}{5} \sin^5 x + C.$$

【例 5 - 14】 求 $\int \sec^6 x dx.$

**解** 原式 $= \int \sec^6 x dx = \int \sec^4 x \cdot \sec^2 x dx$

$$= \int (1 + \tan^2 x)^2 d(\tan x)$$

$$= \int \tan^4 x d\tan x + 2 \int \tan^2 x d\tan x + \int d\tan x$$

$$= \frac{1}{5} \tan^5 x + \frac{2}{3} \tan^3 x + \tan x + C.$$

【例 5 - 15】 求 $\int \frac{x^2 - 1}{x^4 + 1} dx.$

**解**
$$\int \frac{x^2-1}{x^4+1}dx = \int \frac{1-\frac{1}{x^2}}{x^2+\frac{1}{x^2}}dx = \int \frac{d\left(x+\frac{1}{x}\right)}{\left(x+\frac{1}{x}\right)^2-2}$$

$$= -\int \frac{d\left(x+\frac{1}{x}\right)}{2-\left(x+\frac{1}{x}\right)^2} = -\frac{1}{2\sqrt{2}}\ln\left|\frac{\sqrt{2}+x+\frac{1}{x}}{\sqrt{2}-x-\frac{1}{x}}\right|+C.$$

**注意** 对同一个积分,可以有几种不同的解法,其结果在形式上可能不同,但实际上它们最多只是相差一个常数.

### 5.1.2 不定积分的第二换元法

上面介绍不定积分的第一换元积分法是把积分表达式化成 $f[\varphi(x)]\varphi'(x)dx$ 的形式,然后令 $u=\varphi(x)$ 进行换元,通过计算 $\int f(u)du$ 来求出原来的积分,但对某些被积函数来说,用第一类换元法进行积分很困难,而用相反的代换 $x=\varphi(t)$,把积分 $\int g(x)dx$ 化成 $\int g[\varphi(t)]\varphi'(t)dt$,再进行计算,却能顺利地求出结果,最后再用 $x=\varphi(t)$ 的反函数 $t=\varphi^{-1}(x)$ 取代 $t$,这就是不定积分的第二换元法.

**定理 5-2** 设 $x=\varphi(t)$ 是单调可导的函数,且 $\varphi'(t)\neq 0$,又

$$\int f[\varphi(t)]\varphi'(t)dt = F(t)+C,$$

则
$$\int f(x)dx = F[\varphi^{-1}(x)]+C.$$

**证明** 由假设
$$F'(t)=f[\varphi(t)]\varphi'(t),$$

$$\frac{d}{dx}F[\varphi^{-1}(x)] = \frac{d}{dt}F(t)\cdot\frac{dt}{dx} = F'(t)\cdot\frac{1}{\frac{dx}{dt}}$$

$$= f[\varphi(t)]\cdot\varphi'(t)\cdot\frac{1}{\varphi'(t)} = f(x),$$

其中 $F[\varphi^{-1}(x)]$ 是 $f(x)$ 的一个原函数.

这一方法常用于被积函数中出现根式而又不易求积的情况.

**【例 5-16】** 求 $\int x\sqrt{1+2x}dx$.

**解** 为了去掉根式,令 $\sqrt{1+2x}=t$,即 $x=\frac{1}{2}(t^2-1)$,$dx=tdt$,于是有

$$\int x\sqrt{1+2x}dx = \int \frac{1}{2}(t^2-1)\cdot t\cdot tdt = \frac{1}{2}\left(\int t^4 dt - \int t^2 dt\right)$$

$$= \frac{1}{10}(1+2x)^{\frac{5}{2}} - \frac{1}{6}(1+2x)^{\frac{3}{2}} + C.$$

**【例 5-17】** 求 $\int \frac{1}{\sqrt{x}+\sqrt[3]{x}}dx$.

**解** 为了去掉被积函数分母中的根式,可令 $x=t^6$,于是有

$$\int \frac{1}{\sqrt{x}+\sqrt[3]{x}}dx = \int \frac{1}{t^3+t^2}6t^5 dt = 6\int \left(t^2-t+1-\frac{1}{1+t}\right)dt$$
$$= 2\sqrt{x}-3\sqrt[3]{x}+6\sqrt[6]{x}-6\ln(1+\sqrt[6]{x})+C.$$

**【例 5-18】** 求 $\int \sqrt{a^2-x^2}dx$ $(a>0)$.

**解** 为了去掉根式，利用三角公式 $\sin^2 t+\cos^2 t=1$.

令 $$x=a\sin t \quad \left(-\frac{\pi}{2}<t<\frac{\pi}{2}\right),$$
$$\sqrt{a^2-x^2}=a\cos t, dx=a\cos t\, dt.$$

于是公式化为三角式，所求积分为
$$\int \sqrt{a^2-x^2}dx = \int a\cos t \cdot a\cos t\, dt = a^2\int \cos^2 t\, dt$$
$$= a^2\int \frac{1+\cos 2t}{2}dt = \frac{a^2}{2}\int dt + \frac{a^2}{2}\int \cos 2t\, dt$$
$$= \frac{a^2}{2}\left(t+\frac{1}{2}\sin 2t\right)+C.$$

由于 $x=a\sin t$，所以 $t=\arcsin \frac{x}{a}$.
$$\cos t = \sqrt{1-\sin^2 t} = \sqrt{1-\left(\frac{x}{a}\right)^2} = \frac{\sqrt{a^2-x^2}}{a},$$
$$\sin 2t = 2\sin t\cos t = \frac{2x\sqrt{a^2-x^2}}{a^2},$$

所以 $$\int \sqrt{a^2-x^2}dx = \frac{a^2}{2}\arcsin\frac{x}{a}+\frac{x\sqrt{a^2-x^2}}{2}+C.$$

**【例 5-19】** 求 $\int \frac{1}{\sqrt{a^2+x^2}}dx$ $(a>0)$.

**解** 与例 5-18 类似，利用三角公式 $1+\tan^2 t=\sec^2 t$ 来去掉根号.

令 $$x=a\tan t\left(-\frac{\pi}{2}<t<\frac{\pi}{2}\right),$$
$$\sqrt{a^2+x^2} = \sqrt{a^2+a^2\tan^2 t} = a\sec t,$$

且 $dx=a\sec^2 t\, dt$，于是有
$$\int \frac{1}{\sqrt{a^2+x^2}}dx = \int \frac{a\sec^2 t}{a\sec t}dt = \int \sec t\, dt$$
$$= \ln|\sec t+\tan t|+C_1 = \ln\left|\frac{\sqrt{x^2+a^2}}{a}+\frac{x}{a}\right|+C_1$$
$$= \ln\left|x+\sqrt{x^2+a^2}\right|+C.$$

其中 $C=C_1-\ln a$.

**【例 5-20】** 求 $\int \frac{1}{\sqrt{x^2-a^2}}dx$ $(a>0)$.

**解** 利用 $\sec^2 t-1=\tan^2 t$，令 $x=a\sec t$ $\left(0<t<\frac{\pi}{2}\right)$，则

$$\sqrt{x^2-a^2}=\sqrt{a^2\sec^2 t-a^2}=a\tan t, \mathrm{d}x=a\sec t\tan t\mathrm{d}t.$$

于是
$$\int\frac{1}{\sqrt{x^2-a^2}}\mathrm{d}x=\int\frac{a\sec t\tan t}{a\tan t}\mathrm{d}t=\int\sec t\mathrm{d}t$$
$$=\ln|\sec t+\tan t|+C_1=\ln\left|\frac{x}{a}+\frac{\sqrt{x^2-a^2}}{a}\right|+C_1$$
$$=\ln\left|x+\sqrt{x^2-a^2}\right|+C,$$

其中 $C=C_1-\ln a$.

【例 5-21】 求 $\int\frac{1}{x}\sqrt{\frac{1+x}{x}}\mathrm{d}x$.

**解** 为了去掉根式，令 $\sqrt{\frac{1+x}{x}}=t$，于是
$$x=\frac{1}{t^2-1}, \mathrm{d}x=-\frac{2t}{(t^2-1)^2}\mathrm{d}t,$$

则
$$\int\frac{1}{x}\sqrt{\frac{1+x}{x}}\mathrm{d}x=\int(t^2-1)t\cdot\frac{-2t}{(t^2-1)^2}\mathrm{d}t$$
$$=-2\int\left(1+\frac{1}{t^2-1}\right)\mathrm{d}t$$
$$=-2t-\ln\left|\frac{t-1}{t+1}\right|+C$$
$$=-2\sqrt{\frac{1+x}{x}}-\ln\left|\frac{\sqrt{1+x}-\sqrt{x}}{\sqrt{1+x}+\sqrt{x}}\right|+C.$$

### 5.1.3 定积分的换元积分法

根据牛顿-莱布尼茨公式可知，计算定积分最终归结为求原函数或不定积分，在前面我们已学过用换元积分法求一些函数的原函数．计算定积分时，可以用换元法先求出原函数，然后利用牛顿-莱布尼茨公式求出定积分的值．但是在用换元法求出原函数时，最后还要代回原来的变量，这一步有时很复杂．对定积分的计算可利用定积分的某些特有性质，如定积分值与积分变量无关等来简化计算．下面我们介绍的定积分的换元法，既换积分变量，同时又换积分限，求出新变量的原函数后不必换成原变量而可直接用牛顿-莱布尼茨公式．

**定理 5-3** 设函数 $f(x)$ 在闭区间 $[a,b]$ 上连续，函数 $x=\varphi(t)$ 在闭区间 $[\alpha,\beta]$ 或 $[\beta,\alpha]$ 上有连续的导数 $\varphi'(t)$，又 $\varphi(\alpha)=a, \varphi(\beta)=b$，且当 $t$ 在 $[\alpha,\beta]$ 或 $[\beta,\alpha]$ 上变化时，对应的 $x$ 值在 $[a,b]$ 上变化，则

$$\int_a^b f(x)\mathrm{d}x=\int_\alpha^\beta f[\varphi(t)]\varphi'(t)\mathrm{d}t.$$

**证明** 由条件可知 $f(x)$ 的原函数存在，设为 $F(x)$，则
$$\int_a^b f(x)\mathrm{d}x=F(b)-F(a),$$

而由复合函数求导法则 $\quad\frac{\mathrm{d}}{\mathrm{d}t}F[\varphi(t)]=f[\varphi(t)]\varphi'(t),$

故 $F[\varphi(t)]$ 是 $f[\varphi(t)]\cdot\varphi'(t)$ 的一个原函数，于是

$$\int_\alpha^\beta f[\varphi(t)]\varphi'(t)\mathrm{d}t = F[\varphi(t)]\Big|_\alpha^\beta = F[\varphi(\beta)] - F[\varphi(\alpha)] = F(b) - F(a).$$

所以 $\int_a^b f(x)\mathrm{d}x = \int_\alpha^\beta f[\varphi(t)] \cdot \varphi'(t)\mathrm{d}t$.

在用定积分换元公式时,要注意"换元同时换限"以及 $x = \varphi(t)$ 要满足定理的条件.

【例 5-22】 计算 $\int_0^4 \dfrac{x+2}{\sqrt{2x+1}}\mathrm{d}x$.

**解** 令 $\sqrt{2x+1} = t$,即 $x = \dfrac{1}{2}(t^2-1)$,$\mathrm{d}x = t\mathrm{d}t$.

当 $x=0$ 时,$t=1$;当 $x=4$ 时,$t=3$,则

$$\int_0^4 \frac{x+2}{\sqrt{2x+1}}\mathrm{d}x = \int_1^3 \frac{t^2+3}{2t} \cdot t\mathrm{d}t = \frac{1}{2}\int_1^3 (t^2+3)\mathrm{d}t = \frac{1}{2}\left(\frac{t^3}{3}+3t\right)\Big|_1^3 = \frac{22}{3}.$$

【例 5-23】 计算 $\int_0^{\frac{1}{\sqrt{2}}} \dfrac{x^4}{\sqrt{1-x^2}}\mathrm{d}x$.

**解** 令 $x = \sin t$,$\mathrm{d}x = \cos t\mathrm{d}t$.

当 $x=0$ 时,$t=0$;当 $x=\dfrac{1}{\sqrt{2}}$ 时,$t=\dfrac{\pi}{4}$,则

$$\int_0^{\frac{1}{\sqrt{2}}} \frac{x^4}{\sqrt{1-x^2}}\mathrm{d}x = \int_0^{\frac{\pi}{4}} \frac{\sin^4 t}{\sqrt{1-\sin^2 t}} \cdot \cos t\mathrm{d}t$$

$$= \int_0^{\frac{\pi}{4}} \sin^4 t\mathrm{d}t = \int_0^{\frac{\pi}{4}} \left(\frac{1-\cos 2t}{2}\right)^2 \mathrm{d}t = \int_0^{\frac{\pi}{4}} \left(\frac{3}{8} - \frac{1}{2}\cos 2t + \frac{1}{8}\cos 4t\right)\mathrm{d}t$$

$$= \frac{3}{8} \cdot \frac{\pi}{4} - \frac{1}{4}\sin 2t\Big|_0^{\frac{\pi}{4}} + \frac{1}{32}\sin 4t\Big|_0^{\frac{\pi}{4}} = \frac{1}{32}(3\pi - 8).$$

在应用换元法求定积分时,还应注意:若没有正式引入新变量,则积分限不应改变,如下例.

【例 5-24】 计算 $\int_0^\pi \sqrt{\sin^3 x - \sin^5 x}\mathrm{d}x$.

**解** 由于 $\sqrt{\sin^3 x - \sin^5 x} = \sqrt{\sin^3 x(1-\sin^2 x)} = \sin^{\frac{3}{2}} x |\cos x|$,

而在 $[0, \pi]$ 上, $|\cos x| = \begin{cases} \cos x & 0 \leqslant x \leqslant \dfrac{\pi}{2}; \\ -\cos x & \dfrac{\pi}{2} < x \leqslant \pi. \end{cases}$

于是

$$\int_0^\pi \sqrt{\sin^3 x - \sin^5 x}\mathrm{d}x$$

$$= \int_0^{\frac{\pi}{2}} \sin^{\frac{3}{2}} x\mathrm{d}(\sin x) - \int_{\frac{\pi}{2}}^\pi \sin^{\frac{3}{2}} x\mathrm{d}(\sin x)$$

$$= \frac{2}{5}\sin^{\frac{5}{2}} x\Big|_0^{\frac{\pi}{2}} - \frac{2}{5}\sin^{\frac{5}{2}} x\Big|_{\frac{\pi}{2}}^\pi = \frac{2}{5} - \left(-\frac{2}{5}\right) = \frac{4}{5}.$$

【例 5-25】 证明:

(1) 如果 $f(x)$ 在 $[-a,a]$ 上连续且为奇函数,则 $\int_{-a}^{a}f(x)\mathrm{d}x=0$;

(2) 如果 $f(x)$ 在 $[-a,a]$ 上连续且为偶函数,则 $\int_{-a}^{a}f(x)\mathrm{d}x=2\int_{0}^{a}f(x)\mathrm{d}x$.

**证明** $\int_{-a}^{a}f(x)\mathrm{d}x=\int_{-a}^{0}f(x)\mathrm{d}x+\int_{0}^{a}f(x)\mathrm{d}x$.

在积分 $\int_{-a}^{0}f(x)\mathrm{d}x$ 中,令 $x=-t$,则

$$\int_{-a}^{0}f(x)\mathrm{d}x=\int_{a}^{0}f(-t)\mathrm{d}(-t)=\int_{0}^{a}f(-t)\mathrm{d}t=\int_{0}^{a}f(-x)\mathrm{d}x,$$

所以 $\int_{-a}^{a}f(x)\mathrm{d}x=\int_{0}^{a}[f(-x)+f(x)]\mathrm{d}x$.

(1) 如果 $f(x)$ 为奇函数,即 $f(-x)=-f(x)$,则 $f(-x)+f(x)=0$. 从而有

$$\int_{-a}^{a}f(x)\mathrm{d}x=0.$$

(2) 如果 $f(x)$ 为偶函数,即 $f(-x)=f(x)$,则 $f(-x)+f(x)=2f(x)$. 从而有

$$\int_{-a}^{a}f(x)\mathrm{d}x=2\int_{0}^{a}f(x)\mathrm{d}x.$$

利用这个结论,常可简化奇偶函数在关于原点对称的区间上积分的计算,例如

$$\int_{-\frac{1}{2}}^{\frac{1}{2}}\frac{x^{2}\arcsin x}{\sqrt{1-x^{2}}}\mathrm{d}x=0,\quad \int_{-\frac{\pi}{2}}^{\frac{\pi}{2}}\sin^{2n}x\mathrm{d}x=2\int_{0}^{\frac{\pi}{2}}\sin^{2n}x\mathrm{d}x \quad (n \text{ 为正整数}).$$

【例 5-26】 证明 $\int_{0}^{\pi}xf(\sin x)\mathrm{d}x=\frac{\pi}{2}\int_{0}^{\pi}f(\sin x)\mathrm{d}x$,并由此计算 $\int_{0}^{\pi}\frac{x\sin x}{1+\cos^{2}x}\mathrm{d}x$ 的值.

**证明** 令 $x=\pi-t,\mathrm{d}x=-\mathrm{d}t$.

当 $x=0$ 时,$t=\pi$;当 $x=\pi$ 时,$t=0$,则

$$\int_{0}^{\pi}xf(\sin x)\mathrm{d}x=-\int_{\pi}^{0}(\pi-t)f[\sin(\pi-t)]\mathrm{d}t$$

$$=\int_{0}^{\pi}(\pi-t)f(\sin t)\mathrm{d}t$$

$$=\pi\int_{0}^{\pi}f(\sin t)\mathrm{d}t-\int_{0}^{\pi}tf(\sin t)\mathrm{d}t$$

$$=\pi\int_{0}^{\pi}f(\sin x)\mathrm{d}x-\int_{0}^{\pi}xf(\sin x)\mathrm{d}x.$$

所以 $\int_{0}^{\pi}xf(\sin x)\mathrm{d}x=\frac{\pi}{2}\int_{0}^{\pi}f(\sin x)\mathrm{d}x$.

利用此式,有

$$\int_{0}^{\pi}\frac{x\sin x}{1+\cos^{2}x}\mathrm{d}x=\frac{\pi}{2}\int_{0}^{\pi}\frac{\sin x}{1+\cos^{2}x}\mathrm{d}x=-\frac{\pi}{2}\int_{0}^{\pi}\frac{1}{1+\cos^{2}x}\mathrm{d}(\cos x)$$

$$=-\frac{\pi}{2}[\arctan(\cos x)]\Big|_{0}^{\pi}=\frac{\pi^{2}}{4}.$$

### 习题 5.1

1. 计算下列积分:

(1) $\int x\mathrm{e}^{-x^2}\mathrm{d}x$ ;

(2) $\int \dfrac{\ln x}{x}\mathrm{d}x$ ;

(3) $\int \dfrac{1}{x^2+a^2}\mathrm{d}x$ ;

(4) $\int (2x-3)^5\mathrm{d}x$ ;

(5) $\int \dfrac{x}{x^4+2x^2+1}\mathrm{d}x$ ;

(6) $\int \cos^5 x\mathrm{d}x$ ;

(7) $\int \dfrac{1}{x\sqrt{1+\ln x}}\mathrm{d}x$ ;

(8) $\int \dfrac{1}{\mathrm{e}^x+1}\mathrm{d}x$ ;

(9) $\int \sin^2 3x\mathrm{d}x$ ;

(10) $\int \dfrac{\mathrm{e}^{\sqrt[3]{x}}}{\sqrt{x}}\mathrm{d}x$ ;

(11) $\int \dfrac{\ln(x+1)-\ln x}{x(x+1)}\mathrm{d}x$ ;

(12) $\int \dfrac{x+1}{x(1+x\mathrm{e}^x)}\mathrm{d}x$ ;

(13) $\int_0^{\pi}\dfrac{\sin x}{1+\cos^2 x}\mathrm{d}x$ ;

(14) $\int_0^{\frac{\pi}{2}}\cos^3 x\mathrm{d}x$ ;

(15) $\int_1^{\mathrm{e}^3}\dfrac{1}{x\sqrt{1+\ln x}}\mathrm{d}x$ ;

(16) $\int_0^1\dfrac{\mathrm{e}^x}{1+\mathrm{e}^{2x}}\mathrm{d}x$ ;

(17) $\int_0^a\dfrac{x}{\sqrt{x^2+a^2}}\mathrm{d}x$ ;

(18) $\int_{\frac{1}{\pi}}^{\frac{2}{\pi}}\dfrac{1}{x^2}\sin\dfrac{1}{x}\mathrm{d}x$ ;

(19) $\int_0^1\dfrac{1}{\sqrt{4-x^2}}\mathrm{d}x$ ;

(20) $\int_0^{\frac{\pi}{2}}\mathrm{e}^{\sin x}\cos x\mathrm{d}x$ ;

(21) $\int_{-\frac{\pi}{2}}^{\frac{\pi}{2}}\sqrt{\cos x-\cos^3 x}\mathrm{d}x$ .

2. 利用函数的奇偶性计算下列定积分：

(1) $\int_{-\frac{\pi}{3}}^{\frac{\pi}{3}}\dfrac{x^2\sin x}{\cos^2 x}\mathrm{d}x$ ;

(2) $\int_{-1}^1 |2x|\mathrm{d}x$ ;

(3) $\int_{-1}^1 (2x^3+3x^4)\mathrm{d}x$ .

3. 计算下列积分：

(1) $\int \dfrac{1}{\sqrt{1+\mathrm{e}^x}}\mathrm{d}x$ ;

(2) $\int \dfrac{1}{1+\sqrt{1+x}}\mathrm{d}x$ ;

(3) $\int \dfrac{1}{x\sqrt{4-x^2}}\mathrm{d}x$ ;

(4) $\int \dfrac{\sqrt{x^2-a^2}}{x}\mathrm{d}x$ ;

(5) $\int \dfrac{1}{\sqrt{x^2+4}}\mathrm{d}x$ ;

(6) $\int \dfrac{1-\sin\sqrt{x}}{\sqrt{x}}\mathrm{d}x$ ;

(7) $\int \dfrac{\sqrt{x}}{1+\sqrt[3]{x}}\mathrm{d}x$ ;

(8) $\int_0^1\dfrac{\sqrt{x}}{1+x}\mathrm{d}x$ ;

(9) $\int_0^1 x^2\sqrt{1-x^2}\mathrm{d}x$ ;

(10) $\int_0^a\dfrac{1}{\sqrt{a^2-x^2}}\mathrm{d}x$ ;

(11) $\int_0^1\sqrt{1-x^2}\mathrm{d}x$ ;

(12) $\int_0^1 (1+x^2)^{-\frac{3}{2}}\mathrm{d}x$ .

## 5.2 分部积分法

### 5.2.1 不定积分的分部积分法

积分法中另一个重要方法是分部积分法,这种方法实质上是和变量代换并行的一种方法,它来源于微分公式,设 $u(x)$ 与 $v(x)$ 具有连续导数,我们有 $d(uv)=udv+vdu$,即

$$udv=d(uv)-vdu.$$

两边积分得

$$\int udv = uv - \int vdu.$$

这个公式称为不定积分的分部积分公式. 它提供了一种新的积分方法,若积分 $\int udv$ 不好算,而求 $\int vdu$ 比较容易,则可利用分部积分法将 $\int udv$ 转化为 $\int vdu$ 来计算.

**【例 5-27】** 计算 $\int x\cos x dx$.

**解** 这个积分用基本积分公式表或换元法都不容易求出,如果我们把 $x$ 看作 $u$,那 $dv$ 就是 $\cos x dx, v=\sin x$,

$$\int x\cos x dx = x\sin x - \int \sin x dx = x\sin x + \cos x + C.$$

如果令 $u=\cos x, dv=xdx=d\left(\dfrac{x^2}{2}\right)$,则

$$\int x\cos x dx = \int \cos x d\left(\dfrac{x^2}{2}\right) = \dfrac{x^2}{2}\cos x + \int \dfrac{x^2}{2}\sin x dx = \dfrac{x^2}{2}\cos x + \int \dfrac{x^2}{2}\sin x dx.$$

上式右端的积分比原积分更不容易求出,由此可见,运用分部积分公式时,$u$ 和 $dv$ 的选择是一个关键. 如果选择不当,就会求不出结果. 选择 $u$ 和 $dv$ 一般考虑两点:一是 $dv$ 要容易求得,二是积分 $\int vdu$ 要比 $\int udv$ 容易计算.

**【例 5-28】** 求 $\int xe^x dx$.

**解** 令 $u=x, dv=e^x dx=d(e^x), v=e^x$,于是

$$\int xe^x dx = xe^x - \int e^x dx = xe^x - e^x + C.$$

**【例 5-29】** 求 $\int x\ln x dx$.

**解** 令 $u=\ln x, dv=xdx=d\left(\dfrac{x^2}{2}\right), v=\dfrac{x^2}{2}$,于是

$$\int x\ln x dx = \dfrac{x^2}{2}\ln x - \int \dfrac{x^2}{2}d(\ln x) = \dfrac{x^2}{2}\ln x - \dfrac{1}{2}\int x dx$$
$$= \dfrac{x^2}{2}\ln x - \dfrac{x^2}{4} + C.$$

**【例 5-30】** 求 $\int x\arctan x dx$.

**解** 令 $u=\arctan x, dv=xdx=d\left(\dfrac{x^2}{2}\right), v=\dfrac{x^2}{2}$，于是

$$\int x\arctan x\,dx = \dfrac{x^2}{2}\arctan x - \dfrac{1}{2}\int x^2 d(\arctan x) = \dfrac{x^2}{2}\arctan x - \dfrac{1}{2}\int \dfrac{x^2}{1+x^2}dx$$

$$= \dfrac{x^2}{2}\arctan x - \dfrac{1}{2}\int\left(1-\dfrac{1}{1+x^2}\right)dx = \dfrac{x^2}{2}\arctan x - \dfrac{1}{2}x + \dfrac{1}{2}\arctan x + C.$$

从以上四例可以看到，当被积函数为幂函数与指数函数（或三角函数）的乘积时，可用分部积分法，并设幂函数为 $u$，其余部分结合 $dx$ 作为 $dv$；当被积函数为幂函数与对数函数（或反三角函数）的乘积时，也可用分部积分法，并且令幂函数结合 $dx$ 作为 $dv$，其余部分作为 $u$。

【例 5-31】 计算 $\int e^x \sin x\,dx$。

**解** 令 $u=e^x, dv=\sin x\,dx=d(-\cos x), v=-\cos x$，于是

$$\int e^x \sin x\,dx = -e^x\cos x - \int (-\cos x)\,de^x$$

$$= -e^x\cos x + \int e^x\cos x\,dx.$$

对上式右端的积分 $\int e^x \cos x\,dx$ 再次使用分部积分，仍应取 $u=e^x, dv=\cos x\,dx$，即

$$\int e^x \sin x\,dx = -e^x\cos x + \int e^x\cos x\,dx$$

$$= -e^x\cos x + e^x\sin x - \int \sin x\,d(e^x)$$

$$= -e^x\cos x + e^x\sin x - \int e^x\sin x\,dx.$$

所以

$$\int e^x \sin x\,dx = \dfrac{e^x}{2}(\sin x - \cos x) + C.$$

因上式右端已不含积分，所以加上任意常数 $C$。

对于一般有理函数 $\dfrac{P(x)}{Q(x)}$ 的积分，其中 $P(x)$ 和 $Q(x)$ 是 $x$ 的多项式，当分子的次数高于分母的次数时，利用多项式除法，总可以化成一个多项式和一个真分式之和的形式。

对于真分式，通常把分母因式分解：分解成一次因式与二次三项式乘积的形式，然后再分解成部分分式的和，从而达到积分的目的。

【例 5-32】 求 $\int \dfrac{x+3}{x^2-5x+6}dx$。

**解** 由于 $\dfrac{x+3}{x^2-5x+6}=\dfrac{x+3}{(x-2)(x-3)}=\dfrac{6}{x-3}-\dfrac{5}{x-2}$，于是

$$\int \dfrac{x+3}{x^2-5x+6}dx = \int \dfrac{6}{x-3}dx - \int \dfrac{5}{x-2}dx$$

$$= 6\ln|x-3| - 5\ln|x-2| + C.$$

【例 5-33】 求 $\int \dfrac{1}{x(x^2+1)}dx$。

**解** 由于 $\dfrac{1}{x(x^2+1)}=\dfrac{1}{x}-\dfrac{x}{x^2+1}$，于是

$$\int \frac{1}{x(x^2+1)}dx = \int \frac{1}{x}dx - \int \frac{x}{x^2+1}dx = \ln|x| - \frac{1}{2}\ln(x^2+1) + C.$$

**【例 5 - 34】** 求 $\int \frac{x}{x^2+2x+2}dx$.

**解**
$$\int \frac{x}{x^2+2x+2}dx = \int \frac{x+1}{x^2+2x+2}dx - \int \frac{1}{x^2+2x+2}dx$$
$$= \frac{1}{2}\int \frac{1}{x^2+2x+2}d(x^2+2x+2) - \int \frac{1}{(x+1)^2+1}d(x+1)$$
$$= \frac{1}{2}\ln(x^2+2x+2) - \arctan(x+1) + C.$$

### 5.2.2 定积分的分部积分法

将不定积分的分部积分公式用变量的积分上、下限代入,即可得到定积分的分部积分公式. 设 $u(x)$ 与 $v(x)$ 在区间 $[a,b]$ 上具有连续导数,有
$$udv = d(uv) - vdu,$$
等式两端在 $[a,b]$ 上取积分,得
$$\int_a^b udv = uv\Big|_a^b - \int_a^b vdu.$$
上式称为定积分的分部积分公式,具体运用时,可按照不定积分处同样的原则来设定 $u$ 和 $dv$.

**【例 5 - 35】** 计算 $\int_0^1 e^{\sqrt{x}}dx$.

**解** 先用换元法,设 $t=\sqrt{x}$,$x=t^2$,当 $x=0$ 时,$t=0$;当 $x=1$ 时,$t=1$.
$$\int_0^1 e^{\sqrt{x}}dx = \int_0^1 e^t dt^2 = 2\int_0^1 te^t dt.$$
再用分部积分公式,令 $u=t$,$dv = e^t dt = d(e^t)$,
$$\int_0^1 e^{\sqrt{x}}dx = 2te^t\Big|_0^1 - 2\int_0^1 e^t dt = 2e - 2e^t\Big|_0^1 = 2.$$

**【例 5 - 36】** 计算 $\int_0^{\frac{\pi}{2}} x^2 \sin x dx$.

**解**
$$\int_0^{\frac{\pi}{2}} x^2 \sin x dx = -\int_0^{\frac{\pi}{2}} x^2 d(\cos x) = -x^2\cos x\Big|_0^{\frac{\pi}{2}} + 2\int_0^{\frac{\pi}{2}} x\cos x dx$$
$$= 2\int_0^{\frac{\pi}{2}} xd\sin x = 2x\sin x\Big|_0^{\frac{\pi}{2}} - 2\int_0^{\frac{\pi}{2}} \sin x dx$$
$$= \pi + 2\cos x\Big|_0^{\frac{\pi}{2}} = \pi - 2.$$

**【例 5 - 37】** 计算 $\int_1^2 \frac{\ln x}{x^2}dx$.

**解**
$$\int_1^2 \frac{\ln x}{x^2}dx = -\int_1^2 \ln x d\left(\frac{1}{x}\right) = -\frac{1}{x}\ln x\Big|_1^2 + \int_1^2 \frac{1}{x}d(\ln x)$$
$$= -\frac{\ln 2}{2} - \frac{1}{x}\Big|_1^2 = \frac{1}{2}(-\ln 2 + 1).$$

**【例 5 - 38】** 证明 $I_n = \int_0^{\frac{\pi}{2}} \sin^n x dx = \int_0^{\frac{\pi}{2}} \cos^n x dx$,并求 $I_n$.

**证明** 令 $x=\dfrac{\pi}{2}-t$，则 $\mathrm{d}x=-\mathrm{d}t$.

当 $x=0$ 时，$t=\dfrac{\pi}{2}$；当 $x=\dfrac{\pi}{2}$ 时，$t=0$. 于是

$$\int_0^{\frac{\pi}{2}} \sin^n x\,\mathrm{d}x = \int_{\frac{\pi}{2}}^0 \sin^n\left(\dfrac{\pi}{2}-t\right)(-\mathrm{d}t) = \int_0^{\frac{\pi}{2}} \cos^n t\,\mathrm{d}t = \int_0^{\frac{\pi}{2}} \cos^n x\,\mathrm{d}x,$$

再求 $I_n$ 的值.

$$\begin{aligned}
I_n &= \int_0^{\frac{\pi}{2}} \sin^{n-1} x \sin x\,\mathrm{d}x = -\int_0^{\frac{\pi}{2}} \sin^{n-1} x\,\mathrm{d}(\cos x) \\
&= -(\cos x \sin^{n-1} x)\Big|_0^{\frac{\pi}{2}} + (n-1)\int_0^{\frac{\pi}{2}} \sin^{n-2} x \cos^2 x\,\mathrm{d}x \\
&= (n-1)\int_0^{\frac{\pi}{2}} \sin^{n-2} x(1-\sin^2 x)\,\mathrm{d}x \\
&= (n-1)\int_0^{\frac{\pi}{2}} \sin^{n-2} x\,\mathrm{d}x - (n-1)\int_0^{\frac{\pi}{2}} \sin^n x\,\mathrm{d}x \\
&= (n-1)I_{n-2} - (n-1)I_n,
\end{aligned}$$

所以有 $I_n = \dfrac{n-1}{n} I_{n-2}$.

这是一个递推公式，利用这个公式可得，当 $n$ 为偶数时，有

$$I_n = \dfrac{n-1}{n} \cdot \dfrac{n-3}{n-2} \cdot \cdots \cdot \dfrac{3}{4} \cdot \dfrac{1}{2} \cdot I_0.$$

其中 $I_0 = \int_0^{\frac{\pi}{2}} \mathrm{d}x = \dfrac{\pi}{2}$，代入上式得

$$I_n = \dfrac{n-1}{n} \cdot \dfrac{n-3}{n-2} \cdot \cdots \cdot \dfrac{3}{4} \cdot \dfrac{1}{2} \cdot \dfrac{\pi}{2}.$$

当 $n$ 为奇数时，有

$$I_n = \dfrac{n-1}{n} \cdot \dfrac{n-3}{n-2} \cdot \cdots \cdot \dfrac{4}{5} \cdot \dfrac{2}{3} \cdot I_1,$$

其中 $I_1 = \int_0^{\frac{\pi}{2}} \sin x\,\mathrm{d}x = -\cos x\Big|_0^{\frac{\pi}{2}} = 1$，代入上式得

$$I_n = \dfrac{n-1}{n} \cdot \dfrac{n-3}{n-2} \cdot \cdots \cdot \dfrac{4}{5} \cdot \dfrac{2}{3}.$$

习题 5.2

计算下列积分：

(1) $\displaystyle\int x\ln(x-1)\,\mathrm{d}x$；

(2) $\displaystyle\int x\mathrm{e}^{2x}\,\mathrm{d}x$；

(3) $\displaystyle\int x\sin 2x\,\mathrm{d}x$；

(4) $\displaystyle\int (\ln x)^2\,\mathrm{d}x$；

(5) $\displaystyle\int \sin\sqrt{x}\,\mathrm{d}x$；

(6) $\displaystyle\int x^3 \mathrm{e}^{-x^2}\,\mathrm{d}x$；

(7) $\int x\cos^2 x\,dx$;

(8) $\int \dfrac{x}{\sin^2 x}\,dx$;

(9) $\int \sin(\ln x)\,dx$;

(10) $\int e^{-x}\cos 2x\,dx$;

(11) $\int_0^1 x\arctan x\,dx$;

(12) $\int_0^{e-1} \ln(x+1)\,dx$;

(13) $\int_{-\frac{1}{2}}^{\frac{1}{2}} \dfrac{x\arcsin x}{\sqrt{1-x^2}}\,dx$;

(14) $\int_0^{\pi} x^2\cos 2x\,dx$;

(15) $\int_0^{\pi} \cos^8 \dfrac{x}{2}\,dx$;

(16) $\int_0^{\sqrt{\ln 2}} x^3 e^{-x^2}\,dx$;

(17) $\int_{\frac{1}{e}}^{e} |\ln x|\,dx$;

(18) $\int_0^{\frac{\pi}{2}} e^{2x}\cos x\,dx$.

## 5.3 积分表的使用

通过前面的讨论可以看出,积分的计算要比导数的计算来得灵活、复杂.为了使用方便,往往将常用的积分公式汇编成表.这种表叫做积分表.积分表是按照被积函数的类型来排列的.查表时,如果所求的积分与表中某个公式形式不完全相同,这时就要设法通过某种运算,把它化到表中某个公式的形式,从而得出结果.本书的附录 2 就是一个简单的积分表,下面举例说明积分表的用法.

### 5.3.1 直接查表

【例 5-39】 求 $\int \dfrac{dx}{x(3+2x)^2}$.

**解** 被积函数含有 $ax+b$,在积分表(一)中查到公式 8.

$$\int \dfrac{dx}{x(ax+b)^2} = \dfrac{1}{b(ax+b)} - \dfrac{1}{b^2}\ln\left|\dfrac{ax+b}{x}\right| + C.$$

现在当 $a=2, b=3$ 于是

$$\int \dfrac{dx}{x(3+2x)^2} = \dfrac{1}{3(3+2x)} - \dfrac{1}{9}\ln\left|\dfrac{3+2x}{x}\right| + C.$$

【例 5-40】 求 $\int \sqrt{x^2-4x+8}\,dx$.

**解** 被积函数含有 $\sqrt{ax^2+bx+c}$,在积分表(九)中查到公式 72.

$$\int \sqrt{ax^2+bx+c}\,dx = \dfrac{2ax+b}{4a}\sqrt{ax^2+bx+c} + \dfrac{4ac-b^2}{8\sqrt{a^3}}\ln|2ax+b+2\sqrt{a}\sqrt{ax^2+x+c}| + C.$$

现在 $a=1, b=-4, c=8$,于是

$$\int \sqrt{x^2-4x+8}\,dx = \dfrac{x-2}{2}\sqrt{x^2-4x+8} + 2\ln(x-2+\sqrt{x^2-4x+8}) + C.$$

【例 5-41】 求 $\int \dfrac{dx}{5+4\sin x}$.

**解** 被积函数含有三角函数,在积分表(十一)中查到公式 97 或 98,因为 $a=5, b=4$,

$a^2 > b^2$,所以用公式 97.

$$\int \frac{\mathrm{d}x}{a+b\sin x} = \frac{2}{\sqrt{a^2-b^2}} \arctan \frac{a\tan \frac{x}{2}+b}{\sqrt{a^2-b^2}} + C \quad (a^2 > b^2)$$

$$= \frac{2}{3} \arctan\left[\frac{5}{3}\left(\tan \frac{x}{2} + \frac{4}{5}\right)\right] + C.$$

### 5.3.2 变量代换后查表

【例 5-42】 求 $\displaystyle\int \frac{\mathrm{d}x}{x\sqrt{4x^2+9}}$.

**解** 这个积分不能在表中直接查到,需要先进行变量代换,令 $2x=u$. 于是

$$\int \frac{\mathrm{d}x}{x\sqrt{4x^2+9}} = \int \frac{\frac{1}{2}\mathrm{d}u}{\frac{u}{2}\sqrt{u^2+3^2}} = \int \frac{\mathrm{d}u}{u\sqrt{u^2+3^2}}.$$

被积函数中含有 $\sqrt{u^2+3^2}$,在积分表(六)中查到公式 35.

$$\int \frac{\mathrm{d}x}{x\sqrt{x^2+a^2}} = \frac{1}{a} \ln \frac{|x|}{a+\sqrt{x^2+a^2}} + C.$$

现在 $a=3, x$ 相当于 $u$,于是

$$\int \frac{\mathrm{d}u}{u\sqrt{u^2+3^2}} = \frac{1}{3} \ln \frac{|u|}{3+\sqrt{u^2+3^2}} + C = \frac{1}{3} \ln \frac{2x}{3+\sqrt{4x^2+9}} + C.$$

### 5.3.3 递推公式

【例 5-43】 求 $\displaystyle\int \frac{\mathrm{d}x}{\sin^4 x}$.

**解** 被积函数中含有三角函数,在积分表(十一)中查到公式 91. 有

$$\int \frac{\mathrm{d}x}{\sin^n x} = -\frac{1}{n-1} \frac{\cos x}{\sin^{n-1} x} + \frac{n-2}{n-1} \int \frac{\mathrm{d}x}{\sin^{n-2} x}.$$

现在有 $n=4$,于是

$$\int \frac{\mathrm{d}x}{\sin^4 x} = -\frac{1}{3} \frac{\cos x}{\sin^3 x} + \frac{2}{3} \int \frac{\mathrm{d}x}{\sin^2 x} = -\frac{1}{3} \frac{\cos x}{\sin^3 x} - \frac{2}{3} \cot x + C.$$

有些初等函数的积分,如 $\int \mathrm{e}^{x^2}\mathrm{d}x, \int \frac{\mathrm{d}x}{\ln x}, \int \frac{\sin x}{x}\mathrm{d}x, \int \sqrt{1+x^4}\mathrm{d}x$,等等,虽然它们的被积函数的表达式都很简单,但是我们用前面介绍的各种方法都无法求出来,这是因为这些初等函数的原函数已不再是初等函数,当然在初等函数的范围内就无法表达了.

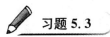

**习题 5.3**

查积分表求下列不定积分:

(1) $\displaystyle\int \frac{1}{x^2+2x+5}\mathrm{d}x$ ;

(2) $\displaystyle\int \frac{2x}{\sqrt{5+x}}\mathrm{d}x$ ;

(3) $\int \sqrt{2x^2+9}\,dx$;

(4) $\int \dfrac{1}{\sqrt{5-4x+x^2}}\,dx$;

(5) $\int e^{5x}\sin 4x\,dx$;

(6) $\int \dfrac{1}{\sin^3 x}\,dx$;

(7) $\int \sin 3x \cdot \sin 5x\,dx$;

(8) $\int \dfrac{1}{x^2(2x^2+1)}\,dx$;

(9) $\int \dfrac{1}{(x^2+1)^2}\,dx$;

(10) $\int \ln^3 x\,dx$;

(11) $\int x^2\sqrt{x^2-2}\,dx$;

(12) $\int \dfrac{dx}{2+5\cos x}$.

## 5.4 广义积分

在前面所讨论的定积分中,都假定积分区间 $[a,b]$ 是有限的,并且只讨论了被积函数 $f(x)$ 在积分区间上有界的情形.但在实际问题中往往会碰到积分区间是无限的,或无界函数的积分问题,因此我们必须将积分概念就这两种情形加以推广,这种推广后的积分称为广义积分.下面将介绍这两类积分的概念和计算方法.

### 5.4.1 无穷区间上的广义积分

**定义 5-1** 设函数 $f(x)$ 在区间 $[a,+\infty)$ 上连续,取 $b>a$,如果极限

$$\lim_{b\to+\infty}\int_a^b f(x)\,dx$$

存在,则称此极限为函数 $f(x)$ 在无穷区间 $[a,+\infty)$ 上的广义积分,记作 $\int_a^{+\infty} f(x)\,dx$,即

$$\int_a^{+\infty} f(x)\,dx = \lim_{b\to+\infty}\int_a^b f(x)\,dx,$$

这时也称广义积分 $\int_a^{+\infty} f(x)\,dx$ 收敛;如果 $\lim\limits_{b\to+\infty}\int_a^b f(x)\,dx$ 不存在,就称广义积分 $\int_a^{+\infty} f(x)\,dx$ 不存在或发散.

类似的,设 $f(x)$ 在 $(-\infty,b]$ 上连续,那么我们定义

$$\int_{-\infty}^b f(x)\,dx = \lim_{a\to-\infty}\int_a^b f(x)\,dx.$$

如果上式中的极限存在,则称广义积分 $\int_{-\infty}^b f(x)\,dx$ 存在或收敛,如果极限不存在,称广义积分 $\int_{-\infty}^b f(x)\,dx$ 不存在或发散.

如果 $f(x)$ 在 $(-\infty,+\infty)$ 上连续,可以定义广义积分

$$\int_{-\infty}^{+\infty} f(x)\,dx = \int_{-\infty}^0 f(x)\,dx + \int_0^{+\infty} f(x)\,dx = \lim_{a\to-\infty}\int_a^0 f(x)\,dx + \lim_{b\to+\infty}\int_0^b f(x)\,dx.$$

当两个极限都存在时,称广义积分 $\int_{-\infty}^{+\infty} f(x)\,dx$ 收敛,否则称它为发散.

**【例 5-44】** 计算 $\int_0^{+\infty} \dfrac{1}{a^2+x^2}\,dx\,(a>0)$.

**解** $\int_0^{+\infty} \dfrac{1}{a^2+x^2}\mathrm{d}x = \lim_{b\to+\infty}\int_0^b \dfrac{1}{a^2+x^2}\mathrm{d}x = \lim_{b\to+\infty}\left(\dfrac{1}{a}\arctan\dfrac{x}{a}\right)\Big|_0^b$

$= \lim_{b\to+\infty}\dfrac{1}{a}\arctan\dfrac{b}{a} = \dfrac{\pi}{2a}.$

为简便起见,可以把 $\lim\limits_{b\to+\infty}[F(x)]_a^b$ 记作 $[F(x)]_a^{+\infty}$.

**【例 5 - 45】** 计算 $\int_{-\infty}^0 x\mathrm{e}^x\mathrm{d}x$.

**解** $\int_{-\infty}^0 x\mathrm{e}^x\mathrm{d}x = \int_{-\infty}^0 x\mathrm{d}\mathrm{e}^x = x\mathrm{e}^x\Big|_{-\infty}^0 - \int_{-\infty}^0 \mathrm{e}^x\mathrm{d}x$

$= -\mathrm{e}^x\Big|_{-\infty}^0 = -1.$

**【例 5 - 46】** 证明广义积分 $\int_1^{+\infty}\dfrac{1}{x^p}\mathrm{d}x$,当 $p>1$ 时收敛,当 $p\leqslant 1$ 时发散.

**证明** 当 $p\neq 1$ 时,有

$$\int_1^{+\infty}\dfrac{1}{x^p}\mathrm{d}x = \left(\dfrac{1}{1-p}x^{1-p}\right)\Big|_1^{+\infty} = \begin{cases} \dfrac{1}{p-1} & p>1; \\ +\infty & p<1. \end{cases}$$

当 $p=1$ 时,有

$$\int_1^{+\infty}\dfrac{1}{x^p}\mathrm{d}x = \int_1^{+\infty}\dfrac{1}{x}\mathrm{d}x = \ln x\Big|_1^{+\infty} = +\infty.$$

因此,当 $p>1$ 时,广义积分收敛;当 $p\leqslant 1$ 时,广义积分发散.

### 5.4.2 无界函数的广义积分

下面讨论积分区间为有限,但在其中被积函数有无穷间断点的积分.

**定义 5 - 2** 设 $f(x)$ 在 $(a,b]$ 上连续,而当 $x\to a^+$ 时,$f(x)\to\infty$,设 $\varepsilon>0$,如果极限

$$\lim_{\varepsilon\to 0^+}\int_{a+\varepsilon}^b f(x)\mathrm{d}x$$

存在,则称此极限为 $f(x)$ 在 $(a,b]$ 上的广义积分,仍记作 $\int_a^b f(x)\mathrm{d}x$,即

$$\int_a^b f(x)\mathrm{d}x = \lim_{\varepsilon\to 0^+}\int_{a+\varepsilon}^b f(x)\mathrm{d}x.$$

如果极限 $\lim\limits_{\varepsilon\to 0^+}\int_{a+\varepsilon}^b f(x)\mathrm{d}x$ 存在,则称广义积分 $\int_a^b f(x)\mathrm{d}x$ 存在或收敛;如果极限 $\lim\limits_{\varepsilon\to 0^+}\int_{a+\varepsilon}^b f(x)\mathrm{d}x$ 不存在,则称广义积分 $\int_a^b f(x)\mathrm{d}x$ 不存在或发散.

类似的,当 $f(x)$ 在 $[a,b)$ 上连续,而 $x\to b^-$ 时,$f(x)\to\infty$,定义广义积分

$$\int_a^b f(x)\mathrm{d}x = \lim_{\varepsilon\to 0^+}\int_a^{b-\varepsilon} f(x)\mathrm{d}x.$$

当极限存在时,称广义积分 $\int_a^b f(x)\mathrm{d}x$ 存在或收敛;当极限不存在时,称广义积分 $\int_a^b f(x)\mathrm{d}x$ 不存在或发散.

如果函数 $f(x)$ 在 $[a,b]$ 上除点 $c(a<c<b)$ 外连续,而当 $x\to c$ 时,$f(x)\to\infty$,我们定义广义积分

$$\int_a^b f(x)\mathrm{d}x = \int_a^c f(x)\mathrm{d}x + \int_c^b f(x)\mathrm{d}x$$
$$= \lim_{\varepsilon \to 0^+}\int_a^{c-\varepsilon} f(x)\mathrm{d}x + \lim_{\varepsilon' \to 0^+}\int_{c+\varepsilon'}^b f(x)\mathrm{d}x,$$

其中 $\varepsilon$ 与 $\varepsilon'$ 为各自独立趋于零的正数.

当两个极限都存在时,广义积分 $\int_a^b f(x)\mathrm{d}x$ 存在或收敛;否则,就称广义积分不存在或发散.

【例 5-47】 求 $\int_0^a \dfrac{1}{\sqrt{a^2-x^2}}\mathrm{d}x\ (a>0)$.

**解** $x=a$ 为函数 $\dfrac{1}{\sqrt{a^2-x^2}}$ 的无穷间断点,

$$\int_0^a \dfrac{1}{\sqrt{a^2-x^2}}\mathrm{d}x = \lim_{\varepsilon \to 0^+}\int_0^{a-\varepsilon}\dfrac{1}{\sqrt{a^2-x^2}}\mathrm{d}x = \lim_{\varepsilon \to 0^+}\arcsin\dfrac{x}{a}\Big|_0^{a-\varepsilon} = \lim_{\varepsilon \to 0^+}\arcsin\dfrac{a-\varepsilon}{a} = \dfrac{\pi}{2}.$$

【例 5-48】 证明广义积分
$$\int_0^1 \dfrac{1}{x^p}\mathrm{d}x \quad (p>0)$$
当 $p<1$ 时收敛;当 $p \geq 1$ 时发散.

**证明** $x=0$ 是函数 $\dfrac{1}{x^p}$ 的无穷间断点.

当 $p \neq 1$ 时, $\int_0^1 \dfrac{1}{x^p}\mathrm{d}x = \lim_{\varepsilon \to 0^+}\int_\varepsilon^1 \dfrac{1}{x^p}\mathrm{d}x = \lim_{\varepsilon \to 0^+}\left(\dfrac{x^{1-p}}{1-p}\right)\Big|_\varepsilon^1 = \begin{cases} \dfrac{1}{1-p} & p<1; \\ +\infty & p>1. \end{cases}$

当 $p=1$ 时,
$$\int_0^1 \dfrac{1}{x^p}\mathrm{d}x = \int_0^1 \dfrac{1}{x}\mathrm{d}x = \lim_{\varepsilon \to 0^+}\int_\varepsilon^1 \dfrac{1}{x}\mathrm{d}x$$
$$= \lim_{\varepsilon \to 0^+}(\ln x)\Big|_\varepsilon^1 = +\infty.$$

因此,当 $p<1$ 时,广义积分收敛;当 $p \geq 1$ 时,广义积分发散.

【例 5-49】 讨论广义积分 $\int_{-1}^1 \dfrac{1}{x^2}\mathrm{d}x$ 的敛散性.

**解** $x=0$ 是函数 $\dfrac{1}{x^2}$ 的无穷间断点,
$$\int_{-1}^1 \dfrac{1}{x^2}\mathrm{d}x = \int_{-1}^0 \dfrac{1}{x^2}\mathrm{d}x + \int_0^1 \dfrac{1}{x^2}\mathrm{d}x.$$

由例 5-48 知 $\int_0^1 \dfrac{1}{x^2}\mathrm{d}x$ 发散,因此 $\int_{-1}^1 \dfrac{1}{x^2}\mathrm{d}x$ 发散.

**注意** 如果疏忽了 $x=0$ 是被积函数的无穷间断点,就会发生以下错误:
$$\int_{-1}^1 \dfrac{1}{x^2}\mathrm{d}x = \left(-\dfrac{1}{x}\right)\Big|_{-1}^1 = -1-1 = -2.$$

以上我们只讨论了被积函数在积分区间上只有一个无穷间断点的广义积分,如果有多个无穷间断点,可作类似的讨论.

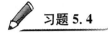

习题 5.4

下列各广义积分如果收敛，求其值：

(1) $\int_1^{+\infty} \dfrac{1}{(1+x)\sqrt{x}} dx$ ；

(2) $\int_1^{+\infty} \dfrac{\arctan x}{x^2} dx$ ；

(3) $\int_{-\infty}^{+\infty} \dfrac{1}{x^2+2x+2} dx$ ；

(4) $\int_{-\infty}^{+\infty} \dfrac{1}{9+3x^2} dx$ ；

(5) $\int_0^{+\infty} x e^{-x^2} dx$ ；

(6) $\int_1^{+\infty} \dfrac{1}{x^2(x+1)} dx$ ；

(7) $\int_0^{+\infty} e^{-ax} \cos bx \, dx$ ；

(8) $\int_0^1 \dfrac{\arccos x}{\sqrt{1-x^2}} dx$ ；

(9) $\int_0^1 \dfrac{2-x}{\sqrt{x}} dx$ ；

(10) $\int_0^1 \dfrac{1}{\sqrt{x}(1+\sqrt{x})} dx$ ；

(11) $\int_0^1 \dfrac{x}{(1-x^2)} dx$ ；

(12) $\int_{-\frac{\pi}{4}}^{\frac{3\pi}{4}} \dfrac{1}{\cos^2 x} dx$ .

## 5.5 定积分的应用

定积分具有广泛的应用，在实际问题中很多量的计算，都可以归结为求定积分. 本节首先阐述建立这些量的积分表达式的基本思想和方法——微元法，然后用微元法求解一些几何问题和物理问题.

### 5.5.1 微元法

在引入定积分概念时就曾用分割作近似、求和、取极限的方法来求曲边梯形的面积 $A$，即在分割出来的每个小区间 $[x_{i-1}, x_i]$ 上以矩形面积近似代替对应的小曲边梯形的面积：
$$\Delta A_i \approx f(\xi_i) \Delta x_i \quad (x_{i-1} \leqslant \xi_i \leqslant x_i, i=1,2,\cdots,n).$$
进而将 $A$ 归结为一个特定和式的极限：
$$A = \int_a^b f(x) dx = \lim_{\lambda \to 0} \sum_{i=1}^n f(\xi_i) \Delta x_i.$$
这就是定积分解决实际问题的基本思想和方法.

在实际应用中为简便起见，省略下标 $i$，任取其中一个小区间，记为 $[x, x+dx]$，相应的小曲边梯形面积 $\Delta A \approx f(x) dx$，且 $dx$ 愈小，这种近似就愈精确，记 $dA = f(x) dx$，称为面积 $A$ 的微元，
$$A = \int_a^b f(x) dx = \int_a^b dA,$$
即曲边梯形面积 $A$ 等于区间 $[a,b]$ 上的面积微元 $dA$ 在 $[a,b]$ 上的定积分.

于是计算曲边梯形的面积的过程分为两步：

第一步　将 $[a,b]$ 分割得 $[x, x+dx]$，对应求得 $A$ 的微元：
$$dA = f(x) dx.$$

第二步 将 $dA$ 在 $[a,b]$ 上积分：
$$A=\int_a^b dA=\int_a^b f(x)dx.$$

上述两步过程具有一般性，我们称之为微元法。

一般地，如果某个具体问题中所要计算的量 $Q$ 符合下列条件，则都可以通过微元法将它表示成为定积分.

(1) $Q$ 是一个与变量 $x$ 及其变化区间 $[a,b]$ 有关的量.

(2) $Q$ 对于区间 $[a,b]$ 具有可加性，即把区间 $[a,b]$ 分成若干小区间后，量 $Q$ 可相应分成若干分量 $\Delta Q_i$，且 $Q$ 等于各分量的总量，即 $Q=\sum \Delta Q_i$.

(3) 小区间 $[x,x+dx]$ 上的分量 $\Delta Q_i$ 可近似地表示为某连续函数 $f(x)$ 与小区间长度 $dx$ 的乘积，即
$$\Delta Q_i \approx f(x)dx.$$

### 5.5.2 平面图形的面积

如果在直角坐标系内，一平面图形由上下两条曲线 $y=f(x)$，$y=g(x)$ 及 $x=a,x=b$ 两条直线所围成，如图 5-1 所示，则可取 $x$ 为积分变量，其变化范围为 $[a,b]$，依上述方法在区间 $[a,b]$ 上任取两点 $x,x+dx(dx>0)$，过两点分别作 $x$ 轴的垂线，夹在这两条垂线之间的平面图形面积近似等于图中阴影部分的面积，而该阴影部分的面积为
$$[f(x)-g(x)]dx,$$
即面积微元 $\quad dA=[f(x)-g(x)]dx,$
所以图形的面积为 $A=\int_a^b [f(x)-g(x)]dx.$

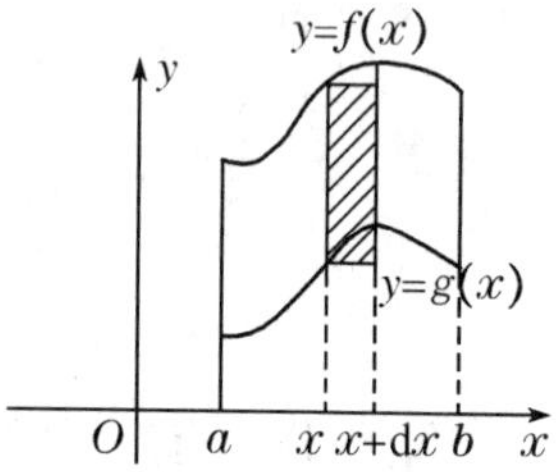

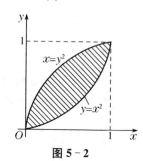

图 5-1

【例 5-50】 求抛物线 $y=x^2$ 和 $y^2=x$ 所围成的图形的面积.

**解** 先求两条抛物线的交点坐标
$$\begin{cases} y=x^2; \\ y^2=x. \end{cases}$$
得
$$\begin{cases} x=0; \\ y=0. \end{cases} \begin{cases} x=1; \\ y=1. \end{cases}$$

故交点为 $(0,0),(1,1)$，所围图形如图 5-2 所示. 该图形的面积为
$$A=\int_0^1 (\sqrt{x}-x^2)dx=\left(\frac{2}{3}x^{\frac{3}{2}}-\frac{1}{3}x^3\right)\Big|_0^1=\frac{1}{3}.$$

若某平面图形如图 5-3 所示，设
$$\psi(y) \geqslant \varphi(y), y \in [c,d].$$
可得该图形的面积为
$$A=\int_c^d [\psi(y)-\varphi(y)]dy.$$

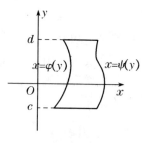

图 5-2

图 5-3

【例 5-51】　求抛物线 $y^2=2x$ 与直线 $y=x-4$ 所围成的平面图形的面积.

**解**　如图 5-4 所示,先求抛物线 $y^2=2x$ 与直线 $y=x-4$ 的交点坐标

$$\begin{cases} y^2=2x; \\ y=x-4. \end{cases}$$

得

$$\begin{cases} x=8; \\ y=4. \end{cases} \quad \begin{cases} x=2; \\ y=-2. \end{cases}$$

图 5-4

故坐标为(8,4),(2,-2),选择 $y$ 作为积分变量,$y\in[-2,4]$,

$$A=\int_{-2}^{4}\left(y+4-\frac{y^2}{2}\right)\mathrm{d}y=\left(\frac{1}{2}y^2+4y-\frac{1}{6}y^3\right)\Big|_{-2}^{4}=18\,.$$

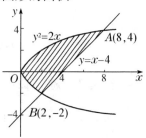

【例 5-52】　求椭圆 $\frac{x^2}{a^2}+\frac{y^2}{b^2}=1$ 的面积.

**解**　如图 5-5 所示,由于图形的对称性,只要求出椭圆在第一象限内的面积再乘以 4,即

$$A=4\int_0^a y\mathrm{d}x\,.$$

这里我们利用椭圆的参数方程

$$\begin{cases} x=a\cos t; \\ y=b\sin t. \end{cases}$$

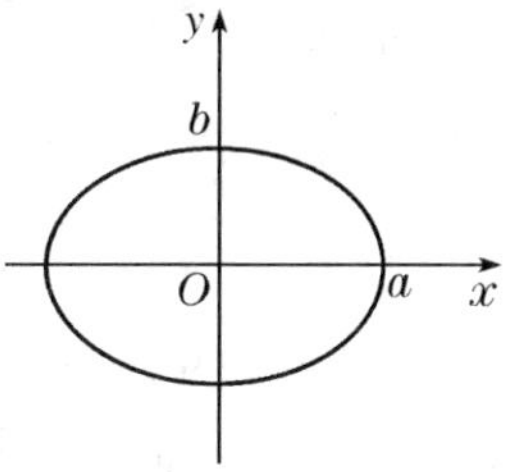

图 5-5

当 $x=0$ 时,$t=\frac{\pi}{2}$,当 $x=a$ 时,$t=0$,应用定积分的换元积分法:

$$\begin{aligned} A&=4\int_0^a y\mathrm{d}x=4\int_{\frac{\pi}{2}}^{0} b\sin t\cdot(-a\sin t)\mathrm{d}t \\ &=4ab\int_0^{\frac{\pi}{2}}\sin^2 t\mathrm{d}t=\pi ab\,. \end{aligned}$$

如果是在极坐标系中求由曲线 $r=r(\theta)$ 与矢径 $\theta=\alpha,\theta=\beta$ 所围平面图形的面积,也可用微元法来计算,下面我们来推导计算该图形面积的公式.

如图 5-6 所示,在区间 $[\alpha,\beta]$ 内任取两点 $\theta$ 与 $\theta+\mathrm{d}\theta$($\mathrm{d}\theta>0$).对于小区间 $[\theta,\theta+\mathrm{d}\theta]$ 上的窄曲边扇形的面积可以用半径为 $r=r(\theta)$,中心角为 $\mathrm{d}\theta$ 的圆扇形的面积来近似代替,从而得这窄曲边扇形的面积的近似值 $\frac{1}{2}[r(\theta)]^2\mathrm{d}\theta$,即曲边扇形的面积元素为:

$$\mathrm{d}A=\frac{1}{2}[r(\theta)]^2\mathrm{d}\theta.$$

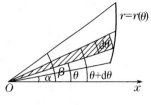

图 5-6

因此,所求图形的面积为

$$A=\frac{1}{2}\int_{\alpha}^{\beta}[r(\theta)]^2\mathrm{d}\theta\,.$$

【例 5-53】　计算阿基米德螺线 $r=a\theta(a>0)$ 上 $\theta$ 从 0 变到 $2\pi$ 的一段弧与极轴所围成

的图形的面积.

**解** 如图 5-7 所示,
$$A = \frac{1}{2}\int_0^{2\pi}(a\theta)^2 d\theta = \frac{a^2}{2}\left(\frac{1}{3}\theta^3\right)\Big|_0^{2\pi} = \frac{4}{3}\pi^3 a^2.$$

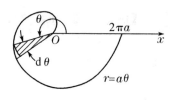

图 5-7

### 5.5.3 旋转体的体积

前面介绍了利用定积分来计算平面图形的面积.下面来讨论旋转体的体积.

旋转体就是由一个平面图形绕这个平面内的一条直线旋转一周而成的立体,圆柱、圆锥、圆台和球都是旋转体.

由连续曲线 $y=f(x)$,直线 $x=a,x=b$ 及 $x$ 轴所围成的曲边梯形绕 $x$ 轴旋转一周可得一旋转体(如图 5-8).取 $x$ 为积分变量,它的变化区间为 $[a,b]$,在 $[a,b]$ 上任取一小区间 $[x,x+dx]$,对应的窄曲边梯形绕 $x$ 轴旋转而成薄片的体积近似于以 $f(x)$ 为底半径,$dx$ 为高的扁圆柱体的体积,即体积元素为:
$$dv = \pi[f(x)]^2 dx,$$
则所求旋转体体积为

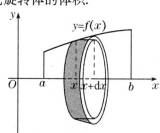

图 5-8

$$V_x = \int_a^b \pi[f(x)]^2 dx = \pi\int_a^b [f(x)]^2 dx.$$

用类似的方法可以推出:由曲线 $x=\varphi(y)$,直线 $y=c,y=d(c<d)$ 与 $y$ 轴所围成的曲边梯形绕 $y$ 轴旋转一周而成的旋转体(如图 5-9)的体积为:
$$V_y = \pi\int_c^d [\varphi(y)]^2 dy.$$

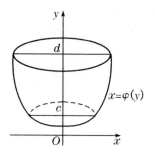

图 5-9

**【例 5-54】** 求椭圆 $\dfrac{x^2}{a^2}+\dfrac{y^2}{b^2}=1$(如图 5-10)分别绕 $x$ 轴与 $y$ 轴旋转而得到的旋转体体积.

**解**
$$\begin{aligned}
V_x &= \pi\int_{-a}^a y^2 dx = \pi\int_{-a}^a \frac{b^2}{a^2}(a^2-x^2)dx \\
&= 2\pi\frac{b^2}{a^2}\left(a^2 x - \frac{1}{3}x^3\right)\Big|_0^a = \frac{4}{3}\pi ab^2. \\
V_y &= \pi\int_{-b}^b x^2(y)dy \\
&= \pi\int_{-b}^b \frac{a^2}{b^2}(b^2-y^2)dy \\
&= \frac{2\pi a^2}{b^2}\left(b^2 y - \frac{1}{3}y^3\right)\Big|_0^b = \frac{4}{3}\pi a^2 b.
\end{aligned}$$

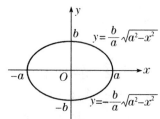

图 5-10

### 5.5.4 平面曲线的弧长

设有曲线 $y=f(x)$,计算从 $x=a$ 到 $x=b$ 的曲线弧长,如图 5-11 所示,我们仍用定积分的微元法进行计算.取 $x$ 为积分变量,它的变化区间为 $[a,b]$,在 $[a,b]$ 上任取一小区间 $[x,x+dx]$,

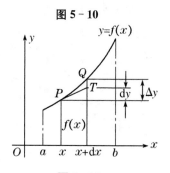

图 5-11

对应的弧长$\overset{\frown}{PQ}$近似于过$P$点的切线长$|PT|$,从而得到弧长元素
$$dS=\sqrt{(dx)^2+(dy)^2}=\sqrt{1+y'^2}dx,$$
则所求曲线的弧长为
$$S=\int_a^b \sqrt{1+y'^2}dx.$$

【例 5-55】 计算半径为 $R$ 的圆的周长.

**解** 设半径为 $R$ 的圆的方程为 $x^2+y^2=R^2$,根据对称性可算出第一象限内的一段弧长,然后乘以 4 就是圆的周长.

在第一象限内 $y=\sqrt{R^2-x^2}$,于是
$$y'=-\frac{x}{\sqrt{R^2-x^2}},$$
$$dS=\sqrt{1+y'^2}dx=\frac{R}{\sqrt{R^2-x^2}}dx,$$
$$S=4\int_0^R \frac{R}{\sqrt{R^2-x^2}}dx=4R\arcsin\frac{x}{R}\bigg|_0^R=2\pi R.$$

【例 5-56】 求摆线 $\begin{cases} x=a(t-\sin t); \\ y=a(1-\cos t) \end{cases}$ 一拱($0\leqslant t\leqslant 2\pi$)的弧长.

**解** $dx=a(1-\cos t)dt, dy=a\sin t$.
弧长元素为
$$dS=\sqrt{(dx)^2+(dy)^2}=\sqrt{a^2(1-\cos t)^2+a^2\sin^2 t}dt$$
$$=a\sqrt{2(1-\cos t)}dt=2a\sin\frac{t}{2}dt.$$
因此,所求弧长为
$$S=\int_0^{2\pi} 2a\sin\frac{t}{2}dt=2a\left(-2\cos\frac{t}{2}\right)\bigg|_0^{2\pi}=8a.$$

【例 5-57】 计算心形线 $r=a(1+\cos\theta),0\leqslant\theta\leqslant\pi$ 的周长.

**解** 由直角坐标与极坐标的关系可得
$$\begin{cases} x=r(\theta)\cos\theta; \\ y=r(\theta)\sin\theta. \end{cases}$$
则弧长元素为
$$dS=\sqrt{(dx)^2+(dy)^2}=\sqrt{r^2(\theta)+r'^2(\theta)}d\theta,$$
因此,在极坐标系下的弧长公式为
$$dS=\int_{\theta_1}^{\theta_2} \sqrt{r^2(\theta)+r'^2(\theta)}d\theta.$$
$[\theta_1,\theta_2]$ 是极角 $\theta$ 的变化范围.
$$S=\int_0^{\pi} \sqrt{a^2(1+\cos\theta)^2+a^2(-\sin\theta)^2}d\theta$$
$$=\int_0^{\pi} 2a\cos\frac{\theta}{2}d\theta=4a.$$

### 5.5.5 功、引力和液体的压力

前面我们用微元法解决了定积分在几何上的一些应用,下面举例用微元法解决定积分在物理上的一些应用.

**【例 5-58】** 在坐标原点位置一电量为 $q$ 的正电荷,另一单位正电荷沿 $x$ 轴从 $x=r_1$ 处移动到 $x=r_1$ ($r_2>r_1$) 处(如图 5-12),求单位正电荷受到的斥力所做的功.

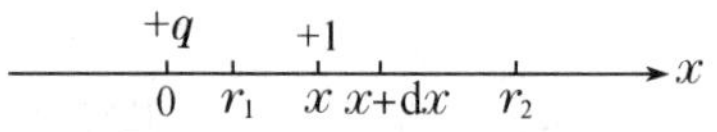

图 5-12

**解** 按库仑定律,当单位正电荷与坐标原点的距离为 $x$ 时,它受到的正电荷 $q$ 的斥力为
$$F=k\frac{q}{x^2}.$$

取 $x$ 为积分变量,其变化范围为 $[r_1,r_2]$,设 $[x,x+\mathrm{d}x]$ 为 $[r_1,r_2]$ 上的任一小区间,当单位正电荷从 $x$ 移动到 $x+\mathrm{d}x$ 时,斥力对它所做的功近似于 $k\frac{q}{x^2}\mathrm{d}x$,从而得功元素
$$\mathrm{d}W=k\frac{q}{x^2}\mathrm{d}x,$$
于是所求的功为
$$W=\int_{r_1}^{r_2}k\frac{q}{x^2}\mathrm{d}x=kq\left(-\frac{1}{x}\right)\Big|_{r_1}^{r_2}=kq\left(\frac{1}{r_1}-\frac{1}{r_2}\right).$$

**【例 5-59】** 自地面垂直向上发射火箭,问火箭的初速度至少为多少,才能飞向太空一去不复返?

**解** 设地球的半径为 $R$,地球的质量为 $M$,火箭的质量为 $m$,则当火箭离开地面的距离为 $x$ 时,按万有引力公式,火箭受地球引力为
$$f=\frac{kMm}{(R+x)^2},$$
如图 5-13 所示,其中 $k$ 为万有引力系数.

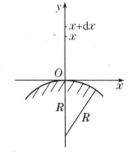

图 5-13

已知当 $x=0$ 时,$f=mg$($g$ 为重力加速度),代入上式得 $kM=R^2g$,从而有
$$f=\frac{R^2gm}{(R+x)^2},$$
当火箭再上升距离 $\mathrm{d}x$ 时,其位能 $W$ 将增加
$$\mathrm{d}W=f\mathrm{d}x=\frac{R^2gm}{(R+x)^2}\mathrm{d}x.$$

故当火箭自地面($x=0$)达到高度为 $h$ 时,按定积分得微元分析思路,所获得的位能总能量应为
$$W=\int_0^h\mathrm{d}W=\int_0^h\frac{R^2gm}{(R+x)^2}\mathrm{d}x$$
$$=R^2gm\left(\frac{1}{R}-\frac{1}{R+h}\right).$$

若火箭飞向太空一去不复返,那么 $h\to+\infty$,此时应获得的位能为

$$W = \int_0^{+\infty} dW = \lim_{h \to +\infty} \int_0^h \frac{R^2 gm}{(R+x)^2} dx$$
$$= \lim_{h \to +\infty} R^2 gm \left( \frac{1}{R} - \frac{1}{R+h} \right) = Rgm.$$

该位能来自动能,如果火箭离开地面的初速度为 $v_0$,则应具有动能 $\frac{1}{2}mv_0^2$,为使火箭上升后一去不复返,必须 $\frac{1}{2}mv_0^2 \geq Rgm$,即

$$v_0 \geq \sqrt{2Rg}.$$

将 $g=980 \text{ cm/s}^2$,地球半径 $R=6.37 \times 10^8 \text{ cm}$ 代入上式得

$$v_0 \geq \sqrt{2 \times 6.37 \times 10^8 \times 980} = 11.2 \times 10^5 \text{ cm/s} = 11.2 \text{ km/s}.$$

故得火箭上升初速度至少为 11.2 km/s.

【例 5-60】 一块高为 $a$,底为 $b$ 的等腰三角形薄板,垂直地沉没在水中,顶在下,底与水面相齐,如图 5-14 所示,试计算薄板每面所受的压力?

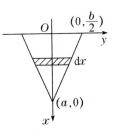

图 5-14

**解** 选取如图 5-14 所示的坐标系,直线 $AB$ 的方程为:

$$\frac{x}{a} + \frac{y}{\frac{b}{2}} = 1,$$

即 $y = -\frac{b}{2a}x + \frac{b}{2}$.

取 $x$ 为积分变量,它的变化区间为 $[0,a]$,在 $[0,a]$ 上任取一个小区间 $[x, x+dx]$,则相应于 $[x, x+dx]$ 的窄条上各点处压强近似于 $\rho g \cdot x$ ($\rho$ 为水的密度),窄条面积近似于

$$2y dx = 2\left(-\frac{b}{2a}x + \frac{b}{2}\right) dx,$$

压力元素为

$$dP = 2xy\rho g dx = 2x\left(-\frac{b}{2a}x + \frac{b}{2}\right)\rho g dx,$$

所以薄板每面所受的压力为

$$P = \int_0^a 2x\left(-\frac{b}{2a}x + \frac{b}{2}\right)\rho g dx$$
$$= \rho g \left(-\frac{b}{3a}x^3 + \frac{1}{2}bx^2\right)\Big|_0^a = \frac{1}{6}a^2 b\rho g.$$

 习题 5.5

1. 计算下列平面图形的面积:

(1) 由曲线 $y = \frac{1}{x}$ 与直线 $y = x$ 及 $x = 2$ 围成;

(2) 由曲线 $y = \sin x, x \in [0, \pi]$ 与直线 $y = \frac{1}{2}, y = 0$ 围成;

(3) 由曲线 $y = x^2 - 4x + 3$ 及其在点 $(0,3)$ 与 $(3,0)$ 处的切线围成;

(4) 抛物线 $y^2=2x$ 将圆 $y^2=4x-x^2$ 分割成三部分,求这三部分的面积;

(5) 由抛物线 $y^2=x$ 与半圆 $x^2+y^2=2(x>0)$ 所围成;

(6) 由曲线 $r=a\theta(0\leqslant\theta\leqslant 2\pi,a>0)$ 与极轴围成;

(7) 由曲线 $r=a\cos 2\theta\left(-\dfrac{\pi}{4}\leqslant\theta\leqslant\dfrac{\pi}{4},a>0\right)$ 所围成.

2. 求下列曲线所围平面图形绕指定轴旋转所得的旋转体体积:

(1) $y=x^2, y=0, x=1$ 绕 $x$ 轴与 $y$ 轴;

(2) $\sqrt{x}+\sqrt{y}=1$ 及 $x=0, y=0$ 绕 $x$ 轴;

(3) $x^2+(y-5)^2=16$ 绕 $x$ 轴;

(4) 椭圆 $\dfrac{x^2}{a^2}+\dfrac{y^2}{b^2}=1$ 分别绕 $x$ 轴与 $y$ 轴;

(5) $y=\sin x$ 和 $y=\cos x$ 与 $x$ 轴, $x\in\left[0,\dfrac{\pi}{2}\right]$ 绕 $x$ 轴;

(6) $x^2+y^2=a^2$ 绕 $x=b(0<a<b)$.

3. 求下列曲线上两定点间的弧长:

(1) $y=x^{\frac{3}{2}}$ 从 $x=0$ 到 $x=4$;

(2) $x=\dfrac{1}{4}y^2-\dfrac{1}{2}\ln y$ 从 $y=1$ 到 $y=e$;

(3) $x=t^2, y=t^3$ 从 $t=1$ 到 $t=3$;

(4) $r=2\theta^2$ 从 $\theta=0$ 到 $\theta=3$.

4. 将半径为 $R$ 的球沉入水中,球的上部与水面相切,球的比重与水相同,现将球从水中取出,需做多少功?

5. 一弹簧原长 1 m,把它压缩 1 cm 所用的力为 0.5 N,求把它从 80 cm 压缩到 60 cm 所做的功?

6. 设有一长为 $L$ 的铝棒,已知把棒从 $L$ 拉长到 $L+x$ 时所需的力为 $\dfrac{k}{L}x$,求把棒从 $L$ 拉长到 $a(a>L)$ 时所做的功?

7. 设底半径为 $R$,高为 $H$ 且顶点在下方的圆锥形容器内盛满水,试求吸尽容器内的水所做的功(水的比重为 1).

8. 设有一长度为 $l$,线密度为 $\rho$ 的均匀细棒,在与棒的一端垂直距离为 $a$ 单位处有一质量为 $m$ 的质点 $A$,试求这根细棒对质点 $A$ 的引力.

9. 有一等腰梯形闸门,它的两条底边各长 10 m 和 6 m,高为 20 m,较长的底边与水面相齐,计算闸门的一侧所受的水的压力.

10. 等腰三角形薄板,垂直地沉入水中,其底与水面平齐,已知薄板的底为 $2b$,高为 $h$,水的密度为 $\rho$.

(1) 计算薄板的一侧所受的压力;

(2) 如果翻转薄板,使得其顶点与水面平齐,而底平行于水面,试问水对薄板的压力增加多少倍?

# 第 6 章

微 分 方 程

函数是客观事物的内部联系在数量方面的反映,利用函数关系又可以对客观事物的规律性进行研究.因此如何寻找出所需要的函数关系,在实践中具有重要意义.但在大量的实际问题中,却很难找到变量之间的直接联系,而只能得到含有未知函数的导数或微分的关系式,这样的关系式就是所谓的微分方程.微分方程建立后,对它进行研究,找出未知函数来,这就是解微分方程.本章主要介绍微分方程的一些基本概念和几种常见的微分方程的解法以及微分方程的一些简单应用.

## 6.1 微分方程的基本概念

下面我们通过几何及物理中的几个具体实例的讨论来阐明微分方程的基本概念.

**【引例 6-1】**（曲线方程） 已知曲线上任意一点 $M(x,y)$ 处切线的斜率等于该点横坐标的 4 倍,且过点 $(-1,3)$,求此曲线方程.

**解** 设曲线方程为 $y=y(x)$,则曲线上任意一点 $M(x,y)$ 处切线的斜率为 $\dfrac{dy}{dx}$.

根据题意有

$$\begin{cases} \dfrac{dy}{dx}=4x, \\ y\big|_{x=-1}=3, \end{cases}$$

这是一个含有一阶导数的式子.

由题意得

$$\dfrac{dy}{dx}=4x, \tag{6-1}$$

在(6-1)式两边同时对 $x$ 积分,得

$$y=\int 4x\,dx=2x^2+C, \tag{6-2}$$

又

$$y\big|_{x=-1}=3. \tag{6-3}$$

代入(6-2)式,得

$$3=2(-1)^2+C,$$

即 $C=1$.故所求曲线为

$$y = 2x^2 + 1.$$

**【引例 6-2】**（运动方程） 质量为 $m$ 的物体，只受重力影响自由下落．设自由落体的初始位置和初速度均为零，试求该物体下落的距离 $s$ 和时间 $t$ 的关系．

**解** 设物体自由下落的距离 $s$ 和时间 $t$ 的关系为 $s = s(t)$，根据牛顿定律，所求未知函数 $s = s(t)$ 应满足方程

$$\frac{d^2 s}{dt^2} = g, \tag{6-4}$$

其中 $g$ 为重力加速度，而且满足条件：

$$s\big|_{t=0} = 0; \quad v = \frac{ds}{dt}\bigg|_{t=0} = 0. \tag{6-5}$$

我们的问题是：求满足方程 (6-4) 式且满足 (6-5) 式的未知函数 $s = s(t)$，为此，对 (6-4) 式两边积分两次得

$$\frac{ds}{dt} = \int \frac{d^2 s}{dt^2} dt = \int g \, dt = gt + C_1, \tag{6-6}$$

$$s = \int \frac{ds}{dt} dt = \int (gt + C_1) dt = \frac{1}{2} gt^2 + C_1 t + C_2, \tag{6-7}$$

其中 $C_1, C_2$ 都是任意常数．由条件 (6-5) 式得

$$\frac{ds}{dt}\bigg|_{t=0} = (gt + C_1)\big|_{t=0} = 0, \text{即 } C_1 = 0.$$

再由条件 (6-5) 式得 $\quad s\big|_{t=0} = \left(\frac{1}{2} gt^2 + C_1 t + C_2\right)\bigg|_{t=0} = 0,$ 即 $C_2 = 0$.

将 $C_1, C_2$ 的值代入 (6-7) 式，得

$$s = \frac{1}{2} gt^2.$$

从以上两个例子可以看到，在实际问题中，有时只能从含有未知函数导数的等式中求未知函数．如引例 6-1 中，方程 $\frac{dy}{dx} = 4x$ 是含有未知函数的导数．于是我们引进微分方程的定义．

**定义 6-1** 含有未知函数的导数（或微分）的等式称为**微分方程**．称未知函数是一元函数的微分方程为**常微分方程**，未知函数是多元函数的微分方程称为**偏微分方程**．

微分方程中，所含未知函数的导数的最高阶数称为**微分方程的阶**．如引例 6-1 中，方程 $\frac{dy}{dx} = 4x$ 是一阶微分方程；引例 6-2 中方程 $\frac{d^2 s}{dt^2} = g$ 为二阶微分方程．

如果微分方程中未知函数及其各阶导数都是一次，且不含这些变量的交叉项如 $\sin(xy)$，称为**线性微分方程**．

任何满足微分方程的函数都称为微分方程的**解**，求微分方程的解的过程称为**解微分方程**．如果微分方程的解中含有任意常数，且任意常数的个数与微分方程的阶数相同，这样的解称为微分方程的**通解**．在通解中给予任意常数以确定的值而得到的解，称为**特解**．

例如，引例 6-1 中，$y = 2x^2 + C$ 为一阶微分方程 $\frac{dy}{dx} = 4x$ 的通解，而 $y = 2x^2 + 1$ 是其特解；引例 6-2 中 $s = \frac{1}{2} gt^2 + C_1 t + C_2$ 为二阶微分方程 $\frac{d^2 s}{dt^2} = g$ 的通解，而 $s = \frac{1}{2} gt^2$ 是其特解．

用于确定通解中的任意常数而得到特解的条件称为**初始条件**(如引例 6-1 中的(6-3)式).

设微分方程中的未知函数为 $y=y(x)$,如果微分方程是一阶的,通常用来确定任意常数的初始条件是 $y\big|_{x=x_0}=y_0$,其中 $x_0,y_0$ 都是给定的值.

如果微分方程是二阶的,通常用来确定任意常数的初始条件是
$$y\big|_{x=x_0}=y_0, y'\big|_{x=x_0}=y_1,$$
其中 $x_0,y_0$ 和 $y_1$ 都是给定的值.

求微分方程满足初始条件的解的问题称为**初值问题**. 由此可知,一阶微分方程的初值问题为
$$\begin{cases} F(x,y,y')=0; \\ y\big|_{x=x_0}=y_0. \end{cases} \quad (6-8)$$

二阶微分方程的初值问题为
$$\begin{cases} F(x,y,y',y'')=0; \\ y\big|_{x=x_0}=y_0, y'\big|_{x=x_0}=y_1. \end{cases} \quad (6-9)$$

微分方程的特解的图形是一条曲线,叫做微分方程的**积分曲线**. 一般地,通解的几何意义就是以任意常数为参数的**积分曲线族**. 初值问题(6-8)式的几何意义,就是求微分方程的通过点 $(x_0,y_0)$ 的那条积分曲线. 初值问题(6-9)式的几何意义,是求微分方程的通过点 $(x_0,y_0)$ 且在该点处的切线斜率为 $y_1$ 的那条积分曲线.

【例 6-1】 已知 $y=C_1\sin t+C_2\cos t$ 是微分方程 $y''+y=0$ 的通解,求满足初值条件 $y\left(\dfrac{\pi}{4}\right)=1, y'\left(\dfrac{\pi}{4}\right)=-1$ 的特解.

**解** 方程通解为
$$y=C_1\sin t+C_2\cos t.$$
求导数后得
$$y'=C_1\cos t-C_2\sin t.$$
将初值条件代入,得到方程组
$$\begin{cases} \dfrac{\sqrt{2}}{2}C_1+\dfrac{\sqrt{2}}{2}C_2=1; \\ \dfrac{\sqrt{2}}{2}C_1-\dfrac{\sqrt{2}}{2}C_2=-1. \end{cases}$$
解出 $C_1$ 和 $C_2$ 得
$$C_1=0, C_2=\sqrt{2}.$$
故所求特解为
$$y=\sqrt{2}\cos t.$$

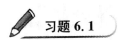

习题 6.1

1. 指出下列微分方程的阶数:

(1) $y'^2+xy'-y=0$；

(2) $xy'''+2y''+x^2y=0$；

(3) $dy+y\tan x dx=0$；

(4) $y-x\dfrac{dy}{dx}=a\left(y^2+\dfrac{dy}{dx}\right)$.

2. 指出下列各题中的函数是否为所给方程的解：

(1) $xy'=2y, y=5x^2$；

(2) $xy'=y\left(1+\ln\dfrac{y}{x}\right), y=x$；

(3) $y''-2y'+y=0, y=x^2 e^x$；

(4) $y''-(\lambda_1+\lambda_2)y'+\lambda_1\lambda_2 y=0, y=C_1 e^{\lambda_1 x}+C_2 e^{\lambda_2 x}$.

3. 验证 $y=Cx+\dfrac{1}{C}$ 是微分方程 $x\left(\dfrac{dy}{dx}\right)^2-y\dfrac{dy}{dx}+1=0$ 的通解（其中任意常数 $C\neq 0$），并求满足初始条件 $y\big|_{x=0}=2$ 的特解.

4. 求下列微分方程满足所给初始条件的特解：

(1) $\dfrac{dy}{dx}=\sin x, y\big|_{x=0}=1$；

(2) $\dfrac{d^2 y}{dx^2}=6x, y\big|_{x=0}=0, \dfrac{dy}{dx}\big|_{x=0}=2$.

5. 曲线上点处 $P(x,y)$ 处的法线与 $x$ 轴的交点为 $Q$，且线段 $PQ$ 被 $y$ 轴平分，试写出曲线所满足的微分方程.

6. 一质点由原点开始沿 $(t=0)$ 直线运动，已知在时间 $t$ 时的加速度为 $t^2-1$，而在 $t=1$ 时，速度为 $\dfrac{1}{3}$，求位移 $x$ 与时间 $t$ 的函数关系.

## 6.2 一阶微分方程

一阶微分方程的一般形式为：$F(x,y,y')=0$. 若记 $y'=\dfrac{dy}{dx}$，一阶微分方程又可以写作：$F\left(x,y,\dfrac{dy}{dx}\right)=0$，其中未知函数为 $y=y(x)$. 方程的通解若能用初等函数和初等函数的积分表示，称方程具有初等解法. 本节讲述一阶微分方程的**初等解法**，即把微分方程的求解问题化为积分问题，因此也称为**初等积分法**. 虽然能用初等积分法求解的方程属特殊类型，但它们却经常出现在实际应用中，同时掌握这些方法与技巧，也为今后研究新问题提供参考和借鉴.

### 6.2.1 可分离变量的微分方程

形如

$$\dfrac{dy}{dx}=f(x)g(y) \qquad (6-10)$$

的微分方程，称为**可分离变量的微分方程**.

可分离变量微分方程的特点是：等式右边可以分解成两个函数之积，其中一个是只含有 $x$ 的函数，另一个是只含有 $y$ 的函数.

当 $g(y)\neq 0$ 时，把 (6-10) 式分离变量为

$$\frac{dy}{g(y)} = f(x)dx \quad (g(y) \neq 0).$$

对上式两边积分,得通解为

$$\int \frac{dy}{g(y)} = \int f(x)dx + C. \tag{6-11}$$

这里我们把积分常数 $C$ 明确写出来,而把 $\int \frac{dy}{g(y)}$, $\int f(x)dx$ 分别理解为 $\frac{1}{g(y)}$ 和 $f(x)$ 的一个确定的原函数. 在微分方程课程中,我们总是作这样的理解.

若存在 $y_0$,使 $g(y_0)=0$,则直接验证可知 $y=y_0$ 也是方程(6-10)式的解(称为常数解). 一般而论,这种解会在分离变量时丢失,且可能不含于通解(6-11)式中,应注意补上这些可能丢失的解.

**【例 6-2】** 求微分方程 $y' = -\lambda y$ 的通解.

**解**
$$\frac{dy}{dx} = -\lambda y,$$

分离变量
$$\frac{1}{y}dy = -\lambda dx,$$

两边积分
$$\int \frac{1}{y}dy = -\lambda \int dx,$$

$$\ln|y| = -\lambda x + C_1, |y| = e^{-\lambda x + C_1} = e^{C_1} \cdot e^{-\lambda x}, y = \pm e^{C_1} \cdot e^{-\lambda x}.$$

记 $\pm e^{C_1} = C$,方程的通解为:$y = Ce^{-\lambda x}$.

**注意** 事实上,$\frac{1}{y}dy = -\lambda dx$,积分后得:$\ln y = -\lambda x + \ln C$,所以

$$y = e^{-\lambda x + \ln C} = Ce^{-\lambda x}.$$

**【例 6-3】** 求方程 $\frac{dy}{dx} = 2xy$ 的通解.

**分析** 方程 $\frac{dy}{dx} = 2xy$ 易变为 $\frac{dy}{y} = 2xdx$,因而是可分离变量型.

**解**
$$\int \frac{dy}{y} = \int 2xdx, \ln|y| = x^2 + C_1,$$
$$y = \pm e^{x^2 + C_1} = \pm e^{C_1} e^{x^2},$$

所以 $y = Ce^{x^2}$(其中 $C = \pm e^{C_1}$,它仍为任意常数)为方程的通解.

**注意** 这里假定 $y \neq 0$,因而通解为 $y = Ce^{x^2}$. 但取 $C = 0$ 时,$y = 0$ 也是方程的解. 从而 $y = Ce^{x^2}$ 也可视作 $\frac{dx}{dy} = 2xy$ 的全部解. 限于本课程的初等性,对此可能"丢根"的现象不深究,注意通解未必是全部解.

**【例 6-4】** 求微分方程 $(1+x^2)dy + xydx = 0$ 的通解.

**解** 分离变量,得
$$\frac{dy}{y} = -\frac{x}{1+x^2}dx,$$

两端积分,得
$$\int \frac{dy}{y} = -\int \frac{x}{1+x^2}dx,$$

于是,有
$$\ln|y| = -\frac{1}{2}\ln(1+x^2) + \ln|C_1|,$$

所以,原方程的通解为
$$y=\frac{C}{\sqrt{1+x^2}}(C=\pm C_1).$$

【例 6-5】 求方程 $\frac{\mathrm{d}y}{\mathrm{d}x}=y^2\sin x$ 满足初始条件 $y\big|_{x=0}=-1$ 的特解.

**解** 分离变量,得
$$\frac{1}{y^2}\mathrm{d}y=\sin x\mathrm{d}x,$$

两边积分,得
$$\int\frac{1}{y^2}\mathrm{d}y=\int\sin x\mathrm{d}x,$$
$$-\frac{1}{y}=-\cos x+C,$$

即
$$y=\frac{1}{\cos x-C}.$$

由初始条件 $y\big|_{x=0}=-1$ 可定出常数 $C=2$,从而所求的特解为
$$y=\frac{1}{\cos x-2}.$$

### 6.2.2 可化为可分离变量的微分方程的特殊类型

形如
$$\frac{\mathrm{d}y}{\mathrm{d}x}=\varphi\left(\frac{y}{x}\right) \tag{6-12}$$

的方程称为**齐次方程**,其中 $\varphi$ 是连续函数.

通过变量代换,可将(6-12)式化为可分离变量的微分方程,然后求解.

令 $\frac{y}{x}=u$ 或 $y=ux$,则 $\frac{\mathrm{d}y}{\mathrm{d}x}=x\frac{\mathrm{d}u}{\mathrm{d}x}+u$,代入(6-12)式得
$$x\frac{\mathrm{d}u}{\mathrm{d}x}+u=\varphi(u),$$

或
$$\frac{\mathrm{d}u}{\mathrm{d}x}=\frac{\varphi(u)-u}{x}.$$

这是一个可分离变量的微分方程.

【例 6-6】 解方程
$$\frac{\mathrm{d}y}{\mathrm{d}x}=2\sqrt{\frac{y}{x}}+\frac{y}{x}.$$

**解** 令 $y=ux$,代入方程得
$$x\frac{\mathrm{d}u}{\mathrm{d}x}+u=2\sqrt{u}+u,$$

即
$$x\frac{\mathrm{d}u}{\mathrm{d}x}=2\sqrt{u}.$$

分离变量并积分,得(6-13)式的通解
$$\sqrt{u}=\ln|x|+C.$$

此外 $u=0$ 也是(6-13)式的解,代回原变量,得原方程的通解

$$\sqrt{\frac{y}{x}} = \ln|x| + C$$

及特解
$$y = 0 \quad (x \neq 0).$$

### 6.2.3 一阶线性微分方程

如果一阶微分方程 $F(x,y,y') = 0$ 可以写为：
$$y' + p(x)y = q(x), \tag{6-13}$$
则称之为<u>一阶线性微分方程</u>，其中 $p(x), q(x)$ 为连续函数. 当 $q(x) \not\equiv 0$ 时，(6-13)式称为<u>非齐次线性微分方程</u>. 当 $q(x) \equiv 0$ 时，(6-13)式成为
$$\frac{dy}{dx} + p(x)y = 0, \tag{6-14}$$
称它为对应于非齐次线性方程(6-13)式的<u>齐次线性微分方程</u>.

方程(6-14)式是可分离变量的方程，分离变量后得
$$\frac{dy}{y} = -p(x)dx,$$
两边积分得
$$\ln|y| = -\int p(x)dx + \widetilde{C}.$$
或
$$y = \pm e^{\widetilde{C}} e^{-\int p(x)dx}.$$
令 $C = \pm e^{\widetilde{C}}$，则
$$y = Ce^{-\int p(x)dx} \quad (C \neq 0).$$
此外 $y = 0$ 是方程的常数解. 若允许 $C = 0$，则此解也含于上式中，所以方程(6-14)式的通解为
$$y = Ce^{-\int p(x)dx}, \tag{6-15}$$
其中 $C$ 为任意常数.

现在对方程(6-15)式作变换
$$y = ue^{-\int p(x)dx}, \tag{6-16}$$
代入(6-13)式化简得
$$\frac{du}{dx} = q(x)e^{\int p(x)dx},$$
由此积分，有
$$u = \int q(x)e^{\int p(x)dx} dx + C,$$
将它代回到(6-16)式即得方程(6-13)式的通解
$$y = e^{-\int p(x)dx}\left(\int q(x)e^{\int p(x)dx} dx + C\right). \tag{6-17}$$

上述求解方法通常称为<u>常数变易法</u>(把(6-15)式中 $C$ 变易为 $x$ 的函数 $u = u(x)$)，公式

(6-17)式也称为方程(6-14)式的常数变易公式.具体求解可按上述常数变易法的过程进行,也可直接代入(6-17)式.

【例6-7】 求方程

$$\frac{dy}{dx} - \frac{2y}{x+1} = (x+1)^{\frac{5}{2}}$$

的通解.

**解** 这是一个一阶非齐次线性微分方程.先求对应的齐次方程的通解.

$$\frac{dy}{dx} - \frac{2y}{x+1} = 0,$$

$$\frac{dy}{y} = \frac{2dx}{x+1},$$

$$\ln y = 2\ln(x+1) + \ln C,$$

$$y = C(x+1)^2.$$

用常数变易法,把 $C$ 换成 $u$,即令

$$y = u(x+1)^2, \tag{6-18}$$

那么

$$\frac{dy}{dx} = u'(x+1)^2 + 2u(x+1).$$

代入所给非齐次方程,得

$$u' = (x+1)^{\frac{1}{2}}.$$

两端积分,得

$$u = \frac{2}{3}(x+1)^{\frac{3}{2}} + C.$$

再把上式代入(6-18)式,即得所求方程的通解为

$$y = (x+1)^2 \left[ \frac{2}{3}(x+1)^{\frac{3}{2}} + C \right].$$

【例6-8】 求微分方程 $y' + y = e^{-x}$ 的通解.

**解** 显然,$y' + y = e^{-x}$ 为一阶线性非齐次微分方程.
其中
$$p(x) = 1, q(x) = e^{-x},$$
直接应用(6-17)式得

$$y = e^{-\int p(x)dx} \left( \int q(x) e^{\int p(x)dx} dx + C \right)$$

$$= e^{-\int 1 dx} \left( \int e^{-x} e^{\int 1 dx} dx + C \right)$$

$$= e^{-x} \left( \int e^{-x} e^{x} dx + C \right)$$

$$= e^{-x}(x + C).$$

【例6-9】 求微分方程 $x^2 y' + xy + 1 = 0$ 在 $y(2) = 1$ 时的特解.

**解** 将方程化为标准方程:$y' + \frac{1}{x} y = -\frac{1}{x^2}$,显然为一阶线性非齐次微分方程.

其中
$$p(x) = \frac{1}{x}, q(x) = -\frac{1}{x^2},$$
则
$$y = e^{-\int p(x)dx} \left( \int q(x) e^{\int p(x)dx} dx + C \right)$$

$$= e^{-\int \frac{1}{x}dx}\left(\int -\frac{1}{x^2}e^{\int \frac{1}{x}dx}dx + C\right)$$

$$= e^{-\ln x}\left(\int -\frac{1}{x^2}e^{\ln x}dx + C\right)$$

$$= \frac{1}{x}\left(\int -\frac{1}{x^2}xdx + C\right) = \frac{1}{x}(-\ln x + C).$$

由初始条件 $y(2)=1$, $\dfrac{-\ln 2+C}{2}=1$, $C=2+\ln 2$, 故满足初始条件的特解为

$$y = \frac{-\ln x + 2 + \ln 2}{x}.$$

【例 6-10】 解方程 $\dfrac{dy}{dx} = \dfrac{1}{x+y}$.

**解** 将所给方程改写为

$$\frac{dx}{dy} = x+y, \quad \frac{dx}{dy} - x = y,$$

即为一阶线性方程,则按一阶线性方程的求解公式可求得通解. 此时

$$p(y) = -1, \quad q(y) = y.$$

则

$$x = e^{-\int p(y)dy}\left(\int q(y)e^{\int p(y)dy}dy + C\right)$$

$$= e^{-\int -1dy}\left(\int ye^{\int -1dy}dy + C\right)$$

$$= e^{y}\left(\int ye^{-y}dy + C\right)$$

$$= e^{y}\left(\int -yde^{-y} + C\right)$$

$$= e^{y}(-ye^{-y} - e^{-y} + C)$$

$$= Ce^{y} - y - 1.$$

**注意** 在一阶微分方程中, $x$ 和 $y$ 的地位是对等的, 通常视 $y$ 为未知函数, $x$ 为自变量, 为求解方便, 有时也视 $x$ 为未知函数, 而 $y$ 为自变量. 求解某些微分方程时, 需要特别注意.

【例 6-11】 解方程

$$\frac{dy}{dx} = \frac{y}{2x-y^2}.$$

**解** 将方程改写为

$$\frac{dx}{dy} = \frac{2}{y}x - y,$$

即

$$\frac{dx}{dy} - \frac{2}{y}x = -y.$$

这是以 $x$ 为未知量的一阶线性微分方程. 通解为

$$x = e^{\int \frac{2}{y}dy}\left(-\int ye^{-\int \frac{2}{y}dy}dy + C\right).$$

$$= y^2(C - \ln|y|).$$

【例 6-12】 求解微分方程 $y^2dx + (xy+1)dy = 0$.

**解** 显然此方程关于 $y,y'$ 不是线性的,若将方程改写为:$y^2\dfrac{\mathrm{d}x}{\mathrm{d}y}+yx=-1$ 或 $\dfrac{\mathrm{d}x}{\mathrm{d}y}+\dfrac{1}{y}x=-\dfrac{1}{y^2}$,或 $x'+\dfrac{1}{y}x=-\dfrac{1}{y^2}$. 此时的方程关于 $x,x'$ 是线性的,让 $p(y)=\dfrac{1}{y},q(y)=-\dfrac{1}{y^2}$,此时未知函数为 $x=x(y)$. 易得方程的通解为:$x=\dfrac{-\ln y+C}{y}$.

【例 6-13】 求方程
$$xy'+y=y(\ln x+\ln y)$$
的通解.

**解** 令 $u=xy$,得 $y=\dfrac{u}{x}$,$\dfrac{\mathrm{d}y}{\mathrm{d}x}=\dfrac{1}{x}\dfrac{\mathrm{d}u}{\mathrm{d}x}-\dfrac{u}{x^2}$,则原方程化为
$$u'=y\ln u=\dfrac{u}{x}\ln u,$$
即
$$\dfrac{\mathrm{d}u}{u\ln u}=\dfrac{\mathrm{d}x}{x}.$$
两边积分得
$$\ln C+\ln x=\ln\ln u,$$
即
$$u=\mathrm{e}^{Cx}.$$
将 $u=xy$ 代入上式得原方程的通解为
$$y=\dfrac{1}{x}\mathrm{e}^{Cx}.$$

【例 6-14】 设函数 $f(x)$ 可微,且满足
$$\int_0^x[2f(t)-1]\mathrm{d}t=f(x)-1,$$
求 $f(x)$.

**解** 对关系式 $\int_0^x[2f(t)-1]\mathrm{d}t=f(x)-1$ 两边求导,得
$$f'(x)=2f(x)-1.$$
化为关于 $f(x)$ 的线性方程标准式为
$$f'(x)-2f(x)=-1,$$
其中 $p(x)=-2,q(x)=-1$.

由公式得通解为
$$f(x)=\mathrm{e}^{-\int p(x)\mathrm{d}x}\left[\int q(x)\mathrm{e}^{\int p(x)\mathrm{d}x}\mathrm{d}x+C\right]=\mathrm{e}^{\int 2\mathrm{d}x}\left(\int-\mathrm{e}^{-\int 2\mathrm{d}x}\mathrm{d}x+C\right)$$
$$=\mathrm{e}^{2x}\left(\dfrac{1}{2}\mathrm{e}^{-2x}+C\right)=\dfrac{1}{2}+C\mathrm{e}^{2x}.$$

由原式可知 $f(0)=1$,故 $C=\dfrac{1}{2}$. 于是求得
$$f(x)=\dfrac{1}{2}(1+\mathrm{e}^{2x}).$$

## 习题 6.2

1. 求下列微分方程的通解：

   (1) $\dfrac{dy}{dx} = -\dfrac{x}{y}$；

   (2) $xy' - y\ln y = 0$；

   (3) $\dfrac{dy}{dx} = 1 + x + y^2 + xy^2$；

   (4) $(y+1)^2 \dfrac{dy}{dx} + x^3 = 0$；

   (5) $(xy^2 + x)dx + (y - x^2 y)dy = 0$；

   (6) $y dx + (x^2 - 4x)dy = 0$；

   (7) $x \sec y \, dx + (x+1)dy = 0$；

   (8) $(e^{x+y} - e^x)dx + (e^{x+y} + e^y)dy = 0$.

2. 求下列微分方程满足所给初始条件的特解：

   (1) $\cos x \sin y \, dy = \cos y \sin x \, dx$，$y|_{x=0} = \dfrac{\pi}{4}$；

   (2) $\cos y \, dx + (1 + e^{-x})\sin y \, dy = 0$，$y|_{x=0} = \dfrac{\pi}{4}$.

3. 求下列方程的通解：

   (1) $\dfrac{dy}{dx} = \dfrac{y}{x} + e^{\frac{y}{x}}$；

   (2) $y' = \dfrac{y}{x}(1 + \ln y - \ln x)$；

   (3) $(x + y \cos \dfrac{y}{x})dx - x \cos \dfrac{y}{x} dy = 0$；

   (4) $x \dfrac{dy}{dx} = y \ln \dfrac{y}{x}$；

   (5) $(2x \sin \dfrac{y}{x} + 3y \cos \dfrac{y}{x})dx - 3x \cos \dfrac{y}{x} dy = 0$；

   (6) $(1 + 2e^{\frac{x}{y}})dx + 2e^{\frac{x}{y}}(1 - \dfrac{x}{y})dy = 0$.

4. 求下列微分方程的通解：

   (1) $\dfrac{dy}{dx} + y = e^{-x}$；

   (2) $xy' + y = x^2 + 3x + 1$；

   (3) $y' + y \cos x = e^{-\sin x}$；

   (4) $y' + y \tan x = \sin 2x$.

5. 求下列方程满足所给初始条件的特解：

   (1) $y' - y \tan x = \dfrac{1}{\cos x}$，$y|_{x=0} = 1$；

   (2) $\cos x \dfrac{dy}{dx} + y \sin x = \cos^2 x$，$y|_{x=\pi} = 1$；

   (3) $\dfrac{dy}{dx} + y \cot x = 5e^{\cos x}$，$y|_{x=\frac{\pi}{2}} = -4$；

   (4) $y' - y = 2xe^{2x}$，$y|_{x=0} = 1$.

## 6.3 可降阶的高阶微分方程

二阶及二阶以上的微分方程统称为**高阶微分方程**. 求解高阶方程的一种常用的方法就是设法降低方程的阶数. 以二阶微分方程

$$y'' = f(x, y, y') \tag{6-19}$$

而论,如果能设法作代换把它从二阶降至一阶,那么就有可能运用第二节所讲的方法来求出它的解了. 本节介绍几种可降阶的方程类型及其解法.

### 6.3.1 $y^{(n)} = f(x)$ 型的微分方程

微分方程
$$y^{(n)} = f(x) \tag{6-20}$$

的右端仅含有自变量 $x$. 显然, 只要把 $y^{(n-1)}$ 作为新的未知函数, 那么 (6-20) 式就是新未知函数的一阶微分方程. 两边积分, 就得到一个 $(n-1)$ 阶的微分方程

$$y^{(n-1)} = \int f(x) \mathrm{d}x + C_1.$$

同理可得
$$y^{(n-2)} = \int \left[ \int f(x) \mathrm{d}x + C_1 \right] \mathrm{d}x + C_2.$$

依此法继续进行, 接连积分 $n$ 次, 便得方程 (6-20) 的含有 $n$ 个任意常数的通解.

【例 6-15】 求解微分方程
$$y''' = \mathrm{e}^x.$$

**解** 在方程两端积分, 得
$$y'' = \mathrm{e}^x + C_1,$$

继续积分, 得
$$y' = \mathrm{e}^x + C_1 x + C_2,$$

再积分, 得通解为
$$y = \mathrm{e}^x + \frac{C_1}{2} x^2 + C_2 x + C_3.$$

### 6.3.2 $y'' = f(x, y')$ 型的微分方程

微分方程
$$y'' = f(x, y') \tag{6-21}$$

的右端不显含未知函数 $y$. 若令 $y' = p(x)$, 则
$$y'' = \frac{\mathrm{d}p}{\mathrm{d}x} = p',$$

而方程 (6-21) 就成为
$$p' = f(x, p).$$

这是一个关于变量 $x, p$ 的一阶微分方程. 设其通解为
$$p = \varphi(x, C_1),$$

但是 $y' = p(x)$, 因此, 又得到一个一阶微分方程
$$\frac{\mathrm{d}y}{\mathrm{d}x} = \varphi(x, C_1).$$

对它进行积分, 便得到方程 (6-21) 的通解为
$$y = \int \varphi(x, C_1) \mathrm{d}x + C_2.$$

【例 6-16】 求微分方程

$$(1+x^2)y''=2xy'$$

满足初始条件

$$y\big|_{x=0}=1,\ y'\big|_{x=0}=3$$

的特解.

**解** 所给方程是 $y''=f(x,y')$ 型的. 设 $y'=p(x)$, 代入方程并分离变量后, 有

$$\frac{\mathrm{d}p}{p}=\frac{2x}{1+x^2}\mathrm{d}x.$$

两端积分, 得

$$\ln|p|=\ln(1+x^2)+C,$$

即

$$p=y'=C_1(1+x^2) \quad (C_1=\pm e^C).$$

由条件 $y'\big|_{x=0}=3$, 得

$$C_1=3,$$

所以

$$y'=3(1+x^2).$$

再积分, 得

$$y=x^3+3x+C_2.$$

又由条件 $y\big|_{x=0}=1$, 得

$$C_2=1,$$

故所求的特解为

$$y=x^3+3x+1.$$

### 6.3.3  $y''=f(y,y')$ 型的微分方程

微分方程

$$y''=f(y,y') \tag{6-22}$$

中不明显地含自变量 $x$. 若令 $y'=p(y)$, 则

$$y''=\frac{\mathrm{d}p}{\mathrm{d}x}=\frac{\mathrm{d}p}{\mathrm{d}y}\frac{\mathrm{d}y}{\mathrm{d}x}=p\frac{\mathrm{d}p}{\mathrm{d}y}.$$

这样, 方程(6-22)就成为

$$p\frac{\mathrm{d}p}{\mathrm{d}y}=f(y,p).$$

这是一个关于变量 $y,p$ 的一阶微分方程. 设其通解为

$$y'=p=\varphi(y,C_1),$$

分离变量并积分, 便得方程(6-22)的通解为

$$\int\frac{\mathrm{d}y}{\varphi(y,C_1)}=x+C_2.$$

【例 6-17】 求微分方程

$$yy''+y'^2=0$$

的通解.

**解** 所求方程不明显地含有自变量 $x$, 令 $y'=p(y)$, 则 $y''=p\dfrac{\mathrm{d}p}{\mathrm{d}y}$, 代入方程得

$$yp\frac{dp}{dy}+p^2=0.$$

在 $y\neq 0$、$p\neq 0$ 时,约去 $p$,得

$$y\frac{dp}{dy}+p=0.$$

解得

$$p=\frac{C}{y},$$

即

$$y'=\frac{C}{y}.$$

分离变量并积分得

$$y^2=C_1 x+C_2 \quad (C_1=2C).$$

### 习题 6.3

1. 求下列各微分方程的通解:

(1) $y''=x+\sin x$;  (2) $y'''=xe^x$;

(3) $y''=\dfrac{1}{1+x^2}$;  (4) $y''=1+y'^2$;

(5) $y''=y'+x$;  (6) $xy''+y'=0$;

(7) $yy''+2y'^2=0$;  (8) $y^3 y''-1=0$;

(9) $y''=\dfrac{1}{\sqrt{y}}$;  (10) $y''=(y')^3+y'$.

2. 求下列各微分方程满足所给初始条件的特解:

(1) $y^3 y''+1=0, y|_{x=1}=1, y'|_{x=1}=0$;  (2) $y''-ay'^2=0, y|_{x=0}=0, y'|_{x=0}=-1$;

(3) $y'''=e^{ax}, y|_{x=1}=y'|_{x=1}=y''|_{x=1}=0$;  (4) $y''=e^{2y}, y|_{x=0}=y'|_{x=0}=0$;

(5) $y''=3\sqrt{y}, y|_{x=0}=1, y'|_{x=0}=2$;  (6) $y''+(y')^2=1, y|_{x=0}=0, y'|_{x=0}=0$.

3. 试求 $y''=x$ 的经过点 $M(0,1)$ 且在此点与直线 $y=\dfrac{x}{2}+1$ 相切的积分曲线.

## 6.4 高阶线性微分方程

本节我们将讨论在实际问题中应用比较广泛的所谓高阶线性常微分方程,讨论时以二阶线性常微分方程为主.

### 6.4.1 线性微分方程的概念

**定义 6-2**  $n$ 阶线性微分方程的一般形式为

$$y^{(n)}+P_1(x)y^{(n-1)}+\cdots+P_{n-1}(x)y'+P_n(x)y=f(x), \tag{6-23}$$

其中 $P_1(x), P_2(x), \cdots, P_n(x)$ 是 $x$ 的函数.

当方程(6-23)的右端 $f(x)\equiv 0$ 时,称为**齐次方程**;当 $f(x)\not\equiv 0$ 时,称为**非齐次方程**.

**定义 6-3** 形如

$$y''+p(x)y'+q(x)y=f(x) \qquad (6-24)$$

的方程,称为**二阶线性微分方程**. 当方程(6-24)的右端 $f(x)\equiv 0$,称为**二阶齐次线性微分方程**;当 $f(x)\not\equiv 0$ 时,称为**二阶非齐次线性微分方程**.

### 6.4.2 线性微分方程的解的结构

先讨论二阶齐次线性方程

$$y''+p(x)y'+q(x)y=0. \qquad (6-25)$$

**定理 6-1(齐次线性方程解的叠加原理)** 如果函数 $y_1(x)$, $y_2(x)$ 是方程(6-25)的两个解,则

$$y=C_1y_1(x)+C_2y_2(x) \qquad (6-26)$$

也是方程(6-25)的解,其中 $C_1$, $C_2$ 均为任意常数.

**证明** 因为 $y_1$, $y_2$ 是方程(6-25)式的解,所以

$$y_1''+p(x)y_1'+q(x)y_1=0, \quad y_2''+p(x)y_2'+q(x)y_2=0,$$

将 $y=C_1y_1+C_2y_2$ 代入方程(6-25)式左端得

$$(C_1y_1''+C_2y_2'')+p(x)(C_1y_1'+C_2y_2')+q(x)(C_1y_1+C_2y_2)$$
$$=C_1[y_1''+p(x)y_1'+q(x)y_1]+C_2[y_2''+p(x)y_2'+q(x)y_2]=0,$$

即

$$y=C_1y_1+C_2y_2$$

是方程(6-25)的解.

**定义 6-4** 设 $y=y_1(x)$ 与 $y=y_2(x)$ 是定义在某区间内的两个函数,如果存在常数 $k$,使得 $\dfrac{y_1(x)}{y_2(x)}=k$ 成立,则称 $y_1(x)$ 与 $y_2(x)$ 在该区间内**线性相关**;否则,称 $y_1(x)$ 与 $y_2(x)$ 在该区间内**线性无关**.

**定理 6-2(齐次线性方程的通解结构)** 如果函数 $y_1(x)$, $y_2(x)$ 是方程(6-25)的两个线性无关的解,则函数

$$y=C_1y_1(x)+C_2y_2(x) \quad (C_1, C_2 \text{ 为任意常数})$$

是方程(6-25)的通解.

**【例 6-18】** 验证 $y_1=e^{2x}$, $y_2=e^x$ 是微分方程 $y''-3y'+2y=0$ 的解,并写出该方程的通解.

**解** 将 $y_1$, $y_2$ 分别代入方程左端得

$$(e^{2x})''-3(e^{2x})'+2e^{2x}=(4-6+2)e^{2x}=0,$$
$$(e^x)''-3(e^x)'+2e^x=(1-3+2)e^x=0,$$

所以 $y_1$, $y_2$ 都是该方程的解. 又因为 $\dfrac{y_1}{y_2}=\dfrac{e^{2x}}{e^x}=e^x\neq$ 常数,所以 $y_1$ 与 $y_2$ 线性无关. 于是由定理 6-2,所给方程的通解为

$$y=C_1e^{2x}+C_2e^x \quad (C_1, C_2 \text{ 为任意常数}).$$

定理 6-2 不难推广到 $n$ 阶齐次线性方程.

**推论 6-1** 如果 $y_1(x), y_2(x), \cdots, y_n(x)$ 是 $n$ 阶齐次线性方程的 $n$ 个线性无关的解,那

么,此方程的通解为
$$y=C_1y_1(x)+C_2y_2(x)+\cdots+C_ny_n(x),$$
其中 $C_1,C_2,\cdots,C_n$ 为任意常数.

在§6.2中我们已经看到,一阶非齐次线性微分方程的通解由两部分构成:一部分是对应的齐次方程的通解;另一部分是非齐次方程本身的一个特解.实际上,不仅一阶非齐次线性方程的通解具有这样的结构,而且二阶及更高阶的非齐次线性微分方程的通解也具有同样的结构.

**定理 6-3(二阶非齐次线性微分方程的通解结构)** 设 $y^*(x)$ 是二阶非齐次线性微分方程
$$y''+p(x)y'+q(x)y=f(x)$$
的一个特解,$Y(x)$ 是与(6-24)式对应的齐次方程的通解,那么
$$y=Y(x)+y^*(x)$$
是二阶非齐次线性微分方程(6-24)的通解.

**证明** 将(6-26)式代入方程(6-24)的左端,得
$$[Y''+y^{*''}(x)]+p(x)[Y'+y^{*'}(x)]+q(x)[Y+y^*(x)]$$
$$=[Y''+p(x)Y'+q(x)Y]+[y^{*''}(x)+p(x)y^{*'}(x)+q(x)y^*(x)]$$
$$=0+f(x)=f(x),$$
故(6-26)式是方程(6-24)的解.

由于对应的齐次方程(6-25)的通解 $Y=C_1y_1(x)+C_2y_2(x)$ 中含有两个任意常数,所以 $y=Y(x)+y^*$ 中也含有两个任意常数,从而它就是二阶非齐次线性方程(6-24)的通解.

例如,方程 $y''+y=x^2$ 是二阶非齐次线性微分方程.已知 $Y(x)=C_1\cos x+C_2\sin x$ 是对应的齐次线性方程 $y''+y=0$ 的通解,又容易验证 $y^*=x^2-2$ 是所给方程的一个特解.因此,
$$y=C_1y_1(x)+C_2y_2(x)+x^2-2$$
是所给方程的通解.

非齐次线性微分方程(6-24)的特解有时可用下述定理来帮助求出.

**定理 6-4(二阶线性微分方程的解的叠加原理)** 若 $y_1^*,y_2^*$ 分别是方程
$$y''+p(x)y'+q(x)y=f_1(x), y''+p(x)y'+q(x)y=f_2(x)$$
的特解,则 $y=y_1^*+y_2^*$ 是方程
$$y''+p(x)y'+q(x)y=f_1(x)+f_2(x) \tag{6-27}$$
的特解.

**证明** 将 $y=y_1^*+y_2^*$ 代入方程(6-27)的左端,得
$$(y_1^*+y_2^*)''+p(x)(y_1^*+y_2^*)'+q(x)(y_1^*+y_2^*)$$
$$=[(y_1^*)''+p(x)(y_1^*)'+q(x)y_1^*]+[(y_2^*)''+p(x)(y_2^*)'+q(x)y_2^*]$$
$$=f_1(x)+f_2(x).$$
因此,$y_1^*+y_2^*$ 是方程(6-27)的一个特解.

**习题 6.4**

1. 下列函数组在其定义区间内哪些是线性无关的?

(1) $x, x^2$;     (2) $x, 2x$;
(3) $e^{2x}, 3e^{2x}$;     (4) $e^{-x}, e^x$;
(5) $\cos 2x, \sin 2x$;     (6) $e^{x^2}, xe^{x^2}$;
(7) $\sin 2x, \cos x \sin x$;     (8) $e^x \cos 2x, e^x \sin 2x$;
(9) $\ln x, x\ln x$;     (10) $e^{ax}, e^{bx} (a \neq b)$.

2. 验证 $y_1 = \cos \omega x$ 及 $y_2 = \sin \omega x$ 都是方程 $y'' + \omega^2 y = 0$ 的解,并写出该方程的通解.

3. 验证 $y_1 = e^{x^2}$ 及 $y_2 = xe^{x^2}$ 都是方程 $y'' - 4xy' + (4x^2 - 2)y = 0$ 的解,并写出该方程的通解.

4. 验证:

(1) $y = C_1 e^x + C_2 e^{2x} + \dfrac{1}{12} e^{5x}$($C_1, C_2$ 是任意常数)是方程 $y'' - 3y' + 2y = e^{5x}$ 的通解;

(2) $y = C_1 \cos 3x + C_2 \sin 3x + \dfrac{1}{32}(4x\cos x + \sin x)$($C_1, C_2$ 是任意常数)是方程 $y'' + 9y = x\cos x$ 的通解;

(3) $y = C_1 x^2 + C_2 x^2 \ln x$($C_1, C_2$ 是任意常数)是方程 $x^2 y'' - 3xy' + 4y = 0$ 的通解;

(4) $y = C_1 x^5 + \dfrac{C_2}{x} - \dfrac{x^2}{9} \ln x$($C_1, C_2$ 是任意常数)是方程 $x^2 y'' - 3xy' - 5y = x^2 \ln x$ 的通解;

(5) $y = \dfrac{1}{x}(C_1 e^x + C_2 e^{-x}) + \dfrac{e^x}{2}$($C_1, C_2$ 是任意常数)是方程 $xy'' + 2y' - xy = e^x$ 的通解;

(6) $y = C_1 e^x + C_2 e^{-x} + C_3 \cos x + C_4 \sin x - x^2$($C_1, C_2, C_3, C_4$ 是任意常数)是方程 $y^{(4)} - y = x^2$ 的通解.

## 6.5 二阶常系数线性微分方程

本节主要讨论二阶常系数线性微分方程的解法.

### 6.5.1 二阶常系数齐次线性微分方程

在齐次线性方程中,当 $y$ 与 $y$ 的各阶导数的系数都是常数时,叫**常系数齐次线性微分方程**. 此类方程的求解方法,可归结到求解一个代数方程,而且用处较大. 本节我们重点讨论二阶的情形,对于高于二阶的情形是类似的.

在二阶齐次线性微分方程

$$y'' + p(x)y' + q(x)y = 0 \tag{6-28}$$

中,当 $p(x), q(x)$ 均为常数时,上式成为

$$y'' + py' + qy = 0, \tag{6-29}$$

其中 $p, q$ 是常数,则称(6-28)式为**二阶常系数齐次线性微分方程**. 当 $p, q$ 不全为常数时,称(6-29)式**二阶变系数齐次线性微分方程**.

本小节主要讨论二阶常系数齐次线性微分方程这种情况.

对于(6-25)式,我们知道通解应为: $y = C_1 y_1(x) + C_2 y_2(x)$,其中 $\dfrac{y_1}{y_2} \neq k$,即 $y_1$ 与 $y_2$ 线

性无关.同样对于(6-29)式,也应先求出两个线性无关的解 $y_1(x)$ 和 $y_2(x)$,从而 $y = C_1 y_1(x) + C_2 y_2(x)$ 就是其通解.

根据方程(6-29)式的特点.我们猜想:$y = e^{rx}$ 有可能是(6-29)式的解($r$ 为待定常数),这是因为 $y = e^{rx}$ 和它的各阶导数只差一个常数因子:$y' = re^{rx}$,$y'' = r^2 e^{rx}$,将 $y, y', y''$ 代入(6-29)式得:

$$\text{左式} = r^2 e^{rx} + pre^{rx} + qe^{rx} = e^{rx}(r^2 + pr + q).$$

若 $y$ 是(6-29)式的解,应有

$$e^{rx}(r^2 + pr + q) = 0.$$

由于 $e^{rx} \neq 0$,所以有

$$r^2 + pr + q = 0. \tag{6-30}$$

因此,只要 $r$ 的值能使(6-30)式成立,那么 $y = e^{rx}$ 就是(6-29)式的解,称(6-30)式为(6-29)式的**特征方程**,称(6-30)式的根为**特征根**.

特征方程(6-30)是一个一元二次代数方程.其中 $r^2, r$ 的系数及常数项恰好依次是方程(6-29)式中 $y'', y', y$ 的系数.(6-30)式的两个根 $r_1, r_2$ 可用公式:$r_{1,2} = \dfrac{-p \pm \sqrt{p^2 - 4q}}{2}$ 求出,它分为如下三种情形:

第一种情形:当 $p^2 - 4q > 0$ 时,(6-30)式有两个不相等的实根:$r_1 \neq r_2$. 显然 $y_1 = e^{r_1 x}$ 与 $y_2 = e^{r_2 x}$ 是(6-29)式的两个解.又 $\dfrac{y_1}{y_2} = \dfrac{e^{r_1 x}}{e^{r_2 x}} = e^{(r_1 - r_2)x} \neq k$,所以 $y_1$ 与 $y_2$ 线性无关,故有(6-29)式的通解:$y = C_1 e^{r_1 x} + C_2 e^{r_2 x}$.

第二种情形:当 $p^2 - 4q = 0$ 时,(6-30)式有两个相等的实根.$r_1 = r_2$,显然 $y_1 = e^{r_1 x}$ 是(6-29)式的一个解.为了寻求另一个与 $y_1$ 线性无关的解,设 $\dfrac{y_2}{y_1} = u(x)$,即 $y_2 = e^{r_1 x} u(x)$.下面来求 $u(x)$.

对 $y_2$ 求导,得

$$y_2' = r_1 e^{r_1 x} u + e^{r_1 x} u' = e^{r_1 x}(u' + r_1 u).$$
$$y_2'' = r_1^2 e^{r_1 x} u + r_1 e^{r_1 x} u' + r_1 e^{r_1 x} u' + e^{r_1 x} u'' = e^{r_1 x}(u'' + 2r_1 u' + r_1^2 u).$$

代入方程(6-29)得

$$e^{r_1 x}(u'' + 2r_1 u' + r_1^2 u) + pe^{r_1 x}(u' + r_1 u) + qe^{r_1 x} u = 0.$$

约去 $e^{r_1 x}$,以 $u'', u', u$ 为准,合并同类项,得

$$u'' + (2r_1 + p)u' + (r_1^2 + pr_1 + q)u = 0.$$

由于 $r_1$ 是特征方程(6-30)的二重根,所以有 $r_1^2 + pr_1 + q = 0$ 且 $2r_1 + p = 0$. 于是得

$$u'' = 0, u' = C_1, u = C_1 x + C_2.$$

因为只要求得一个不为常数的解,故不妨设 $u(x) = x$,由此得 $y_2 = xe^{r_1 x}$,方程(6-29)的通解为:

$$y = C_1 e^{r_1 x} + C_2 x e^{r_1 x} \text{ 或 } y = (C_1 + C_2 x) e^{r_1 x}.$$

第三种情形:当 $p^2 - 4q < 0$ 时,(6-30)式有一对共轭复数根:

$$r_1 = \alpha + i\beta, r_2 = \alpha - i\beta (\beta \neq 0).$$

这时 $y_1 = e^{(\alpha + i\beta)x}, y_2 = e^{(\alpha - i\beta)x}$ 是方程(6-29)式的两个解,但它们是复值函数的形式.为了得

到实值函数的形式,我们采用以下的方法:

首先,利用欧拉公式:
$$e^{i\theta} = \cos\theta + i\sin\theta,$$
把 $y_1, y_2$ 改写为:
$$y_1 = e^{(\alpha+i\beta)x} = e^{\alpha x}(\cos\beta x + i\sin\beta x),$$
$$y_2 = e^{(\alpha-i\beta)x} = e^{\alpha x}(\cos\beta x - i\sin\beta x).$$

然后,根据复值函数 $y_1$ 与 $y_2$ 之间成共轭关系,由 $\dfrac{y_1+y_2}{2}$ 得到它们的实部,由 $\dfrac{y_1-y_2}{2i}$ 得到它们的虚部. 由于方程(6-29)式的解符合叠加原理,实值函数 $\overline{y_1} = \dfrac{y_1+y_2}{2} = e^{\alpha x}\cos\beta x$ 与 $\overline{y_2} = \dfrac{y_1-y_2}{2i} = e^{\alpha x}\sin\beta x$ 还是(6-29)式的解. 且 $\dfrac{\overline{y_1}}{\overline{y_2}} = \cot\beta x \neq k$,从而 $\overline{y_1}$ 与 $\overline{y_2}$ 线性无关,所以(6-29)式的通解为 $y = e^{\alpha x}(C_1\cos\beta x + C_2\sin\beta x)$.

综合以上的讨论:下面给出求 $y'' + py' + qy = 0$ 的通解的步骤,通解的形式见表 6-1.

第一步　写出(6-29)式的特征方程:$r^2 + pr + q = 0$;
第二步　求出(6-30)式的特征根 $r_1, r_2$;
第三步　由表 6-1 得到(6-29)式的通解.

表 6-1

| 特征方程 $r^2+pr+q=0$ 的两个特征根 $r_1, r_2$ | 微分方程 $y''+py'+q=0$ 的通解 |
| --- | --- |
| 两个不相等的实根:$r_1 \neq r_2$ | $y = C_1 e^{r_1 x} + C_2 e^{r_2 x}$ |
| 两个相等的实根:$r_1 = r_2$ | $y = (C_1 + C_2 x) e^{r_1 x}$ |
| 一对共轭复根:$r_{1,2} = \alpha \pm i\beta$ | $y = e^{\alpha x}(C_1 \cos\beta x + C_2 \sin\beta x)$ |

【例 6-19】　求方程 $y'' + y' - 6y = 0$ 的通解.

**解**　方程 $y'' + y' - 6y = 0$ 的特征方程为
$$r^2 + r - 6 = 0,$$
特征根为
$$r_1 = 2, r_2 = -3,$$
故所求方程的通解为
$$y = C_1 e^{2x} + C_2 e^{-3x}.$$

【例 6-20】　求方程 $y'' - 4y' + 4y = 0$ 的通解.

**解**　方程 $y'' - 4y' + 4y = 0$ 的特征方程为
$$r^2 - 4r + 4 = 0,$$
其特征根为
$$r_1 = r_2 = 2,$$
所以原微分方程的通解为
$$y = (C_1 + C_2 x) e^{2x}.$$

【例 6-21】　求微分方程:$y'' - 2y' + 5y = 0$ 通解.

**解**　所给方程的特征方程为:$r^2 - 2r + 5 = 0$,特征根 $r_{1,2} = \dfrac{2 \pm \sqrt{4-20}}{2} = 1 \pm 2i$(这里 $\alpha = 1, \beta = 2$)为一对共轭复根,所以通解为

$$y = e^x(C_1\cos 2x + C_2\sin 2x).$$

### 6.5.2 二阶常系数非齐次线性微分方程

二阶常系数非齐次线性微分方程的一般形式为：
$$y'' + py' + qy = f(x), \tag{6-31}$$
其中 $p, q$ 是常数.

由定理 6-3 可知，(6-31)式的通解应该为 $y = Y + y^*$，$Y$ 为对应齐次线性方程
$$y'' + py' + qy = 0$$
的通解，$y^*$ 为(6-31)式的一个特解. 关于 $Y$ 的求法上小节已经学过了，所以这里只需讨论求(6-31)式的一个特解 $y^*$ 的方法.

本节只介绍(6-31)式中的 $f(x)$ 取两种常见形式时求 $y^*$ 的方法. 这种方法叫做待定系数法，它的特点是不用积分就能求出 $y^*$ 来.

$f(x)$ 的两种形式是：

(1) $f(x) = P_m(x)e^{\lambda x}$，$\lambda$ 是常数，$P_m(x)$ 是 $x$ 的一个 $m$ 次多项式：
$$P_m(x) = a_0 x^m + a_1 x^{m-1} + \cdots + a_{m-1}x + a_m;$$

(2) $f(x) = e^{\lambda x}[P_l(x)\cos\omega x + P_n(x)\sin\omega x]$，其中，$\lambda, \omega$ 是常数. $P_l(x), P_n(x)$ 分别是 $l$ 次和 $n$ 次多项式，其中有一个可为零.

下面分别介绍 $f(x)$ 为这两种形式时 $y^*$ 的求法.

1. $f(x) = e^{\lambda x}P_m(x)$ 型

此时方程为
$$y'' + py' + qy = e^{\lambda x}P_m(x). \tag{6-32}$$

**分析** 方程(6-32)的特解 $y^*$ 是使(6-32)式成为恒等式的函数. (6-32)式的右端 $f(x)$ 是多项式与指数函数的乘积，右端这种形式的导数也必然是多项式与指数函数的乘积，因此，我们设想 $y^* = Q(x)e^{\lambda x}$（其中 $Q(x)$ 是某个多项式）可能是方程(6-32)的特解. 把 $y^*, y^{*\prime}, y^{*\prime\prime}$ 代入方程(6-32)，然后考虑能否选取适当的多项式 $Q(x)$，使 $y^* = Q(x)e^{\lambda x}$ 满足(6-32)式. 为此，将
$$y^* = Q(x)e^{\lambda x},$$
$$y^{*\prime} = Q'(x)e^{\lambda x} + \lambda Q(x)e^{\lambda x} = e^{\lambda x}[\lambda Q(x) + Q'(x)],$$
$$y^{*\prime\prime} = \lambda e^{\lambda x}[\lambda Q(x) + Q'(x)] + e^{\lambda x}[\lambda Q'(x) + Q''(x)]$$
$$= e^{\lambda x}[\lambda^2 Q(x) + 2\lambda Q'(x) + Q''(x)]$$
代入方程(6-32)，消去 $e^{\lambda x}$，得：
$$Q''(x) + (2\lambda + p)Q'(x) + (\lambda^2 + p\lambda + q)Q(x) = P_m(x). \tag{6-33}$$

第一种情形：如果 $\lambda$ 不是(6-29)式的特征方程 $r^2 + pr + q = 0$ 的根，即 $\lambda^2 + p\lambda + q \neq 0$. 由于(6-33)式的右边为一个 $m$ 次多项式，要使(6-33)式两边恒等，可令 $Q(x)$ 为一个 $m$ 次多项式，将 $Q_m(x) = b_0 x^m + b_1 x^{m-1} + \cdots + b_{m-1}x + b_m$ 代入(6-33)式，比较等式两边 $x$ 同次幂的系数，求出 $b_i(i = 0,1,2,\cdots,m)$，从而求出特解 $y^* = Q_m(x)e^{\lambda x}$.

第二种情形：如果 $\lambda$ 是特征方程 $r^2 + pr + q = 0$ 的单根，即 $\lambda^2 + p\lambda + q = 0$，但 $2\lambda + p \neq 0$. 要使(6-33)式两边恒等，$Q'(x)$ 必须是 $m$ 次多项式，可令 $Q(x) = xQ_m(x)$，并且可以用同样的方法求出 $Q_m(x)$ 的系数 $b_i(i = 0,1,2,\cdots)$.

第三种情形：如果 $\lambda$ 是特征方程 $r^2+pr+q=0$ 的重根，即 $\lambda^2+p\lambda+q=0$ 且 $2\lambda+p=0$。要使(6-33)式两边恒等，$Q''(x)$ 必须是 $m$ 次多项式，可令 $Q(x)=x^2 Q_m(x)$，并用同样的方法，求出 $Q_m(x)$ 中的系数。

综上所述，有以下重要结论：如果 $f(x)=P_m(x)e^{\lambda x}$，那么方程(6-31)有形如：

$$y^* = x^k Q_m(x) e^{\lambda x} \tag{6-34}$$

的特解，其中 $Q_m(x)$ 是与 $P_m(x)$ 同次($m$ 次)的多项式，$k$ 按 $\lambda$ 不是特征方程的根，或是单根，或是重根，依次取 $0,1,2$。

【例 6-22】 求微分方程：$y''-2y'-3y=3x+1$ 的一个特解。

**解** 所给二阶常系数非齐次方程为 $f(x)=P_m(x)e^{\lambda x}$ 型。

这里 $P_m(x)=3x+1$，$e^{\lambda x}$ 中 $\lambda=0$。

此微分方程对应的齐次方程为：

$$y''-2y'-3y=0,$$

它的特征方程是：

$$r^2-2r-3=0,$$

求出 $r_1=3, r_2=-1$。

因为这里 $\lambda=0$ 不是特征根，所以 $y^*=x^k Q_m(x)e^{\lambda x}$ 中的 $k$ 取 $0$，应设特解为

$$y^*=ax+b, y^{*\prime}=a, y^{*\prime\prime}=0.$$

将 $y^*, y^{*\prime}, y^{*\prime\prime}$ 代入原方程，得：$0-2a-3ax-3b=3x+1$。

比较方程两端 $x$ 同次幂的系数，得

$$\begin{cases} -3a=3; \\ -2a-3b=1. \end{cases}$$

解得

$$a=-1, b=\frac{1}{3},$$

所以 $y^*=-x+\dfrac{1}{3}$ 为所求。

【例 6-23】 求微分方程 $y''-3y'+2y=xe^{2x}$ 的通解。

**解** 所给方程为二阶常系数非齐次，所对应的齐次方程 $y''-3y'+2y=0$ 的特征方程为

$$r^2-3r+2=0.$$

其特征根为 $r_1=1, r_2=2$，所以 $Y=C_1 e^x+C_2 e^{2x}$ 为齐次方程 $y''-3y'+2y=0$ 的通解。

下面来求非齐次方程的特解 $y^*$，这里 $f(x)=xe^{2x}$，属于 $P_m(x)e^{\lambda x}$ 型，其中 $P_m(x)=x$，$e^{\lambda x}$ 中的 $\lambda=2$。

由于 $\lambda=2$ 是特征方程的单根，特解中的 $k$ 应取 $1$，故可设

$$y^* = x(ax+b)e^{2x},$$

代入方程，并消去 $e^{2x}$，得

$$2ax+b+2a=x,$$

故得

$$a=\frac{1}{2}, b=-1.$$

于是
$$y^* = x\left(\frac{1}{2}x - 1\right)e^{2x}.$$

从而,原方程的通解为:
$$y = C_1 e^x + C_2 e^{2x} + x\left(\frac{1}{2}x - 1\right)e^{2x}.$$

2. $f(x) = e^{\lambda x}[P_l(x)\cos\omega x + P_n(x)\sin\omega x]$ 型

此时方程为
$$y'' + py' + qy = e^{\lambda x}[P_l(x)\cos\omega x + P_n(x)\sin\omega x]. \tag{6-35}$$

可以证明(6-35)式有形如
$$y^* = x^k e^{\lambda x}[R_m^{(1)}(x)\cos\omega x + R_m^{(2)}(x)\sin\omega x] \tag{6-36}$$

的特解,其中 $R_m^{(1)}(x), R_m^{(2)}(x)$ 是 $m$ 次多项式,$m = \max\{l, n\}$,而
$$k = \begin{cases} 0, \lambda + i\omega(或\lambda - i\omega)不是特征根; \\ 1, \lambda + i\omega(或\lambda - i\omega)是特征根. \end{cases}$$

【例 6-24】 求方程 $y'' - 5y' + 6y = \cos x + x\sin x$ 的通解.

**解** 这是二阶常系数非齐次线性方程,且 $f(x)$ 为 $e^{\lambda x}[P_l(x)\cos\omega x + P_n(x)\sin\omega x]$ 型. 这里,$\lambda = 0, \omega = 1, P_l(x) = 1, P_n(x) = x$. 齐次方程为 $y'' - 5y' + 6y = 0$,所对应的特征方程为 $r^2 - 5r + 6 = 0$. 其特征根 $r_1 = 2, r_2 = 3$,故对应齐次方程的通解为
$$Y = C_1 e^{2x} + C_2 e^{3x}.$$

由于 $\lambda \pm i\omega = \pm i$ 不是特征根,故可设原方程的一个特解为
$$y^* = (ax + b)\cos x + (cx + d)\sin x.$$

代入原方程整理得
$$[(5a - 5c)x - 5a + 5b + 2c - 5d]\cos x + [(5a + 5c)x - 2a + 5b - 5c + 5d]\sin x = \cos x + x\sin x,$$

比较等式两端同类项的系数得
$$\begin{cases} 5a - 5c = 0; \\ -5a + 5b + 2c - 5d = 1; \\ 5a + 5c = 1; \\ -2a + 5b - 5c + 5d = 0. \end{cases}$$

解得
$$a = \frac{1}{10}, b = \frac{1}{5}, c = \frac{1}{10}, d = -\frac{3}{50}.$$

从而
$$y^* = \left(\frac{1}{10}x + \frac{1}{5}\right)\cos x + \left(\frac{1}{10}x - \frac{3}{50}\right)\sin x.$$

所以,原方程的通解为
$$y = C_1 e^{2x} + C_2 e^{3x} + \left(\frac{1}{10}x + \frac{1}{5}\right)\cos x + \left(\frac{1}{10}x - \frac{3}{50}\right)\sin x.$$

【例 6-25】 求方程 $y'' + y = 2\sin x$ 的通解.

**解** 方程为二阶常系数非齐次,方程中的 $f(x)$ 为 $e^{\lambda x}[P_l(x)\cos\omega x + P_n(x)\sin\omega x]$ 型,

其中
$$\lambda=0, \omega=1, P_l(x)=0, P_n(x)=2.$$

易知对应齐次方程的特征方程为 $r^2+1=0$，其特征根 $r=\pm i$，对应齐次方程的通解为
$$Y=C_1\cos x+C_2\sin x (\alpha=0,\beta=1).$$

而 $\lambda\pm i\omega=\pm i$ 为特征方程的单根，故方程 $y''+y=2\sin x$ 的特解为
$$y^*=x(a\cos x+b\sin x).$$

代入方程 $y''+y=2\sin x$，得
$$2b\cos x-2a\sin x=2\sin x.$$

比较方程两边同类项的系数得
$$a=-1, b=0.$$

于是
$$y^*=-x\cos x.$$

故原方程的通解为
$$y=C_1\cos x+C_2\sin x-x\cos x.$$

**【例 6-26】** 求微分方程 $y''-y=e^x\cos 2x$ 的通解.

**解** 所给微分方程为二阶常系数非齐次线性微分方程，且方程中的 $f(x)$ 为 $[P_l(x)\cos\omega x+P_n(x)\sin\omega x]e^{\lambda x}$ 型，其中
$$P_l(x)=1, P_n(x)=0, \lambda=1, \omega=2.$$

与所给方程对应的齐次方程为
$$y''-y=0,$$

它的特征方程是
$$r^2-1=0.$$

其特征根 $r_1=1, r_2=-1$，故对应齐次方程的通解为
$$Y=C_1e^x+C_2e^{-x}.$$

由于 $\lambda\pm i\omega=1\pm 2i$ 不是特征方程的根，所以应设特解为
$$y^*=e^x(a\cos 2x+b\sin 2x).$$

求导，得
$$y^{*\prime}=e^x[(a+2b)\cos 2x+(-2a+b)\sin 2x],$$
$$y^{*\prime\prime}=e^x[(-3a+4b)\cos 2x+(-4a-3b)\sin 2x].$$

代入所给方程，整理得
$$4e^x[(-a+b)\cos 2x-(a+b)\sin 2x]=e^x\cos 2x,$$

比较等式两端同类项的系数，有
$$\begin{cases}-a+b=\dfrac{1}{4},\\ a+b=0,\end{cases} \text{得} \begin{cases}a=-\dfrac{1}{8},\\ b=\dfrac{1}{8}.\end{cases}$$

于是求得一个特解为
$$y^*=\frac{1}{8}e^x(\sin 2x-\cos 2x).$$

所以，原方程的通解为
$$y=C_1e^x+C_2e^{-x}+\frac{1}{8}e^x(\sin 2x-\cos 2x).$$

## 习题 6.5

1. 求下列微分方程的通解：
(1) $y''+y'-2y=0$；
(2) $y''-4y'=0$；
(3) $y''+y=0$；
(4) $y''+6y'+13y=0$；
(5) $4\dfrac{d^2x}{dt^2}-20\dfrac{dx}{dt}+25x=0$；
(6) $y''-4y'+5y=0$.

2. 求下列微分方程满足所给初始条件的特解：
(1) $y''-4y'+3y=0, y|_{x=0}=6, y'|_{x=0}=10$；
(2) $y''+4y'+y=0, y|_{x=0}=2, y'|_{x=0}=0$；
(3) $y''-3y'-4y=0, y|_{x=0}=0, y'|_{x=0}=-5$；
(4) $y''+4y'+29y=0, y|_{x=0}=0, y'|_{x=0}=15$；
(5) $y''+25y=0, y|_{x=0}=2, y'|_{x=0}=5$；
(6) $y''-4y'+13y=0, y|_{x=0}=0, y'|_{x=0}=3$.

3. 求下列各微分方程的通解：
(1) $2y''+y'-y=2e^x$；
(2) $y''+a^2y=e^x$；
(3) $2y''+5y'=5x^2-2x-1$；
(4) $y''+3y'+2y=3xe^{-x}$；
(5) $y''-2y'+5y=e^x\sin 2x$；
(6) $y''-6y'+9y=(x+1)e^{3x}$；
(7) $y''+5y'+4y=3-2x$；
(8) $y''+4y=x\cos x$；
(9) $y''+y=e^x x+\cos x$；
(10) $y''-y=\sin^2 x$.

4. 求下列各微分方程满足已给初始条件的特解：
(1) $y''+y+\sin 2x=0, y|_{x=\pi}=1, y'|_{x=\pi}=1$；
(2) $y''-3y'+2y=5, y|_{x=0}=1, y'|_{x=0}=2$；
(3) $y''-10y'+9y=e^{2x}, y|_{x=0}=\dfrac{6}{7}, y'|_{x=0}=\dfrac{33}{7}$；
(4) $y''-y=4xe^x, y|_{x=0}=0, y'|_{x=0}=1$；
(5) $y''-4y'=5, y|_{x=0}=1, y'|_{x=0}=0$.

5. 求作一个二阶常系数齐次线性微分方程，使 $1, e^x, 2e^x, e^x+3$ 都是它的解.

6. 设函数 $\varphi(x)$ 连续，且满足
$$\varphi(x)=e^x+\int_0^x t\varphi(t)dt-x\int_0^x \varphi(t)dt,$$
求 $\varphi(x)$.

7. 已知函数 $f(x)$ 在 $[0,+\infty)$ 上可导，$f(0)=1$，且满足等式
$$f'(x)+f(x)-\dfrac{1}{x+1}\int_0^x f(t)dt=0,$$
求 $f'(x)$，并证明 $e^{-x}\leqslant f(x)\leqslant 1(x\geqslant 0)$.

# 第 7 章

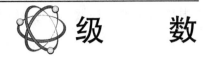
级　　数

在实际应用以及函数的理论分析和近似计算中常常需要考虑无穷项相加的问题,这也就是级数问题.级数是高等数学的一个重要组成部分,是表达函数、研究函数的性质,进行近似计算以及求解微分方程等的有力工具.本章从数项级数的基本理论开始,分类研究数项级数的收敛性,然后讨论函数项级数,最后着重讨论如何将函数展开成幂级数和三角级数的问题.

## 7.1 常数项级数的概念与性质

### 7.1.1 常数项级数的概念

我们知道有限多个实数 $a_1, a_2, \cdots, a_n$ 的和是一个实数.然而有时我们却希望得到无限数列 $\{a_n\}$ 的所有项相加的和:
$$a_1 + a_2 + \cdots + a_n + \cdots.$$

例如,计算某人所走的一段路程.第一天他走了整个路程的一半,第二天他走了剩下路程的一半,第三天又走了剩下路程的一半,如此不停地走下去,根据数列的知识,我们知道,他要到达目的地,必须无限期地走下去,若总路程记为 1,则他所走过的路程为
$$\frac{1}{2} + \frac{1}{4} + \frac{1}{8} + \frac{1}{16} + \cdots + \frac{1}{2^n} + \cdots.$$

显然,我们要求的是这无限多个数相加的和.在前 $n$ 天他总共走的路程为 $1 - \frac{1}{2^n}$,即
$$\frac{1}{2} + \frac{1}{4} + \frac{1}{8} + \cdots + \frac{1}{2^n} = 1 - \frac{1}{2^n}.$$

这样他将越来越接近终点,随着 $n \to \infty$,我们所得的极限就是他所走的整段路程,即
$$\lim_{n \to \infty} \left( \frac{1}{2} + \frac{1}{4} + \frac{1}{8} + \cdots + \frac{1}{2^n} \right) = \lim_{n \to \infty} \left( 1 - \frac{1}{2^n} \right) = 1.$$

很自然的,我们把极限 1 看作这无限多个数相加所得的和,即
$$1 = \frac{1}{2} + \frac{1}{4} + \frac{1}{8} + \frac{1}{16} + \cdots + \frac{1}{2^n} + \cdots.$$

从这个例子,我们得到了无限多个数相加的和及其求解方法.下面我们引入与此有关的概念.

一般地，设给定数列为
$$a_1, a_2, \cdots, a_n, \cdots,$$
则该数列所有项相加所得的表达式
$$a_1 + a_2 + \cdots + a_n + \cdots \tag{7-1}$$
称为(常数项)无穷级数，简称(常数项)级数，其中第 $n$ 项 $a_n$ 叫做级数的一般项或通项. 级数 (7-1) 式简记为 $\sum\limits_{n=1}^{\infty} a_n$，即
$$\sum_{n=1}^{\infty} a_n = a_1 + a_2 + \cdots + a_n + \cdots.$$
有时，给定的数列从第 0 项开始计数，则所对应的无穷级数可以写为
$$\sum_{n=0}^{\infty} a_n = a_0 + a_1 + \cdots + a_n + \cdots.$$
上述级数的定义只是形式上的定义. 从上面的例子可以看出，理解无穷多个项相加，可以从有限项的和出发，观察无穷级数前 $n$ 项的和随着 $n \to \infty$ 的变化趋势来认识这个级数.

作(常数项)级数(7-1)式的前 $n$ 项的和
$$S_n = a_1 + a_2 + \cdots + a_n = \sum_{i=1}^{n} a_i, \tag{7-2}$$
$S_n$ 称为级数(7-1)式的前 $n$ 项部分和. 当 $n$ 依次取 $1, 2, 3, \cdots$ 时，它们构成一个新的数列 $\{S_n\}$，称为部分和数列，其中
$$S_1 = a_1, S_2 = a_1 + a_2, \cdots, S_n = a_1 + a_2 + \cdots + a_n, \cdots.$$
根据这个数列有没有极限，我们引入无穷级数收敛与发散的概念.

**定义 7-1** 如果级数 $\sum\limits_{n=1}^{\infty} a_n$ 的部分和数列 $\{S_n\}$ 有极限 $S$，即
$$\lim_{n \to \infty} S_n = S,$$
则称无穷级数 $\sum\limits_{n=1}^{\infty} a_n$ 收敛，极限 $S$ 称为该级数的和，并写成
$$S = a_1 + a_2 + \cdots + a_n + \cdots.$$
如果 $\{S_n\}$ 没有极限，则称无穷级数 $\sum\limits_{n=1}^{\infty} a_n$ 发散.

从上述定义可知，当级数 $\sum\limits_{n=1}^{\infty} a_n$ 收敛时，其部分和 $S_n$ 是级数的和 $S$ 的近似值. 它们之间的差
$$r_n = S - S_n = a_{n+1} + a_{n+2} + \cdots,$$
称为该级数的余项. 显然 $\lim\limits_{n \to \infty} r_n = 0$，可以看出，$|r_n|$ 是用 $S_n$ 近似代替 $S$ 时所产生的误差.

**【例 7-1】** 由等比数列构成的无穷级数
$$\sum_{k=0}^{\infty} aq^k = a + aq + aq^2 + \cdots + aq^n + \cdots \quad (a \neq 0, q \neq 0), \tag{7-3}$$
称为等比级数(又称为几何级数)，其中 $q$ 叫做级数的公比，试讨论该级数的敛散性.

**解** 计算其前 $n$ 项部分和，我们有
$$S_n = a + aq + aq^2 + \cdots + aq^{n-1},$$

两端同时乘以 $q$,得
$$qS_n=aq+aq^2+\cdots+aq^n,$$
两式相减得
$$S_n-qS_n=a-aq^n.$$
当 $q\neq 1$ 时
$$S_n=\frac{a-aq^n}{1-q}=\frac{a(1-q^n)}{1-q};$$
又当 $q=1$ 时
$$S_n=na.$$

由此可知,当 $|q|<1$ 时,由于 $\lim_{n\to\infty}q^n=0$,从而 $\lim_{n\to\infty}S_n=S=\frac{a}{1-q}$,此时级数收敛;当 $|q|>1$ 时,由于 $\lim_{n\to\infty}q^n=\infty$,从而 $\lim_{n\to\infty}S_n=\infty$,此时级数发散.

如果 $|q|=1$,则当 $q=1$ 时,$S_n=na\to\infty$,级数发散;当 $q=-1$ 时,$S_n=\begin{cases}0 & n\text{ 是偶数};\\ a & n\text{ 是奇数}.\end{cases}$ 从而 $S_n$ 的极限不存在,故级数也发散.

综上所述,我们得到:如果等比级数的公比的绝对值 $|q|<1$,则级数收敛;如果 $|q|\geq 1$,则级数发散.

等比级数是无穷级数中典型的一个级数,在级数中占有非常重要的地位. 在判断无穷级数的收敛性、对无穷级数求和以及将一个函数展开为无穷级数等方面,等比级数都有广泛的应用.

作为等比级数最简单的应用,可将无限循环小数转化为分数.

【例 7-2】 将无限循环小数 $1.111\cdots$ 化为分数.

**解** $1.111\cdots=1+0.1+0.01+0.001+\cdots=\frac{1}{1-0.1}=\frac{10}{9}.$

【例 7-3】 试研究级数 $\frac{1}{1\cdot 3}+\frac{1}{2\cdot 4}+\frac{1}{3\cdot 5}+\cdots+\frac{1}{n(n+2)}+\cdots$ 的敛散性.

**解** $S_n=\frac{1}{1\cdot 3}+\frac{1}{2\cdot 4}+\frac{1}{3\cdot 5}+\cdots+\frac{1}{n(n+2)}$
$=\frac{1}{2}\left[\left(\frac{1}{1}-\frac{1}{3}\right)+\left(\frac{1}{2}-\frac{1}{4}\right)+\left(\frac{1}{3}-\frac{1}{5}\right)+\left(\frac{1}{4}-\frac{1}{6}\right)+\cdots+\left(\frac{1}{n}-\frac{1}{n+2}\right)\right]$
$=\frac{1}{2}\left(1+\frac{1}{2}-\frac{1}{n+1}-\frac{1}{n+2}\right).$

所以 $\lim_{n\to\infty}S_n=\lim\frac{1}{2}\left(1+\frac{1}{2}-\frac{1}{n+1}-\frac{1}{n+2}\right)=\frac{3}{4}=S$,故级数收敛,且和为 $\frac{3}{4}$.

【例 7-4】 试证明级数
$$\sum_{n=1}^{\infty}\frac{1}{\sqrt{n}}=1+\frac{1}{\sqrt{2}}+\frac{1}{\sqrt{3}}+\cdots+\frac{1}{\sqrt{n}}+\cdots$$
发散.

**证明** 该级数的前 $n$ 项部分和为
$$S_n=1+\frac{1}{\sqrt{2}}+\frac{1}{\sqrt{3}}+\cdots+\frac{1}{\sqrt{n}}\geq\frac{1}{\sqrt{n}}+\frac{1}{\sqrt{n}}+\cdots+\frac{1}{\sqrt{n}}=\frac{n}{\sqrt{n}}=\sqrt{n},$$

故 $\lim\limits_{n\to\infty} S_n = +\infty$，从而级数发散.

从级数定义和上面的例题可知，研究级数的收敛性及其和的问题，就是研究该级数的部分和数列 $\{S_n\}$ 及其极限的问题；反之，对于给定的数列 $\{S_n\}$，令

$$S_1 = a_1, S_2 = a_1 + a_2, \cdots, S_n = a_1 + a_2 + \cdots + a_n, \cdots,$$

则 $\sum\limits_{n=1}^{\infty} a_n$ 就是以 $\{S_n\}$ 为部分和数列的级数，且有 $\sum\limits_{n=1}^{\infty} a_n = \lim\limits_{n\to\infty} \sum\limits_{i=1}^{n} a_i = \lim\limits_{n\to\infty} S_n$，因此级数 $\sum\limits_{n=1}^{\infty} a_n$ 与数列 $\{S_n\}$ 同时收敛或同时发散，即研究级数及其和与研究数列及其极限是等价的，只是表现形式不同而已，两者可以互相转化.

### 7.1.2 常数项级数的基本性质

根据无穷级数收敛、发散的定义以及数列的基本性质，可以得到关于级数的基本性质.

**性质 7-1** 若级数 $\sum\limits_{n=1}^{\infty} a_n$ 收敛于和 $S$，则级数 $\sum\limits_{n=1}^{\infty} Ca_n$（$C$ 是常数）也收敛，且其和为 $CS$.

**证明** 设级数 $\sum\limits_{n=1}^{\infty} a_n$ 和级数 $\sum\limits_{n=1}^{\infty} Ca_n$ 的前 $n$ 项和分别为 $S_n, S_n^*$，则

$$S_n^* = Ca_1 + Ca_2 + \cdots + Ca_n = C(a_1 + a_2 + \cdots + a_n) = CS_n,$$

故 $\lim\limits_{n\to\infty} S_n^* = \lim\limits_{n\to\infty} CS_n = C\lim\limits_{n\to\infty} S_n = CS$，即级数 $\sum\limits_{n=1}^{\infty} Ca_n$ 收敛，且其和为 $CS$.

**性质 7-2** 若级数 $\sum\limits_{n=1}^{\infty} a_n$ 和级数 $\sum\limits_{n=1}^{\infty} b_n$ 分别收敛于和 $S, \sigma$，则级数 $\sum\limits_{n=1}^{\infty} (a_n \pm b_n)$ 也收敛，且其和为 $S \pm \sigma$.

**证明** 设级数 $\sum\limits_{n=1}^{\infty} a_n$ 和级数 $\sum\limits_{n=1}^{\infty} b_n$ 的前 $n$ 项和分别为 $S_n, \sigma_n$，级数 $\sum\limits_{n=1}^{\infty} (a_n \pm b_n)$ 的前 $n$ 项和为 $\tau_n$，则

$$\begin{aligned}\tau_n &= (a_1 \pm b_1) + (a_2 \pm b_2) + \cdots + (a_n \pm b_n) \\ &= (a_1 + a_2 + \cdots + a_n) \pm (b_1 + b_2 + \cdots + b_n) = S_n \pm \sigma_n,\end{aligned}$$

故 $\lim\limits_{n\to\infty} \tau_n = \lim\limits_{n\to\infty} (S_n \pm \sigma_n) = S \pm \sigma$，即级数 $\sum\limits_{n=1}^{\infty} (a_n \pm b_n)$ 收敛，且其和为 $S \pm \sigma$.

值得注意的是，如果级数 $\sum\limits_{n=1}^{\infty} a_n$ 和 $\sum\limits_{n=1}^{\infty} b_n$ 都发散，则级数 $\sum\limits_{n=1}^{\infty} (a_n \pm b_n)$ 可能收敛，也可能发散；而如果两个级数 $\sum\limits_{n=1}^{\infty} a_n$ 和 $\sum\limits_{n=1}^{\infty} b_n$ 中有且只有一个收敛，则 $\sum\limits_{n=1}^{\infty} (a_n \pm b_n)$ 一定发散.

性质 7-1 和性质 7-2 表明收敛级数保持线性运算.

**【例 7-5】** 求级数 $\sum\limits_{n=1}^{\infty} \dfrac{5 + (-1)^n}{2^n}$ 的和.

**解** 因为 $\sum\limits_{n=1}^{\infty} \dfrac{5}{2^n} = 5 \sum\limits_{n=1}^{\infty} \dfrac{1}{2^n}$，级数 $\sum\limits_{n=1}^{\infty} \dfrac{1}{2^n}$ 是公比 $|q| = \dfrac{1}{2} < 1$ 的等比级数，所以级数 $\sum\limits_{n=1}^{\infty} \dfrac{1}{2^n}$ 收敛，根据性质 7-1，$\sum\limits_{n=1}^{\infty} \dfrac{5}{2^n}$ 收敛，且 $\sum\limits_{n=1}^{\infty} \dfrac{5}{2^n} = 5 \sum\limits_{n=1}^{\infty} \dfrac{1}{2^n} = 5 \cdot \dfrac{1/2}{1 - 1/2} = 5$.

又级数 $\sum_{n=1}^{\infty} \dfrac{(-1)^n}{2^n}$ 也是公比 $|q|=\dfrac{1}{2}<1$ 的等比级数，所以级数 $\sum_{n=1}^{\infty} \dfrac{(-1)^n}{2^n}$ 收敛，且 $\sum_{n=1}^{\infty} \dfrac{(-1)^n}{2^n} = \dfrac{-1/2}{1-(-1/2)} = -\dfrac{1}{3}$，根据性质 7-2，$\sum_{n=1}^{\infty} \dfrac{5+(-1)^n}{2^n}$ 收敛，且 $\sum_{n=1}^{\infty} \dfrac{5+(-1)^n}{2^n} = 5 - \dfrac{1}{3} = \dfrac{14}{3}$.

**性质 7-3** 在级数中去掉、加上或改变有限项，不会改变级数的敛散性.

**证明** 只需证明"在级数的前面加上或去掉有限项，级数的敛散性不变"，因为其他情形（即在级数中间去掉、加上或改变有限项的情形）都可以看作是在级数前面部分先去掉有限项，然后再加上有限项的结果.

设给定级数 $\sum_{n=1}^{\infty} a_n$，从该级数中去掉前 $m$ 项后所得的级数为

$$a_{m+1} + a_{m+2} + \cdots + a_{m+n} + \cdots.$$

设新的级数的前 $n$ 项部分和为 $S_n^*$，则

$$S_n^* = a_{m+1} + a_{m+2} + \cdots + a_{m+n}$$
$$= (a_1 + a_2 + \cdots + a_m + a_{m+1} + \cdots + a_{m+n}) - (a_1 + a_2 + \cdots + a_m) = S_{m+n} - S_m,$$

其中 $S_{m+n}, S_m$ 分别表示 $\sum_{n=1}^{\infty} a_n$ 的前 $m+n$ 项部分和与前 $m$ 项部分和. 因为 $S_m$ 是常数，所以当 $n \to \infty$ 时，$S_n^*$ 和 $S_{m+n}$ 同时具有极限，或者同时没有极限，即级数 $\sum_{n=1}^{\infty} a_n$ 与 $\sum_{n=1}^{\infty} a_{m+n}$ 同时收敛或者同时发散.

类似地，可以证明在级数的前面加上有限项，不会改变级数的敛散性.

**性质 7-4** 若级数 $\sum_{n=1}^{\infty} a_n$ 收敛，则对该级数的项任意加括号后所构成的新的级数

$$(a_1 + \cdots + a_{k_1}) + (a_{k_1+1} + \cdots + a_{k_2}) + \cdots + (a_{k_{n-1}+1} + \cdots + a_{k_n}) + \cdots$$

仍收敛，且其和不变.

**证明** 设级数 $\sum_{n=1}^{\infty} a_n$ 的前 $n$ 项部分和为 $S_n$，新的级数的前 $n$ 项部分和为 $S_n^*$，则

$$S_1^* = a_1 + a_2 + \cdots + a_{k_1} = S_{k_1},$$
$$S_2^* = (a_1 + a_2 + \cdots + a_{k_1}) + (a_{k_1+1} + \cdots + a_{k_2}) = S_{k_2}, \cdots,$$
$$S_n^* = (a_1 + a_2 + \cdots + a_{k_1}) + (a_{k_1+1} + \cdots + a_{k_2}) + \cdots + (a_{k_{n-1}+1} + \cdots + a_{k_n}) = S_{k_n}.$$

可见，数列 $\{S_n^*\}$ 是数列 $\{S_n\}$ 的一个子数列. 故由数列 $\{S_n\}$ 收敛可知 $\{S_n^*\}$ 收敛，且有

$$\lim_{n \to \infty} S_n^* = \lim_{n \to \infty} S_{k_n} = \lim_{n \to \infty} S_n = S,$$

即加括号后所构成的新的级数收敛，且其和不变.

**注意** 该性质的逆命题不成立，即若一个级数加括号后的新级数收敛，则不能推出原级数收敛. 例如，级数

$$[1+(-1)] + [1+(-1)] + \cdots + [1+(-1)] + \cdots$$

收敛（其和为 0），但级数

$$1 + (-1) + 1 + (-1) + \cdots + 1 + (-1) + \cdots$$

发散.

根据性质 7-4 可以得到如下推论:

**推论 7-1** 若加括号后所成的级数发散,则原级数也发散.

**性质 7-5** 若级数 $\sum\limits_{n=1}^{\infty} a_n$ 收敛,则

$$\lim_{n\to\infty} a_n = 0.$$

**证明** 设级数 $\sum\limits_{n=1}^{\infty} a_n$ 的前 $n$ 项部分和为 $S_n$,且 $\lim\limits_{n\to\infty} S_n = S$,则

$$\lim_{n\to\infty} a_n = \lim_{n\to\infty}(S_n - S_{n-1}) = \lim_{n\to\infty} S_n - \lim_{n\to\infty} S_{n-1} = S - S = 0.$$

由性质 7-5 可知,若级数的一般项不趋于 0,则此级数必定发散. 这是判断级数发散的一个常用办法. 例如,级数

$$\frac{1}{2} + \frac{2}{3} + \frac{3}{4} + \cdots + \frac{n}{n+1} + \cdots,$$

它的一般项为 $a_n = \dfrac{n}{n+1}$,而 $\lim\limits_{n\to\infty} a_n = \lim\limits_{n\to\infty} \dfrac{n}{n+1} = 1 \neq 0$,因此该级数发散.

**注意** $\lim\limits_{n\to\infty} a_n = 0$ 仅仅是级数 $\sum\limits_{n=1}^{\infty} a_n$ 收敛的必要条件,而非充分条件,一般项趋于 0 的级数有可能发散. 例如,例 7-4 中的级数 $\sum\limits_{n=1}^{\infty} \dfrac{1}{\sqrt{n}}$,其一般项 $\lim\limits_{n\to\infty} a_n = \lim\limits_{n\to\infty} \dfrac{1}{\sqrt{n}} = 0$,但是该级数发散.

 习题 7.1

1. 写出下列级数的一般项:

(1) $1 + \dfrac{1}{3} + \dfrac{1}{5} + \dfrac{1}{7} + \cdots$;

(2) $\dfrac{2}{1} - \dfrac{3}{2} + \dfrac{4}{3} - \dfrac{5}{4} + \dfrac{6}{5} - \cdots$;

(3) $1 + \dfrac{1}{2} + 3 + \dfrac{1}{4} + 5 + \dfrac{1}{6} + \cdots$;

(4) $\dfrac{2}{2}x + \dfrac{2^2}{5}x^2 + \dfrac{2^3}{10}x^3 + \dfrac{2^4}{17}x^4 + \cdots$.

2. 写出下列级数的前 $n$ 项和,并根据级数收敛的定义判断其是否收敛,如果收敛,写出该级数的和:

(1) $2 + \dfrac{2}{5} + \dfrac{2}{5^2} + \cdots + \dfrac{2}{5^{n-1}} + \cdots$;

(2) $\dfrac{1}{4} + \dfrac{2}{4} + \dfrac{2^2}{4} + \cdots + \dfrac{2^{n-1}}{4} + \cdots$;

(3) $\dfrac{1}{2\cdot 3} + \dfrac{1}{3\cdot 4} + \dfrac{1}{4\cdot 5} + \cdots + \dfrac{1}{(n+1)(n+2)} + \cdots$;

(4) $\ln\dfrac{1}{2} + \ln\dfrac{2}{3} + \ln\dfrac{3}{4} + \cdots + \ln\dfrac{n}{n+1} + \cdots$.

3. 判断下列级数的敛散性:

(1) $\sum\limits_{n=1}^{\infty} (\sqrt{n+1} - \sqrt{n})$;

(2) $\sin\dfrac{\pi}{6} + \sin\dfrac{2\pi}{6} + \sin\dfrac{3\pi}{6} + \cdots + \sin\dfrac{n\pi}{6} + \cdots$;

(3) $\sum\limits_{n=1}^{\infty} \dfrac{4^{n+2}}{7^{n-1}}$;

(4) $\sum\limits_{n=1}^{\infty} \ln(n+1)$;

(5) $\sum_{n=1}^{\infty} \frac{1}{n(n+1)(n+2)}$;   (6) $0.001 + \sqrt{0.001} + \sqrt[3]{0.001} + \cdots + \sqrt[n]{0.001} + \cdots$;

(7) $\sum_{n=1}^{\infty} \left[ \frac{(\ln 2)^n}{2^n} + \frac{1}{3^n} \right]$;   (8) $\sum_{n=1}^{\infty} \frac{2n-1}{3^n}$.

4. 将下面的循环小数表示为分数：
(1) $0.4444\cdots$；   (2) $5.373737\cdots$.

5. 已知 $\lim\limits_{n\to\infty} na_n = 0$，级数 $\sum\limits_{n=1}^{\infty} (n+1)(a_{n+1} - a_n)$ 收敛，证明级数 $\sum\limits_{n=1}^{\infty} a_n$ 也收敛.

## 7.2 常数项级数的审敛法

### 7.2.1 正项级数收敛的充要条件

从上一节我们知道，判断级数是否收敛是研究级数的一个非常重要的内容. 然而一般情况下，直接利用定义来判断是非常困难的. 能否找到更加简单的方法呢？我们先从最简单的一类级数出发来讨论，那就是正项级数.

**定义 7-2**  若 $a_n \geq 0$ ($n=1,2,3,\cdots$)，则称无穷级数 $\sum\limits_{n=1}^{\infty} a_n$ 是正项级数.

正项级数最简单，也最重要，以后将看到许多任意项级数的问题都可以归结为正项级数的问题.

设正项级数 $\sum\limits_{n=1}^{\infty} a_n$ 的前 $n$ 项部分和为 $S_n$，显然，数列 $\{S_n\}$ 是一个单调递增数列，即
$$S_1 \leq S_2 \leq \cdots \leq S_n \leq \cdots.$$

根据单调数列的极限存在准则和性质，我们可以得到如下关于正项级数收敛的充分必要条件.

**定理 7-1**  正项级数 $\sum\limits_{n=1}^{\infty} a_n$ 收敛的充分必要条件是：它的部分和数列 $\{S_n\}$ 有界.

**证明**  由于 $a_n \geq 0$ ($n=1,2,3,\cdots$)，故其前 $n$ 项部分和数列 $\{S_n\}$ 满足
$$S_1 \leq S_2 \leq \cdots \leq S_n \leq \cdots.$$

若数列 $\{S_n\}$ 有界，根据"单调有界数列必有极限"的准则，数列 $\{S_n\}$ 必有极限，设为 $S$，则级数 $\sum\limits_{n=1}^{\infty} a_n$ 必收敛于和 $S$.

反之，若级数 $\sum\limits_{n=1}^{\infty} a_n$ 收敛于和 $S$，即有 $\lim\limits_{n\to\infty} S_n = S$，根据"有极限的数列是有界数列"的性质可知，数列 $\{S_n\}$ 有界.

**【例 7-6】** 试判断正项级数 $\sum\limits_{n=1}^{\infty} \dfrac{\sin \dfrac{\pi}{n+1}}{2^n}$ 的敛散性.

**解**  设该正项级数的前 $n$ 项部分和为 $S_n$，则
$$S_n = \frac{\sin \dfrac{\pi}{2}}{2} + \frac{\sin \dfrac{\pi}{3}}{2^2} + \cdots + \frac{\sin \dfrac{\pi}{n+1}}{2^n} < \frac{1}{2} + \frac{1}{4} + \cdots + \frac{1}{2^n}$$

$$= \frac{\frac{1}{2}\left(1-\frac{1}{2^n}\right)}{1-\frac{1}{2}} < 1 \quad (n=1,2,\cdots),$$

即级数的部分和数列 $\{S_n\}$ 有上界 $M=1$. 根据定理 7-1，正项级数 $\sum\limits_{n=1}^{\infty} \dfrac{\sin\dfrac{\pi}{n+1}}{2^n}$ 收敛.

直接应用定理 7-1 来判断正项级数是否收敛，对有些级数并不是十分方便. 定理 7-1 的重要性并不在于利用它来直接判别正项级数的收敛性，而是根据它可以建立一系列实用的判别法.

### 7.2.2 正项级数的审敛法

正项级数的敛散性，常常可以通过与另一个已知其敛散性的正项级数进行比较来判定.

**定理 7-2（比较审敛法）** 设 $\sum\limits_{n=1}^{\infty} a_n$ 和 $\sum\limits_{n=1}^{\infty} b_n$ 都是正项级数，且 $a_n \leqslant b_n (n=1,2,3,\cdots)$，则

(1) 若级数 $\sum\limits_{n=1}^{\infty} b_n$ 收敛，则级数 $\sum\limits_{n=1}^{\infty} a_n$ 收敛；

(2) 若级数 $\sum\limits_{n=1}^{\infty} a_n$ 发散，则级数 $\sum\limits_{n=1}^{\infty} b_n$ 发散.

**证明** 设级数 $\sum\limits_{n=1}^{\infty} a_n$ 和 $\sum\limits_{n=1}^{\infty} b_n$ 的前 $n$ 项部分和分别为 $S_n, S_n^*$，则
$$S_n = a_1 + a_2 + \cdots + a_n \leqslant b_1 + b_2 + \cdots + b_n = S_n^*.$$

(1) 若级数 $\sum\limits_{n=1}^{\infty} b_n$ 收敛，则其部分和数列 $\{S_n^*\}$ 必有上界，记为 $M$，则
$$S_n \leqslant S_n^* \leqslant M (n=1,2,3,\cdots),$$

所以数列 $\{S_n\}$ 有上界. 根据定理 7-1 可知，级数 $\sum\limits_{n=1}^{\infty} a_n$ 收敛.

(2) 若级数 $\sum\limits_{n=1}^{\infty} a_n$ 发散，则级数 $\sum\limits_{n=1}^{\infty} b_n$ 发散，假设不然，$\sum\limits_{n=1}^{\infty} b_n$ 收敛，则由(1)可知级数 $\sum\limits_{n=1}^{\infty} a_n$ 也收敛，与已知条件 $\sum\limits_{n=1}^{\infty} a_n$ 发散相矛盾，所以假设不成立. 证毕.

根据收敛级数的性质 7-1 和性质 7-3，级数的每一项同乘以不为 0 的常数，去掉级数前面部分的有限项不会影响到级数的收敛性，有定理 7-2 的如下推论.

**推论 7-2** 设 $\sum\limits_{n=1}^{\infty} a_n$ 和 $\sum\limits_{n=1}^{\infty} b_n$ 都是正项级数，如果级数 $\sum\limits_{n=1}^{\infty} b_n$ 收敛，且存在正整数 $N$，使得当 $n \geqslant N$ 时，有 $a_n \leqslant Cb_n (C>0)$ 成立，则级数 $\sum\limits_{n=1}^{\infty} a_n$ 收敛；如果级数 $\sum\limits_{n=1}^{\infty} b_n$ 发散，且当 $n \geqslant N$ 时，有 $a_n \geqslant Cb_n (C>0)$ 成立，则级数 $\sum\limits_{n=1}^{\infty} a_n$ 发散.

**【例 7-7】** 讨论 $p$ 级数
$$1 + \frac{1}{2^p} + \frac{1}{3^p} + \cdots + \frac{1}{n^p} + \cdots \tag{7-4}$$

的敛散性,其中常数 $p>0$.

**解** (1) 设 $p>1$,因为当 $k-1 \leqslant x \leqslant k$ 时,有 $\frac{1}{k^p} \leqslant \frac{1}{x^p}(k=2,3,\cdots)$,所以

$$\frac{1}{k^p} = \int_{k-1}^{k} \frac{1}{k^p} \mathrm{d}x \leqslant \int_{k-1}^{k} \frac{1}{x^p} \mathrm{d}x \quad (k=2,3,\cdots).$$

上式的几何意义如图 7-1 所示,即在区间 $[k-1,k]$ 上,将 $x$ 轴看作底,则以 $y=\frac{1}{k^p}$ 为顶的矩形面积小于以 $y=\frac{1}{x^p}$ 为顶的曲边梯形的面积.

可以看出,在区间 $[1,n]$ 上,可得由多个矩形组成的阶梯形的面积总是小于以 $y=\frac{1}{x^p}$ 为顶的曲边梯形的面积,所以级数的前 $n$ 项部分和

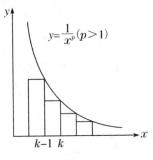

图 7-1

$$S_n = 1 + \sum_{k=2}^{n} \frac{1}{k^p} \leqslant 1 + \int_{1}^{n} \frac{1}{x^p} \mathrm{d}x = 1 + \frac{1}{p-1}\left(1 - \frac{1}{n^{p-1}}\right) < 1 + \frac{1}{p-1} \quad (n=2,3,\cdots),$$

故数列 $\{S_n\}$ 有界,由定理 7-1 可知 $p>1$ 时级数收敛.

(2) 设 $p=1$,这时,级数 $1 + \frac{1}{2} + \frac{1}{3} + \cdots + \frac{1}{n} + \cdots = \sum_{n=1}^{\infty} \frac{1}{n}$ 称为调和级数.

因为当 $k \leqslant x \leqslant k+1$ 时,有 $\frac{1}{x} \leqslant \frac{1}{k}(k=1,2,3,\cdots)$,所以

$$\frac{1}{k} = \int_{k}^{k+1} \frac{1}{k} \mathrm{d}x \geqslant \int_{k}^{k+1} \frac{1}{x} \mathrm{d}x \quad (k=1,2,3,\cdots).$$

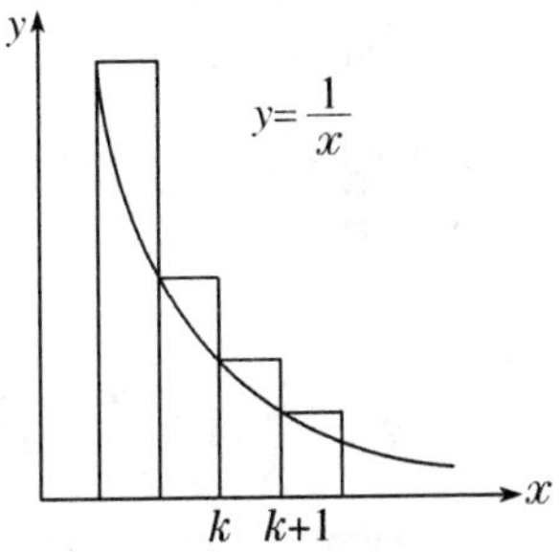

上式的几何意义如图 7-2 所示,即在区间 $[k,k+1]$ 上,将 $x$ 轴看作底,则以 $y=\frac{1}{k}$ 为顶的矩形面积大于以 $y=\frac{1}{x}$ 为顶的曲边梯形的面积.

可以看出,在区间 $[1,n]$ 上,可得由多个矩形组成的阶梯形的面积总是大于以 $y=\frac{1}{x}$ 为顶的曲边梯形的面积,所以级数的前 $n$ 项部分和

图 7-2

$$S_n = \sum_{k=1}^{n} \frac{1}{k^p} \geqslant \int_{1}^{n} \frac{1}{x} \mathrm{d}x = \ln n \to \infty \, (n \to \infty).$$

故数列 $\{S_n\}$ 没有极限,所以 $p=1$ 时级数发散.

(3) 设 $p<1$,此时级数的各项分别不小于调和级数的对应项:$\frac{1}{n^p} \geqslant \frac{1}{n}$,但调和级数发散,根据定理 7-2 比较审敛法可知,当 $p<1$ 时,级数发散.

综上所述,$p$ 级数 $\sum_{n=1}^{\infty} \frac{1}{n^p}$,当 $p>1$ 时收敛,当 $p \leqslant 1$ 时发散.

以上我们用来证明调和级数发散的方法也可以应用到其他很多级数上,我们只需要考虑如图 7-2 所示的图像. 假设级数 $\sum_{n=1}^{\infty} a_n$,其中对于所有的 $n,a_n>0$,令 $f(x)$ 为减函数,如

果对于所有的 $n$ 都有 $f(n)=a_n$，则若极限 $\lim\limits_{R\to\infty}\int_1^R f(x)\mathrm{d}x$ 不存在，那么级数 $\sum\limits_{n=1}^{\infty}a_n$ 发散.

调和级数是级数理论中的一个重要级数，当 $n$ 越来越大时，调和级数的项变得越来越小，然而，它的和将非常缓慢地增大并超过任何有限值. 调和级数的这种特性使一代又一代的数学家困惑并为之着迷，而它的某些特性至今仍未得到解决.

**【例 7-8】** 判断级数 $\sum\limits_{n=1}^{\infty}\dfrac{1}{2^n+1}$ 的敛散性.

**解** 因为
$$\dfrac{1}{2^n+1}<\dfrac{1}{2^n}\quad(n=1,2,3,\cdots),$$

而级数 $\sum\limits_{n=1}^{\infty}\dfrac{1}{2^n}$ 是公比 $q=\dfrac{1}{2}<1$ 的等比级数，所以级数 $\sum\limits_{n=1}^{\infty}\dfrac{1}{2^n}$ 收敛. 由定理 7-2 知级数 $\sum\limits_{n=1}^{\infty}\dfrac{1}{2^n+1}$ 收敛.

**【例 7-9】** 判断级数 $\sum\limits_{n=1}^{\infty}\dfrac{n^2}{n^3+1}$ 的敛散性.

**解** 因为 $n^3+1\leqslant 2n^3(n=1,2,3,\cdots)$，所以
$$\dfrac{n^2}{n^3+1}\geqslant\dfrac{n^2}{2n^3}=\dfrac{1}{2}\cdot\dfrac{1}{n}.$$

由于调和级数 $\sum\limits_{n=1}^{\infty}\dfrac{1}{n}$ 发散，从而级数 $\sum\limits_{n=1}^{\infty}\left(\dfrac{1}{2}\cdot\dfrac{1}{n}\right)$ 发散，由定理 7-2 知级数 $\sum\limits_{n=1}^{\infty}\dfrac{n^2}{n^3+1}$ 发散.

应用比较审敛法来判断给定级数的收敛性，需要已知另一个正项级数的敛散性，并建立这两个级数之间的不等式关系，但是这往往是比较困难的. 为应用上的方便，我们给出比较审敛法的极限形式.

**定理 7-3（比较审敛法的极限形式）** 设 $\sum\limits_{n=1}^{\infty}a_n$ 和 $\sum\limits_{n=1}^{\infty}b_n$ 均为正项级数，$\lim\limits_{n\to\infty}\dfrac{a_n}{b_n}=l$，那么

(1) 若 $0<l<+\infty$，级数 $\sum\limits_{n=1}^{\infty}a_n$ 和 $\sum\limits_{n=1}^{\infty}b_n$ 同时收敛或同时发散；

(2) 若 $l=0$，且级数 $\sum\limits_{n=1}^{\infty}b_n$ 收敛，则级数 $\sum\limits_{n=1}^{\infty}a_n$ 收敛；

(3) 若 $l=+\infty$，且级数 $\sum\limits_{n=1}^{\infty}b_n$ 发散，则级数 $\sum\limits_{n=1}^{\infty}a_n$ 发散.

**证明** (1) 当 $0<l<+\infty$ 时，由极限定义可知，对任意给定的正数 $\varepsilon$（不妨取 $\varepsilon<l$），一定存在正整数 $N$，当 $n\geqslant N$ 时，有 $\left|\dfrac{a_n}{b_n}-l\right|<\varepsilon$，即 $(l-\varepsilon)b_n<a_n<(l+\varepsilon)b_n$. 由定理 7-2 可知，级数 $\sum\limits_{n=1}^{\infty}a_n$ 和 $\sum\limits_{n=1}^{\infty}b_n$ 同时收敛或同时发散.

(2) 当 $l=0$ 时，取 $\varepsilon=1$，则存在正整数 $N$，当 $n\geqslant N$ 时，有 $\left|\dfrac{a_n}{b_n}-l\right|<1$，得 $\left|\dfrac{a_n}{b_n}\right|<1$，即 $a_n<b_n$. 由定理 7-2 可知，级数 $\sum\limits_{n=1}^{\infty}b_n$ 收敛，则级数 $\sum\limits_{n=1}^{\infty}a_n$ 收敛.

(3) 当 $l=+\infty$ 时，对任意给定的正数 $M$（不妨取 $M=1$），一定存在正整数 $N$，当 $n\geqslant N$

时,有 $\left|\dfrac{a_n}{b_n}\right| > M$,即 $\left|\dfrac{a_n}{b_n}\right| > 1$,所以 $a_n > b_n$. 由定理 7-2 可知,级数 $\sum\limits_{n=1}^{\infty} b_n$ 发散,则级数 $\sum\limits_{n=1}^{\infty} a_n$ 发散.

**【例 7-10】** 试判断下列级数的敛散性:

(1) $\sum\limits_{n=1}^{\infty} \dfrac{n+1}{\sqrt{n^3+n}}$;   (2) $\sum\limits_{n=1}^{\infty} \dfrac{1}{n^n}$.

**解** (1) 因为

$$\lim_{n \to \infty} \dfrac{\dfrac{n+1}{\sqrt{n^3+n}}}{\dfrac{1}{\sqrt{n}}} = \lim_{n \to \infty} \dfrac{n+1}{\sqrt{n^2+1}} = 1,$$

而级数 $\sum\limits_{n=1}^{\infty} \dfrac{1}{\sqrt{n}}$ 发散(它是 $p = \dfrac{1}{2}$ 时的 $p$ 级数),由定理 7-3 可知,级数 $\sum\limits_{n=1}^{\infty} \dfrac{n+1}{\sqrt{n^3+n}}$ 发散.

(2) 因为

$$\lim_{n \to \infty} \dfrac{\dfrac{1}{n^n}}{\dfrac{1}{2^n}} = \lim_{n \to \infty} \left(\dfrac{2}{n}\right)^n,$$

当 $n > 3$ 时,$\left(\dfrac{2}{n}\right)^n < \left(\dfrac{2}{3}\right)^n$,而 $\lim\limits_{n \to \infty} \left(\dfrac{2}{3}\right)^n = 0$,所以 $\lim\limits_{n \to \infty} \left(\dfrac{2}{n}\right)^n = 0$. 由定理 7-3 可知,级数 $\sum\limits_{n=1}^{\infty} \dfrac{1}{2^n}$ 收敛,所以级数 $\sum\limits_{n=1}^{\infty} \dfrac{1}{n^n}$ 收敛.

用比较审敛法时,需要适当地选取一个已知其收敛性的级数作为比较的基准. 最常选用作基准级数的是等比级数和 $p$ 级数.

将所给正项级数与 $p$ 级数作比较,可得在使用上较方便的极限审敛法.

**定理 7-4(极限审敛法)** 设 $\sum\limits_{n=1}^{\infty} a_n$ 为正项级数,

(1) 若 $\lim\limits_{n \to \infty} n a_n = l > 0$(或 $\lim\limits_{n \to \infty} n a_n = +\infty$),则级数 $\sum\limits_{n=1}^{\infty} a_n$ 发散;

(2) 若 $p > 1$,且 $\lim\limits_{n \to \infty} n^p a_n = l \, (0 \leqslant l < +\infty)$,则级数 $\sum\limits_{n=1}^{\infty} a_n$ 收敛.

**证明** (1) 取 $b_n = \dfrac{1}{n}$,则

$$\lim_{n \to \infty} n a_n = \lim_{n \to \infty} \dfrac{a_n}{\dfrac{1}{n}} = l,$$

由极限形式的比较审敛法,因为调和级数 $\sum\limits_{n=1}^{\infty} \dfrac{1}{n}$ 发散,所以级数 $\sum\limits_{n=1}^{\infty} a_n$ 发散.

(2) 取 $b_n = \dfrac{1}{n^p}$,则

$$\lim_{n \to \infty} n^p a_n = \lim_{n \to \infty} \dfrac{a_n}{\dfrac{1}{n^p}} = l,$$

由极限形式的比较审敛法,因为 $p>1$ 时,$p$ 级数 $\sum\limits_{n=1}^{\infty}\dfrac{1}{n^p}$ 收敛,所以级数 $\sum\limits_{n=1}^{\infty} a_n$ 收敛.

**【例 7-11】** 判断下列级数的收敛性:

(1) $\sum\limits_{n=1}^{\infty}\left(1-\cos\dfrac{\pi}{n}\right)$; (2) $\sum\limits_{n=1}^{\infty}\left(\dfrac{1}{n}-\ln\dfrac{n+1}{n}\right)$.

**解** (1) 因为 $1-\cos\dfrac{\pi}{n}\sim\dfrac{1}{2}\left(\dfrac{\pi}{n}\right)^2\ (n\to\infty)$,所以

$$\lim_{n\to\infty}n^2\left(1-\cos\dfrac{\pi}{n}\right)=\lim_{n\to\infty}n^2\cdot\dfrac{1}{2}\left(\dfrac{\pi}{n}\right)^2=\dfrac{1}{2}\pi^2.$$

根据极限审敛法,级数 $\sum\limits_{n=1}^{\infty}\left(1-\cos\dfrac{\pi}{n}\right)$ 收敛.

(2) 令 $u(x)=x-\ln(1+x)>0, x>0, v(x)=x^2$,由于

$$\lim_{x\to 0^+}\dfrac{x-\ln(1+x)}{x^2}=\lim_{x\to 0^+}\dfrac{1-\dfrac{1}{1+x}}{2x}=\lim_{x\to 0^+}\dfrac{1}{2(1+x)}=\dfrac{1}{2},$$

从而

$$\lim_{n\to\infty}\dfrac{\dfrac{1}{n}-\ln\dfrac{n+1}{n}}{\dfrac{1}{n^2}}=\lim_{n\to\infty}n^2\left(\dfrac{1}{n}-\ln\dfrac{n+1}{n}\right)=\dfrac{1}{2}.$$

由 $p=2>1$ 知,级数 $\sum\limits_{n=1}^{\infty}\left(\dfrac{1}{n}-\ln\dfrac{n+1}{n}\right)$ 收敛.

将所给正项级数与等比级数比较,可以得到使用上很方便的比值审敛法和根值审敛法. 这两种方法可以利用级数自身的特点来判断级数的收敛性.

**定理 7-5(比值审敛法,达朗贝尔判别法)** 设 $\sum\limits_{n=1}^{\infty} a_n$ 为正项级数,如果

$$\lim_{n\to\infty}\dfrac{a_{n+1}}{a_n}=\rho, \tag{7-5}$$

则当 $\rho<1$ 时,级数 $\sum\limits_{n=1}^{\infty} a_n$ 收敛;$\rho>1$ 时,级数 $\sum\limits_{n=1}^{\infty} a_n$ 发散;$\rho=1$ 时,级数 $\sum\limits_{n=1}^{\infty} a_n$ 可能收敛,也可能发散.

**证明** 当 $0\leqslant\rho<+\infty$ 时,由极限定义可知,对任意给定的正数 $\varepsilon$,一定存在正整数 $m$,使得当 $n\geqslant m$ 时,有 $\left|\dfrac{a_{n+1}}{a_n}-\rho\right|<\varepsilon$,即

$$\rho-\varepsilon<\dfrac{a_{n+1}}{a_n}<\rho+\varepsilon.$$

(1) 当 $\rho<1$ 时,取 $0<\varepsilon<1-\rho$,使得 $r=\rho+\varepsilon<1$,则有

$$a_{m+1}<ra_m, a_{m+2}<ra_{m+1}<r^2 a_m, \cdots, a_{m+k}<r^k a_m, \cdots.$$

而级数 $\sum\limits_{k=1}^{\infty} r^k a_m$ 是公比 $r<1$ 的等比级数,收敛,由定理 7-2 的推论可知,级数 $\sum\limits_{n=1}^{\infty} a_n$ 收敛.

(2) 当 $\rho>1$ 时,取 $0<\varepsilon<\rho-1$,使得 $r=\rho-\varepsilon>1$,则当 $n\geqslant m$ 时,有 $\dfrac{a_{n+1}}{a_n}>1$,即

$$a_{n+1}>a_n,$$

所以当 $n\geqslant m$ 时,级数的一般项 $a_n$ 是逐渐增大的,从而 $\lim\limits_{n\to\infty} a_n\neq 0$. 根据级数收敛的必要条件

可知,级数 $\sum_{n=1}^{\infty} a_n$ 发散.

类似地,可以证明当 $\lim_{n \to \infty} \frac{a_{n+1}}{a_n} = \infty$ 时,级数 $\sum_{n=1}^{\infty} a_n$ 发散.

(3) 当 $\rho = 1$ 时,级数 $\sum_{n=1}^{\infty} a_n$ 可能收敛,也可能发散.例如级数 $\sum_{n=1}^{\infty} \frac{1}{n^2}$ 收敛, $\sum_{n=1}^{\infty} \frac{1}{n}$ 发散,但它们都满足 $\lim_{n \to \infty} \frac{a_{n+1}}{a_n} = 1$.

利用比值法时,需要注意 $\rho = 1$ 时,级数的敛散性无法判断,即该方法失效.

【例 7-12】 判别下列级数的敛散性:

(1) $\sum_{n=1}^{\infty} \frac{n^n}{n!}$;(2) $\sum_{n=1}^{\infty} 2^n \tan \frac{\pi}{3^n}$.

**解** (1) 因为

$$\lim_{n \to \infty} \frac{a_{n+1}}{a_n} = \lim_{n \to \infty} \frac{(n+1)^{n+1}}{(n+1)!} \cdot \frac{n!}{n^n} = \lim_{n \to \infty} \left(1 + \frac{1}{n}\right)^n = e > 1,$$

根据定理 7-5 可知,该级数发散.

(2) 因为

$$\lim_{n \to \infty} \frac{a_{n+1}}{a_n} = \lim_{n \to \infty} \frac{2^{n+1} \tan \frac{\pi}{3^{n+1}}}{2^n \tan \frac{\pi}{3^n}} = \frac{2}{3} < 1,$$

根据定理 7-5 可知,该级数收敛.

【例 7-13】 讨论级数 $\sum_{n=1}^{\infty} \frac{x^n}{n} (x > 0)$ 的敛散性.

**解** 因为

$$\lim_{n \to \infty} \frac{a_{n+1}}{a_n} = \lim_{n \to \infty} \frac{x^{n+1}}{(n+1)} \cdot \frac{n}{x^n} = x,$$

根据定理 7-5,当 $x < 1$ 时,级数收敛;当 $x > 1$ 时,级数发散;当 $x = 1$ 时,该级数为调和级数,故级数发散.

综上所述,当 $x < 1$ 时,级数收敛;当 $x \geq 1$ 时,级数发散.

**定理 7-6**(根值审敛法,柯西判别法) $\sum_{n=1}^{\infty} a_n$ 为正项级数,如果

$$\lim_{n \to \infty} \sqrt[n]{a_n} = \rho \, (0 \leq \rho \leq +\infty), \tag{7-6}$$

则当 $\rho < 1$ 时,级数 $\sum_{n=1}^{\infty} a_n$ 收敛;$\rho > 1$ 时,级数 $\sum_{n=1}^{\infty} a_n$ 发散;$\rho = 1$ 时,级数 $\sum_{n=1}^{\infty} a_n$ 可能收敛,也可能发散.

证明过程与定理 7-5 类似,留给读者自证.

根值审敛法适合 $a_n$ 的表达式中含有 $n$ 次幂的情形.同样要注意当 $\rho = 1$ 时,该方法无法判别级数的敛散性.比如 $p$ 级数 $\sum_{n=1}^{\infty} \frac{1}{n^p}$,对于任意常数 $p > 0$,有 $\lim_{n \to \infty} \sqrt[n]{a_n} = \lim_{n \to \infty} \sqrt[n]{\frac{1}{n^p}} = 1$,而当 $0 < p \leq 1$ 时,$p$ 级数发散;当 $p > 1$ 时,$p$ 级数收敛.

【例7-14】 判断级数 $\sum_{n=1}^{\infty} \dfrac{2+(-1)^n}{2^n}$ 的敛散性.

**解** 由于 $\dfrac{1}{2^n} \leqslant \dfrac{2+(-1)^n}{2^n} \leqslant \dfrac{3}{2^n}$,且

$$\lim_{n \to \infty} \sqrt[n]{\dfrac{1}{2^n}} = \dfrac{1}{2}, \lim_{n \to \infty} \sqrt[n]{\dfrac{3}{2^n}} = \dfrac{1}{2},$$

所以
$$\lim_{n \to \infty} \sqrt[n]{\dfrac{2+(-1)^n}{2^n}} = \dfrac{1}{2}.$$

由定理7-6根值审敛法可知,级数 $\sum_{n=1}^{\infty} \dfrac{2+(-1)^n}{2^n}$ 收敛.

在实际应用中,比值审敛法比根值审敛法更常用,是最常用的判别法.

### 7.2.3 交错级数及其判别法

以上讨论的是正项级数的审敛法,下面我们来讨论一种特殊的级数——交错级数.

所谓交错级数,指的是各项正负交错的级数.一般的,交错级数可以具体表示为下面两种形式:

$$\sum_{n=1}^{\infty} (-1)^{n-1} a_n = a_1 - a_2 + a_3 - \cdots + (-1)^{n-1} a_n + \cdots \tag{7-7}$$

或

$$\sum_{n=1}^{\infty} (-1)^n a_n = -a_1 + a_2 - a_3 + \cdots + (-1)^n a_n + \cdots, \tag{7-8}$$

其中 $a_n(n=1,2,\cdots)$ 都是正数.对于交错级数有如下的审敛法:

**定理7-7(莱布尼茨(Leibniz)定理)** 如果交错级数 $\sum_{n=1}^{\infty} (-1)^{n-1} a_n$ 满足条件:

(1) $a_n \geqslant a_{n+1}(n=1,2,3,\cdots)$;

(2) $\lim_{n \to \infty} a_n = 0$.

则级数 $\sum_{n=1}^{\infty} (-1)^{n-1} a_n$ 收敛,且其和 $S$ 满足 $S \leqslant a_1$,余项 $r_n$ 的绝对值满足 $|r_n| \leqslant a_{n+1}$.

**证明** 设级数的前 $n$ 项部分和为 $S_n$,则前 $2n$ 项部分和可以写成两种形式:

$$S_{2n} = (a_1 - a_2) + (a_3 - a_4) + \cdots + (a_{2n-1} - a_{2n}) \tag{7-9}$$

及

$$S_{2n} = a_1 - (a_2 - a_3) - (a_4 - a_5) - \cdots - (a_{2n-2} - a_{2n-1}) - a_{2n}. \tag{7-10}$$

根据定理7-7条件(1),(7-9)式和(7-10)式的括号中的差都是非负的.故由(7-9)式知

$$S_{2n} \leqslant S_{2n+2} \quad (n=1,2,3,\cdots);$$

由(7-10)式知

$$S_{2n} \leqslant a_1 \quad (n=1,2,3,\cdots).$$

即数列 $\{S_{2n}\}$ 是单调递增数列且有上界,根据"单调有界数列必有极限"的准则可知,当 $n \to \infty$ 时,数列 $\{S_{2n}\}$ 有极限,记为 $S$,则

$$\lim_{n \to \infty} S_{2n} = S \leqslant a_1.$$

下面讨论 $S_{2n+1}$,由于

$$S_{2n+1} = S_{2n} + a_{2n+1},$$

由条件(2)可知 $\lim\limits_{n\to\infty} a_{2n+1} = 0$，所以

$$\lim_{n\to\infty} S_{2n+1} = \lim_{n\to\infty}(S_{2n} + a_{2n+1}) = \lim_{n\to\infty} S_{2n} + \lim_{n\to\infty} a_{2n+1} = S.$$

数列 $\{S_n\}$ 的偶数项子数列 $\{S_{2n}\}$ 和奇数项子数列 $\{S_{2n+1}\}$ 都趋于同一极限 $S$，因此 $\lim\limits_{n\to\infty} S_n = S \leqslant a_1$，即级数 $\sum\limits_{n=1}^{\infty}(-1)^{n-1}a_n$ 收敛于和 $S$，且 $S \leqslant a_1$。

最后，不难看出余项 $r_n$，可以写成

$$r_n = \pm(a_{n+1} - a_{n+2} + \cdots),$$

其绝对值

$$|r_n| = a_{n+1} - a_{n+2} + \cdots,$$

等式右边也是一个交错级数，同样满足收敛的两个条件，所以根据前面的结论，有

$$|r_n| \leqslant a_{n+1}.$$

**注意** 定理 7-7 只是交错级数收敛的一个充分条件，并非必要条件。当定理中的两个条件不满足时，不能由此判断交错级数是发散的。例如级数

$$\sum_{n=2}^{\infty} \frac{(-1)^n}{\sqrt{n+(-1)^n}}$$

不满足条件(1) $a_n \geqslant a_{n+1}$，但该级数收敛。

**【例 7-15】** 判断级数 $\sum\limits_{n=1}^{\infty} \frac{(-1)^{n-1}}{\sqrt{n}}$ 的敛散性。

**解** 因为 $\frac{1}{\sqrt{n}} > 0 (n=1,2,3,\cdots)$，所以该级数为交错级数，设 $a_n = \frac{1}{\sqrt{n}}$，取极限，得

$$\lim_{n\to\infty} a_n = \lim_{n\to\infty} \frac{1}{\sqrt{n}} = 0.$$

因为 $\frac{1}{\sqrt{n+1}} < \frac{1}{\sqrt{n}}(n=1,2,3,\cdots)$，即 $a_n > a_{n+1}$ 满足莱布尼茨定理的条件，所以级数 $\sum\limits_{n=1}^{\infty} \frac{(-1)^{n-1}}{\sqrt{n}}$ 收敛。

**【例 7-16】** 判断下面级数的敛散性：

(1) $\sum\limits_{n=1}^{\infty} \frac{(-1)^n}{a+n}$（$a$ 是常数）；(2) $\sum\limits_{n=1}^{\infty}(-1)^n \frac{2n-1}{n^2}$。

**解** (1) 判断该级数是否为交错级数：

对于给定的常数 $a$，总有正整数 $k$ 存在，使得当 $n \geqslant k$ 时，有 $n > |a|$，此时 $\frac{1}{a+n} > 0$，故级数 $\sum\limits_{n=k}^{\infty} \frac{(-1)^n}{a+n}$ 是交错级数，设 $a_n = \frac{1}{a+n}$，又因为

$$\lim_{n\to\infty} a_n = \lim_{n\to\infty} \frac{1}{a+n} = 0 \text{ 且 } a_n - a_{n+1} = \frac{1}{a+n} - \frac{1}{a+n+1} > 0,$$

即 $a_n > a_{n+1}$，由莱布尼茨定理，级数 $\sum\limits_{n=k}^{\infty} \frac{(-1)^n}{a+n}$ 收敛，根据收敛级数的性质，任意加上有限项所得的级数依然收敛，所以原级数 $\sum\limits_{n=1}^{\infty} \frac{(-1)^n}{a+n}$ 收敛。

(2) 因为 $\dfrac{2n-1}{n^2}>0(n=1,2,3,\cdots)$，所以该级数为交错级数. 设 $a_n=\dfrac{2n-1}{n^2}$，取极限，得

$$\lim_{n\to\infty}a_n=\lim_{n\to\infty}\dfrac{2n-1}{n^2}=0.$$

令 $f(x)=\dfrac{2x-1}{x^2}$，则

$$f'(x)=\dfrac{2(1-x)}{x^3}\leqslant 0(x\geqslant 1),$$

即 $f(x)=\dfrac{2x-1}{x^2}$ 在区间 $[1,+\infty)$ 内单调减少，所以当 $n\geqslant 1$ 时，$\left\{\dfrac{2n-1}{n^2}\right\}$ 是递减数列，从而 $a_n\geqslant a_{n+1}$ 满足莱布尼茨定理的条件，级数 $\sum\limits_{n=1}^{\infty}(-1)^n\dfrac{2n-1}{n^2}$ 收敛.

### 7.2.4 任意项级数的绝对收敛与条件收敛

现在我们讨论一般项为常数项的级数

$$\sum_{n=1}^{\infty}a_n=a_1+a_2+\cdots+a_n+\cdots,$$

其中 $a_n(n=1,2,3,\cdots)$ 为任意实数，可以是正数、负数或 0，这种级数又称为**任意项级数**. 可以对应地构造一个正项级数

$$\sum_{n=1}^{\infty}|a_n|=|a_1|+|a_2|+\cdots+|a_n|+\cdots.$$

上述两个级数的收敛性有以下重要关系：

**定理 7-8** 若级数 $\sum\limits_{n=1}^{\infty}|a_n|$ 收敛，则级数 $\sum\limits_{n=1}^{\infty}a_n$ 收敛.

**证明** 因为级数 $\sum\limits_{n=1}^{\infty}|a_n|$ 收敛，所以级数 $\sum\limits_{n=1}^{\infty}2|a_n|$ 收敛，又因为 $0\leqslant |a_n|+a_n\leqslant 2|a_n|$，令 $b_n=|a_n|+a_n$，则级数 $\sum\limits_{n=1}^{\infty}b_n$ 为正项级数，且由比较审敛法知，$\sum\limits_{n=1}^{\infty}b_n$ 收敛，而

$$\sum_{n=1}^{\infty}a_n=\sum_{n=1}^{\infty}[(|a_n|+a_n)-|a_n|]=\sum_{n=1}^{\infty}(|a_n|+a_n)-\sum_{n=1}^{\infty}|a_n|=\sum_{n=1}^{\infty}b_n-\sum_{n=1}^{\infty}|a_n|.$$

由收敛级数的基本性质可知，级数 $\sum\limits_{n=1}^{\infty}a_n$ 收敛.

根据定理 7-8，我们可以将很多任意项级数的收敛性判别问题转化为正项级数的收敛性判别问题. 需要注意的是，该定理的逆命题不成立，即由级数 $\sum\limits_{n=1}^{\infty}a_n$ 收敛，我们不能够推出级数 $\sum\limits_{n=1}^{\infty}|a_n|$ 收敛. 对于级数的这种收敛性，我们给出以下定义.

**定义 7-3** 设 $\sum\limits_{n=1}^{\infty}a_n$ 为任意项级数，

(1) 如果级数 $\sum\limits_{n=1}^{\infty}|a_n|$ 收敛，则称级数 $\sum\limits_{n=1}^{\infty}a_n$ **绝对收敛**；

(2) 如果级数 $\sum\limits_{n=1}^{\infty}|a_n|$ 发散,但是级数 $\sum\limits_{n=1}^{\infty}a_n$ 收敛,则称级数 $\sum\limits_{n=1}^{\infty}a_n$ **条件收敛**.

很显然,定理 7-8 又可以描述为,绝对收敛的级数必收敛. 根据上述定义,对于任意项级数,我们通常先判断它是否绝对收敛,若是,即可得出结论;若否,则进一步判定它是条件收敛还是发散.

【例 7-17】 讨论级数 $\sum\limits_{n=1}^{\infty}(-1)^{n+1}\dfrac{1}{n^p}(p>0)$ 的敛散性.

**解** 因为
$$\sum_{n=1}^{\infty}\left|(-1)^{n+1}\frac{1}{n^p}\right|=\sum_{n=1}^{\infty}\frac{1}{n^p},$$

当 $p>1$ 时,级数 $\sum\limits_{n=1}^{\infty}\dfrac{1}{n^p}$ 收敛,故级数 $\sum\limits_{n=1}^{\infty}(-1)^{n+1}\dfrac{1}{n^p}$ 绝对收敛;

当 $0<p\leqslant 1$ 时,级数 $\sum\limits_{n=1}^{\infty}\dfrac{1}{n^p}$ 发散,原级数 $\sum\limits_{n=1}^{\infty}(-1)^{n+1}\dfrac{1}{n^p}$ 为交错级数,因为 $\lim\limits_{n\to\infty}\dfrac{1}{n^p}=0$,且 $\dfrac{1}{n^p}>\dfrac{1}{(n+1)^p}$ 满足莱布尼茨定理,故级数 $\sum\limits_{n=1}^{\infty}(-1)^{n+1}\dfrac{1}{n^p}$ 条件收敛.

综上所述,当 $p>1$ 时,级数 $\sum\limits_{n=1}^{\infty}(-1)^{n+1}\dfrac{1}{n^p}$ 绝对收敛;当 $0<p\leqslant 1$ 时,级数 $\sum\limits_{n=1}^{\infty}(-1)^{n+1}\dfrac{1}{n^p}$ 条件收敛.

【例 7-18】 判断级数 $\sum\limits_{n=1}^{\infty}(-1)^n\dfrac{5^n}{n^5}$ 的收敛性.

**解** 这是交错级数. 因为 $\left|(-1)^n\dfrac{5^n}{n^5}\right|=\dfrac{5^n}{n^5}$,记 $a_n=\dfrac{5^n}{n^5}$,有
$$\lim_{n\to\infty}\frac{a_{n+1}}{a_n}=\lim_{n\to\infty}\frac{5^{n+1}n^5}{(n+1)^5 5^n}=5>1,$$

所以级数 $\sum\limits_{n=1}^{\infty}a_n=\sum\limits_{n=1}^{\infty}\dfrac{5^n}{n^5}$ 发散,从而 $\lim\limits_{n\to\infty}(-1)^n\dfrac{5^n}{n^5}\neq 0$,因此级数 $\sum\limits_{n=1}^{\infty}(-1)^n\dfrac{5^n}{n^5}$ 发散.

一般说来,如果级数 $\sum\limits_{n=1}^{\infty}|a_n|$ 发散,我们不能断定级数 $\sum\limits_{n=1}^{\infty}a_n$ 也发散. 但是,如果用比值审敛法或根值审敛法,根据 $\lim\limits_{n\to\infty}\left|\dfrac{a_{n+1}}{a_n}\right|=\rho>1$ 或 $\lim\limits_{n\to\infty}\sqrt[n]{|a_n|}=\rho>1$ 判定级数 $\sum\limits_{n=1}^{\infty}|a_n|$ 发散,则我们可以断定级数 $\sum\limits_{n=1}^{\infty}a_n$ 必定发散. 这是因为从 $\rho>1$ 可以推出 $\lim\limits_{n\to\infty}|a_n|\neq 0$,从而 $\lim\limits_{n\to\infty}a_n\neq 0$,不满足级数收敛的必要条件,因此级数 $\sum\limits_{n=1}^{\infty}a_n$ 是发散的.

### 习题 7.2

1. 用比较审敛法或极限形式的比较审敛法判别下列级数的敛散性:

(1) $\sum\limits_{n=1}^{\infty}\dfrac{1}{2n-1}$;

(2) $1+\sum\limits_{n=2}^{\infty}\dfrac{2+n}{1+n^2}$;

(3) $\sum_{n=0}^{\infty} \dfrac{1}{(n+1)(n+4)}$;   (4) $\sum_{n=1}^{\infty} \sin \dfrac{\pi}{3^n}$;

(5) $\sum_{n=1}^{\infty} \dfrac{1}{n^2-n-\ln n}$;   (6) $\sum_{n=1}^{\infty} \dfrac{1}{\sqrt{4n^4+n^3-2n^2+1}}$;

(7) $\sum_{n=1}^{\infty} \dfrac{1}{3+2^n}$;   (8) $\sum_{n=1}^{\infty} \dfrac{1}{1+a^n}\,(a>0)$;

(9) $\sum_{n=1}^{\infty} \left(\dfrac{1}{n} - \ln \dfrac{n+1}{n}\right)$.

2. 用比值审敛法判别下列级数的敛散性：

(1) $\dfrac{4}{1\cdot 2} + \dfrac{4^2}{2\cdot 2^2} + \dfrac{4^3}{3\cdot 2^3} + \cdots + \dfrac{4^n}{n\cdot 2^n} + \cdots$;   (2) $\sum_{n=1}^{\infty} \dfrac{n^3}{5^n}$;

(3) $\sum_{n=1}^{\infty} \dfrac{3^n \cdot n!}{n^n}$;   (4) $\sum_{n=1}^{\infty} n \tan \dfrac{\pi}{2^{n+1}}$;

(5) $\sum_{n=1}^{\infty} \dfrac{1}{2^{2n-1}(2n-1)}$;   (6) $\sum_{n=1}^{\infty} \dfrac{4^n}{5^n-3^n}$.

3. 用根值审敛法判别下列级数的敛散性：

(1) $\sum_{n=1}^{\infty} \left(\dfrac{n}{3n+1}\right)^n$;   (2) $\sum_{n=1}^{\infty} \dfrac{1}{[\ln(n+2)]^n}$;

(3) $\sum_{n=1}^{\infty} \left(\dfrac{n}{2n-1}\right)^{2n-1}$;   (4) $\sum_{n=1}^{\infty} \dfrac{3^n}{1+e^n}$.

4. 判别下列级数的敛散性，是绝对收敛还是条件收敛：

(1) $\sum_{n=1}^{\infty} \dfrac{(-1)^{n-1} n^2}{2^n}$;   (2) $1 - \dfrac{1}{\sqrt{2}} + \dfrac{1}{\sqrt{3}} - \dfrac{1}{\sqrt{4}} + \cdots$;

(3) $\sum_{n=1}^{\infty} (-1)^{n-1} \dfrac{1}{3} \cdot \dfrac{1}{2^n}$;   (4) $\sum_{n=2}^{\infty} \dfrac{(-1)^n}{\ln n}$;

(5) $\sum_{n=1}^{\infty} (-1)^{n+1} \dfrac{3n^2}{n!}$;   (6) $\sum_{n=1}^{\infty} (-1)^n \dfrac{\ln n}{n}$;

(7) $\sum_{n=1}^{\infty} (-1)^n \dfrac{n}{n^2+1}$;   (8) $\sum_{n=1}^{\infty} \dfrac{(-1)^n}{na^n}\,(a>1)$;

(9) $\sum_{n=1}^{\infty} \left[\dfrac{1}{n^2} - \dfrac{(-1)^{n-1}}{n}\right]$.

5. 证明：$\lim\limits_{n\to\infty} \dfrac{n^n}{(n!)^2} = 0$.

6. 若 $\sum_{n=1}^{\infty} a_n^2$ 及 $\sum_{n=1}^{\infty} b_n^2$ 收敛，证明下列级数也收敛：

(1) $\sum_{n=1}^{\infty} |a_n b_n|$; (2) $\sum_{n=1}^{\infty} (a_n+b_n)^2$; (3) $\sum_{n=1}^{\infty} \dfrac{|a_n|}{n}$.

7. 设 $|a_n| \leqslant 1\,(n=1,2,\cdots)$，$|a_n - a_{n-1}| \leqslant \dfrac{1}{4}|a_{n-1}^2 - a_{n-2}^2|\,(n=3,4,\cdots)$，证明：

(1) 级数 $\sum_{n=2}^{\infty} (a_n - a_{n-1})$ 绝对收敛；(2) 数列 $\{a_n\}$ 收敛.

## 7.3 幂级数

### 7.3.1 函数项级数

前面两节中我们讨论了常数项级数,我们又知道,常数项级数的问题和数列极限的问题是等价的. 现在我们讨论函数列和函数项级数.

设 $u_i(x)(i=1,2,\cdots)$ 均为区间 $I$ 上的函数,则
$$u_1(x), u_2(x), \cdots, u_n(x), \cdots$$
是区间 $I$ 上的函数列.

由该函数列各项相加所构成的表达式
$$u_1(x)+u_2(x)+u_3(x)+\cdots+u_n(x)+\cdots \tag{7-11}$$
称为定义在区间 $I$ 上的(函数项)**无穷级数**,简称为(函数项)**级数**. 一般地,函数项级数 (7-11)式也记作 $\sum_{i=1}^{\infty} u_i(x)$.

当 $x$ 在区间 $I$ 中取定某个常数 $x_0$ 时,级数(7-11)式变为常数项级数
$$u_1(x_0)+u_2(x_0)+u_3(x_0)+\cdots+u_n(x_0)+\cdots. \tag{7-12}$$
若级数(7-12)式收敛,则称点 $x_0$ 是级数(7-11)式的收敛点;若级数(7-12)式发散,则称点 $x_0$ 是级数(7-11)式的发散点. 显然,对于 $\forall x \in I$,$x$ 不是收敛点,就是发散点,二者必居其一. 函数项级数的所有收敛点组成的集合称为它的**收敛域**.

对于收敛域内的任意一个数 $x$,函数项级数为该收敛域内的一个收敛的常数项级数,于是有一个确定的和 $S$. 这样,在收敛域上,随着数 $x$ 的变化,总有一个确定的和 $S$ 与之对应,故函数项级数的和是 $x$ 的函数,记为 $S(x)$,通常称 $S(x)$ 为函数项级数的和函数,即
$$S(x)=u_1(x)+u_2(x)+\cdots+u_n(x)+\cdots,$$
其中 $x$ 是收敛域内的任意一个点.

若将其部分和函数记为 $S_n(x)$,则 $S_n(x)=\sum_{k=1}^{n} u_k(x)$,显然 $\lim_{n\to\infty} S_n(x)=S(x)$. 事实上,在近似计算中,我们常用前 $n$ 项的部分和 $S_n(x)$ 去近似 $S(x)$,则此时,余项(即误差)为 $r_n(x)=S(x)-S_n(x)$,其中 $x$ 是收敛域内的一个点,显然 $\lim_{n\to\infty} r_n(x)=0$.

特殊地,我们将讨论一种重要的函数项级数——幂级数. 它的重要性将在下一节中体现出来,我们会发现很多熟悉的函数都是某个幂级数的和函数.

### 7.3.2 幂级数及其收敛性

幂级数是函数项级数中的最简单的一种,它具有下列形式:
$$\sum_{n=0}^{\infty} a_n(x-x_0)^n = a_0+a_1(x-x_0)+a_2(x-x_0)^2+\cdots+a_n(x-x_0)^n+\cdots. \tag{7-13}$$
该函数项级数称为 $(x-x_0)$ 的幂级数,当 $x_0=0$ 时,上式变为
$$\sum_{n=0}^{\infty} a_n x^n = a_0+a_1 x+a_2 x^2+\cdots+a_n x^n+\cdots. \tag{7-14}$$

该函数项级数称为 $x$ 的幂级数，其中 $a_0, a_1, a_2, \cdots, a_n, \cdots$ 称为幂级数的系数. 显然，幂级数在 $(-\infty, \infty)$ 上都有定义.

事实上，对 (7-13) 式作变换 $t = x - x_0$，可得到 (7-14) 式. 下面主要讨论 (7-14) 式的收敛性.

从幂级数的形式不难看出，任何幂级数在 $x=0$ 处总是收敛的. 其实，将 $x=0$ 代入 (7-14) 式有：$a_0 + 0 + 0 + \cdots + 0 + \cdots = a_0$ 是有限数，显然该级数收敛.

在 $\forall x \neq 0$ 的点处，幂级数的敛散性如何呢？先看下列例题.

【例 7-19】 求幂级数 $\sum\limits_{n=0}^{\infty} x^n = 1 + x + x^2 + \cdots + x^n + \cdots$ 的收敛域与和函数.

**解** 由等比级数的收敛性，可知当 $|x| < 1$ 时，级数收敛，故级数的收敛区间为 $(-1, 1)$，显然，此时该幂级数的和函数为 $S(x) = \dfrac{1}{1-x}$，即

$$\sum_{n=0}^{\infty} x^n = 1 + x + x^2 + \cdots + x^2 + \cdots = \frac{1}{1-x}. \quad (|x| < 1)$$

从例 7-13 中我们看出 $0 \in (-1, 1)$，从直觉上来看 $|x|$ 越小，幂级数 (7-14) 式越可能收敛，且其收敛域关于 $x=0$ 对称，是否形如 (7-14) 式的幂级数都有这种性质呢？我们有下列定理：

**定理 7-9（阿贝尔定理）** 设幂级数

$$\sum_{n=0}^{\infty} a_n x^n = a_0 + a_1 x + a_2 x^2 + \cdots + a_n x^n + \cdots.$$

若该幂级数在 $x = x_0 (x_0 \neq 0)$ 处收敛，则对于满足条件 $|x| < |x_0|$ 的一切 $x$，该级数绝对收敛. 反之，若它在 $x = x_0$ 时发散，则对一切满足不等式 $|x| > |x_0|$ 的 $x$，该级数发散.

**证明** 设 $x_0$ 是幂级数的一个收敛点，即

$$a_0 + a_1 x_0 + a_2 x_0^2 + \cdots + a_n x_0^n + \cdots$$

收敛，则 $\lim\limits_{n \to \infty} a_n x_0^n = 0$，

故数列 $\{a_n x_0^n\}$ 有界，即存在 $M > 0$，对于任意的 $n = 0, 1, 2, \cdots$，满足 $|a_n x_0^n| \leqslant M$，由此可得，

$$|a_n x^n| = \left| a_n x_0^n \cdot \frac{x^n}{x_0^n} \right| = |a_n x_0^n| \cdot \left| \frac{x^n}{x_0^n} \right| \leqslant M \left| \frac{x}{x_0} \right|^n.$$

当 $|x| < |x_0|$ 时，有 $\left| \dfrac{x}{x_0} \right| < 1$，所以 $\sum\limits_{n=0}^{\infty} M \left| \dfrac{x}{x_0} \right|^n$ 收敛，则 $\sum\limits_{n=0}^{\infty} |a_n x^n|$ 收敛，故 $\sum\limits_{n=0}^{\infty} a_n x^n$ 绝对收敛.

反之，若级数 $\sum\limits_{n=0}^{\infty} a_n x_0^n$ 发散，假设当 $|x| > |x_0|$ 时，$\sum\limits_{n=0}^{\infty} a_n x^n$ 收敛，则级数 $\sum\limits_{n=0}^{\infty} a_n x_0^n$ 收敛，这和已知条件矛盾，假设不成立，即当 $|x| > |x_0|$ 时，$\sum\limits_{n=0}^{\infty} a_n x^n$ 发散.

以上定理告诉我们，如果幂级数 $\sum\limits_{n=0}^{\infty} a_n x^n$ 在 $x = x_0$ 处收敛，则对于开区间 $(-|x_0|, |x_0|)$ 内的任何 $x$，幂级数都收敛；如果幂级数 $\sum\limits_{n=0}^{\infty} a_n x^n$ 在 $x = x_0$ 处发散，则对于闭区间 $[-|x_0|, |x_0|]$ 外的任何 $x$，幂级数都发散.

如图 7-3 所示，我们可以得到幂级数的收敛域有如下特征：收敛域从原点开始向两端

扩张,初始时遇到的均为收敛点,在某一时刻,遇到发散点,以后的所有点处均发散.

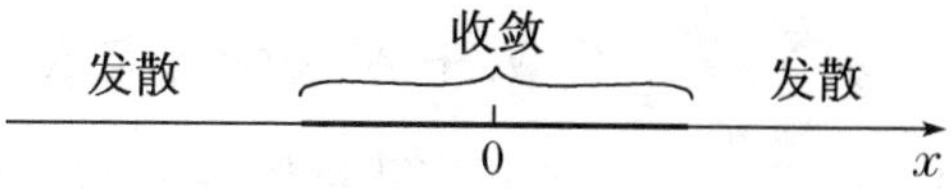

发散     收敛     发散
图 7-3

**推论 7-3** 如果幂级数(7-14)式不是在$(-\infty,\infty)$上每一点都收敛,也不是只在$x=0$处收敛,那么必存在一个唯一的正数$R$,使得:

(1) 当$|x|<R$时,幂级数收敛;

(2) 当$|x|>R$时,幂级数发散;

(3) 当$x=R$或$x=-R$时,幂级数可能收敛,也可能发散.

我们称这个数$R$为幂级数的收敛半径,称区间$(-R,R)$为幂级数的收敛区间,幂级数在收敛区间内绝对收敛.由幂级数在$x=\pm R$处的收敛性就可以决定它在区间

$$(-R,R),[-R,R),(-R,R]或[-R,R]$$

上收敛,该区间叫做幂级数的收敛域.

如果幂级数$\sum\limits_{n=0}^{\infty}a_n x^n$只在$x=0$处收敛,这时收敛域只有一点$x=0$.我们规定这时收敛半径$R=0$.如果幂级数$\sum\limits_{n=0}^{\infty}a_n x^n$对一切$x$都收敛,则规定收敛半径$R=+\infty$,这时收敛区间是$(-\infty,+\infty)$.这两种情形确实都是存在的.

关于幂级数的收敛半径的求法,有下面的定理:

**定理 7-10** 设幂级数$\sum\limits_{n=0}^{\infty}a_n x^n$,当$n\geqslant N$时,其系数$a_n\neq 0$($N$为某一个正整数),且存在极限

$$\lim_{n\to\infty}\left|\frac{a_{n+1}}{a_n}\right|=\rho,$$

则 (1) 当$0<\rho<+\infty$时,收敛半径$R=\dfrac{1}{\rho}$;

(2) 当$\rho=0$时,收敛半径$R=+\infty$;

(3) 当$\rho=+\infty$时,收敛半径$R=0$.

**证明** 当$x=0$时级数必收敛.下面考察$x\neq 0$的情形,对幂级数$\sum\limits_{n=0}^{\infty}a_n x^n$,各项取绝对值,组成级数

$$\sum_{n=0}^{\infty}|a_n x^n|=|a_0|+|a_1 x|+|a_2 x^2|+\cdots+|a_n x^n|+\cdots, \qquad (7-15)$$

对级数(7-15)直接用比值审敛法,得

$$\lim_{n\to\infty}\left|\frac{a_{n+1}x^{n+1}}{a_n x^n}\right|=|x|\lim_{n\to\infty}\left|\frac{a_{n+1}}{a_n}\right|=\rho|x|.$$

(1) 如果$0<\rho<+\infty$,则当$\rho|x|<1$,即$|x|<\dfrac{1}{\rho}$时,级数(7-15)式收敛,从而级数$\sum\limits_{n=0}^{\infty}|a_n x^n|$收敛,即$\sum\limits_{n=0}^{\infty}a_n x^n$绝对收敛;当$\rho|x|>1$时,即$|x|>\dfrac{1}{\rho}$时,从某一个$n$开始,有

$|a_{n+1}x^{n+1}|>|a_n x^n|$，因此，级数(7-15)式的通项$|a_n x^n|$当$n\to\infty$时不趋于零，所以当$n\to\infty$时$a_n x^n$也不趋于零，从而级数$\sum\limits_{n=0}^{\infty}a_n x^n$发散. 于是得收敛半径$R=\dfrac{1}{\rho}=\lim\limits_{n\to\infty}\left|\dfrac{a_n}{a_{n+1}}\right|$.

(2) 当$\rho=0$时，则对任一$x$，$\rho|x|=0<1$，因此对任一$x$(包括$x=0$)，级数(7-15)式收敛，从而幂级数$\sum\limits_{n=0}^{\infty}a_n x^n$绝对收敛，于是收敛半径$R=+\infty$.

(3) 当$\rho=+\infty$，对一切$x\neq 0$及充分大的$n$，都有$\left|\dfrac{a_{n+1}}{a_n}x\right|>1$，此时，
$$|a_{n+1}x^{n+1}|=|a_n x^n|\cdot\left|\dfrac{a_{n+1}}{a_n}x\right|>|a_n x^n|,$$
则当$n$趋向无穷大时，幂级数(7-14)式的一般项不趋于零，从而级数(7-14)式也必发散，于是得$R=0$.

**【例 7-20】** 求幂级数$\sum\limits_{n=1}^{\infty}\dfrac{1}{n}\left(\dfrac{x}{3}\right)^n$的收敛区间和收敛域.

**解** 因为 $\lim\limits_{n\to\infty}\left|\dfrac{a_{n+1}}{a_n}\right|=\lim\limits_{n\to\infty}\dfrac{n3^n}{(n+1)3^{n+1}}=\lim\limits_{n\to\infty}\dfrac{n}{(n+1)3}=\dfrac{1}{3}$，

所以收敛半径$R=3$，收敛区间为$(-3,3)$.

当$x=-3$时，级数为$\sum\limits_{n=1}^{\infty}\dfrac{(-1)^n}{n}$，收敛.

当$x=3$时，级数为$\sum\limits_{n=1}^{\infty}\dfrac{1}{n}$，调和级数，发散. 故收敛域为$[-3,3)$.

**【例 7-21】** 求$\sum\limits_{n=1}^{\infty}n^n x^n$的收敛半径及收敛区间.

**解** 因为$a_n=n^n$，则 $\lim\limits_{n\to\infty}\left|\dfrac{a_{n+1}}{a_n}\right|=\lim\limits_{n\to\infty}\dfrac{(n+1)^{n+1}}{n^n}=+\infty$，

所以$R=0$，收敛区间为原点.

**【例 7-22】** 求幂级数$\sum\limits_{n=0}^{\infty}\dfrac{x^n}{n!}$的收敛区间.

**解** 因为 $R=\lim\limits_{n\to\infty}\left|\dfrac{a_{n+1}}{a_n}\right|=\lim\limits_{n\to\infty}\dfrac{(n+1)!}{n!}=\lim\limits_{n\to\infty}\dfrac{1}{n+1}=0$，

所以收敛区间是$(-\infty,+\infty)$.

**【例 7-23】** 求幂级数$\sum\limits_{n=0}^{\infty}\left(\dfrac{x+1}{2}\right)^n$的收敛区间和收敛域.

**解** 因为 $\lim\limits_{n\to\infty}\left|\dfrac{a_{n+1}}{a_n}\right|=\lim\limits_{n\to\infty}\dfrac{2^n}{2^{n+1}}=\dfrac{1}{2}$，

所以收敛半径$R=2$，由$|x+1|<2$得，收敛区间为$(-3,1)$.

当$x=-3$时，级数为$\sum\limits_{n=0}^{\infty}(-1)^n$，发散，当$x=1$时，级数为$\sum\limits_{n=0}^{\infty}1$，发散，故级数的收敛域为$(-3,1)$.

**【例 7-24】** 求$\sum\limits_{n=1}^{\infty}\dfrac{(2n)!}{(n!)^2}x^{2n}$的收敛区间.

**解** 观察幂级数的形式发现，$\sum_{n=1}^{\infty}\dfrac{(2n)!}{(n!)^2}x^{2n}$ 是缺项级数，那么就不能直接利用定理 7-10 求级数的收敛半径.

（方法一）：

令 $y=x^2$，所给级数变为 $\sum_{n=1}^{\infty}\dfrac{(2n)!}{(n!)^2}y^n$，因为 $\lim\limits_{n\to\infty}\left|\dfrac{a_{n+1}}{a_n}\right|=\lim\limits_{n\to\infty}\left|\dfrac{(2n+1)(2n+2)}{(n+1)^2}\right|=4$，所以收敛半径 $R=\dfrac{1}{4}$. 因此，$\sum_{n=1}^{\infty}\dfrac{(2n)!}{(n!)^2}y^n$ 的收敛区间为 $y\in\left[0,\dfrac{1}{4}\right)$.

因为 $y=x^2$，所以原级数的收敛区间为 $\left(-\dfrac{1}{2},\dfrac{1}{2}\right)$.

（方法二）

对原级数直接用比值审敛法.

$$\lim\limits_{n\to\infty}\left|\dfrac{u_{n+1}(x)}{u_n(x)}\right|=\lim\limits_{n\to\infty}\left|\dfrac{(2n+1)(2n+2)}{(n+1)^2}x^2\right|=4x^2.$$

当 $4x^2<1$ 时，原级数收敛；当 $4x^2>1$ 时，原级数发散，所以原级数的收敛区间为 $\left(-\dfrac{1}{2},\dfrac{1}{2}\right)$.

**小结** 如果幂级数属于 $\sum_{n=0}^{\infty}a_nx^n$ 或 $\sum_{n=0}^{\infty}a_n(x-x_0)^n$ 形式，其收敛半径可按公式 $\dfrac{1}{R}=\lim\limits_{n\to\infty}\left|\dfrac{a_{n+1}}{a_n}\right|$ 求得. 若不属于标准形式，缺奇次（或偶次）项，则可用比值判别法求得.

### 7.3.3 幂级数的性质

有时我们遇到的函数项级数是两个或两个以上的幂级数经过四则运算得到的，对于这样的函数项级数，它们的收敛性如何呢？我们有如下定理：

**定理 7-11** 设幂级数

$$a_0+a_1x+a_2x^2+\cdots+a_nx^n+\cdots \text{ 和 } b_0+b_1x+b_2x^2+\cdots+b_nx^n+\cdots$$

的收敛半径分别为 $R_a$ 和 $R_b$（均为正数），取 $R=\min\{R_a,R_b\}$，则在区间 $(-R,R)$ 内成立：

(1) 加法与减法：

$$\sum_{n=0}^{\infty}(a_n\pm b_n)x^n=\sum_{n=0}^{\infty}a_nx^n\pm\sum_{n=0}^{\infty}b_nx^n.$$

(2) 乘法：

$$\left(\sum_{n=0}^{\infty}a_nx^n\right)\left(\sum_{n=0}^{\infty}b_nx^n\right)=\sum_{n=0}^{\infty}(a_0b_n+a_1b_{n-1}+\cdots+a_nb_0)x^n.$$

(3) 对于幂级数的除法，设 $b_n\neq 0$，有：

$$\dfrac{\sum_{n=0}^{\infty}a_nx^n}{\sum_{n=0}^{\infty}b_nx^n}=\sum_{n=0}^{\infty}c_nx^n,x\in(-R_c,R_c).$$

其中：$c_n$ 由系列表达式 $a_n=\sum_{k=0}^{n}b_kc_{n-k},n=0,1,2,\cdots$ 确定. 而相除后得到的幂级数的收敛半径 $R_c$ 比原来两个级数的收敛半径 $R_a$ 和 $R_b$ 要小得多.

对于幂级数,有时除了考虑它的收敛性,我们还需要研究它的和函数.关于幂级数的和函数的性质,有以下重要定理:

**定理 7-12** 设幂级数 $\sum_{n=0}^{\infty} a_n x^n$ 在 $(-R, R)$ 内收敛,且其和函数为 $S(x)$,则

(1) $S(x)$ 在 $(-R, R)$ 内连续.若幂级数在 $x=R$ (或 $x=-R$) 也收敛,则 $S(x)$ 在 $x=R$ 处左连续(或在 $x=-R$ 处右连续).

(2) $S(x)$ 在 $(-R, R)$ 内每一点都是可导的,且有逐项求导公式:

$$S'(x) = \left(\sum_{n=0}^{\infty} a_n x^n\right)' = \sum_{n=0}^{\infty} (a_n x^n)' = \sum_{n=1}^{\infty} n a_n x^{n-1},$$

求导后的幂级数与原幂级数有相同的收敛半径 $R$.

反复应用该结论可得:幂级数 $\sum_{n=0}^{\infty} a_n x^n$ 的和函数 $S(x)$ 在收敛区间内具有任意阶导数.

(3) $S(x)$ 在 $(-R, R)$ 内可以积分,且有逐项积分公式:

$$\int_0^x S(x) dx = \int_0^x \left(\sum_{n=0}^{\infty} a_n x^n\right) dx = \sum_{n=0}^{\infty} a_n \int_0^x x^n dx = \sum_{n=0}^{\infty} \frac{a_n}{n+1} x^{n+1},$$

其中 $x$ 是 $(-R, R)$ 内任一点,积分后的幂级数与原级数有相同的收敛半径 $R$.

值得注意的是,经过逐项求导和求积所得的幂级数与原级数有相同的收敛半径,但区间端点处的收敛性会有所不同.若逐项求导或逐项积分后的幂级数在 $x=R$ 处收敛,则 $S'(x) = \sum_{n=0}^{\infty} n a_n x^{n-1}$ 或 $\int_0^x S(x) dx = \sum_{n=0}^{\infty} \frac{a_n}{n+1} x^{n+1}$ 在 $x=R$ 处也成立,在 $x=-R$ 处有类似的性质.

该定理对于研究幂级数的收敛性以及求其和函数有很大作用.

**【例 7-25】** 求幂级数 $\sum_{n=1}^{\infty} n x^{n-1}$ 的和函数.

**解** 先求收敛域.

由 $\lim_{n \to \infty} \left|\frac{a_{n+1}}{a_n}\right| = \lim_{n \to \infty} \frac{n+1}{n} = 1$,得收敛半径为 $R=1$.

在端点 $x=\pm 1$ 处,幂级数显然发散,因此,收敛域为 $(-1, 1)$.

设和函数 $S(x) = \sum_{n=1}^{\infty} n x^{n-1}, x \in (-1, 1)$,则

$$\int_0^x S(x) dx = \int_0^x \sum_{n=1}^{\infty} n x^{n-1} dx = \sum_{n=1}^{\infty} x^n = \frac{x}{1-x}, x \in (-1, 1),$$

于是 $S(x) = \left[\int_0^x S(x) dx\right]' = \left[\frac{x}{1-x}\right]' = \frac{1}{(1-x)^2},$

即 $$\sum_{n=1}^{\infty} n x^{n-1} = \frac{1}{(1-x)^2}, x \in (-1, 1).$$

**【例 7-26】** 求幂级数 $\sum_{n=1}^{\infty} \frac{x^{2n-1}}{2n-1}$ 的和函数.

**解** 先求收敛域.

由 $\lim_{n \to \infty} \left|\frac{a_{n+1}}{a_n}\right| = \lim_{n \to \infty} \frac{2n-1}{2n+1} = 1$,得收敛半径为 $R=1$,在端点 $x=\pm 1$ 处,幂级数发散,因

此,收敛域为 $(-1,1)$.

设和函数 $S(x)=\sum_{n=1}^{\infty}\frac{x^{2n-1}}{2n-1}$, $x\in(-1,1)$.

则 $S'(x)=\sum_{n=1}^{\infty}x^{2n-2}=\frac{1}{1-x^2}$, $x\in(-1,1)$.

所以 $S(x)=\int_0^x S'(x)\mathrm{d}x=\int_0^x \frac{1}{1-x^2}\mathrm{d}x=\frac{1}{2}\ln\left(\frac{1+x}{1-x}\right)$,

即 $\sum_{n=1}^{\infty}\frac{x^{2n-1}}{2n-1}=\frac{1}{2}\ln\left(\frac{1+x}{1-x}\right)$ $(x\in(-1,1))$.

【例 7-27】 求幂级数 $\sum_{n=0}^{\infty}\frac{x^n}{n+1}$ 的和函数 $S(x)$.

**解** 先求收敛域.
$$\lim_{n\to\infty}\left|\frac{a_n}{a_{n+1}}\right|=\lim_{n\to\infty}\frac{n+2}{n+1}=1.$$

当 $x=-1$ 时,级数为 $\sum_{n=1}^{\infty}\frac{(-1)^n}{n+1}$ 收敛;当 $x=1$ 时,级数为 $\sum_{n=1}^{\infty}\frac{1}{n+1}$ 发散.故收敛域是 $[-1,1)$.

故和函数 $S(x)=\sum_{n=0}^{\infty}\frac{x^n}{n+1}$, $x\in[-1,1)$.

因为 $[xS(x)]'=\left(\sum_{n=0}^{\infty}\frac{x^{n+1}}{n+1}\right)'=\sum_{n=0}^{\infty}x^n=\frac{1}{1-x}$, $x\in(-1,1)$,

故 $xS(x)=\int_0^x [tS(t)]'\mathrm{d}t=\int_0^x \frac{1}{1-t}\mathrm{d}t=-\ln(1-x)$, $x\in[-1,1)$.

由于 $S(0)=1$,又幂级数在其收敛区间上是连续的,故
$$S(x)=\begin{cases}-\frac{1}{x}\ln(1-x) & -1\leqslant x<0 \text{ 或 } 0<x<1; \\ 1 & x=0.\end{cases}$$

求幂级数在其收敛区间内的和函数,要熟悉几个常用的初等函数的幂级数展开式,分析所给幂级数的特点,找出它与已知和函数的幂级数之间的联系,从而确定出是用逐项求导法还是用逐项积分法来解题.

**习题 7.3**

1. 求下列幂级数的收敛域:

(1) $\sum_{n=1}^{\infty}(-1)^n\frac{1}{n2^n}x^n$;

(2) $\sum_{n=1}^{\infty}\frac{(x-1)^n}{5\cdot 2^n}$;

(3) $\sum_{n=1}^{\infty}\frac{(-1)^n x^{2n}}{(2n)!}$;

(4) $\sum_{n=0}^{\infty}\frac{x^n}{\sqrt{n+1}}$;

(5) $\sum_{n=1}^{\infty}\frac{(x-2)^{2n}}{n4^n}$;

(6) $\sum_{n=0}^{\infty}(2n+1)x^n$;

(7) $\sum_{n=0}^{\infty}\frac{(-1)^n x^n}{5^n\sqrt{n+1}}$;

(8) $\sum_{n=1}^{\infty}\left[\frac{(-1)^n}{2^n}x^n+3^n x^n\right]$;

(9) $\sum_{n=1}^{\infty} (\sqrt{n+1}-\sqrt{n})2^n x^{2n}$;  (10) $\sum_{n=1}^{\infty} 2^n (x+3)^{2n}$.

2. 求下列级数的收敛域及和函数:

(1) $\sum_{n=1}^{\infty} (n+1)(x-1)^n$;  (2) $1+\sum_{n=1}^{\infty} (-1)^n \dfrac{x^{2n}}{2n}$;

(3) $\sum_{n=2}^{\infty} \dfrac{x^n}{2n(n-1)}$;  (4) $\sum_{n=1}^{\infty} \dfrac{n+1}{n!} x^n$.

3. 求幂级数 $\sum_{n=0}^{\infty} \dfrac{x^{2n+1}}{n!}$ 的和函数,并求所给级数 $\sum_{n=0}^{\infty} \dfrac{2n+1}{n!}$ 的和.

4. 求极限 $\lim\limits_{n\to\infty} \left(\dfrac{1}{a}+\dfrac{2}{a^2}+\cdots+\dfrac{n}{a^n}\right)$,其中 $a>0$.

## 7.4 函数展开成幂级数

上一节,我们讨论了如何求一个幂级数的和函数. 本节中,将讨论与之相反的问题,即如果已知一个幂级数的和函数,能否求出这个幂级数? 讨论这个问题之前,我们首先要了解一种特殊的级数——泰勒级数.

### 7.4.1 泰勒公式

回忆我们在 §2.4 中学过的微分的几何意义与微分在近似计算中的应用,我们知道,对于可微函数 $y=f(x)$ 而言,在点 $(x_0, y_0)$ 的邻近,可以用切线段来近似代替曲线段(如图 7-4),即当 $|x-x_0|$ 值很小时,且实际要求的精确度不是很高时,有如下公式

$$f(x) \approx f(x_0)+f'(x_0)(x-x_0).$$

设

$$P(x)=f(x_0)+f'(x_0)(x-x_0),$$

则该一次多项式满足条件:$P(x_0)=f(x_0)$,$P'(x_0)=f'(x_0)$,即在 $x=x_0$ 处,函数及函数的导数值与多项式所对应的值完全相等.

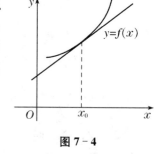

图 7-4

从图 7-4 可以看出,如果切点不变,将切线沿着函数 $y=f(x)$ 的图像折弯,也就是使得 $P(x)$ 所对应的图像在 $x=x_0$ 处与 $y=f(x)$ 的凹凸性一样,那么当 $|x-x_0|$ 值很小时,$P(x)$ 将更加接近 $f(x)$,它们之间的误差将更小.

为了进一步说明这种思想,我们考虑一种特殊情况,即 $x_0=0$. 要保证凹凸性,必须使得 $P(x)$ 至少是二次可导的. 考虑最简单的一种函数——二次多项式.

设 $P(x)=c_0+c_1 x+c_2 x^2$,则 $f(x) \approx c_0+c_1 x+c_2 x^2$ 必须满足

$$P(0)=f(0), P'(0)=f'(0), P''(0)=f''(0),$$

即

$$P(x)=c_0+c_1 x+c_2 x^2, \quad P(0)=c_0;$$
$$P'(x)=c_1+2c_2 x, \quad P'(0)=c_1;$$
$$P''(x)=2c_2, \quad P''(0)=2c_2.$$

故 $P(x) = f(0) + f'(0)x + \dfrac{f''(0)}{2}x^2, f(x) \approx f(0) + f'(0)x + \dfrac{f''(0)}{2}x^2.$

【例 7-28】 分别用一次多项式和二次多项式近似代替 $e^x$ 在 $x=0$ 处的函数.

**解** 令 $f(x) = e^x$,则 $f'(x) = f''(x) = e^x$. 根据上面的推导
$$f(0) = f'(0) = f''(0) = e^0 = 1.$$
所以一次多项式近似为 $e^x \approx 1+x$,二次多项式近似为 $e^x \approx 1+x+\dfrac{x^2}{2}$,它们的图像如图 7-5 所示.

由图 7-5 可以看出,用二次多项式来近似代替原函数,更加精确一些.

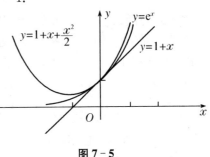

图 7-5

事实上,对于一些复杂的函数,用一些简单的函数来近似表示,这种思想方法在数值计算和函数逼近论中经常用到. 多项式函数是一种简单的函数,由于它只含有对变量的和、差、积三种运算,并且具有良好的微分、积分性质,所以我们常用多项式函数来近似表示函数. 这种近似表达在数学上称为**逼近**.

从上面的分析来看,可以推断用高次多项式来逼近复杂的函数,精确度要高一些,这个推断是否正确,如果正确,多项式的系数该如何确定? 它与原函数之间的误差能否估计呢? 这就是我们下面所要讨论的问题,对该问题的讨论将得出一个重要公式——泰勒公式.

为了解决这个问题,首先依然考察在 $x=0$ 处特殊情况:设 $n$ 次多项式为
$$P(x) = c_0 + c_1 x + c_2 x^2 + \cdots + c_n x^n, \tag{7-16}$$
则
$$f(0) = P(0), f'(0) = P'(0), f''(0) = P''(0), \cdots, f^{(n)}(0) = P^{(n)}(0). \tag{7-17}$$
因为
$$P(x) = c_0 + c_1 x + c_2 x^2 + \cdots + c_n x^n;$$
$$P'(x) = c_1 + 2c_2 x + 3c_3 x^2 + \cdots + nc_n x^{n-1};$$
$$P''(x) = 2c_2 + 3 \cdot 2 c_3 x + 4 \cdot 3 c_4 x^2 + \cdots + n(n-1)c_n x^{n-2};$$
$$\cdots\cdots$$
$$P^{(n)}(x) = n!\, c_n.$$
为了满足(7-17)式,有
$$f(0) = P(0) = c_0;$$
$$f'(0) = P'(0) = c_1;$$
$$f''(0) = P''(0) = 2c_2 = 2!\, c_2;$$
$$f'''(0) = P'''(0) = 3 \cdot 2 c_3 = 3!\, c_3;$$
$$\cdots\cdots$$
$$f^{(n)}(0) = P^{(n)}(0) = n!\, c_n.$$
由此,可以得到多项式(7-16)式的系数
$$c_0 = f(0), c_1 = f'(0), c_2 = \dfrac{1}{2!}f''(0), \cdots, c_n = \dfrac{1}{n!}f^{(n)}(0), \tag{7-18}$$
所以 $P(x) = f(0) + \dfrac{f'(0)}{1!}x + \dfrac{f''(0)}{2!}x^2 + \cdots + \dfrac{f^{(n)}(0)}{n!}x^n$,该多项式称为**麦克劳林**

(Maclaurin)多项式.

**定义7-4** 如果函数 $f$ 在 $x=0$ 处 $n$ 阶可导,则函数 $f$ 的 $n$ 阶麦克劳林(Maclaurin)多项式为

$$P_n(x)=f(0)+\frac{f'(0)}{1!}x+\frac{f''(0)}{2!}x^2+\cdots+\frac{f^{(n)}(0)}{n!}x^n. \quad (7-19)$$

该多项式与函数 $f$ 在 $x=0$ 处的值以及 $m(m=1,2,\cdots,n)$ 阶导数的值完全相等.

那么对于一般情况,在 $x=x_0$ 处是否也有类似的公式呢?事实上,只要作变量代换,将 $x$ 用 $x-x_0$ 代换,代入(7-19)式,得到关于 $(x-x_0)$ 的多项式 $P(x)$,即

$$P(x)=c_0+c_1(x-x_0)+c_2(x-x_0)^2+\cdots+c_n(x-x_0)^n,$$

$$c_0=f(x_0),c_1=f'(x_0),c_2=\frac{1}{2!}f''(x_0),\cdots,c_n=\frac{1}{n!}f^{(n)}(x_0).$$

类似地,在 $x=x_0$ 处,多项式 $P(x)$ 与函数 $f$ 的值以及 $m(m=1,2,\cdots,n)$ 阶导数的值完全相等. 由此得到的多项式称为**泰勒(Taylor)多项式**.

**定义7-5** 如果函数 $f$ 在 $x=x_0$ 处 $n$ 阶可导,则函数 $f$ 的 $n$ 阶泰勒(Taylor)多项式为

$$P_n(x)=f(x_0)+\frac{f'(x_0)}{1!}(x-x_0)+\frac{f''(x_0)}{2!}(x-x_0)^2+\cdots+\frac{f^{(n)}(x_0)}{n!}(x-x_0)^n.$$

$$(7-20)$$

(7-19)式和(7-20)式还可以用和式的形式分别表示如下:

$$\sum_{k=0}^{n}\frac{f^{(k)}(0)}{k!}x^k=f(0)+\frac{f'(0)}{1!}x+\frac{f''(0)}{2!}x^2+\cdots+\frac{f^{(n)}(0)}{n!}x^n, \quad (7-21)$$

$$\sum_{k=0}^{n}\frac{f^{(k)}(x_0)}{k!}(x-x_0)^k=f(x_0)+\frac{f'(x_0)}{1!}(x-x_0)+\frac{f''(x_0)}{2!}(x-x_0)^2+\cdots+\frac{f^{(n)}(x_0)}{n!}(x-x_0)^n.$$

$$(7-22)$$

【**例7-29**】 请写出 $\sin x$ 的 $n$ 阶麦克劳林(Maclaurin)多项式.

**解** 令 $f(x)=\sin x$,则

$$\begin{aligned}f(x)&=\sin x; & f(0)&=0;\\ f'(x)&=\cos x; & f'(0)&=1;\\ f''(x)&=-\sin x; & f''(0)&=0;\\ f'''(x)&=-\cos x; & f'''(0)&=-1.\end{aligned}$$

通过观察可以发现,往后求得的导数将每四个一组,按照 $0,1,0,-1$ 循环,所以 $\sin x$ 的 $n$ 阶麦克劳林(Maclaurin)多项式的最后一项总是含有 $x$ 的奇次方,所以

$$P_{2k+1}(x)=P_{2k+2}(x)=x-\frac{x^3}{3!}+\frac{x^5}{5!}-\frac{x^7}{7!}+\cdots+(-1)^k\frac{x^{2k+1}}{(2k+1)!} \quad (k=0,1,2,\cdots).$$

$\sin x,P_1(x),P_3(x),P_5(x),P_7(x)$ 的图像如图 7-6 所示,从图像中我们也能看出,随着 $n$ 的增大,多项式在 $x=0$ 处越来越逼近原函数.

至此,我们已经解决了第一个问题,找到了所要求的多项式. 那么如果用该多项式来近似原

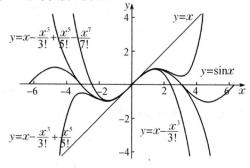

图 7-6

函数,误差究竟是多少,能否估计呢? 解决这个问题,有如下定理.

**定理 7-13（泰勒中值定理）** 若函数 $f(x)$ 在含有 $x_0$ 的某个开区间 $(a,b)$ 内具有直到 $n+1$ 阶导数,则对任一 $x \in (a,b)$,有

$$f(x) = P_n(x) + R_n(x) = \sum_{k=0}^{n} \frac{f^{(k)}(x_0)}{k!} \cdot (x-x_0)^k + R_n(x), \qquad (7-23)$$

其中
$$R_n(x) = \frac{f^{(n+1)}(\xi)}{(n+1)!} \cdot (x-x_0)^{n+1}, \qquad (7-24)$$

这里 $\xi$ 是 $x_0$ 与 $x$ 之间的某个值.

**证明** 由假设,$R_n(x)$ 在 $(a,b)$ 内具有直到 $(n+1)$ 阶导数,且

$$R_n(x_0) = R_n'(x_0) = R_n''(x_0) = \cdots = R_n^{(n)}(x_0) = 0,$$

两函数 $R_n(x)$ 及 $(x-x_0)^{n+1}$ 在以 $x_0$ 及 $x$ 为端点的区间上满足柯西中值定理的条件,得

$$\frac{R_n(x)}{(x-x_0)^{n+1}} = \frac{R_n(x) - R_n(x_0)}{(x-x_0)^{n+1} - 0} = \frac{R_n'(\xi_1)}{(n+1)(\xi_1-x_0)^n} \quad (\xi_1 \text{ 介于 } x_0 \text{ 与 } x \text{ 之间}),$$

两函数 $R_n'(x)$ 及 $(n+1)(x-x_0)^n$ 在以 $x_0$ 及 $\xi_1$ 为端点的区间上满足柯西中值定理的条件,

得 $\dfrac{R_n'(\xi_1)}{(n+1)(\xi_1-x_0)^n} = \dfrac{R_n'(\xi_1) - R_n'(x_0)}{(n+1)(\xi_1-x_0)^n - 0} = \dfrac{R_n''(\xi_2)}{n(n+1)(\xi_2-x_0)^{n-1}}$ ($\xi_2$ 介于 $x_0$ 与 $\xi_1$ 之间),

如此下去,经过 $(n+1)$ 次后,得 $R_n(x) = \dfrac{R_n^{(n+1)}(\xi)}{(n+1)!}(x-x_0)^{n+1}$ ($\xi$ 在 $x_0$ 与 $x$ 之间).

因为 $P_n^{(n+1)}(x) = 0$,所以

$$R_n^{(n+1)}(x) = f^{(n+1)}(x),$$

则由上式得

$$R_n(x) = \frac{f^{(n+1)}(\xi)}{(n+1)!}(x-x_0)^{n+1} \quad (\xi \text{ 介于 } x_0 \text{ 与 } x \text{ 之间}).$$

其中,(7-23) 式称为 $f(x)$ 按 $(x-x_0)$ 的幂展开的 $n$ 阶**泰勒公式**,而 $R_n(x)$ 的表达式(7-24) 式称为**拉格朗日型余项**. 故(7-23) 式又称为 $f(x)$ 按 $(x-x_0)$ 的幂展开的带有拉格朗日型余项的 $n$ 阶**泰勒公式**,显然 $R_n(x)$ 就是用多项式 $P_n(x)$ 逼近原函数 $f(x)$ 的误差.

当 $n=0$ 时,泰勒公式变成 $f(x) = f(x_0) + f'(\xi)(x-x_0)$ ($\xi$ 介于 $x_0$ 与 $x$ 之间)——拉格朗日中值公式,因此泰勒中值定理是拉格朗日中值定理的推广.

如果对于某个固定的 $n$,当 $x$ 在区间 $(a,b)$ 内变动时,$|f^{(n+1)}(x)|$ 总不超过一个常数 $M$,则有估计式

$$|R_n(x)| = \left| \frac{f^{(n+1)}(\xi)}{(n+1)!}(x-x_0)^{n+1} \right| \leqslant \frac{M}{(n+1)!} |x-x_0|^{n+1}$$

及
$$\lim_{x \to x_0} \frac{R_n(x)}{(x-x_0)^n} = 0.$$

可见,当 $x \to x_0$ 时,误差 $|R_n(x)|$ 是比 $(x-x_0)^n$ 高阶的无穷小,即

$$R_n(x) = o((x-x_0)^n). \qquad (7-25)$$

在不需要余项的精确表达式时,$n$ 阶泰勒公式也可写成

$$f(x) = f(x_0) + f'(x_0)(x-x_0) + \frac{f''(x_0)}{2!}(x-x_0)^2 + \cdots + \frac{f^{(n)}(x_0)}{n!}(x-x_0)^n + o((x-x_0)^n).$$

$$(7-26)$$

此时 $R_n(x)$ 的表达式(7-25) 式称为**皮亚诺型的余项**,所以(7-26) 式又称为 $f(x)$ 按 $x-x_0$

的幂展开的带有皮亚诺型余项的 $n$ 阶**泰勒公式**.

对于 $x_0=0$ 时的特殊情况,泰勒公式称为**麦克劳林(Maclaurin)公式**,即

$$f(x)=f(0)+f'(0)x+\frac{f''(0)}{2!}x^2+\cdots+\frac{f^{(n)}(0)}{n!}x^n+\frac{f^{(n+1)}(\theta x)}{(n+1)!}x^{n+1}(0<\theta<1) \quad (7-27)$$

或

$$f(x)=f(0)+f'(0)x+\frac{f''(0)}{2!}x^2+\cdots+\frac{f^{(n)}(0)}{n!}x^n+o(x^n), \quad (7-28)$$

其中(7-27)式和(7-28)式又分别称为带有拉格朗日型余项的 $n$ 阶麦克劳林公式和带有皮亚诺型余项的 $n$ 阶麦克劳林公式.

由此我们证明了存在近似计算公式

$$f(x)\approx f(0)+f'(0)x+\frac{f''(0)}{2!}x^2+\cdots+\frac{f^{(n)}(0)}{n!}x^n.$$

其误差估计式为 $\quad |R_n(x)|\leqslant\dfrac{M}{(n+1)!}|x|^{n+1}.$

【**例 7-30**】 求 $f(x)=e^x$ 的 $n$ 阶麦克劳林公式

**解** 由于 $\quad f'(x)=f''(x)=\cdots=f^{(n)}(x)=e^x,$

所以 $\quad f(0)=f'(0)=f''(0)=\cdots=f^{(n)}(0)=1.$

而 $f^{(n+1)}(\theta x)=e^{\theta x}$ 代入公式,得

$$e^x=1+x+\frac{x^2}{2!}+\cdots+\frac{x^n}{n!}+\frac{e^{\theta x}}{(n+1)!}x^{n+1} \quad (0<\theta<1).$$

由公式可知 $\quad e^x\approx 1+x+\dfrac{x^2}{2!}+\cdots+\dfrac{x^n}{n!}.$

估计误差:设 $x>0,$

$$|R_n(x)|=\left|\frac{e^{\theta x}}{(n+1)!}x^{n+1}\right|<\frac{e^x}{(n+1)!}x^{n+1}(0<\theta<1).$$

取 $x=1, e\approx 1+1+\dfrac{1}{2!}+\cdots+\dfrac{1}{n!},$ 其误差 $|R_n|<\dfrac{e}{(n+1)!}<\dfrac{3}{(n+1)!}.$

当 $n=10$ 时,可以算出 $e\approx 2.718282,$ 其误差不超过 $10^{-6}.$

【**例 7-31**】 求 $f(x)=\tan x$ 的麦克劳林展开式的前四项,并给出皮亚诺型余项.

**解**

$$(\tan x)'=\frac{1}{\cos^2 x},$$

$$(\tan x)''=\frac{-2\cos x\cdot(-\sin x)}{\cos^4 x}=\frac{2\sin x}{\cos^3 x},$$

$$(\tan x)'''=2\cdot\frac{\cos x\cdot\cos^3 x-\sin x\cdot 3\cos^2 x\cdot(-\sin x)}{\cos^6 x}=\frac{2\cos^2 x+6\sin^2 x}{\cos^4 x}.$$

$\tan x|_{x=0}=0,(\tan x)'|_{x=0}=1,(\tan x)''|_{x=0}=0,(\tan x)'''|_{x=0}=2.$

于是 $\quad \tan x=x+\dfrac{2}{3!}x^3+o(x^3).$

根据以上方法,我们给出一些常用的麦克劳林公式

$$\sin x=x-\frac{x^3}{3!}+\frac{x^5}{5!}-\cdots+(-1)^n\frac{x^{2n+1}}{(2n+1)!}+o(x^{2n+2});$$

$$\cos x=1-\frac{x^2}{2!}+\frac{x^4}{4!}-\frac{x^6}{6!}+\cdots+(-1)^n\frac{x^{2n}}{(2n)!}+o(x^{2n+1});$$

$$\ln(1+x) = x - \frac{x^2}{2} + \frac{x^3}{3} - \cdots + (-1)^n \frac{x^{n+1}}{n+1} + o(x^{n+1});$$

$$\frac{1}{1-x} = 1 + x + x^2 + \cdots + x^n + o(x^n);$$

$$(1+x)^m = 1 + mx + \frac{m(m-1)}{2!} x^2 + \cdots + \frac{m(m-1)\cdots(m-n+1)}{n!} x^n + o(x^n);$$

$$e^x = 1 + x + \frac{x^2}{2} + \cdots + \frac{x^n}{n!} + o(x^n).$$

以上是带皮亚诺型余项的 $n$ 阶麦克劳林公式,类似地,我们还可以写出相应的带有拉格朗日型余项的 $n$ 阶麦克劳林公式,留给读者自行练习.

根据泰勒公式,可以估算出一些我们以前计算不了的函数值.

**【例 7-32】** 利用三阶泰勒公式求 $\sin 18°$ 的近似值,并估计误差.

**解** $18° = 18 \cdot \frac{\pi}{180} = \frac{\pi}{10}$, $\sin x = x - \frac{x^3}{3!} + (-1)^{3-1} \frac{\sin\left(\theta \cdot x + \frac{5}{2}\pi\right)}{5!} \cdot x^5$,

故
$$\sin \frac{\pi}{10} \approx \frac{\pi}{10} - \frac{1}{6} \cdot \left(\frac{\pi}{10}\right)^3 \approx 0.3,$$

$$\left| R_4\left(\frac{\pi}{10}\right) \right| \leqslant \frac{1}{5!} \cdot \left(\frac{\pi}{10}\right)^5 < \frac{\pi^5}{120} \cdot 10^{-5} \approx 2.6 \times 10^{-5}.$$

利用带皮亚诺型余项的 $n$ 阶麦克劳林公式,还可以给极限的计算带来很多方便.

**【例 7-33】** 计算 $\lim\limits_{x \to 0} \dfrac{e^{x^2} + 2\cos x - 3}{x^4}$.

**解** 由于 $e^{x^2} = 1 + x^2 + \frac{1}{2!} x^4 + o(x^4)$,$\cos x = 1 - \frac{x^2}{2!} + \frac{x^4}{4!} + o(x^4)$,

所以
$$e^{x^2} + 2\cos x - 3 = \left(\frac{1}{2!} + 2 \cdot \frac{1}{4!}\right) x^4 + o(x^4),$$

故
$$原式 = \lim_{x \to 0} \frac{\frac{7}{12} x^4 + o(x^4)}{x^4} = \frac{7}{12}.$$

### 7.4.2 泰勒级数

我们现在来讨论一个函数要满足怎样的条件,才能够表示为一个幂级数.

由泰勒中值定理可知,如果函数 $f(x)$ 在含有点 $x_0$ 的区间 $(a,b)$ 内各阶导数都存在,则对于任意的正整数 $n$,泰勒公式(7-23)式都成立,即

$$f(x) = P_n(x) + R_n(x) = \sum_{k=0}^{n} \frac{f^{(k)}(x_0)}{k!} \cdot (x - x_0)^k + R_n(x).$$

其中
$$R_n(x) = \frac{f^{(n+1)}(\xi)}{(n+1)!} \cdot (x - x_0)^{n+1}.$$

如果余项 $R_n(x)$ 满足:$n \to \infty$ 时,$R_n(x) \to 0$,则

$$f(x) = \lim_{n \to \infty} \left[ f(x_0) + \frac{f'(x_0)}{1!}(x - x_0) + \frac{f''(x_0)}{2!}(x - x_0)^2 + \cdots + \frac{f^{(n)}(x_0)}{n!}(x - x_0)^n \right].$$

由于上式右端方括号内的式子是级数 $\sum\limits_{n=0}^{\infty} \dfrac{f^{(n)}(x_0)}{n!} (x - x_0)^n$ 的前 $n+1$ 项组成的部分

和式，所以如果此级数收敛，且以 $f(x)$ 为其和，则 $f(x)$ 可以写成

$$f(x)=\sum_{n=0}^{\infty}\frac{f^{(n)}(x_0)}{n!}(x-x_0)^n.$$

这里有一个问题，对任意可导函数，我们都可以从形式上写出上面的无穷级数，但反过来，这样写出的幂级数是否收敛呢？如果收敛是否恰好收敛于 $f(x)$ 呢？解决这个问题，先给出该级数的定义.

**定义 7-6** 若 $f(x)$ 在点 $x=x_0$ 有各阶导数 $f'(x_0),f''(x_0),\cdots,f^{(n)}(x_0),\cdots$，就称幂级数

$$\sum_{n=0}^{\infty}\frac{f^{(n)}(x_0)}{n!}(x-x_0)^n=f(x_0)+\frac{f'(x_0)}{1!}(x-x_0)+\frac{f''(x_0)}{2!}(x-x_0)^2+\cdots$$
$$+\frac{f^{(n)}(x_0)}{n!}(x-x_0)^n+\cdots \tag{7-29}$$

为 $f(x)$ 在 $x=x_0$ 处的**泰勒级数**.

有如下定理：

**定理 7-14** 设 $f(x)$ 在 $x_0$ 的某个邻域内有各阶导数，$f(x)$ 在 $x=x_0$ 处的泰勒级数在 $x_0$ 的该邻域内收敛于 $f(x)$ 的充分必要条件是：在该邻域内 $f(x)$ 的泰勒公式中的余项 $R_n(x)$ 当 $n\to\infty$ 时的极限为零，即

$$\lim_{n\to\infty}R_n(x)=0.$$

**证明** $f(x)$ 的 $n$ 阶泰勒公式为

$$f(x)=P_n(x)+R_n(x)=\sum_{k=0}^{n}\frac{f^{(k)}(x_0)}{k!}\cdot(x-x_0)^k+R_n(x).$$

故 $R_n(x)=f(x)-P_n(x)$ 就是定理中所指的余项.

由于 $n$ 次泰勒多项式 $P_n(x)$ 就是级数(7-29)式的前 $n+1$ 项部分和，根据级数收敛的定义，即有

$$\sum_{n=1}^{\infty}\frac{1}{n!}f^{(n)}(x_0)(x-x_0)^n=f(x),\quad x\in U(x_0);$$
$$\Leftrightarrow \lim_{n\to\infty}P_n(x)=f(x),\qquad x\in U(x_0);$$
$$\Leftrightarrow \lim_{n\to\infty}[f(x)-P_n(x)]=0,\qquad x\in U(x_0);$$
$$\Leftrightarrow \lim_{n\to\infty}R_n(x)=0,\qquad x\in U(x_0).$$

若 $f(x)$ 在 $x=x_0$ 处的泰勒级数在 $x_0$ 的某个邻域内收敛于 $f(x)$，则 $f(x)$ 为该级数的和函数，此时 $f(x)$ 又写成

$$f(x)=f(x_0)+f'(x_0)(x-x_0)+\frac{f''(x_0)}{2!}(x-x_0)^2+\cdots+\frac{f^{(n)}(x_0)}{n!}(x-x_0)^n+\cdots.$$
$$\tag{7-30}$$

上式称为 $f(x)$ 在 $x=x_0$ 处的泰勒展开式.

特别的，当 $x_0=0$ 时，$f(x)$ 的泰勒级数变为

$$f(x)=f(0)+f'(0)x+\frac{f''(0)}{2!}x^2+\cdots+\frac{f^{(n)}(0)}{n!}x^n+\cdots, \tag{7-31}$$

该式称为 $f(x)$ 的**麦克劳林级数**. 该级数的形式比较简单，后面我们经常要用到.

需要注意的是,并非任一函数都可展开成泰勒级数.如考虑 $f(x)=\begin{cases} e^{-\frac{1}{x^2}} & x\neq 0; \\ 0 & x=0. \end{cases}$ 在 $x=0$ 处的任何阶导数都存在,且 $f^{(n)}(0)=0, n=1,2,\cdots$,此时,$f(x)$ 在 $x=0$ 处有泰勒级数:$0+0x+\frac{0}{2!}x^2+\cdots+\frac{0}{n!}x^n+\cdots$,显然,它在 $(-\infty,\infty)$ 上收敛,且和函数为 $0$,而不是 $f(x)$.事实上,泰勒级数未必收敛,即使收敛也未必收敛于 $f(x)$.

需要说明的是,若 $f(x)$ 可以展开成泰勒级数,则这种展开是唯一的.该结论留给读者自行证明.

### 7.4.3 函数展开成幂级数

利用泰勒级数,特别是麦克劳林级数,我们可以将函数展开成幂级数,该如何展开呢?我们常常使用两种方法,先介绍直接方法.

将某函数展成关于 $x$ 的幂级数通常有下列几个步骤:

第一步 求出 $f(x)$ 的各阶导数:$f'(x), f''(x), \cdots, f^{(n)}(x), \cdots$,若在 $x=0$ 处,$f(x)$ 的某阶导数不存在,即终止,此函数不能展开成幂级数.例如在 $x=0$ 处,$f(x)=x^{5/2}$ 的三阶导数不存在,故它就不能展开为 $x$ 的幂级数.

第二步 求出 $f(0), f'(0), f''(0), \cdots, f^{(n)}(0), \cdots$.

第三步 写出幂级数 $f(0)+f'(0)x+\frac{f''(0)}{2!}x^2+\cdots+\frac{f^{(n)}(0)}{n!}x^n+\cdots$,并求出收敛半径 $R$.

第四步 利用余项 $R_n(x)$ 的表达式,观察当 $|x|<R$ 时,是否有 $\lim_{n\to\infty} R_n(x)=0$,如果不成立,则说明 $f(x)$ 在区间 $(-R,R)$ 内不能展开成幂级数;如果成立,则说明 $f(x)$ 可以展开成幂级数,且有

$$f(x)=f(0)+f'(0)x+\frac{f''(0)}{2!}x^2+\cdots+\frac{f^{(n)}(0)}{n!}x^n+\cdots \quad (|x|<R).$$

【例 7-34】 将 $f(x)=e^x$ 展开成 $x$ 的幂级数.

**解** 不难得出 $f^{(n)}(x)=e^x, n=1,2,\cdots$,从而 $f^{(n)}(0)=1, n=1,2,\cdots$.

可得到幂级数 $1+x+\frac{1}{2!}x^2+\cdots+\frac{1}{n!}x^n+\cdots$,

其收敛半径为 $R=+\infty$.

对 $\forall x, R_n(x)=\frac{e^\xi}{(n+1)!}x^{n+1}$($\xi$ 在 $0$ 与 $x$ 之间),

显然 $|R_n(x)|=\left|\frac{e^\xi}{(n+1)!}x^{n+1}\right|\leqslant \frac{e^{|x|}}{(n+1)!}|x|^{n+1}.$

而对 $\forall x$, $\lim_{n\to\infty}\frac{e^{|x|}}{(n+1)!}|x|^{n+1}=e^{|x|}\lim_{n\to\infty}\frac{|x|^{n+1}}{(n+1)!}=0.$

故有 $\lim_{n\to\infty} R_n(x)=0$ 对 $\forall x\in(-\infty,\infty)$ 成立,即 $f(x)=e^x$ 展成幂级数为

$$e^x=1+x+\frac{1}{2!}x^2+\cdots+\frac{1}{n!}x^n+\cdots, x\in(-\infty,+\infty).$$

根据上式,我们可以进一步得到一般的指数函数关于 $x$ 的展开式

$$a^x = e^{x\ln a} = \sum_{n=0}^{\infty} \frac{(x\ln a)^n}{n!} = \sum_{n=0}^{\infty} \frac{(\ln a)^n}{n!} x^n, x \in (-\infty, +\infty).$$

**【例 7-35】** 将 $f(x) = \sin x$ 展开为 $x$ 的幂级数.

**解** 由于 $f^{(n)}(x) = \sin(x + \frac{n\pi}{2})$, $n = 1, 2, \cdots$. 令 $x = 0$, 则

$$f(0) = 0, f'(0) = 1, \cdots, f^{(2n)}(0) = 0, f^{(2n-1)}(0) = (-1)^{n-1}, n = 1, 2, \cdots.$$

有幂级数
$$x - \frac{x^3}{3!} + \frac{x^5}{5!} - \cdots + (-1)^{n-1} \frac{x^{2n-1}}{(2n-1)!} + \cdots.$$

其收敛半径为 $R = +\infty$, 对 $\forall x$,

$$R_n(x) = \frac{\sin\left[\xi + (n+1)\frac{\pi}{2}\right]}{(n+1)!} x^{n+1} (\xi \text{ 在 } 0 \text{ 与 } x \text{ 之间}),$$

$$|R_n(x)| \leqslant \frac{|x|^{n+1}}{(n+1)!} \to 0 (n \to +\infty),$$

则 $\lim_{n \to \infty} R_n(x) = 0$, $\forall x \in (-\infty, +\infty)$ 成立, 所以

$$\sin x = x - \frac{x^3}{3!} + \frac{x^5}{5!} - \cdots + (-1)^{n-1} \frac{x^{2n-1}}{(2n-1)!} + \cdots, \forall x \in (-\infty, +\infty).$$

对上面等式两边同时求导, 还可以得到 $\cos x$ 关于 $x$ 的幂级数

$$\cos x = 1 - \frac{x^2}{2!} + \frac{x^4}{4!} - \cdots + (-1)^n \frac{x^{2n}}{(2n)!} + \cdots, \forall x \in (-\infty, +\infty).$$

从以上两例可以看出, 用直接法将函数展开成幂级数计算量较大, 考察余项是否趋于零比较麻烦.

事实上, 能直接从前面所讲的四个步骤来求函数展开成幂级数的为数不多. 通常是从已知的展开式出发, 通过变量代换、四则运算, 或逐项求导、逐项积分等办法间接求出其展开式, 这种方法称为间接法.

利用间接法求函数的幂级数展开式, 上面几个展开式占有非常重要的位置, 故需将之记住.

此外, 利用几何级数的结果, 可以导出两个更为常用的麦克劳林展开式:

$$\frac{1}{1-x} = 1 + x + x^2 + x^3 + \cdots + x^n + \cdots, \forall x \in (-1, 1),$$

$$\frac{1}{1+x} = 1 - x + x^2 - x^3 + \cdots + (-1)^n x^n + \cdots, \forall x \in (-1, 1).$$

对上面两式求积分, 可以得到:

$$\ln(1-x) = -x - \frac{x^2}{2} - \frac{x^3}{3} - \frac{x^4}{4} - \cdots - \frac{x^n}{n} - \cdots, \forall x \in (-1, 1);$$

$$\ln(1+x) = x - \frac{x^2}{2} + \frac{x^3}{3} - \frac{x^4}{4} + \cdots + (-1)^{n-1} \frac{x^n}{n} + \cdots, \forall x \in (-1, 1).$$

**【例 7-36】** 将 $\arctan x$ 展开成 $x$ 的幂级数.

**解** $\frac{1}{1+x} = 1 - x + x^2 - x^3 + \cdots + (-1)^n x^n + \cdots, \forall x \in (-1, 1),$

$$\frac{1}{1+x^2} = 1 - x^2 + x^4 - x^6 + \cdots + (-1)^n x^{2n} + \cdots, \forall x \in (-1, 1).$$

$$\arctan x = \int_0^x \frac{1}{1+x^2} dx = \int_0^x \sum_{n=0}^{\infty} (-1)^n x^{2n} dx = \sum_{n=0}^{\infty} (-1)^n \int_0^x x^{2n} dx = \sum_{n=0}^{\infty} (-1)^n \frac{x^{2n+1}}{2n+1}$$
$$= x - \frac{1}{3}x^3 + \frac{1}{5}x^5 - \cdots + (-1)^n \frac{1}{2n+1} x^{2n+1} + \cdots, \forall x \in (-1,1).$$

掌握了函数展开成麦克劳林级数的方法后,当要把函数展开成 $x-x_0$ 的幂级数时,只需要把 $f(x)$ 转化成 $x-x_0$ 的表达式,把 $x-x_0$ 看成变量 $t$,展开成 $t$ 的幂级数,即得 $x-x_0$ 的幂级数.

【例 7-37】 将函数 $f(x) = \dfrac{1}{x^2+3x+2}$ 展开成 $(x+4)$ 的幂级数.

**解** $f(x) = \dfrac{1}{(x+1)(x+2)} = \dfrac{1}{x+1} - \dfrac{1}{x+2} = \dfrac{1}{x+4-3} - \dfrac{1}{x+4-2}$

$$= \frac{1}{2} \cdot \frac{1}{1 - \frac{x+4}{2}} - \frac{1}{3} \cdot \frac{1}{1 - \frac{x+4}{3}}$$

$$= \frac{1}{2} \sum_{n=0}^{\infty} \left(\frac{x+4}{2}\right)^n - \frac{1}{3} \sum_{n=0}^{\infty} \left(\frac{x+4}{3}\right)^n = \sum_{n=0}^{\infty} \left(\frac{1}{2^{n+1}} - \frac{1}{3^{n+1}}\right)(x+4)^n, x \in (-6,-2).$$

【例 7-38】 将数 $f(x) = \cos x$ 展开成 $\left(x + \dfrac{\pi}{3}\right)$ 的幂级数.

**解** $\cos x = \cos\left[\left(x+\dfrac{\pi}{3}\right) - \dfrac{\pi}{3}\right] = \cos\left(x+\dfrac{\pi}{3}\right)\cos\dfrac{\pi}{3} + \sin\left(x+\dfrac{\pi}{3}\right)\sin\dfrac{\pi}{3}$

$$= \cos\left(x+\frac{\pi}{3}\right)\cos\left(\frac{\pi}{3}\right) + \sin\left(x+\frac{\pi}{3}\right)\sin\frac{\pi}{3}$$

$$= \frac{1}{2} \sum_{n=0}^{\infty} (-1)^n \frac{\left(x+\frac{\pi}{3}\right)^{2n}}{(2n)!} + \frac{\sqrt{3}}{2} \sum_{n=1}^{\infty} (-1)^{n-1} \frac{1}{(2n-1)!} \left(x+\frac{\pi}{3}\right)^{2n-1}$$

$$= \frac{1}{2} \sum_{n=0}^{\infty} (-1)^n \frac{\left(x+\frac{\pi}{3}\right)^{2n}}{(2n)!} + \frac{\sqrt{3}}{2} \sum_{n=0}^{\infty} (-1)^n \frac{\left(x+\frac{\pi}{3}\right)^{2n+1}}{(2n+1)!}$$

$$= \frac{1}{2} \sum_{n=0}^{\infty} (-1)^n \left[\frac{1}{(2n)!}\left(x+\frac{\pi}{3}\right)^{2n} + \frac{\sqrt{3}}{(2n+1)!}\left(x+\frac{\pi}{3}\right)^{2n+1}\right], x \in (-\infty, +\infty).$$

### 习题 7.4

1. 当 $x_0 = -1$ 时,求函数 $f(x) = \dfrac{1}{x}$ 的 $n$ 阶泰勒公式.

2. 求函数 $f(x) = xe^x$ 的 $n$ 阶麦克劳林公式.

3. 验证 $0 < x \leqslant \dfrac{1}{2}$ 时,按公式 $e^x \approx 1 + x + \dfrac{x^2}{2} + \dfrac{x^3}{6}$ 计算 $e^x$ 的近似值,产生的误差小于 $0.01$,并求 $\sqrt{e}$ 的近似值,使误差小于 $0.01$.

4. 应用三阶泰勒公式求 $\sqrt[3]{30}$ 的近似值,并估计误差.

5. 将下列函数展开成 $x$ 的幂级数:

(1) $f(x) = \arctan \dfrac{1+x}{1-x}$;

(2) $f(x)=\dfrac{1}{4}\ln\dfrac{1+x}{1-x}+\dfrac{1}{2}\arctan x-x$;

(3) $f(x)=\dfrac{x}{2+x-x^2}$;

(4) $f(x)=(1+x)\ln(1+x)$;

(5) $f(x)=\dfrac{x}{\sqrt{1+x^2}}$;

(6) $f(x)=\cos^2 x$;

(7) $f(x)=e^{-x^2}$;

(8) $f(x)=\ln(4-3x-x^2)$;

(9) $f(x)=\dfrac{3x}{2-x-x^2}$;

(10) $f(x)=x\arctan x-\ln\sqrt{1+x^2}$.

6. 把下列函数展开为 $(x-x_0)$ 的幂级数：

(1) $f(x)=\dfrac{1}{x+1},x_0=-4$;

(2) $f(x)=\dfrac{1}{x^2+2x-3},x_0=2$;

(3) $f(x)=\ln\dfrac{x}{x+2},x_0=1$;

(4) $f(x)=\sqrt[3]{x},x_0=-1$;

(5) $f(x)=\cos x,x_0=\dfrac{\pi}{3}$;

(6) $f(x)=\ln(3x-x^2),x_0=1$.

7. 将 $f(x)=\sum\limits_{n=0}^{\infty}(-1)^{n-1}\dfrac{x^{2n-1}}{(2n-1)!\,2^{2n-2}}$ 在 $x=1$ 处展成泰勒级数.

8. 设 $y=\operatorname{arccot} x$，求 $y^{(n)}(0)$.

## 7.5　傅里叶级数

前面两节我们讨论了幂级数，本节我们将讨论另一种重要的函数项级数——傅里叶级数，它在理论和应用上都十分重要.

### 7.5.1　三角级数、三角函数系的正交性

周期运动是自然界中广泛存在的一种运动形式，在科学实验和工程技术中我们也常碰到一些周期运动，这种运动要用函数来表示，这就是周期函数. 在第 1 章中，我们也曾介绍过函数的这一重要特性——周期性，设 $f(x)$ 是周期为 $\lambda$ 的周期函数，它必满足：$f(x+\lambda)=f(x)$. 通常 $\lambda$ 表示最小正周期.

简谐振动是最简单的一种周期运动，如图 7-7 所示，可以用正弦函数来描述简谐振动：
$$y=A\sin(\omega t+\varphi),$$

其中 $A$ 为振幅,$\varphi$ 为初相角,$\omega$ 为角频率,该函数的周期为 $\dfrac{2\pi}{\omega}$.

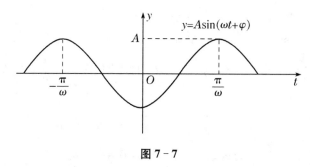

图 7-7

在实际问题中,除了正弦函数外,还会遇到非正弦的周期函数,它们反映了较复杂的周期运动,如图 7-8 所示,电子技术中常用的周期为 $T$ 的矩形波就是一个非正弦周期函数的例子.

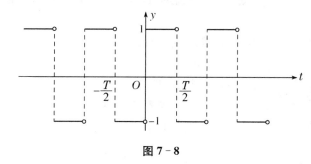

图 7-8

图 7-8 中的矩形波可用下式表示

$$f(t)=\begin{cases}-1 & t\in\left[\left(k-\dfrac{1}{2}\right)T,kT\right);\\ 1 & t\in\left[kT,\left(k+\dfrac{1}{2}\right)T\right).\end{cases}(k\in\mathbb{Z})$$

可以看到,上面的函数 $f(t)$ 是分段函数,该函数有无穷多个第一类的间断点.那么,能否用处处可导的周期函数去逼近 $f(t)$ 呢?

我们知道:若干个不同频率的简谐振动叠加起来,可以合成一个复杂的周期运动,那么对于一般的较复杂的周期函数,它们能否用一系列的正弦函数来表示呢?

这些也就是我们下面所要讲的问题.

首先,我们来介绍什么是三角级数.用一系列以 $T$ 为周期的正弦函数 $A_n\sin(n\omega t+\varphi_n)$ 组成函数项级数,可以表示如下,即

$$A_0+\sum_{n=1}^{\infty}A_n\sin(n\omega t+\varphi_n), \tag{7-32}$$

其中 $A_0,A_n,\varphi_n(n=1,2,\cdots)$,均为常数.若函数项级数(7-32)式收敛于 $f(t)$,则有

$$f(t)=A_0+\sum_{n=1}^{\infty}A_n\sin(n\omega t+\varphi_n), \tag{7-33}$$

显然 $f(t)$ 是一个周期为 $\dfrac{2\pi}{\omega}$ 的周期函数.(7-33)式说明了 $f(t)$ 是由若干个不同频率的简谐

振动叠加而成的. 在电工学上, 通常称 $A_0$ 为 $f(t)$ 的直流分量, $A_1\sin(\omega t+\varphi_1)$ 为一次谐波, $A_2\sin(2\omega t+\varphi_2)$ 为二次谐波等.

由三角公式, 我们将 $A_n\sin(n\omega t+\varphi_n)$ 展开, 得
$$A_n\sin(n\omega t+\varphi_n)=A_n\sin\varphi_n\cos n\omega t+A_n\cos\varphi_n\sin n\omega t,$$

若令 $\dfrac{a_0}{2}=A_0, a_n=A_n\sin\varphi_n, b_n=A_n\cos\varphi_n, x=\omega t$, 并记 $F(x)=f\left(\dfrac{x}{\omega}\right)=f(t)$, 则 (7-33) 式可以改写为

$$F(x)=\frac{a_0}{2}+\sum_{n=1}^{\infty}(a_n\cos nx+b_n\sin nx). \tag{7-34}$$

一般地, 称形如 (7-34) 式的级数为三角级数, 其中 $a_0, a_n, b_n (n=1,2,\cdots)$ 都是常数, 称其为该三角函数的系数.

显然, 若 (7-34) 式收敛, 其和函数必定是一个以 $2\pi$ 为周期的函数.

如同讨论幂级数时一样, 我们必须讨论三角级数的收敛性问题, 以及给定周期为 $2\pi$ 的周期函数如何把它展开成三角级数. 为此, 我们首先介绍三角函数系及其正交性.

三角函数系
$$1,\cos x,\sin x,\cos 2x,\sin 2x,\cdots,\cos nx,\sin nx,\cdots \tag{7-35}$$

有以下性质:

(1) 三角函数系 (7-35) 式具有共同的周期 $2\pi$;

(2) 三角函数系 (7-35) 式在 $[-\pi,\pi]$ 上具有正交性, 即三角函数系 (7-35) 中任何两个不同的函数的乘积在 $[-\pi,\pi]$ 上的积分都等于零.

$$\int_{-\pi}^{\pi}1\cdot\cos nx\mathrm{d}x=\int_{-\pi}^{\pi}1\cdot\sin nx\mathrm{d}x=0 \quad (n=1,2,\cdots),$$

$$\int_{-\pi}^{\pi}\cos nx\sin mx\mathrm{d}x=0 \quad (n,m=1,2,\cdots),$$

$$\int_{-\pi}^{\pi}\cos nx\cos mx\mathrm{d}x=\int_{-\pi}^{\pi}\sin nx\sin mx\mathrm{d}x=0 \quad (n,m=1,2,\cdots,m\neq n).$$

以上等式, 都可以通过计算定积分来验证.

例如,
$$\int_{-\pi}^{\pi}1\cdot\cos nx\mathrm{d}x=\frac{\sin nx}{n}\bigg|_{x=-\pi}^{x=\pi}=\frac{\sin n\pi-\sin n(-\pi)}{n}=\frac{0-0}{n}=0,$$

$$\int_{-\pi}^{\pi}\cos nx\sin mx\mathrm{d}x=\frac{1}{2}\int_{-\pi}^{\pi}[\sin(m-n)x+\sin(m+n)x]\mathrm{d}x.$$

若 $m=n$, 则

上式 $=\dfrac{1}{2}\int_{-\pi}^{\pi}[0+\sin(m+n)x]\mathrm{d}x=\dfrac{-1}{2(m+n)}\cos(m+n)x\bigg|_{x=-\pi}^{x=\pi}$

$=\dfrac{-1}{2(m+n)}[\cos(m+n)\pi-\cos(-m-n)\pi]=0.$

若 $m\neq n$, 则

上式 $=\dfrac{-1}{2(m-n)}\cos(m-n)x\bigg|_{x=-\pi}^{x=\pi}+\dfrac{-1}{2(m+n)}\cos(m+n)x\bigg|_{x=-\pi}^{x=\pi}=0.$

相仿地可以证明其他几个等式.

(3) 三角函数系 (7-35) 式中任意两个相同函数的乘积在区间 $[-\pi,\pi]$ 上的积分都不等

于零,即:
$$\int_{-\pi}^{\pi} 1^2 dx = 2\pi,$$
$$\int_{-\pi}^{\pi} \cos^2 nx dx = \int_{-\pi}^{\pi} \sin^2 nx dx = \pi \quad (n=1,2,\cdots).$$

以上等式,也可以通过定积分来计算,请读者自行验证.

### 7.5.2 函数展开为傅里叶级数

设 $f(x)$ 是周期为 $2\pi$ 的周期函数,且能展开成三角级数

$$f(x) = \frac{a_0}{2} + \sum_{n=1}^{\infty} (a_n \cos nx + b_n \sin nx), \tag{7-36}$$

那么系数 $a_0, a_n, b_n$ 与函数 $f(x)$ 之间是否存在一些联系呢?能否利用 $f(x)$ 把 $a_0, a_n, b_n$ 表达出来呢?为此,我们进一步假设级数(7-36)式可以逐项积分.对(7-36)式作如下积分,同时注意到三角函数系(7-35)式的正交性,我们有

$$\int_{-\pi}^{\pi} f(x) dx = \int_{-\pi}^{\pi} \frac{a_0}{2} dx + \sum_{n=1}^{\infty} \left( a_n \int_{-\pi}^{\pi} \cos nx dx + b_n \int_{-\pi}^{\pi} \sin nx dx \right) = \frac{a_0}{2} \cdot 2\pi = a_0 \pi.$$

从而 $a_0 = \frac{1}{\pi} \int_{-\pi}^{\pi} f(x) dx$.

再看 $a_n$,用 $\cos nx$ 乘(7-36)式两端,再从 $-\pi$ 到 $\pi$ 逐项积分,有

$$\int_{-\pi}^{\pi} f(x) \cos nx dx = \int_{-\pi}^{\pi} \frac{a_0}{2} \cos nx dx + \sum_{k=1}^{\infty} \left( a_k \int_{-\pi}^{\pi} \cos kx \cos nx dx + b_k \int_{-\pi}^{\pi} \sin kx \sin nx dx \right).$$

根据三角函数系(7-35)式的正交性,等式右端除 $k=n$ 的一项外,其余各项均为零,故

$$上式 = a_n \int_{-\pi}^{\pi} \cos^2 nx dx = a_n \pi.$$

于是有
$$a_n = \frac{1}{\pi} \int_{-\pi}^{\pi} f(x) \cos nx dx \quad (n=1,2,\cdots).$$

类似地,用 $\sin nx$ 乘(7-36)式两端,再从 $-\pi$ 到 $\pi$ 逐项积分,有

$$b_n = \frac{1}{\pi} \int_{-\pi}^{\pi} f(x) \sin nx dx \quad (n=1,2,\cdots).$$

这样,在一定条件下,通过以上公式就明确了级数(7-36)式的和函数与它各项系数的关系.

事实上,我们观察可以发现,当 $n=0$ 时,$a_n$ 的表达式与 $a_0$ 一致,因此上面的结论可以合并成

$$\begin{cases} a_n = \frac{1}{\pi} \int_{-\pi}^{\pi} f(x) \cos nx dx & n = 0, 1, 2, \cdots; \\ b_n = \frac{1}{\pi} \int_{-\pi}^{\pi} f(x) \sin nx dx & n = 1, 2, \cdots. \end{cases} \tag{7-37}$$

显然,对于以 $2\pi$ 为周期的函数,或者是定义在 $[-\pi, \pi]$ 上的函数,只要该函数在区间 $[-\pi, \pi]$ 上可积,就可以利用(7-37)式计算出它所对应的三角级数的系数 $a_n, b_n$.

这里,$a_n, b_n$ 称为函数 $f(x)$ 的傅里叶系数,(7-37)式称为函数 $f(x)$ 的傅里叶系数公式,将该公式代入(7-36)式右端,所得的三角级数

$$\frac{a_0}{2} + \sum_{n=1}^{\infty} (a_n \cos nx + b_n \sin nx),$$

称为函数 $f(x)$ 的傅里叶级数.

根据上述分析可见,一个定义在 $(-\infty,+\infty)$ 上周期为 $2\pi$ 的函数 $f(x)$,如果它在一个周期上可积,则一定可以作出它的傅里叶级数(7-36)式. 然而我们不禁要问,$a_n$,$b_n$ 是通过 $f(x)$ 计算出来的,但整个过程是否一定保证傅里叶级数(7-36)式是收敛的? 如果收敛,该级数的和函数是否一定就是 $f(x)$?

事实上,答案是不一定的. 那么,在什么条件下,$f(x)$ 的傅里叶级数不仅收敛,而且收敛到它本身? 换句话说,$f(x)$ 满足什么条件才可以展开成傅里叶级数呢? 这个问题直到 1829 年,Dirichlet 才首次给出了这个问题的一个严格的数学证明. 对这一问题的研究,极大地促进了数学分析的发展. 这里我们不加证明地叙述如下定理,它给出了关于上述问题的一个重要结论.

**定理 7-15 (Dirichlet 定理,收敛定理)** 设 $f(x)$ 是以 $2\pi$ 为周期的函数,如果它满足:

(1) 在一个周期内连续或只有有限多个第一类间断点;

(2) 在一个周期内,至多只有有限多个极值点(即不作无限次振动),则 $f(x)$ 的傅里叶 (Fourier) 级数在 $(-\infty,+\infty)$ 上处处收敛,并且

① 当 $x$ 是 $f(x)$ 的连续点时,级数收敛于 $f(x)$;

② 当 $x$ 是 $f(x)$ 的间断点时,级数收敛于 $\frac{1}{2}[f(x^-)+f(x^+)]$.

收敛定理告诉我们:只要函数在 $[-\pi,\pi]$ 上至多有有限个第一类间断点,并且不作无限次振动,函数的傅里叶级数在连续点处就收敛于该点的函数值,在间断点处收敛于该点左极限与右极限的算术平均值. 可见,函数展开成傅里叶级数的条件比展开成幂级数的条件低得多.

在工程学科中,该定理的条件一般简称为狄氏条件,工程技术中碰到的非正弦周期函数,一般也都能满足狄氏条件.

【例 7-39】 设 $f(x)$ 是以 $2\pi$ 为周期的函数,它在 $[-\pi,\pi)$ 上的表达式为
$$f(x)=\begin{cases}-1 & -\pi\leqslant x<0;\\ 1 & 0\leqslant x<\pi.\end{cases}$$
将 $f(x)$ 展开成傅里叶级数.

**解** $f(x)$ 满足收敛定理条件,它的图形如图 7-9 所示.

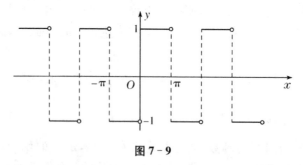

图 7-9

可以先求出函数 $f(x)$ 的傅里叶系数
$$a_n=\frac{1}{\pi}\int_{-\pi}^{\pi}f(x)\cos nx\,\mathrm{d}x=\frac{1}{\pi}\int_{-\pi}^{0}(-1)\cdot\cos nx\,\mathrm{d}x+\frac{1}{\pi}\int_{0}^{\pi}1\cdot\cos nx\,\mathrm{d}x$$
$$=0\,(n=0,1,2,\cdots);$$

$$b_n = \frac{1}{\pi} \int_{-\pi}^{\pi} f(x) \cdot \sin nx \, dx$$

$$= \frac{1}{\pi} \int_{-\pi}^{0} (-1) \cdot \sin nx \, dx + \frac{1}{\pi} \int_{0}^{\pi} 1 \cdot \sin nx \, dx = \frac{1}{\pi} \left( \frac{\cos nx}{n} \right) \Big|_{-\pi}^{0} + \frac{1}{\pi} \left( -\frac{\cos nx}{n} \right) \Big|_{0}^{\pi}$$

$$= \frac{1}{n\pi} [1 - \cos n\pi - \cos n\pi + 1] = \frac{2}{n\pi} [1 - (-1)^n]$$

$$= \begin{cases} \dfrac{4}{n\pi} & n = 1, 3, 5, \cdots; \\ 0 & n = 2, 4, 6, \cdots. \end{cases}$$

注意到函数 $f(x)$ 在点 $x = k\pi (k = 0, \pm 1, \pm 2, \cdots)$ 处有第一类间断点,在其他点处连续,所以将所求得的系数代入到(7-36)式,就得到函数 $f(x)$ 的傅里叶级数展开式为

$$f(x) = \frac{4}{\pi} \left[ \sin x + \frac{1}{3} \sin 3x + \cdots + \frac{1}{2k-1} \sin(2k-1)x + \cdots \right] = \frac{4}{\pi} \sum_{k=1}^{\infty} \frac{1}{2k-1} \sin(2k-1)x$$

$(-\infty < x < +\infty, x \neq 0, \pm \pi, \pm 2\pi, \cdots)$.

事实上,根据收敛定理,我们知道,当 $x = k\pi (k = 0, \pm 1, \pm 2, \cdots)$ 时,$f(x)$ 的傅里叶级数收敛于

$$\frac{-1+1}{2} = \frac{1+(-1)}{2} = 0,$$

即 $f(x)$ 的傅里叶级数的和函数为

$$S(x) = \begin{cases} f(x) & x \neq k\pi; \\ 0 & x = k\pi. \end{cases} (k = 0, \pm 1, \pm 2, \cdots)$$

和函数的图像如图 7-10 所示.

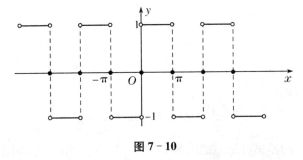

图 7-10

对于非周期函数 $f(x)$,如果它只在区间 $[-\pi, \pi]$ 上有定义,并且在该区间上满足收敛定理的条件,那么函数 $f(x)$ 也可以展开成它的傅里叶级数.

事实上,我们只要在区间 $[-\pi, \pi)$ 或 $(-\pi, \pi]$ 外补充 $f(x)$ 的定义,使它延拓成一个周期为 $2\pi$ 的周期函数 $F(x)$,这种拓广函数定义域的方法称为周期延拓.将作周期延拓后的函数 $F(x)$ 展开成傅里叶级数,然后再限制 $x$ 在区间 $(-\pi, \pi)$ 内,此时显然有 $F(x) = f(x)$,这样便得到了 $f(x)$ 的傅里叶级数展开式,这个级数在区间端点 $x = \pm \pi$ 处,收敛于 $\dfrac{f(\pi^-) + f(-\pi^+)}{2}$.

**【例 7-40】** 设

$$f(x) = \begin{cases} x & 0 \leqslant x \leqslant \pi; \\ 0 & -\pi < x < 0. \end{cases}$$

求 $f(x)$ 的傅里叶级数展开式.

**解** 函数 $f$ 及其周期延拓后的图像如图 7-11 所示,显然 $f$ 是按段光滑的.

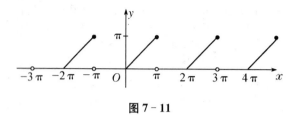

图 7-11

故由定理 7-15,它可以展开成傅里叶级数. 由于
$$a_0 = \frac{1}{\pi}\int_{-\pi}^{\pi} f(x) dx = \frac{1}{\pi}\int_0^{\pi} x dx = \frac{\pi}{2}.$$

当 $n \geqslant 1$ 时,
$$a_n = \frac{1}{\pi}\int_{-\pi}^{\pi} f(x)\cos nx dx = \frac{1}{\pi}\int_0^{\pi} x\cos nx dx$$
$$= \frac{1}{n\pi} x\sin nx \Big|_0^{\pi} - \frac{1}{n\pi}\int_0^{\pi} \sin nx dx = \frac{1}{n^2\pi}\cos nx \Big|_0^{\pi}$$
$$= \frac{1}{n^2\pi}(\cos n\pi - 1) = \begin{cases} -\dfrac{2}{n^2\pi} & \text{当 } n \text{ 为奇数时}; \\ 0 & \text{当 } n \text{ 为偶数时}. \end{cases}$$
$$b_n = \frac{1}{\pi}\int_{-\pi}^{\pi} f(x)\sin nx dx = \frac{1}{\pi}\int_0^{\pi} x\sin nx dx$$
$$= -\frac{1}{n\pi} x\cos nx \Big|_0^{\pi} + \frac{1}{n\pi}\int_0^{\pi} \cos nx dx = \frac{(-1)^{n+1}}{n}.$$

所以在开区间 $(-\pi, \pi)$ 上
$$f(x) = \frac{\pi}{4} - \left(\frac{2}{\pi}\cos x - \sin x\right) - \frac{1}{2}\sin 2x - \left(\frac{2}{9\pi}\cos 3x - \frac{1}{3}\sin 3x\right) - \cdots.$$

在 $x = \pm\pi$ 时,上式右边收敛于
$$\frac{f(\pi - 0) + f(-\pi + 0)}{2} = \frac{\pi + 0}{2} = \frac{\pi}{2}.$$

于是,在 $[-\pi, \pi]$ 上 $f$ 的傅里叶级数的图像如图 7-12 所示(注意它与图 7-11 的差别).

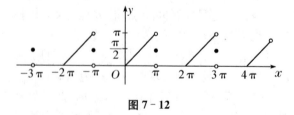

图 7-12

### 7.5.3 正弦级数与余弦级数

在实际中,我们常常会遇到将奇函数或偶函数展开成傅里叶级数的问题,它们的傅里叶级数都具有比较简单的形式.

设函数 $f(x)$ 为定义在区间 $[-\pi,\pi]$ 上的奇函数,不难得到 $f(x)\cos nx$ 是奇函数,$f(x)\sin nx$ 是偶函数.由此我们来计算 $f(x)$ 的傅里叶系数.

显然
$$a_n = \frac{1}{\pi}\int_{-\pi}^{\pi}f(x)\cos nx\,dx = 0 \quad n=0,1,2,\cdots,$$
$$b_n = \frac{1}{\pi}\int_{-\pi}^{\pi}f(x)\sin nx\,dx = \frac{2}{\pi}\int_0^{\pi}f(x)\sin nx\,dx \quad n=1,2,\cdots,$$

从而,$f(x)$ 的傅里叶级数是

$$\sum_{n=1}^{\infty}b_n\sin nx. \tag{7-38}$$

容易看出,该级数仅有正弦项,其中 $b_n = \frac{2}{\pi}\int_0^{\pi}f(x)\sin nx\,dx$,级数(7-38)式称为正弦级数.

类似地,设 $f(x)$ 为定义在区间 $[-\pi,\pi]$ 上的偶函数,则 $f(x)\cos nx$ 是偶函数,$f(x)\sin nx$ 是奇函数.故 $f(x)$ 的傅里叶系数

$$a_n = \frac{1}{\pi}\int_{-\pi}^{\pi}f(x)\cos nx\,dx = \frac{2}{\pi}\int_0^{\pi}f(x)\cos nx\,dx \quad n=0,1,2,\cdots,$$
$$b_n = \frac{1}{\pi}\int_{-\pi}^{\pi}f(x)\sin nx\,dx = 0 \quad n=1,2,\cdots.$$

从而,$f(x)$ 的傅里叶级数为

$$\frac{a_0}{2} + \sum_{n=1}^{\infty}a_n\cos nx, \tag{7-39}$$

该级数仅有余弦项,其中 $a_n = \frac{2}{\pi}\int_0^{\pi}f(x)\cos nx\,dx$,级数(7-39)式称为余弦级数.

【例 7-41】 在区间 $[-\pi,\pi]$ 内把函数 $f(x)=x^2$ 展开成傅里叶级数.

**解** 题设函数满足收敛定理的条件,且作周期延拓后的函数 $F(x)$ 在区间 $[-\pi,\pi]$ 上收敛于和函数 $f(x)$.和函数的图形如图 7-13 所示.

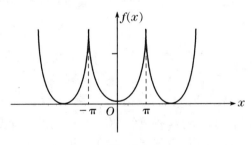

**图 7-13**

注意到 $f(x)=x^2$ 是偶函数,故其傅里叶系数

$b_n = 0 \, (n=1,2,3,\cdots)$;

$a_0 = \frac{2}{\pi}\int_0^{\pi}x^2\,dx = \frac{2}{3}\pi^2$;

$$a_n = \frac{1}{\pi}\int_{-\pi}^{\pi}x^2\cos nx\,dx = \frac{2}{\pi}\int_0^{\pi}x^2\cos nx\,dx = \frac{2}{\pi}\left(\frac{x^2\sin nx}{n}\bigg|_0^{\pi} - \frac{2}{n}\int_0^{\pi}x\sin nx\,dx\right)$$
$$= \frac{4}{n\pi}\left(\frac{x}{n}\cos nx\bigg|_0^{\pi} - \frac{1}{n}\int_0^{\pi}\cos nx\,dx\right) = \frac{4}{n\pi}\cdot\frac{(-1)^n\pi}{n} = \frac{(-1)^n 4}{n^2} \, (n=1,2,\cdots).$$

函数 $f(x)$ 在区间 $[-\pi,\pi]$ 内连续且按段光滑,因此有

$$x^2 = \frac{\pi^2}{3} + 4\sum_{n=1}^{\infty}(-1)^n\frac{\cos nx}{n^2}, \quad x\in[-\pi,\pi].$$

【例 7-42】 把 $f(x)=\begin{cases}-\dfrac{\pi}{4} & -\pi\leqslant x<0;\\ \dfrac{\pi}{4} & 0\leqslant x<\pi\end{cases}$ 展开成傅里叶级数.

**解** 在 $[-\pi,\pi)$ 上 $f(x)$ 满足狄氏条件,由于 $f(x)$ 不是周期函数,则将 $f(x)$ 延拓为以 $2\pi$ 为周期的函数 $F(x)$. 延拓后,$F(x)$ 仅在 $x=k\pi(k=0,\pm 1,\pm 2,\cdots)$ 处不连续. 由它的图形不难知,在不连续点处,相应的傅立叶级数收敛于 $\dfrac{1}{2}\left(-\dfrac{\pi}{4}+\dfrac{\pi}{4}\right)=0$,在连续点处都收敛于 $f(x)$.

注意到 $f(x)$ 是奇函数,故其傅里叶系数

$$a_n = 0 \quad (n=0,1,2,\cdots),$$

$$b_n = \frac{1}{\pi}\int_{-\pi}^{\pi}f(x)\sin nx\,dx = \frac{2}{\pi}\int_0^{\pi}\frac{\pi}{4}\sin nx\,dx = \begin{cases}\dfrac{1}{n} & n=1,3,5,\cdots;\\ 0 & n=2,4,6,\cdots.\end{cases}$$

$$f(x) = \sin x + \frac{1}{3}\sin 3x + \frac{1}{5}\sin 5x + \cdots + \frac{1}{2n-1}\sin(2n-1)x + \cdots$$

$$= \sum_{n=1}^{\infty}\frac{1}{2n-1}\sin(2n-1)x \qquad (-\pi<x<\pi, x\neq 0).$$

在实际应用中,有时还需要把定义在区间 $[0,\pi]$ 的函数 $f(x)$ 展开成正弦级数或余弦级数,这个问题可按照如下方法解决.

设函数 $f(x)$ 定义在区间 $[0,\pi]$ 上且满足收敛定理的条件. 我们先把函数 $f(x)$ 的定义延拓到区间 $(-\pi,0)$ 上,得到定义在 $(-\pi,\pi]$ 上的函数 $F(x)$,根据实际的需要,常采用以下两种延拓方式:

(1) 奇延拓,令

$$F(x) = \begin{cases} f(x) & 0<x\leqslant\pi;\\ 0 & x=0;\\ -f(-x) & -\pi<x<0.\end{cases}$$

则 $F(x)$ 是定义在 $(-\pi,\pi]$ 上的奇函数,将 $F(x)$ 在 $(-\pi,\pi]$ 上展开傅里叶级数,所得级数必是正弦级数,再限制 $x$ 在 $[0,\pi]$ 上,就得到 $f(x)$ 的正弦级数展开式.

(2) 偶延拓,令

$$F(x) = \begin{cases} f(x) & 0\leqslant x\leqslant\pi;\\ f(-x) & -\pi<x<0.\end{cases}$$

则 $F(x)$ 是定义在 $(-\pi,\pi]$ 上的偶函数,将 $F(x)$ 在 $(-\pi,\pi]$ 上展开傅里叶级数,所得级数必是余弦级数,再限制 $x$ 在 $[0,\pi]$ 上,就得到 $f(x)$ 的余弦级数展开式.

【例 7-43】 将函数 $f(x)=x+1(0\leqslant x\leqslant\pi)$ 分别展开成正弦级数和余弦级数.

**解** (1) 求正弦级数,对 $f(x)$ 进行奇延拓.

$$b_n = \frac{2}{\pi}\int_0^{\pi}f(x)\sin nx\,dx = \frac{2}{\pi}\int_0^{\pi}(x+1)\sin nx$$

$$=\frac{2}{n\pi}(1-\pi\cos n\pi-\cos n\pi)=\begin{cases}\dfrac{2}{\pi}\cdot\dfrac{\pi+2}{n} & n=1,3,5,\cdots;\\ -\dfrac{2}{n} & n=2,4,6,\cdots.\end{cases}$$

$$x+1=\frac{2}{\pi}\left[(\pi+2)\sin x-\frac{\pi}{2}\sin 2x+\frac{1}{3}(\pi+2)\sin 3x-\cdots\right]\quad(0<x<\pi).$$

(2) 求余弦级数，对 $f(x)$ 进行偶延拓.

$$a_0=\frac{2}{\pi}\int_0^\pi(x+1)dx=\pi+2,$$

$$a_n=\frac{2}{\pi}\int_0^\pi(x+1)\cos nx\,dx=\frac{2}{n^2\pi}(\cos n\pi-1)=\begin{cases}0 & n=2,4,6,\cdots;\\ -\dfrac{4}{n^2\pi} & n=1,3,5,\cdots.\end{cases}$$

$$x+1=\frac{\pi}{2}+1-\frac{4}{\pi}\left(\cos x+\frac{1}{3^2}\cos 3x+\frac{1}{5^2}\cos 5x+\cdots\right)\quad(0\leqslant x\leqslant\pi).$$

### 7.5.4 以 $2l$ 为周期的函数展开为傅里叶级数

前面的收敛定理中，我们假设函数 $f$ 是以 $2\pi$ 为周期的，或是定义在 $(-\pi,\pi]$ 上，然后作以 $2\pi$ 为周期延拓的函数. 如果函数的周期不是 $2\pi$，如何得到它的傅里叶级数展开呢？实际上，对于这一类函数，只需要经过适当的变量替换，就可以了. 我们有如下定理：

**定理 7-16** 设周期为 $2l$ 的周期函数 $f(x)$ 满足收敛定理的条件，则其傅立叶级数的展开式为：

$$f(x)=\frac{a_0}{2}+\sum_{n=1}^\infty\left(a_n\cos\frac{n\pi}{l}x+b_n\sin\frac{n\pi}{l}x\right),\tag{7-40}$$

其中系数 $a_n, b_n$ 为：

$$\begin{aligned}a_n&=\frac{1}{l}\int_{-l}^l f(x)\cos\frac{n\pi}{l}x\,dx,n=0,1,2,\cdots;\\ b_n&=\frac{1}{l}\int_{-l}^l f(x)\sin\frac{n\pi}{l}x\,dx,n=1,2,\cdots.\end{aligned}\tag{7-41}$$

若 $f(x)$ 为奇函数，其傅立叶级数的展开式为：

$$f(x)=\sum_{n=1}^\infty b_n\sin\frac{n\pi}{l}x,\tag{7-42}$$

其中

$$b_n=\frac{2}{l}\int_0^l f(x)\sin\frac{n\pi}{l}x\,dx,n=1,2,\cdots.\tag{7-43}$$

若 $f(x)$ 为偶函数，其傅立叶级数的展开式为：

$$f(x)=\frac{a_0}{2}+\sum_{n=1}^\infty a_n\cos\frac{n\pi}{l}x,\tag{7-44}$$

其中

$$a_n=\frac{2}{l}\int_0^l f(x)\cos\frac{n\pi}{l}x\,dx,n=0,1,2,\cdots.\tag{7-45}$$

**证明** 令 $\dfrac{\pi x}{l}=z$，把 $f(x)$ 变换为以 $2\pi$ 为周期的周期函数 $F(z)=f\left(\dfrac{lz}{\pi}\right)$，并且它满足收敛定理的条件.

将 $F(z)$ 展开成傅立叶级数：$F(z)=\dfrac{a_0}{2}+\sum_{n=1}^\infty(a_n\cos nz+b_n\sin nz),$

其中：$a_n = \dfrac{1}{\pi}\int_{-\pi}^{\pi} F(z)\cos nz\,dz \quad n=0,1,2,\cdots;$

$b_n = \dfrac{1}{\pi}\int_{-\pi}^{\pi} F(z)\sin nz\,dz \quad n=1,2,\cdots.$

在上式中，令 $z = \dfrac{\pi x}{l}$，将 $z$ 转化为 $x$，得

$$f(x) = \dfrac{a_0}{2} + \sum_{n=1}^{\infty}\left(a_n\cos\dfrac{n\pi}{l}x + b_n\sin\dfrac{n\pi}{l}x\right)$$

及 $a_n = \dfrac{1}{\pi}\int_{-\pi}^{\pi} F(z)\cos nz\,dz = \dfrac{1}{l}\int_{-l}^{l} f(x)\cos\dfrac{n\pi}{l}x\,dx \quad n=0,1,2,\cdots,$

$b_n = \dfrac{1}{\pi}\int_{-\pi}^{\pi} F(z)\sin nz\,dz = \dfrac{1}{l}\int_{-l}^{l} f(x)\sin\dfrac{n\pi}{l}x\,dx \quad n=1,2,\cdots.$

类似地，可以证明定理的其余部分.

**【例 7-44】** 设 $f(x)$ 是周期为 10 的周期函数，它在 $[-5,5]$ 上的表达式如下：
$$f(x) = \begin{cases} 0 & -5 \leqslant x < 0; \\ 3 & 0 \leqslant x < 5. \end{cases}$$

试将其展开成傅里叶级数.

**解** 由题意 $l=5$，且 $f(x)$ 满足收敛定理的条件，因此可以展开成傅里叶级数. 根据以上定理：

$a_0 = \dfrac{1}{5}\int_{-5}^{5} f(x)\,dx = \dfrac{1}{5}\int_0^5 3\,dx = 3,$

$a_n = \dfrac{1}{5}\int_{-5}^{0} 0\cdot\cos\dfrac{n\pi x}{5}\,dx + \dfrac{1}{5}\int_0^5 3\cos\dfrac{n\pi x}{5}\,dx = \dfrac{3}{5}\cdot\dfrac{5}{n\pi}\sin\dfrac{n\pi x}{5}\bigg|_0^5 = 0, n=1,2,\cdots,$

$b_n = \dfrac{1}{5}\int_0^5 3\sin\dfrac{n\pi x}{5}\,dx = \dfrac{3}{5}\cdot -\dfrac{5}{n\pi}\cos\dfrac{n\pi x}{5}\bigg|_0^5 = \dfrac{3(1-\cos n\pi)}{n\pi}$

$= \begin{cases} \dfrac{6}{(2k-1)\pi}, n=2k-1, k=1,2,\cdots; \\ 0, n=2k, k=1,2,\cdots. \end{cases}$

代入得

$f(x) = \dfrac{3}{2} + \sum_{n=1}^{\infty}\dfrac{6}{(2k-1)\pi}\sin\dfrac{(2k-1)\pi x}{5}$

$= \dfrac{3}{2} + \dfrac{6}{\pi}\left(\sin\dfrac{\pi x}{5} + \dfrac{1}{3}\sin\dfrac{3\pi x}{5} + \dfrac{1}{5}\sin\dfrac{5\pi x}{5} + \cdots\right).$

这里 $x\in(-\infty,+\infty)$ 且 $x\neq 5k(k=0,\pm 1,\pm 2,\cdots)$，当 $x=5k(k=0,\pm 1,\pm 2,\cdots)$时，级数收敛于 $\dfrac{3}{2}$.

**【例 7-45】** 把函数 $f(x)=x^2, x\in(-1,1]$ 展成傅立叶级数.

**解** 显然 $f(x)=x^2$ 是偶函数，且 $l=1$，故 $b_n=0, n=1,2,\cdots$，下面来求 $a_n(n=0,1,2,\cdots)$.

$a_0 = \dfrac{2}{l}\int_0^l f(x)\,dx = 2\int_0^1 x^2\,dx = \dfrac{2}{3}.$

$a_n = \dfrac{2}{l}\int_0^l f(x)\cos\dfrac{n\pi}{l}x\,dx = 2\int_0^1 x^2\cos n\pi x\,dx = (-1)^n\dfrac{4}{n^2\pi^2}, n=1,2,\cdots.$

又 $f(x)$ 在 $(-1,1]$ 上处处连续,故其傅立叶级数处处收敛于 $f(x)=x^2$.
$$f(x)=x^2=\frac{1}{3}+\frac{4}{n^2\pi^2}\sum_{n=1}^{\infty}(-1)^n\frac{1}{n^2}\cos n\pi x, x\in(-1,1].$$

### 习题 7.5

1. 设函数 $f(x)=\pi x+x^2(-\pi<x<\pi)$ 的傅里叶级数展开式为
$$\frac{a_0}{2}+\sum_{n=1}^{\infty}(a_n\cos nx+b_n\sin nx),$$
求其系数 $b_3$ 的值.

2. 设周期为 $2\pi$ 的周期函数 $f(x)$ 在 $[-\pi,\pi)$ 上的表达式为
$$f(x)=\begin{cases} bx & -\pi\leqslant x<0; \\ ax & 0\leqslant x<\pi. \end{cases} (常数 0<b<a)$$
试将其展开成傅里叶级数.

3. 将下列函数 $f(x)$ 展开成傅里叶级数:

(1) $f(x)=\begin{cases} e^x & -\pi\leqslant x<0, \\ 1 & 0\leqslant x<\pi; \end{cases}$   (2) $f(x)=\sin(\arcsin\frac{x}{\pi})$.

4. 设 $f(x)$ 是周期为 $2\pi$ 的周期函数,它在 $[-\pi,\pi)$ 上的表达式为
$$f(x)=\begin{cases} -\frac{\pi}{2} & -\pi\leqslant x<-\frac{\pi}{2}; \\ x & -\frac{\pi}{2}\leqslant x<\frac{\pi}{2}; \\ \frac{\pi}{2} & \frac{\pi}{2}\leqslant x<\pi. \end{cases}$$
将其展开为傅里叶级数.

5. 将函数 $f(x)=2x^2(0\leqslant x\leqslant\pi)$ 分别展开成正弦级数和余弦级数.

6. 将以 $2\pi$ 为周期的函数 $f(x)=\frac{x}{2}$ 在 $(-\pi,\pi)$ 内展开成傅里叶级数,并求级数 $\sum_{n=0}^{\infty}(-1)^{n+1}\frac{1}{2n+1}$ 的和.

7. 证明:当 $0\leqslant x\leqslant\pi$ 时,$\sum_{n=1}^{\infty}\frac{\cos nx}{n^2}=\frac{x^2}{4}-\frac{\pi x}{2}+\frac{\pi^2}{6}$.

8. 设周期为 2 的周期函数 $f(x)$ 在一个周期内的表达式为
$$f(x)=\begin{cases} x & -1\leqslant x<0; \\ 1 & 0\leqslant x<\frac{1}{2}; \\ -1 & \frac{1}{2}\leqslant x<1. \end{cases}$$
试将其展开成傅里叶级数.

9. 试将函数 $f(x)=\begin{cases} x & 0\leqslant x\leqslant \dfrac{l}{2}; \\ l-x & \dfrac{l}{2}\leqslant x\leqslant l \end{cases}$ 展开成正弦级数和余弦级数.

10. 将函数 $f(x)=\begin{cases} x & -\dfrac{\pi}{2}\leqslant x\leqslant \dfrac{\pi}{2}; \\ \pi-x & \dfrac{\pi}{2}\leqslant x\leqslant \dfrac{3\pi}{2} \end{cases}$ 展开成傅里叶级数.

11. 将函数 $f(x)=x-1(0\leqslant x\leqslant 2)$ 展开成周期为 4 的余弦级数.

12. 将函数 $f(x)=2+|x|(-1\leqslant x\leqslant 1)$ 展成以 2 为周期的傅里叶级数.

13. 设函数 $f(x)=x^2(0\leqslant x\leqslant 1)$，而 $S(x)=\sum\limits_{n=1}^{\infty}b_n\sin n\pi x(-\infty<x<+\infty)$，其中 $b_n=2\int_0^1 f(x)\sin n\pi x\,\mathrm{d}x, n=1,2,3,\cdots$，求 $S\left(-\dfrac{1}{2}\right)$.

14. 设周期函数 $f(x)$ 的周期为 $2\pi$. 证明：

（1）如果 $f(x-\pi)=-f(x)$，则 $f(x)$ 的傅里叶系数 $a_0=0, a_{2k}=0, b_{2k}=0(k=1,2,\cdots)$;

（2）如果 $f(x-\pi)=-f(x)$，则 $f(x)$ 的傅里叶系数 $a_{2k+1}=0, b_{2k+1}=0(k=0,1,2,\cdots)$.

# 第 8 章

# 向量代数与空间解析几何

在理工类专业中,图形设计、模具制作等实际应用模型是必不可少的,向量代数与空间解析几何就是建立图形设计与计算的基础.这一章借助于空间直角坐标系建立空间中的点与三元数组(空间中点的坐标)之间的一一对应关系,利用代数的方法来研究空间几何问题.

## 8.1 向量及其线性运算

### 8.1.1 向量的概念

在物理学中已经接触到了像力、位移等这类既有大小,又有方向的物理量,在数学上我们把既有大小,又有方向的量叫做向量(或矢量).

通常用一条有向线段来表示向量.有向线段的方向表示向量的方向,有向线段的长度表示向量的大小.若向量起点为 $A$,终点为 $B$,则记为 $\overrightarrow{AB}$,通常用黑体字母表示向量,如向量 $a$,$b$ 等.

数学上研究的向量只考虑其大小和方向,与向量的起点无关.我们把这种向量称为自由向量,简称向量.

向量的大小又叫做向量的模,向量 $\overrightarrow{AB}$ 的模用 $|\overrightarrow{AB}|$ 来表示,向量 $a$ 的模用 $|a|$ 表示.模为 1 的向量称为单位向量,模为 0 的向量称为零向量,记作 **0**.零向量的方向可以任意取定.

与向量 $a$ 的模相等,方向相反的向量叫做 $a$ 的反向量(负向量),记作 $-a$.

如果两个向量 $a$,$b$ 模相等且方向相同,就说这两个向量相等,记作 $a=b$.这样一向量平行移动后仍与原向量相等.

两向量夹角的概念:设有两个非零向量 $a$ 和 $b$,任取空间一点 $O$,作 $\overrightarrow{OA}=a$,$\overrightarrow{OB}=b$,规定不超过 $\pi$ 的角 $\varphi=\angle AOB$ 为向量 $a$ 和 $b$ 的夹角,记为 $\varphi=(\widehat{a,b})$.显然 $\varphi\in[0,\pi]$.当 $\varphi=0,\pi$ 时,称向量 $a$ 和 $b$ 平行,记作 $a/\!/b$;当 $\varphi=\dfrac{\pi}{2}$ 时,称向量 $a$ 和 $b$ 垂直.

### 8.1.2 向量的线性运算

**定义 8-1(三角形法则)** 对于向量 $a$ 与 $b$,以 $A$ 为起点作向量 $\overrightarrow{AB}=a$,再以 $B$ 为起点作向量 $\overrightarrow{BC}=b$,向量 $\overrightarrow{AC}$ 称为向量 $a$ 与 $b$ 的和,记作 $c=a+b$,如图 8-1 所示.

**性质 8-1** 向量的加法的运算性质:

(1) 交换律:$a+b=b+a$;
(2) 结合律:$(a+b)+c=a+(b+c)$;
(3) 零向量:$a+0=a$;
(4) 反向量:$a+(-a)=0$.

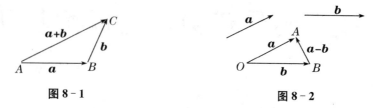

图 8-1　　　　　　　　　　　图 8-2

向量的减法:若 $b+c=a$,则称向量 $c$ 为向量 $a$ 与 $b$ 的差,记作 $c=a-b$.

向量差的作图法如图 8-2 所示,取 $O$ 为起点,作向量 $\overrightarrow{OA}=a,\overrightarrow{OB}=b$,则向量 $\overrightarrow{BA}$ 就是差向量:$a-b=\overrightarrow{OA}-\overrightarrow{OB}=\overrightarrow{BA}$.

**定义 8-2**　设已知向量 $a$ 与实数 $\lambda$,规定向量与数量的乘积 $\lambda a$ 是这样一个向量:$\lambda a$ 的模为
$$|\lambda a|=|\lambda||a|,$$
其方向为:当 $\lambda>0$ 时,$\lambda a$ 与 $a$ 同向;当 $\lambda<0$ 时,$\lambda a$ 与 $a$ 反向;当 $\lambda=0$ 时,$\lambda a=0$.

由向量与数量的乘法可得:若 $a$ 平行于 $b$,则 $a=\lambda b$($\lambda$ 为一常数);若 $a=\lambda b$,则 $a$ 平行于 $b$.

向量与数量的乘法性质($a,b$ 为任意向量,$\lambda,\mu$ 为任意实数):
(1) $1a=a$;
(2) $(\lambda+\mu)a=\lambda a+\mu a$(分配律);
(3) $\lambda(a+b)=\lambda a+\lambda b$(分配律);
(4) $\lambda(\mu a)=\mu(\lambda a)=(\lambda\mu)a$(结合律).

用 $a^0$ 表示与 $a$ 同向的单位向量,则有 $a=|a|\cdot a^0$ 或 $a^0=\dfrac{a}{|a|}$($a$ 不为零向量).

### 8.1.3　空间直角坐标系

以 $O$ 为公共原点,三条互相垂直的数轴 $Ox$ 轴(横轴),$Oy$ 轴(纵轴),$Oz$ 轴(竖轴),便构成了一个坐标系.$O$ 叫做坐标原点,数轴 $Ox,Oy,Oz$ 统称为坐标轴.数轴 $Ox,Oy,Oz$ 的正向通常符合右手规则,即以右手握住 $Oz$ 轴,当右手的四个手指从 $Ox$ 轴正向转向 $Oy$ 轴正向时,大拇指的指向就是 $Oz$ 轴正向.

$xOy,yOz,zOx$ 为三个坐标面.三个坐标面将空间分成八个部分,每一部分称为一个卦限,依次称为第一至第八卦限(如图 8-3).

设 $M$ 为空间中一点,过 $M$ 点作三个平面分别垂直于三条坐标轴,它们与 $x$ 轴,$y$ 轴,$z$ 轴的交点依次为 $P,Q,R$(如图 8-4),设 $P,Q,R$ 三点在三个坐标轴的坐标依次为 $x,y,z$.空间一点 $M$ 就唯一地确定了一个有序数组 $(x,y,z)$,称为 $M$ 的直角坐标,其

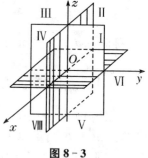

图 8-3

中,$x,y,z$ 分别称为点 $M$ 的横坐标、纵坐标和竖坐标,记为 $M(x,y,z)$.

设 $M_1(x_1,y_1,z_1),M_2(x_2,y_2,z_2)$ 为空间两点,我们可用两点的坐标来表达它们间的距离 $d$.

将 $M_1M_2$ 的坐标画出(如图 8-5),有
$$d^2=|M_1M_2|^2=|M_1N|^2+|NM_2|^2=|M_1P|^2+|M_1Q|^2+|M_1R|^2.$$
由于
$$|M_1P|=|P_1P_2|=|x_2-x_1|,$$
$$|M_1Q|=|Q_1Q_2|=|y_2-y_1|,$$
$$|M_1R|=|R_1R_2|=|z_2-z_1|,$$
所以
$$d=|M_1M_2|=\sqrt{(x_2-x_1)^2+(y_2-y_1)^2+(z_2-z_1)^2}.$$

特别地,$M(x,y,z)$ 与原点 $O(0,0,0)$ 的距离为 $d=|OM|=\sqrt{x^2+y^2+z^2}$.

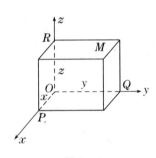

图 8-4

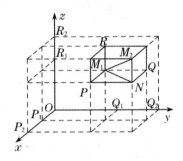

图 8-5

### 8.1.4 向量的坐标表示

设 $A$ 是空间一点,$l$ 是一轴,通过 $A$ 点作平面 $\alpha$ 垂直于 $l$,则平面 $\alpha$ 与轴 $l$ 的交点 $A'$ 叫做点 $A$ 在轴 $l$ 上的投影(如图 8-6).

若向量 $\overrightarrow{AB}$ 的起点 $A$ 和终点 $B$ 在轴 $l$ 上的投影分别为 $A'$ 和 $B'$(如图 8-7),则轴 $l$ 上的线段 $A'B'$ 的长度叫做向量 $\overrightarrow{AB}$ 在轴 $l$ 上的投影,记作 $\text{Prj}_l\overrightarrow{AB}=A'B'$.

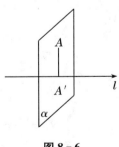

图 8-6

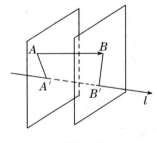

图 8-7

**定理 8-1**  $\text{Prj}_l\overrightarrow{AB}=|\overrightarrow{AB}|\cos\varphi$.

**证明**  通过向量 $\overrightarrow{AB}$ 的起点 $A$ 引轴 $l'$ 与 $l$ 平行,且有相同的正方向(如图 8-8),则轴 $l$ 和向量 $\overrightarrow{AB}$ 间的夹角 $\varphi$ 等于轴 $l'$ 与 $\overrightarrow{AB}$ 间的夹角,且有
$$\text{Prj}_l\overrightarrow{AB}=\text{Prj}_{l'}\overrightarrow{AB},\quad \text{Prj}_{l'}\overrightarrow{AB}=|\overrightarrow{AB}|\cos\varphi,$$

所以 $\text{Prj}_l \overrightarrow{AB} = |\overrightarrow{AB}| \cos\varphi$.

当 $\varphi$ 为锐角时，投影为正；当 $\varphi$ 为钝角时，投影为负；当 $\varphi$ 为直角时，投影为 0.

**推论 8-1** 有限个向量的和向量在轴 $l$ 上的投影，等于各向量在轴 $l$ 上投影的和，即
$$\text{Prj}_l(\boldsymbol{a}_1 + \boldsymbol{a}_2 + \cdots + \boldsymbol{a}_n) = \text{Prj}_l \boldsymbol{a}_1 + \text{Prj}_l \boldsymbol{a}_2 + \cdots + \text{Prj}_l \boldsymbol{a}_n.$$

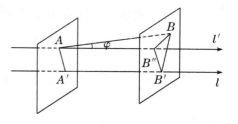

图 8-8

设向量 $\overrightarrow{OM}$ 的起点是坐标原点，而终点 $M$ 的坐标 $OA=x, OB=y, OC=z$（如图 8-9）. 今考虑折线 $OAPM$ 和它的封闭线 $OM$，得
$$\overrightarrow{OM} = \overrightarrow{OA} + \overrightarrow{AP} + \overrightarrow{PM} = \overrightarrow{OA} + \overrightarrow{OB} + \overrightarrow{OC},$$
向量 $\overrightarrow{OA}, \overrightarrow{OB}, \overrightarrow{OC}$ 叫做向量 $\overrightarrow{OM}$ 在坐标轴上的分向量. 取坐标轴 $Ox, Oy, Oz$ 上以 $O$ 为起点的三个单位方向向量，分别记为 $\boldsymbol{i}, \boldsymbol{j}, \boldsymbol{k}$，叫做基本单位向量. 又 $\overrightarrow{OM}$ 在坐标轴上的分向量为 $\overrightarrow{OA}=x\boldsymbol{i}, \overrightarrow{OB}=y\boldsymbol{j}, \overrightarrow{OC}=z\boldsymbol{k}$，所以 $\overrightarrow{OM} = \overrightarrow{OA} + \overrightarrow{OB} + \overrightarrow{OC} = x\boldsymbol{i} + y\boldsymbol{j} + z\boldsymbol{k}$. $x, y, z$ 是 $\overrightarrow{OM}$ 在坐标轴上的投影.

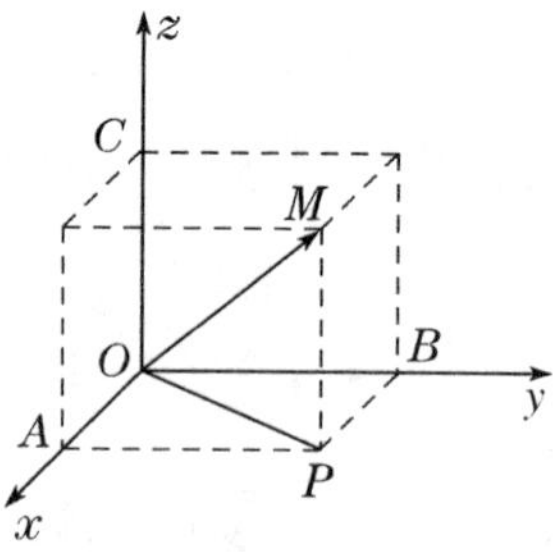

一般地，如果向量 $\boldsymbol{a}$ 在 $x$ 轴，$y$ 轴，$z$ 轴上的投影依次为 $x, y, z$，则其在 $x$ 轴，$y$ 轴，$z$ 轴上的分向量为 $x\boldsymbol{i}, y\boldsymbol{j}, z\boldsymbol{k}$，故有 $\boldsymbol{a} = x\boldsymbol{i} + y\boldsymbol{j} + z\boldsymbol{k}$，$x, y, z$ 叫做 $\boldsymbol{a}$ 的坐标，记为 $\boldsymbol{a} = \{x, y, z\}$.

图 8-9

例如，$\boldsymbol{a} = \{2, 3, 1\} = 2\boldsymbol{i} + 3\boldsymbol{j} + 1\boldsymbol{k}$.

利用向量的坐标，其加、减及向量与数的乘法的运算如下：设
$$\boldsymbol{a} = \{x_1, y_1, z_1\}, \boldsymbol{b} = \{x_2, y_2, z_2\},$$
则
$$\boldsymbol{a} = x_1\boldsymbol{i} + y_1\boldsymbol{j} + z_1\boldsymbol{k}, \boldsymbol{b} = x_2\boldsymbol{i} + y_2\boldsymbol{j} + z_2\boldsymbol{k},$$
所以有
$$\boldsymbol{a} + \boldsymbol{b} = (x_1+x_2)\boldsymbol{i} + (y_1+y_2)\boldsymbol{j} + (z_1+z_2)\boldsymbol{k} = \{x_1+x_2, y_1+y_2, z_1+z_2\};$$
$$\boldsymbol{a} - \boldsymbol{b} = (x_1-x_2)\boldsymbol{i} + (y_1-y_2)\boldsymbol{j} + (z_1-z_2)\boldsymbol{k} = \{x_1-x_2, y_1-y_2, z_1-z_2\};$$
$$\lambda\boldsymbol{a} = \lambda x_1\boldsymbol{i} + \lambda y_1\boldsymbol{j} + \lambda z_1\boldsymbol{k} = \{\lambda x_1, \lambda y_1, \lambda z_1\} (\lambda \text{ 为一常数}).$$

**【例 8-1】** 设两定点为 $M_1(x_1, y_1, z_1), M_2(x_2, y_2, z_2)$，求向量 $\overrightarrow{M_1M_2}$ 的坐标（如图 8-10）.

**解** 作向量 $\overrightarrow{OM_1}, \overrightarrow{OM_2}, \overrightarrow{M_1M_2}$，则 $\overrightarrow{M_1M_2} = \overrightarrow{OM_2} - \overrightarrow{OM_1}$，
$$\overrightarrow{OM_2} = \{x_2, y_2, z_2\} = x_2\boldsymbol{i} + y_2\boldsymbol{j} + z_2\boldsymbol{k},$$
$$\overrightarrow{OM_1} = \{x_1, y_1, z_1\} = x_1\boldsymbol{i} + y_1\boldsymbol{j} + z_1\boldsymbol{k},$$
$$\overrightarrow{M_1M_2} = \overrightarrow{OM_2} - \overrightarrow{OM_1} = (x_2-x_1)\boldsymbol{i} + (y_2-y_1)\boldsymbol{j} + (z_2-z_1)\boldsymbol{k}$$
$$= \{x_2-x_1, y_2-y_1, z_2-z_1\}.$$

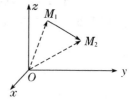

图 8-10

设向量 $\overrightarrow{OM}$ 的终点为 $M(x, y, z)$，即 $\overrightarrow{OM} = \{x, y, z\}, |\overrightarrow{OM}| = \sqrt{x^2+y^2+z^2}$，若向量 $\overrightarrow{OM}$ 与坐标轴 $Ox, Oy, Oz$ 的正向间的夹角顺次为 $\alpha, \beta, \gamma$（称为向量的方向角），则 $\cos\alpha, \cos\beta, \cos\gamma$ 叫做此向量的方向余弦.

因为
$$OA = |\overrightarrow{OM}| \cos\alpha, OB = |\overrightarrow{OM}| \cos\beta, OC = |\overrightarrow{OM}| \cos\gamma,$$
所以
$$\cos\alpha = \frac{OA}{|\overrightarrow{OM}|}, \cos\beta = \frac{OB}{|\overrightarrow{OM}|}, \cos\gamma = \frac{OC}{|\overrightarrow{OM}|},$$

因此
$$\cos\alpha = \frac{x}{\sqrt{x^2+y^2+z^2}},$$
$$\cos\beta = \frac{y}{\sqrt{x^2+y^2+z^2}},$$
$$\cos\gamma = \frac{z}{\sqrt{x^2+y^2+z^2}},$$

所以 $\cos^2\alpha + \cos^2\beta + \cos^2\gamma = \frac{x^2}{x^2+y^2+z^2} + \frac{y^2}{x^2+y^2+z^2} + \frac{z^2}{x^2+y^2+z^2} = 1$,

即任何向量的方向余弦的平方和等于1,由此容易推出单位向量 $a^0$ 可表示为
$$a^0 = \cos\alpha \boldsymbol{i} + \cos\beta \boldsymbol{j} + \cos\gamma \boldsymbol{k}.$$

【例 8-2】 求以 $(2,2,1)$ 为起点,以 $(1,3,0)$ 为终点的向量的方向余弦.

**解** 向量为 $\boldsymbol{a} = \{1-2, 3-2, 0-1\} = \{-1, 1, -1\}$,
$$|\boldsymbol{a}| = \sqrt{(-1)^2 + 1^2 + (-1)^2} = \sqrt{3}.$$
$$\cos\alpha = \frac{-1}{\sqrt{3}}, \cos\beta = \frac{1}{\sqrt{3}}, \cos\gamma = \frac{-1}{\sqrt{3}}.$$

## 习题 8.1

1. 设向量 $\boldsymbol{a}$ 与 $\boldsymbol{b}$ 有共同的始点,求与 $\boldsymbol{a}, \boldsymbol{b}$ 共面且平分 $\boldsymbol{a}$ 与 $\boldsymbol{b}$ 的夹角的向量.

2. 设 $\boldsymbol{a}, \boldsymbol{b}$ 有共同的始点,用向量表示以 $\boldsymbol{a}, \boldsymbol{b}$ 为邻边的平行四边形的两条对角线.

3. 在 $z$ 轴上求与两点 $A(-4,1,7)$ 和 $B(3,5,-2)$ 等距离的点.

4. 用向量方法证明:三角形两边中点的连线平行于第三边,且长度为第三边的一半.

5. 试证明以三点 $A(4,1,9), B(10,-1,6), C(2,4,3)$ 为顶点的三角形为等腰直角三角形.

6. 设 $|\boldsymbol{a}+\boldsymbol{b}| = |\boldsymbol{a}-\boldsymbol{b}|, \boldsymbol{a} = \{3,-5,8\}, \boldsymbol{b} = \{-1,1,z\}$,求 $z$.

7. 设向量 $\boldsymbol{a}$ 的 $\cos\alpha = \frac{1}{3}, \cos\beta = \frac{2}{3}, |\boldsymbol{a}| = 3$,求向量 $\boldsymbol{a}$.

8. 设向量与各坐标轴间的角为 $\alpha, \beta, \gamma$,若已知其中两角为 $\alpha = 60°, \beta = 120°$,求第三角 $\gamma$ 的度数.

9. 从点 $A(2,-1,7)$ 沿向量 $\boldsymbol{a} = 8\boldsymbol{i} + 9\boldsymbol{j} - 12\boldsymbol{k}$ 的方向取线段长 $|\overrightarrow{AB}| = 34$,求点 $B$ 的坐标.

10. 已知点 $A(2,-1,7)$、$B(4,5,-2)$、线段 $AB$ 交 $xOy$ 平面于 $P$ 点,且 $\overrightarrow{AP} = \lambda \overrightarrow{PB}$,求 $P$ 点的坐标及 $\lambda$ 的值.

## 8.2 数量积与向量积

### 8.2.1 两向量的数量积

如图 8-11 所示,物体沿倾角为 $\varphi$ 的斜面下滑的位移为 $s$,则重力 $F$ 做功为

$$W = |F||s|\cos\varphi.$$

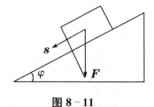

图 8-11

像这类问题我们在物理学中经常遇到,从这类问题中我们发现两个向量经过运算之后结果是一个数值,在数学上我们把向量间的这种运算叫做向量的数量积.

**定义 8-3** 两个向量 $a$ 与 $b$ 的数量积等于这两个向量的模与它们的夹角的余弦的乘积,通常用 $a \cdot b$ 表示,即

$$a \cdot b = |a| \cdot |b| \cos(\widehat{a,b}).$$

数量积又叫点积或内积.

因为 $a \cdot a = |a| \cdot |a| \cdot \cos(\widehat{a,a}) = |a| \cdot |a| = |a|^2$,$a \cdot a$ 常简单记为 $a^2$,所以上式即

$$|a|^2 = a^2.$$

**性质 8-2** 数量积的基本性质:

(1) 对于两非零向量 $a, b$,$a \cdot b = 0$ 当且仅当 $a$ 与 $b$ 垂直.

**证明** 当 $a$ 与 $b$ 垂直时,其夹角 $\varphi = \dfrac{\pi}{2}$,$a \cdot b = |a| \cdot |b|\cos\varphi = 0$.

当 $a \cdot b = 0$ 时,因为 $a$ 与 $b$ 垂直,所以 $\cos\varphi = 0$,即 $\varphi = \dfrac{\pi}{2}$,$a$ 与 $b$ 垂直.

(2) 交换律 $a \cdot b = b \cdot a$(由定义即得).

(3) 分配律 $(a+b) \cdot c = a \cdot c + b \cdot c$.

(4) 数量积与数 $\lambda$ 的乘积满足结合律:$(\lambda a) \cdot b = a \cdot \lambda b = \lambda(a \cdot b)$.

设两向量 $a = \{x_1, y_1, z_1\}$,$b = \{x_2, y_2, z_2\}$,由数量积的定义知坐标轴上的单位向量 $i, j, k$ 两两之间的数量积分别为

$$i \cdot i = 1, j \cdot j = 1, k \cdot k = 1, i \cdot j = 0, j \cdot k = 0, i \cdot k = 0,$$

则

$$\begin{aligned}a \cdot b &= (x_1 i + y_1 j + z_1 k) \cdot (x_2 i + y_2 j + z_2 k) \\ &= x_1 x_2 (i \cdot i) + y_1 x_2 (j \cdot i) + z_1 x_2 (k \cdot i) \\ &\quad + x_1 y_2 (i \cdot j) + y_1 y_2 (j \cdot j) + z_1 y_2 (k \cdot j) \\ &\quad + x_1 z_2 (i \cdot k) + y_1 z_2 (j \cdot k) + z_1 z_2 (k \cdot k),\end{aligned}$$

所以

$$a \cdot b = x_1 x_2 + y_1 y_2 + z_1 z_2.$$

设向量 $a = \{x_1, y_1, z_1\}$,$b = \{x_2, y_2, z_2\}$ 间的夹角为 $\varphi$,由

$$a \cdot b = |a| \cdot |b| \cdot \cos\varphi,$$

得

$$\cos\varphi = \dfrac{a \cdot b}{|a| \cdot |b|} = \dfrac{x_1 x_2 + y_1 y_2 + z_1 z_2}{\sqrt{x_1^2 + y_1^2 + z_1^2} \cdot \sqrt{x_2^2 + y_2^2 + z_2^2}}.$$

**【例 8-3】** 已知三点 $A(1,1,1)$,$B(2,2,1)$,$C(2,1,2)$,求向量 $\overrightarrow{AB}$ 与 $\overrightarrow{BC}$ 夹角 $\varphi$.

**解** $\overrightarrow{AB}=\{1,1,0\}, \overrightarrow{BC}=\{0,-1,1\}$,

$$\cos\varphi=\frac{0-1+0}{\sqrt{1+1+0}\sqrt{0+1+1}}=-\frac{1}{2},$$

所以 $\overrightarrow{AB}$ 与 $\overrightarrow{BC}$ 的夹角为 $\varphi=\dfrac{\pi}{3}$.

**【例 8-4】** 已知向量 $a,b$ 的模 $|a|=2,|b|=1$,它们的夹角 $(\widehat{a,b})=\dfrac{\pi}{3}$,求向量 $s=2a+3b$ 与向量 $n=3a-b$ 的夹角.

**解** 因为 $\cos(\widehat{s,n})=\dfrac{s\cdot n}{|s|\cdot|n|}$,

$$\begin{aligned}
s\cdot n &= (2a+3b)\cdot(3a-b)\\
&= 6(a\cdot a)-2(a\cdot b)+9(b\cdot a)-3(b\cdot b)\\
&= 6|a|^2+7(a\cdot b)-3|b|^2\\
&= 6\times 2^2+7\times 2\times\cos\frac{\pi}{3}-3\times 1^2=28.
\end{aligned}$$

$$\begin{aligned}
|s| &= \sqrt{s\cdot s}\\
&= \sqrt{(2a+3b)\cdot(2a+3b)}\\
&= \sqrt{4|a|^2+12|a|\cdot|b|\cos\frac{\pi}{3}+9|b|^2}\\
&= \sqrt{4\times 4+12\times 2\times 1\times\frac{1}{2}+9\times 1}=\sqrt{37}.
\end{aligned}$$

用类似的方法可求得 $|n|=\sqrt{31}$.

所以 $\cos(\widehat{s,n})=\dfrac{s\cdot n}{|s|\cdot|n|}=\dfrac{28}{\sqrt{37}\cdot\sqrt{31}}$, $(\widehat{s,n})=\arccos\dfrac{28}{\sqrt{37}\cdot\sqrt{31}}\approx 35°$.

### 8.2.2 两向量的向量积

**定义 8-4** 由两向量 $a,b$ 作出一个新向量 $c$,使 $c$ 满足:

(1) 它的模 $|c|=|a|\cdot|b|\sin(\widehat{a,b})$,$|c|$ 的值等于以 $a,b$ 为邻边的平行四边形的面积;

(2) $c$ 垂直于 $a$,也垂直于 $b$,故 $c$ 垂直于由 $a,b$ 所决定的平面;

(3) $c$ 的正向按右手法则确定(如图 8-12),则 $c$ 叫做 $a$ 与 $b$ 的向量积,记为

$$c=a\times b=c^0\cdot|a|\cdot|b|\sin(\widehat{a,b}),$$

其中 $c^0$ 为向量 $c=a\times b$ 的单位向量.

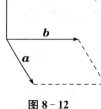

图 8-12

**性质 8-3** 向量积的一些基本性质:

(1) $a\times a=\mathbf{0}$.

这是因为 $\sin(\widehat{a,a})=0$,$a\times a=c^0\cdot|a|\cdot|a|\sin(\widehat{a,a})=\mathbf{0}$.

(2) 两个非零向量 $a,b$ 平行的充要条件是 $a\times b=\mathbf{0}$.

由两向量平行知其夹角为 $0$ 或 $\pi$,所以 $a\times b=c^0\cdot|a|\cdot|b|\sin(\widehat{a,b})=\mathbf{0}$. 反之,若 $a\times b=\mathbf{0}$,又 $|a|\neq 0,|b|\neq 0$,所以 $\sin(\widehat{a,b})=0$,即夹角为 $0$ 或 $\pi$,两向量平行.

(3) 由定义可得 $a\times b=-(b\times a)$(向量积不满足交换律).

(4) $(\lambda a)\times b=\lambda(a\times b)=a\times(\lambda b)$.

(5) 分配律成立 $(a+b)\times c=a\times c+b\times c$.

**向量积的坐标表示**：设 $a=\{x_1,y_1,z_1\}$, $b=\{x_2,y_2,z_2\}$, 则因为 $i\times i=j\times j=k\times k=0$, $i\times j=k, j\times i=-k, j\times k=i, k\times j=-i, k\times i=j, i\times k=-j$, 所以

$$a\times b=(x_1 i+y_1 j+z_1 k)\times(x_2 i+y_2 j+z_2 k)$$
$$=x_1 x_2(i\times i)+y_1 x_2(j\times i)+z_1 x_2(k\times i)$$
$$+x_1 y_2(i\times j)+y_1 y_2(j\times j)+z_1 y_2(k\times j)$$
$$+x_1 z_2(i\times k)+y_1 z_2(j\times k)+z_1 z_2(k\times k)$$
$$=(y_1 z_2-z_1 y_2)i+(x_2 z_1-x_1 z_2)j+(x_1 y_2-y_1 x_2)k$$
$$=\begin{vmatrix}y_1 & z_1\\ y_2 & z_2\end{vmatrix}i+\begin{vmatrix}z_1 & x_1\\ z_2 & x_2\end{vmatrix}j+\begin{vmatrix}x_1 & y_1\\ x_2 & y_2\end{vmatrix}k$$
$$=\begin{vmatrix}i & j & k\\ x_1 & y_1 & z_1\\ x_2 & y_2 & z_2\end{vmatrix}.$$

**【例 8-5】** 计算 $(a+b)\times(a-b)$.

**解** $(a+b)\times(a-b)$
$=(a\times a)-(a\times b)+(b\times a)-(b\times b)$
$=-(a\times b)-(a\times b)$
$=-2(a\times b)$.

**【例 8-6】** 已知三点 $A(1,2,3), B(2,-1,5), C(3,2,-5)$, 求三角形 $ABC$ 的面积.

**解** $\triangle ABC$ 的面积为以 $\overrightarrow{AB}$ 和 $\overrightarrow{AC}$ 为邻边的平行四边形面积的一半.

$$\overrightarrow{AB}=\{1,-3,2\}, \overrightarrow{AC}=\{2,0,-8\},$$

$$\overrightarrow{AB}\times\overrightarrow{AC}=\begin{vmatrix}i & j & k\\ 1 & -3 & 2\\ 2 & 0 & -8\end{vmatrix}=24i+12j+6k,$$

所求面积应为 $\frac{1}{2}|\overrightarrow{AB}\times\overrightarrow{AC}|=\frac{1}{2}\sqrt{24^2+12^2+6^2}=3\sqrt{21}$.

### 习题 8.2

1. 设 $(a\widehat{,}b)=\frac{\pi}{3}, |a|=5, |b|=8$, 求 $|a-b|$.

2. 若 $(a\widehat{,}b)=\frac{2\pi}{3}$, 且 $|a|=1, |b|=2$, 求 $a\times b$.

3. 已知 $|a|=3, |b|=26, |a\times b|=72$, 求 $a\cdot b$.

4. 设 $a=\{2,-3,2\}, b=\{-4,6,-4\}$, 求 $(a\widehat{,}b)$.

5. 设 $a, b$ 为不共线向量, 则当 $\lambda$ 为何值时, $\lambda a+5b$ 与 $3a-b$ 共线.

6. 设空间三点的坐标分别为 $M(1,-3,4), N(-2,1,-1), P(-3,-1,1)$, 求 $\angle MNP$.

7. 设 $a=\{2,-1,1\}, b=\{1,3,-1\}$, 求与 $a, b$ 均垂直的单位向量.

8. 设向量 $a+3b$ 与向量 $7a-5b$ 垂直,向量 $a-4b$ 与向量 $7a-2b$ 垂直,求 $(\widehat{a,b})$.

9. 已知三点 $\overrightarrow{OA}=\{1,0,3\}$, $\overrightarrow{OB}=\{0,1,3\}$, 求 $\triangle AOB$ 的面积.

10. 应用向量证明:当 $\dfrac{a_1}{b_1}=\dfrac{a_2}{b_2}=\dfrac{a_3}{b_3}$ 时,
$$(a_1^2+a_2^2+a_3^2)(b_1^2+b_2^2+b_3^2)=(a_1b_1+a_2b_2+a_3b_3)^2.$$

11. 设 $AD$ 为 $\triangle ABC$ 中 $BC$ 边上的高,记 $\overrightarrow{BA}=c$, $\overrightarrow{BC}=a$. 证明:
$$S_{\triangle ABD}=\dfrac{|a\cdot c||a\times c|}{2|a|^2}.$$

## 8.3 平面与空间直线

### 8.3.1 平面及其方程

**定义 8-5** 与平面 $\pi$ 垂直的非零向量 $n$ 称为平面 $\pi$ 的一个法向量.

显然,平面 $\pi$ 的法向量 $n$ 不唯一,有无数个.

已知平面上一定点 $P_0(x_0,y_0,z_0)$ 与平面的法向量 $n=\{A,B,C\}$,其中 $A,B,C$ 不全为零,现在来建立这个平面的方程. 设 $P(x,y,z)$ 是平面上任一点(如图 8-13),作向量 $\overrightarrow{P_0P}$,由于 $\overrightarrow{P_0P}$ 在平面上,因此必与法向量 $n$ 垂直,可得 $n\cdot\overrightarrow{P_0P}=0$,而
$$\overrightarrow{P_0P}=\{x-x_0,y-y_0,z-z_0\},$$
于是 $n\cdot\overrightarrow{P_0P}=\{A,B,C\}\cdot\{x-x_0,y-y_0,z-z_0\}=0$,即
$$A(x-x_0)+B(y-y_0)+C(z-z_0)=0. \qquad (8-1)$$

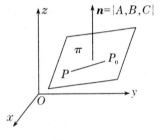

图 8-13

称(8-1)式为平面的点法式方程,表示过定点 $P_0(x_0,y_0,z_0)$ 且法向量为 $n=\{A,B,C\}$ 的平面.

【例 8-7】 设平面过点 $(1,-2,0)$,法向量为 $n=\{6,-4,3\}$,求平面方程.

**解** 由平面的点法式方程(8-1)式,得所求平面方程为
$$6(x-1)-4(y+2)+3(z-0)=0.$$
即
$$6x-4y+3z-14=0.$$

【例 8-8】 已知 $A(2,-1,2)$ 与 $B(8,-7,5)$,求通过 $B$ 且与线段 $AB$ 垂直的平面方程.

**解** 因为所求平面与线段 $AB$ 垂直,所以向量 $\overrightarrow{AB}$ 就是它的一个法向量. $n=\overrightarrow{AB}=\{6,-6,3\}$,又因为平面过点 $(8,-7,5)$,所以所求平面方程为
$$6(x-8)-6(y+7)+3(z-5)=0,$$
化简得
$$2x-2y+z-35=0.$$

方程(8-1)式可化为 $Ax+By+Cz+(-Ax_0-By_0-Cz_0)=0$,把常数项 $-Ax_0-By_0-Cz_0$ 记作 $D$,得
$$Ax+By+Cz+D=0. \qquad (8-2)$$

可见,任何平面都可用关于 $x,y,z$ 的一次方程(8-2)式来表示.

反过来,关于 $x,y,z$ 的一次方程(8-2)式是否都表示平面呢?

方程(8-2)式是一个三元一次方程,当 $A,B,C$ 不全为零时,它有无穷多组解,设 $x_0$,

$y_0, z_0$ 是它的一组解，则有等式 $Ax_0+By_0+Cz_0+D=0$，由方程(8-2)式减去上式得 $A(x-x_0)+B(y-y_0)+C(z-z_0)=0$，它表示过点 $(x_0,y_0,z_0)$ 而法向量为 $\{A,B,C\}$ 的平面，由此可知，$x,y,z$ 的一次方程(8-2)式表示一个平面.

我们称方程 $Ax+By+Cz+D=0$ 为平面的一般式方程.

【例8-9】 求过三点 $(2,3,0),(-2,-3,4)$ 和 $(0,6,0)$ 的平面的方程.

**解** 设所求平面方程为
$$Ax+By+Cz+D=0,$$
其中 $A,B,C,D$ 为待定系数，把已知三点的坐标代入，得方程组
$$\begin{cases} 2A+3B+D=0; \\ -2A-3B+4C+D=0; \\ 6B+D=0. \end{cases}$$

解得 $A=-\dfrac{D}{4}, B=-\dfrac{D}{6}, C=-\dfrac{D}{2}$，代入平面方程并化简得
$$3x+2y+6z-12=0.$$

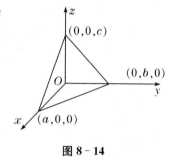

图 8-14

设平面在三个坐标轴上的截距分别为 $a,b,c$，且 $a,b,c$ 均不为 0（如图 8-14），求这个平面的方程.

把平面与坐标轴的交点的坐标 $(a,0,0),(0,b,0),(0,0,c)$ 代入平面的一般式方程 $Ax+By+Cz+D=0$，得方程组
$$\begin{cases} Aa+D=0; \\ Bb+D=0; \\ Cc+D=0. \end{cases}$$

解得 $A=-\dfrac{D}{a}, B=-\dfrac{D}{b}, C=-\dfrac{D}{c}$，

代入平面方程，并化简整理得 $\dfrac{x}{a}+\dfrac{y}{b}+\dfrac{z}{c}=1$. (8-3)

我们称(8-3)式为平面的截距式方程.

**注意** 通过原点或平行于坐标轴的平面没有截距式方程.

设两平面 $\pi_1$ 与 $\pi_2$ 的方程分别为
$$\pi_1: A_1x+B_1y+C_1z+D_1=0, \quad \pi_2: A_2x+B_2y+C_2z+D_2=0,$$
法向量分别为 $\mathbf{n}_1=\{A_1,B_1,C_1\}, \mathbf{n}_2=\{A_2,B_2,C_2\}$，如图 8-15 所示，两平面 $\pi_1$ 与 $\pi_2$ 的夹角就是它们的法向量的夹角（通常指锐角）.

设两平面的夹角为 $\theta$，则 $\cos\theta=|\cos(\widehat{\mathbf{n}_1,\mathbf{n}_2})|$，即
$$\cos\theta=\dfrac{|\mathbf{n}_1\cdot\mathbf{n}_2|}{|\mathbf{n}_1||\mathbf{n}_2|}=\dfrac{|A_1A_2+B_1B_2+C_1C_2|}{\sqrt{A_1^2+B_1^2+C_1^2}\cdot\sqrt{A_2^2+B_2^2+C_2^2}}.$$

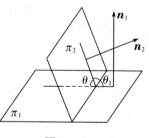

图 8-15

两平面 $\pi_1$ 与 $\pi_2$ 垂直，则 $A_1A_2+B_1B_2+C_1C_2=0$.

两平面 $\pi_1$ 与 $\pi_2$ 平行，则 $\dfrac{A_1}{A_2}=\dfrac{B_1}{B_2}=\dfrac{C_1}{C_2}$.

【例8-10】 求两平面 $2x-y+z-6=0, x+y+2z-5=0$ 的夹角.

**解** 设两平面的夹角为 $\theta$,法向量分别为 $\{2,-1,1\},\{1,1,2\}$,则

$$\cos\theta = \frac{|2\times 1+(-1)\times 1+1\times 2|}{\sqrt{2^2+(-1)^2+1^2}\cdot\sqrt{1^2+1^2+2^2}} = \frac{1}{2},$$

因此,两平面的夹角为 $\theta=\frac{\pi}{3}$.

### 8.3.2 空间直线方程

**定义 8-6** 与直线 $L$ 平行的非零向量 $s=\{m,n,p\}$ 称为直线 $L$ 的方向向量,其中 $m,n,p$ 称为直线 $L$ 的方向数.

显然,方向向量不唯一,有无数个.

已知直线上一定点 $P_0(x_0,y_0,z_0)$ 与这条直线的方向向量 $s$,我们来建立这条直线的方程.

设 $P(x,y,z)$ 是直线上任一点(如图 8-16),作向量 $\overrightarrow{P_0P}$,显然 $\overrightarrow{P_0P}$ 与直线的方向向量 $s$ 平行. 根据数乘向量的定义,可找到数 $t$,使 $\overrightarrow{P_0P}=ts$,其中 $t$ 是参数,因为

$$\overrightarrow{P_0P}=\{x-x_0,y-y_0,z-z_0\},$$

所以 $\{x-x_0,y-y_0,z-z_0\}=t\{m,n,p\}$,

于是
$$\begin{cases} x=x_0+mt; \\ y=y_0+nt; \\ z=z_0+pt. \end{cases} \quad (8-4)$$

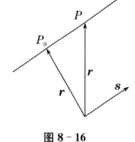

图 8-16

(8-4)式称为空间直线的参数方程.

从(8-4)式中消去 $t$,得

$$\frac{x-x_0}{m}=\frac{y-y_0}{n}=\frac{z-z_0}{p}, \quad (8-5)$$

(8-5)式称为空间直线的标准方程或点向式方程.

【例 8-11】 求过点 $P_0(4,-1,3)$ 且平行于直线 $\frac{x-3}{2}=y=\frac{z+1}{-5}$ 的直线的方程.

**解** 直线 $\frac{x-3}{2}=\frac{y-0}{1}=\frac{z+1}{-5}$ 的方向向量 $s=\{2,1,-5\}$,因为所求直线与它平行,所以向量 $s$ 就是所求直线的方向向量,由点向式方程得所求的方程为

$$\frac{x-4}{2}=\frac{y+1}{1}=\frac{z-3}{-5}.$$

【例 8-12】 求过两点 $P_1(x_1,y_1,z_1)$ 与 $P_2(x_2,y_2,z_2)$ 的直线方程.

**解** 向量 $\overrightarrow{P_1P_2}=\{x_2-x_1,y_2-y_1,z_2-z_1\}$ 就是所求直线的方向向量,因此所求直线方程为

$$\frac{x-x_1}{x_2-x_1}=\frac{y-y_1}{y_2-y_1}=\frac{z-z_1}{z_2-z_1}. \quad (8-6)$$

通常(8-6)式称为空间直线的两点式方程.

我们已经知道一直线可以由经过该直线的两个平面来决定,因此由这两个相交平面的方程组成的方程组

$$\begin{cases} A_1x+B_1y+C_1z+D_1=0; \\ A_2x+B_2y+C_2z+D_2=0. \end{cases} \quad (8-7)$$

可确定一条直线.

称(8-7)式为空间直线的一般式方程.

【例 8-13】 把直线的一般式方程 $\begin{cases} x-2y-z+4=0; \\ 5x+y-2z+8=0 \end{cases}$ 化为直线的点向式方程.

**解** 在直线上任取一点,例如令 $x=0$,代入方程组,解得一点 $(0,0,4)$,直线的方向向量与两个平面的法向量都垂直,所以其方向向量为

$$s=\{1,-2,-1\}\times\{5,1,-2\}=\begin{vmatrix} i & j & k \\ 1 & -2 & -1 \\ 5 & 1 & -2 \end{vmatrix}=5i-3j+11k.$$

因此,所求直线的点向式方程为 $\dfrac{x}{5}=\dfrac{y}{-3}=\dfrac{z-4}{11}$.

设两直线 $L_1$ 与 $L_2$ 的方向向量分别为:

$$s_1=\{m_1,n_1,p_1\}, s_2=\{m_2,n_2,p_2\},$$

两直线的夹角就是这两直线的方向向量的夹角(取锐角).

设两平直线的夹角为 $\varphi$,则 $\cos\varphi=|\cos(\widehat{s_1,s_2})|$,即

$$\cos\varphi=\dfrac{|s_1\cdot s_2|}{|s_1|\cdot|s_2|}=\dfrac{|m_1m_2+n_1n_2+p_1p_2|}{\sqrt{m_1^2+n_1^2+p_1^2}\cdot\sqrt{m_2^2+n_2^2+p_2^2}}.$$

两直线 $L_1$ 与 $L_2$ 垂直,则 $m_1m_2+n_1n_2+p_1p_2=0$.

两直线 $L_1$ 与 $L_2$ 平行,则 $\dfrac{m_1}{m_2}=\dfrac{n_1}{n_2}=\dfrac{p_1}{p_2}$.

【例 8-14】 求直线 $\begin{cases} x+2y+z-1=0; \\ x-2y+z+1=0 \end{cases}$ 与直线 $\begin{cases} x-y-z-1=0; \\ x-y+2z+1=0 \end{cases}$ 的夹角.

**解** 两直线的方向向量分别为

$$s_1=\begin{vmatrix} i & j & k \\ 1 & 2 & 1 \\ 1 & -2 & 1 \end{vmatrix}=4i-4k,$$

$$s_2=\begin{vmatrix} i & j & k \\ 1 & -1 & -1 \\ 1 & -1 & 2 \end{vmatrix}=-3i-3j,$$

所以 $$\cos\varphi=\dfrac{|4\cdot(-3)+0\cdot(-3)+(-4)\cdot 0|}{\sqrt{4^2+0^2+(-4)^2}\cdot\sqrt{(-3)^2+(-3)^2+0^2}}=\dfrac{1}{2},$$

因此,所求两直线之间的夹角为 $\varphi=\dfrac{\pi}{3}$.

空间直线与平面的夹角就是直线的方向向量与平面的法向量的夹角的余角(取锐角)(如图 8-17).

已知直线的方向向量为 $s=\{m,n,p\}$,平面的法向量 $n=\{A,B,C\}$.设直线与平面的夹角为 $\varphi$,则 $\sin\varphi=|\cos(\widehat{s,n})|$,即

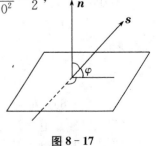

图 8-17

$$\sin\varphi = \frac{|s \cdot n|}{|s| \cdot |n|} = \frac{|mA+nB+pC|}{\sqrt{m^2+n^2+p^2} \cdot \sqrt{A^2+B^2+C^2}}.$$

直线 $L$ 与平面 $\pi$ 平行,则 $mA+nB+pC=0$,

直线 $L$ 与平面 $\pi$ 垂直,则 $\dfrac{m}{A} = \dfrac{n}{B} = \dfrac{p}{C}$.

【例 8-15】 求直线 $\dfrac{x-2}{1} = \dfrac{y-3}{1} = \dfrac{z-4}{2}$ 与平面 $2x-y+z-6=0$ 的夹角.

**解** 直线的方向向量与平面的法向量分别为
$$s=\{1,1,2\}, n=\{2,-1,1\},$$
设直线与平面的夹角为 $\varphi$,则
$$\sin\varphi = \frac{|1\times 2+1\times(-1)+2\times 1|}{\sqrt{1^2+1^2+2^2} \cdot \sqrt{2^2+(-1)^2+1^2}} = \frac{1}{2},$$
因此所求直线与平面的夹角为 $\varphi = \dfrac{\pi}{6}$.

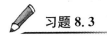

习题 8.3

1. 求通过三点 $(1,1,1), (-2,-2,2)$ 和 $(1,-1,2)$ 的平面方程.
2. 求通过点 $P(2,-1,-1), Q(1,1,3)$ 且垂直于平面 $2x+3y-5z+6=0$ 的平面方程.
3. 证明点 $(x_0,y_0,z_0)$ 到平面 $Ax+By+Cz+D=0$ 的距离公式为:
$$d = \frac{|Ax_0+By_0+Cz_0+D|}{\sqrt{A^2+B^2+C^2}}.$$
4. 证明直线 $\begin{cases} x+2y-z=7; \\ -2x+y+z=7 \end{cases}$ 与直线 $\begin{cases} 3x+6y-3z=8; \\ 2x-y-z=0 \end{cases}$ 互相平行.
5. 求通过点 $P(2,0,-1)$ 且又通过直线 $\dfrac{x+1}{2} = \dfrac{y}{-1} = \dfrac{z-2}{3}$ 的平面方程.
6. 设直线 $L: \dfrac{x}{-1} = \dfrac{y-1}{1} = \dfrac{z-1}{2}$ 与平面 $\pi: 2x+y-z-3=0$,求通过 $L$ 且与 $\pi$ 垂直的平面方程.
7. 求过点 $P(0,2,4)$ 且与两平面 $x+2z=1$ 和 $y-3z=2$ 平行的直线方程.
8. 求两平面 $\pi_1: x+y-11=0, \pi_2: 3x+8=0$ 的夹角.
9. 求直线 $L_1: \dfrac{x-1}{1} = \dfrac{5-y}{2} = \dfrac{z+8}{1}$ 与 $L_2: \begin{cases} x-y=6; \\ 2y+z=3 \end{cases}$ 的夹角.
10. 求过点 $P(2,1,3)$ 且与直线 $\dfrac{x+1}{3} = \dfrac{y-1}{2} = \dfrac{z}{-1}$ 垂直相交的直线方程.
11. 判断直线 $L: \dfrac{x+3}{-2} = \dfrac{y+4}{-7} = \dfrac{z}{3}$ 与平面 $\pi: 4x-2y-2z=3$ 的位置关系.
12. 已知平面 $\pi: 3x-y+2z-5=0$ 和直线 $L: \dfrac{x-7}{5} = \dfrac{y-4}{1} = \dfrac{z-5}{4}$ 的交点为 $M_0$,在平面 $\pi$ 上求过 $M_0$ 且与直线 $L$ 垂直的直线方程.

## 8.4 曲面及其方程

### 8.4.1 曲面方程的概念

**定义 8-7** 如果曲面 $S$ 与三元方程
$$F(x,y,z)=0 \tag{8-8}$$
有如下关系：

(1) 曲面 $S$ 上任一点的坐标都满足方程(8-8)式；

(2) 不在曲面上的点的坐标都不满足方程(8-8)式.

那么，方程(8-8)式就叫做曲面 $S$ 的方程，而曲面 $S$ 就叫做方程(8-8)式的图形.

### 8.4.2 二次曲面

如果方程(8-8)式对 $x,y,z$ 是一次的，所表示的曲面称为一次曲面，例如平面是一次曲面. 如果方程(8-8)式是二次的，所表示曲面称为二次曲面.

下面是一些常见的二次曲面：

1. 球面

空间中与一个定点等距离的所有的点构成的曲面叫做球面，定点叫做球心，定距离叫做半径. 若球心为 $Q(a,b,c)$，半径为 $R$，设点 $P(x,y,z)$ 为球面上任一点，则由于 $|PQ|=R$，我们有
$$\sqrt{(x-a)^2+(y-b)^2+(z-c)^2}=R,$$
消去根式，得球面方程 $(x-a)^2+(y-b)^2+(z-c)^2=R^2$.

将球面方程展开得
$$x^2+y^2+z^2-2ax-2by-2cz+(a^2+b^2+c^2-R^2)=0,$$
即方程具有 $x^2+y^2+z^2+2Ax+2By+2Cz+D=0$ 的形式.

反之，经过配方可得 $(x+A)^2+(y+B)^2+(z+C)^2+D-(A^2+B^2+C^2)=0$，

(1) 当 $A^2+B^2+C^2-D>0$ 时，表示球心在 $(-A,-B,-C)$，半径为 $\sqrt{A^2+B^2+C^2-D}$ 的球面；

(2) 当 $A^2+B^2+C^2-D=0$，表示一点；

(3) 当 $A^2+B^2+C^2-D<0$，没有轨迹.

2. 柱面(如图 8-18)

设空间任意一曲线 $L$，过 $L$ 上的一点引一条直线 $b$，直线 $b$ 沿 $L$ 作平行移动所形成的曲面叫做柱面，曲线 $L$ 叫做准线. 动直线 $b$ 的每一位置，叫做柱面的一条母线.

准线 $L$ 是直线的柱面为平面，是圆的柱面叫做圆柱面.

若母线 $b$ 与准线圆所在的平面垂直，这个柱面叫做正圆柱面.

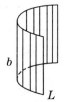

图 8-18

如果柱面的母线平行于 $z$ 轴，并且柱面与坐标面 $xOy$ 的交线 $L$ 方程为 $f(x,y)=0$，则柱面上的其他点也满足这方程，因此，以 $L$ 为准线，母线平行于 $z$ 轴的柱面的方程就是 $f(x,$

$y)=0$(如图 8-19). 同理，$g(y,z)=0$ 和 $h(z,x)=0$ 分别表示母线平行于 $x$ 轴和 $y$ 轴的柱面.

一般说来，若一个方程中缺少一个坐标，则这个方程所表示的轨迹是一个柱面，它的母线平行于所缺少的那个坐标的坐标轴，它的准线就是与母线垂直的坐标平面上原方程所表示的平面曲线.

例如 $x^2+z^2=1$ 在 $zOx$ 平面上表示一个圆，而在空间中则表示一个以此圆为准线，母线平行于 $y$ 轴的柱面(如图 8-20)，又如 $y-x^2=0$ 表示以此抛物线为准线，母线平行于 $z$ 轴的抛物柱面(如图 8-21).

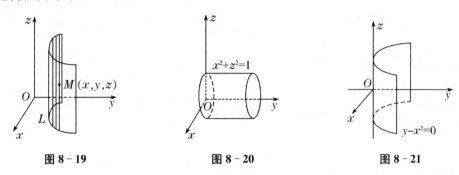

图 8-19    图 8-20    图 8-21

### 3. 锥面

设 $L$ 为一条已知平面曲线，$B$ 为 $L$ 所在平面外的一个固定点，过点 $B$ 引直线 $b$ 与 $L$ 相交，直线 $b$ 绕点 $B$ 沿 $L$ 移动所构成的曲面叫做锥面，点 $B$ 叫做顶点，动直线叫做锥面的母线，$L$ 叫做准线. 准线 $L$ 是圆的锥面叫做圆锥面(如图 8-22). 若圆锥顶点 $B$ 与准线的中心 $O$ 的连线 $OB$ 与准线所在的平面垂直，这个圆锥面就叫做正圆锥面.

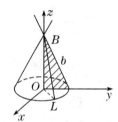

图 8-22

【例 8-16】 设 $AOB$ 为一直角三角形，我们以直角边 $OB$ 为轴，斜边 $AB$ 绕轴旋转，则得到以 $B$ 为顶点的一个正圆锥面，求其方程.

**解** 取 $OB$ 作 $z$ 轴，$OA$ 为 $x$ 轴，建立一个直角坐标系，设 $OB=b$，$OA=R$，则点 $B$ 坐标为 $(0,0,b)$，设 $P(x,y,z)$ 为母线 $BC$ 上任一点，$C$ 点坐标为 $(\alpha,\beta,0)$，因 $P$ 在 $\overrightarrow{BC}$ 上，所以 $\{x-0, y-0, z-b\}$ 与 $\{\alpha-0, \beta-0, 0-b\}$ 成比例，故有 $\dfrac{x}{\alpha}=\dfrac{y}{\beta}=\dfrac{z-b}{-b}$，因 $\alpha^2+\beta^2=R^2$，得

$$\frac{x^2+y^2}{R^2}=\frac{(z-b)^2}{b^2},$$

即

$$b^2(x^2+y^2)-R^2(z-b)^2=0.$$

### 4. 旋转曲面

平面曲线 $l$ 绕平面上一定直线旋转所成的曲面叫做旋转曲面，定直线叫做旋转曲面的轴，曲线 $l$ 的每一位置叫做此旋转曲面的一条母线(如图 8-23).

$yOz$ 面上一条曲线 $L$ 的方程为 $\begin{cases} f(y,z)=0; \\ x=0. \end{cases}$

这条曲线绕 $z$ 轴旋转，就得到一个以 $z$ 轴为轴的旋转曲面.

设 $P_1(0,y_1,z_1)$ 为曲线 $L$ 上任一点(如图 8-24)，则 $f(y_1,z_1)=0$，当曲线 $L$ 绕 $z$ 轴旋转时，点 $P_1$ 也绕 $z$ 轴旋转到另一点 $P(x,y,z)$，这时 $z=z_1$ 保持不变，且 $P$ 与 $z$ 轴的距离恒

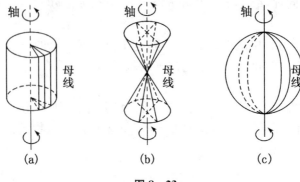

图 8-23

等于 $|y_1|$,即 $\sqrt{x^2+y^2}=|y_1|$,因此,曲面方程为 $f(\pm\sqrt{x^2+y^2},z)=0$.

同理,曲线 $L$ 绕 $y$ 轴旋转所成的旋转曲面的方程为:$f(y,\pm\sqrt{x^2+z^2})=0$.

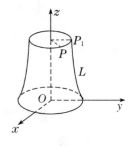

图 8-24

【例 8-17】 椭圆 $\begin{cases}\dfrac{x^2}{a^2}+\dfrac{z^2}{b^2}=1;\\ y=0\end{cases}$ 绕 $x$ 轴旋转所成的曲面方程为 $\dfrac{x^2}{a^2}+\dfrac{y^2+z^2}{b^2}=1$.

若上述椭圆绕 $z$ 轴旋转,则所成的曲面方程为 $\dfrac{x^2+y^2}{a^2}+\dfrac{z^2}{b^2}=1$.

【例 8-18】 抛物线 $\begin{cases}y^2=2pz;\\ x=0\end{cases}$ 绕 $z$ 轴旋转所成的曲面的方程是 $x^2+y^2=2pz$.

5. 椭球面

由方程 $\dfrac{x^2}{a^2}+\dfrac{y^2}{b^2}+\dfrac{z^2}{c^2}=1$ 所确定的曲面叫做椭球面.这里 $a,b,c$ 都是正数(如图 8-25).

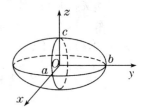

图 8-25

椭球面的性质:

(1) 对称性:椭球面关于坐标平面、坐标轴和坐标原点都对称;

(2) 椭球面被三个坐标面 $xOy,yOz,zOx$ 所截的截痕分别为椭圆:

$\begin{cases}\dfrac{x^2}{a^2}+\dfrac{y^2}{b^2}=1;\\ z=0.\end{cases}$ $\begin{cases}\dfrac{y^2}{b^2}+\dfrac{z^2}{c^2}=1;\\ x=0.\end{cases}$ $\begin{cases}\dfrac{x^2}{a^2}+\dfrac{z^2}{c^2}=1;\\ y=0.\end{cases}$

用平行于坐标 $xOy$ 面的平面 $z=h(|h|<c)$ 截椭球面,截痕为椭圆

$\begin{cases}\dfrac{x^2}{a^2\left(1-\dfrac{h^2}{c^2}\right)}+\dfrac{y^2}{b^2\left(1-\dfrac{h^2}{c^2}\right)}=1;\\ z=h.\end{cases}$

此椭圆的半轴为 $\frac{a}{c}\sqrt{c^2-h^2}$,$\frac{b}{c}\sqrt{c^2-h^2}$,如果 $h=\pm c$,则截痕缩为两点:$(0,0,c)$ 与 $(0,0,-c)$.

用平行于其他两个坐标面的平面截此椭球面时,所得到的结果完全类似.

(3) 如果 $a=b=c\neq 0$,则椭球面表示一个球面.

## 6. 单叶双曲面

由方程 $\frac{x^2}{a^2}+\frac{y^2}{b^2}-\frac{z^2}{c^2}=1$,$\frac{x^2}{a^2}-\frac{y^2}{b^2}+\frac{z^2}{c^2}=1$ 或 $-\frac{x^2}{a^2}+\frac{y^2}{b^2}+\frac{z^2}{c^2}=1$,所确定的曲面叫做单叶双曲面,其中 $a,b,c$ 均为正数,叫做双曲面的半轴.

以 $\frac{x^2}{a^2}+\frac{y^2}{b^2}-\frac{z^2}{c^2}=1$ 为例(如图 8-26),显然,它关于坐标面、坐标轴和坐标原点都是对称的.

(1) 用平行于坐标面 $xOy$ 的平面 $z=h$ 截曲面,其截痕是一椭圆
$$\begin{cases} \frac{x^2}{a^2}+\frac{y^2}{b^2}=1+\frac{h^2}{c^2};\\ z=h. \end{cases}$$

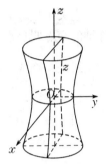

图 8-26

半轴为 $\frac{a}{c}\sqrt{c^2+h^2}$,$\frac{b}{c}\sqrt{c^2+h^2}$. 当 $h=0$ 时($xOy$ 面),半轴最小.

(2) 用平行于坐标 $xOz$ 面的平面 $y=h$ 截曲面的截痕是
$$\begin{cases} \frac{x^2}{a^2}-\frac{z^2}{c^2}=1-\frac{h^2}{b^2};\\ y=h. \end{cases}$$

若 $|h|<b$,则为实轴平行于 $x$ 轴,虚轴平行于 $z$ 轴的双曲线;

若 $|h|>b$,则为实轴平行于 $z$ 轴,虚轴平行于 $x$ 轴的双曲线;

若 $|h|=b$,则上述截痕方程变成 $\begin{cases} \left(\frac{x}{a}+\frac{z}{c}\right)\left(\frac{x}{a}-\frac{z}{c}\right)=0;\\ y=h. \end{cases}$

这表示平面 $y=\pm b$ 与曲面的截痕是一对相交的直线,交点为 $(0,b,0)$ 和 $(0,-b,0)$.

(3) 用坐标面 $yOz$ 和平行于 $yOz$ 的平面截曲面的截痕与(2)类似.

(4) 若 $a=b$,则变成单叶旋转双曲面.

## 7. 双叶双曲面

由方程 $-\frac{x^2}{a^2}+\frac{y^2}{b^2}+\frac{z^2}{c^2}=-1$,$\frac{x^2}{a^2}-\frac{y^2}{b^2}+\frac{z^2}{c^2}=-1$ 或 $\frac{x^2}{a^2}+\frac{y^2}{b^2}-\frac{z^2}{c^2}=-1$ 确定的曲面叫双叶双曲面,这里 $a,b,c$ 为正数.

我们只讨论 $\frac{x^2}{a^2}+\frac{y^2}{b^2}-\frac{z^2}{c^2}=-1$(如图 8-27).

(1) 关于坐标面、坐标轴和原点都对称,它与 $xOz$ 面和 $yOz$ 面的交线都是双曲线.

$$\begin{cases} \frac{x^2}{a^2}-\frac{z^2}{c^2}=-1;\\ y=0 \end{cases} \text{和} \begin{cases} \frac{y^2}{b^2}-\frac{z^2}{c^2}=-1;\\ x=0 \end{cases}$$

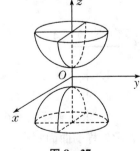

图 8-27

(2) 用平行于 $xOy$ 面的平面 $z=h(|h|\geqslant c)$ 去截它,当 $|h|>c$ 时,截痕是一个椭圆

$$\begin{cases}\dfrac{x^2}{a^2}+\dfrac{y^2}{b^2}=\dfrac{h^2}{c^2}-1;\\ z=h.\end{cases}$$

它的半轴随 $|h|$ 的增大而增大,当 $|h|=c$ 时,截痕是一个点;$|h|<c$ 时,没有交点. 显然双叶双曲面有两支,位于坐标面 $xOy$ 两侧,无限延伸.

8. 椭圆抛物面

由方程 $\dfrac{x^2}{a^2}+\dfrac{y^2}{b^2}=z$ 确定的曲面叫做椭圆抛物面.

它关于坐标面 $xOz$ 和坐标面 $yOz$ 对称,关于 $z$ 轴也对称,但是它没有对称中心,它与对称轴的交点叫顶点,因 $z\geqslant 0$,故整个曲面在 $xOy$ 面的上侧,它与坐标面 $xOz$ 和坐标面 $yOz$ 的交线是抛物线 $\begin{cases}x^2=a^2z;\\ y=0\end{cases}$ 和 $\begin{cases}y^2=b^2z;\\ x=0.\end{cases}$

这两条抛物线有共同的顶点和轴.

用平行于 $xOy$ 面的平面 $z=h(h>0)$ 去截它,截痕是一个椭圆

$$\begin{cases}\dfrac{x^2}{a^2}+\dfrac{y^2}{b^2}=h;\\ z=h.\end{cases}$$

这个椭圆的半轴随 $h$ 增大而增大(如图 8-28).

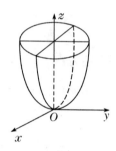

图 8-28

9. 双曲抛物面

由方程 $-\dfrac{x^2}{a^2}+\dfrac{y^2}{b^2}=z$ 确定的曲面叫做双曲抛物面(如图 8-29).

它关于坐标面 $xOz$ 和 $yOz$ 是对称的,关于 $z$ 轴也是对称的,但是它没有对称中心,它与坐标面 $xOz$ 和坐标面 $yOz$ 的截痕是抛物线 $\begin{cases}x^2=-a^2z;\\ y=0\end{cases}$ 和 $\begin{cases}y^2=b^2z;\\ x=0.\end{cases}$

这两条抛物线有共同的顶点和轴,但轴的方向相反. 用平行于 $xOy$ 面的平面 $z=h$ 去截它,截痕是 $\begin{cases}-\dfrac{x^2}{a^2}+\dfrac{y^2}{b^2}=h;\\ z=h.\end{cases}$

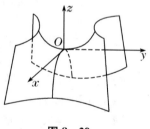

图 8-29

当 $h\neq 0$ 时,截痕总是双曲线:若 $h>0$,双曲线的实轴平行于 $y$ 轴;若 $h<0$,双曲线的实轴平行于 $x$ 轴.

## 习题 8.4

1. 求 $zOx$ 面上的抛物线 $z^2=5x$ 绕 $x$ 轴旋转而成的曲面方程.
2. 求 $xOz$ 坐标面上的直线 $x=z-1$ 绕 $z$ 轴旋转而成的圆锥面的方程.
3. 求与坐标原点 $O$ 及点 $(2,3,4)$ 的距离之比为 $1:2$ 的点的全体所组成的曲面方程,它表示怎样的曲面?
4. 方程 $y^2=z$ 表示什么曲面?

5. 已知两点 $A(5,4,0), B(-4,3,4)$. 点 $P$ 满足条件 $2|\overrightarrow{PA}|=|\overrightarrow{PB}|$, 求点 $P$ 的轨迹方程.

6. 说明下列旋转曲面是怎样形成的:
(1) $z=2(x^2+y^2)$;
(2) $4x^2+9y^2+9z^2=36$;
(3) $x^2-\dfrac{y^2}{4}+z^2=1$.

7. 设在 $xOz$ 平面内一动点, 它与原点的距离等于它与点 $(5,-3,1)$ 的距离, 求此动点的轨迹方程.

8. 考察曲面 $x^2-y^2=2z$ (1) 在平面 $x=0$; (2) 在平面 $y=0$; (3) 在平面 $z=0$ 上的截痕, 并写出其方程.

9. 圆锥面方程为 $x^2+y^2=3z^2$, 求半顶角的大小.

## 8.5 空间曲线及其方程

### 8.5.1 空间曲线

若方程 $F(x,y,z)=0, G(x,y,z)=0$ 分别表示两个曲面, 则这两个曲面的交线可用方程组 $\begin{cases} F(x,y,z)=0; \\ G(x,y,z)=0 \end{cases}$ 来表示.

该方程组式称为空间曲线 $C$ 的一般方程.

【例 8-19】 方程组 $\begin{cases} x^2+y^2=1; \\ 2x+3y+3z=6 \end{cases}$ 表示怎样的曲线?

**解** 第一个方程表示母线平行于 $z$ 轴的圆柱面, 第二个方程表示一个平面, 因此, 方程组表示上述圆柱面与平面的交线 (如图 8-30).

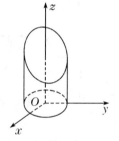

图 8-30

【例 8-20】 方程组 $\begin{cases} z=\sqrt{a^2-x^2-y^2}; \\ \left(x-\dfrac{a}{2}\right)^2+y^2=\left(\dfrac{a}{2}\right)^2 \end{cases}$ 表示怎样的曲线?

**解** 第一个方程表示球心在坐标原点, 半径为 $a$ 的上半球面, 第二个方程表示母线平行于 $z$ 轴的圆柱面, 因此方程组就表示为上述半球面与圆柱面的交线 (如图 8-31).

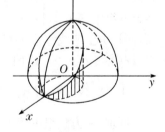

图 8-31

空间曲线的参数方程可用

$$\begin{cases} x=x(t); \\ y=y(t); \\ z=z(t) \end{cases} \quad (8-9)$$

来表示, 其中 $t$ 为参数.

【例 8-21】 空间一动点 $P$ 在圆柱面 $x^2+y^2=a^2$ 上以角速度 $\omega$ 绕 $z$ 轴旋转, 同时又以线速度 $v$ 沿平行于 $z$ 轴的方向上升 (这里 $\omega$ 与 $v$ 都是常数), 动点 $P$ 运动的轨迹称为螺旋线 (如图 8-32), 试建立其参数方程.

**解** 取时间 $t$ 为参数,当 $t=0$ 时,设动点在 $x$ 轴的点 $A(a,0,0)$ 上,经过时间 $t$,动点 $A$ 运动到点 $P(x,y,z)$,从点 $P$ 作坐标平面 $xOy$ 的垂线与坐标面 $xOy$ 相交于点 $P_1$,坐标为 $(x,y,0)$,因为动点在圆柱面上以角速度 $\omega$ 绕 $z$ 轴旋转,所以 $\angle AOP_1=\omega t$,从而

$$\begin{cases} x=OP_1\cos\angle AOP_1=a\cos\omega t; \\ y=OP_1\sin\angle AOP_1=a\sin\omega t. \end{cases}$$

又因为动点同时以线速度 $v$ 沿平行于 $z$ 轴的方向上升,所以 $z=P_1P=vt$,

因此,螺旋线的参数方程为

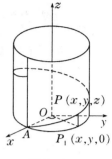

图 8-32

$$\begin{cases} x=a\cos\omega t; \\ y=a\sin\omega t; \\ z=vt. \end{cases}$$

若取 $\theta=\angle AOP_1=\omega t$ 作为参数,则螺旋线的参数方程写为

$$\begin{cases} x=a\cos\theta; \\ y=a\sin\theta; \\ z=b\theta. \end{cases}$$

其中 $b=\dfrac{v}{\omega}$.

### 8.5.2 空间曲线在坐标平面上的投影

已知空间曲线 $C$ 和平面 $\pi$,从 $C$ 上每一点作平面 $\pi$ 的垂线,所有垂线所构成的曲面称为空间曲线 $C$ 到平面 $\pi$ 的投影柱面(如图 8-33).

设空间曲线 $C$ 的方程为 $\begin{cases} F(x,y,z)=0; \\ G(x,y,z)=0. \end{cases}$

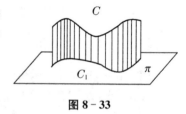

图 8-33

我们来求曲线 $C$ 在坐标平面 $xOy$ 上的投影曲线 $C_1$ 的方程.
从方程组中消去 $z$,得到一个不含变量 $z$ 的方程 $\Phi(x,y)=0$,它表示母线平行于 $z$ 轴的柱面,而且由于曲线 $C$ 上的点的坐标满足方程组,因而也必然满足方程 $\Phi(x,y)=0$. 这就是说,柱面 $\Phi(x,y)=0$ 过曲线 $C$,因此,它就是空间曲线 $C$ 在坐标平面 $xOy$ 上的投影柱面.

于是曲线 $C$ 在 $xOy$ 平面上的投影曲线 $C_1$ 的方程为: $\begin{cases} \Phi(x,y)=0; \\ z=0. \end{cases}$

同理,从方程组中消去 $x$(或 $y$),也可以得到曲线 $C$ 在坐标面 $yOz$(或 $zOx$)上的投影柱面的方程.

【例 8-22】 已知两球面的方程为 $x^2+y^2+z^2=1$ 和 $x^2+(y-1)^2+(z-1)^2=1$,求其交线在 $xOy$ 平面上的投影方程.

**解** 将两方程相减得 $y+z=1$,将 $z=1-y$ 代入 $x^2+y^2+z^2=1$ 得 $x^2+2y^2-2y=0$

即为交线关于 $xOy$ 平面的投影柱面方程,其投影曲线方程为 $\begin{cases} x^2+y^2-2y=0; \\ z=0. \end{cases}$

【例 8-23】 求曲线 $C:\begin{cases}x^2+y^2=z^2;\\z^2=y\end{cases}$ 在坐标面 $xOy$ 和 $yOz$ 上的投影曲线的方程.

**解** 曲线 $C$ 是圆锥面和母线平行于轴的柱面的交线. 由曲线方程组中消去 $z$，得到
$$x^2+y^2=y,$$
即
$$x^2+\left(y-\frac{1}{2}\right)^2=\frac{1}{4}.$$

它是曲线 $C$ 在坐标平面 $xOy$ 上的投影柱面的方程，因此曲线 $C$ 在坐标面 $xOy$ 上的投影曲线方程为
$$\begin{cases}x^2+\left(y-\frac{1}{2}\right)^2=\frac{1}{4};\\z=0.\end{cases}$$

这是以 $\left(0,\frac{1}{2},0\right)$ 为圆心，$\frac{1}{2}$ 为半径的圆.

因为曲面 $z^2=y$ 是过曲线 $C$ 且母线平行于 $x$ 轴的柱面，所以它就是曲线 $C$ 在坐标平面 $yOz$ 上的投影柱面，因而曲线 $C$ 在坐标平面 $yOz$ 上的投影曲线的方程为
$$\begin{cases}z^2=y;\\x=0.\end{cases}$$

这是一条抛物线.

**习题 8.5**

1. 写出曲面 $x^2+y^2-\dfrac{z^2}{9}=0$ 与平面 $z=3$ 的交线的方程.

2. 写出曲线 $\begin{cases}x=t+1;\\y=t^2;\\z=2t+1\end{cases}$ 的一般式方程.

3. 将曲线 $\begin{cases}x^2+y^2+z^2=9;\\y=x\end{cases}$ 化为参数方程形式.

4. 求上半锥面 $z=\sqrt{x^2+y^2}$ ($0\leqslant z\leqslant 1$) 在三个坐标平面上的投影.

5. 求上半球面 $z=\sqrt{4-x^2-y^2}$ 与锥面 $z=\sqrt{3(x^2+y^2)}$ 围成的立体在 $xOy$ 面上的投影.

6. 求曲线 $\begin{cases}x^2+y^2=1;\\x^2+(y-1)^2+(z-1)^2=1\end{cases}$ 在 $yOz$ 面上的投影曲线.

7. 写出球面 $x^2+y^2+z^2=9$ 与平面 $x+z=1$ 的交线在 $xOy$ 面上的投影柱面方程和投影曲线方程.

8. 求曲线 $\begin{cases}z=2-x^2-y^2;\\z=(x-1)^2+(y-1)^2\end{cases}$ 在坐标面 $xOy$ 上的投影曲线的方程.

9. 求曲线 $\begin{cases}x^2-z^2-2y^2=0;\\z=3\end{cases}$ 在 $xOy$ 面上的投影柱面方程和投影曲线方程.

# 第 9 章

 多元函数微分学

前面我们讨论的函数都只是一个自变量 $y=f(x)$ 的形式,这种函数我们称之为一元函数,但是在很多实际问题中往往会涉及多个方面因素,反映到数学上,就是一个变量依赖于多个变量的情形.举例如下:

(1) 长方形面积 $S=xy$;

(2) 长方体体积 $V=xyz$;

(3) 烧炙的铁块中每一点的温度 $T$ 与这个点的位置有着函数关系,即当铁块上点的位置用坐标 $(x,y,z)$ 表示时,则温度 $T$ 的值由 $x,y,z$ 这三个变量所确定,如果进一步考虑铁块的冷却过程,那么温度 $T$ 还和时间 $t$ 有关,即此时的 $T$ 是由 $x,y,z,t$ 这四个变量所确定,这种两个、三个或四个自变量的函数分别称为二元、三元或四元函数.当然,还能有更多元自变量的函数,一般自变量达到两个及以上的函数统称为多元函数.

## 9.1 多元函数的基本概念

多元函数是一元函数的推广,因而它保留了一元函数中许多性质,但也由于自变量从一个增加到多个,从而产生了某些在本质上与一元函数截然不同的新的内容,这些内容是大家学习过程中应加以注意的.对于多元函数,我们将着重讨论二元函数,掌握了二元函数的有关理论和方法之后,就可以类推到更多元的函数中去.

### 9.1.1 多元函数的定义

为了将一元函数的一些概念推广到多元函数,我们首先要将实数集 $\mathbb{R}^1$(记 $\mathbb{R}=\mathbb{R}^1$)及相关的概念推广到多元函数.

首先我们定义平面点集,我们用 $\mathbb{R}^2$ 表示平面上所有点的集合,即 $\mathbb{R}^2=\mathbb{R}\times\mathbb{R}=\{(x,y)|x\in\mathbb{R},y\in\mathbb{R}\}$,从而 $\mathbb{R}^2$ 就表示了整个坐标平面,类似地可以定义 $\mathbb{R}^3,\cdots,\mathbb{R}^n$,其表达式为 $\mathbb{R}^3=\mathbb{R}\times\mathbb{R}\times\mathbb{R}=\{(x,y,z)|x\in\mathbb{R},y\in\mathbb{R},z\in\mathbb{R}\},\cdots,\mathbb{R}^n=\mathbb{R}\times\mathbb{R}\times\cdots\times\mathbb{R}=\{(x_1,x_2,\cdots,x_n)|x_i\in\mathbb{R},i=1,2,\cdots,n\}$.

坐标平面上具有某些性质 $P$ 的点的集合,称为**平面点集**,记为 $E=\{(x,y)|(x,y)$ 具有性质 $P\}$,例如平面上以原点为中心的,$r$ 为半径的圆内所有点的集合可以表示为 $\{(x,y)|x^2+y^2<r^2\}$,以点 $(x_0,y_0)$ 为中心,半径为 $r$ 的圆内的所有点可以表示为 $\{(x,y)|(x-x_0)^2+(y-y_0)^2<r^2\}$.

类似于直线上邻域的概念,我们可以给出平面或空间中邻域的概念.

**定义 9-1** 设 $P_0(x_0,y_0)$ 为 $xOy$ 平面上的一个点,$\delta$ 为某一正数,与点 $P_0(x_0,y_0)$ 距离小于 $\delta$ 的点 $P(x,y)$ 的全体,称为**点 $P_0$ 的 $\delta$ 邻域**,记为 $U(P_0,\delta)$,即

$$U(P_0,\delta)=\{(x,y)\mid \sqrt{(x-x_0)^2+(y-y_0)^2}<\delta\}.$$

**点 $P_0$ 的去心 $\delta$ 邻域**,记为 $\overset{\circ}{U}(P_0,\delta)$,即

$$\overset{\circ}{U}(P_0,\delta)=\{(x,y)\mid 0<\sqrt{(x-x_0)^2+(y-y_0)^2}<\delta\}.$$

从几何上看,集合 $U(P_0,\delta)$ 就是 $xOy$ 平面上以 $P_0$ 为中心,$\delta$ 为半径的圆的内部的所有点 $P(x,y)$ 的全体,$\overset{\circ}{U}(P_0,\delta)$ 就是在此基础上去掉圆心.

在不强调邻域半径的情况下,我们常用 $U(P_0)$ 表示点 $P_0$ 的某个邻域,点 $P_0$ 的某个去心邻域记为 $\overset{\circ}{U}(P_0)$.

下面利用邻域的概念来描述点与点集之间的关系.

设 $E$ 是平面上的一个点集,点 $P\in E$. 如果存在 $P$ 的一个邻域 $U(P,\delta)$,使 $U(P,\delta)\subset E$,则称 $P$ 为 $E$ 的**内点**(如图 9-1).

如果点 $P$ 的任何一个邻域内既有属于 $E$ 的点,又有不属于 $E$ 的点,则称 $P$ 为 $E$ 的**边界点**. $E$ 的边界点的全体,称为 $E$ 的**边界**(如图 9-2),记为 $\partial E$.

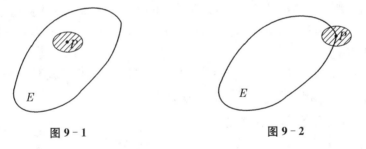

图 9-1       图 9-2

如果对于任意给定的 $\delta>0$,点 $P$ 的去心邻域 $\overset{\circ}{U}(P,\delta)$ 内总有 $E$ 中的点,则称 $P$ 为 $E$ 的**聚点**.

如果点集 $E$ 每一个点都是内点,则称 $E$ 为**开集**.

如果点集 $E$ 的边界 $\partial E \subset E$,则称 $E$ 为**闭集**.

设 $E$ 是开集,如果对于 $E$ 内的任意两点,都可以用折线连接起来,且该折线上的点都属于 $E$,则称 $E$ 是**连通集**.

连通的开集称为**区域**或**开区域**,开区域连同它的边界一起构成的点集称为**闭区域**. 例如,$\{(x,y)\mid x^2+y^2<1\}$ 是开区域,而 $\{(x,y)\mid x^2+y^2\leq 1\}$ 是闭区域.

如果存在正数 $r$,使某区域 $E$ 包含于以原点为中心,以 $r$ 为半径的圆内,则称 $E$ 是**有界集**,否则为**无界集**.

例如,集合 $\{(x,y)\mid 1\leq x^2+y^2\leq 4\}$ 是有界闭区域;集合 $\{(x,y)\mid 1<x+y\}$ 是无界开区域;集合 $\{(x,y)\mid 0\leq x+y\}$ 是无界闭区域.

**定义 9-2** 给定一个平面点集 $D \subset \mathbb{R}^2$ 和一个实数集 $M$,若按照某一对应法则 $f$,对于 $D$ 内任意一点 $(x,y)$,变量 $z$ 都有唯一的一个实数与它相对应,则称 $f$ 是定义在 $D$ 上的二元函数,记作

$$z = f(x,y), (x,y) \in D \text{ 或 } z = f(P), P \in D.$$

上述定义中,平面点集 $D$ 称为 $f$ 的定义域,$x,y$ 称为自变量,$z$ 称为因变量,$D$ 中任意一点 $(x,y)$ 根据法则 $f$ 所对应的实数,称为 $f$ 在点 $(x,y)$ 的函数值,记作 $z$,即 $z=f(x,y)$. 全体函数值集合 $f(D) = \{z \mid z = f(x,y), (x,y) \in D\}$ 称为函数 $f$ 的值域.

**注意** (1) 定义域 $D$ 和对应法则 $f$ 是确定函数的两个要素.

(2) 当把 $(x,y) \in D$ 和其对应的函数值 $z = f(x,y)$ 一起组成三维数组 $(x,y,z)$ 时,在空间直角坐标系里的点集 $\{(x,y,z) \mid z = f(x,y), (x,y) \in D\} \subset \mathbb{R}^3$ 即为二元函数 $z = f(x,y)$ 的图像,通常 $z = f(x,y)$ 的图像为一空间曲面,$f$ 的定义域 $D$ 是该曲面在 $xOy$ 平面上的投影(如图 9-3).

类似的,对于一般的 $n$ 元函数,我们也可以给出如下定义:

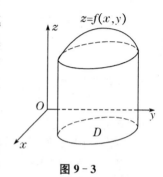

图 9-3

**定义 9-3** 设 $D$ 为 $\mathbb{R}^n$ 中的非空子集,若按照某一对应法则 $f$,对于任意一点 $P(x_1, x_2, \cdots, x_n) \in D$,变量 $z$ 都有唯一的一个实数与它相对应,则称 $f$ 是定义在 $D$ 上的 $n$ 元函数,记作

$$z = f(x_1, x_2, \cdots, x_n), (x_1, x_2, \cdots, x_n) \in D \text{ 或 } z = f(P), P \in D.$$

集合 $D$ 称为 $f$ 的定义域,$x_1, x_2, \cdots, x_n$ 称为自变量,$z$ 称为因变量,$D$ 中任意一点 $(x_1, x_2, \cdots, x_n)$ 根据法则 $f$ 所对应的实数,称为 $f$ 在点 $(x_1, x_2, \cdots, x_n)$ 的函数值,记作 $z$,即 $z = f(x_1, x_2, \cdots, x_n)$. 全体函数值集合 $\{z \mid z = f(x_1, x_2, \cdots, x_n), (x_1, x_2, \cdots, x_n) \in D\}$ 称为函数 $f$ 的值域,通常记为 $f(D)$.

对于多元函数也有分段函数、奇偶函数、初等函数等概念,我们就不一一叙述了.

**【例 9-1】** 试求函数 $z = \sqrt{x - \sqrt{y}}$ 的定义域.

**解** 二元函数要有意义,则需满足

$$\begin{cases} y \geq 0, \\ x - \sqrt{y} \geq 0, \end{cases} \text{即} \begin{cases} y \geq 0, \\ x \geq 0, \\ x^2 \geq y. \end{cases}$$

所以函数的定义域为 $\{(x,y) \mid y \geq 0, x \geq 0, x^2 \geq y\}$.

**【例 9-2】** 求已知 $f(x-y, e^y) = x^2 y$,求 $f(x,y)$ 的表达式.

**解** 令 $x - y = u, e^y = v$ 解得 $x = u + \ln v, y = \ln v$,代入所给等式,得

$$f(u,v) = (u + \ln v)^2 \ln v.$$

因此,$f(x,y) = (x + \ln y)^2 \ln y$.

### 9.1.2 二元函数的极限

**定义 9-4** 设函数 $z = f(x,y)$ 在 $\overset{\circ}{U}(P_0, \delta)$ 内有定义,$P(x,y)$ 是 $\overset{\circ}{U}(P_0, \delta)$ 内的任意一点. 如果存在一个确定的常数 $A$,点 $P(x,y)$ 以任何方式趋向于定点 $P_0(x_0, y_0)$ 时,函数 $f(x,y)$ 都无限地趋近于 $A$,则称常数 $A$ 为函数 $z = f(x,y)$ 当 $P \to P_0$(或 $(x_0, y_0) \to (x,y)$)时

的极限. 记作
$$\lim_{P \to P_0} f(x,y) = A, \quad \lim_{(x,y) \to (x_0, y_0)} f(x,y) = A \text{ 或 } f(P) \to A(P \to P_0).$$

需要特别注意的是：

(1) 二元函数的极限存在，是指点 $P(x,y)$ 以任何方式趋向于 $P_0(x_0, y_0)$ 时，函数都无限趋近于同一常数 $A$.

(2) 如果点 $P(x,y)$ 以一种特殊方式，例如，沿某一条直线或定曲线趋向于 $P_0(x_0, y_0)$ 时，即使函数无限趋近于某一确定的值，我们也不能断定函数的极限存在.

(3) 如果当点 $P(x,y)$ 以不同方式趋向于 $P_0(x_0, y_0)$ 时，函数趋向于不同的数值，则可断定函数在点 $P_0(x_0, y_0)$ 的极限不存在.

二元函数极限的"$\varepsilon\text{-}\delta$"定义为：

**定义 9-5** 设二元函数 $f(P) = f(x,y)$ 的定义域为 $D$, $P_0(x_0, y_0)$ 是 $D$ 的聚点. 如果存在常数 $A$, 对于任意给定的正数 $\varepsilon$, 总存在正数 $\delta$, 使得当 $P(x,y) \in D \cap \overset{\circ}{U}(P_0, \delta)$ 时，都有
$$|f(P) - A| = |f(x,y) - A| < \varepsilon$$
成立，则称常数 $A$ 为函数 $f(x,y)$ 当 $(x_0, y_0) \to (x,y)$ 时的极限，记为
$$\lim_{P \to P_0} f(x,y) = A, \quad \lim_{(x,y) \to (x_0, y_0)} f(x,y) = A \text{ 或 } f(P) \to A(P \to P_0).$$

上述定义 9-4 和 9-5 的极限也称为**二重极限**.

关于二元函数极限的定义也可以推广到 $n$ 元函数 $u = f(x_1, x_2, \cdots, x_n)$ 上去，在这里我们不作详细叙述.

需要指出的是多元函数的极限运算，有着与一元函数类似的运算法则. 一般地，可以用如下方法求多元函数的极限：

(1) 利用不等式，使用夹逼准则定理；

(2) 极限运算的四则运算性质；

(3) 变量替换化为已知极限，或一元函数的极限；

(4) 利用初等变形，将指数函数的极限转化为其对数函数的极限；

(5) 若能先看出极限值，可用 $\varepsilon\text{-}\delta$ 定义进行证明.

下面仅就其中部分方法举例.

**【例 9-3】** 设 $f(x,y) = \sin\sqrt{x^2 + y^2}$, 证明 $\lim\limits_{(x,y) \to (0,0)} f(x,y) = 0$.

**证明** 这里函数 $f(x,y)$ 的定义域是 $D = \mathbb{R}^2$, 点 $O(0,0)$ 显然为 $D$ 的聚点. 由于
$$|f(x,y) - 0| = |\sin\sqrt{x^2 + y^2} - 0| \leqslant \sqrt{x^2 + y^2},$$
可见，对任意给定的 $\varepsilon > 0$, 取 $\delta = \varepsilon$, 则当
$$0 < \sqrt{(x-0)^2 + (y-0)^2} < \delta,$$
即 $P(x,y) \in \overset{\circ}{U}(O, \delta) \cap D$ 时，恒有
$$|f(x,y) - 0| \leqslant \sqrt{x^2 + y^2} < \varepsilon$$
成立，根据二元函数极限的定义，证得
$$\lim_{(x,y) \to (0,0)} f(x,y) = 0.$$

**【例 9-4】** 求 $\lim\limits_{(x,y)\to(0,0)} (x^2+y^2)^{x^2 y^2}$.

**解** 函数 $(x^2+y^2)^{x^2 y^2}$ 的定义域为 $D=\{(x,y)\,|\,x\neq 0, y\neq 0\}$，因为

$$\lim_{(x,y)\to(0,0)} \ln(x^2+y^2)^{x^2 y^2} = \lim_{(x,y)\to(0,0)} \frac{x^2 y^2}{x^2+y^2}(x^2+y^2)\ln(x^2+y^2),$$

且 $$0\leqslant \frac{x^2 y^2}{x^2+y^2} \leqslant \frac{(x^2+y^2)^2}{x^2+y^2} = x^2+y^2 \to 0,$$

令 $t=x^2+y^2$，则

$$\lim_{(x,y)\to(0,0)} (x^2+y^2)\ln(x^2+y^2) = \lim_{t\to 0} t\ln t = 0.$$

故 $$\lim_{(x,y)\to(0,0)} (x^2+y^2)^{x^2 y^2} = e^0 = 1.$$

**【例 9-5】** 计算下列函数的极限：

(1) $\lim\limits_{(x,y)\to(0,1)} \dfrac{1}{x+y}$；(2) $\lim\limits_{(x,y)\to(0,0)} \dfrac{\sin(x^2 y)}{xy}$.

**解** (1) $\lim\limits_{(x,y)\to(0,1)} \dfrac{1}{x+y} = \dfrac{1}{0+1} = 1$；

(2) $\lim\limits_{(x,y)\to(0,0)} \dfrac{\sin(x^2 y)}{xy} = \lim\limits_{(x,y)\to(0,0)} \dfrac{\sin(x^2 y)}{x^2 y} x$

$$= \lim_{(x,y)\to(0,0)} \frac{\sin(x^2 y)}{x^2 y} \cdot \lim_{(x,y)\to(0,0)} x = 1 \cdot 0 = 0.$$

下面看一个函数极限不存在的例子．

**【例 9-6】** 讨论二元函数 $f(x,y)=\begin{cases} \dfrac{xy}{x^2+y^2} & x^2+y^2\neq 0;\\ 0 & x^2+y^2=0 \end{cases}$ 当 $P(x,y)\to(0,0)$ 时的极限是否存在．

**解** 当 $P(x,y)$ 沿直线 $y=\lambda x$ 趋于原点 $(0,0)$ 时，

$$\lim_{\substack{(x,y)\to(0,0)\\y=\lambda x}} f(x,y) = \lim_{(x,y)\to(0,0)} \frac{\lambda x^2}{x^2+(\lambda x)^2} = \frac{\lambda}{1+\lambda^2},$$

可见，当 $P(x,y)$ 沿直线 $y=\lambda x$ 趋于原点 $(0,0)$ 时，函数 $f(x,y)$ 的变化趋势与 $\lambda$ 有关，它随着 $\lambda$ 的变化而变化，所以当 $P(x,y)\to(0,0)$ 时，$f(x,y)$ 的极限不存在．

### 9.1.3 多元函数的连续性

**定义 9-6** 设二元函数 $f(P)=f(x,y)$ 的定义域为 $D$，$P_0(x_0,y_0)$ 为 $D$ 的聚点，且 $P_0\in D$．如果

$$\lim_{(x,y)\to(x_0,y_0)} f(x,y) = f(x_0,y_0),$$

则称函数 $f(x,y)$ 在点 $P_0(x_0,y_0)$ 连续．

如果函数 $f(x,y)$ 在区域 $D$ 上每一点都连续，则称它在区域 $D$ 上连续．函数的不连续点称为函数的间断点，例如 $f(x,y)=1/(y-x^2)$ 在抛物线 $y=x^2$ 上无定义，所以抛物线 $y=x^2$ 上的点都是函数 $f(x,y)$ 的间断点，如例 9-6 中函数 $f(x,y)=\begin{cases} \dfrac{xy}{x^2+y^2} & x^2+y^2\neq 0;\\ 0 & x^2+y^2=0 \end{cases}$ 在点 $(0,0)$ 处极限不存在，所以 $(0,0)$ 是函数的一个间断点．

多元连续函数有着与一元连续函数类似的性质.

**性质 9-1**（有界性与最大值最小值定理） 如果二元函数 $z=f(x,y)$ 在有界闭区域 $D$ 上连续，则在 $D$ 上一定有界，且能取得它的最大值和最小值.

**性质 9-2**（介值定理） 如果二元函数 $z=f(x,y)$ 在有界闭区域 $D$ 上连续，任给 $P_1(x_1,y_1), P_2(x_2,y_2) \in D$，若存在数 $k$，使得 $f(P_1) \leqslant k \leqslant f(P_2)$，则存在 $P_0(x_0,y_0) \in D$，使得 $f(P_0)=k$.

### 习题 9.1

1. 求下列函数表达式：

(1) $f(x,y)=x^y+y^x$，求 $f(xy, x+y)$；

(2) $f(x+y, x-y)=x^2-y^2$，求 $f(x,y)$.

2. 求下列函数的定义域：

(1) $z=\dfrac{\sqrt{4x-y^2}}{\ln(1-x^2-y^2)}$；   (2) $z=\sqrt{y-\sqrt{x}}$；

(3) $z=\sqrt{1-x^2}+\sqrt{y^2-1}$.

3. 求下列极限：

(1) $\lim\limits_{(x,y)\to(0,0)} \dfrac{2-\sqrt{xy+4}}{xy}$；   (2) $\lim\limits_{(x,y)\to(2,0)} \dfrac{\ln(1+x^2 y)}{y}$；

(3) $\lim\limits_{(x,y)\to(0,0)} (\sqrt[3]{x}+y)\sin\dfrac{1}{x}\cos\dfrac{1}{y}$；   (4) $\lim\limits_{(x,y)\to(0,1)} \dfrac{1-2xy}{x^2+y^2}$；

(5) $\lim\limits_{(x,y)\to(0,0)} \dfrac{1-\cos\sqrt{x^2+y^2}}{x^2+y^2}$.

4. 证明下列极限不存在：

(1) $\lim\limits_{(x,y)\to(0,0)} \dfrac{x-y}{x+y}$；   (2) $\lim\limits_{(x,y)\to(0,0)} \dfrac{x^2 y}{x^4+y^2}$.

## 9.2 偏导数与全微分

在研究一元函数时，我们从研究函数的变化率引入导数的概念，对于多元函数，函数的变化率问题又该怎样来理解呢？我们经常碰到的问题是这样的，如烧热的铁块在冷却的过程中某一点 $(x_0,y_0,z_0)$ 的温度 $T$ 关于时间 $t$ 的变化率或在某一时刻 $t_0$ 时，铁块中一点 $(x_0, y_0, z_0)$ 沿某一方向的变化率. 诸如此类的例子还有很多，其本质都是多元函数关于其中某一自变量而其他自变量保持不变时的变化率. 那么多元函数的变化率问题的研究内容即为此类情况，即多元函数的偏导数问题.

### 9.2.1 偏导数的定义及其计算方法

**定义 9-7** $z=f(x,y)$ 在点 $(x_0,y_0)$ 的某一邻域内有定义，当 $y$ 固定在 $y_0$ 而 $x$ 在 $x_0$ 处有增量 $\Delta x$ 时，相应的函数有增量
$$\Delta z_x = f(x_0+\Delta x, y_0) - f(x_0, y_0).$$

如果极限

$$\lim_{\Delta x \to 0} \frac{f(x_0+\Delta x, y_0)-f(x_0, y_0)}{\Delta x}$$

存在,则称此极限为函数 $z=f(x,y)$ 在点 $(x_0,y_0)$ 处对 $x$ 的偏导数,记作

$$\frac{\partial z}{\partial x}\bigg|_{\substack{x=x_0\\y=y_0}}, \frac{\partial f}{\partial x}\bigg|_{\substack{x=x_0\\y=y_0}}, z_x\bigg|_{\substack{x=x_0\\y=y_0}}, \text{ 或 } f_x(x_0,y_0),$$

即有

$$f_x(x_0,y_0)=\lim_{\Delta x \to 0}\frac{\Delta z_x}{\Delta x}=\lim_{\Delta x \to 0}\frac{f(x_0+\Delta x, y_0)-f(x_0, y_0)}{\Delta x}.$$

同理,函数 $z=f(x,y)$ 在点 $P_0(x_0,y_0)$ 处对 $y$ 的偏导数定义为

$$f_y(x_0,y_0)=\lim_{\Delta y \to 0}\frac{\Delta z_y}{\Delta y}=\lim_{\Delta y \to 0}\frac{f(x_0, y_0+\Delta y)-f(x_0, y_0)}{\Delta y},$$

也记为

$$\frac{\partial z}{\partial y}\bigg|_{\substack{x=x_0\\y=y_0}}, \frac{\partial f}{\partial y}\bigg|_{\substack{x=x_0\\y=y_0}}, z_y\bigg|_{\substack{x=x_0\\y=y_0}} \text{ 或 } f_y(x_0,y_0).$$

如果函数 $z=f(x,y)$ 在平面区域 $D$ 内的每一点 $P(x,y)$ 处都存在偏导数 $f_x(x,y)$, $f_y(x,y)$,则这两个偏导数仍是区域 $D$ 上关于 $x,y$ 的函数,我们称它们为函数 $z=f(x,y)$ 的偏导函数(简称偏导数). 记为

$$\frac{\partial z}{\partial x}, \frac{\partial f}{\partial x}, z_x, f_x(x,y) \text{ 及 } \frac{\partial z}{\partial y}, \frac{\partial f}{\partial y}, z_y, f_y(x,y).$$

这里

$$\frac{\partial f}{\partial x}=\frac{\partial z}{\partial x}=z_x=f_x(x,y)=\lim_{\Delta x \to 0}\frac{f(x+\Delta x, y)-f(x,y)}{\Delta x},$$

$$\frac{\partial f}{\partial y}=\frac{\partial z}{\partial y}=z_y=f_y(x,y)=\lim_{\Delta y \to 0}\frac{f(x, y+\Delta y)-f(x,y)}{\Delta y},$$

且

$$f_x(x_0,y_0)=f_x(x,y)\bigg|_{\substack{x=x_0\\y=y_0}}, \quad f_y(x_0,y_0)=f_y(x,y)\bigg|_{\substack{x=x_0\\y=y_0}}.$$

由偏导数的概念可知,$f(x,y)$ 在点 $(x_0,y_0)$ 处对 $x$ 的偏导数 $f_x(x_0,y_0)$ 显然就是偏导函数 $f_x(x,y)$ 在点 $(x_0,y_0)$ 处的函数值;$f_y(x_0,y_0)$ 就是偏导函数 $f_y(x,y)$ 在点 $(x_0,y_0)$ 处的函数值. 就像一元函数的导函数一样,以后在不至于混淆的地方也把偏导函数简称为偏导数.

至于实际求 $z=f(x,y)$ 的偏导数,并不需要用新的方法,因为这里只有一个自变量在变动,另一个自变量看作是固定的,所以仍是一元函数的微分法问题. 求 $\frac{\partial f}{\partial x}$ 时,只要把 $y$ 暂时看作常量而对 $x$ 求导数;求 $\frac{\partial f}{\partial y}$ 时,则只要把 $x$ 暂时看作常量而对 $y$ 求导数.

偏导数的概念还可以推广到二元以上的函数. 例如,三元函数 $u=f(x,y,z)$ 在点 $(x,y,z)$ 处对 $x$ 的偏导数定义为

$$f_x(x,y,z)=\lim_{\Delta x \to 0}\frac{f(x_0+\Delta x, y, z)-f(x,y,z)}{\Delta x},$$

其中 $(x,y,z)$ 是函数 $u=f(x,y,z)$ 的定义域的内点. 它们的求法也仍旧是一元函数的微分法问题.

这里需要说明的问题：偏导数的记号是一个整体记号，不能看作分子分母之商. 由偏导数的定义可知，求多元函数对某个自变量的偏导数时，只需将其余自变量看作常数，用一元函数求导法则求导即可.

【例 9-7】 求二元函数 $z = \arctan \dfrac{y}{x}$ 的偏导数.

**解** 对 $x$ 求偏导数时，把 $y$ 看作常数，则
$$\frac{\partial z}{\partial x} = \frac{1}{1+\left(\dfrac{y}{x}\right)^2} \cdot \left(-\frac{y}{x^2}\right) = -\frac{y}{x^2+y^2};$$

对 $y$ 求偏导数时，把 $x$ 看作常数，则
$$\frac{\partial z}{\partial y} = \frac{1}{1+\left(\dfrac{y}{x}\right)^2} \cdot \frac{1}{x} = \frac{x}{x^2+y^2}.$$

**注意** 求多元函数对某一自变量的导数时，切记将其他自变量都视为常数，这样才能正确地运用一元函数求导的方法求出偏导数.

【例 9-8】 $f(x,y) = x + y - \sqrt{x^2+y^2}$，求 $f_x(0,1), f_y(1,0)$.

**解** $f_x(x,y) = 1 - \dfrac{x}{\sqrt{x^2+y^2}}, f_y(x,y) = 1 - \dfrac{y}{\sqrt{x^2+y^2}};$

$f_x(0,1) = 1 - \dfrac{0}{\sqrt{0^2+1^2}} = 1, f_y(1,0) = 1 - \dfrac{0}{\sqrt{1^2+0^2}} = 1.$

【例 9-9】 设 $f(x,y) = \sqrt{x^2+y^4}$，求 $f_x(1,1), f_x(0,0)$ 和 $f_y(0,0)$.

**解** 因为 $f_x(x,y) = \dfrac{1}{2\sqrt{x^2+y^4}}(x^2+y^4)'_x = \dfrac{x}{\sqrt{x^2+y^4}},$

所以 $f_x(1,1) = \dfrac{x}{\sqrt{x^2+y^4}}\bigg|_{\substack{x=1\\y=1}} = \dfrac{\sqrt{2}}{2}.$

显然利用偏导数 $f_x(x,y) = \dfrac{x}{\sqrt{x^2+y^4}}$ 无法求得 $f_x(0,0)$，必须用偏导数的定义来计算：

$$f_x(0,0) = \lim_{\Delta x \to 0} \frac{f(\Delta x, 0) - f(0,0)}{\Delta x} = \lim_{\Delta x \to 0} \frac{\sqrt{(\Delta x)^2} - \sqrt{0}}{\Delta x} = \lim_{\Delta x \to 0} \frac{|\Delta x|}{\Delta x}.$$

左、右端极限不一致，所以偏导数 $f_x(0,0)$ 不存在，然而

$$f_y(0,0) = \lim_{\Delta y \to 0} \frac{f(0,\Delta y) - f(0,0)}{\Delta y} = \lim_{\Delta y \to 0} \frac{\sqrt{(\Delta y)^4} - \sqrt{0}}{\Delta y} = \lim_{\Delta y \to 0} \frac{(\Delta y)^2}{\Delta y} = 0.$$

**注意** (1) 与一元函数一样，多元函数在某一点的偏导数，等于偏导数函数在该点的函数值，即
$$f_x(x_0, y_0) = f_x(x,y)\bigg|_{\substack{x=x_0\\y=y_0}}.$$

(2) 当用偏导函数不能求出多元函数在某一点的偏导数值时，不能断言在该点的偏导数不存在，还必须用偏导数的定义作进一步的考察.

下面我们来讨论一下偏导数与连续的关系.

我们知道，若一元函数 $y = f(x)$ 在点 $x_0$ 处可导，则 $f(x)$ 必在点 $x_0$ 处连续. 但对于二元

函数 $z=f(x,y)$ 来讲,即使在点 $(x_0,y_0)$ 处的两个偏导数都存在,也不能保证函 $f(x,y)$ 在点 $(x_0,y_0)$ 处连续. 这是因为偏导数 $f_x(x_0,y_0)$,$f_y(x_0,y_0)$ 存在只能保证一元函数 $z=f(x,y_0)$ 和 $z=f(x_0,y)$ 分别在 $x_0$ 和 $y_0$ 处连续,但不能保证 $(x,y)$ 以任何方式趋于 $(x_0,y_0)$ 时,函数 $f(x,y)$ 都趋于 $f(x_0,y_0)$.

【例 9-10】 求二元函数

$$f(x,y)=\begin{cases} \dfrac{xy}{x^2+y^2} & (x,y)\neq(0,0); \\ 0 & (x,y)=(0,0) \end{cases}$$

在点 $(0,0)$ 处的偏导数,并讨论它在点 $(0,0)$ 处的连续性.

**解** 点 $(0,0)$ 是函数 $f(x,y)$ 的分界点,类似于一元函数,分段函数分界点处的偏导数要用定义去求.

$$f_x(0,0)=\lim_{\Delta x\to 0}\frac{f(0+\Delta x,0)-f(0,0)}{\Delta x}=\lim_{\Delta x\to 0}\frac{0-0}{\Delta x}=0,$$

又由于函数关于自变量 $x,y$ 是对称的,故 $f_y(0,0)=0$. 而 $f(x,y)$ 在点 $(0,0)$ 处不连续.

当然,$z=f(x,y)$ 在点 $(x_0,y_0)$ 处连续也不能保证 $f(x,y)$ 在点 $(x_0,y_0)$ 的偏导数存在.

【例 9-11】 讨论函数 $f(x,y)=\sqrt{x^2+y^2}$ 在点 $(0,0)$ 处的偏导数与连续性.

**解** 因为 $f(x,y)=\sqrt{x^2+y^2}$ 是多元初等函数,它的定义域 $\mathbb{R}^2$ 是一个区域,而 $(0,0)\in\mathbb{R}^2$,因此,$f(x,y)=\sqrt{x^2+y^2}$ 在点 $(0,0)$ 处连续.

但 $f_x(0,0)=\lim\limits_{\Delta x\to 0}\dfrac{f(0+\Delta x,0)-f(0,0)}{\Delta x}=\lim\limits_{\Delta x\to 0}\dfrac{|\Delta x|}{\Delta x}$ 不存在. 由函数关于自变量是对称的可知,$f_y(0,0)$ 也不存在.

二元函数 $z=f(x,y)$ 在 $(x_0,y_0)$ 处的偏导数有下述几何意义.

设 $M_0(x_0,y_0,f(x_0,y_0))$ 为曲面 $z=f(x,y)$ 上的一点,过 $M_0$ 作平面 $y=y_0$,截此曲面得一曲线

$$\begin{cases} y=y_0; \\ z=f(x,y). \end{cases}$$

此曲线的方程为 $z=f(x,y_0)$. 二元函数 $z=f(x,y)$ 在 $M_0$ 处的偏导数 $f_x(x_0,y_0)$ 就是一元函数 $f(x,y_0)$ 在 $x_0$ 处的导数,它在几何上表示曲面 $z=f(x,y)$ 被平面 $y=y_0$ 所截得的曲线在点 $M_0$ 处的切线 $M_0T_x$ 关于 $x$ 轴的斜率(如图 9-4).

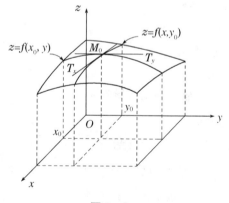

图 9-4

同理,偏导数 $f_y(x_0,y_0)$ 的几何意义是曲面 $z=f(x,y)$ 被平面 $x=x_0$ 所截得的曲线在 $M_0$ 处的切线 $M_0T_y$ 关于 $y$ 轴的斜率.

【例 9-12】 曲线 $\begin{cases} z=\dfrac{x^2+y^2}{4}; \\ y=4 \end{cases}$ 在点 $(2,4,5)$ 处的切线对于 $x$ 轴的倾角是多少?

**解** 由偏导数的几何意义,曲线在点 $(2,4,5)$ 处的切线对 $x$ 轴的斜率为 $z_x(2,4)$,而 $z_x(2,4)=\dfrac{x}{2}\bigg|_{x=2}=1$,即 $k=\tan\alpha=1$,所以倾角 $\alpha=\dfrac{\pi}{4}$.

对于一元函数而言,我们知道函数在一点可导,在该点必连续,而对于多元函数,即使各偏导数在某点都存在,也不能保证函数在该点连续. 例如

$$f(x,y)=\begin{cases}\dfrac{xy}{x^2+y^2} & x^2+y^2\neq 0;\\ 0 & x^2+y^2=0.\end{cases}$$

由偏导数定义在点$(0,0)$有,$f_x(0,0)=0$,$f_y(0,0)=0$,但由例 9-6 知函数在点$(0,0)$点极限不存在,从而在点$(0,0)$不连续.

### 9.2.2 全微分的定义

对于一元函数 $y=f(x)$,当自变量在点 $x$ 处有增量 $\Delta x$ 时,若函数的增量 $\Delta y$ 可表示为 $\Delta y=A\cdot\Delta x+o(\Delta x)$,其中,$A$ 与 $\Delta x$ 无关而仅与 $x$ 有关,当 $\Delta x\to 0$ 时,$o(\Delta x)$ 是比 $\Delta x$ 高阶的无穷小量,则称函数 $y=f(x)$ 在点 $x$ 可微,并把 $A\Delta x$ 叫做 $y=f(x)$ 在点 $x$ 的微分,记作 $\mathrm{d}y$,即 $\mathrm{d}y=A\Delta x$. 类似的,我们给出二元函数全微分的定义.

**定义 9-8** 如果二元函数 $z=f(x,y)$ 在 $P(x,y)$ 的某邻域内有定义,相应于自变量的增量 $\Delta x$,$\Delta y$,函数在点 $(x,y)$ 的增量为

$$\Delta z=f(x+\Delta x,y+\Delta y)-f(x,y),$$

称 $\Delta z$ 为函数 $f(x,y)$ 在点 $P(x,y)$ 处的全增量. 若全增量 $\Delta z$ 可表示为

$$\Delta z=A\Delta x+B\Delta y+o(\rho),$$

其中 $A$,$B$ 仅与 $x$,$y$ 有关,而与 $\Delta x$,$\Delta y$ 无关,$\rho=\sqrt{(\Delta x)^2+(\Delta y)^2}$,当 $\rho\to 0$ 时,$o(\rho)$ 是比 $\rho$ 高阶的无穷小量,则称函数 $z=f(x,y)$ 在点 $P(x,y)$ 可微分,简称可微,并称 $A\Delta x+B\Delta y$ 为 $f(x,y)$ 在点 $P(x,y)$ 的全微分,记作 $\mathrm{d}z$ 或 $\mathrm{d}f(x,y)$,即

$$\mathrm{d}z=A\Delta x+B\Delta y.$$

如果函数在区域 $D$ 内的各点都可微,则称函数在区域 $D$ 内可微.

在上一节中我们曾经指出多元函数在某一点偏导数存在,但在该点并不一定连续,这里我们由上述定义可知二元函数在某一点处可微与连续有如下关系:

**定理 9-1** 若函数 $z=f(x,y)$ 在点 $(x,y)$ 可微分,则函数在该点必定连续.

**证明** 由于 $\Delta z=A\Delta x+B\Delta y+o(\rho)$,

$$\lim_{\rho\to 0}\Delta z=\lim_{(\Delta x,\Delta y)\to(0,0)}[A\Delta x+B\Delta y+o(\rho)]=0,$$

即

$$\lim_{(\Delta x,\Delta y)\to(0,0)}[f(x+\Delta x,y+\Delta y)-f(x,y)]=0,$$

从而

$$\lim_{(\Delta x,\Delta y)\to(0,0)}f(x+\Delta x,y+\Delta y)=f(x,y).$$

所以 $z=f(x,y)$ 在点 $P(x,y)$ 处连续.

在一元函数中,可导与可微是等价的,那么对二元函数,可微与偏导数存在之间有什么关系呢? 下面的两个定理回答了这个问题.

**定理 9-2(必要条件)** 若函数 $z=f(x,y)$ 在点 $P(x,y)$ 可微分,则函数在点 $P(x,y)$ 的两个偏导数 $\dfrac{\partial z}{\partial x}$,$\dfrac{\partial z}{\partial y}$ 都存在,且

$$\frac{\partial z}{\partial x}=A,\quad \frac{\partial z}{\partial y}=B.$$

**证明** 因 $z=f(x,y)$ 在点 $P(x,y)$ 可微,所以对于 $P(x,y)$ 的某一邻域内的任意一点 $(x$

$+\Delta x, y+\Delta y)$，都有
$$f(x+\Delta x, y+\Delta y)-f(x,y)=A\Delta x+B\Delta y+o(\rho).$$
特别地，当 $\Delta y=0$ 时，$\rho=|\Delta x|$ 且
$$f(x+\Delta x,y)-f(x,y)=A\Delta x+o(|\Delta x|),$$
两边同除以 $\Delta x$，取 $\Delta x \to 0$ 时的极限得
$$\frac{\partial z}{\partial x}=\lim_{\Delta x\to 0}\frac{f(x+\Delta x,y)-f(x,y)}{\Delta x}=\lim_{\Delta x\to 0}\left(A+\frac{o(|\Delta x|)}{\Delta x}\right)=A,$$
同理 $\frac{\partial z}{\partial y}=B$，所以
$$\mathrm{d}z=\frac{\partial z}{\partial x}\Delta x+\frac{\partial z}{\partial y}\Delta y.$$

然而，两个偏导数存在是二元函数可微的必要条件，而不是充分条件. 例如
$$f(x,y)=\begin{cases}\dfrac{xy}{x^2+y^2} & x^2+y^2\neq 0;\\ 0 & x^2+y^2=0.\end{cases}$$
在原点 $(0,0)$ 处有 $f_x(0,0)=0, f_y(0,0)=0$，但是由例 9-6 可知，该函数在原点 $(0,0)$ 是不连续的，因此函数在原点 $(0,0)$ 不可微. 为了更好地理解它们之间的关系，我们再举一例.

【例 9-13】 证明函数 $f(x,y)=\sqrt{|xy|}$ 在 $(0,0)$ 点连续，偏导数存在，但不可微.

**证明** 易知函数的定义域为 $\mathbb{R}^2$，$(0,0)$ 在其定义域内. 由
$$\lim_{(x,y)\to(0,0)}f(x,y)=0=f(0,0)$$
得函数在 $(0,0)$ 点连续.

由偏导数定义有
$$f_x(0,0)=\lim_{\Delta x\to 0}\frac{f(\Delta x,0)-f(0,0)}{\Delta x}=\lim_{\Delta x\to 0}\frac{0}{\Delta x}=0,$$
同理 $f_y(0,0)=0$，即有函数在 $(0,0)$ 的偏导数存在，因为
$$\Delta f(0,0)=\sqrt{|\Delta x\cdot\Delta y|},$$
$$\lim_{\rho\to 0}\frac{\Delta f(0,0)-f_x(0,0)\Delta x-f_y(0,0)\Delta y}{\sqrt{(\Delta x)^2+(\Delta y)^2}}=\lim_{\rho\to 0}\frac{\sqrt{|\Delta x\cdot\Delta y|}}{\sqrt{(\Delta x)^2+(\Delta y)^2}}\neq 0.$$
所以函数在点 $(0,0)$ 不可微.

由上述两个例子可以看出，仅仅有偏导数存在是推导不出可微的，但是，可以证明，如果函数的各个偏导数都存在且连续，则该函数必是可微的.

**定理 9-3（可微的充分条件）** 若函数 $z=f(x,y)$ 的偏导数在点 $(x_0,y_0)$ 的某邻域内存在，且 $f_x(x,y)$ 与 $f_y(x,y)$ 在点 $(x_0,y_0)$ 处连续，则函数 $f(x,y)$ 在点 $(x_0,y_0)$ 处可微.

**证明** 函数 $f(x,y)$ 的全增量 $\Delta z$ 可以表示为
$$\Delta z=f(x_0+\Delta x,y_0+\Delta y)-f(x_0,y_0)$$
$$=[f(x_0+\Delta x,y_0+\Delta y)-f(x_0,y_0+\Delta y)]+[f(x_0,y_0+\Delta y)-f(x_0,y_0)].$$
在第一个方括号中，变量 $y_0+\Delta y$ 保持不变，因此，可以把方括号中的表达式看作是关于 $x$ 的一元函数 $f(x,y_0+\Delta y)$ 的增量；在第二个方括号中，变量 $x_0$ 保持不变，因此，可以把方括号中的表达式看作是关于 $y$ 的一元函数 $f(x_0,y)$ 的增量. 对它们分别应用一元函数的

拉格朗日中值定理得
$$\Delta z = f_x(x_0+\theta_1\Delta x, y_0+\Delta y)\Delta x + f_y(x_0, y_0+\theta_2\Delta y)\Delta y \quad (0<\theta_1,\theta_2<1).$$
由于 $f_x(x,y)$ 与 $f_y(x,y)$ 在点 $(x_0,y_0)$ 处连续,因此,有
$$\lim_{(\Delta x,\Delta y)\to(0,0)} f_x(x_0+\theta_1\Delta x, y_0+\Delta y) = f_x(x_0,y_0),$$
$$\lim_{(\Delta x,\Delta y)\to(0,0)} f_y(x_0, y_0+\theta_2\Delta y) = f_y(x_0,y_0),$$
即
$$f_x(x_0+\theta_1\Delta x, y_0+\Delta y) = f_x(x_0,y_0) + \alpha,$$
$$f_y(x_0, y_0+\theta_2\Delta y) = f_y(x_0,y_0) + \beta,$$
其中,当 $\Delta x\to 0, \Delta y\to 0$ 时,$\alpha\to 0, \beta\to 0$,从而
$$\Delta z = f_x(x_0,y_0)\Delta x + f_y(x_0,y_0)\Delta y + \alpha\Delta x + \beta\Delta y.$$
而 $0 \leqslant \dfrac{|\alpha\Delta x+\beta\Delta y|}{\rho} = \dfrac{|\alpha\Delta x+\beta\Delta y|}{\sqrt{(\Delta x)^2+(\Delta y)^2}} \leqslant \dfrac{|\alpha||\Delta x|}{\sqrt{(\Delta x)^2+(\Delta y)^2}} + \dfrac{|\beta||\Delta y|}{\sqrt{(\Delta x)^2+(\Delta y)^2}}$
$$\leqslant |\alpha| + |\beta| \to 0, (\Delta x\to 0, \Delta y\to 0)$$
所以
$$\lim_{(\Delta x,\Delta y)\to(0,0)} \frac{\alpha\Delta x+\beta\Delta y}{\rho} = 0,$$
又由于 $\Delta x\to 0, \Delta y\to 0 \Leftrightarrow \rho\to 0$,所以 $\lim\limits_{\rho\to 0}\dfrac{\alpha\Delta x+\beta\Delta y}{\rho}=0$,即当 $\rho\to 0$ 时,有
$$\alpha\Delta x + \beta\Delta y = o(\rho).$$
于是证明了 $f(x,y)$ 在点 $(x_0,y_0)$ 处可微.

习惯上,我们将自变量的增量 $\Delta x, \Delta y$ 分别记作自变量的微分 $dx, dy$,从而函数 $z=f(x,y)$ 的全微分可以写成
$$dz = df(x,y) = f_x(x,y)dx + f_y(x,y)dy.$$
通常将上式称为全微分公式.

**注意** 偏导数连续只是函数可微的充分条件,不是必要条件.

【**例 9 - 14**】 证明 $f(x) = \begin{cases} (x^2+y^2)\sin\dfrac{1}{x^2+y^2} & (x,y)\neq(0,0); \\ 0 & (x,y)=(0,0) \end{cases}$ 在点 $(0,0)$ 处可微,但在点 $(0,0)$ 处偏导数不连续.

**证明** $f_x(0,0) = \lim\limits_{\Delta x\to 0}\dfrac{f(0+\Delta x,0)-f(0,0)}{\Delta x} = \lim\limits_{\Delta x\to 0}\Delta x\sin\dfrac{1}{(\Delta x)^2} = 0,$
由于函数关于自变量是对称的,则 $f_y(0,0)=0$. 于是
$$\lim_{\rho\to 0}\frac{\Delta z - [f_x(0,0)\Delta x + f_y(0,0)\Delta y]}{\rho}$$
$$= \lim_{\rho\to 0}\frac{f(0+\Delta x, 0+\Delta y) - f(0,0) - [f_x(0,0)\Delta x + f_y(0,0)\Delta y]}{\rho}$$
$$= \lim_{\rho\to 0}\frac{[(\Delta x)^2+(\Delta y)^2]\sin\dfrac{1}{(\Delta x)^2+(\Delta y)^2}}{\rho}$$
$$= \lim_{\rho\to 0}\frac{\rho^2\sin\dfrac{1}{\rho^2}}{\rho} = 0,$$
所以函数 $f(x,y)$ 在点 $(0,0)$ 处可微.

当 $(x,y) \neq (0,0)$ 时，由 $f(x,y) = (x^2+y^2)\sin\dfrac{1}{x^2+y^2}$，有

$$f_x(x,y) = 2x\sin\dfrac{1}{x^2+y^2} - \dfrac{2x}{x^2+y^2}\cos\dfrac{1}{x^2+y^2},$$

$$\lim_{(x,y)\to(0,0)} f_x(x,y) = \lim_{(x,y)\to(0,0)}\left(2x\sin\dfrac{1}{x^2+y^2} - \dfrac{2x}{x^2+y^2}\cos\dfrac{1}{x^2+y^2}\right).$$

当点 $(x,y)$ 沿 $x$ 轴趋于 $(0,0)$ 时，由于 $\lim\limits_{\substack{(x,y)\to(0,0)\\y=0}} 2x\sin\dfrac{1}{x^2+y^2} = \lim\limits_{x\to 0} 2x\sin\dfrac{1}{x^2} = 0$，

$\lim\limits_{\substack{(x,y)\to(0,0)\\y=0}} \dfrac{2x}{x^2+y^2}\cos\dfrac{1}{x^2+y^2} = \lim\limits_{x\to 0}\dfrac{2}{x}\cos\dfrac{1}{x^2}$ 不存在，所以 $\lim\limits_{(x,y)\to(0,0)} f_x(x,y)$ 不存在，即 $f_x(x,y)$ 在点 $(0,0)$ 处不连续，同理 $f_y(x,y)$ 在点 $(0,0)$ 处也不连续.

根据前面的讨论，函数 $f(x,y)$ 连续，偏导数存在，函数可微的关系可用图 9-5 表示：

图 9-5

以上关于全微分的定义及可微的必要条件和充分条件可以完全类似地推广到三元及三元以上的函数. 例如，若三元函数 $u = f(x,y,z)$ 的三个偏导数都存在且连续，则它的全微分存在，并有

$$du = \dfrac{\partial u}{\partial x}dx + \dfrac{\partial u}{\partial y}dy + \dfrac{\partial u}{\partial z}dz.$$

**【例 9-15】** 求函数 $z = x^2y^2$ 在点 $(2,-1)$ 处，当 $\Delta x = 0.02, \Delta y = -0.01$ 时的全微分 $dz$ 和全增量 $\Delta z$.

**解** $\dfrac{\partial z}{\partial x} = 2xy^2, \dfrac{\partial z}{\partial x}\bigg|_{(2,-1)} = 2xy^2\big|_{(2,-1)} = 4,$

$\dfrac{\partial z}{\partial y} = 2x^2y, \dfrac{\partial z}{\partial y}\bigg|_{(2,-1)} = 2x^2y\big|_{(2,-1)} = -8,$

由于 $\dfrac{\partial z}{\partial x}, \dfrac{\partial z}{\partial y}$ 在点 $(2,-1)$ 处连续，所以函数 $z = x^2y^2$ 在点 $(2,-1)$ 处可微，且

$$dz\big|_{(2,-1)} = \dfrac{\partial z}{\partial x}\bigg|_{(2,-1)}\Delta x + \dfrac{\partial z}{\partial y}\bigg|_{(2,-1)}\Delta y = 4\times(0.02) + (-8)\times(-0.01) = 0.16,$$

$$\Delta z = (2+0.02)^2\times(-1-0.01)^2 - 2^2\times(-1)^2 = 0.1624.$$

此例中 $\Delta z$ 与 $dz$ 的差仅为 $0.0024$.

**【例 9-16】** 求函数 $f(x,y) = x^2y^3$ 在点 $(2,-1)$ 处的全微分.

**解** 因为 $f_x(x,y) = 2xy^3, f_y(x,y) = 3x^2y^2$，所以

$$f_x(2,-1) = -4, f_y(2,-1) = 12.$$

由于两个偏导数是连续的，故

$$df(2,-1) = -4dx + 12dy.$$

**【例 9-17】** 设 $u = \sin\dfrac{y}{x} + e^{yz}$，求 $du$.

**解**
$$du = \frac{\partial u}{\partial x}dx + \frac{\partial u}{\partial y}dy + \frac{\partial u}{\partial z}dz$$
$$= -\frac{y}{x^2}\cos\frac{y}{x}dx + \left(\frac{1}{x}\cos\frac{y}{x} + ze^{yz}\right)dy + ye^{yz}dz.$$

### 9.2.3 全微分在近似计算中的应用

设函数 $z = f(x,y)$ 在点 $(x_0, y_0)$ 处可微,则它在点 $(x_0, y_0)$ 处的全增量为
$$\Delta z = f(x_0 + \Delta x, y_0 + \Delta y) - f(x_0, y_0)$$
$$= f_x(x_0, y_0)\Delta x + f_y(x_0, y_0)\Delta y + o(\rho),$$
其中 $o(\rho)$ 是当 $\rho \to 0$ 时较 $\rho$ 高阶的无穷小量. 因此,当 $|\Delta x|$, $|\Delta y|$ 都很小时,有近似公式
$$\Delta z \approx dz = f_x(x_0, y_0)\Delta x + f_y(x_0, y_0)\Delta y,$$
上式有时也写成
$$f(x_0 + \Delta x, y_0 + \Delta y) \approx f(x_0, y_0) + f_x(x_0, y_0)\Delta x + f_y(x_0, y_0)\Delta y.$$
利用上面的近似公式可以计算函数的近似值.

【例 9-18】 计算 $(1.08)^{3.96}$ 的近似值.

**解** 把 $(1.08)^{3.96}$ 看作是函数 $f(x,y) = x^y$ 在 $x = 1.08, y = 3.96$ 时的函数值 $f(1.08, 3.96)$. 取 $x_0 = 1, y_0 = 4, \Delta x = 0.08, \Delta y = -0.04$.

由于
$$f_x(x,y) = yx^{y-1}, f_x(1,4) = 4,$$
$$f_y(x,y) = x^y \ln x, f_y(1,4) = 0,$$
$$f(1,4) = 1,$$
应用近似公式有
$$(1.08)^{3.96} \approx f(1,4) + f_x(1,4) \times 0.08 + f_y(1,4) \times (-0.04)$$
$$= 1 + 4 \times 0.08 + 0 \times (-0.04) = 1.32.$$

【例 9-19】 金属圆锥体受热变形,底面半径由 30 cm 增加到 30.1 cm,高由 60 cm 减少到 59.5 cm,求圆锥体体积变化的近似值.

**解** 设圆锥体的底面半径、高和体积依次为 $r, h$ 和 $V$,则圆锥体体积为 $V = \frac{1}{3}\pi r^2 h$. 记 $r, h$ 和 $V$ 的增量依次为 $\Delta r, \Delta h$ 和 $\Delta V$. 应用近似公式有
$$\Delta V \approx dV = \frac{\partial V}{\partial r}\Delta r + \frac{\partial V}{\partial h}\Delta h = \frac{2}{3}\pi rh\Delta r + \frac{1}{3}\pi r^2 \Delta h.$$
将 $r = 30, h = 60, \Delta r = 0.1, \Delta h = -0.5$ 代入上式,得圆锥体体积变化的近似值
$$\Delta V \approx \frac{2}{3}\pi \times 30 \times 60 \times 0.1 + \frac{1}{3}\pi \times 30^2 \times (-0.5)$$
$$= -30\pi (\text{cm})^3.$$
即圆锥体的体积约减少了 $30\pi$ cm$^3$.

### 9.2.4 高阶偏导数

设函数 $z = f(x,y)$ 在区域 $D$ 内具有偏导数

$$\frac{\partial z}{\partial x}=f_x(x,y),\frac{\partial z}{\partial y}=f_y(x,y),$$

那么在 $D$ 内 $f_x(x,y),f_y(x,y)$ 都是 $x,y$ 的函数. 如果这两个函数的偏导数也存在,则称它们是函数 $z=f(x,y)$ 的二阶偏导数. 按照对变量求导次序的不同有下列四个二阶偏导数:

$$\frac{\partial}{\partial x}\left(\frac{\partial z}{\partial x}\right)=\frac{\partial^2 z}{\partial x^2}=f_{xx}(x,y),\frac{\partial}{\partial y}\left(\frac{\partial z}{\partial x}\right)=f_{xy}(x,y),$$

$$\frac{\partial}{\partial x}\left(\frac{\partial z}{\partial y}\right)=\frac{\partial^2 z}{\partial y \partial x}=f_{yx}(x,y),\frac{\partial}{\partial y}\left(\frac{\partial z}{\partial y}\right)=\frac{\partial^2 z}{\partial y^2}=f_{yy}(x,y).$$

其中第二、三个偏导数称为**混合偏导数**. 同样可得三阶、四阶以及 $n$ 阶偏导数.

二阶及二阶以上的偏导数统称为**高阶偏导数**.

**【例 9-20】** 求 $z=e^{x+2y}$ 的所有二阶偏导数.

**解** 由于

$$\frac{\partial z}{\partial x}=e^{x+2y},\frac{\partial z}{\partial y}=2e^{x+2y},$$

因此有

$$\frac{\partial^2 z}{\partial x^2}=\frac{\partial}{\partial x}\left(\frac{\partial z}{\partial x}\right)=\frac{\partial}{\partial x}(e^{x+2y})=e^{x+2y},$$

$$\frac{\partial^2 z}{\partial x \partial y}=\frac{\partial}{\partial y}\left(\frac{\partial z}{\partial x}\right)=\frac{\partial}{\partial y}(e^{x+2y})=2e^{x+2y},$$

$$\frac{\partial^2 z}{\partial y \partial x}=\frac{\partial}{\partial x}\left(\frac{\partial z}{\partial y}\right)=\frac{\partial}{\partial x}(2e^{x+2y})=2e^{x+2y},$$

$$\frac{\partial^2 z}{\partial y^2}=\frac{\partial}{\partial y}\left(\frac{\partial z}{\partial y}\right)=\frac{\partial}{\partial y}(2e^{x+2y})=4e^{x+2y}.$$

在此例中,两个二阶混合偏导数相等,即 $\frac{\partial^2 z}{\partial x \partial y}=\frac{\partial^2 z}{\partial y \partial x}$,但这个结论并非对任何函数成立,只有在满足一定条件时,二阶混合偏导数才与求偏导的次序无关. 对此,我们不加证明地给出下面的定理.

**定理 9-4** 如果函数 $z=f(x,y)$ 的两个二阶混合偏导数 $f_{xy}(x,y),f_{yx}(x,y)$ 在区域 $D$ 内连续,那么在该区域内这两个混合偏导数必相等.

由该定理我们知道,二阶混合偏导数在连续的条件下与求导的次序无关.

**【例 9-21】** 验证函数 $z=\ln\sqrt{x^2+y^2}$ 满足拉普拉斯方程:

$$\frac{\partial^2 z}{\partial x^2}+\frac{\partial^2 z}{\partial y^2}=0.$$

**证明** 因为 $z=\ln\sqrt{x^2+y^2}=\frac{1}{2}\ln(x^2+y^2)$,所以

$$\frac{\partial z}{\partial x}=\frac{x}{x^2+y^2},\frac{\partial^2 z}{\partial x^2}=\frac{x^2+y^2-x\cdot 2x}{(x^2+y^2)^2}=\frac{y^2-x^2}{(x^2+y^2)^2},$$

$$\frac{\partial z}{\partial y}=\frac{y}{x^2+y^2},\frac{\partial^2 z}{\partial y^2}=\frac{x^2+y^2-y\cdot 2y}{(x^2+y^2)^2}=\frac{x^2-y^2}{(x^2+y^2)^2}.$$

故

$$\frac{\partial^2 z}{\partial x^2}+\frac{\partial^2 z}{\partial y^2}=0.$$

习题 9.2

1. 求下列函数的偏导数:

(1) $z = x^3 \sin y - \ln(1 - 2x - y^2)$；　　(2) $z = 2^{\sqrt{x^2 - y^2}}$；　　(3) $z = x^{x^y}$；

(4) $z = \arctan y^{2x}$；　　(5) $u = 2z^3 \tan \dfrac{y}{x}$；　　(6) $u = x^{\frac{y}{z}}$.

2. 求下列函数的二阶偏导数：

(1) $z = (x^2 + y^2) e^x$；　　(2) $z = y^{\ln x}$；　　(3) $z = \displaystyle\int_2^{xy} \dfrac{\cos t}{t} dt$.

3. 计算下列各题：

(1) 设 $f(x, y) = \ln\left(1 + \dfrac{y}{2x}\right)$，求 $f_x(1, 2)$ 和 $f_y(1, 2)$；

(2) 设 $z = e^{x^2 y} + y - (y - 2) \arccos \dfrac{1}{x + y}$，求 $z_x'(1, 2)$；

(3) 设 $u = \dfrac{2x - y^3}{z}$，求 $u_y(1, 1, 1)$ 及 $u_z(1, 1, 1)$.

4. 已知 $z = \ln \sqrt{1 + x^2 + y^2}$，求 $dz, dz|_{(1,1)}$.

5. 讨论 $f(x, y) = \begin{cases} \dfrac{\sqrt{|xy|}}{x^2 + y^2} \sin(x^2 + y^2) & x^2 + y^2 \neq 0 \\ 0 & x^2 + y^2 = 0 \end{cases}$ 在 $(0, 0)$ 点的可微性.

6. 求下列函数的全微分：

(1) $z = \arcsin \dfrac{x}{y} \ (y > 0)$；　　(2) $z = \log_2(x^2 - 2xy + y^3)$；

(3) $z = \sin x + f(\cos x - \cos y)$；　　(4) $z = xf(x^2 - y^2)$.

7. $u = \ln \sqrt{x^2 + y^3 + z^4}$，求 $du, \dfrac{\partial^2 u}{\partial x \partial y}$.

8. 验证 $r = \sqrt{x^2 + y^2 + z^2}$ 满足 $r_{xx} + r_{yy} + r_{zz} = \dfrac{2}{r}$.

## 9.3　多元复合函数及隐函数求导法则

### 9.3.1　多元复合函数的求导法则

在一元函数中，我们介绍了复合函数的求导法则：如果函数 $u = \varphi(x)$ 在点 $x$ 处可导而 $y = f(u)$ 在对应点 $u(u = \varphi(x))$ 处可导，则复合函数 $y = f(\varphi(x))$ 在点 $x$ 处可导，且有

$$\dfrac{dy}{dx} = \dfrac{dy}{du} \cdot \dfrac{du}{dx} = f'(u) \cdot \varphi'(x).$$

现在将这一微分法则推广到多元复合函数的情形，并按照多元复合函数的不同的复合情形，分三种情况讨论．

**1. 复合函数的中间变量均为一元函数的情形**

**定理 9-5**　如果函数 $u = \varphi(t)$ 及 $v = \psi(t)$ 都在点 $t$ 可导，函数 $z = f(u, v)$ 在对应点 $(u, v)$ 处可微，则复合函数 $z = f[\varphi(t), \psi(t)]$ 在点 $t$ 处可导，并且有

$$\dfrac{dz}{dt} = \dfrac{\partial z}{\partial u} \cdot \dfrac{du}{dt} + \dfrac{\partial z}{\partial v} \cdot \dfrac{dv}{dt}. \tag{9-1}$$

**证明** 给 $t$ 以增量 $\Delta t$,相应地 $u=\varphi(t),v=\psi(t)$ 有增量 $\Delta u$ 和 $\Delta v$,从而函数 $z=f(u,v)$ 有增量 $\Delta z$. 因为函数 $z=f(u,v)$ 在点 $(u,v)$ 可微,故有

$$\Delta z = \frac{\partial z}{\partial u}\Delta u + \frac{\partial z}{\partial v}\Delta v + o(\rho),$$

其中 $\rho = \sqrt{(\Delta u)^2 + (\Delta v)^2}$,$o(\rho)$ 是当 $\rho \to 0$ 时较 $\rho$ 高阶的无穷小量.

上式两端同时除以 $\Delta t$,得

$$\frac{\Delta z}{\Delta t} = \frac{\partial z}{\partial u}\frac{\Delta u}{\Delta t} + \frac{\partial z}{\partial v}\frac{\Delta v}{\Delta t} + \frac{o(\rho)}{\Delta t},$$

因为函数 $u=\varphi(t),v=\psi(t)$ 在点 $t$ 处可导,故它们必在点 $t$ 处连续,从而当 $\Delta t \to 0$ 时,有 $\Delta u \to 0, \Delta v \to 0$. 注意到

$$\frac{o(\rho)}{\Delta t} = \frac{o(\rho)}{\rho} \cdot \frac{\rho}{\Delta t} = \frac{o(\rho)}{\rho} \cdot \frac{\sqrt{(\Delta u)^2 + (\Delta v)^2}}{\Delta t}$$

$$= \frac{o(\rho)}{\rho} \cdot \frac{|\Delta t|}{\Delta t} \sqrt{\left(\frac{\Delta u}{\Delta t}\right)^2 + \left(\frac{\Delta v}{\Delta t}\right)^2}.$$

因为当 $\Delta t \to 0$ 时,有 $\Delta u \to 0, \Delta v \to 0$,故有 $\rho = \sqrt{(\Delta u)^2 + (\Delta v)^2} \to 0$,从而 $\frac{o(\rho)}{\rho} \to 0$,再由 $u=\varphi(t),v=\psi(t)$ 在点 $t$ 处可导,故当 $\Delta t \to 0$ 时有

$$\frac{\Delta u}{\Delta t} \to \frac{du}{dt}, \frac{\Delta v}{\Delta t} \to \frac{dv}{dt}, \sqrt{\left(\frac{\Delta u}{\Delta t}\right)^2 + \left(\frac{\Delta v}{\Delta t}\right)^2} \to \sqrt{\left(\frac{du}{dt}\right)^2 + \left(\frac{dv}{dt}\right)^2},$$

从而 $\frac{|\Delta t|}{\Delta t} \sqrt{\left(\frac{\Delta u}{\Delta t}\right)^2 + \left(\frac{\Delta v}{\Delta t}\right)^2}$ 有界,所以 $\frac{o(\rho)}{\Delta t} \to 0$,于是有

$$\lim_{\Delta t \to 0} \frac{\Delta z}{\Delta t} = \lim_{\Delta t \to 0}\left[\frac{\partial z}{\partial u}\frac{\Delta u}{\Delta t} + \frac{\partial z}{\partial v}\frac{\Delta v}{\Delta t} + \frac{o(\rho)}{\Delta t}\right]$$

$$= \frac{\partial z}{\partial u}\frac{du}{dt} + \frac{\partial z}{\partial v}\frac{dv}{dt},$$

即 $\frac{dz}{dt} = \frac{\partial z}{\partial u}\frac{du}{dt} + \frac{\partial z}{\partial v}\frac{dv}{dt}$.

为了便于掌握复合函数的求导法则,我们常用函数结构图来表示变量之间的复合关系. 例如定理 9-5 的函数结构图是

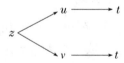

从函数结构图中可以看到:一方面,从 $z$ 引出两个箭头指向中间变量 $u,v$,表示 $z$ 是 $u,v$ 的函数,同理 $u$ 和 $v$ 都是 $t$ 的函数;另一方面,由 $z$ 出发通过中间变量到达 $t$ 的链有两条,这表示 $z$ 对 $t$ 的导数是两项之和,而每条链由两个箭头组成,表示每项由两个导数相乘而得,例如 $z \to u \to t$ 表示 $\frac{\partial z}{\partial u}\frac{du}{dt}$,$z \to v \to t$ 表示 $\frac{\partial z}{\partial v}\frac{dv}{dt}$,因此,$\frac{dz}{dt} = \frac{\partial z}{\partial u}\frac{du}{dt} + \frac{\partial z}{\partial v}\frac{dv}{dt}$.

**注意** 这里 $u$ 和 $v$ 都是 $t$ 的一元函数,$u,v$ 对 $t$ 的导数用记号 $\frac{du}{dt},\frac{dv}{dt}$ 表示,$z$ 是 $u,v$ 的二元函数,其对应的导数是偏导数,用记号 $\frac{\partial z}{\partial u},\frac{\partial z}{\partial v}$ 表示,函数经过复合之后,最终 $z$ 是 $t$ 的一元

函数,故 $z$ 对 $t$ 的导数用记号 $\dfrac{\mathrm{d}z}{\mathrm{d}t}$ 表示,称 $\dfrac{\mathrm{d}z}{\mathrm{d}t}$ 为**全导数**,公式(9-1)称为**全导数公式**.

公式(9-1)可以推广到复合函数的中间变量多于两个的情形. 例如,由 $z=f(u,v,w)$,$u=\varphi(t),v=\psi(t),w=\omega(t)$ 复合而成的复合函数 $z=f[\varphi(t),\psi(t),\omega(t)]$,在与定理 9-5 类似的条件下有全导数公式

$$\dfrac{\mathrm{d}z}{\mathrm{d}t}=\dfrac{\partial z}{\partial u}\dfrac{\mathrm{d}u}{\mathrm{d}t}+\dfrac{\partial z}{\partial v}\dfrac{\mathrm{d}v}{\mathrm{d}t}+\dfrac{\partial z}{\partial w}\dfrac{\mathrm{d}w}{\mathrm{d}t}. \tag{9-2}$$

【例 9-22】 设 $z=uv,u=\mathrm{e}^t,v=\cos t$,求 $\dfrac{\mathrm{d}z}{\mathrm{d}t}$.

**解** 由全导数公式(9-1),有

$$\dfrac{\mathrm{d}z}{\mathrm{d}t}=\dfrac{\partial z}{\partial u}\dfrac{\mathrm{d}u}{\mathrm{d}t}+\dfrac{\partial z}{\partial v}\dfrac{\mathrm{d}v}{\mathrm{d}t}=v\mathrm{e}^t+u(-\sin t)=\mathrm{e}^t(\cos t-\sin t).$$

【例 9-23】 设 $z=u^2v^2+\mathrm{e}^t,u=\sin t,v=\cos t$,求 $\dfrac{\mathrm{d}z}{\mathrm{d}t}$.

**解** 函数的结构图为

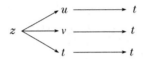

于是

$$\begin{aligned}\dfrac{\mathrm{d}z}{\mathrm{d}t}&=\dfrac{\partial z}{\partial u}\dfrac{\mathrm{d}u}{\mathrm{d}t}+\dfrac{\partial z}{\partial v}\dfrac{\mathrm{d}v}{\mathrm{d}t}+\dfrac{\partial z}{\partial t}\dfrac{\mathrm{d}t}{\mathrm{d}t}\\ &=2uv^2\cdot\cos t+2u^2v\cdot(-\sin t)+\mathrm{e}^t\cdot 1\\ &=2\sin t\cos^3 t-2\sin^3 t\cos t+\mathrm{e}^t\\ &=\dfrac{1}{2}\sin 4t+\mathrm{e}^t.\end{aligned}$$

**2. 复合函数的中间变量均为多元函数的情形**

**定理 9-6** 若 $u=\varphi(x,y),v=\psi(x,y)$ 在点 $(x,y)$ 处都存在偏导数,$z=f(u,v)$ 在对应点 $(u,v)$ 处可微,则复合函数 $z=f[\varphi(x,y),\psi(x,y)]$ 在点 $(x,y)$ 处存在偏导数,且有

$$\dfrac{\partial z}{\partial x}=\dfrac{\partial z}{\partial u}\dfrac{\partial u}{\partial x}+\dfrac{\partial z}{\partial v}\dfrac{\partial v}{\partial x}, \tag{9-3}$$

$$\dfrac{\partial z}{\partial y}=\dfrac{\partial z}{\partial u}\dfrac{\partial u}{\partial y}+\dfrac{\partial z}{\partial v}\dfrac{\partial v}{\partial y}. \tag{9-4}$$

定理 9-6 的函数结构图为

我们可以借助函数结构图,直接写出公式(9-3)和(9-4),例如 $z$ 到 $x$ 的链有两条,即 $\dfrac{\partial z}{\partial x}$ 为

两项之和，$z \to u \to x$ 表示 $\dfrac{\partial z}{\partial u}\dfrac{\partial u}{\partial x}$，$z \to v \to x$ 表示 $\dfrac{\partial z}{\partial v}\dfrac{\partial v}{\partial x}$，因此，$\dfrac{\partial z}{\partial x}=\dfrac{\partial z}{\partial u}\dfrac{\partial u}{\partial x}+\dfrac{\partial z}{\partial v}\dfrac{\partial v}{\partial x}$.

公式(9-3)和(9-4)可以推广到中间变量或自变量多于两个的情形. 例如，设 $u=\varphi(x,y)$，$v=\psi(x,y)$，$w=\omega(x,y)$ 在点 $(x,y)$ 处都具有偏导数，而函数 $z=f(u,v,w)$ 在对应点 $(u,v,w)$ 可微，则复合函数 $z=f[\varphi(x,y),\psi(x,y),\omega(x,y)]$ 在点 $(x,y)$ 处具有偏导数，且

$$\frac{\partial z}{\partial x}=\frac{\partial z}{\partial u}\frac{\partial u}{\partial x}+\frac{\partial z}{\partial v}\frac{\partial v}{\partial x}+\frac{\partial z}{\partial w}\frac{\partial w}{\partial x},$$

$$\frac{\partial z}{\partial y}=\frac{\partial z}{\partial u}\frac{\partial u}{\partial y}+\frac{\partial z}{\partial v}\frac{\partial v}{\partial y}+\frac{\partial z}{\partial w}\frac{\partial w}{\partial y}.$$

**【例 9-24】** 设 $z=\mathrm{e}^{xy}\sin(x+y)$，求 $\dfrac{\partial z}{\partial x},\dfrac{\partial z}{\partial y}$.

**解** 令 $u=xy,v=x+y$，则 $z=\mathrm{e}^{u}\sin v$，所以

$$\begin{aligned}\frac{\partial z}{\partial x}&=\frac{\partial z}{\partial u}\frac{\partial u}{\partial x}+\frac{\partial z}{\partial v}\frac{\partial v}{\partial x}\\&=\mathrm{e}^{u}\sin v \cdot y+\mathrm{e}^{u}\cos v \cdot 1\\&=\mathrm{e}^{xy}[y\sin(x+y)+\cos(x+y)],\end{aligned}$$

$$\begin{aligned}\frac{\partial z}{\partial y}&=\frac{\partial z}{\partial u}\frac{\partial u}{\partial y}+\frac{\partial z}{\partial v}\frac{\partial v}{\partial y}\\&=\mathrm{e}^{u}\sin v \cdot x+\mathrm{e}^{u}\cos v \cdot 1\\&=\mathrm{e}^{xy}[x\sin(x+y)+\cos(x+y)].\end{aligned}$$

**【例 9-25】** 设函数 $z=f\left(\dfrac{x}{y}\right)$，其中 $f$ 可微，证明 $x\dfrac{\partial z}{\partial x}+y\dfrac{\partial z}{\partial y}=0$.

**证明** 令 $u=\dfrac{x}{y}$，则 $z=f(u)$，其函数的结构图为

于是

$$\frac{\partial z}{\partial x}=\frac{\mathrm{d} z}{\mathrm{d} u}\frac{\partial u}{\partial x}=f'(u)\frac{1}{y}=\frac{1}{y}f'\left(\frac{x}{y}\right),$$

$$\frac{\partial z}{\partial y}=\frac{\mathrm{d} z}{\mathrm{d} u}\frac{\partial u}{\partial y}=f'(u)\left(-\frac{x}{y^2}\right)=-\frac{x}{y^2}f'\left(\frac{x}{y}\right),$$

$$x\frac{\partial z}{\partial x}+y\frac{\partial z}{\partial y}=\frac{x}{y}f'\left(\frac{x}{y}\right)-\frac{x}{y}f'\left(\frac{x}{y}\right)=0.$$

**【例 9-26】** 设函数 $z=xy+xf\left(\dfrac{y}{x}\right)$，其中 $f$ 可微，证明 $x\dfrac{\partial z}{\partial x}+y\dfrac{\partial z}{\partial y}=xy+z$.

**证明** 综合应用四则运算与复合函数求导法则，得

$$\frac{\partial z}{\partial x}=y+f\left(\frac{y}{x}\right)+xf'\left(\frac{y}{x}\right)\left(-\frac{y}{x^2}\right)=y+f\left(\frac{y}{x}\right)-\frac{y}{x}f'\left(\frac{y}{x}\right),$$

$$\frac{\partial z}{\partial y}=x+xf'\left(\frac{y}{x}\right)\frac{1}{x}=x+f'\left(\frac{y}{x}\right),$$

$$x\frac{\partial z}{\partial x}+y\frac{\partial z}{\partial y}=2xy+xf\left(\frac{y}{x}\right)=xy+z.$$

3. 复合函数的中间变量既有一元函数和又有多元函数的情形

**定理 9-7**  设函数 $u=\varphi(x)$ 在点 $x$ 处可导,$v=\psi(x,y)$ 在点 $(x,y)$ 处存在偏导数,而 $z=f(u,v)$ 在对应点 $(u,v)$ 处可微,则复合函数 $z=f[\varphi(x),\psi(x,y)]$ 在点 $(x,y)$ 处存在偏导数,且有

$$\frac{\partial z}{\partial x}=\frac{\partial z}{\partial u}\frac{\mathrm{d}u}{\mathrm{d}x}+\frac{\partial z}{\partial v}\frac{\partial v}{\partial x}, \tag{9-5}$$

$$\frac{\partial z}{\partial y}=\frac{\partial z}{\partial v}\frac{\partial v}{\partial y}. \tag{9-6}$$

定理 9-7 的函数结构图为

情形 3 中有一个特殊情形,复合函数的某些中间变量又是复合函数的自变量.

**定理 9-8**  $z=f(u,x,y)$ 具有连续偏导数,而 $u=\varphi(x,y)$ 具有偏导数,则复合函数 $z=f[\varphi(x,y),x,y]$ 在点 $(x,y)$ 处存在偏导数,且有

$$\frac{\partial z}{\partial x}=\frac{\partial f}{\partial u}\frac{\partial u}{\partial x}+\frac{\partial f}{\partial x}, \tag{9-7}$$

$$\frac{\partial z}{\partial y}=\frac{\partial f}{\partial u}\frac{\partial u}{\partial y}+\frac{\partial f}{\partial y}. \tag{9-8}$$

定理 9-8 的函数结构图为

为了避免混淆,公式(9-7),(9-8)右端的 $z$ 换成了 $f$,要注意 $\frac{\partial z}{\partial x}$ 和 $\frac{\partial f}{\partial x}$ 是不同的,$\frac{\partial f}{\partial x}$ 是把 $f(u,x,y)$ 中的 $u$ 及 $y$ 看成不变而对 $x$ 求偏导数,$\frac{\partial z}{\partial x}$ 是把复合函数 $z=f[\varphi(x,y),x,y]$ 中的 $y$ 看成不变而对 $x$ 求偏导数.

**【例 9-27】** 设 $u=f(x,y,z)=\mathrm{e}^{x^2+y^2+z^2}$,而 $z=x^2\sin y$,求 $\frac{\partial u}{\partial x},\frac{\partial u}{\partial y}$.

**解**  $\frac{\partial u}{\partial x}=\frac{\partial f}{\partial x}+\frac{\partial f}{\partial z}\frac{\partial z}{\partial x}=2x\mathrm{e}^{x^2+y^2+z^2}+2z\mathrm{e}^{x^2+y^2+z^2}\cdot 2x\sin y$

$\qquad =2x(1+2x^2\sin^2 y)\mathrm{e}^{x^2+y^2+x^4\sin^2 y}$

$\frac{\partial u}{\partial y}=\frac{\partial f}{\partial y}+\frac{\partial f}{\partial z}\frac{\partial z}{\partial y}=2y\mathrm{e}^{x^2+y^2+z^2}+2z\mathrm{e}^{x^2+y^2+z^2}\cdot x^2\cos y$

$\qquad =2(y+x^4\sin y\cos y)\mathrm{e}^{x^2+y^2+x^4\sin^2 y}.$

### 9.3.2 多元复合函数的高阶偏导数

在第二节已经给出高阶偏导数的定义,这里通过一个具体例子来说明求复合函数高阶偏导数的方法.

【例 9-28】 设 $z=f(x+y,xy)$，其中 $f$ 具有二阶连续偏导数，求 $\dfrac{\partial z}{\partial x}$，$\dfrac{\partial^2 z}{\partial x \partial y}$．

**解** 令 $u=x+y$，$v=xy$，则 $z=f(u,v)$，于是

$$\frac{\partial z}{\partial x}=\frac{\partial f}{\partial u}\frac{\partial u}{\partial x}+\frac{\partial f}{\partial v}\frac{\partial v}{\partial x}=f_u+yf_v.$$

再求二阶偏导数时注意到 $f_u$ 及 $f_v$ 仍是 $u,v$ 的函数，而 $u,v$ 是 $x,y$ 的函数，且函数结构图为

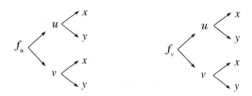

应用多元复合函数的求导法则得

$$\begin{aligned}\frac{\partial^2 z}{\partial x \partial y}&=\frac{\partial}{\partial y}\left(\frac{\partial z}{\partial x}\right)=\frac{\partial}{\partial y}(f_u+yf_v)\\&=\frac{\partial}{\partial y}(f_u)+\frac{\partial}{\partial y}(yf_v)=\frac{\partial}{\partial y}(f_u)+f_v+y\frac{\partial}{\partial y}(f_v)\\&=\left[\frac{\partial}{\partial u}(f_u)\frac{\partial u}{\partial y}+\frac{\partial}{\partial v}(f_u)\frac{\partial v}{\partial y}\right]+f_v+y\left[\frac{\partial}{\partial u}(f_v)\frac{\partial u}{\partial y}+\frac{\partial}{\partial v}(f_v)\frac{\partial v}{\partial y}\right]\\&=(f_{uu}\cdot 1+f_{uv}\cdot x)+f_v+y(f_{vu}+f_{vv}\cdot x)\\&=f_{uu}+(x+y)f_{uv}+xyf_{vv}+f_v.\end{aligned}$$

这里因为 $f$ 具有二阶连续偏导数，故有 $f_{uv}=f_{vu}$，因此，可以合并 $xf_{uv}+yf_{vu}=(x+y)f_{uv}$．

为方便起见，有时用自然数 1,2 的顺序分别表示函数 $f(u,v)$ 中的两个中间变量 $u,v$，这样 $\dfrac{\partial f}{\partial u}$，$\dfrac{\partial f}{\partial v}$，$\dfrac{\partial^2 f}{\partial u \partial v}$，$\dfrac{\partial^2 f}{\partial u^2}$ 和 $\dfrac{\partial^2 f}{\partial v^2}$ 分别用 $f_1$，$f_2$，$f_{12}$，$f_{11}$ 和 $f_{22}$ 来表示，则有

$$\frac{\partial z}{\partial x}=f_1+yf_2,$$

$$\begin{aligned}\frac{\partial^2 z}{\partial x \partial y}&=\frac{\partial}{\partial y}(f_1+yf_2)=\frac{\partial}{\partial y}(f_1)+f_2+y\frac{\partial}{\partial y}(f_2)\\&=f_{11}+xf_{12}+f_2+y(f_{21}+xf_{22})\\&=f_{11}+(x+y)f_{12}+xyf_{22}+f_2.\end{aligned}$$

我们知道，一元函数的微分具有一阶微分形式的不变性，即不论 $x$ 是自变量还是中间变量，对 $y=f(x)$ 都有 $dy=f'(x)dx$．多元函数的一阶全微分也具有同样的性质．

设函数 $z=f(u,v)$ 具有连续的偏导数，如果 $u,v$ 是自变量，则全微分为

$$dz=\frac{\partial z}{\partial u}du+\frac{\partial z}{\partial v}dv.$$

如果 $u,v$ 是中间变量 $u=\varphi(x,y)$，$v=\psi(x,y)$，且它们具有连续偏导数，则复合函数 $z=f[\varphi(x,y),\psi(x,y)]$ 的全微分为

$$dz=\frac{\partial z}{\partial x}dx+\frac{\partial z}{\partial y}dy.$$

将多元复合函数求导公式 (9-3) 和公式 (9-4) 代入上式，则有

$$dz = \left(\frac{\partial z}{\partial u}\frac{\partial u}{\partial x} + \frac{\partial z}{\partial v}\frac{\partial v}{\partial x}\right)dx + \left(\frac{\partial z}{\partial u}\frac{\partial u}{\partial y} + \frac{\partial z}{\partial v}\frac{\partial v}{\partial y}\right)dy \qquad (9-9)$$

$$= \frac{\partial z}{\partial u}\left(\frac{\partial u}{\partial x}dx + \frac{\partial u}{\partial y}dy\right) + \frac{\partial z}{\partial v}\left(\frac{\partial v}{\partial x}dx + \frac{\partial v}{\partial y}dy\right).$$

注意到 $u=\varphi(x,y), v=\psi(x,y)$ 具有连续偏导数，则有

$$du = \frac{\partial u}{\partial x}dx + \frac{\partial u}{\partial y}dy, \quad dv = \frac{\partial v}{\partial x}dx + \frac{\partial v}{\partial y}dy. \qquad (9-10)$$

将(9-10)式代入(9-9)式，得

$$dz = \frac{\partial z}{\partial u}du + \frac{\partial z}{\partial v}dv.$$

由此可见，无论 $z$ 是自变量 $u, v$ 的函数还是中间变量 $u, v$ 的函数，其全微分的形式是一样的，这个性质称为**一阶全微分形式的不变性**，类似地可以证明三元及三元以上的函数的全微分也具有这一性质.

关于全微分的运算性质，应用全微分形式的不变性容易证明，它与一元函数微分法则相同，即

$$d(u \pm v) = du \pm dv;$$

$$d(uv) = vdu + udv;$$

$$d\left(\frac{u}{v}\right) = \frac{vdu - udv}{v^2}.$$

利用全微分形式的不变性，可求得复合函数偏导数的另一途径.

**【例 9-29】** 设 $u=f(x,y,t), x=\varphi(s,t), y=\psi(s,t)$，利用全微分形式的不变性，求 $\frac{\partial u}{\partial s}, \frac{\partial u}{\partial t}$.

**解** 由全微分形式的不变性，有

$$du = \frac{\partial f}{\partial x}dx + \frac{\partial f}{\partial y}dy + \frac{\partial f}{\partial t}dt,$$

又因为

$$dx = \frac{\partial \varphi}{\partial s}ds + \frac{\partial \varphi}{\partial t}dt, \quad dy = \frac{\partial \psi}{\partial s}ds + \frac{\partial \psi}{\partial t}dt,$$

所以

$$du = \frac{\partial f}{\partial x}\left(\frac{\partial \varphi}{\partial s}ds + \frac{\partial \varphi}{\partial t}dt\right) + \frac{\partial f}{\partial y}\left(\frac{\partial \psi}{\partial s}ds + \frac{\partial \psi}{\partial t}dt\right) + \frac{\partial f}{\partial t}dt$$

$$= \left(\frac{\partial f}{\partial x}\frac{\partial \varphi}{\partial s} + \frac{\partial f}{\partial y}\frac{\partial \psi}{\partial s}\right)ds + \left(\frac{\partial f}{\partial x}\frac{\partial \varphi}{\partial t} + \frac{\partial f}{\partial y}\frac{\partial \psi}{\partial t} + \frac{\partial f}{\partial t}\right)dt.$$

从而

$$\frac{\partial u}{\partial s} = \frac{\partial f}{\partial x}\frac{\partial \varphi}{\partial s} + \frac{\partial f}{\partial y}\frac{\partial \psi}{\partial s},$$

$$\frac{\partial u}{\partial t} = \frac{\partial f}{\partial x}\frac{\partial \varphi}{\partial t} + \frac{\partial f}{\partial y}\frac{\partial \psi}{\partial t} + \frac{\partial f}{\partial t}.$$

### 9.3.3 隐函数的求导法则

**1. 隐函数的概念**

因变量用它的自变量的某个算式来表示的函数,如 $y=x^2, z=x\sin\dfrac{x}{y}+2xe^y$ 等,称为显函数,但在理论和实际问题中,也常碰到函数的因变量与自变量的对应关系是由方程来确定的,叙述如下:

设 $F(x,y)$ 是定义在区域 $D\subset\mathbb{R}^2$ 的二元函数,若存在区间 $I$,对于 $I$ 上每一个 $x$,恒有区间 $J$ 上唯一的一个值 $y$ 与 $x$ 一起满足方程 $F(x,y)=0$,则该方程就确定了一个定义域为 $I$,值域含于 $J$ 中的函数,这个函数就称为由 $F(x,y)=0$ 所确定的隐函数,记为 $f(x), x\in I$,则在 $I$ 上成立恒等式 $F[x,f(x)]\equiv 0$. 由上面的叙述我们提出如下两个问题:

**问题 1** 是不是所有的二元方程都能确定一个隐函数呢?答案显然是否定的.

例如,$x^2+y^2+c=0$,当 $c>0$ 时,就不能确定任何函数 $f(x)$,使得 $x^2+f^2(x)+c=0$,而只有当 $c<0$ 时,才能确定隐函数.因此我们必须研究 $F(x,y)=0$ 在什么条件下能确定隐函数.

**问题 2** 隐函数不能显化时,该函数的连续、可微性该如何判定呢?在本节中我们主要研究其导数,介绍如何不经过显化直接由方程 $F(x,y)=0$ 求出隐函数导数的方法,这里我们将进一步阐明隐函数的存在性,并通过多元复合函数的求导法则建立隐函数的求导公式,给出一些隐函数的求导方法.

**定理 9-9** 设函数 $F(x,y)$ 在点 $P_0(x_0,y_0)$ 的某一邻域内具有连续偏导数,$F(x_0,y_0)=0, F_y(x_0,y_0)\neq 0$,则方程 $F(x,y)=0$ 在点 $(x_0,y_0)$ 的某一邻域内恒能唯一确定一个连续且具有连续导数的函数 $y=f(x)$,它满足条件 $y_0=f(x_0)$,则有

$$\frac{dy}{dx}=-\frac{F_x}{F_y}. \tag{9-11}$$

这个定理我们不作严格证明,现对上述公式给出具体的推导过程,设方程 $F(x,y)=0$ 确定了 $y$ 是 $x$ 的具有连续导数的函数 $y=f(x)$. 将 $y=f(x)$ 代入 $F(x,y)=0$ 就得到一个关于 $x$ 的恒等式 $F[x,f(x)]\equiv 0$,此方程左端可看作关于 $x$ 的复合函数. 设函数 $F(x,y)$ 具有连续的偏导数,则上式两端对 $x$ 求偏导,有 $\dfrac{\partial F}{\partial x}+\dfrac{\partial F}{\partial y}\cdot\dfrac{dy}{dx}=0$,由于 $F_y(x,y)$ 连续且在 $F_y(x_0,y_0)\neq 0$,由连续的性质,必存在一个 $(x_0,y_0)$ 的邻域,使得在这个邻域内的任一点 $(x,y)$ 处都有 $F_y(x,y)\neq 0$,所以当 $F_y(x,y)\neq 0$ 时,得

$$\frac{dy}{dx}=-\frac{\partial F}{\partial x}\bigg/\frac{\partial F}{\partial y}=-\frac{F_x}{F_y}. \tag{9-12}$$

这就是由方程 $F(x,y)=0$ 所确定的一元函数 $y=f(x)$ 的求导公式,实际上这一推导过程也是某些一元隐函数求一阶导数题型的解题过程.

如果 $F(x,y)$ 的二阶偏导数也连续,将上式两端看成关于 $x$ 的函数,继续对等式两边同时求导,就能得到隐函数的二阶导数

$$\begin{aligned}\frac{d^2 y}{dx^2}&=\frac{\partial}{\partial x}\left(-\frac{F_x}{F_y}\right)+\frac{\partial}{\partial y}\left(-\frac{F_x}{F_y}\right)\frac{dy}{dx}\\ &=-\frac{F_{xx}F_y-F_{yx}F_x}{F_y^2}-\frac{F_{xy}F_y-F_{yy}F_x}{F_y^2}\left(-\frac{F_x}{F_y}\right)\end{aligned}$$

$$= -\frac{F_{xx}F_y^2 - 2F_{xy}F_xF_y + F_{yy}F_x^2}{F_y^3}.$$

【例 9-30】 求方程 $\dfrac{x^2}{a^2} + \dfrac{y^2}{b^2} = 1$ 所确定的隐函数 $y = f(x)$ 的导数.

**解** 令 $F(x,y) = \dfrac{x^2}{a^2} + \dfrac{y^2}{b^2} - 1$,则

$$\frac{\partial F}{\partial x} = \frac{2x}{a^2}, \frac{\partial F}{\partial y} = \frac{2y}{b^2}.$$

由(9-12)式,当 $\dfrac{\partial F}{\partial y} \neq 0$ 时,

$$\frac{dy}{dx} = -\frac{\partial F}{\partial x} \Big/ \frac{\partial F}{\partial y} = -\frac{2x}{a^2} \Big/ \frac{2y}{b^2} = -\frac{b^2 x}{a^2 y}.$$

【例 9-31】 设 $u = f(x, y, z)$ 有连续一阶偏导数,又函数 $y = y(x)$ 及 $z = z(x)$ 分别由下列两式确定:$e^{xy} - xy = 2$ 和 $e^x = \displaystyle\int_0^{x-z} \dfrac{\sin t}{t} dt$,求 $\dfrac{du}{dx}$.

**解** 先求 $\dfrac{dy}{dx}$,令 $F(x, y) = e^{xy} - xy - 2$,

$$F_x = e^{xy} y - y, \quad F_y = e^{xy} x - x,$$

$$\frac{dy}{dx} = -\frac{F_x}{F_y} = -\frac{e^{xy} y - y}{e^{xy} x - x} = -\frac{y}{x}.$$

对等式 $e^x = \displaystyle\int_0^{x-z} \dfrac{\sin t}{t} dt$ 两边同时对 $x$ 求导数,根据变上限积分求导公式有

$$e^x = \frac{\sin(x-z)}{x-z}\left(1 - \frac{dz}{dx}\right),$$

从而

$$\frac{dz}{dx} = 1 - \frac{e^x(x-z)}{\sin(x-z)},$$

$$\frac{du}{dx} = f'_1 - \frac{y}{x} f'_2 + \left[1 - \frac{e^x(x-z)}{\sin(x-z)}\right] f'_3.$$

### 2. 二元隐函数求导公式

**定理 9-10** 设函数 $F(x, y, z)$ 在点 $P(x_0, y_0, z_0)$ 的某一邻域内具有连续的偏导数,且 $F(x_0, y_0, z_0) = 0$,$F_z(x_0, y_0, z_0) \neq 0$,则方程 $F(x, y, z) = 0$ 在点 $(x_0, y_0, z_0)$ 的某一邻域内恒能唯一确定一个连续且具有连续偏导数的函数 $z = f(x, y)$,它满足 $z_0 = f(x_0, y_0)$,且有

$$\frac{\partial z}{\partial x} = -\frac{\partial F}{\partial x} \Big/ \frac{\partial F}{\partial z}, \frac{\partial z}{\partial y} = -\frac{\partial F}{\partial y} \Big/ \frac{\partial F}{\partial z}.$$

这个定理不作证明,我们仅就这一公式作如下简单推导.

方程的左端可看作 $x, y$ 的复合函数.设函数 $F(x, y, z)$ 具有连续偏导数,根据复合函数的求导法则,得

$$\frac{\partial F}{\partial x} + \frac{\partial F}{\partial z} \frac{\partial z}{\partial x} = 0, \quad \frac{\partial F}{\partial y} + \frac{\partial F}{\partial z} \frac{\partial z}{\partial y} = 0,$$

当 $\dfrac{\partial F}{\partial z} \neq 0$ 时,有

$$\frac{\partial z}{\partial x} = -\frac{\partial F}{\partial x} \Big/ \frac{\partial F}{\partial z}, \quad \frac{\partial z}{\partial y} = -\frac{\partial F}{\partial y} \Big/ \frac{\partial F}{\partial z}.$$

**【例 9-32】** 设 $z=z(x,y)$ 是由方程 $2x^2+y^2+z^2-2z=0$ 确定的隐函数，求 $\dfrac{\partial z}{\partial x}, \dfrac{\partial z}{\partial y}$.

**解法 1（公式法）** 设 $F(x,y,z)=2x^2+y^2+z^2-2z$，则
$$F_x=4x, F_y=2y, F_z=2z-2,$$
则由公式(9-12)得
$$\frac{\partial z}{\partial x}=-\frac{F_x}{F_z}=-\frac{4x}{2z-2}=\frac{2x}{1-z},$$
$$\frac{\partial z}{\partial y}=-\frac{F_y}{F_z}=-\frac{2y}{2z-2}=\frac{y}{1-z}.$$

**解法 2（直接法）** 在方程 $2x^2+y^2+z^2-2z=0$ 两边分别对 $x,y$ 求偏导数，将 $z$ 看成是 $x,y$ 的函数，得
$$4x+2z\frac{\partial z}{\partial x}-2\frac{\partial z}{\partial x}=0, 2y+2z\frac{\partial z}{\partial y}-2\frac{\partial z}{\partial y}=0,$$
于是
$$\frac{\partial z}{\partial x}=\frac{2x}{1-z}, \frac{\partial z}{\partial y}=\frac{y}{1-z}.$$

**解法 3（全微分法）** 利用全微分形式不变性，在方程
$$2x^2+y^2+z^2-2z=0$$
两边求全微分得
$$4x\mathrm{d}x+2y\mathrm{d}y+2z\mathrm{d}z-2\mathrm{d}z=0,$$
即
$$\mathrm{d}z=\frac{2x}{1-z}\mathrm{d}x+\frac{y}{1-z}\mathrm{d}y,$$
于是
$$\frac{\partial z}{\partial x}=\frac{2x}{1-z}, \frac{\partial z}{\partial y}=\frac{y}{1-z}.$$

**【例 9-33】** 设 $e^z-z+xy^3=0$，求 $\dfrac{\partial^2 z}{\partial x^2}$.

**解** 在方程 $e^z-z+xy^3=0$ 两边分别对 $x$ 求偏导数，并注意 $z$ 是 $x,y$ 的函数，得
$$e^z\cdot\frac{\partial z}{\partial x}-\frac{\partial z}{\partial x}+y^3=0, \qquad (9-13)$$
于是
$$\frac{\partial z}{\partial x}=\frac{y^3}{1-e^z},$$
再对(9-13)式两边求 $x$ 的偏导数，并注意 $z$ 是 $x,y$ 的函数，得
$$e^z\cdot\left(\frac{\partial z}{\partial x}\right)^2+e^z\cdot\frac{\partial^2 z}{\partial x^2}-\frac{\partial^2 z}{\partial x^2}=0,$$
于是
$$\frac{\partial^2 z}{\partial x^2}=\frac{e^z}{1-e^z}\cdot\left(\frac{\partial z}{\partial x}\right)^2,$$
将 $\dfrac{\partial z}{\partial x}$ 的表达式代入上式得
$$\frac{\partial^2 z}{\partial x^2}=\frac{y^6 e^z}{(1-e^z)^3}.$$

**3. 方程组的情形**

在一定条件下，由方程组 $F(x,y,u,v)=0, G(x,y,u,v)=0$ 可以确定一对二元函数

$u=u(x,y), v=v(x,y)$,例如方程 $xu-yv=0$ 和 $yu+xv=1$ 可以确定两个二元函数 $u=\dfrac{y}{x^2+y^2}, v=\dfrac{x}{x^2+y^2}$.

事实上，$xu-yv=0 \Rightarrow v=\dfrac{x}{y}u \Rightarrow yu+x\cdot\dfrac{x}{y}u=1 \Rightarrow u=\dfrac{y}{x^2+y^2}$,

$$v=\dfrac{x}{y}\cdot\dfrac{y}{x^2+y^2}=\dfrac{x}{x^2+y^2}.$$

接下来介绍如何根据原方程组求 $u,v$ 的偏导数？

**定理 9-11(隐函数存在定理)** 设 $F(x,y,u,v), G(x,y,u,v)$ 在点 $P(x_0,y_0,u_0,v_0)$ 的某一邻域内具有对各个变量的连续偏导数，又 $F(x_0,y_0,u_0,v_0)=0, G(x_0,y_0,u_0,v_0)=0$，且偏导数所组成的函数行列式：

$$J=\dfrac{\partial(F,G)}{\partial(u,v)}=\begin{vmatrix}\dfrac{\partial F}{\partial u} & \dfrac{\partial F}{\partial v}\\ \dfrac{\partial G}{\partial u} & \dfrac{\partial G}{\partial v}\end{vmatrix}$$

在点 $(x_0,y_0,u_0,v_0)$ 不等于零，则方程组 $\begin{cases}F(x,y,u,v)=0;\\ G(x,y,u,v)=0\end{cases}$ 在点 $(x_0,y_0,u_0,v_0)$ 的某邻域内能唯一确定一组单值连续且具有连续偏导数的函数 $u=u(x,y), v=v(x,y)$，且它们满足条件

$$\dfrac{\partial u}{\partial x}=-\dfrac{1}{J}\cdot\dfrac{\partial(F,G)}{\partial(x,v)}, \quad \dfrac{\partial v}{\partial x}=-\dfrac{1}{J}\cdot\dfrac{\partial(F,G)}{\partial(u,x)},$$

$$\dfrac{\partial u}{\partial y}=-\dfrac{1}{J}\cdot\dfrac{\partial(F,G)}{\partial(y,v)}, \quad \dfrac{\partial v}{\partial y}=-\dfrac{1}{J}\cdot\dfrac{\partial(F,G)}{\partial(u,y)}. \tag{9-14}$$

此处仅对公式(9-14)作如下推导.

将 $u=u(x,y), v=v(x,y)$ 代入方程组 $\begin{cases}F(x,y,u,v)=0,\\ G(x,y,u,v)=0,\end{cases}$ 得

$$\begin{cases}F(x,y,u(x,y),v(x,y))\equiv 0,\\ G(x,y,u(x,y),v(x,y))\equiv 0,\end{cases}$$

应用复合函数求导法则，将恒等式两端分别对 $x$ 求偏导数，得

$$\begin{cases}F_x+F_u\dfrac{\partial u}{\partial x}+F_v\dfrac{\partial v}{\partial x}=0,\\ G_x+G_u\dfrac{\partial u}{\partial x}+G_v\dfrac{\partial v}{\partial x}=0\end{cases} \text{或} \begin{cases}F_x+F_u\dfrac{\partial u}{\partial x}+F_v\dfrac{\partial v}{\partial x}=0,\\ G_x+G_u\dfrac{\partial u}{\partial x}+G_v\dfrac{\partial v}{\partial x}=0,\end{cases}$$

这是关于 $\dfrac{\partial u}{\partial x}, \dfrac{\partial v}{\partial x}$ 的线性方程组，由定理 9-11 的条件可知在点 $(x_0,y_0,u_0,v_0)$ 的某邻域内系数行列式

$$J=\dfrac{\partial(F,G)}{\partial(u,v)}=\begin{vmatrix}\dfrac{\partial F}{\partial u} & \dfrac{\partial F}{\partial v}\\ \dfrac{\partial G}{\partial u} & \dfrac{\partial G}{\partial v}\end{vmatrix}\neq 0,$$

从而可得到唯一的一组解

$$\frac{\partial u}{\partial x} = \frac{\begin{vmatrix} -F_x & F_v \\ -G_x & G_v \end{vmatrix}}{\begin{vmatrix} F_u & F_v \\ G_u & G_v \end{vmatrix}} = -\frac{\begin{vmatrix} F_x & F_v \\ G_x & G_v \end{vmatrix}}{\begin{vmatrix} F_u & F_v \\ G_u & G_v \end{vmatrix}} = -\frac{1}{J} \cdot \frac{\partial(F,G)}{\partial(x,v)},$$

$$\frac{\partial v}{\partial x} = \frac{\begin{vmatrix} F_u & -F_x \\ G_u & -G_x \end{vmatrix}}{\begin{vmatrix} F_u & F_v \\ G_u & G_v \end{vmatrix}} = -\frac{\begin{vmatrix} F_u & F_x \\ G_u & G_x \end{vmatrix}}{\begin{vmatrix} F_u & F_v \\ G_u & G_v \end{vmatrix}} = -\frac{1}{J} \cdot \frac{\partial(F,G)}{\partial(u,x)}.$$

同理,可求得 $\dfrac{\partial u}{\partial y}, \dfrac{\partial v}{\partial y}$.

**【例 9-34】** 设有方程组 $\begin{cases} x+y+u+v=1; \\ x^2+y^2+u^2+v^2=2. \end{cases}$ 求 $\dfrac{\partial u}{\partial x}, \dfrac{\partial v}{\partial x}, \dfrac{\partial u}{\partial y}$ 和 $\dfrac{\partial v}{\partial y}$.

**解** 两个方程两边分别对 $x$ 求偏导,得关于 $\dfrac{\partial u}{\partial x}$ 和 $\dfrac{\partial v}{\partial x}$ 的方程组

$$\begin{cases} 1+\dfrac{\partial u}{\partial x}+\dfrac{\partial v}{\partial x}=0; \\ x+u\dfrac{\partial u}{\partial x}+v\dfrac{\partial v}{\partial x}=0. \end{cases}$$

在 $J = \begin{vmatrix} 1 & 1 \\ u & v \end{vmatrix} = v-u \neq 0$ 的情况下,解之得 $\dfrac{\partial u}{\partial x} = \dfrac{x-v}{v-u}, \dfrac{\partial v}{\partial x} = \dfrac{u-x}{v-u}$.

两个方程两边分别对 $y$ 求偏导,得关于 $\dfrac{\partial u}{\partial y}$ 和 $\dfrac{\partial v}{\partial y}$ 的方程组

$$\begin{cases} 1+\dfrac{\partial u}{\partial y}+\dfrac{\partial v}{\partial y}=0; \\ y+u\dfrac{\partial u}{\partial y}+v\dfrac{\partial v}{\partial y}=0. \end{cases}$$

在 $J = \begin{vmatrix} 1 & 1 \\ u & v \end{vmatrix} = v-u \neq 0$ 的情况下,解之得 $\dfrac{\partial u}{\partial y} = \dfrac{y-v}{v-u}, \dfrac{\partial v}{\partial y} = \dfrac{u-y}{v-u}$.

习题 9.3

1. 求下列复合函数的全导数:

(1) $z = e^{x-2y}$,而 $x = \sin t, y = t^3$,求 $\dfrac{dz}{dt}$;

(2) $z = x^y, x = y + e^y$,求 $\dfrac{dz}{dy}$;

(3) $u = e^{xyz}, y = y(x)$ 与 $z = z(x)$ 分别由 $e^{xy} - y = 0$ 和 $e^z - xz = 0$ 确定,求 $\dfrac{du}{dx}$.

2. 设 $z = z(x, y)$,求下列复合函数的指定偏导数:

(1) $z = e^u \sin v$,而 $u = xy, v = x+y$,求 $\dfrac{\partial z}{\partial x}, \dfrac{\partial z}{\partial y}$;

(2) $u = e^{x^2+y^2+z^2}$,而 $z = x^2 \sin y$,求 $\dfrac{\partial u}{\partial x}, \dfrac{\partial u}{\partial y}$.

3. 设 $z=xyf\left(\dfrac{y}{x}\right)$，其中 $f(u)$ 可导，证明：$x\dfrac{\partial z}{\partial x}+y\dfrac{\partial z}{\partial y}=2z$.

4. 求下列函数的一阶偏导数（其中 $f$ 具有一阶连续偏导数）：

(1) $z=x^3 f(xy^2,\sin(xy))$；      (2) $u=f\left(\dfrac{x}{y},\dfrac{y}{z}\right)$.

5. 求下列函数的二阶偏导数（其中 $f$ 具有二阶连续偏导数）．

(1) 设 $z=f(\sin x,xy)$，求 $\dfrac{\partial z}{\partial x},\dfrac{\partial^2 z}{\partial x\partial y}$；

(2) 设 $z=y^2 f(xy,e^x)$，求 $\dfrac{\partial z}{\partial x},\dfrac{\partial z}{\partial y},\dfrac{\partial^2 z}{\partial x\partial y}$；

(3) 设 $z=xf\left(\dfrac{y}{x},y\right)$，求 $\dfrac{\partial^2 z}{\partial x\partial y}$；

(4) 设 $z=f(x,xy)+g(x^2+y^2)$，其中 $g$ 具有二阶连续导数，求 $\dfrac{\partial^2 z}{\partial x\partial y}$；

(5) 设 $z=f(x^2,e^{2x+3y})$，求 $\dfrac{\partial^2 z}{\partial x\partial y}$.

6. 求下列隐函数 $z=z(x,y)$ 的偏导数 $\dfrac{\partial z}{\partial x},\dfrac{\partial z}{\partial y}$：

(1) $z^3+3xyz-3\sin xy=1$；

(2) $\dfrac{x}{z}=x^2 y-\ln\dfrac{z}{y}$；

(3) $x+2y+z-2\sqrt{xyz}=0$；

(4) $z^3-3xyz=a^3$.

7. 求 $xyz+\sqrt{x^2+y^2+z^2}=\sqrt{2}$ 在点 $(1,0,-1)$ 处的全微分 $\mathrm{d}z$.

8. 设隐函数 $z=z(x,y)$ 由 $z^3-2xz+y=0$ 确定，求 $\dfrac{\partial z}{\partial x},\dfrac{\partial z}{\partial y},\dfrac{\partial^2 z}{\partial x^2},\dfrac{\partial^2 z}{\partial y^2}$.

9. 设 $z=z(x,y)$ 是由方程 $z=x^2+y\varphi(z^2)$ 所确定的隐函数，其中 $\varphi(u)$ 是可微函数，求 $\dfrac{\partial z}{\partial x},\dfrac{\partial z}{\partial y}$.

10. 已知 $z=z(u)$，且 $u=\varphi(u)+\displaystyle\int_y^x p(t)\mathrm{d}t$，其中 $z(u)$ 可微，$\varphi'(u)$ 连续，且 $\varphi'(u)\neq 1$，$p(t)$ 连续，试求 $p(y)\dfrac{\partial z}{\partial x}+p(x)\dfrac{\partial z}{\partial y}$.

11. 求由下列方程组所确定的隐函数的导数或偏导数：

(1) 设 $\begin{cases} z=x^2+y^2, \\ x^2+2y^2+3z^2=20, \end{cases}$ 求 $\dfrac{\mathrm{d}y}{\mathrm{d}x},\dfrac{\mathrm{d}z}{\mathrm{d}x}$；

(2) 设 $\begin{cases} x=e^u+u\sin v, \\ y=e^u-u\cos v, \end{cases}$ 求 $\dfrac{\partial u}{\partial x},\dfrac{\partial u}{\partial y},\dfrac{\partial v}{\partial x},\dfrac{\partial v}{\partial y}$.

## 9.4 多元函数微分学的几何应用

根据复合函数及隐函数微分法，我们可以求用各种形式表示的曲线的切线与法平面方程.

### 9.4.1 空间曲线的切线与法平面

设空间曲线 $\Gamma$ 的参数方程为 $x=\varphi(t), y=\psi(t), z=\omega(t)$，这里假定 $\varphi(t), \psi(t), \omega(t)$ 都在 $[\alpha, \beta]$ 上可导.

在曲线 $\Gamma$ 上取对应于 $t=t_0$ 的一点 $M_0(x_0, y_0, z_0)$ 及对应于 $t=t_0+\Delta t$ 的邻近一点 $M(x_0+\Delta x, y_0+\Delta y, z_0+\Delta z)$. $M_0, M$ 的连线称为曲线 $\Gamma$ 的割线，其方程为

$$\frac{x-x_0}{\Delta x}=\frac{y-y_0}{\Delta y}=\frac{z-z_0}{\Delta z}.$$

当点 $M$ 沿着 $\Gamma$ 趋于点 $M_0$ 时，割线 $M_0M$ 的极限位置就是曲线在点 $M_0$ 处的切线. 如果 $x=\varphi(t), y=\psi(t), z=\omega(t)$ 对 $t$ 的导数都连续且不全为零(即空间曲线 $\Gamma$ 为光滑曲线)，则曲线在点 $M_0$ 处切线是存在的，因为割线方程可写为

$$\frac{x-x_0}{\dfrac{\Delta x}{\Delta t}}=\frac{y-y_0}{\dfrac{\Delta y}{\Delta t}}=\frac{z-z_0}{\dfrac{\Delta z}{\Delta t}}.$$

当 $M \to M_0$，即 $\Delta t \to 0$ 时，割线的方向向量的极限为 $\{\varphi'(t_0), \psi'(t_0), \omega'(t_0)\}$，即为切线的方向向量，故曲线在点 $M_0$ 处的切线方程为

$$\frac{x-x_0}{\varphi'(t_0)}=\frac{y-y_0}{\psi'(t_0)}=\frac{z-z_0}{\omega'(t_0)}. \tag{9-15}$$

切线的方向向量称为曲线的切向量. 向量

$$\boldsymbol{T}=\{\varphi'(t_0), \psi'(t_0), \omega'(t_0)\}$$

就是曲线 $\Gamma$ 在点 $M_0$ 处的一个切向量.

通过点 $M_0$ 而与切线垂直的平面称为曲线 $\Gamma$ 在点 $M_0$ 处的法平面，易知法平面方程为

$$\varphi'(t_0)(x-x_0)+\psi'(t_0)(y-y_0)+\omega'(t_0)(z-z_0)=0. \tag{9-16}$$

**【例 9-35】** 求曲线 $x=t, y=t^2, z=t^3$ 在点 $(1,1,1)$ 处的切线方程与法平面方程.

**解** 点 $(1,1,1)$ 对应的参数为 $t=1$，又因为

$$x'(t)|_{t=1}=1,$$
$$y'(t)|_{t=1}=2t|_{t=1}=2,$$
$$z'(t)|_{t=1}=3t^2|_{t=1}=3,$$

所以曲线在点 $(1,1,1)$ 处的切线方程为

$$\frac{x-1}{1}=\frac{y-1}{2}=\frac{z-1}{3},$$

法平面方程为

$$x-1+2(y-1)+3(z-1)=0,$$

即

$$x+2y+3z=6.$$

**【例 9-36】** 求螺旋线 $x=R\cos t, y=R\sin t, z=bt$（其中 $R, b$ 为正常数）在 $t=\dfrac{\pi}{2}$ 对应点处的切线方程与法平面方程.

**解** 因为

$$x'(t)|_{t=\frac{\pi}{2}}=-R\sin t|_{t=\frac{\pi}{2}}=-R,$$
$$y'(t)|_{t=\frac{\pi}{2}}=R\cos t|_{t=\frac{\pi}{2}}=0,$$

$$z'(t)|_{t=\frac{\pi}{2}}=b.$$

又因为当 $t=\dfrac{\pi}{2}$ 时,对应点是 $P_0\left(0,R,\dfrac{\pi b}{2}\right)$,因此,在 $P_0$ 处切线方程为

$$\frac{x}{-R}=\frac{y-R}{0}=\frac{z-\dfrac{b\pi}{2}}{b},$$

即

$$\begin{cases} bx+R\left(z-\dfrac{b\pi}{2}\right)=0, \\ y=R, \end{cases}$$

法平面方程为

$$(-R)\cdot x+0\cdot(y-R)+b\cdot\left(z-\dfrac{b\pi}{2}\right)=0,$$

即

$$2Rx-2bz+b^2\pi=0.$$

下面两种曲线方程的形式也值得我们注意.

(1) 若曲线 $\Gamma$ 的方程为 $y=\varphi(x),z=\psi(x)$,可以将方程看成以 $x$ 为参数的参数方程:

$$\begin{cases} x=x; \\ y=\varphi(x); \\ z=\psi(x). \end{cases}$$

如果 $\varphi(x),\psi(x)$ 在 $x=x_0$ 处可导,则曲线在点 $(x_0,y_0,z_0)=(x_0,\varphi(x_0),\psi(x_0))$ 处切线存在,且切线的方向向量为 $\{1,\varphi'(x_0),\psi'(x_0)\}$,故曲线 $\Gamma$ 在点 $(x_0,\varphi(x_0),\psi(x_0))$ 处切线方程为

$$\frac{x-x_0}{1}=\frac{y-y_0}{\varphi'(x_0)}=\frac{z-z_0}{\psi'(x_0)}.$$

在点 $(x_0,y_0,z_0)$ 处的法平面方程为

$$(x-x_0)+\varphi'(x_0)(y-y_0)+\psi'(x_0)(z-z_0)=0.$$

类似的,当曲线 $\Gamma$ 以 $x=\varphi(y),z=\psi(y)$ 形式给出时,同样可以将 $y$ 看成参数,有类似的解法.

**【例 9-37】** 求曲线 $\begin{cases} y^2=x \\ x^2=z \end{cases}$ 在点 $(1,1,1)$ 处的切线方程.

**解** 化曲线方程为参数方程

$$\begin{cases} x=t^2; \\ y=t; \\ z=t^4. \end{cases}$$

点 $(1,1,1)$ 相应的参数为 $t=1$. 又

$$\{x'(1),y'(1),z'(1)\}=\{2,1,4\},$$

于是所求切线方程为

$$\frac{x-1}{2}=\frac{y-1}{1}=\frac{z-1}{4}.$$

(2) 当曲线 $\Gamma$ 的方程为 $\begin{cases} F(x,y,z)=0 \\ G(x,y,z)=0 \end{cases}$ 时,我们假定在曲线 $\Gamma$ 上点 $P_0(x_0,y_0,z_0)$ 处有 $J=\dfrac{\partial(F,G)}{\partial(y,z)}\bigg|_{P_0}\neq 0$,在点 $P_0(x_0,y_0,z_0)$ 的某一邻域内满足隐函数存在定理的条件,从而方

程组 $\begin{cases} F(x,y,z)=0 \\ G(x,y,z)=0 \end{cases}$ 在点 $P_0(x_0,y_0,z_0)$ 的某一邻域内确定了一组隐函数 $y=\varphi(x), z=\psi(x)$，代入方程组

$$\begin{cases} F(x,\varphi(x),\psi(x))=0; \\ G(x,\varphi(x),\psi(x))=0. \end{cases}$$

分别对 $x$ 求全导数

$$\begin{cases} F_x+F_y\dfrac{\mathrm{d}y}{\mathrm{d}x}+F_z\dfrac{\mathrm{d}z}{\mathrm{d}x}=0; \\ G_x+G_y\dfrac{\mathrm{d}y}{\mathrm{d}x}+G_z\dfrac{\mathrm{d}z}{\mathrm{d}x}=0. \end{cases}$$

解为 $\dfrac{\mathrm{d}y}{\mathrm{d}x}=\varphi'(x)=\dfrac{\begin{vmatrix} F_z & F_x \\ G_z & G_x \end{vmatrix}}{\begin{vmatrix} F_y & F_z \\ G_y & G_z \end{vmatrix}}, \dfrac{\mathrm{d}z}{\mathrm{d}x}=\psi'(x)=\dfrac{\begin{vmatrix} F_x & F_y \\ G_x & G_y \end{vmatrix}}{\begin{vmatrix} F_y & F_z \\ G_y & G_z \end{vmatrix}}.$

当 $\varphi(x),\psi(x)$ 在 $x=x_0$ 导数存在时，曲线 $\Gamma$ 在点 $P_0(x_0,y_0,z_0)$ 的切向量为 $\{1,\varphi'(x_0),\psi'(x_0)\}$，在该点的切线方程为

$$\dfrac{x-x_0}{1}=\dfrac{y-y_0}{\varphi'(x_0)}=\dfrac{z-z_0}{\psi'(x_0)}.$$

由上面方程组的解 $\varphi'(x_0)=\dfrac{\begin{vmatrix} F_z & F_x \\ G_z & G_x \end{vmatrix}_{P_0}}{\begin{vmatrix} F_y & F_z \\ G_y & G_z \end{vmatrix}_{P_0}}, \psi'(x_0)=\dfrac{\begin{vmatrix} F_x & F_y \\ G_x & G_y \end{vmatrix}_{P_0}}{\begin{vmatrix} F_y & F_z \\ G_y & G_z \end{vmatrix}_{P_0}},$

上式分子分母中带有下标 $P_0$ 的行列式表示行列式在点 $P_0(x_0,y_0,z_0)$ 的值. 将上述切向量乘以 $\begin{vmatrix} F_y & F_z \\ G_y & G_z \end{vmatrix}_{P_0}$，得到向量 $\left\{\begin{vmatrix} F_y & F_z \\ G_y & G_z \end{vmatrix}_{P_0}, \begin{vmatrix} F_z & F_x \\ G_z & G_x \end{vmatrix}_{P_0}, \begin{vmatrix} F_x & F_y \\ G_x & G_y \end{vmatrix}_{P_0}\right\}$ 也为曲线在 $P_0$ 的切向量.

从而曲线 $\Gamma$ 在点 $P_0$ 的切线方程为

$$\dfrac{x-x_0}{\begin{vmatrix} F_y & F_z \\ G_y & G_z \end{vmatrix}_{P_0}}=\dfrac{y-y_0}{\begin{vmatrix} F_z & F_x \\ G_z & G_x \end{vmatrix}_{P_0}}=\dfrac{z-z_0}{\begin{vmatrix} F_x & F_y \\ G_x & G_y \end{vmatrix}_{P_0}}.$$

曲线 $\Gamma$ 在点 $P_0$ 的法平面方程为

$$\begin{vmatrix} F_y & F_z \\ G_y & G_z \end{vmatrix}_{P_0}(x-x_0)+\begin{vmatrix} F_z & F_x \\ G_z & G_x \end{vmatrix}_{P_0}(y-y_0)+\begin{vmatrix} F_x & F_y \\ G_x & G_y \end{vmatrix}_{P_0}(z-z_0)=0.$$

类似地，$\left.\dfrac{\partial(F,G)}{\partial(x,y)}\right|_{P_0}\neq 0$ 或 $\left.\dfrac{\partial(F,G)}{\partial(z,x)}\right|_{P_0}\neq 0$ 时，我们得到的切线方程和法平面方程有相同的形式.

【例 9-38】 求曲线 $\begin{cases} x^2+y^2+z^2=6; \\ z=x^2+y^2 \end{cases}$ 在点 $P_0(1,1,2)$ 处的切线.

**解** 令 $F(x,y,z)=x^2+y^2+z^2-6, G(x,y,z)=x^2+y^2-z$，

$$\begin{cases} F(x,y,z)=x^2+y^2+z^2-6=0; \\ G(x,y,z)=x^2+y^2-z=0. \end{cases}$$

对所给方程两边同时对 $x$ 求导,得

$$\begin{cases} y\dfrac{\mathrm{d}y}{\mathrm{d}x}+z\dfrac{\mathrm{d}z}{\mathrm{d}x}=-x; \\ 2y\dfrac{\mathrm{d}y}{\mathrm{d}x}-\dfrac{\mathrm{d}z}{\mathrm{d}x}=-2x. \end{cases}$$

$$\begin{vmatrix} F_y & F_z \\ G_y & G_z \end{vmatrix}_{P_0}=\begin{vmatrix} y & z \\ 2y & -1 \end{vmatrix}_{P_0}=-5,\ \begin{vmatrix} F_z & F_x \\ G_z & G_x \end{vmatrix}_{P_0}=\begin{vmatrix} z & x \\ -1 & 2x \end{vmatrix}_{P_0}=5,$$

$$\begin{vmatrix} F_x & F_y \\ G_x & G_y \end{vmatrix}_{P_0}=\begin{vmatrix} x & y \\ 2x & 2y \end{vmatrix}_{P_0}=0.$$

故在点 $P_0$ 处切线的方向向量为 $\{-5,5,0\}$. 切线方程为

$$\frac{x-1}{-5}=\frac{y-1}{5}=\frac{z-2}{0}\ \text{或}\ \begin{cases} x+y-2=0; \\ z=2. \end{cases}$$

### 9.4.2 曲面的切平面与法线

首先我们来定义曲面的切平面概念.

若曲面 $\Sigma$ 上过点 $P_0$ 的所有曲线在点 $P_0$ 处的切线都在同一平面上,则称此平面为曲面 $\Sigma$ 在点 $P_0$ 处的**切平面**.

设曲面 $\Sigma$ 的方程为 $F(x,y,z)=0$,$P_0(x_0,y_0,z_0)$ 是曲面 $\Sigma$ 上一点,函数 $F(x,y,z)$ 在点 $P_0(x_0,y_0,z_0)$ 处具有一阶连续偏导数,且 $F_x(x_0,y_0,z_0)$,$F_y(x_0,y_0,z_0)$,$F_z(x_0,y_0,z_0)$ 不同时为零. 在上述假设下我们证明曲面 $\Sigma$ 在点 $P_0$ 处的切平面存在,并求出切平面方程.

在曲面 $\Sigma$ 上任取一条过 $P_0$ 的曲线 $\Gamma$,设其参数方程为

$$x=x(t),y=y(t),z=z(t), \tag{9-17}$$

$t=t_0$ 对应于点 $P_0(x_0,y_0,z_0)$,且 $x'(t_0),y'(t_0),z'(t_0)$ 不同时为零,则曲线 $\Gamma$ 在点 $P_0$ 处的切向量为

$$\boldsymbol{T}=\{x'(t_0),y'(t_0),z'(t_0)\}.$$

另一方面,由于曲线 $\Gamma$ 在曲面 $\Sigma$ 上,所以有恒等式

$$F(x(t),y(t),z(t))\equiv 0,$$

由全导数公式,得

$$\left.\frac{\mathrm{d}F}{\mathrm{d}t}\right|_{t=t_0}=\left.\left(\frac{\partial F}{\partial x}\frac{\mathrm{d}x}{\mathrm{d}t}+\frac{\partial F}{\partial y}\frac{\mathrm{d}y}{\mathrm{d}t}+\frac{\partial F}{\partial z}\frac{\mathrm{d}z}{\mathrm{d}t}\right)\right|_{t=t_0}=0,$$

即

$$F_x(x_0,y_0,z_0)x'(t_0)+F_y(x_0,y_0,z_0)y'(t_0)+F_z(x_0,y_0,z_0)z'(t_0)=0. \tag{9-18}$$

若记向量 $\boldsymbol{n}$ 为

$$\boldsymbol{n}=\{F_x(x_0,y_0,z_0),F_y(x_0,y_0,z_0),F_z(x_0,y_0,z_0)\},$$

则 (9-18) 式可写成 $\boldsymbol{n}\cdot\boldsymbol{T}=0$,即 $\boldsymbol{n}$ 与 $\boldsymbol{T}$ 互相垂直. 因为曲线 (9-17) 是曲面 $\Sigma$ 上通过点 $P_0$ 的任意一条曲线,它们在点 $P_0$ 处的切线都与同一个向量 $\boldsymbol{n}$ 垂直,所以曲面上通过点 $P_0$ 的一切曲线在点 $P_0$ 的切线都在同一个平面上. 该平面就是曲面 $\Sigma$ 在点 $P_0$ 处的切平面,切平面方程为

$$F_x(x_0,y_0,z_0)(x-x_0)+F_y(x_0,y_0,z_0)(y-y_0)+F_z(x_0,y_0,z_0)(z-z_0)=0.$$

$$\tag{9-19}$$

过点 $P_0$ 且与切平面垂直的直线称为曲面在该点的**法线**. 由解析几何知法线的方程为

$$\frac{x-x_0}{F_x(x_0,y_0,z_0)}=\frac{y-y_0}{F_y(x_0,y_0,z_0)}=\frac{z-z_0}{F_z(x_0,y_0,z_0)}. \qquad (9-20)$$

曲面 $\Sigma$ 在 $P_0$ 点的切平面的法向量也称为曲面 $\Sigma$ 在 $P_0$ 点的**法向量**. 向量

$$\boldsymbol{n}=\{F_x(x_0,y_0,z_0),F_y(x_0,y_0,z_0),F_z(x_0,y_0,z_0)\}$$

就是曲面 $\Sigma$ 在点 $P_0$ 处的一个法向量.

【例 9-39】 求曲面 $3x^2+y^2+z^2-16=0$ 在点 $(-1,-2,3)$ 处的切平面及法线方程.

**解** 令 $F(x,y,z)=3x^2+y^2+z^2-16$,则

$$F_x(-1,-2,3)=6x\big|_{(-1,-2,3)}=-6;$$

$$F_y(-1,-2,3)=2y\big|_{(-1,-2,3)}=-4;$$

$$F_z(-1,-2,3)=2z\big|_{(-1,-2,3)}=6.$$

从而曲面在点 $(-1,-2,3)$ 的法向量为 $\{-6,-4,6\}$,所以切平面方程为

$$-6(x+1)-4(y+2)+6(z-3)=0.$$

即

$$3x+2y-3z+16=0.$$

法线方程为 $\dfrac{x+1}{-6}=\dfrac{y+2}{-4}=\dfrac{z-3}{6}$ 或 $\dfrac{x+1}{-3}=\dfrac{y+2}{-2}=\dfrac{z-3}{3}$.

如果曲面 $\Sigma$ 的方程是由显函数 $z=f(x,y)$ 的形式给出,则可令

$$F(x,y,z)=f(x,y)-z,$$

这时有 $F_x(x,y,z)=f_x(x,y), F_y(x,y,z)=f_y(x,y), F_z(x,y,z)=-1.$

于是,当函数 $f(x,y)$ 的偏导数 $f_x(x,y), f_y(x,y)$ 在点 $(x_0,y_0)$ 处连续时,则曲面 $\Sigma$ 在点 $P_0(x_0,y_0,z_0)$ 的切平面方程为

$$z-z_0=f_x(x_0,y_0)(x-x_0)+f_y(x_0,y_0)(y-y_0). \qquad (9-21)$$

法线方程为

$$\frac{x-x_0}{f_x(x_0,y_0)}=\frac{y-y_0}{f_y(x_0,y_0)}=\frac{z-z_0}{-1}. \qquad (9-22)$$

曲面 $\Sigma$ 在点 $P_0(x_0,y_0,z_0)$ 处的一个法向量为

$$\boldsymbol{n}=\{-f_x(x_0,y_0),-f_y(x_0,y_0),1\}.$$

如果用 $\alpha,\beta,\gamma$ 表示曲面的法向量的方向角,并假设法向量与 $z$ 轴正向夹角 $\gamma$ 为锐角(即法向量的方向是向上的),则法向量的方向余弦为

$$\cos\alpha=\frac{-f_x(x_0,y_0)}{\sqrt{1+f_x^2(x_0,y_0)+f_y^2(x_0,y_0)}},$$

$$\cos\beta=\frac{-f_y(x_0,y_0)}{\sqrt{1+f_x^2(x_0,y_0)+f_y^2(x_0,y_0)}},$$

$$\cos\gamma=\frac{1}{\sqrt{1+f_x^2(x_0,y_0)+f_y^2(x_0,y_0)}}.$$

【例 9-40】 求旋转抛物面 $z=x^2+y^2-1$ 在点 $P_0(2,1,4)$ 处的切平面方程与法线方程.

**解** 设 $z=f(x,y)=x^2+y^2-1$,则

$$f_x(x,y)=2x, f_y(x,y)=2y, f_x(2,1)=4, f_y(2,1)=2,$$

因此，切平面方程为
$$z-4=4(x-2)+2(y-1), 即 4x+2y-z=6,$$
法线方程为
$$\frac{x-2}{4}=\frac{y-1}{2}=\frac{z-4}{-1}.$$

【例 9-41】 求曲面 $z=xy$ 上垂直于平面 $x+3y+z+9=0$ 的法线方程.

**解** 在曲面上点 $(x,y,z)$ 处，曲面法线的方向向量为 $\{y,x,-1\}$，由于法线需和平面垂直，即要和平面的法向量平行，从而有
$$\frac{y}{1}=\frac{x}{3}=\frac{-1}{1}.$$
解得 $x=-3, y=-1$，代入得 $z=3$，因此，满足条件的点为 $(-3,-1,3)$.

法线方程为
$$\frac{x+3}{1}=\frac{y+1}{3}=\frac{z-3}{1}.$$

【例 9-42】 试求曲面 $x^2+y^2+z^2-xy-3=0$ 上同时垂直于两平面 $z=0$ 与 $x+y+1=0$ 的切平面方程.

**解** 设两平面 $z=0$ 和 $x+y+1=0$ 的法向量分别为 $\boldsymbol{n}_1, \boldsymbol{n}_2$，所求切平面的法向量为 $\boldsymbol{n}$，即
$$\boldsymbol{n}_1=\{0,0,1\}, \boldsymbol{n}_2=\{1,1,0\}.$$
由于两个垂直的平面的法向量必互相垂直，则有 $\boldsymbol{n}\perp\boldsymbol{n}_1, \boldsymbol{n}\perp\boldsymbol{n}_2$，则 $\boldsymbol{n}$ 可由 $\boldsymbol{n}_1\times\boldsymbol{n}_2$ 表示，又
$$\boldsymbol{n}_1\times\boldsymbol{n}_2=\begin{vmatrix} \boldsymbol{i} & \boldsymbol{j} & \boldsymbol{k} \\ 0 & 0 & 1 \\ 1 & 1 & 0 \end{vmatrix}=-\boldsymbol{i}+\boldsymbol{j}+0\cdot\boldsymbol{k}=\{-1,1,0\}.$$

设函数 $F(x,y,z)=x^2+y^2+z^2-xy-3$.
$$F_x(x,y,z)=2x-y, F_y(x,y,z)=2y-x, F_z(x,y,z)=2z.$$
两向量 $\{F_x,F_y,F_z\}$ 与 $\{-1,1,0\}$ 都是在点 $(x,y,z)$ 处切平面的法向量，因此，它们应满足对应坐标成比例，故可令
$$\frac{2x-y}{-1}=\frac{2y-x}{1}=\frac{2z}{0}=t.$$
得
$$x=-\frac{t}{3}, y=\frac{t}{3}, z=0.$$
代入曲面方程，得
$$\left(-\frac{1}{3}t\right)^2+\left(\frac{1}{3}t\right)^2-\left(-\frac{1}{3}t\right)\left(\frac{1}{3}t\right)-3=0,$$
得 $t=\pm 3$，切点为 $P_1(-1,1,0), P_2(1,-1,0)$，切平面方程为
$$x-y+2=0, x-y-2=0.$$

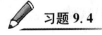

### 习题 9.4

1. 求曲线 $x=t^2, y=1-t, z=t^3$ 在点 $(1,0,1)$ 处的切线与法平面方程.

2. 求出曲线 $\begin{cases} x=t^3; \\ y=t^2; \\ z=t \end{cases}$ 上的点，使在该点的切线平行于平面 $x+2y+z=4$，并求出切线

3. 求曲线 $x=t-\sin t, y=1-\cos t, z=4\sin\dfrac{t}{2}$ 在点 $\left(\dfrac{\pi}{2}-1,1,2\sqrt{2}\right)$ 处的切线方程.

4. 求曲线 $\begin{cases} y=2x; \\ z=3x^2+y^2 \end{cases}$ 在点 $(1,2,7)$ 处的切线方程.

5. 求曲面 $x^2+2y^2+3z^2=12$ 在点 $(1,-2,1)$ 处的切平面方程.

6. 曲面 $z=4-x^2-y^2$ 在哪一点处的切平面与平面 $2x+2y+z=1$ 平行.

7. 求曲面 $z=2x^2+4y^2$ 在点 $(2,1,12)$ 处的切平面及法线方程.

8. 求曲面 $e^z-z+xy=3$ 在点 $(2,1,0)$ 处的切平面及法线方程.

9. 试证曲面 $\sqrt{x}+\sqrt{y}+\sqrt{z}=\sqrt{a}(\sqrt{a}>0)$ 上任何点处的切平面在各坐标轴上的截距之和等于 $a$.

## 9.5 方向导数与梯度

### 9.5.1 方向导数

函数 $z=f(x,y)$ 在点 $P_0(x_0,y_0)$ 的偏导数 $f_x(x_0,y_0), f_y(x_0,y_0)$ 分别表示函数在点 $P_0$ 沿着 $x$ 轴方向与 $y$ 轴方向的变化率,它们只描述了函数沿着坐标轴方向的变化情况,现在要考虑函数 $z=f(x,y)$ 在点 $P_0$ 沿任一方向的变化率,即方向导数.

**定义 9-9** 设 $z=f(x,y)$ 在点 $P_0(x_0,y_0)$ 的某邻域内有定义. 从点 $P_0$ 引射线 $l$, $l$ 的方向角为 $\alpha, \beta$(即从 $x, y$ 正向到射线 $l$ 的转角分别为 $\alpha, \beta$),在射线 $l$ 上取一点 $P(x_0+\Delta x, y_0+\Delta y)$(如图 9-6),则 $\rho=|P_0P|=\sqrt{(\Delta x)^2+(\Delta y)^2}$ 表示两点 $P_0$ 和 $P$ 之间的距离,若极限

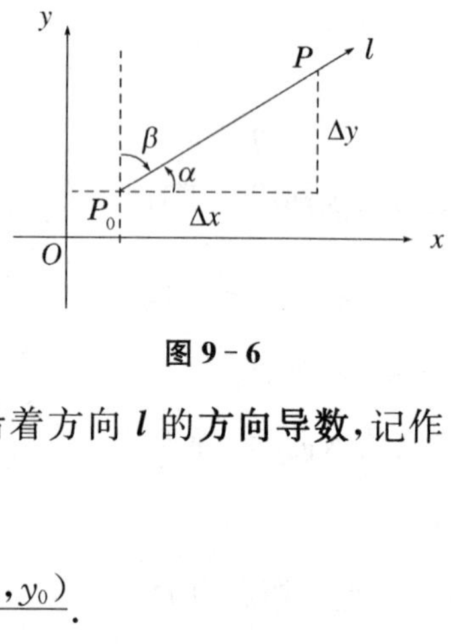

$$\lim_{P\to P_0}\dfrac{f(P)-f(P_0)}{|P_0P|}=\lim_{\rho\to 0}\dfrac{f(x_0+\Delta x, y_0+\Delta y)-f(x_0,y_0)}{\rho}$$

图 9-6

存在,则称此极限值为函数 $z=f(x,y)$ 在点 $P_0(x_0,y_0)$ 处沿着方向 $l$ 的**方向导数**,记作 $\left.\dfrac{\partial f}{\partial l}\right|_{P_0}$,即

$$\left.\dfrac{\partial f}{\partial l}\right|_{P_0}=\lim_{\rho\to 0}\dfrac{f(x_0+\Delta x, y_0+\Delta y)-f(x_0,y_0)}{\rho}.$$

由定义可知,当函数 $f(x,y)$ 在点 $P_0(x_0,y_0)$ 的偏导数 $f_x(x_0,y_0), f_y(x_0,y_0)$ 存在时,则函数 $f(x,y)$ 在点 $P_0$ 处沿着 $x$ 轴正向 $e_1=\{1,0\}$, $y$ 轴正向 $e_2=\{0,1\}$ 的方向导数都存在,且其值依次为 $f_x(x_0,y_0), f_y(x_0,y_0)$;函数 $f(x,y)$ 在点 $P_0$ 处沿着 $x$ 轴负向 $e_1'=\{-1,0\}$, $y$ 轴负向 $e_2'=\{0,-1\}$ 的方向导数也都存在,且其值依次为 $-f_x(x_0,y_0), -f_y(x_0,y_0)$.

沿任一方向的方向导数与偏导数的关系由下述定理给出.

**定理 9-12** 设函数 $z=f(x,y)$ 在点 $P_0(x_0,y_0)$ 可微,则函数 $f(x,y)$ 在点 $P_0$ 处沿任一方向 $l$ 的方向导数都存在,且

$$\left.\frac{\partial f}{\partial l}\right|_{(x_0,y_0)} = f_x(x_0,y_0)\cos\alpha + f_y(x_0,y_0)\cos\beta, \tag{9-23}$$

其中 $\cos\alpha, \cos\beta$ 为 $l$ 的方向余弦.

**证明** 因为函数 $z=f(x,y)$ 在点 $P_0(x_0,y_0)$ 可微,所以函数在点 $P_0$ 处的增量可表示为

$$f(x_0+\Delta x,y_0+\Delta y)-f(x_0,y_0)=f_x(x_0,y_0)\Delta x+f_y(x_0,y_0)\Delta y+o(\rho).$$

由图 9-6 可知,在 $l$ 上 $\Delta x=\rho\cos\alpha, \Delta y=\rho\cos\beta$,所以有

$$\frac{f(x_0+\Delta x,y_0+\Delta y)-f(x_0,y_0)}{\rho}=f_x(x_0,y_0)\frac{\Delta x}{\rho}+f_y(x_0,y_0)\frac{\Delta y}{\rho}+\frac{o(\rho)}{\rho}$$

$$=f_x(x_0,y_0)\cos\alpha+f_y(x_0,y_0)\cos\beta+\frac{o(\rho)}{\rho},$$

于是有极限

$$\lim_{\rho\to 0}\frac{f(x_0+\Delta x,y_0+\Delta y)-f(x_0,y_0)}{\rho}=f_x(x_0,y_0)\cos\alpha+f_y(x_0,y_0)\cos\beta.$$

这就证明了函数函数 $z=f(x,y)$ 在点 $P_0(x_0,y_0)$ 沿方向 $l$ 的方向导数存在,且其值为

$$\left.\frac{\partial f}{\partial l}\right|_{(x_0,y_0)}=f_x(x_0,y_0)\cos\alpha+f_y(x_0,y_0)\cos\beta.$$

需注意在公式(9-23)中,当 $\alpha=0, \beta=\frac{\pi}{2}$ 时,$\left.\frac{\partial f}{\partial l}\right|_{P_0}=f_x(x_0,y_0)$,当 $\alpha=\frac{\pi}{2}, \beta=0$ 时,$\left.\frac{\partial f}{\partial l}\right|_{P_0}=f_y(x_0,y_0)$,可见当 $f(x,y)$ 可微时,偏导数是方向导数的特例.

类似地,可以定义三元函数 $u=f(x,y,z)$ 的方向导数,可微的三元函数在点 $P_0(x_0,y_0,z_0)$ 处沿任一方向 $l$ 的方向导数也存在,且有

$$\left.\frac{\partial f}{\partial l}\right|_{(x_0,y_0,z_0)}=f_x(x_0,y_0,z_0)\cos\alpha+f_y(x_0,y_0,z_0)\cos\beta+f_z(x_0,y_0,z_0)\cos\gamma,$$

其中 $\cos\alpha, \cos\beta, \cos\gamma$ 为 $l$ 的方向余弦.

**【例 9-43】** 求函数 $z=x^2+y^2$ 在点 $(1,2)$ 沿从点 $P(1,2)$ 到点 $Q(2,2+\sqrt{3})$ 的方向的方向导数.

**解** 这里方向 $l$ 即为向量 $\overrightarrow{PQ}=\{1,\sqrt{3}\}$ 的方向,与 $l$ 同向的单位向量为 $e_l=\left\{\frac{1}{2},\frac{\sqrt{3}}{2}\right\}$.

因为函数可微分,且

$$\left.\frac{\partial z}{\partial x}\right|_{(1,2)}=2x\Big|_{(1,2)}=2,$$

$$\left.\frac{\partial z}{\partial y}\right|_{(1,2)}=2y\Big|_{(1,2)}=4,$$

所以所求方向导数为

$$\left.\frac{\partial z}{\partial l}\right|_{(1,2)}=2\cdot\frac{1}{2}+4\cdot\frac{\sqrt{3}}{2}$$

$$=1+2\sqrt{3}.$$

【例9-44】 设 $f(x,y,z)=x+y^2+z^3$，求 $f$ 在点 $P_0(1,1,1)$ 处沿方向 $l=2i-2j+k$ 的方向导数.

**解** $l$ 的方向余弦为

$$\cos\alpha=\frac{2}{\sqrt{2^2+(-2)^2+1^2}}=\frac{2}{3},$$

$$\cos\beta=\frac{-2}{\sqrt{2^2+(-2)^2+1^2}}=-\frac{2}{3},$$

$$\cos\gamma=\frac{1}{\sqrt{2^2+(-2)^2+1^2}}=\frac{1}{3},$$

又因为 $\left.\dfrac{\partial f}{\partial x}\right|_{(1,1,1)}=1$，$\left.\dfrac{\partial f}{\partial y}\right|_{(1,1,1)}=2y|_{(1,1,1)}=2$，$\left.\dfrac{\partial f}{\partial z}\right|_{(1,1,1)}=3z^2|_{(1,1,1)}=3$,

所以 $\left.\dfrac{\partial f}{\partial l}\right|_{(1,1,1)}=1\cdot\dfrac{2}{3}+2\cdot\left(-\dfrac{2}{3}\right)+3\cdot\dfrac{1}{3}=\dfrac{1}{3}.$

### 9.5.2 梯度

**定义9-10** 设函数 $z=f(x,y)$ 在点 $P_0(x_0,y_0)$ 处存在对所有自变量的偏导数，则称向量 $f_x(x_0,y_0)\boldsymbol{i}+f_y(x_0,y_0)\boldsymbol{j}$ 为函数 $z=f(x,y)$ 在点 $P_0(x_0,y_0)$ 处的**梯度**，记作 $\mathrm{grad}f(x_0,y_0)$，即

$$\mathrm{grad}f(x_0,y_0)=f_x(x_0,y_0)\boldsymbol{i}+f_y(x_0,y_0)\boldsymbol{j}=\{f_x(x_0,y_0),f_y(x_0,y_0)\}.$$

若 $z=f(x,y)$ 在点 $P_0(x_0,y_0)$ 处可微，$\boldsymbol{l}_0=\{\cos\alpha,\cos\beta\}$ 为 $\boldsymbol{l}$ 方向上的单位向量，则方向导数公式又可写成

$$\left.\frac{\partial f}{\partial l}\right|_{(x_0,y_0)}=\mathrm{grad}f(x_0,y_0)\cdot\boldsymbol{l}_0=|\mathrm{grad}f(x_0,y_0)|\cos\theta, \quad (9-24)$$

其中 $\theta$ 是梯度 $\mathrm{grad}f(x_0,y_0)$ 与 $\boldsymbol{l}_0$ 的夹角.

由公式(9-24)可以看出，方向导数 $\dfrac{\partial f}{\partial l}$ 就是梯度在 $\boldsymbol{l}$ 方向上的投影，且方向导数还具有下述性质：

(1) 当 $\boldsymbol{l}$ 与 $\mathrm{grad}f(x_0,y_0)$ 同方向时，方向导数有最大值 $|\mathrm{grad}f(x_0,y_0)|$;

(2) 当 $\boldsymbol{l}$ 与 $\mathrm{grad}f(x_0,y_0)$ 反方向时，方向导数有最小值 $-|\mathrm{grad}f(x_0,y_0)|$;

(3) 当 $\boldsymbol{l}$ 与 $\mathrm{grad}f(x_0,y_0)$ 垂直时，方向导数为零.

因此，函数在某点的梯度是这样一个向量，它的方向是函数在该点的方向导数取得最大值的方向，它的模等于方向导数的最大值.

类似地，可以定义三元函数 $u=f(x,y,z)$ 在点 $P_0(x_0,y_0,z_0)$ 处的梯度为

$$\mathrm{grad}f(x_0,y_0,z_0)=f_x(x_0,y_0,z_0)\boldsymbol{i}+f_y(x_0,y_0,z_0)\boldsymbol{j}+f_z(x_0,y_0,z_0)\boldsymbol{k}.$$

同样当 $u=f(x,y,z)$ 在点 $P_0(x_0,y_0,z_0)$ 处可微，$\boldsymbol{l}_0=\{\cos\alpha,\cos\beta,\cos\gamma\}$ 为 $\boldsymbol{l}$ 方向上的单位向量，则有

$$\left.\frac{\partial f}{\partial l}\right|_{(x_0,y_0,z_0)}=\mathrm{grad}f(x_0,y_0,z_0)\cdot\boldsymbol{l}_0$$

$$=|\mathrm{grad}f(x_0,y_0,z_0)|\cos\theta.$$

【例9-45】 求函数 $u=xy^2+yz^3$ 在点 $P_0(2,-1,1)$ 处的梯度及沿方向 $l=2i+2j-k$ 的方向导数.

**解** 因为 $\frac{\partial u}{\partial x}=y^2, \frac{\partial u}{\partial y}=2xy+z^3, \frac{\partial u}{\partial z}=3yz^2$,

于是 $\frac{\partial u}{\partial x}\Big|_{(2,-1,1)}=1, \frac{\partial u}{\partial y}\Big|_{(2,-1,1)}=-3, \frac{\partial u}{\partial z}\Big|_{(2,-1,1)}=-3$,

所以 $\mathrm{grad}\,u|_{(2,-1,1)}=i-3j-3k$.

又因为 $l=2i+2j-k$ 的单位向量为 $l_0=\frac{l}{|l|}=\frac{2}{3}i+\frac{2}{3}j-\frac{1}{3}k$,所以

$$\frac{\partial f}{\partial l}\Big|_{(2,-1,1)}=\mathrm{grad}\,u|_{(2,-1,1)}\cdot l_0=(i-3j-3k)\cdot\left(\frac{2}{3}i+\frac{2}{3}j-\frac{1}{3}k\right)=-\frac{1}{3}.$$

【例9-46】 求函数 $z=x^2-xy+y^2$ 在点 $(1,1)$ 处最大的方向导数.

**解** $\frac{\partial z}{\partial x}\Big|_{(1,1)}=(2x-y)|_{(1,1)}=1, \frac{\partial z}{\partial y}\Big|_{(1,1)}=(-x+2y)|_{(1,1)}=1$,

于是 $\mathrm{grad}\,z(1,1)=i+j$.

因此,函数在点 $(1,1)$ 处最大的方向导数是 $|\mathrm{grad}\,z(1,1)|=\sqrt{2}$.

**注意** 在给定点处,梯度的方向与最大方向导数的方向一致,梯度的模为方向导数的最大值,故本题就是要计算 $|\mathrm{grad}\,z(1,1)|$.

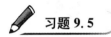

**习题 9.5**

1. 求函数 $u=xyz$ 在点 $(1,1,1)$ 处从点 $(1,1,1)$ 到 $(2,2,2)$ 的方向导数.
2. 求函数 $u=2xy-z^2$ 在点 $(2,-1,1)$ 处从点 $(2,-1,1)$ 到 $(3,1,-1)$ 的方向导数.
3. 已知函数 $z=x^3y^2$,点 $P_0(3,1), P_1(2,3)$,求函数在点 $P_0$ 沿方向 $\overrightarrow{P_0P_1}$ 的方向导数.
4. 求函数 $f(x,y,z)=z\sqrt{x^2-y^2}$ 在点 $(4,2,-1)$ 处沿方向 $l=\{2,1,-1\}$ 的方向导数 $\frac{\partial f}{\partial l}$.
5. 求下列函数在给定点的梯度:
   (1) $z=\ln(x^2+y^2)$,求 $\mathrm{grad}\,z|_{(3,4)}$;
   (2) $u=xy+e^x$,求 $\mathrm{grad}\,u|_{(1,1)}$.
6. 设函数 $u=2xy-z^2$,问 $u$ 在点 $(2,-1,1)$ 处沿着什么方向的方向导数值最大? 其最大值是多少?

## 9.6 多元函数的极值及其求法

### 9.6.1 二元函数的极值

在实际生活中的许多问题往往可以归结到多元函数的最大值和最小值上来,而讨论最值又离不开极值这个概念,并且极值是函数的一个重要指标,下面我们以二元函数为例,讨论多元函数的极值.

**定义 9-11**  函数 $z=f(x,y)$，$(x,y)\in \overset{\circ}{U}(P_0,\delta)$，$\delta>0$，若对于 $\forall P(x,y)\in \overset{\circ}{U}(P_0,\delta)$ 都有
$$f(x,y)<f(x_0,y_0),$$
则称函数 $z=f(x,y)$ 在点 $P_0(x_0,y_0)$ 处有极大值 $f(x_0,y_0)$；反之，若
$$f(x,y)>f(x_0,y_0)$$
成立，则称 $z=f(x,y)$ 在点 $P_0(x_0,y_0)$ 处有极小值 $f(x_0,y_0)$．

函数的极大值和极小值统称为**极值**，使函数取得极值的点称为函数的**极值点**．

**【例 9-47】**  函数 $z=(x-1)^2+(y-1)^2+2$ 在点 $P_0(1,1)$ 处有极小值．因为对点 $P_0(1,1)$ 的任一去心邻域内的任何点 $P(x,y)$，都有 $f(P)>f(P_0)=2$．在这个曲面上，点 $(1,1,2)$ 低于周围的点（如图 9-7）．

**【例 9-48】**  函数 $z=3-\sqrt{x^2+y^2}$ 在点 $P_0(0,0)$ 处有极大值（如图 9-8）．因为对点 $P_0(0,0)$ 的任一去心邻域内的任何点 $P(x,y)$，都有 $f(P)<f(P_0)=3$．

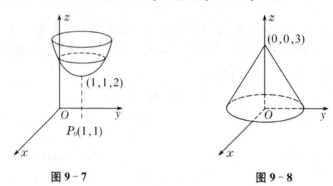

图 9-7　　　　　　　　　　图 9-8

以上是关于二元函数的极值的概念，可以推广到 $n$ 元函数的情形，$n$ 元函数 $f(x_1,x_2,\cdots,x_n)$ 在点 $P_0(x_1^0,x_2^0,\cdots,x_n^0)$ 的一个邻域 $U(P_0)\subset \mathbb{R}^n$ 内有定义．若对任意的点 $P(x_1,x_2,\cdots,x_n)\in \overset{\circ}{U}(P_0)$，有 $f(P_0)>f(P)$ 或 $(f(P_0)<f(P))$，则称 $n$ 元函数 $f(x_1,x_2,\cdots,x_n)$ 在 $P_0(x_1^0,x_2^0,\cdots,x_n^0)$ 取得极大（或极小）值，点 $P_0(x_1^0,x_2^0,\cdots,x_n^0)$ 称为函数 $f(x_1,x_2,\cdots,x_n)$ 的极大（或极小）值点．极大值和极小值统称为极值，使函数取得极值的点称为函数的极值点．

对于简单的函数，利用极值的定义就能判断出函数的极值．而对于一般的函数，仍需要借助多元函数微分法来求出函数的极值点．

下面我们讨论二元函数极值的判定，在这之前先看其一个必要条件．

**定理 9-13（极值的必要条件）**  设函数 $z=f(x,y)$ 在点 $P_0(x_0,y_0)$ 处有极值且两个偏导数存在，则
$$f_x(x_0,y_0)=0,\quad f_y(x_0,y_0)=0.$$

**证明**  如果取 $y=y_0$，则函数 $f(x,y_0)$ 是 $x$ 的一元函数．因为 $x=x_0$ 时，$f(x_0,y_0)$ 是一元函数 $f(x,y_0)$ 的极值，由一元函数极值存在的必要条件，有
$$f_x(x_0,y_0)=0;$$
同理
$$f_y(x_0,y_0)=0.$$

从几何上看,此时如果曲面 $z=f(x,y)$ 在点 $(x_0,y_0,z_0)$ 处有切平面,则切平面 $z-z_0=f_x(x_0,y_0)(x-x_0)+f_y(x_0,y_0)(y-y_0)$ 就是一个平行于 $xOy$ 坐标面的平面,方程为 $z-z_0=0$.

使 $f_x(x_0,y_0)=0$, $f_y(x_0,y_0)=0$ 同时成立的点 $P_0(x_0,y_0)$,称为函数 $z=f(x,y)$ 的驻点.

这个定理可以推广到三元以上的函数. 例如,如果三元函数 $u=f(x,y,z)$ 在点 $P_0(x_0,y_0,z_0)$ 处的偏导数存在,则它在点 $P_0(x_0,y_0,z_0)$ 处存在极值的必要条件为 $f_x(x_0,y_0,z_0)=0$, $f_y(x_0,y_0,z_0)=0$, $f_z(x_0,y_0,z_0)=0$.

由定理 9-13 知,在偏导数存在的条件下,极值点必为驻点,但驻点不一定是极值点. 例如,点 $(0,0)$ 是 $z=xy$ 的驻点,但不是极值点,因为在点 $(0,0)$ 的任何去心邻域内,总有使函数值为正的点,也有使函数值为负的点. 此外,偏导数不存在的点也有可能是极值点. 那么如何判定一个驻点是否是极值点呢?

**定理 9-14(极值存在的充分条件)** 设函数 $z=f(x,y)$ 在 $U(P_0,\delta)$ 内具有二阶连续偏导数,且 $f_x(x_0,y_0)=0$, $f_y(x_0,y_0)=0$,即点 $P_0(x_0,y_0)$ 是函数 $z=f(x,y)$ 的驻点. 令

$$A=f_{xx}(x_0,y_0), B=f_{xy}(x_0,y_0), C=f_{yy}(x_0,y_0),$$

则 (1) 当 $B^2-AC<0$ 时,$f(x,y)$ 在点 $P_0(x_0,y_0)$ 处取得极值,且当 $A<0$ 时取得极大值,$A>0$ 时取得极小值;

(2) 当 $B^2-AC>0$ 时,$f(x,y)$ 在点 $P_0(x_0,y_0)$ 无极值;

(3) 当 $B^2-AC=0$ 时,不能断定 $f(x,y)$ 在点 $P_0(x_0,y_0)$ 是否取得极值.

此定理我们不证明,下面我们给出由定理 9-13 和定理 9-14 求二元函数 $z=f(x,y)$ 极值的方法,步骤如下:

第一步 解方程组

$$\begin{cases} f_x(x,y)=0; \\ f_y(x,y)=0. \end{cases}$$

求出驻点 $(x_0,y_0)$;

第二步 计算 $A,B,C$ 的值;

第三步 根据 $B^2-AC$ 及 $A$ 的符号确定 $P_0(x_0,y_0)$ 是极大值点还是极小值点;

第四步 求 $z=f(x,y)$ 在极值点的函数值.

**【例 9-49】** 求函数 $f(x,y)=3xy-x^3-y^3$ 的极值.

**解** 先解方程组

$$\begin{cases} f_x(x,y)=3y-3x^2=0, \\ f_y(x,y)=3x-3y^2=0, \end{cases}$$

求得驻点为 $(0,0)$ 和 $(1,1)$.

再求函数 $f(x,y)=3xy-x^3-y^3$ 的二阶偏导数:

$$f_{xx}(x,y)=-6x, f_{xy}(x,y)=3, f_{yy}(x,y)=-6y.$$

在点 $(0,0)$ 处,$A=0, B=3, C=0, B^2-AC=9>0$,所以函数在点 $(0,0)$ 处没有极值.

在点$(1,1)$处,$A=-6,B=3,C=-6,B^2-AC=-27<0$,
所以函数在点$(1,1)$处有极值,且由$A=-6<0$知,函数在点$(1,1)$处有极大值$f(1,1)=1$.

根据定理9-13,极值点可能在驻点取得. 如果函数在所讨论的区域内具有偏导数,则在极值点处偏导数的值一定为零,但是在偏导数不存在的点处也有可能取得极值,例如函数$z=-\sqrt{2x^2+2y^2}$,它在点$(0,0)$的偏导数不存在,但在该点取得极大值. 因此,在讨论函数的极值时,如果函数还有偏导数不存在的点,这些点也应当加以讨论.

**最大值和最小值问题**:如果$f(x,y)$在有界闭区域$D$上连续,则$f(x,y)$在$D$上必定能取得最大值和最小值. 我们把函数取得最大值的点和最小值的点称为最值点,最大值和最小值统称为最值. 这种使函数取得最大值或最小值的点既可能在$D$的内部,也可能在$D$的边界上. 我们假定,函数在$D$上连续、在$D$内可微分且只有有限个驻点,这时如果函数在$D$的内部取得最大值(最小值),那么这个最大值(最小值)也是函数的极大值(极小值). 因此,求最大值和最小值的一般方法是:将函数$f(x,y)$在$D$内的所有驻点处的函数值及在$D$的边界上的最大值和最小值相互比较,其中最大的就是最大值,最小的就是最小值. 在通常遇到的实际问题中,如果根据问题的性质,知道函数$f(x,y)$的最大值(最小值)一定在$D$的内部取得,而函数在$D$内只有一个驻点,那么可以肯定该驻点处的函数值就是函数$f(x,y)$在$D$上的最大值(最小值).

**【例9-50】** 求$f(x,y)=3x^2+3y^2-2x^3$在区域$D=\{(x,y)\mid x^2+y^2\leqslant 2\}$上的最大值与最小值.

**解** 解方程组
$$\begin{cases} f_x(x,y)=6x-6x^2=0, \\ f_y(x,y)=6y=0, \end{cases}$$
得驻点$(0,0)$与$(1,0)$,两驻点在$D$的内部,且$f(0,0)=0,f(1,0)=1$.

下面求函数$f(x,y)=3x^2+3y^2-2x^3$在边界$x^2+y^2=2$上的最大值与最小值.

由方程$x^2+y^2=2$解出$y^2=2-x^2(-\sqrt{2}\leqslant x\leqslant\sqrt{2})$,代入$f(x,y)$,可得
$$g(x)=6-2x^3,\ -\sqrt{2}\leqslant x\leqslant\sqrt{2},$$
因为$g'(x)=-6x^2\leqslant 0$,于是$g(x)=6-2x^3$在$[-\sqrt{2},\sqrt{2}]$上单调减少,所以$g(x)$在$x=-\sqrt{2}$(此时$y=0$)处有最大值$g(-\sqrt{2})=6+4\sqrt{2}$,$g(x)$在$x=\sqrt{2}$(此时$y=0$)处有最小值$g(\sqrt{2})=6-4\sqrt{2}$,即$f(x,y)$在边界上有最大值$f(-\sqrt{2},0)=6+4\sqrt{2}$,最小值$f(\sqrt{2},0)=6-4\sqrt{2}$.

将$f(x,y)$在$D$内驻点处的函数值及边界上的最大值与最小值比较,得$f(x,y)$在区域$D$上的最大值为$f(-\sqrt{2},0)=6+4\sqrt{2}$,最小值为$f(0,0)=0$.

**注意** (1)求函数在有界闭区域$D$上的最大值和最小值时,先求出在$D$内部的驻点,不需要判定在该点处值的大小关系,然后求出其在边界上的最大值和最小值,对它们进行比较,最大的即为函数取得的最大值,最小的即为函数取得的最小值.

(2)求函数在边界上的最大值和最小值的时候,实际上就是求条件极值的问题,所以本题后半部分也可以用下面要讲的条件极值的方法求解.

**【例9-51】** 要设计一个容量为$V$的长方体开口水箱,试问水箱的长、宽、高各为多少时,其表面积最小?

**解** 设水箱的长、宽分别为 $x,y$,则根据已知条件,高为 $\dfrac{V}{xy}$.

则表面积为
$$S = xy + 2\left(y \cdot \dfrac{V}{xy} + x \cdot \dfrac{V}{xy}\right)$$
$$= xy + \dfrac{2V}{x} + \dfrac{2V}{y} \quad (x>0, y>0).$$

解方程组
$$\begin{cases} S_x = y - \dfrac{2V}{x^2} = 0, \\ S_y = x - \dfrac{2V}{y^2} = 0, \end{cases}$$

求出驻点为 $(\sqrt[3]{2V}, \sqrt[3]{2V})$.根据题意,水箱表面积的最小值一定存在,且最小值肯定在区域 $D = \{(x,y) \mid x>0, y>0\}$ 内部取得,而函数在 $D$ 内只有一个驻点 $(\sqrt[3]{2V}, \sqrt[3]{2V})$,故可判断它就是函数 $S$ 取得最小值的点,即当 $x = \sqrt[3]{2V}, y = \sqrt[3]{2V}$ 时, $S$ 取得最小值.此时,高为 $\dfrac{2V}{xy} = \dfrac{1}{2}\sqrt[3]{2V}$.因此,当水箱的长、宽、高分别为 $\sqrt[3]{2V}, \sqrt[3]{2V}, \dfrac{1}{2}\sqrt[3]{2V}$ 时,表面积最小,且最小面积为 $S = 3\sqrt[3]{4V^2}$.

下面再看一个在生产中的应用极值的问题.

**【例 9-52】** $D_1, D_2$ 分别为商品 $X_1, X_2$ 的需求量, $X_1, X_2$ 的需求函数分别为
$$D_1 = 8 - p_1 + 2p_2, \quad D_2 = 10 + 2p_1 - 5p_2,$$
总成本函数 $C_T = 3D_1 + 2D_2$,若 $p_1, p_2$ 分别为商品 $X_1, X_2$ 的价格.试问价格 $p_1, p_2$ 取何值时可使总利润最大?

**解** 根据经济理论,总利润=总收入-总成本.由题意,总收入函数为
$$R_T = p_1 D_1 + p_2 D_2 = p_1(8 - p_1 + 2p_2) + p_2(10 + 2p_1 - 5p_2),$$
总利润函数为
$$L_T = R_T - C_T = (p_1 - 3)(8 - p_1 + 2p_2) + (p_2 - 2)(10 + 2p_1 - 5p_2).$$

解方程组
$$\begin{cases} \dfrac{\partial L_T}{\partial p_1} = 8 - p_1 + 2p_2 + (-1)(p_1 - 3) + 2(p_2 - 2) = 7 - 2p_1 + 4p_2 = 0; \\ \dfrac{\partial L_T}{\partial p_2} = 2(p_1 - 3) + (10 + 2p_1 - 5p_2) + (-5)(p_2 - 2) = 14 + 4p_1 - 10p_2 = 0. \end{cases}$$

得驻点 $(p_1, p_2) = \left(\dfrac{63}{2}, 14\right)$.又因为
$$A = \dfrac{\partial^2 L_T}{\partial p_1^2} = -2, \quad B = \dfrac{\partial^2 L_T}{\partial p_1 \partial p_2} = 4, \quad C = \dfrac{\partial^2 L_T}{\partial p_2^2} = -10.$$

故 $B^2 - AC = -4 < 0$,所以该问题唯一的驻点 $(p_1, p_2) = \left(\dfrac{63}{2}, 14\right)$ 是极大值点,同时也是最大值点.最大利润为
$$L_T = \left(\dfrac{63}{2} - 3\right)\left(8 - \dfrac{63}{2} + 2 \times 14\right) + (14 - 2)\left(10 + 2 \times \dfrac{63}{2} - 5 \times 14\right) = 164.25.$$

### 9.6.2 条件极值(拉格朗日乘数法)

在上述极值问题中,除了给出函数的定义域外,对函数本身并无其他的限制.这一类极

值问题称为无条件极值. 然而在许多实际问题中,除了给出函数的定义域外,往往还需要对函数附加其他的限制条件. 这一类极值问题则称为条件极值. 例如,在解决长方体容积一定的前提条件下如何用料最少的问题. 设长方体的三个棱的长为 $x,y,z$,则表面积 $S=2(xy+yz+zx)$,又因体积为一个定值,假设为 $a$,所以自变量 $x,y,z$ 还必须满足附加条件 $xyz=a$.

这个问题就是求函数 $S=2(xy+yz+zx)$ 在条件 $xyz=a$ 下的最小值问题,这是一个条件极值问题. 关于条件极值的求法,有以下两种方法.

### 1. 转化为无条件极值

对于有些实际问题,可以把条件极值问题化为无条件极值问题.

例如上述问题,由条件 $xyz=a$,解得 $z=\dfrac{a}{xy}$,于是有

$$S=2\left(xy+\dfrac{a}{x}+\dfrac{a}{y}\right).$$

即为 $S$ 的无条件极值问题.

### 2. 拉格朗日乘数法

在很多情形下,将条件极值化为无条件极值并不容易. 需要另一种求条件极值的专用方法,这就是拉格朗日乘数法.

现在我们来寻求目标函数 $z=f(x,y)$ 在约束条件 $\varphi(x,y)=0$ 限制下取得极值的必要条件.

假定 $(x_0,y_0)$ 为函数 $z=f(x,y)$ 在条件 $\varphi(x,y)=0$ 下的极值点,即 $\varphi(x_0,y_0)=0$,并假定 $\varphi(x,y)=0$ 满足隐函数存在定理,由隐函数存在定理,由方程 $\varphi(x,y)=0$ 确定一个有连续导数的函数 $y=\psi(x)$,将其代入目标函数 $z=f(x,y)$ 得一元函数 $z=f[x,\psi(x)]$,且 $\dfrac{dy}{dx}\bigg|_{x=x_0}=-\dfrac{\varphi_x(x_0,y_0)}{\varphi_y(x_0,y_0)}$,于是函数 $z=f(x,y)$ 在 $(x_0,y_0)$ 取得极值等价于复合函数 $z=f(x,y)=f[x,\psi(x)]$ 在 $x=x_0$ 处存在无条件极值,故由取得极值的必要条件,有

$$\dfrac{dz}{dx}\bigg|_{x=x_0}=f_x(x_0,y_0)+f_y(x_0,y_0)\dfrac{dy}{dx}\bigg|_{x=x_0}=0,$$

即

$$f_x(x_0,y_0)-f_y(x_0,y_0)\dfrac{\varphi_x(x_0,y_0)}{\varphi_y(x_0,y_0)}=0.$$

从而函数 $z=f(x,y)$ 在条件 $\varphi(x,y)=0$ 下在 $(x_0,y_0)$ 取得极值的必要条件是

$$f_x(x_0,y_0)-f_y(x_0,y_0)\dfrac{\varphi_x(x_0,y_0)}{\varphi_y(x_0,y_0)}=0 \ \text{与}\ \varphi(x_0,y_0)=0$$

同时成立. 设 $\dfrac{f_y(x_0,y_0)}{\varphi_y(x_0,y_0)}=\lambda$,上述必要条件变为

$$\begin{cases} f_x(x_0,y_0)+\lambda\varphi_x(x_0,y_0)=0;\\ f_y(x_0,y_0)+\lambda\varphi_y(x_0,y_0)=0;\\ \varphi(x_0,y_0)=0. \end{cases}$$

拉格朗日乘数法:要找函数 $z=f(x,y)$ 在条件 $\varphi(x,y)=0$ 下的可能极值点,可以先构造辅助函数

$$F(x,y,\lambda)=f(x,y)+\lambda\varphi(x,y),$$

其中 $\lambda$ 为某一常数. 然后解方程组

$$\begin{cases} F_x(x,y) = f_x(x,y) + \lambda \varphi_x(x,y) = 0; \\ F_y(x,y) = f_y(x,y) + \lambda \varphi_y(x,y) = 0; \\ \varphi(x,y) = 0. \end{cases}$$

由这一方程组解出 $x, y$ 及 $\lambda$，则其中 $(x, y)$ 就是所要求的可能的极值点.

以上方法可以推广到自变量多于两个或附加条件多于一个的情形. 例如求函数 $u = f(x, y, z)$ 在条件 $\varphi(x, y, z) = 0, \psi(x, y, z) = 0$ 下的可能极值点，也可按以上三个步骤去做.

(1) 构造拉格朗日函数
$$L(x, y, z, \lambda, \mu) = f(x, y, z) + \lambda \varphi(x, y, z) + \mu \psi(x, y, z);$$

(2) 将 $L(x, y, z, \lambda, \mu)$ 分别对 $x, y, z, \lambda, \mu$ 求一阶偏导数，并使之为零得方程组
$$\begin{cases} L_x(x, y, z, \lambda, \mu) = f_x(x, y, z) + \lambda \varphi_x(x, y, z) + \mu \psi_x(x, y, z) = 0, \\ L_y(x, y, z, \lambda, \mu) = f_y(x, y, z) + \lambda \varphi_y(x, y, z) + \mu \psi_y(x, y, z) = 0, \\ L_z(x, y, z, \lambda, \mu) = f_z(x, y, z) + \lambda \varphi_z(x, y, z) + \mu \psi_z(x, y, z) = 0, \\ L_\lambda(x, y, z, \lambda, \mu) = \varphi(x, y, z) = 0, \\ L_\mu(x, y, z, \lambda, \mu) = \psi(x, y, z) = 0; \end{cases}$$

(3) 求出方程组的解 $(x, y, z, \lambda, \mu)$，其中 $(x, y, z)$ 就是函数 $u = f(x, y, z)$ 在条件 $\varphi(x, y, z) = 0, \psi(x, y, z) = 0$ 下的可能极值点.

在实际应用的过程中我们常常遇到如何使得成本最小或者收益最大等问题，实际上都可以归结为求某一函数在某一范围内的最大值和最小值问题.

【例 9-53】 用拉格朗日乘数法解本节例 9-51.

**解** 实际问题归结为求函数 $S = xy + 2(xz + yz)$ 在条件 $xyz = V$ 下的最小值.

构造拉格朗日函数
$$L(x, y, z, \lambda) = xy + 2(xz + yz) + \lambda(xyz - V).$$

将 $L(x, y, z, \lambda)$ 分别对 $x, y, z, \lambda$ 求一阶偏导数，并使之为零，即
$$\begin{cases} L_x = y + 2z + \lambda yz = 0, \\ L_y = x + 2z + \lambda xz = 0, \\ L_z = 2(x + y) + \lambda xy = 0, \\ L_\lambda = xyz - V = 0; \end{cases}$$

由于 $x, y, z$ 均为正数，由第 1, 2 两个方程消去 $\lambda$，得
$$x(y + 2z) - y(x + 2z) = 0, \quad 即 \quad x = y,$$

由第 1, 3 两个方程消去 $\lambda$，得
$$x(y + 2z) - z(2x + 2y) = 0, \quad 即 \quad x = 2z,$$

从而有 $x = y = 2z$，将此式代入最后一个方程得 $x = y = \sqrt[3]{2V}, z = \dfrac{1}{2}\sqrt[3]{2V}$，这是唯一的可能极值点. 由实际问题知 $S$ 一定存在最小值，所以它也是 $S$ 取得最小值的点. 所以当水箱的长、宽、高分别为 $\sqrt[3]{2V}, \sqrt[3]{2V}, \dfrac{1}{2}\sqrt[3]{2V}$ 时，表面积最小，且最小面积为 $S = 3\sqrt[3]{4V^2}$.

【例 9-54】 某厂生产甲乙两种产品，产量分别为 $x, y$（千只），其利润函数为 $z = -x^2 - 4y^2 + 8x + 24y - 15$. 如果现有原料 15000 kg（不要求用完），生产两种产品，每千只都要消耗原料 2000 kg. 求：

(1) 使利润最大时的产量 $x,y$ 和最大利润;

(2) 如果原料降至 12000 kg,求利润最大时的产量和最大利润.

**解** (1) 首先考虑无条件极值问题. 解方程组
$$\begin{cases} z_x = -2x+8=0; \\ z_y = -8y+24=0. \end{cases}$$

得驻点 $(4,3)$,此时 $4\times 2000+3\times 2000=14000<15000$,即原料在使用限额内. 又 $z_{xx}=-2<0, z_{yy}=-8, z_{xy}=0, z_{xy}^2-z_{xx}z_{yy}<0$,所以 $(4,3)$ 为极大值点,也是最大值点. 故甲、乙两种产品分别为 4 千只和 3 千只时利润最大,最大利润为 $z(4,3)=37$ 单位.

(2) 当原料为 12000 kg 时,若按(1)的方式生产,原料已不足,故应考虑在约束 $2x+2y=12$ 下,求 $z(x,y)$ 的最大值. 应用拉格朗日乘数法,设
$$F=-x^2-4y^2+8x+24y-15+\lambda(6-x-y),$$

解方程组
$$\begin{cases} F_x = -2x+8-\lambda=0; \\ F_y = -8y+24-\lambda=0; \\ 6-x-y=0. \end{cases}$$

得驻点 $x=3.2, y=2.8$. 此时
$$z(3.2, 2.8)=36.2, z(6,0)=-3, z(0,6)=-15.$$

所以在原料为 12000 kg 时,甲乙两种产品各生产 3.2 千只和 2.8 千只时利润最大,且最大值为 36.2 单位.

**【例 9-55】** 求抛物线 $y=x^2$ 和直线 $x+y+2=0$ 间的最短距离.

**解** 假设点 $(x,y)$ 为抛物线上的任意一点,其到直线 $x+y+2=0$ 的距离为 $d$,则
$$d=\frac{|x+y+2|}{\sqrt{2}}.$$

当 $d$ 取最小值相当于 $(x+y+2)^2$ 取最小值,故问题归结为:在条件 $y=x^2$ 下求函数 $(x+y+2)^2$ 的极值.

设 $F(x,y)=(x+y+2)^2+\lambda(y-x^2)$,由
$$\begin{cases} F_x=2(x+y+2)-2\lambda x=0; \\ F_y=2(x+y+2)+\lambda=0; \\ y=x^2. \end{cases}$$

解得 $x=-\frac{1}{2}, y=\frac{1}{4}$,驻点 $\left(-\frac{1}{2}, \frac{1}{4}\right)$ 是唯一的,根据问题可知不存在最大值,故 $\left(-\frac{1}{2}, \frac{1}{4}\right)$ 是最小值点,因而所求最短距离为
$$d=\frac{1}{\sqrt{2}}\left|-\frac{1}{2}+\frac{1}{4}+2\right|=\frac{7\sqrt{2}}{8}.$$

**【例 9-56】** 用拉格朗日乘数法解本节例 9-50.

**解** 解方程组
$$\begin{cases} f_x(x,y)=6x-6x^2=0, \\ f_y(x,y)=6y=0, \end{cases}$$

得驻点 $(0,0)$ 与 $(1,0)$,两驻点在 $D$ 的内部,且 $f(0,0)=0, f(1,0)=1$.

下面求函数 $f(x,y)=3x^2+3y^2-2x^3$ 在边界 $x^2+y^2=2$ 上的最大值与最小值. 这个问

题的实质就是求函数 $f(x,y)=3x^2+3y^2-2x^3$ 在条件 $x^2+y^2=2$ 下的极值问题.

构造拉格朗日函数
$$L(x,y,\lambda)=3x^2+3y^2-2x^3+\lambda(x^2+y^2-2),$$

将 $L(x,y,\lambda)$ 分别对 $x,y,\lambda$ 求一阶偏导数,并使之为零,即
$$\begin{cases} L_x=6x-6x^2+2\lambda x=0,\\ L_y=6y+2\lambda y=0,\\ L_\lambda=x^2+y^2-2=0; \end{cases}$$

求得这个方程组的解为
$$\begin{cases} x=0,\\ y=\sqrt{2}; \end{cases} \begin{cases} x=0,\\ y=-\sqrt{2}; \end{cases} \begin{cases} x=\sqrt{2},\\ y=0; \end{cases} \begin{cases} x=-\sqrt{2},\\ y=0. \end{cases}$$

对应的函数值为
$$f(0,\sqrt{2})=6, f(0,-\sqrt{2})=6, f(\sqrt{2},0)=6-4\sqrt{2}, f(-\sqrt{2},0)=6+4\sqrt{2}.$$

比较以上函数值,可知 $f(x,y)$ 在区域 $D$ 上的最大值为 $f(-\sqrt{2},0)=6+4\sqrt{2}$,最小值为 $f(0,0)=0$.

【例 9-57】 在两曲面 $x^2+y^2=z, x+y+z=1$ 的交线上,求到原点的最长和最短距离.

**解** 设点 $P(x,y,z)$ 是两曲面交线 $\begin{cases} x^2+y^2=z\\ x+y+z=1 \end{cases}$ 上的任一点,则点 $P$ 到原点的距离为
$$f(x,y,z)=\sqrt{x^2+y^2+z^2}.$$

由于 $f(x,y,z)=\sqrt{x^2+y^2+z^2}$ 与 $g(x,y,z)=x^2+y^2+z^2$ 能同时取得最大值与最小值,则问题可归结为求 $g(x,y,z)=x^2+y^2+z^2$ 在条件 $x^2+y^2=z, x+y+z=1$ 下的最大值与最小值问题.

构造构造拉格朗日函数
$$L(x,y,z,\lambda,\mu)=x^2+y^2+z^2+\lambda(x^2+y^2-z)+\mu(x+y+z-1).$$

将 $L(x,y,z,\lambda,\mu)$ 分别对 $x,y,z,\lambda,\mu$ 求一阶偏导数,并使之为零,即
$$\begin{cases} L_x=2x+2\lambda x+\mu=0,\\ L_y=2y+2\lambda y+\mu=0,\\ L_z=2z-\lambda+\mu=0,\\ L_\lambda=x^2+y^2-z=0,\\ L_\mu=x+y+z-1=0; \end{cases}$$

求得这个方程组的解为
$$x_1=y_1=\frac{-1+\sqrt{3}}{2}, z_1=2-\sqrt{3},$$
$$x_2=y_2=\frac{-1-\sqrt{3}}{2}, z_2=2+\sqrt{3}.$$

代入函数 $f(x,y,z)=\sqrt{x^2+y^2+z^2}$ 中,得
$$f\left(\frac{-1+\sqrt{3}}{2},\frac{-1+\sqrt{3}}{2},2-\sqrt{3}\right)=\sqrt{9-5\sqrt{3}},$$

$$f\left(\frac{-1-\sqrt{3}}{2},\frac{-1-\sqrt{3}}{2},2+\sqrt{3}\right)=\sqrt{9+5\sqrt{3}}.$$

由于几何问题确实存在最大值与最小值，所以所求的最短距离为 $\sqrt{9-5\sqrt{3}}$，最长距离为 $\sqrt{9+5\sqrt{3}}$.

### 习题 9.6

1. 求下列函数的极值：

(1) $f(x,y)=4(x-y)-x^2-y^2$；

(2) $f(x,y)=(6x-x^2)(4y-y^2)$；

(3) $f(x,y)=2xy-3x^2-2y^2+10$；

(4) $f(x,y)=e^{2x}(x+y^2+2y)$.

2. 在椭圆 $x^2+4y^2=4$ 上求一点，使其到直线 $2x+3y-6=0$ 的距离最近.

3. 求二元函数 $f(x,y)=x^2(2+y^2)+y\ln y$ 的极值.

4. 设有一圆板占有平面区域 $\{(x,y)\mid x^2+y^2\leqslant 1\}$，该圆板被加热，以致在点 $(x,y)$ 的温度是 $T=x^2+2y^2-x$，求该圆板的最热点和最冷点.

5. 求函数 $z=xy$ 在附加条件 $x+y=1$ 下的极大值.

6. 要造一个容积等于定数 $k$ 的长方体无盖水池，应如何选择水池的尺寸，方可使它的表面积最小.

7. 试求函数 $z=x^2+y^2-xy+x+y$ 在闭区域上 $D:x\leqslant 0, y\leqslant 0$ 与 $x+y\geqslant -3$ 的最大值.

8. 求原点到曲面 $(x-y)^2-z^2=1$ 的最短距离.

## 9.7 二元函数的泰勒公式

在第 7 章中我们已介绍过一元函数的泰勒公式：若函数 $f(x)$ 在点 $x_0$ 的某个邻域 $U(x_0)$ 内具有直到 $n+1$ 阶的导数，则当 $x\in U(x_0)$ 时，有

$$f(x)=f(x_0)+f'(x_0)(x-x_0)+\frac{f''(x_0)}{2!}(x-x_0)^2+\cdots+\frac{f^{(n)}(x_0)}{n!}(x-x_0)^n+\frac{f^{(n+1)}(x_0+\theta(x-x_0))}{(n+1)!}(x-x_0)^{n+1}\quad(0<\theta<1)$$

成立.

对于多元函数也有类似的公式.

**定理 9-15** 设二元函数 $z=f(x,y)$ 在点 $(x_0,y_0)$ 的某邻域内具有直到 $n+1$ 阶的连续偏导数，$(x_0+h,y_0+k)$ 是该邻域内任一点，则有

$$f(x_0+h, y_0+k) = f(x_0, y_0) + \left(h\frac{\partial}{\partial x} + k\frac{\partial}{\partial y}\right)f(x_0, y_0) + \frac{1}{2!}\left(h\frac{\partial}{\partial x} + k\frac{\partial}{\partial y}\right)^2 f(x_0, y_0) + \cdots$$
$$+ \frac{1}{n!}\left(h\frac{\partial}{\partial X} + k\frac{\partial}{\partial y}\right)^n f(x_0, y_0) + \cdots$$
$$+ \frac{1}{(n+1)!}\left(h\frac{\partial}{\partial x} + k\frac{\partial}{\partial y}\right)^{n+1} f(x_0+\theta h, y_0+\theta k) \quad (0<\theta<1),$$
$$(9-25)$$

(9-25)式称为二元函数 $f(x,y)$ 在点 $(x_0, y_0)$ 的 $n$ 阶**泰勒公式**,其中记号

$\left(h\dfrac{\partial}{\partial x} + k\dfrac{\partial}{\partial y}\right)f(x_0, y_0)$ 表示 $hf_x(x_0, y_0) + kf_y(x_0, y_0)$;

$\left(h\dfrac{\partial}{\partial x} + k\dfrac{\partial}{\partial y}\right)^2 f(x_0, y_0)$ 表示 $h^2 f_{xx}(x_0, y_0) + 2hk f_{xy}(x_0, y_0) + k^2 f_{yy}(x_0, y_0)$.

一般地,记号 $\left(h\dfrac{\partial}{\partial x} + k\dfrac{\partial}{\partial y}\right)^m f(x_0, y_0)$ 表示 $\sum\limits_{p=0}^{m} C_m^p h^p k^{m-p} \dfrac{\partial^m f}{\partial x^p \partial y^{m-p}}\bigg|_{(x_0, y_0)}$.

**证明** 作辅助函数
$$\Phi(t) = f(x_0 + ht, y_0 + kt) \quad (0 \leq t \leq 1).$$

显然有 $\Phi(0) = f(x_0, y_0), \Phi(1) = f(x_0+h, y_0+k)$. 由定理所设可知函数 $\Phi(t)$ 在区间 $[0,1]$ 上具有直到 $n+1$ 阶连续导数. 由一元函数 $\Phi(t)$ 的麦克劳林公式得

$$\Phi(t) = \Phi(0) + \Phi'(0)t + \frac{1}{2!}\Phi''(0)t^2 + \cdots$$
$$+ \frac{1}{n!}\Phi^{(n)}(0)t^n + \frac{1}{(n+1)!}\Phi^{(n+1)}(\theta t)t^{n+1} \quad (0<\theta<1).$$

特别地,当 $t=1$ 时,有
$$\Phi(1) = \Phi(0) + \Phi'(0) + \frac{1}{2!}\Phi''(0) + \cdots$$
$$+ \frac{1}{n!}\Phi^{(n)}(0) + \frac{1}{(n+1)!}\Phi^{(n+1)}(\theta) \quad (0<\theta<1).$$

对 $\Phi(t)$ 利用多元复合函数微分法,并令 $x = x_0 + th, y = y_0 + tk$,得
$$\Phi'(t) = h f_x(x_0+ht, y_0+kt) + k f_y(x_0+ht, y_0+kt)$$
$$= \left(h\frac{\partial}{\partial x} + k\frac{\partial}{\partial y}\right)f(x_0+ht, y_0+kt),$$
$$\Phi''(t) = h^2 f_{xx}(x_0+ht, y_0+kt) + 2hk f_{xy}(x_0+ht, y_0+kt) + k^2 f_{yy}(x_0+ht, y_0+kt)$$
$$= \left(h\frac{\partial}{\partial x} + k\frac{\partial}{\partial y}\right)^2 f(x_0+ht, y_0+kt),$$
$$\cdots\cdots$$

由数学归纳法可得
$$\Phi^{(m)}(t) = \sum_{p=0}^{m} C_m^p h^p k^{m-p} \frac{\partial^m f}{\partial x^p \partial y^{m-p}}\bigg|_{(x_0+ht, y_0+kt)}$$
$$= \left(h\frac{\partial}{\partial x} + k\frac{\partial}{\partial y}\right)^m f(x_0+ht, y_0+kt).$$

代入 $\Phi(1)$ 的表达式,便可得证. **证毕**.

公式(9-25)右端最后一项称为余项,记作 $R_n$,即

$$R_n = \frac{1}{(n+1)!}\left(h\frac{\partial}{\partial x}+k\frac{\partial}{\partial y}\right)^{n+1} f(x_0+\theta h, y_0+\theta k).$$

若只要求余项 $R_n = o(\rho^n)$ ($\rho=\sqrt{h^2+k^2}$)，则仅需 $f(x,y)$ 在点 $(x_0,y_0)$ 的某邻域内具有直到 $n$ 阶的连续偏导数，便有

$$f(x_0+h, y_0+k) = f(x_0,y_0) + \sum_{p=1}^{n}\frac{1}{p!}\left(h\frac{\partial}{\partial x}+k\frac{\partial}{\partial y}\right)^p f(x_0,y_0) + o(\rho^n).$$

(9 - 26)

在泰勒公式中，如果取 $x_0 = 0, y_0 = 0$，则(9-25)、(9-26)式称为麦克劳林公式．

**【例 9-58】** 求 $f(x,y) = x^y$ 在点 $(1,4)$ 的泰勒公式（到二阶为止）．

**解** 由于 $x_0 = 1, y_0 = 4, n = 2$，因此有

$$f(x,y) = x^y, f(1,4) = 1$$
$$f_x(x,y) = yx^{y-1}, f_x(1,4) = 4,$$
$$f_y(x,y) = x^y \ln x, f_y(1,4) = 0,$$
$$f_{xx}(x,y) = y(y-1)x^{y-2}, f_{xx}(1,4) = 12,$$
$$f_{xy}(x,y) = x^{y-1} + yx^{y-1}\ln x, f_{xy}(1,4) = 1,$$
$$f_{yy}(x,y) = x^y(\ln x)^2, f_{yy}(1,4) = 0.$$

将它们代入泰勒公式(9-26)中，即得

$$x^y = 1 + 4(x-1) + 6(x-1)^2 + (x-1)(y-4) + o(\rho^2).$$

### 习题 9.7

1. 求函数 $f(x,y) = 2x^2 - xy - y^2 - 6x - 3y + 5$ 在点 $(1,-2)$ 的泰勒公式．
2. 函数 $f(x,y) = e^x \ln(1+y)$ 在 $(0,0)$ 处的三阶泰勒公式．

# 第 10 章

# 多元函数积分学

在一元函数积分学中,函数 $f(x)$ 在 $[a,b]$ 上的定积分为 $\int_a^b f(x)\mathrm{d}x$,其中 $f(x)$ 为被积函数,$[a,b]$ 为积分区间. 若把函数 $f$ 推广到定义在区域、曲线及曲面上的多元函数情形,分别得到重积分、曲线积分、曲面积分等,这些推广后的积分在工程技术的实际问题中有许多重要的应用. 本章将介绍重积分的概念、计算方法以及它们的一些应用. 为简便起见,本章除特别说明者外,都假定平面区域是可求面积的,空间区域是可求体积的.

## 10.1 二重积分的概念与性质

### 10.1.1 二重积分的概念

**【引例 10-1】** 求曲顶柱体的体积. 设 $xOy$ 平面上矩形区 $D=[a_1,b_1]\times[a_2,b_2]$,$f$ 为定义在 $D$ 上的非负连续函数. 求以曲面 $z=f(x,y)$ 为顶,$D$ 为底的曲顶柱体 $V$ 的体积 $\Delta V$.

我们知道,平顶柱体的高是不变的,它的体积可以用公式
$$\text{体积}=\text{高}\times\text{底面积}$$
来计算,但对于曲顶柱体当点 $(x,y)$ 在区域 $D$ 上变动时,高度 $f(x,y)$ 是个变量,因此它的体积不能直接用上式来定义. 为此我们采用类似于求曲边梯形面积的方法,如图 10-1,10-2 所示. 先分别在 $[a_1,b_1]$ 上取分割 $T_1=\{a_1=x_0,x_1,x_2,\cdots,x_n=b_1\}$ 和 $\{a_2,b_2\}$ 上取分割 $T_2=\{a_2=y_0,y_1,y_2,\cdots,y_m=b_2\}$,由直线族 $x=x_i(i=0,1,2,\cdots,n)$ 和 $y=y_j(j=0,1,2,\cdots,m)$ 构成一个矩形网格 $T$,它把 $D$ 分割成 $n\times m$ 个小矩形 $\sigma_{ij}=[x_{i-1},x_i]\times[y_{j-1},y_j](i=1,2,\cdots,n;j=1,2,\cdots,m)$ 小矩形 $\sigma_{ij}$ 的面积记为 $\Delta\sigma_{ij}$.

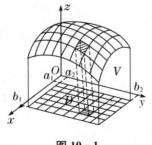

图 10-1

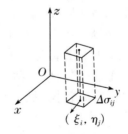

图 10-2

$$\Delta\sigma_{ij}=(x_i-x_{i-1})(y_j-y_{j-1})=\Delta x_i\Delta y_j.$$

分别以这些小矩形的边界曲线为准线,作母线平行于 $z$ 轴的柱面,这些柱面把原来的曲顶柱体分成 $n\times m$ 个以 $\sigma_{ij}$ 为底的小曲顶柱体 $V_{ij}$。由于 $f$ 的连续性,故当每一个 $\sigma_{ij}$ 的直径 $\lambda_{ij}$ 都很小时,$f$ 在 $\sigma_{ij}$ 上各点函数值都相差无几,这时小曲顶柱体可近似看作平顶柱体,因此,在 $\sigma_{ij}$ 上任取一点 $(\xi_i,\eta_j)$,以 $\sigma_{ij}$ 为底,$f(\xi_i,\eta_j)$ 的函数值为高的小平顶柱体的体积可作为 $V_{ij}$ 的体积的近似值 $\Delta V_{ij}$,即

$$\Delta V_{ij}\approx f(\xi_i,\eta_j)\Delta\sigma_{ij}=f(\xi_i,\eta_j)\Delta x_i\Delta y_j.$$

对这些小平顶柱体的体积求和,就得到 $\Delta V$ 的近似值

$$\Delta V=\sum_{i,j}\Delta V_{ij}\approx\sum_{i,j}f(\xi_i,\eta_j)\Delta\sigma_{ij}=\sum_{i,j}f(\xi_i,\eta_j)\Delta x_i\Delta y_j,$$

并且当曲线网格 $T$ 的网眼 $\sigma_{ij}$ 越来越细密,上式的近似程度就越精确,从而得曲顶柱体 $V$ 的体积

$$\Delta V=\lim_{\lambda\to 0}\sum_{i,j}f(\xi_i,\eta_j)\Delta x_i\Delta y_j,$$

其中 $\lambda=\max\{\lambda_{ij}\}(i=1,2,\cdots,n;j=1,2,\cdots,m)$ 称为 $T$ 的**分割细度**.

【引例 10-2】 求平面薄片上的电荷数量. 设有一平面薄板(不计其厚度),它在 $xOy$ 平面上可表示为由分段光滑曲线围成的有界闭区域 $D$,如果该薄板分布有面密度为 $\mu(x,y)$ 的电荷,且 $\mu(x,y)$ 在 $D$ 上连续,求该薄板上的全部电荷数量.

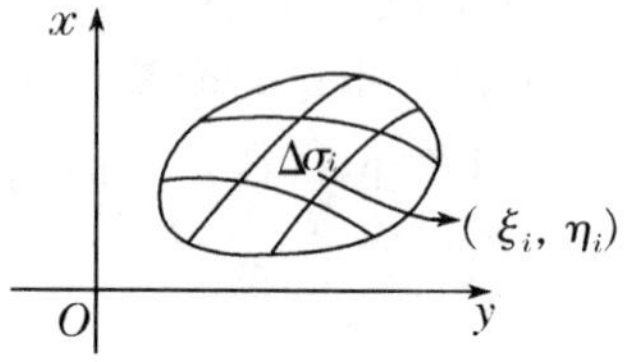

我们知道,如果薄片上的电荷是均匀分布的,即面密度 $\mu(x,y)=\mu$ 为常数,那么电荷数量可以由公式

电荷数量＝面密度×面积

来计算. 现在由于面密度 $\mu(x,y)$ 是变量,电荷数量就不能直接利用上式来计算,但是上面用来处理曲顶柱体体积问题的方法完全适合本问题.

先用一组曲线网格 $T$ 把区域 $D$ 分成为 $n$ 个小闭区域 $\sigma_i(i=1,2,\cdots,n)$,如图 10-3 所示,由于 $\mu(x,y)$ 的连续性,故当每一个 $\sigma_i$ 的直径 $\lambda_i$ 都很小时,$\mu$ 在 $\sigma_i$ 上各点函数值都变化不大,因此这些小块上的电荷可以近似地看作均匀分布的. 在 $\sigma_i$ 上任取一点 $(\xi_i,\eta_i)$,则

$$\mu(\xi_i,\eta_i)\Delta\sigma_i \quad (i=1,2,\cdots,n)$$

可看作 $\sigma_i$ 上电荷数量的近似值. 再通过求和取极限,便得出平面薄片上的电荷数量为

$$m=\lim_{\lambda\to 0}\sum_{i=1}^{n}u(\xi_i,\eta_i)\Delta\sigma_i.$$

图 10-3

至此,读者已经看到,在解决上述两类问题时,与定积分的概念一样,是通过"分割、近似求和、取极限"这三步得到的,所不同的是现在讨论的对象为定义在平面区域上的二元函数. 这类问题在几何学、物理学与工程技术等领域中会经常遇到,如求非均匀平面的质量、重心、转动惯量,等等,这些量都可以通过上述步骤归结为类似形式的和式极限. 为此,针对这类和式极限,我们抽象出如下二重积分的定义.

**定义 10-1** 设 $D$ 是 $xOy$ 平面上的有界闭区域,$f(x,y)$ 为定义在 $D$ 上的有界函数,用曲线网格 $T$ 把 $D$ 分成 $n$ 个小区域 $\sigma_i(i=1,2,\cdots,n)$,其面积用 $\Delta\sigma_i$ 表示,在每一个 $\sigma_i$ 上任取一点 $(\xi_i,\eta_i)$,作和式:

$$\sum_{i=1}^{n}f(\xi_i,\eta_i)\Delta\sigma_i,$$

称之为函数 $f(x,y)$ 在 $D$ 上属于分割 $T$ 的一个**积分和**. 如果当分割细度 $\lambda\to 0$ 时, 对于任意分割、任意选取的 $(\xi_i,\eta_i)$, 该积分和的极限都存在, 则称此极限值为 $f(x,y)$ 在区域 $D$ 上的二重积分, 记作:

$$\iint_D f(x,y)\,d\sigma.$$

即

$$\iint_D f(x,y)\,d\sigma = \lim_{\lambda\to 0}\sum_{i=1}^n f(\xi_i,\eta_i)\Delta\sigma_i.$$

其中 $f(x,y)$ 称为**被积函数**, $f(x,y)d\sigma$ 称为**积分表达式**, $d\sigma$ 称为**面积元素**, $x,y$ 称为**积分变量**, $D$ 称为**积分区域**.

在二重积分的定义中对积分区域 $D$ 的分割是任意的, 因此若 $f(x,y)$ 在 $D$ 上可积, 则可以类似于问题一, 选用平行于坐标轴的直线网格来分割区域 $D$, 则每一个小区域 $\sigma_i$ (忽略包括边界点的小区域) 的面积为 $\Delta\sigma_i = \Delta x_i\Delta y_i$, 因此在直角坐标系中有时也把面积单元 $d\sigma$ 记作 $dxdy$, 而把二重积分记作

$$\iint_D f(x,y)\,dxdy,$$

其中 $dxdy$ 叫做**直角坐标系中的面积元素**.

由二重积分的定义可知, 当 $f(x,y)\geqslant 0$ 时, 二重积分的几何解释就是引例 10-1 所求的曲顶柱体体积, 即

$$V = \iint_D f(x,y)\,d\sigma,$$

所以二重积分的几何意义就是以被积函数为顶面, 以积分区域为底的柱体体积.

特别地, 如果 $f(x,y)=1$, 二重积分还可以表示积分区域 $D$ 的面积, 这是因为高为 1 的平顶柱体的体积在数值上就等于柱体的底面积. 如果 $f(x,y)<0$, 柱体就在 $xOy$ 平面的下方, 二重积分的绝对值表示柱体体积, 但二重积分值是负的. 如果 $f(x,y)$ 在 $D$ 上的某些个子区域上是正的, 而在其他地方是负的, 这时二重积分的值为各部分体积的代数和.

另一方面若 $\mu(x,y)$ 表示电荷的分布密度, 则薄板上的全部电荷数量为

$$m = \iint_D \mu(x,y)\,d\sigma.$$

因此, 二重积分的物理意义就是以被积函数为分布密度的平面薄片上的电荷数量.

【例 10-1】 利用二重积分的几何意义求

$$\iint_D \sqrt{1-(x^2+y^2)}\,d\sigma,$$

其中积分区域 $D$ 表示区域 $x^2+y^2\leqslant 1$.

**解** 由定积分的几何意义知

$$\iint_D \sqrt{1-(x^2+y^2)}\,d\sigma,$$

表示以坐标原点为球心, 1 为半径的上半球体的体积, 故

$$\iint_D \sqrt{1-(x^2+y^2)}\,d\sigma = \frac{2}{3}\pi.$$

### 10.1.2 二重积分的性质

利用二重积分和定积分的定义的相似性,不难证明二重积分也具有如下一系列与定积分相应的性质.

**性质 10-1（线性性）** 若 $f$ 和 $g$ 在区域 $D$ 上可积,$\alpha,\beta$ 为任意常数,则 $\alpha f+\beta g$ 在 $D$ 上也可积,且

$$\iint\limits_{D}(\alpha f+\beta g)\mathrm{d}\sigma=\alpha\iint\limits_{D}f\mathrm{d}\sigma+\beta\iint\limits_{D}g\mathrm{d}\sigma.$$

**性质 10-2（区域可加性）** 若 $D_0=D_1+D_2$,且 $\mathrm{int}D_1\cap\mathrm{int}D_2=\varnothing$,则 $f$ 在 $D_0$ 上可积的充分必要条件是:$f$ 在 $D_1,D_2$ 上都可积,且

$$\iint\limits_{D_0}f\mathrm{d}\sigma=\iint\limits_{D_1}f\mathrm{d}\sigma+\iint\limits_{D_2}f\mathrm{d}\sigma.$$

**性质 10-3（保序性）** 若 $f$ 和 $g$ 在区域 $D$ 上可积,且 $f\leqslant g$,则

$$\iint\limits_{D}f\mathrm{d}\sigma\leqslant\iint\limits_{D}g\mathrm{d}\sigma.$$

**推论 10-1** 若 $f$ 在区域 $D$ 上可积,$m,M$ 分别是 $f$ 在 $D$ 上的最小值和最大值,$\Delta\sigma$ 为 $D$ 的面积,则

$$m\Delta\sigma\leqslant\iint\limits_{D}f\mathrm{d}\sigma\leqslant M\Delta\sigma.$$

**性质 10-4（绝对值可积性）** 若 $f$ 在区域 $D$ 上可积,则 $|f|$ 在 $D$ 上也可积,且

$$\left|\iint\limits_{D}f\mathrm{d}\sigma\right|\leqslant\iint\limits_{D}|f|\mathrm{d}\sigma.$$

在这些性质的基础上,我们不加证明地给出如下两个重要定理.

**定理 10-1（积分中值定理）** 若 $f$ 在闭区域 $D$ 上连续,$\Delta\sigma$ 为 $D$ 的面积,则至少存在一点 $(\xi,\eta)\in D$,使得:

$$\iint\limits_{D}f\mathrm{d}\sigma=f(\xi,\eta)\Delta\sigma.$$

**性质 10-5（可积的充分条件）** 若 $f$ 在有界闭区域 $D$ 上连续,则 $f$ 在 $D$ 上可积.

#### 习题 10.1

1. 设有一平面薄板在 $xOy$ 平面上可表示为由分段光滑曲线围成的有界闭区域 $D$,该薄板在点 $(x,y)$ 处的面密度为 $\mu(x,y)$,且 $\mu(x,y)$ 为 $D$ 上的非负连续函数,求该薄板的质量.

2. 为什么二重积分的定义中要求 $\lambda\to 0$,而不是 $n\to\infty$?

3. 设 $\sigma$ 为 $xOy$ 平面上圆扇形区域:$x^2+y^2\leqslant R^2,x\geqslant 0,y\geqslant 0$,利用几何意义计算二重积分 $\iint\limits_{D}\sqrt{R^2-(x^2+y^2)}\mathrm{d}x\mathrm{d}y$.

4. 设 $I_1=\iint\limits_{D}\cos\sqrt{x^2+y^2}\mathrm{d}\sigma,I_2=\iint\limits_{D}\cos(x^2+y^2)\mathrm{d}\sigma,I_3=\iint\limits_{D}\cos(x^2+y^2)^2\mathrm{d}\sigma$,其中 $D=\{(x,y)\mid x^2+y^2\leqslant 1\}$,试比较 $I_1,I_2,I_3$ 的大小.

## 10.2 二重积分的计算

### 10.2.1 利用直角坐标系计算二重积分

二重积分的计算是以定积分的计算为基础的,采取的方法是**累次积分法**. 也就是先把 $x$ 看成常量,对 $y$ 进行积分,然后再对 $x$ 进行积分,或者是先把 $y$ 看成常量,对 $x$ 进行积分,然后在对 $y$ 进行积分. 这种方法实质上是把二重积分化为两次定积分来计算的,而定积分的积分上下限是由积分区域 $D$ 确定的.

先讨论积分区域 $D$ 的表示形式.

设 $a,b$ 为常数,$\varphi_1(x),\varphi_2(x)$ 为定义在区间 $[a,b]$ 上的连续函数,则称平面点集
$$D=\{(x,y)\,|\,a\leqslant x\leqslant b,\varphi_1(x)\leqslant y\leqslant \varphi_2(x)\}$$
为 **$X$-型区域**,如图 10-4,10-5 所示.

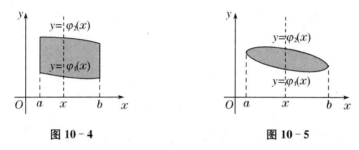

图 10-4    图 10-5

$X$-型区域的特点是垂直于 $x$ 轴的直线 $x=x_0(a<x_0<b)$ 至多与区域 $D$ 的边界交于两点.

设 $c,d$ 为常数,$\psi_1(y),\psi_2(y)$ 为定义在区间 $[c,d]$ 上的连续函数,则称平面点集
$$D=\{(x,y)\,|\,c\leqslant y\leqslant d,\psi_1(y)\leqslant x\leqslant \psi_2(y)\}$$
为 **$Y$-型区域**,如图 10-6,10-7 所示.

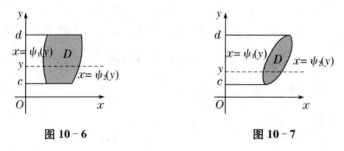

图 10-6    图 10-7

$Y$-型区域的特点是垂直于 $y$ 轴的直线 $y=y_0(c<y_0<d)$ 至多与区域 $D$ 的边界交于两点.

$X$-型区域和 $Y$-型区域虽然表示形式不同,但并不是截然对立的,很多情况下,积分区域 $D$ 既可以表示成 $X$-型区域,又可以表示成 $Y$-型区域.

**【例10-2】** 将由直线 $y=2x, x=2y$ 和 $x+y=3$,所围成的三角形区域 $D$(如图10-8)分别表示成 $X$-型区域和 $Y$-型区域.

**解** 先把 $D$ 表示成 $X$-型区域. 由于 $D$ 上的点的横坐标的变化范围是区间 $[0,2]$,故 $0 \leqslant x \leqslant 2$,若在区间 $[0,1]$ 任意取定一个 $x$ 值,区域 $D$ 上以这个 $x$ 值为横坐标的点在一直线段上,该直线段平行于 $y$ 轴,线段上点的纵坐标从 $y=\frac{x}{2}$,变化到 $y=2x$,因此,当 $0 \leqslant x \leqslant 1$ 时,$\frac{x}{2} \leqslant y \leqslant 2x$;同理,当 $1 < x \leqslant 2$ 时,$\frac{x}{2} \leqslant y \leqslant 3-x$.

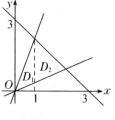

图 10-8

从而,取 $\varphi_1(x)=\frac{x}{2}, \varphi_2(x)=\begin{cases} 2x & 0 \leqslant x \leqslant 1; \\ 3-x & 1 < x \leqslant 2. \end{cases}$

得 $D = \{(x,y) \mid 0 \leqslant x \leqslant 2, \varphi_1(x) \leqslant y \leqslant \varphi_2(x)\}$

$= \{(x,y) \mid 0 \leqslant x \leqslant 1, \frac{x}{2} \leqslant y \leqslant 2x\} \cup \{(x,y) \mid 1 < x \leqslant 2, \frac{x}{2} \leqslant y \leqslant 3-x\}$.

类似地,把 $D$ 表示成 $Y$-型区域时,有

$$0 \leqslant y \leqslant 2, \psi_1(y)=\frac{y}{2}, \psi_2(y)=\begin{cases} 2y & 0 \leqslant y \leqslant 1; \\ 3-y & 1 < y \leqslant 2. \end{cases}$$

所以 $D = \{(x,y) \mid 0 \leqslant y \leqslant 2, \psi_1(y) \leqslant x \leqslant \psi_2(y)\}$

$= \{(x,y) \mid 0 \leqslant y \leqslant 1, \frac{y}{2} \leqslant x \leqslant 2y\} \cup \{(x,y) \mid 1 < y \leqslant 2, \frac{y}{2} \leqslant x \leqslant 3-y\}$.

许多常见的区域可能既不是 $X$-型区域,也不是 $Y$-型区域,但都可以分割为有限个无公共内点的 $X$-型区域或 $Y$-型区域,如图10-9所示.

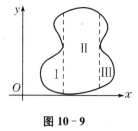

图 10-9

因此,我们先分别讨论 $X$-型和 $Y$-型区域上的二重积分计算,解决了 $X$-型和 $Y$-型区域上的二重积分的计算后,一般区域上的二重积分计算问题也就得到了解决.

不妨设积分区域 $D = \{(x,y) \mid a \leqslant x \leqslant b, \varphi_1(x) \leqslant y \leqslant \varphi_2(x)\}$ 为 $X$-型区域,$f(x,y)$ 为定义在 $D$ 上的连续函数,由几何意义,若 $f(x,y) \geqslant 0$,则 $\iint\limits_D f(x,y) \mathrm{d}x\mathrm{d}y = V$ 表示以被积函数为顶面,以积分区域为底的柱体体积,事实上该柱体为平行截面面积已知的立体(如图10-10).

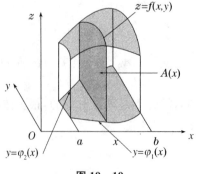

图 10-10

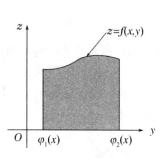

图 10-11

由定积分的几何意义,截面面积 $A(x) = \int_{\varphi_1(x)}^{\varphi_2(x)} f(x,y)\mathrm{d}y$.

故体积 $\qquad V = \int_a^b A(x)\mathrm{d}x = \int_a^b \left(\int_{\varphi_1(x)}^{\varphi_2(x)} f(x,y)\mathrm{d}y\right)\mathrm{d}x$,

所以
$$\iint_D f(x,y)\mathrm{d}\sigma = \int_a^b \left(\int_{\varphi_1(x)}^{\varphi_2(x)} f(x,y)\mathrm{d}y\right)\mathrm{d}x = \int_a^b \mathrm{d}x \int_{\varphi_1(x)}^{\varphi_2(x)} f(x,y)\mathrm{d}y. \qquad (10-1)$$

上式右端的积分叫做先对 $y$,后对 $x$ 的**累次积分(二次积分)**,就是说,先把 $x$ 看作定值,把 $f(x,y)$ 只看作 $y$ 的函数,并对 $y$ 计算从 $\varphi_1(x)$ 到 $\varphi_2(x)$ 的定积分;然后把算得的结果(是 $x$ 的函数)再对 $x$ 计算在区间 $[a,b]$ 上的定积分.

若积分区域 $D = \{(x,y) | c \leqslant y \leqslant d, \psi_1(y) \leqslant x \leqslant \psi_2(y)\}$ 为 $Y$-型区域(如图 10-11), $f(x,y)$ 为定义在 $D$ 上的连续函数,则
$$\iint_D f(x,y)\mathrm{d}\sigma = \int_c^d \left(\int_{\psi_1(y)}^{\psi_2(y)} f(x,y)\mathrm{d}x\right)\mathrm{d}y = \int_c^d \mathrm{d}y \int_{\psi_1(y)}^{\psi_2(y)} f(x,y)\mathrm{d}x. \qquad (10-2)$$

上式右端的积分叫做先对 $x$,后对 $y$ 的累次积分.

【**例 10-3**】 计算 $\iint_D \dfrac{x}{y^2}\mathrm{d}\sigma$,其中 $D$ 是由 $x=2, y=1$ 及 $y=x$ 所围成的闭区域(如图 10-12).

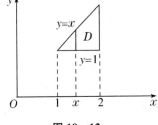

图 10-12

**解** 首先画出积分区域 $D$.

显然 $D$ 既可以表示成 $X$-型区域,也可以表示成 $Y$-型区域.

若把 $D$ 表示成 $X$-型区域,则 $1 \leqslant x \leqslant 2, \varphi_1(x)=1, \varphi_2(x)=x$,即
$$D = \{(x,y) | 1 \leqslant x \leqslant 2, 1 \leqslant y \leqslant x\}.$$

利用(10-1)式得
$$\iint_D \frac{x}{y^2}\mathrm{d}\sigma = \int_1^2 \mathrm{d}x \int_1^x \frac{x}{y^2}\mathrm{d}y = \int_1^2 \left[-\frac{x}{y}\right]_1^x \mathrm{d}x$$
$$= \int_1^2 (x-1)\mathrm{d}x = \left[\frac{x^2}{2} - x\right]_1^2 = \frac{1}{2}.$$

若把 $D$ 表示成 $Y$-型区域,则有 $1 \leqslant y \leqslant 2, \psi_1(y)=y, \psi_2(y)=2$,即
$$D = \{(x,y) | 1 \leqslant y \leqslant 2, y \leqslant x \leqslant 2\}.$$

利用(10-2)式得
$$\iint_D \frac{x}{y^2}\mathrm{d}\sigma = \int_1^2 \mathrm{d}y \int_y^2 \frac{x}{y^2}\mathrm{d}x = \int_1^2 \left[\frac{x^2}{2y^2}\right]_y^2 \mathrm{d}y$$
$$= \int_1^2 \left(\frac{2}{y^2} - \frac{1}{2}\right)\mathrm{d}y$$
$$= \left[-\frac{2}{y} - \frac{y}{2}\right]_1^2 = \frac{1}{2}.$$

显然,例 10-3 中无论是把 $D$ 表示成 $X$-型区域,还是表示成 $Y$-型区域,求得的二重积分的值是相等的.事实上,对任意二重积分,如果积分区域既可以表示成 $X$-型区域,也可以表示成 $Y$-型区域,那么无论利用(10-1)式还是(10-2)式,得到的累次积分值是相同的,并

且都等于原二重积分的值.

【例 10-4】 计算 $\iint\limits_{D} xy\,dx\,dy$,其中 $D$ 为抛物线 $y^2=x$ 和直线 $y=x-2$ 所围成的闭区域.

**解法一** 把 $D$ 表示成 $X$-型区域(如图 10-13),则 $0\leqslant x\leqslant 4$,并且当 $0\leqslant x\leqslant 1$ 时,$-\sqrt{x}\leqslant y\leqslant \sqrt{x}$,当 $1<x\leqslant 4$ 时,$x-2\leqslant y\leqslant \sqrt{x}$. 取

$$\varphi_1(x)=\begin{cases}-\sqrt{x} & 0\leqslant x\leqslant 1;\\ x-2 & 1<x\leqslant 4.\end{cases} \quad \varphi_2(x)=\sqrt{x}.$$

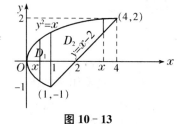

图 10-13

得 $D=\{(x,y)\,|\,0\leqslant x\leqslant 4,\varphi_1(x)\leqslant y\leqslant \varphi_2(x)\}$
$=\{(x,y)\,|\,0\leqslant x\leqslant 1,-\sqrt{x}\leqslant y\leqslant \sqrt{x}\}\cup\{(x,y)\,|\,1<x\leqslant 4,x-2\leqslant y\leqslant \sqrt{x}\}.$

由于 $\varphi_1(x)$ 为分段函数,无法直接利用(10-1)式,因此,要利用二重积分的区域可加性,先把 $D$ 分成 $D_1$,$D_2$ 两部分,其中

$$D_1=\{(x,y)\,|\,0\leqslant x\leqslant 1,-\sqrt{x}\leqslant y\leqslant \sqrt{x}\},$$
$$D_2=\{(x,y)\,|\,1<x\leqslant 4,x-2\leqslant y\leqslant \sqrt{x}\}.$$

从而,

$$\iint\limits_{D} xy\,dx\,dy=\iint\limits_{D_1} xy\,dx\,dy+\iint\limits_{D_2} xy\,dx\,dy$$
$$=\int_0^1 dx\int_{-\sqrt{x}}^{\sqrt{x}} xy\,dy+\int_1^4 dx\int_{x-2}^{\sqrt{x}} xy\,dy=\frac{45}{8}.$$

**解法二** 把 $D$ 表示成 $Y$-型区域,如图 10-14 所示.
则 $D=\{(x,y)\,|\,-1\leqslant y\leqslant 2,y^2\leqslant x\leqslant y+2\}$,从而

$$\iint\limits_{D} xy\,dx\,dy=\int_{-1}^2 dy\int_{y^2}^{y+2} xy\,dx$$
$$=\frac{1}{2}\int_{-1}^2 y[(y+2)^2-y^4]dy=\frac{45}{8}.$$

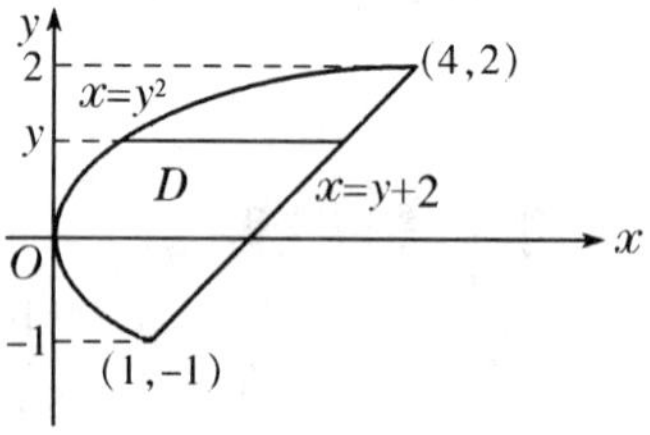

显然,解法二比较简单.

图 10-14

【例 10-5】 计算 $\iint\limits_{D} e^{y^2}\,dx\,dy$,其中 $D$ 是由直线 $x=0$,$y=1$ 及 $y=x$ 所围成的闭区域,如图 10-15 所示.

**解** 把 $D$ 表示成 $X$-型区域,则 $D=\{(x,y)\,|\,0\leqslant x\leqslant 1,x\leqslant y\leqslant 1\}$,从而

$$\iint\limits_{D} e^{y^2}\,dx\,dy=\int_0^1 dx\int_x^1 e^{y^2}\,dy.$$

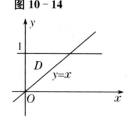

图 10-15

由于函数 $e^{y^2}$ 的原函数无法用初等函数形式表示,因此该累次积分无法求出,改用 $Y$-型区域.

把 $D$ 表示成 $Y$-型区域,则 $D=\{(x,y)\,|\,0\leqslant y\leqslant 1,0\leqslant x\leqslant y\}$,从而

$$\iint\limits_{D} e^{y^2}\,dx\,dy=\int_0^1 dy\int_0^y e^{y^2}\,dx=\int_0^1 ye^{y^2}\,dy$$

$$=\left[\frac{e^{y^2}}{2}\right]_0^1=\frac{e}{2}-\frac{1}{2}.$$

上述两个例子说明,在化二重积分为累次积分时,虽然(10-1)式和(10-2)式在理论上均可行,但为了计算简单,需要选择恰当累次积分次序,这时,既要考虑积分区域的形状,又要考虑被积函数的特征.

**【例 10-6】** 计算累次积分

$$I=\int_0^{\sqrt{\frac{\pi}{2}}}dy\int_y^{\sqrt{\frac{\pi}{2}}}\sin x^2 dx.$$

**解** 由于函数 $\sin x^2$ 的原函数无法用初等函数形式表示,因此该累次积分无法直接求出.这时,我们尝试交换积分次序,即把所求的累次积分转化为先对 $y$ 后对 $x$ 的累次积分.

首先根据所给累次积分的积分限确定积分区域,将积分区域表示成 $X$-型区域(如图 10-16):

$$D=\{(x,y)\,|\,0\leqslant x\leqslant\sqrt{\frac{\pi}{2}},0\leqslant y\leqslant x\},$$

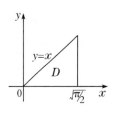

图 10-16

从而

$$I=\int_0^{\sqrt{\frac{\pi}{2}}}dx\int_0^x\sin x^2 dy=\int_0^{\sqrt{\frac{\pi}{2}}}x\sin x^2 dx$$

$$=\frac{1}{2}\int_0^{\sqrt{\frac{\pi}{2}}}\sin x^2 dx^2=\frac{1}{2}.$$

**【例 10-7】** 计算由平面 $x=0, y=0, x+y=2$ 所围成的柱体被平面 $z=0$ 及 $3x+2y-z=0$ 截得的立体的体积,如图 10-17 所示.

**解** 所求立体可以看成是一个曲顶柱体,它的底为

$$D=\{(x,y)\,|\,0\leqslant x\leqslant 2,0\leqslant y\leqslant 2-x\}.$$

柱体的顶为 $3x+2y-z=0$,即 $z=3x+2y$,因此它的体积为

$$V=\iint_D(3x+2y)dxdy=\int_0^2 dx\int_0^{2-x}(3x+2y)dy$$

$$=\int_0^2(4+2x-2x^2)dx=\frac{20}{3}.$$

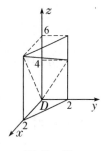

图 10-17

## 10.2.2 利用极坐标计算二重积分

若在 $xOy$ 平面内以坐标原点为极点,$x$ 轴为极轴建立极坐标系,则有极坐标变换

$$x=\rho\cos\theta, y=\rho\sin\theta\quad(0\leqslant\rho<\infty, 0\leqslant\theta\leqslant 2\pi).$$

利用该公式,我们可以把直角坐标系下的二重积分转化为极坐标系下的二重积分,具体形式如下:

$$\iint_D f(x,y)d\sigma=\iint_D f(\rho\cos\theta,\rho\sin\theta)\rho d\rho d\theta. \qquad (10-3)$$

这一变换对积分区域是圆域或圆域的部分或被积函数的形式为 $f(x^2+y^2)$ 的二重积分的计算有重要帮助.先对(10-3)式作简单的推导.

设 $f(x,y)$ 为定义在有界闭区域 $D$ 上的连续函数,则通过"分割、近似求和、取极限",得

$$\iint_D f(x,y)\mathrm{d}\sigma = \lim_{\lambda \to 0}\sum_{i=1}^{n} f(\xi_i,\eta_i)\Delta\sigma_i,$$

由于分割的任意性,现在我们在极坐标中用一族以极点为圆心的同心圆($\rho=$常数)和一族过极点的射线($\theta=$常数),把 $D$ 分割成 $n$ 个小闭区域 $\sigma_i(i=1,2,\cdots,n)$,如图 10-18 所示.

除包含边界点的一些小区域外,$\sigma_i$ 的面积 $\Delta\sigma_i$ 可计算如下

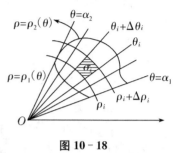

图 10-18

$$\begin{aligned}\Delta\sigma_i &= \frac{1}{2}(\rho_i+\Delta\rho_i)^2 \cdot \Delta\theta_i - \frac{1}{2}\rho_i^2 \cdot \Delta\theta_i \\ &= \frac{1}{2}(2\rho_i+\Delta\rho_i)\Delta\rho_i \cdot \Delta\theta_i \\ &= \frac{\rho_i+(\rho_i+\Delta\rho_i)}{2}\Delta\rho_i \cdot \Delta\theta_i \\ &= \rho'_i \Delta\rho_i \cdot \Delta\theta_i.\end{aligned}$$

其中 $\rho'_i = \dfrac{\rho_i+(\rho_i+\Delta\rho_i)}{2}$ 表示相邻两圆弧半径的平均值. 由于在近似求和过程中,$(\xi_i,\eta_i)$ 可取闭区域 $\sigma_i$ 内任意一点,因此不妨取 $\sigma_i$ 内圆周 $\rho=\rho'_i$ 上的一点 $(\rho'_i,\theta'_i)$,该点对应的直角坐标为 $\xi_i=\rho'_i\cos\theta'_i, \eta_i=\rho'_i\sin\theta'_i$.

于是

$$\sum_{i=1}^{n} f(\xi_i,\eta_i)\Delta\sigma_i = \sum_{i=1}^{n} f(\rho'_i\cos\theta'_i,\rho'_i\sin\theta'_i)\rho'_i\Delta\rho_i \cdot \Delta\theta_i.$$

令分割细度 $\lambda \to 0$,两端同时取极限,由二重积分的定义得

$$\lim_{\lambda \to 0}\sum_{i=1}^{n} f(\xi_i,\eta_i)\Delta\sigma_i = \iint_D f(x,y)\mathrm{d}\sigma.$$

所以等式右端极限也存在,并记

$$\lim_{\lambda \to 0}\sum_{i=1}^{n} f(\rho'_i\cos\theta'_i,\rho'_i\sin\theta'_i)\rho'_i\Delta\rho_i \cdot \Delta\theta_i = \iint_D f(\rho\cos\theta,\rho\sin\theta)\rho\mathrm{d}\rho\mathrm{d}\theta.$$

从而得到(10-3)式.

(10-3)式表明,只要把积分变量 $x,y$ 分别用 $\rho\cos\theta,\rho\sin\theta$ 替换,面积元素 $\mathrm{d}\sigma$ 用**极坐标系中的面积元素** $\rho\mathrm{d}\rho\mathrm{d}\theta$ 来替换,就可以得到极坐标系下的二重积分. 在这一过程中虽然积分区域 $D$ 没有发生改变,但由于积分变量发生了改变,相应的也需要把区域 $D$ 用 $\rho,\theta$ 的关系式来表示.

若
$$D=\{(\rho,\theta)|\alpha \leqslant \theta \leqslant \beta, \rho_1(\theta) \leqslant \rho \leqslant \rho_2(\theta)\},$$

其中 $\alpha,\beta$ 为常数,$\rho_1(\theta),\rho_2(\theta)$ 为 $[\alpha,\beta]$ 上的连续函数,则称 $D$ 为 **$\theta$-型区域**,如图 10-19、10-20 所示.

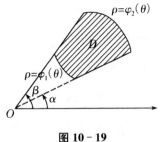
图 10-19

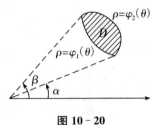
图 10-20

在 $\theta$-型区域上,类似地,(10-1)式和(10-2)式有

$$\iint_D f(\rho\cos\theta,\rho\sin\theta)\rho\mathrm{d}\rho\mathrm{d}\theta = \int_\alpha^\beta \mathrm{d}\theta \int_{\rho_1(\theta)}^{\rho_2(\theta)} f(\rho\cos\theta,\rho\sin\theta)\rho\mathrm{d}\rho. \tag{10-4}$$

(10-4)式实质上是把极坐标系下的二重积分化为先对 $\rho$,后对 $\theta$ 的累次积分.

若 $D=\{(\rho,\theta)\mid a\leqslant\rho\leqslant b,\theta_1(\rho)\leqslant\theta\leqslant\theta_2(\rho)\}$,

其中 $a,b$ 为常数,$\theta_1(\rho),\theta_2(\rho)$ 为 $[a,b]$ 上的连续函数,则称 $D$ 为 **$\rho$-型区域**,如图 10-21,10-22 所示.

在 $\rho$-型区域上,同样有

$$\iint_D f(\rho\cos\theta,\rho\sin\theta)\rho\mathrm{d}\rho\mathrm{d}\theta = \int_a^b \mathrm{d}\rho \int_{\theta_1(\rho)}^{\theta_2(\rho)} f(\rho\cos\theta,\rho\sin\theta)\rho\mathrm{d}\theta. \tag{10-5}$$

(10-5)式把极坐标系下的二重积分化为先对 $\theta$,后对 $\rho$ 的累次积分.

我们重点来讨论 $\theta$-型区域上的二重积分的计算.

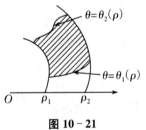
图 10-21

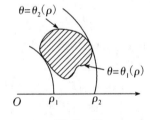
图 10-22

**【例 10-8】** 化二重积分 $\iint_D f(x,y)\mathrm{d}\sigma$ 为极坐标下的累次积分,其中积分区域

$$D=\{(x,y)\mid 0\leqslant x\leqslant 1, 1-x\leqslant y\leqslant\sqrt{1-x^2}\}.$$

**解** 先画出区域 $D$,根据图 10-23 确定极角的最大变化范围 $[0,\pi/2]$;在 $[0,\pi/2]$ 上任意取定一个值 $\theta$,作一条极角为 $\theta$ 射线穿过区域,与区域的边界 $1-x=y$ 和 $y=\sqrt{1-x^2}$ 分别相交,利用极坐标变换可得两交点对应的极径分别是 $\rho_1=\dfrac{1}{\sin\theta+\cos\theta}$ 和 $\rho_2=1$,这样就得到了极径的变化范围 $\left[\dfrac{1}{\sin\theta+\cos\theta},1\right]$. 故 $D$ 可以表示成 $\theta$-型区域

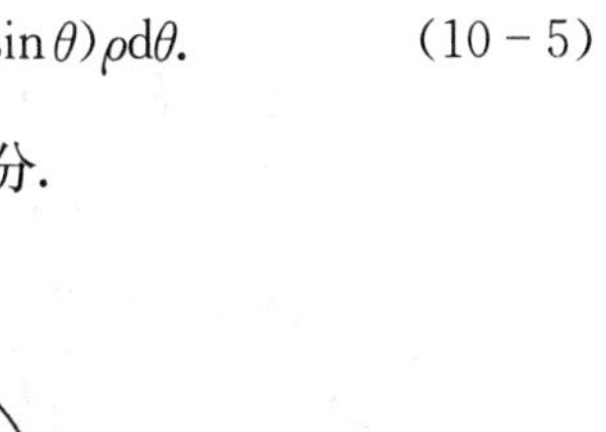

$$D=\{(\rho,\theta)\mid 0\leqslant\theta\leqslant\dfrac{\pi}{2},\dfrac{1}{\sin\theta+\cos\theta}\leqslant\rho\leqslant 1\}.$$

图 10-23

从而
$$\iint_D f(x,y)\mathrm{d}\sigma = \int_0^{\frac{\pi}{2}} \mathrm{d}\theta \int_{\frac{1}{\sin\theta+\cos\theta}}^1 f(\rho\cos\theta,\rho\sin\theta)\rho\mathrm{d}\rho.$$

作为 $\theta$-型区域的两类特例,有如下两类区域如图 10-24,10-25 所示,分别可表示为:

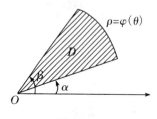

图 10-24

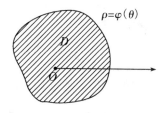

图 10-25

$D_1=\{(\rho,\theta)\mid \alpha\leqslant\theta\leqslant\beta, 0\leqslant\rho\leqslant\varphi(\theta)\}.$　　　$D_2=\{(\rho,\theta)\mid 0\leqslant\theta\leqslant 2\pi, 0\leqslant\rho\leqslant\varphi(\theta)\}.$

对于这两类区域,(10-4)式仍然成立.

【**例 10-9**】 计算 $\iint_D \mathrm{e}^{x^2+y^2}\mathrm{d}\sigma$,其中 $D$ 是由圆周 $x^2+y^2\leqslant 4$ 所围成的闭区域.

**解** 在极坐标系中,闭区域 $D$ 可表示为
$$D=\{(\rho,\theta)\mid 0\leqslant\theta\leqslant 2\pi, 0\leqslant\rho\leqslant 2\},$$
由(10-3)式和(10-4)式有
$$\iint_D \mathrm{e}^{x^2+y^2}\mathrm{d}\sigma = \int_0^{2\pi}\mathrm{d}\theta\int_0^2 \mathrm{e}^{\rho^2}\rho\mathrm{d}\rho = \int_0^{2\pi}\left[\int_0^2 \mathrm{e}^{\rho^2}\rho\mathrm{d}\rho\right]\mathrm{d}\theta$$
$$=\int_0^{2\pi}\left(\frac{\mathrm{e}^4-1}{2}\right)\mathrm{d}\theta = \pi(\mathrm{e}^4-1).$$

【**例 10-10**】 求球体 $x^2+y^2+z^2\leqslant 4$ 被柱面 $x^2+y^2=2x$ 所割下的立体体积(如图 10-26).

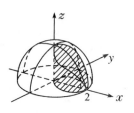

图 10-26

**解** 由所求立体的对称性,我们只需要求出第一卦限内部分的体积乘以 4,即得所求立体的体积. 在第一卦限内的立体是一个曲顶柱体,曲顶面方程为 $z=\sqrt{4-(x^2+y^2)}$,故所求立体的体积
$$V=4\iint_D \sqrt{4-(x^2+y^2)}\mathrm{d}\sigma,$$

其中 $D$ 为半圆周 $y=\sqrt{2x-x^2}$ 和 $x$ 轴所围成的闭区域.

利用极坐标来计算该二重积分,首先根据图 10-27,确定极角的最大变化范围 $[0,\pi/2]$;将 $y=\sqrt{2x-x^2}$ 化为极坐标方程
$$(\rho\cos\theta)^2+(\rho\sin\theta)^2=2\rho\cos\theta,$$
即 $\rho=\varphi(\theta)=2\cos\theta$,故 $0\leqslant\rho\leqslant 2\cos\theta$. 因此

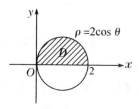

图 10-27

$$V=4\iint_D \sqrt{4-(x^2+y^2)}\mathrm{d}\sigma = 4\int_0^{\frac{\pi}{2}}\mathrm{d}\theta\int_0^{2\cos\theta}\sqrt{4-\rho^2}\rho\mathrm{d}\rho$$
$$=\frac{32}{3}\int_0^{\frac{\pi}{2}}(1-\sin^3\theta)\mathrm{d}\theta = \frac{32}{3}\left(\frac{\pi}{2}-\frac{2}{3}\right).$$

## 习题 10.2

1. 化二重积分 $\iint_D f(x,y)\mathrm{d}x\mathrm{d}y$ 为直角坐标系下的二次积分,其中积分区域 $D$ 是:

   (1) 由直线 $y=x$ 及抛物线 $y^2=4x$ 所围成的闭区域;

   (2) 由 $x$ 轴及半圆 $x^2+y^2=r^2(y\geqslant 0)$ 所围成的区域;

   (3) 由直线 $y=x, y=2$ 及双曲线 $y=\dfrac{1}{x}(x>0)$ 所围成的闭区域;

   (4) 环形闭区域 $1\leqslant x^2+y^2\leqslant 4$.

2. 化二重积分 $\iint_D f(x,y)\mathrm{d}x\mathrm{d}y$ 为极坐标系下的二次积分,其中积分区域 $D$ 是:

   (1) $x^2+y^2\leqslant 2x$;

   (2) $0\leqslant y\leqslant 1-x, 0\leqslant x\leqslant 1$;

   (3) $y=x, y=2x^2$ 所围成的区域.

3. 计算下列二重积分:

   (1) $\iint_D xy\mathrm{d}x\mathrm{d}y$,其中 $D$ 是由直线 $y=1, x=2$ 及 $y=x$ 所围成的闭区域;

   (2) $\iint_D \dfrac{x^2}{y^2}\mathrm{d}x\mathrm{d}y$,其中 $D$ 是由 $xy=2, y=1+x^2$ 及 $x=2$ 所围成的闭区域;

   (3) $\iint_D |\cos(x+y)|\mathrm{d}x\mathrm{d}y$,其中 $D: 0\leqslant x, y\leqslant \dfrac{\pi}{2}$;

   (4) $\iint_D xy\mathrm{d}x\mathrm{d}y$,其中 $D: 0\leqslant x^2+(y-1)^2\leqslant 1$;

   (5) 计算二重积分 $\iint_D \sqrt{y^2-xy}\mathrm{d}x\mathrm{d}y$,其中 $D$ 是由直线 $y=x, y=1, x=0$ 所围成的平面区域;

   (6) $\iint_D (x^2+y^2)\arctan\dfrac{y}{x}\mathrm{d}x\mathrm{d}y$,其中 $D$ 为 $1\leqslant x^2+y^2\leqslant 4$ 及直线 $y=x, y=0$ 所围成且位于第一象限部分的区域.

4. 交换下列累次积分的顺序:

   (1) $\displaystyle\int_{-2}^{1}\mathrm{d}x\int_{0}^{x+2}f(x,y)\mathrm{d}y$;

   (2) $\displaystyle\int_{-1}^{1}\mathrm{d}y\int_{\sqrt[3]{y}}^{2-y}f(x,y)\mathrm{d}x$;

   (3) $\displaystyle\int_{0}^{1}\mathrm{d}y\int_{-\sqrt{1-y^2}}^{\sqrt{1-y^2}}f(x,y)\mathrm{d}x$;

   (4) $\displaystyle\int_{0}^{\pi}\mathrm{d}x\int_{-\sin\frac{x}{2}}^{\sin x}f(x,y)\mathrm{d}y$.

5. 化下列二重积分为极坐标形式下的累次积分:

   (1) $\displaystyle\int_{0}^{2a}\mathrm{d}y\int_{0}^{\sqrt{2ay-y^2}}f(x^2+y^2)\mathrm{d}x$;

   (2) $\displaystyle\int_{0}^{1}\mathrm{d}x\int_{0}^{x^2}f(x,y)\mathrm{d}y$;

   (3) $\displaystyle\int_{0}^{1}\mathrm{d}x\int_{1-x}^{\sqrt{1-x^2}}f(x,y)\mathrm{d}y$.

6. 计算下列二重积分：

(1) $\int_0^1 dy \int_y^1 e^x dx$；

(2) $\int_1^3 dx \int_{x-1}^2 \sin y^2 dy$；

(3) $\iint_D \sqrt{y^2-xy}\,dxdy$，其中 $D$ 是由 $y=x, x^2+y^2=2y$ 及 $y$ 轴围成的闭区域；

(4) $\iint_D xy^2 dxdy$，其中 $D: x^2+y^2\leqslant 1, x\geqslant 0, y\geqslant 0$；

(5) $\iint_D xy[1+x^2+y^2]dxdy, D=\{(x,y)\mid x^2+y^2\leqslant\sqrt{2}, x\geqslant 0, y\geqslant 0\}$，其中 $[1+x^2+y^2]$ 表示不超过 $1+x^2+y^2$ 的最大整数；

(6) $\iint_D (4-x^2-y^2)dxdy$，其中 $D$ 为圆域 $x^2+y^2\leqslant 4$；

(7) $\iint_D \frac{\sin x}{x}dxdy$，其中 $D=\{(x,y)\mid x^2\leqslant y\leqslant \pi x\}$；

(8) $\iint_D xy\,dxdy$，其中 $D$ 是由 $y=x, x^2+y^2=2y$ 及 $y$ 轴围成的闭区域.

7. 证明不等式 $1\leqslant\iint_D(\cos y^2+\sin x^2)dxdy\leqslant\sqrt{2}$，其中 $D$ 为正方形区域 $0\leqslant x\leqslant 1, 0\leqslant y\leqslant 1$.

8. 设 $f(x)$ 在 $[0,1]$ 上连续，证明
$$\int_a^b dy\int_a^y (y-x)^n f(x)dx = \frac{1}{n+1}\int_a^b (b-x)^{n+1} f(x)dx \quad (n>0).$$

9. 设 $f(x)$ 在 $[0,1]$ 上连续，证明
$$\int_0^1 e^{f(x)} dy \int_0^1 e^{-f(x)} dx \geqslant 1.$$

## 10.3 三重积分

### 10.3.1 三重积分的概念

**【引例 10-3】** 求空间物体的质量.

设有一物体占有 $Oxyz$ 空间上的有界闭区域 $V$，它在点 $(x,y,z)$ 处的密度为 $\rho(x,y,z)$，且密度函数 $\rho(x,y,z)$ 在 $V$ 上连续，求该物体的质量 $M$.

我们知道，如果物体的密度是均匀的，那么物体的质量可用公式

$$\text{质量} = \text{密度} \times \text{体积}$$

来计算. 现在密度 $\rho(x,y,z)$ 是变量，物体的质量不能直接用上式来计算，为此，我们先把 $V$ 分割成 $n$ 个小块 $v_i(i=1,2,\cdots,n)$. 由于 $\rho(x,y,z)$ 在 $V$ 上连续，因此这些小块可以近似地看作匀质的，在每个小块 $v_i$ 上任取一点 $(\xi_i,\eta_i,\zeta_i)$，则可近似地求得 $v_i$ 的质量

$$\Delta m_i \approx \rho(\xi_i,\eta_i,\zeta_i)\Delta v_i \quad (i=1,2,\cdots,n),$$

其中 $\Delta v_i$ 表示小块 $v_i$ 的体积. 从而

$$M = \sum_{i=1}^{n} \Delta m_i \approx \sum_{i=1}^{n} \rho(\xi_i, \eta_i, \zeta_i) \Delta v_i.$$

然后,令分割细度 $\lambda = \max\{v_i \text{ 的直径}\}(i=1,2,\cdots,n)$ 趋于零,则有

$$M = \lim_{\lambda \to 0} \sum_{i=1}^{n} \rho(\xi_i, \eta_i, \zeta_i) \Delta v_i.$$

至此,不难发现和定积分及二重积分的概念类似,我们依然是通过"分割、近似求和、取极限"这三步,把所求物体的质量表示成一种和式极限,这种和式极限正是我们所要讨论的三重积分的实际背景.

**定义 10-2** 设 $f(x,y,z)$ 是 $Oxyz$ 空间有界闭区域 $\Omega$ 上的有界函数,把 $\Omega$ 分割成 $n$ 个小闭区域 $v_i(i=1,2,\cdots,n)$. 在每个小闭区域 $v_i$ 上任取一点 $(\xi_i, \eta_i, \zeta_i)$,作和式:

$$\sum_{i=1}^{n} f(\xi_i, \eta_i, \zeta_i) \Delta v_i,$$

其中,$\Delta v_i$ 表示小块 $v_i$ 的体积,如果当分割细度 $\lambda \to 0$ 时,对于任意分割、任意选取的 $(\xi_i, \eta_i, \zeta_i)$,该积分和的极限都存在,则称此极限值为 $f(x,y,z)$ 在区域 $D$ 上的**三重积分**,记作:

$$\iiint_\Omega f(x,y,z) \mathrm{d}v,$$

即

$$\iiint_\Omega f(x,y,z) \mathrm{d}v = \lim_{\lambda \to 0} \sum_{i=1}^{n} f(\xi_i, \eta_i, \zeta_i) \Delta v_i,$$

和二重积分类似,$f(x,y,z)$ 称为**被积函数**,$f(x,y,z)\mathrm{d}v$ 称为**积分表达式**,$\mathrm{d}v$ 叫做**体积元素**,$x,y,z$ 称为**积分变量**,$\Omega$ 称为**积分区域**,并且在直角坐标系下三重积分也可以记作

$$\iiint_\Omega f(x,y,z) \mathrm{d}x\mathrm{d}y\mathrm{d}z,$$

其中,$\mathrm{d}x\mathrm{d}y\mathrm{d}z$ 叫做**直角坐标系中的体积元素**.

由三重积分的定义可知,本节开始所求的物体质量为

$$M = \iiint_\Omega \rho(x,y,z) \mathrm{d}x\mathrm{d}y\mathrm{d}z.$$

特别地,

$$\iiint_\Omega 1 \mathrm{d}v = V.$$

其中 $V$ 表示积分区域 $\Omega$ 的体积.

无论定积分或二重积分,还是三重积分,实质上都是一种和式极限,因此它们有着完全相似的性质.

### 10.3.2 三重积分的计算

**1. 利用直角坐标计算三重积分**

三重积分的计算是以定积分和二重积分的计算为基础的,基本过程是把三重积分化成一个定积分和一个二重积分,主要包括以下两种情形.

先重点讨论第一种情况.若积分区域 $\Omega$ 可以表示为

$$\Omega=\{(x,y,z)\,|\,(x,y)\in D_{xy},z_1(x,y)\leqslant z\leqslant z_2(x,y)\},$$
则称 $\Omega$ 为简单区域.

把闭区域 $\Omega$ 投影到 $xOy$ 平面上,得平面闭区域 $D_{xy}$,并把 $D_{xy}$ 表示成 $X$-型区域 $\{a\leqslant x\leqslant b,y_1(x)\leqslant y\leqslant y_2(x)\}$,从而先确定 $x,y$ 的积分限. 再以 $D_{xy}$ 的边界为准线作母线平行于 $z$ 轴的柱面. 该柱面从 $\Omega$ 边界曲面中分出上、下两部分,它们的方程分别为 $S_1:z=z_1(x,y)$ 和 $S_2:z=z_2(x,y)$,满足 $z_1(x,y)\leqslant z_2(x,y)$,过 $D_{xy}$ 内任意一点 $(x,y)$ 作平行于 $z$ 轴的直线,则该直线与 $S_1$ 和 $S_2$ 的交点分别为 $z_1(x,y)$ 和 $z_2(x,y)$,因此,对 $\Omega$ 内任意一点 $(x,y,z)$,当

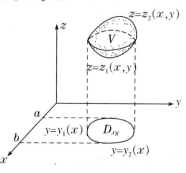

图 10-28

$x,y$ 取定后 $z$ 的取值范围为 $[z_1(x,y),z_2(x,y)]$,而对 $z$ 求积分时,先将 $x,y$ 看做定值,从而又可以确定 $z$ 的积分上限和下限分别为 $z_2(x,y)$ 和 $z_1(x,y)$,所以
$$\Omega=\{(x,y,z)\,|\,a\leqslant x\leqslant b,y_1(x)\leqslant y\leqslant y_2(x),z_1(x,y)\leqslant z\leqslant z_2(x,y)\},$$
简单区域的特点是对于平行于 $z$ 轴且通过 $D_{xy}$ 内点的直线,它的边界至多与此直线交于两点.

若函数 $f(x,y,z)$ 为定义在该简单区域 $\Omega$ 上的连续函数,并且 $y_1(x),y_2(x)$ 在区间 $[a,b]$ 上连续,$z_1(x,y),z_2(x,y)$ 在 $D_{xy}$ 上连续,则
$$\iiint\limits_{\Omega}f(x,y,z)\mathrm{d}v=\iint\limits_{D_{xy}}\left(\int_{z_1(x,y)}^{z_2(x,y)}f(x,y,z)\mathrm{d}z\right)\mathrm{d}x\mathrm{d}y=\int_a^b\mathrm{d}x\int_{y_1(x)}^{y_2(x)}\mathrm{d}y\int_{z_1(x,y)}^{z_2(x,y)}f(x,y,z)\mathrm{d}z,$$

(10-6)

上式右端的积分叫做先对 $z$,然后对 $y$,最后对 $x$ 的**累次积分**(**三次积分**),也就是先将 $x,y$ 看做定值,把 $f(x,y,z)$ 只看做 $z$ 的函数,并对 $z$ 计算从 $z_1(x,y)$ 到 $z_2(x,y)$ 的定积分;然后把算得的结果(是 $x,y$ 的函数)再对 $x,y$ 计算在闭区域 $D_{xy}$ 上的二重积分. 而 $D_{xy}$ 为 $X$-型区域,所以又可以把该二重积分写成先对 $y$ 后对 $x$ 的二次积分进行求解.

类似的,可以将投影区域 $D_{xy}$ 表示成 $Y$-型区域,或者把区域 $\Omega$ 投影到 $xOz$ 平面或 $yOz$ 平面上,也可写出相应的累积分公式. 上述计算三重积分的方法称为**投影法**.

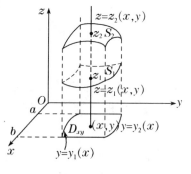

图 10-29

对于一般区域上的三重积分,也像二重积分一样,利用积分区域的可加性,把它分解为有限个简单区域上三重积分的和来计算.

【例 10-11】 计算三重积分
$$\iiint\limits_{\Omega}x^2\mathrm{d}x\mathrm{d}y\mathrm{d}z,$$
其中 $\Omega$ 为三个坐标面及平面 $x+y+z=1$ 所围成的闭区域.

**解** 作闭区域 $\Omega$,如图 10-30 所示.

将 $\Omega$ 投影到 $xOy$ 面上,得投影区域 $D_{xy}$ 为三角形闭区域 $OAB$,所以
$$D_{xy}=\{(x,y)\,|\,0\leqslant x\leqslant 1,0\leqslant y\leqslant 1-x\}.$$

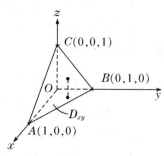

图 10-30

在 $D_{xy}$ 内任取一点 $(x,y)$,作一过此点且平行于 $z$ 轴的直线穿过区域 $\Omega$,则此直线与 $\Omega$ 边界曲面的两交点之纵坐标分别为 $z_1=0$ 和 $z_2=1-x-y$,故 $z$ 的变化范围为
$$0 \leqslant z \leqslant 1-x-y,$$
所以,由(10-6)式得
$$\iiint_\Omega x^2 \mathrm{d}x\mathrm{d}y\mathrm{d}z = \int_0^1 \mathrm{d}x \int_0^{1-x} \mathrm{d}y \int_0^{1-x-y} x^2 \mathrm{d}z$$
$$= \int_0^1 x^2 \mathrm{d}x \int_0^{1-x} (1-x-y)\mathrm{d}y$$
$$= \frac{1}{2} \int_0^1 x^2 (1-x)^2 \mathrm{d}x = \frac{1}{60}.$$

若将 $\Omega$ 投影到 $xOz$ 面上,则得投影区域 $D_{xz}$ 为三角形闭区域 $OAC$,所以
$$D_{xz} = \{(x,y) | 0 \leqslant x \leqslant 1, 0 \leqslant z \leqslant 1-x\}.$$
在 $D_{xz}$ 内任取一点 $(x,z)$,作一过此点且平行于 $y$ 轴的直线穿过区域 $\Omega$,则此直线与 $\Omega$ 边界曲面的两交点之纵坐标分别为 $y_1=0$ 和 $y_2=1-x-z$,故 $y$ 的变化范围为
$$0 \leqslant y \leqslant 1-x-z,$$
所以,由(10-6)式得
$$\iiint_\Omega x^2 \mathrm{d}x\mathrm{d}y\mathrm{d}z = \int_0^1 \mathrm{d}x \int_0^{1-x} \mathrm{d}z \int_0^{1-x-z} x^2 \mathrm{d}y$$
$$= \int_0^1 x^2 \mathrm{d}x \int_0^{1-x} (1-x-z) \mathrm{d}z$$
$$= \frac{1}{60}.$$

本例也可向 $yOz$ 平面上作投影,但计算比较繁琐.

【例 10-12】 一非均匀金属块在空间的表示是由双曲抛物面 $z=xy$,平面 $x+y=1$ 和 $z=0$ 所围成的区域 $\Omega$,其密度函数为 $\rho(x,y,z)=xy$. 求它的质量.

**解** 如图 10-31 所示, $\Omega$ 可表示为
$$\Omega = \{(x,y,z) | 0 \leqslant x \leqslant 1, 0 \leqslant y \leqslant 1-x, 0 \leqslant z \leqslant xy\},$$
所以金属块的质量为
$$M = \iiint_\Omega \rho(x,y,z) \mathrm{d}v = \iiint_\Omega xy \mathrm{d}v$$
$$= \int_0^1 \mathrm{d}x \int_0^{1-x} \mathrm{d}y \int_0^{xy} xy \mathrm{d}z$$
$$= \int_0^1 \mathrm{d}x \int_0^{1-x} x^2 y^2 \mathrm{d}y = \frac{1}{180}.$$

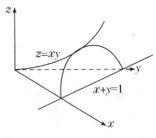

图 10-31

利用(10-6)式计算三重积分时,是通过先计算一个定积分,再计算一个二重积分来实现的. 然而在很多情况下,我们计算三重积分,也可以化为先计算一个二重积分,再计算一个定积分,这就我们要讨论的第二种情形.

设积分区域 $\Omega$ 可以表示为
$$\Omega = \{(x,y,z) | c \leqslant z \leqslant d, (x,y) \in D_z\},$$
其中 $D_z$ 是用过 $z$ 轴上任意给定一点 $z(c \leqslant z \leqslant d)$ 并且平行于 $xOy$ 平面的平面截闭区域 $\Omega$ 所得到的一个平面闭区域,如图 10-32 所示.

若函数 $f(x,y,z)$ 为定义在该区域 $\Omega$ 上的连续函数，则有
$$\iiint_\Omega f(x,y,z)\mathrm{d}v = \int_c^d \mathrm{d}z \iint_{D_z} f(x,y,z)\mathrm{d}x\mathrm{d}y. \qquad (10-7)$$

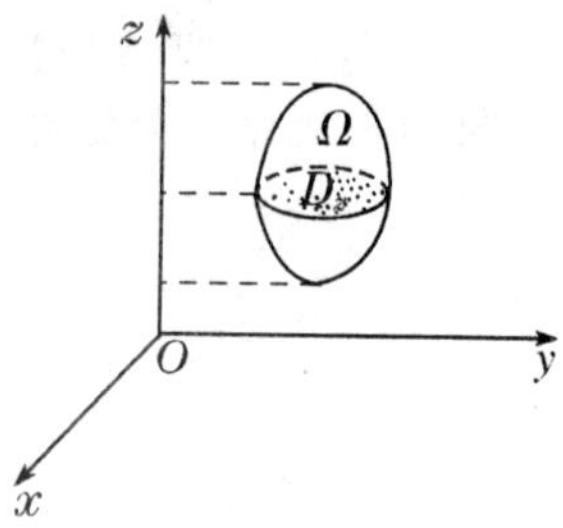

利用该公式求解三重积分的一般步骤为：把积分区域 $\Omega$ 向某坐标轴（例如 $z$ 轴）投影，得投影区间 $[c,d]$；对任意给定的 $z\in[c,d]$，用过点 $z$ 且平行于 $xOy$ 平面的平面截闭区域 $\Omega$，得截面 $D_z$；计算二重积分 $\iint_{D_z} f(x,y,z)\mathrm{d}x\mathrm{d}y$，其结果为 $z$ 的函数 $F(z)$；最后计算定积分 $\int_c^d F(z)\mathrm{d}z$，得到三重积分的值.

图 10-32

利用 (10-7) 式求解三重积分常被称为**截面法**，当然根据积分区域和被积函数的特点，还可以用平行于 $xOz$ 面或 $yOz$ 面的平面截闭区域 $\Omega$.

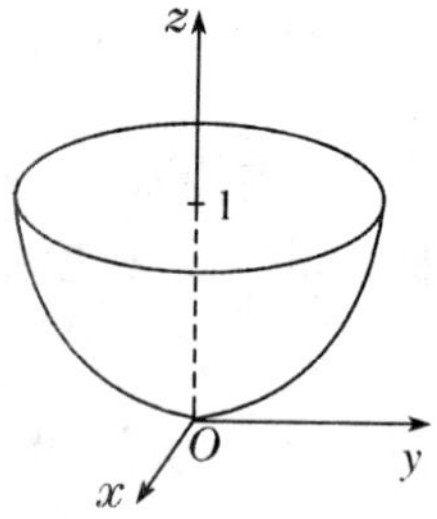

【例 10-13】 计算三重积分 $\iiint_\Omega z\mathrm{d}v$，其中 $\Omega$ 是由旋转抛物面 $z=x^2+y^2$ 和平面 $z=1$ 所围成空间闭区域.

**解** 作闭区域 $\Omega$，如图 10-33 所示.

由于 $\Omega$ 介于平面 $z=0$ 和 $z=1$ 之间，故
$$0\leqslant z\leqslant 1.$$

图 10-33

对确定的 $z\in[0,1]$，截面为圆域
$$D_z = \{(x,y)\mid x^2+y^2\leqslant z\}.$$
所以
$$\Omega = \{(x,y,z)\mid 0\leqslant z\leqslant 1, x^2+y^2\leqslant z\}.$$
所以由 (10-7) 式
$$\iiint_\Omega z\mathrm{d}v = \int_0^1 \mathrm{d}z \iint_{D_z} z\mathrm{d}x\mathrm{d}y$$
$$= \int_0^1 z\mathrm{d}z \iint_{D_z} \mathrm{d}x\mathrm{d}y.$$

由二重积分的几何意义，得：
$$\iint_{D_z} \mathrm{d}x\mathrm{d}y = S_{D_z} = \pi z,$$
其中 $S_{D_z}$ 表示区域 $D_z$ 的面积，所以
$$\iiint_\Omega z\mathrm{d}v = \int_0^1 \pi z^2 \mathrm{d}z = \frac{\pi}{3}.$$

易见，若被积函数为一元函数时，或二重积分比较容易计算时，利用 (10-7) 式比较方便.

【例 10-14】 计算三重积分
$$\iiint_\Omega (x^2+y^2+z^2)\mathrm{d}v,$$
其中 $\Omega$ 是椭球体（如图 10-34）

$$\frac{x^2}{a^2}+\frac{y^2}{b^2}+\frac{z^2}{c^2}\leqslant 1.$$

**解** 由三重积分的性质

$$\iiint_\Omega(x^2+y^2+z^2)\mathrm{d}v=\iiint_\Omega x^2\mathrm{d}v+\iiint_\Omega y^2\mathrm{d}v+\iiint_\Omega z^2\mathrm{d}v,$$

而空间闭区域 $\Omega$ 可表示为

$$\left\{(x,y,z)\,\Big|\,-c\leqslant z\leqslant c,\frac{x^2}{a^2}+\frac{y^2}{b^2}\leqslant 1-\frac{z^2}{c^2}\right\}.$$

如图 10-34 所示. 由(10-7)式得

$$\iiint_\Omega z^2\mathrm{d}v=\int_{-c}^{c}z^2\mathrm{d}z\iint_{D_z}\mathrm{d}x\mathrm{d}y,$$

其中截面

$$D_z=\left\{(x,y)\,\Big|\,\frac{x^2}{a^2}+\frac{y^2}{b^2}\leqslant 1-\frac{z^2}{c^2}\right\}$$

表示椭圆域,故

$$\iint_{D_z}\mathrm{d}x\mathrm{d}y=\pi ab\left(1-\frac{z^2}{c^2}\right),$$

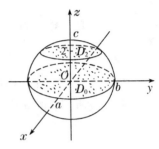

图 10-34

所以

$$\iiint_\Omega z^2\mathrm{d}v=\int_{-c}^{c}\pi ab\left(1-\frac{z^2}{c^2}\right)z^2\mathrm{d}z$$
$$=\int_{-c}^{c}\pi ab\left(1-\frac{z^2}{c^2}\right)z^2\mathrm{d}z=\frac{4}{15}\pi abc^3.$$

同理可得

$$\iiint_\Omega x^2\mathrm{d}v=\frac{4}{15}\pi a^3bc,\quad \iiint_\Omega y^2\mathrm{d}v=\frac{4}{15}\pi ab^3c,$$

所以

$$\iiint_\Omega(x^2+y^2+z^2)\mathrm{d}v=\frac{4}{15}\pi abc(a^2+b^2+c^2).$$

### 2. 利用柱坐标计算三重积分

利用投影法计算三重积分时,需要计算投影区域上的二重积分,而对许多二重积分采用极坐标计算则比较简便,为此我们需要在投影平面(以 $xOy$ 平面为例)内,建立以坐标原点为极点,$x$ 轴为极轴的极坐标系,该极坐标系和 $z$ 轴则构成了空间**柱坐标系**. 和极坐标变换类似,我们有如下柱坐标变换公式

$$\begin{cases} x=\rho\cos\theta & 0\leqslant\rho<\infty;\\ y=\rho\sin\theta & 0\leqslant\theta\leqslant 2\pi;\\ z=z & -\infty<z<+\infty. \end{cases}$$

在柱坐标变换下简单区域 $\Omega$ 可表示为

$$\Omega=\{(x,y,z)\,|\,(x,y)\in D_{xy},z_1(x,y)\leqslant z\leqslant z_2(x,y)\}$$
$$=\{(\rho,\theta,z)\,|\,(\rho,\theta)\in D_{\rho\theta},z_1(\rho\cos\theta,\rho\sin\theta)\leqslant z\leqslant z_2(\rho\cos\theta,\rho\sin\theta)\},$$

其中 $D_{\rho\theta}$ 为投影区域 $D_{xy}$ 在柱坐标变换下的表示形式. 若 $D_{\rho\theta}$ 可以表示成 $\theta$-型区域

$$D_{\rho\theta} = \{(\rho,\theta) \mid \alpha \leqslant \theta \leqslant \beta, \rho_1(\theta) \leqslant \rho \leqslant \rho_2(\theta)\},$$

则
$$\iiint_\Omega f(x,y,z)\mathrm{d}v = \iint_{D_{xy}} \mathrm{d}x\mathrm{d}y \int_{z_2(x,y)}^{z_1(x,y)} f(x,y,z)\mathrm{d}z$$
$$= \iint_{D_{\rho\theta}} \rho\mathrm{d}\rho\mathrm{d}\theta \int_{z_1(\rho\cos\theta,\rho\sin\theta)}^{z_2(\rho\cos\theta,\rho\sin\theta)} f(\rho\cos\theta,\rho\sin\theta,z)\mathrm{d}z$$
$$= \int_\alpha^\beta \mathrm{d}\theta \int_{\rho_1(\theta)}^{\rho_2(\theta)} \rho\mathrm{d}\rho \int_{z_1(\rho\cos\theta,\rho\sin\theta)}^{z_2(\rho\cos\theta,\rho\sin\theta)} f(\rho\cos\theta,\rho\sin\theta,z)\mathrm{d}z.$$

故我们常把柱坐标下的三重积分表示为
$$\iiint_\Omega f(x,y,z)\mathrm{d}v = \iiint_\Omega \rho f(\rho\cos\theta,\rho\sin\theta,z)\mathrm{d}\rho\mathrm{d}\theta\mathrm{d}z.$$

【例 10-15】 求由曲面 $z = x^2 + 2y^2$ 及 $z = 2 - x^2$ 所围成的立体体积.

**解** 设所围成的立体 $\Omega$ 的体积为 $V$，则
$$V = \iiint_\Omega \mathrm{d}x\mathrm{d}y\mathrm{d}z.$$

将 $\Omega$ 投影到 $xOy$ 面上，则投影区域 $D_{xy}$ 的边界曲线为
$$\begin{cases} x^2 + 2y^2 = 2 - x^2; \\ z = 0. \end{cases}$$

即
$$\begin{cases} x^2 + y^2 = 1; \\ z = 0. \end{cases}$$

它表示 $xOy$ 面上的以坐标原点为圆心的单位圆，所以
$$D_{\rho\theta} = \{(\rho,\theta) \mid 0 \leqslant \theta \leqslant 2\pi, 0 \leqslant \rho \leqslant 1\}.$$

显然，柱面 $x^2 + y^2 = 1$ 从 $\Omega$ 的边界曲面中分出的上、下两部分曲面的方程分别为 $z = 2 - x^2$ 和 $z = x^2 + 2y^2$，故
$$x^2 + 2y^2 \leqslant z \leqslant 2 - x^2,$$

所以
$$V = \iiint_\Omega \mathrm{d}x\mathrm{d}y\mathrm{d}z = \iint_{D_{\rho\theta}} \rho\mathrm{d}\rho\mathrm{d}\theta \int_{(\rho\cos\theta)^2 + 2(\rho\sin\theta)^2}^{2-(\rho\cos\theta)^2} \mathrm{d}z$$
$$= \iint_{D_{\rho\theta}} (2 - 2\rho^2)\rho\mathrm{d}\rho\mathrm{d}\theta = \int_0^{2\pi} \mathrm{d}\theta \int_0^1 (2 - 2\rho^2)\rho\mathrm{d}\rho$$
$$= 2\pi \int_0^1 (2 - 2\rho^2)\rho\mathrm{d}\rho = \pi.$$

【例 10-16】 计算
$$V = \iiint_\Omega (x^2 + y^2)\mathrm{d}x\mathrm{d}y\mathrm{d}z,$$

其中 $\Omega$ 是以曲面 $2(x^2 + y^2) = z$ 与 $z = 4$ 为界面的区域（如图 10-35）.

**解** $V$ 在平面上的投影区域 $D$ 为 $x^2 + y^2 \leqslant 2$.
$$V = \iiint_\Omega (x^2 + y^2)\mathrm{d}x\mathrm{d}y\mathrm{d}z = \iiint_\Omega \rho^3 \mathrm{d}\rho\mathrm{d}\theta$$

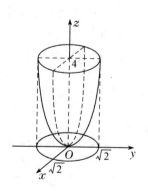

图 10-35

$$= \int_0^{2\pi} d\theta \int_0^{\sqrt{2}} d\rho \int_{2\rho^2}^{4} \rho^3 dz$$
$$= \frac{8\pi}{3}.$$

易见,这一变换对投影区域是圆域或圆域的部分或所求二重积分被积函数的形式为 $f(x^2+y^2)$ 的三重积分的计算有重要帮助.

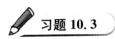

1. 化三重积分 $\iiint\limits_{\Omega} f(x,y,z) dxdydz$ 为三次积分,其中积分区域 $\Omega$ 是:

(1) 由柱面 $x^2+y^2=1$ 及平面 $z=1, z=2$ 所围成的闭区域;

(2) 由曲面 $z=x^2+2y^2$ 及 $z=2-x^2$ 所围成的区域;

(3) 由平面 $x+y+z=1, x+y=1, x=0, y=0, z=1$ 所围成的闭区域;

(4) 由双曲抛物面 $z=xy$ 及平面 $x+y-1=0, z=0$ 所围成的闭区域.

2. 利用直角坐标系计算下列三重积分:

(1) $\iiint\limits_{\Omega} x^2yz\,dxdydz$,其中 $\Omega=\{(x,y,z)\mid 1\leqslant x\leqslant 2, 0\leqslant y\leqslant 1, 0\leqslant z\leqslant 2\}$;

(2) $\iiint\limits_{\Omega} y\cos(x+z)\,dV$,其中 $\Omega$ 是由柱面 $y=\sqrt{x}$ 和平面 $x+z=\frac{\pi}{2}, y=0, z=0$ 所围成的区域;

(3) $\iiint\limits_{\Omega} xy\,dV$,其中 $\Omega$ 是以点 $(0,0,0),(1,0,0),(0,1,0),(0,0,1)$ 为顶点的四面体;

(4) $\iiint\limits_{\Omega} \sin(z^3)\,dxdydz$,其中 $\Omega$ 是由锥面 $z=\sqrt{x^2+y^2}$ 和平面 $z=\sqrt[3]{\pi}$ 围成的闭区域;

(5) $\iiint\limits_{\Omega} (x+2y+3z)\,dV$,其中 $\Omega$ 是由平面 $x+y+z=1$ 与三个坐标平面围成的闭区域;

(6) $\iiint\limits_{\Omega} y\sqrt{1-x^2}\,dxdydz$,其中 $\Omega$ 是由 $y=-\sqrt{1-x^2-y^2}, x^2+z^2=1, y=1$ 围成的闭区域.

3. 利用柱面坐标系计算下列三重积分:

(1) $\iiint\limits_{\Omega} z\,dV$,其中 $\Omega$ 是由曲面 $z=x^2+y^2$ 和平面 $z=2y$ 所围成的区域;

(2) $\iiint\limits_{\Omega} (x^2+y^2)\,dxdydz$,其中 $\Omega$ 是由曲面 $2z=x^2+y^2$ 和平面 $z=2$ 所围成的区域;

(3) $\iiint\limits_{\Omega} z\sqrt{x^2+y^2}\,dV$,其中 $\Omega$ 是由柱面 $z=\sqrt{2x-x^2}$ 和平面 $z=0, z=a(a>0)$ 围成的区域.

4. 利用三重积分计算下列立体的体积:

(1) 由曲面 $z=x^2+y^2, x^2+y^2=4$ 及 $xOy$ 平面所围成的立体;

(2) 由不等式组 $x^2+y^2-z^2\leqslant 0, x^2+y^2+z^2\leqslant a^2$ 所确定的立体.

5. 设 $f(x)$ 连续,$F(t) = \iiint\limits_{\Omega} [z^2 f(x^2+y^2)] \mathrm{d}x\mathrm{d}y\mathrm{d}z$,其中 $\Omega$ 是由不等式组 $0 \leqslant z \leqslant h$,$x^2+y^2 \leqslant t^2$ 确定,求 $\dfrac{\mathrm{d}F}{\mathrm{d}t}$.

6. 求 $\iiint\limits_{\Omega} (x^2+y^2+z)\mathrm{d}x\mathrm{d}y\mathrm{d}z$,其中 $\Omega$ 是由曲线 $\begin{cases} y^2 = 2z, \\ x = 0 \end{cases}$ 绕 $z$ 轴旋转一周而成的曲面与平面 $z = 4$ 所围成的立体.

## 10.4  重积分的应用

除了前面讨论的空间立体的体积及空间物体的质量可用重积分来解决外,本节所列举的几个常见的几何学和力学上的问题,也可以通过"分割、近似求和、取极限",从而应用重积分来求解.

### 10.4.1  曲面的面积

设曲面 $S$ 的方程为

$$z = f(x, y),$$

$S$ 在 $xOy$ 平面的投影为有界闭区域 $D$,且 $f(x, y)$ 在 $D$ 有连续的一阶偏导数,求曲面 $S$ 的面积 $\Delta S$.

为了定义曲面 $S$ 的面积,对区域 $D$ 作分割 $T$,它把 $D$ 分成 $n$ 个小闭区域 $\sigma_i (i=1,2,\cdots,n)$,以 $\sigma_i$ 的边界为准线,作平行于 $z$ 轴的柱面 $S'_i$,这些柱面相应地将曲面 $S$ 也分成 $n$ 个小曲面片 $S_i (i=1,2,\cdots,n)$. 在每个 $S_i$ 上任取一点 $M(\xi_i, \eta_i, \zeta_i)$,作曲面在这一点的切平面 $\pi_i$,设切平面 $\pi_i$ 被柱面 $S'_i$ 截得的部分为 $A_i$,如图 10-36 所示. 设切平面 $A_i$ 的面积为 $\Delta A_i$,小曲面片 $S_i$ 的面积为 $\Delta S_i$,则当分割细度 $\lambda$ 很小时,有

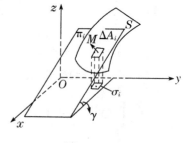

图 10-36

$$\Delta S = \sum_{i=1}^{n} \Delta S_i \approx \sum_{i=1}^{n} \Delta A_i.$$

由于切平面 $\pi_i$ 的法向量就是曲面 $S$ 在点 $(\xi_i, \eta_i, \zeta_i)$ 处的法向量,记它与 $z$ 轴的夹角为 $\gamma_i$,则

$$\cos \gamma_i = \dfrac{1}{\sqrt{1 + f_x^2(\xi_i, \eta_i) + f_y^2(\xi_i, \eta_i)}}.$$

因为 $\sigma_i$ 为 $A_i$ 在 $xOy$ 平面上的投影,所以

$$\Delta A_i = \dfrac{\Delta \sigma_i}{\cos \gamma_i} = \sqrt{1 + f_x^2(\xi_i, \eta_i) + f_y^2(\xi_i, \eta_i)} \Delta \sigma_i,$$

其中 $\Delta \sigma_i$ 表示区域 $\sigma_i$ 的面积,其次,由于 $\sqrt{1 + f_x^2(\xi_i, \eta_i) + f_y^2(\xi_i, \eta_i)}$ 是连续函数,故

$$\Delta S = \lim_{\lambda \to 0} \sum_{i=1}^{n} \Delta A_i$$

$$= \lim_{\lambda \to 0} \sum_{i=1}^{n} \sqrt{1+f_x^2(\xi_i,\eta_i)+f_y^2(\xi_i,\eta_i)} \Delta\sigma_i$$

$$= \iint_D \sqrt{1+f_x^2(\xi_i,\eta_i)+f_y^2(\xi_i,\eta_i)} \, d\sigma.$$

这就是空间曲面的面积公式，通常我们称 $dA=\sqrt{1+f_x^2(\xi_i,\eta_i)+f_y^2(\xi_i,\eta_i)}\,d\sigma$ 为曲面 $S$ 的面积元素．

**【例 10-17】** 求圆锥 $z=\sqrt{x^2+y^2}$ 在圆柱体 $x^2+y^2\leqslant 2x$ 内那一部分的面积．

**解** 据曲面面积公式，
$$\Delta S = \iint_D \sqrt{1+z_x^2+z_y^2}\,d\sigma,$$

其中 $D$ 是 $x^2+y^2\leqslant 2x$．又所求曲面方程为
$$z=\sqrt{x^2+y^2},$$

故
$$z_x = \frac{x}{\sqrt{x^2+y^2}},\; z_y = \frac{y}{\sqrt{x^2+y^2}},$$

因此
$$\sqrt{1+z_x^2+z_y^2} = \sqrt{1+\frac{x^2}{x^2+y^2}+\frac{y^2}{x^2+y^2}} = \sqrt{2}.$$

所以
$$\Delta S = \iint_D \sqrt{2}\,d\sigma = \sqrt{2}\iint_D d\sigma = \sqrt{2}\pi.$$

**【例 10-18】** 计算双曲抛物面 $z=xy$ 被柱面 $x^2+y^2=R^2$ 所截曲面的面积 $A$．

**解** 曲面在 $xOy$ 平面的投影为
$$D=\{(x,y)\,|\,x^2+y^2\leqslant R^2\},$$

故
$$A = \iint_D \sqrt{1+z_x^2+z_y^2}\,d\sigma = \iint_D \sqrt{1+x^2+y^2}\,d\sigma$$
$$= \int_0^{2\pi} d\theta \int_0^R \rho\sqrt{1+\rho^2}\,d\rho = \frac{2}{3}\pi\left[(1+R^2)^{\frac{3}{2}}-1\right].$$

### 10.4.2 平面薄片的重心

设有一平面薄片，占有 $xOy$ 平面上的闭区域 $D$，其密度函数为 $\mu(x,y)$，并且 $\mu(x,y)$ 在 $D$ 上连续，求该薄片的重心坐标．

为求得薄片的重心坐标，先对 $D$ 作分割 $T$，它把 $D$ 分成 $n$ 个小闭区域 $\sigma_i(i=1,2,\cdots,n)$，并设 $\sigma_i$ 的面积为 $\Delta\sigma_i$，在属于 $T$ 的每一小块 $\sigma_i$ 上任取一点 $(\xi_i,\eta_i)$，于是小块 $\sigma_i$ 的质量可以用 $\mu(\xi_i,\eta_i)\Delta\sigma_i$ 近似代替．若把每一小块看作质量集中在点 $(\xi_i,\eta_i)$ 上时，整个物体就可用这 $n$ 个质点的质点系来近似代替．由力学知道，质点系的重心坐标公式为

$$\overline{x}_n = \frac{\sum_{i=1}^{n} x_i m_i}{\sum_{i=1}^{n} m_i} = \frac{\sum_{i=1}^{n} \xi_i \mu(\xi_i,\eta_i)\Delta\sigma_i}{\sum_{i=1}^{n} \mu(\xi_i,\eta_i)\Delta\sigma_i},$$

$$\overline{y}_n = \frac{\sum\limits_{i=1}^{n} y_i m_i}{\sum\limits_{i=1}^{n} m_i} = \frac{\sum\limits_{i=1}^{n} \eta_i \mu(\xi_i, \eta_i) \Delta\sigma_i}{\sum\limits_{i=1}^{n} \mu(\xi_i, \eta_i) \Delta\sigma_i}.$$

其中 $(x_i, y_i), m_i$ 分别表示第 $i$ 个质点坐标和质量.

又 $\mu(x,y)$ 在 $D$ 上连续,当分割细度 $\lambda \to 0$ 时,$\overline{x}_n, \overline{y}_n$ 的极限均存在,即为平面薄板的重心坐标 $(\overline{x}, \overline{y})$,所以由二重积分的定义有

$$\overline{x} = \frac{\iint\limits_{D} x\mu(x,y)\mathrm{d}\sigma}{\iint\limits_{D} \mu(x,y)\mathrm{d}\sigma}, \overline{y} = \frac{\iint\limits_{D} y\mu(x,y)\mathrm{d}\sigma}{\iint\limits_{D} \mu(x,y)\mathrm{d}\sigma}.$$

当平面薄板 $D$ 的密度均匀时,即 $\mu$ 是常数时,则有

$$\overline{x} = \frac{\iint\limits_{D} x\mathrm{d}\sigma}{\iint\limits_{D} \mathrm{d}\sigma} = \frac{1}{A}\iint\limits_{D} x\mathrm{d}\sigma, \overline{y} = \frac{\iint\limits_{D} y\mathrm{d}\sigma}{\iint\limits_{D} \mathrm{d}\sigma} = \frac{1}{A}\iint\limits_{D} y\mathrm{d}\sigma,$$

其中 $A$ 为平面薄板 $D$ 的面积.

**【例 10-19】** 求位于两圆 $x^2+(y-1)^2=1$ 和 $x^2+(y-2)^2=4$ 之间的均匀薄片的重心(如图 10-37).

**解** 因为闭区域 $D$ 关于 $y$ 轴对称,所以重心 $C(\overline{x}, \overline{y})$ 必位于 $y$ 轴上,于是 $\overline{x}=0$. 又平面薄板是均匀的,故

$$\overline{y} = \frac{1}{A}\iint\limits_{D} y\mathrm{d}\sigma,$$

其中平面薄板的质量 $A = 4\pi - \pi = 3\pi$,再利用极坐标计算

$$\iint\limits_{D} y\mathrm{d}\sigma = \iint\limits_{D} \rho^2 \sin\theta \mathrm{d}\rho\mathrm{d}\theta = \int_0^{\pi} \sin\theta \mathrm{d}\theta \int_{2\sin\theta}^{4\sin\theta} \rho^2 \mathrm{d}\rho$$

$$= \frac{56}{3}\int_0^{\pi} \sin^4\theta \mathrm{d}\theta = 7\pi.$$

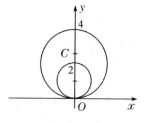

图 10-37

因此

$$\overline{y} = \frac{7\pi}{3\pi} = \frac{7}{3},$$

所以重心为 $C\left(0, \dfrac{7}{3}\right)$.

### 10.4.3 平面薄片转动惯量

设有一平面薄片,占有 $xOy$ 平面上的闭区域 $D$,其密度函数为 $\mu(x,y)$,并且 $\mu(x,y)$ 在 $D$ 上连续,求该薄片对于 $x$ 轴的转动惯量 $I_x$ 以及对 $y$ 轴的转动惯量 $I_y$.

和求平面薄片的重心类似,先对 $D$ 作分割 $T$,它把 $D$ 分成 $n$ 个小闭区域 $\sigma_i (i=1,2,\cdots,n)$,并设 $\sigma_i$ 的面积为 $\Delta\sigma_i$,在属于 $T$ 的每一小块 $\sigma_i$ 上任取一点 $(\xi_i, \eta_i)$,于是小块 $\sigma_i$ 的质量可以用 $\mu(\xi_i, \eta_i)\Delta\sigma_i$ 近似代替. 若把每一小块看作质量集中在点 $(\xi_i, \eta_i)$ 上时,整个物体就可用这 $n$ 个质点的质点系来近似代替. 由力学知道,质点系对于 $x$ 和 $y$ 轴的转动惯量分别是

$$I_x^n = \sum_{i=1}^n y_i^2 m_i = \sum_{i=1}^n \eta_i^2 \mu(\xi_i, \eta_i) \Delta\sigma_i,$$

$$I_y^n = \sum_{i=1}^n x_i^2 m_i = \sum_{i=1}^n \xi_i^2 \mu(\xi_i, \eta_i) \Delta\sigma_i.$$

其中 $x_i, y_i, m_i$ 分别表示第 $i$ 个质点坐标和质量.

又 $\mu(x,y)$ 在 $D$ 上连续,当分割细度 $\lambda \to 0$ 时 $I_x^n, I_y^n$ 的极限均存在且分别为转动惯量 $I_x$ 和 $I_y$,所以由二重积分的定义有

$$I_x = \iint_D y^2 \mu(x,y) d\sigma, \quad I_y = \iint_D x^2 \mu(x,y) d\sigma.$$

【例 10-20】 设半径为 $R$ 的均匀圆盘 $D$ 的面密度为常数 $\mu$,求 $D$ 对于其直径的转动惯量.

**解** 取坐标系如图 10-38 所示,则薄片所占的闭区域为

$$D = \{(x,y) \mid x^2 + y^2 \leqslant R^2\},$$

而所求的转动惯量即圆盘对 $y$ 轴的转动惯量,故

$$I_x = \iint_D y^2 \mu d\sigma = \mu \iint_D \rho^3 \cos^2\theta d\rho d\theta$$
$$= \mu \int_0^{2\pi} \cos^2\theta d\theta \int_0^R \rho^3 d\rho = \frac{\mu \pi R^4}{4}.$$

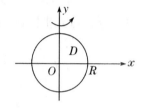

图 10-38

本节所讨论的平面薄板的重心与转动惯量问题,可以类似地推广到空间物体上. 设空间一物体占有空间有界闭区域 $\Omega$,其密度函数为 $\rho(x,y,z)$,且 $\rho(x,y,z)$ 在 $\Omega$ 上连续,则物体的重心坐标为

$$\bar{x} = \frac{\iiint_\Omega x\rho(x,y,z) dV}{\iiint_\Omega \rho(x,y,z) dV}, \quad \bar{y} = \frac{\iiint_\Omega y\rho(x,y,z) dV}{\iiint_\Omega \rho(x,y,z) dV}, \quad \bar{z} = \frac{\iiint_\Omega z\rho(x,y,z) dV}{\iiint_\Omega \rho(x,y,z) dV}.$$

对坐标轴的转动惯量为

$$I_x = \iiint_\Omega (y^2 + z^2) \rho(x,y,z) dV,$$

$$I_y = \iiint_\Omega (x^2 + z^2) \rho(x,y,z) dV,$$

$$I_z = \iiint_\Omega (x^2 + y^2) \rho(x,y,z) dV.$$

对坐标平面的转动惯量为

$$I_{xOy} = \iiint_\Omega z^2 \rho(x,y,z) dV,$$

$$I_{yOz} = \iiint_\Omega x^2 \rho(x,y,z) dV,$$

$$I_{xOz} = \iiint_\Omega y^2 \rho(x,y,z) dV.$$

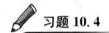
习题 10.4

1. 计算以 $xOy$ 面上的圆周 $x^2+y^2=ax$ 围成的闭区域为底,以曲面 $z=x^2+y^2$ 为顶的曲顶柱体的体积.

2. 求两柱面 $x^2+y^2=R^2$ 及 $x^2+z^2=R^2$ 所围立体的表面积.

3. 求球面 $x^2+y^2+z^2=3a^2$ 含在旋转抛物面 $x^2+y^2-2az=0(a>0)$ 内部分的面积.

4. 求曲线 $y=x^2$,$y=2-x$ 和 $y=0$ 所围成的均匀薄片的重心.

5. 设面密度为 $\rho$ 的均匀薄片所占区域 $D$ 是介于两圆 $r=2\cos\theta$,$r=4\cos\theta$ 之间的闭区域,求此薄片的重心.

6. 设球体占有闭区域 $\Omega=\{(x,y,z)|x^2+y^2+z^2\leqslant 2Rz\}$,它在内部各点处的密度的大小等于该点到坐标圆点的距离的平方. 试求这个球体的重心.

7. 以 $R$ 为半径的平面薄片圆板上点 $P$ 的密度等于点 $P$ 与圆心距离的平方,求该薄板的质量 $M$ 和关于它的对称轴的转动惯量 $I$.

8. 一均匀物体(设密度为常数 $\mu_0$)所占有的闭区域 $V$ 由曲面 $z=x^2+y^2$ 和平面 $z=0$,$|x|=a$,$|y|=a$ 所围成.

(1) 求物体的体积;

(2) 求物体的重心;

(3) 求物体关于 $z$ 轴的转动惯量.

# 第 11 章

# 曲线积分与曲面积分

定积分与重积分讨论的是定义在直线段、平面图形或空间区域上函数的积分问题. 本章研究将积分范围推广到曲线段或曲面的曲线积分和曲面积分.

## 11.1 对弧长的曲线积分

### 11.1.1 对弧长的曲线积分的概念与性质

【引例 11-1】 求细长绳的质量.

设某细长绳的线密度函数 $\rho(x,y)$ 是定义在 $xOy$ 平面曲线段 $L$ 上的连续函数,求该细长绳的质量 $m$.

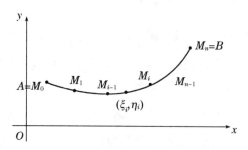

图 11-1

首先对 $L$ 进行分割,用节点 $M_i(i=0,1,\cdots,n)$,把 $L$ 分成 $n$ 个小曲线段 $L_i(i=1,2,\cdots,n)$,并在每一个 $L_i$ 上任取一点 $(\xi_i,\eta_i)$. 由于 $\rho$ 是 $L$ 上的连续函数,所以当 $L_i(i=1,2,\cdots,n)$ 都很小时,每一小段的 $L_i$ 质量近似于 $\rho(\xi_i,\eta_i)\Delta s_i$,其中 $\Delta s_i$ 表示 $L_i$ 的弧长. 于是整个 $L$ 的质量就近似于和式 $\sum_{i=1}^{n}\rho(\xi_i,\eta_i)\Delta s_i$,即

$$m \approx \sum_{i=1}^{n}\rho(\xi_i,\eta_i)\Delta s_i.$$

当对 $L$ 分割越来越细(即 $\lambda=\max\{L_i \text{ 的直径}\}\to 0$)时,上述和式的极限就是所求细长绳 $L$ 的质量,所以

$$m = \lim_{\lambda\to 0}\sum_{i=1}^{n}\rho(\xi_i,\eta_i)\Delta s_i.$$

由上述引例易看出,求细长绳的质量与之前的定积分和重积分一样,也是通过"分割、近似、求和、取极限"得到的.下面引入此类积分的定义.

**定义 11-1** 设 $L$ 为 $xOy$ 平面内的一条光滑曲线段,函数 $f(x,y)$ 在 $L$ 上有界.将 $L$ 分成 $n$ 个小曲线段 $L_i(i=1,2,\cdots,n)$,设第 $i$ 段的长度为 $\Delta s_i$,$(\xi_i,\eta_i)$ 为第 $i$ 段上任意取定的一点,作和式 $\sum_{i=1}^{n}\rho(\xi_i,\eta_i)\Delta s_i$.如果当 $\lambda=\max\{L_i\text{ 的直径}\}\to 0$ 时,和式的极限总存在,则称该极限为函数 $f(x,y)$ 在曲线弧 $L$ 上的对弧长的曲线积分,记作 $\int_L f(x,y)\mathrm{d}s$,即

$$\int_L f(x,y)\mathrm{d}s = \lim_{\lambda\to 0}\sum_{i=1}^{n}\rho(\xi_i,\eta_i)\Delta s_i,$$

其中 $f(x,y)$ 称为被积函数,$L$ 称为积分弧段.若 $L$ 为封闭曲线,则 $f(x,y)$ 在曲线弧 $L$ 上的对弧长的曲线积分记为 $\oint_L f(x,y)\mathrm{d}s$.

根据定义,细长绳的质量 $m = \int_L \rho(x,y)\mathrm{d}s$.

上述定义可推广到空间曲线弧 $C$ 上的对弧长的曲线积分,即函数 $f(x,y,z)$ 在曲线弧 $C$ 上的对弧长的曲线积分为

$$\int_C f(x,y,z)\mathrm{d}s = \lim_{\lambda\to 0}\sum_{i=1}^{n}\rho(\xi_i,\eta_i,\zeta_i)\Delta s_i.$$

### 11.1.2 对弧长的曲线积分的性质

根据对弧长的曲线积分的定义及极限的性质可得 $\int_L f(x,y)\mathrm{d}s$ 具有如下性质:

设函数 $f(x,y),g(x,y)$ 在曲线弧段 $L$ 上的对弧长的曲线积分存在.

**性质 11-1(线性性)** 设 $\alpha,\beta$ 为常数,则

$$\int_L [\alpha f(x,y)+\beta g(x,y)]\mathrm{d}s = \alpha\int_L f(x,y)\mathrm{d}s + \beta\int_L g(x,y)\mathrm{d}s.$$

**性质 11-2(可加性)** 若积分弧段 $L$ 可分为两端光滑曲线弧 $L_1$ 和 $L_2$,则

$$\int_L f(x,y)\mathrm{d}s = \int_{L_1} f(x,y)\mathrm{d}s + \int_{L_2} f(x,y)\mathrm{d}s.$$

**性质 11-3** 设在曲线弧段 $L$ 上 $f(x,y)\leqslant g(x,y)$,则

$$\int_L f(x,y)\mathrm{d}s \leqslant \int_L g(x,y)\mathrm{d}s.$$

特别地,$\left|\int_L f(x,y)\mathrm{d}x\right| \leqslant \int_L |f(x,y)|\mathrm{d}x.$

### 11.1.2 对弧长的曲线积分的计算

**定理 11-1** 设函数 $f(x,y)$ 在曲线弧段 $L$ 上连续,$L$ 的参数方程为

$$\begin{cases} x=x(t), \\ y=y(t), \end{cases} \alpha\leqslant t\leqslant\beta,$$

其中 $x(t),y(t)$ 在 $[\alpha,\beta]$ 上具有一阶连续导数,且 $x'^2(t)+y'^2(t)\neq 0$,则

$$\int_L f(x,y)\mathrm{d}s = \int_\alpha^\beta f[x(t),y(t)]\sqrt{x'^2(t)+y'^2(t)}\mathrm{d}t. \tag{11-1}$$

特别地,

(ⅰ) 若曲线段 $L$ 的方程为 $y=y(x), a \leqslant x \leqslant b$, 则由公式(11-1)得

$$\int_L f(x,y)\mathrm{d}s = \int_a^b f[x,y(x)]\sqrt{1+y'^2(x)}\mathrm{d}x. \tag{11-2}$$

(ⅱ) 若曲线弧段 $L$ 的方程为 $x=x(y), c \leqslant y \leqslant d$, 则由公式(11-1)得

$$\int_L f(x,y)\mathrm{d}s = \int_c^d f[x(y),y]\sqrt{x'^2(y)+1}\mathrm{d}y. \tag{11-3}$$

(ⅲ) 公式(11-1)可退推广到空间曲线弧段 $C$:

$$\begin{cases} x=x(t), \\ y=y(t), \quad \alpha \leqslant t \leqslant \beta, \\ z=z(t), \end{cases}$$

则

$$\int_C f(x,y)\mathrm{d}s = \int_\alpha^\beta f[x(t),y(t),z(t)]\sqrt{x'^2(t)+y'^2(t)+z'^2(t)}\mathrm{d}t.$$

【例 11-1】 计算 $\int_L \sqrt{x}\mathrm{d}s$, 其中 $L$ 为抛物线 $x=y^2$ 上点 $(0,0)$ 与 $(1,1)$ 之间的弧段.

**解**

$$\begin{aligned}\int_L \sqrt{x}\mathrm{d}s &= \int_0^1 \sqrt{y^2}\sqrt{[(y^2)']^2+1}\mathrm{d}y = \int_0^1 y\sqrt{1+4y^2}\mathrm{d}y \\ &= \frac{1}{8}\frac{2}{3}(1+4y^2)^{\frac{3}{2}}\Big|_0^1 \\ &= \frac{1}{12}(5\sqrt{5}-1). \end{aligned}$$

【例 11-2】 计算 $\oint_L x\mathrm{d}s$, 其中 $L$ 为由直线 $y=x$ 与抛物线 $y=x^2$ 围成的区域的整个边界.

**解** 将 $L$ 分成 $L_1$ 和 $L_2$, 其方程分别为

$$y=x, 0 \leqslant x \leqslant 1; y=x^2, 0 \leqslant x \leqslant 1,$$

则

$$\begin{aligned}\int_L f(x,y)\mathrm{d}s &= \int_{L_1} f(x,y)\mathrm{d}s + \int_{L_2} f(x,y)\mathrm{d}s \\ &= \int_0^1 x\sqrt{1+1}\mathrm{d}x + \int_0^1 x\sqrt{1+4x^2}\mathrm{d}x \\ &= \frac{\sqrt{2}}{2} + \left[\frac{1}{8}\frac{2}{3}(1+4x^2)^{\frac{3}{2}}\right]_0^1 \\ &= \frac{\sqrt{2}}{2} + \frac{1}{12}(5\sqrt{5}-1). \end{aligned}$$

【例 11-3】 计算曲线积分 $\int_\Gamma (x^2+y^2+z^2)\mathrm{d}s$, 其中 $\Gamma$ 为螺旋线的一段弧. $x=a\cos t$, $y=a\sin t, z=kt (0 \leqslant t \leqslant 2\pi)$.

**解**
$$\int_\Gamma (x^2+y^2+z^2)ds = \int_0^{2\pi}[(a\cos t)^2+(a\sin t)^2+(kt)^2]\cdot\sqrt{(-a\sin t)^2+(a\cos t)^2+k^2}\,dt$$
$$=\sqrt{a^2+k^2}\int_0^{2\pi}[a^2+k^2t^2]dt$$
$$=\sqrt{a^2+k^2}\left[a^2t+\frac{k^2}{3}t^3\right]_0^{2\pi}$$
$$=\frac{2\pi}{3}\sqrt{a^2+k^2}(3a^2+4\pi^2k^2).$$

### 习题 11.1

1. 计算下列对弧长的曲线积分：

(1) $\int_L (x+y)ds$，其中 $L$ 为连接 $(2,0)$ 与 $(0,2)$ 的直线段；

(2) $\oint_L e^{\sqrt{x^2+y^2}}ds$，其中 $L$ 为圆周 $x^2+y^2=a^2$，直线 $y=x$ 及 $x$ 轴在第一象限所围成闭区域的整个边界；

(3) $\int_L (x^2+y^2)ds$，其中 $L$ 为上半圆周 $x^2+y^2=R^2$；

(4) $\int_L x^2 ds$，其中 $L$ 为球面 $x^2+y^2+z^2=R^2$ 被平面 $x+y+z=0$ 所截得的圆周；

(5) $\int_L x^2yz\,ds$，其中 $L$ 为折线 $ABCD$，其中四点坐标依次为 $(0,0,0),(0,0,2),(1,0,2),(1,3,2)$.

2. 求螺线 $x=a\cos t, y=a\sin t, z=bt(0\leqslant t\leqslant 2\pi)$ 对 $z$ 轴的转动惯量，设曲线的密度为 1.

## 11.2 对坐标的曲线积分

### 12.2.1 对坐标的曲线积分的概念与性质

【引例 11-2】 求变力沿曲线所做的功.

如图 11-2 所示，设一个质点在 $xOy$ 面内在变力 $\boldsymbol{F}(x,y) = P(x,y)\boldsymbol{i}+Q(x,y)\boldsymbol{j}$ 的作用下，从点 $A$ 沿光滑曲线弧 $L$ 移动到点 $B$，其中函数 $P(x,y), Q(x,y)$ 在 $L$ 上连续. 试求变力 $\boldsymbol{F}(x,y)$ 所做的功.

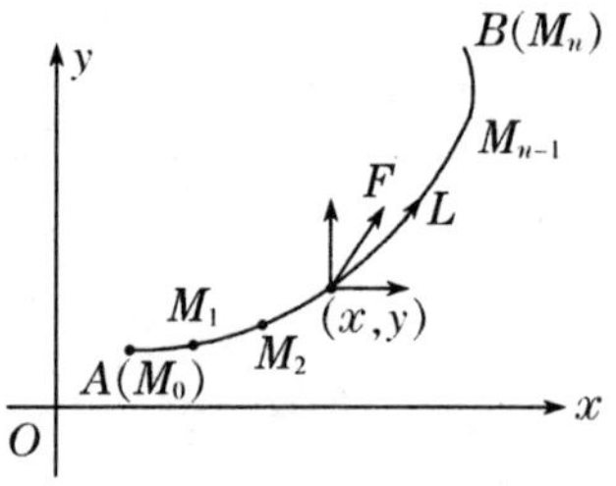

由力学知识知道，如果 $\boldsymbol{F}$ 为恒力，且质点是沿直线从 $A$ 移动到 $B$，那么 $\boldsymbol{F}$ 所做的功为
$$W = \boldsymbol{F}\cdot\overrightarrow{AB}.$$

图 11-2

这里由于 $\boldsymbol{F}(x,y)$ 是变力且 $L$ 为曲线，$\boldsymbol{F}$ 所做的功不能直接用上式来计算，为此，我们先在 $AB$ 内插入 $n-1$ 个分点 $M_1, M_2, \cdots, M_{n-1}$，并设 $A=M_0, B=M_n$ 这些点便把曲线 $L$ 分成 $n$ 个有向小曲线弧 $M_{i-1}M_i (i=1,2,\cdots,n)$，并用 $\Delta s_i$ 表示弧 $M_{i-1}M_i$ 的弧长，则分割细度
$$\lambda = \max_{1\leqslant i\leqslant n}\{\Delta s_i\}.$$

当 $\Delta s_i$ 很小时,由于函数 $P(x,y),Q(x,y)$ 在 $L$ 上连续,所以 $\boldsymbol{F}(x,y)$ 在弧 $M_{i-1}M_i$ 内变化不大,故可以近似地视为恒力,并可以用弧 $M_{i-1}M_i$ 内任意一点 $(\xi_i,\eta_i)$ 处的力
$$\boldsymbol{F}(\xi_i,\eta_i)=P(\xi_i,\eta_i)\boldsymbol{i}+Q(\xi_i,\eta_i)\boldsymbol{j}$$
来近似代替. 又由于曲线光滑,若设点 $M_i(i=1,2,\cdots,n)$ 的坐标为 $(x_i,y_i)$,则可以把弧 $M_{i-1}M_i$ 近似地视为有向线段
$$\overrightarrow{M_{i-1}M_i}=(\Delta x_i)\boldsymbol{i}+(\Delta y_i)\boldsymbol{j},$$
其中 $\Delta x_i=x_i-x_{i-1},\Delta y_i=y_i-y_{i-1}$,所以 $F(x,y)$ 沿弧 $M_{i-1}M_i$ 所做的功为
$$\Delta W_i\approx\boldsymbol{F}(\xi_i,\eta_i)\cdot\overrightarrow{M_{i-1}M_i}=P(\xi_i,\eta_i)\Delta x_i+Q(\xi_i,\eta_i)\Delta y_i,$$
从而,
$$W=\sum_{i=1}^n\Delta W_i\approx\sum_{i=1}^n[P(\xi_i,\eta_i)\Delta x_i+Q(\xi_i,\eta_i)\Delta y_i],$$
令分割细度 $\lambda\to 0$,得
$$W=\lim_{\lambda\to 0}\sum_{i=1}^n[P(\xi_i,\eta_i)\Delta x_i+Q(\xi_i,\eta_i)\Delta y_i].$$
由这种类型的和式极限我们抽象出如下对坐标的曲线积分的定义.

**定义 11-2** 设 $L$ 为 $xOy$ 平面内从点 $A$ 到 $B$ 的一条有线光滑曲线弧,$P(x,y),Q(x,y)$ 为定义在 $L$ 上的有界函数,把 $L$ 任意分成 $n$ 个有向小弧段 $L_i(i=1,2,\cdots,n)$,设 $L_i$ 起点和终点坐标分别为 $(x_{i-1},y_{i-1})$ 和 $(x_i,y_i)$,$\Delta x_i=x_i-x_{i-1},\Delta y_i=y_i-y_{i-1}$,$(\xi_i,\eta_i)$ 为 $L_i$ 上任意一点,分割细度 $\lambda$ 为各小弧段长度的最大值.

如果极限
$$\lim_{\lambda\to 0}\sum_{i=1}^n P(\xi_i,\eta_i)\Delta x_i$$
总存在,则称此极限为函数 $P(x,y)$ 在有向曲线 $L$ 上**对坐标 $x$ 的曲线积分**,记作 $\int_L P(x,y)\mathrm{d}x$,即
$$\int_L P(x,y)\mathrm{d}x=\lim_{\lambda\to 0}\sum_{i=1}^n P(\xi_i,\eta_i)\Delta x_i.$$

如果极限
$$\lim_{\lambda\to 0}\sum_{i=1}^n Q(\xi_i,\eta_i)\Delta y_i$$
总存在,则称此极限为函数 $Q(x,y)$ 在有向曲线 $L$ 上**对坐标 $y$ 的曲线积分**,记作 $\int_L Q(x,y)\mathrm{d}y$,即
$$\int_L Q(x,y)\mathrm{d}y=\lim_{\lambda\to 0}\sum_{i=1}^n Q(\xi_i,\eta_i)\Delta y_i.$$

由此,本节开始所求的变力 $F$ 所做的功可以表达成
$$W=\int_L P(x,y)\mathrm{d}x+\int_L Q(x,y)\mathrm{d}y.$$
为方便起见,常把上式右端写成
$$\int_L P(x,y)\mathrm{d}x+Q(x,y)\mathrm{d}y$$

或向量形式

$$\int_L \boldsymbol{F}(x,y) \cdot \mathrm{d}\boldsymbol{s},$$

其中,$\boldsymbol{F}(x,y)=\{P(x,y),Q(x,y)\}$,$\mathrm{d}\boldsymbol{s}=\{\mathrm{d}x,\mathrm{d}y\}$.

类似地,若积分弧段 $L$ 为空间光滑有向曲线,$P(x,y,z)$,$Q(x,y,z)$,$R(x,y,z)$ 为定义在 $L$ 上的函数,则可以按上述方法定义空间曲线上对坐标 $x,y,z$ 的曲线积分

$$\int_L P(x,y,z)\mathrm{d}x,\ \int_L Q(x,y,z)\mathrm{d}y,\ \int_L R(x,y,z)\mathrm{d}z.$$

根据定义 11-2,容易推导出对坐标的曲线积分有如下一些性质.

**性质 11-4 (线性性)** 设 $\boldsymbol{F}_1(x,y)=\{P_1(x,y),Q_1(x,y)\}$ 和 $\boldsymbol{F}_2(x,y)=\{P_2(x,y),Q_2(x,y)\}$ 在曲线 $L$ 上可积,则对任意常数 $\alpha,\beta,\alpha\boldsymbol{F}_1(x,y)+\beta\boldsymbol{F}_2(x,y)$ 在曲线 $L$ 上也可积,并且有

$$\int_L [\alpha\boldsymbol{F}_1(x,y)+\beta\boldsymbol{F}_2(x,y)] \cdot \mathrm{d}\boldsymbol{s}=\alpha\int_L \boldsymbol{F}_1(x,y) \cdot \mathrm{d}\boldsymbol{s}+\beta\int_L \boldsymbol{F}_2(x,y) \cdot \mathrm{d}\boldsymbol{s}.$$

**性质 11-5 (积分弧段可加性)** 如果有向曲线弧 $L$ 可分为两段光滑的有向曲线弧 $L_1$ 和 $L_2$,则

$$\int_L \boldsymbol{F}(x,y) \cdot \mathrm{d}\boldsymbol{s}=\int_{L_1} \boldsymbol{F}(x,y) \cdot \mathrm{d}\boldsymbol{s}+\int_{L_2} \boldsymbol{F}(x,y) \cdot \mathrm{d}\boldsymbol{s}.$$

由该性质,如果 $L$ 是分段光滑的,我们规定函数在有向线段 $L$ 上对坐标的曲线积分等于在光滑的各段上对坐标的曲线积分之和.

**性质 11-6 (方向性)** 设 $L$ 是有向曲线弧,$-L$ 是与 $L$ 方向相反的有向曲线弧,则

$$\int_{-L} \boldsymbol{F}(x,y) \cdot \mathrm{d}\boldsymbol{s}=-\int_L \boldsymbol{F}(x,y) \cdot \mathrm{d}\boldsymbol{s}.$$

### 11.2.2 对坐标的曲线积分的计算

对坐标的曲线积分的计算是以定积分为基础的,关键是将对坐标的曲线积分转化成一个定积分,具体形式可由如下定理给出.

**定理 11-2** 设 $P(x,y),Q(x,y)$ 是定义在光滑有向曲线

$$L:\begin{cases}x=\varphi(t);\\y=\psi(t)\end{cases}\quad t\in[\alpha,\beta]$$

上的连续函数,当参数 $t$ 单调地由 $\alpha$ 变到 $\beta$ 时,点 $M(x,y)$ 从 $L$ 的起点 $A$ 沿 $L$ 运动到终点 $B$,$\varphi(t)$ 和 $\psi(t)$ 在 $[\alpha,\beta]$ 上有一阶连续导数,则

$$\int_L P(x,y)\mathrm{d}x=\int_\alpha^\beta P[\varphi(t),\psi(t)]\varphi'(t)\mathrm{d}t,$$

$$\int_L Q(x,y)\mathrm{d}y=\int_\alpha^\beta Q[\varphi(t),\psi(t)]\psi'(t)\mathrm{d}t,$$

或

$$\int_L P(x,y)\mathrm{d}x+Q(x,y)\mathrm{d}y=\int_\alpha^\beta \{P[\varphi(t),\psi(t)]\varphi'(t)+Q[\varphi(t),\psi(t)]\psi'(t)\}\mathrm{d}t. \quad (11-4)$$

**证明** 在定义 11-2 中,令 $x_i=\varphi(t_i),y_i=\psi(t_i)$,则 $\Delta x_i=x_i-x_{i-1}=\varphi(t_i)-\varphi(t_{i-1})$,由微分中值定理存在 $t'_i\in(t_{i-1},t_i)$,使得

$$\Delta x_i = \varphi'(t'_i)(t_i - t_{i-1}) = \varphi'(t'_i)\Delta t_i.$$

其中 $\Delta t_i = t_i - t_{i-1}$，并设

$$\lambda = \max_{1 \leqslant i \leqslant n}\{\Delta t_i\},$$

再设点 $(\xi_i, \eta_i)$ 对应的参数为 $t''_i$，即 $\xi_i = \varphi(t''_i), \eta_i = \psi(t''_i)$，则 $t''_i \in (t_{i-1}, t_i)$，从而

$$\int_L P(x,y)dx = \lim_{\lambda \to 0} \sum_{i=1}^{n} P(\xi_i, \eta_i)\Delta x_i.$$

$$= \lim_{\lambda \to 0} \sum_{i=1}^{n} P[\varphi(t''_i), \psi(t''_i)]\varphi'(t'_i)\Delta t_i.$$

由于 $\varphi(t)$ 在 $[\alpha, \beta]$ 上有一阶连续导数，所以

$$\int_L P(x,y)dx = \lim_{\lambda \to 0} \sum_{i=1}^{n} P[\varphi(t''_i), \psi(t''_i)]\varphi'(t'_i)\Delta t_i$$

$$= \int_{\alpha}^{\beta} P[\varphi(t), \psi(t)]\varphi'(t)dt.$$

同理可证

$$\int_L Q(x,y)dx = \int_{\alpha}^{\beta} Q[\varphi(t), \psi(t)]\psi'(t)dt,$$

两式相加得

$$\int_L P(x,y)dx + Q(x,y)dy = \int_{\alpha}^{\beta} \{P[\varphi(t), \psi(t)]\varphi'(t) + Q[\varphi(t), \psi(t)]\psi'(t)\}dt.$$

在上述定理中，我们假设了 $\alpha \leqslant \beta$，但有向曲线 $L$ 的起点对应的参数 $\alpha$ 不一定小于终点对应的参数 $\beta$，容易证明若 $\alpha \geqslant \beta$ 上述公式仍成立.

如果积分曲线 $L: y = \psi(x), x \in [a, b]$ 是以一般方程给出，则可以看作特殊的参数方程 $L$：

$$\begin{cases} x = x; \\ y = \psi(x). \end{cases} \quad x \in [a, b].$$

利用定理 11-2 得

$$\int_L P(x,y)dx + Q(x,y)dy = \int_a^b \{P[x, \psi(x)] + Q[x, \psi(x)]\psi'(x)\}dx. \tag{11-5}$$

同理，若积分曲线为 $L: x = \varphi(y), y \in [c, d]$，则

$$\int_L P(x,y)dx + Q(x,y)dy = \int_c^d \{P[\varphi(y), y]\varphi'(y) + Q[\varphi(y), y]\}dy. \tag{11-6}$$

【例 11-4】 计算 $\int_L y^2 dx + x^2 dy$，其中 $L$ 为：(1) 半径为 $R$，圆心为坐标原点、按逆时针方向绕行的上半圆周；(2) 从点 $A(R, 0)$ 到点 $B(-R, 0)$ 的直线段，如图 11-3 所示.

解 (1) $L$ 的参数方程为 $x = R\cos\theta, y = R\sin\theta, \theta$ 从 $0$ 变到 $\pi$. 因此

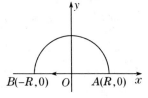

图 11-3

$$\int_L y^2 dx + x^2 dy = \int_0^{\pi} [R^2 \sin^2\theta(-R\sin\theta) + R^2 \cos^2\theta(R\cos\theta)]d\theta$$

$$= R^3 \int_0^{\pi} [(1 - \cos^2\theta)(-\sin\theta) + (1 - \sin^2\theta)\cos\theta]d\theta$$

$$= -\frac{4}{3}R^3.$$

(2) $L$ 的方程为 $y(x)=0$, $x$ 从 $R$ 变到 $-R$. 因此

$$\int_L y^2 dx + x^2 dy = \int_R^{-R} 0 dx = 0.$$

【例 11-5】 计算 $\int_L xy dx + \frac{x^2}{2} dy$. (1) 抛物线 $y=x^2$ 上从 $O(0,0)$ 到 $B(1,1)$ 的一段弧; (2) 抛物线 $x=y^2$ 上从 $O(0,0)$ 到 $B(1,1)$ 的一段弧; (3) 从 $O(0,0)$ 到 $A(1,0)$, 经过 $B(1,1)$ 再到 $O(0,0)$ 的有向折线 $OABO$ (如图 11-4).

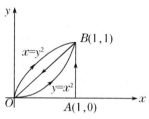

图 11-4

**解** (1) 积分曲线 $L: y=x^2$, $x$ 从 0 变到 1, 是以一般方程给出的, 所以由 (11-5) 式, 得

$$\int_L \left( xy dx + \frac{x^2}{2} dy \right) = \int_0^1 \left( xx^2 + \frac{x^2}{2} \cdot 2x \right) dx = 2 \int_0^1 x^3 dx = \frac{1}{2}.$$

(2) 积分曲线 $L: x=y^2$, $y$ 从 0 变到 1, 也是以一般方程给出的, 所以由 (11-5) 式, 得

$$\int_L \left( xy dx + \frac{x^2}{2} dy \right) = \int_0^1 \left( y^2 y \cdot 2y + \frac{y^4}{2} \right) dy = \frac{5}{2} \int_0^1 y^4 dx = \frac{1}{2}.$$

(3) 利用性质 11-5, 得

$$\int_L \left( xy dx + \frac{x^2}{2} dy \right) = \int_{OA} xy dx + \frac{x^2}{2} dy + \int_{AB} xy dx + \frac{x^2}{2} dy + \int_{BO} xy dx + \frac{x^2}{2} dy.$$

而 $OA: y=0$, $x$ 从 0 变到 1; $AB: x=1$, $y$ 从 0 变到 1; $BO: y=x$, $x$ 从 1 变到 0, 故

$$\int_{OA} \left( xy dx + \frac{x^2}{2} dy \right) = \int_0^1 0 dx = 0,$$

$$\int_{AB} \left( xy dx + \frac{x^2}{2} dy \right) = \int_0^1 \left( y \cdot 0 + \frac{1}{2} \right) dy = \frac{1}{2},$$

$$\int_{BO} \left( xy dx + \frac{x^2}{2} dy \right) = \int_1^0 \left( x^2 + \frac{x^2}{2} \cdot 1 \right) dx = -\frac{1}{2}.$$

所以

$$\int_L xy dx + \frac{x^2}{2} dy = 0 + \frac{1}{2} - \frac{1}{2} = 0.$$

定理 11-2 的结论可以推广到空间曲线上. 设空间有向曲线 $L$ 的参数方程为 $x=\varphi(t)$, $y=\psi(t)$, $z=\omega(t)$, $t \in [\alpha, \beta]$, 则

$$\int_L P(x,y,z) dx + Q(x,y,z) dy + R(x,y,z) dz$$
$$= \int_\alpha^\beta \{P[\varphi(t), \psi(t), \omega(t)]\varphi'(t) + Q[\varphi(t), \psi(t), \omega(t)]\psi'(t) + R[\varphi(t), \psi(t), \omega(t)]\omega'(t)\} dt.$$

(11-7)

【例 11-6】 计算

$$\int_L xy dx + (x-y) dy + x^2 dz,$$

其中 $L$ 是螺旋线: $x=a\cos\theta, y=a\sin\theta, z=b\theta$ 从 $\theta=0$ 变到 $\theta=\pi$.

**解** 由(11-7)式

$$\int_L xy\,\mathrm{d}x + (x-y)\,\mathrm{d}y + x^2\,\mathrm{d}z$$

$$= \int_0^\pi (-a^2\cos\theta\sin^2\theta + a^2\cos^2\theta - a^2\sin\theta\cos\theta + a^2 b\cos^2\theta)\,\mathrm{d}\theta$$

$$= \left[ -\frac{1}{3}a^2\sin^3\theta + \frac{1}{4}a^2\cos 2\theta + \frac{1}{2}a^2(1+b)\left(\theta + \frac{1}{2}\sin 2\theta\right) \right]_0^\pi$$

$$= \frac{1}{2}a^2(1+b)\pi.$$

**【例 11-7】** 计算

$$\int_L [x\,\mathrm{d}x + xy\,\mathrm{d}y + (x+y-z)\,\mathrm{d}z],$$

其中 $L$ 是从点 $A(1,0,1)$ 到点 $B(2,2,4)$ 的直线段 $AB$.

**解** 直线 $AB$ 的方程为

$$\frac{x-1}{2-1} = \frac{y-0}{2-0} = \frac{z-1}{4-1},$$

化为参数方程得

$$x = t+1, y = 2t, z = 3t+1, t \text{ 从 0 变到 1. 所以}$$

$$\int_L [x\,\mathrm{d}x + xy\,\mathrm{d}y + (x+y-z)\,\mathrm{d}z] = \int_0^1 [(t+1)\cdot 1 + (t+1)2t\cdot 2 + 0\cdot 3]\,\mathrm{d}t$$

$$= \int_0^1 (4t^2 + 5t + 1)\,\mathrm{d}t = \frac{29}{6}.$$

**【例 11-8】** 设一个质点在 $M(x,y)$ 处受到力 $\boldsymbol{F}$ 的作用,$\boldsymbol{F}$ 的大小与 $M$ 到原点 $O$ 的距离成正比,$\boldsymbol{F}$ 的方向恒指向原点. 此质点由点 $A(2,0)$ 沿椭圆

$$\frac{x^2}{4} + y^2 = 1,$$

按逆时针方向移动到点 $B(0,1)$,求力 $\boldsymbol{F}$ 所做的功 $W$.

**解** 椭圆的参数方程为 $x = 2\cos\theta, y = \sin\theta$,起点 $A$ 和终点 $B$ 分别对应参数 $\theta = 0$ 和 $\theta = \frac{\pi}{2}$,由假设可设 $|\boldsymbol{F}| = -k(x,y)$,其中 $k > 0$,是比例常数,所以 $\boldsymbol{F}$ 所做的功

$$W = \int_{AB} \boldsymbol{F}(x,y) \cdot \mathrm{d}\boldsymbol{s} = -k \int_{AB} x\,\mathrm{d}x + y\,\mathrm{d}y$$

$$= -k \int_0^{\frac{\pi}{2}} (-4\sin\theta\cos\theta + \sin\theta\cos\theta)\,\mathrm{d}\theta$$

$$= 3k \int_0^{\frac{\pi}{2}} \sin\theta\cos\theta\,\mathrm{d}\theta = \frac{3k}{2}.$$

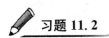

### 习题 11.2

1. 计算 $\int_L (x+y)\,\mathrm{d}x$,其中 $L$ 是:

(1) 从点 $(1,1)$ 到点 $(0,0)$ 的直线段;

(2) $x^2+y^2=1$ 上从点 $A(0,1)$ 沿顺时针方向到点 $B\left(\dfrac{1}{2},-\dfrac{\sqrt{3}}{2}\right)$ 的一段弧.

2. 计算 $\displaystyle\int_L (x+y)\mathrm{d}x+y^2\mathrm{d}y$,其中 $L$ 是 $x=y^2$ 上从点 $(0,0)$ 到点 $(4,2)$ 的一段弧.

3. 计算 $\displaystyle\int_L [(x^2-y^2)\mathrm{d}x+2xy\mathrm{d}y]$,其中 $L$ 为曲线 $x=t^2,y=t^3$ 上对应 $t$ 从 $0$ 到 $\dfrac{3}{2}$ 的一段弧.

4. 计算 $\displaystyle\int_L [(2a-y)\mathrm{d}x-(a-y)\mathrm{d}y]$,其中 $L$ 为旋转线 $x=a(t-\sin t),y=a(1-\cos t)$ 的一拱,$0\leqslant t\leqslant 2\pi$.

5. 计算 $\displaystyle\int_L (y^3\mathrm{d}x+x^3\mathrm{d}y)$,其中 $L$ 是先沿直线从点 $(-4,1)$ 到点 $(-4,-2)$,再沿直线到点 $(2,-2)$ 的折线段.

6. 计算
$$\oint_L \frac{(x+4y)\mathrm{d}y+(x-y)\mathrm{d}x}{x^2+4y^2},$$
其中 $L$ 是沿逆时针方向的椭圆闭曲线 $x=2\cos t,y=\sin t$.

7. 计算 $\displaystyle\int_\Gamma x^2\mathrm{d}x+z\mathrm{d}y-y\mathrm{d}z$,其中 $\Gamma$ 为曲线 $x=k\theta,y=a\cos\theta,z=a\sin\theta$ 上对应 $\theta$ 从 $0$ 到 $\pi$ 的一段弧.

8. 计算 $\displaystyle\int_\Gamma [x\mathrm{d}x+y\mathrm{d}y+(x+y-1)\mathrm{d}z]$,其中 $\Gamma$ 是从点 $(1,1,1)$ 到点 $(2,3,4)$ 的一段直线.

9. 位于原点 $(0,0,0)$ 处的电荷 $q$ 产生的静电场中,一单位正电荷沿光滑曲线 $\Gamma: x=x(t), y=y(t), z=z(t)$,从点 $A$ 移动到 $B$,设 $A$ 对应 $t=\alpha$,$B$ 对应 $t=\beta$,求电场所做的功 $W$.

## 11.3 对面积的曲面积分

### 11.3.1 对面积的曲面积分的概念与性质

【引例 11-3】 求曲面薄片的质量.

设某一物体占有空间曲面 $\Sigma$,其面密度函数为 $\mu(x,y,z)$,求该物体的质量 $M$. 我们仍用"分割、近似求和、取极限"的方法,先将 $\Sigma$ 分割为 $n$ 个小片 $S_i(i=1,2,\cdots,n)$,在每个小块 $S_i$ 上任取一点 $(\xi_i,\eta_i,\zeta_i)$,作和式:
$$\sum_{i=1}^n \mu(\xi_i,\eta_i,\zeta_i)\Delta S_i,$$
最后取极限,得
$$M=\lim_{\lambda\to 0}\sum_{i=1}^n \mu(\xi_i,\eta_i,\zeta_i)\Delta S_i,$$
其中 $\Delta S_i$ 表示 $S_i$ 的面积,$\lambda$ 为各小块面直径的最大值. 这就是曲面积分的思想,下面我们给出定义.

**定义 11-3** 设函数 $f(x,y,z)$ 在曲面 $\Sigma$ 上有界,把 $\Sigma$ 分成 $n$ 个小曲面片 $S_i(i=1,2,\cdots,n)$,并记 $S_i$ 的面积为 $\Delta S_i$,在 $S_i$ 上任取一点 $(\xi_i,\eta_i,\zeta_i)$,作和式

$$\sum_{i=1}^{n} f(\xi_i,\eta_i,\zeta_i)\Delta S_i.$$

若当此 $n$ 个小曲面片的直径的最大值 $\lambda \to 0$ 时,上述和式极限存在,且此极限值与 $\Sigma$ 的分法及点 $(\xi_i,\eta_i,\zeta_i)$ 在 $S_i$ 上的取法无关,则称此极限值为函数 $f(x,y,z)$ 在曲面 $\Sigma$ 上的**对面积的曲面积分**或称为**第一型曲面积分**,记作

$$\iint_{\Sigma} f(x,y,z)\mathrm{d}S,$$

即

$$\iint_{\Sigma} f(x,y,z)\mathrm{d}S = \lim_{\lambda \to 0} \sum_{i=1}^{n} f(\xi_i,\eta_i,\zeta_i)\Delta S_i,$$

其中 $f(x,y,z)$ 称为**被积函数**,$\Sigma$ 称为**积分曲面**.

由此,本节开始所求的物体的质量 $M$ 可以表达成

$$M = \iint_{\Sigma} \mu(x,y,z)\mathrm{d}S.$$

和重积分及曲线积分类似,对面积的曲面积分,同样具有线性性与积分曲面的可加性.

### 11.3.2 对面积的曲面积分的计算

同前面一样,我们可以将对面积的曲面积分转化为二重积分来计算,有下列定理:

**定理 11-3** 设有光滑曲面

$$\Sigma: z = z(x,y), (x,y) \in D.$$

$f$ 为 $\Sigma$ 上的连续函数,则

$$\iint_{\Sigma} f(x,y,z)\mathrm{d}S = \iint_{D} f(x,y,z(x,y))\sqrt{1+z_x^2+z_y^2}\,\mathrm{d}x\mathrm{d}y, \tag{11-8}$$

其中 $D$ 为 $\Sigma$ 在 $xOy$ 平面上的投影区域.

该定理的证明和定理 11-2 相仿,这里不再重复了.

利用 (11-8) 式时,首先要确定积分曲面的投影区域,从而确定二重积分的积分区域 $D$,然后根据曲面方程确定被积函数.当然如果积分曲面 $\Sigma$ 是由方程 $x=x(y,z)$ 或 $y=y(x,z)$ 给出,也可以类似地把对面积的曲面积分化为二重积分.

【**例 11-9**】 设 $\Sigma$ 为圆锥面 $z^2 = x^2 + y^2$ 介于 $z=0$ 与 $z=1$ 之间的部分,求

$$\iint_{\Sigma} (x^2 + y^2)\mathrm{d}S.$$

**解** $\Sigma$ 的方程为

$$z = \sqrt{x^2 + y^2}.$$

$\Sigma$ 在 $xOy$ 平面上的投影区域为 $D = \{(x,y) | x^2 + y^2 \leqslant 1\}$,又

$$z_x = \frac{x}{\sqrt{x^2+y^2}}, z_y = \frac{y}{\sqrt{x^2+y^2}},$$

所以

$$\iint_{\Sigma}(x^2+y^2)\mathrm{d}S = \iint_{D}(x^2+y^2)\sqrt{1+z_x^2+z_y^2}\,\mathrm{d}x\mathrm{d}y$$
$$=\sqrt{2}\iint_{D}(x^2+y^2)\mathrm{d}x\mathrm{d}y=\sqrt{2}\int_0^{2\pi}\mathrm{d}\theta\int_0^1\rho^3\mathrm{d}\rho$$
$$=\frac{\sqrt{2}}{2}\pi.$$

在利用定理 11-3 时,要求积分曲面是光滑的,如果积分曲面是分片光滑的,则可以利用积分区域的可加性,把曲面积分分解成各个光滑曲面上积分的和.

【例 11-10】 计算封闭曲面上的积分
$$\oiint_{\Sigma} xyz\,\mathrm{d}S,$$
其中 $\Sigma$ 是由平面 $x=0, y=0, z=0$ 及 $x+y+z=1$ 所围成的四面体的整个边界曲线,如图 11-5 所示.

**解** 设整个边界曲面 $\Sigma$ 在平面 $x=0, y=0, z=0$ 及 $x+y+z=1$ 上的部分依次记为 $\Sigma_1, \Sigma_2, \Sigma_3$ 和 $\Sigma_4$,则
$$\oiint_{\Sigma} xyz\,\mathrm{d}S = \iint_{\Sigma_1} xyz\,\mathrm{d}S + \iint_{\Sigma_2} xyz\,\mathrm{d}S + \iint_{\Sigma_3} xyz\,\mathrm{d}S + \iint_{\Sigma_4} xyz\,\mathrm{d}S.$$

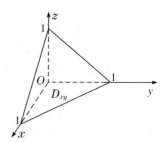

图 11-5

由于在曲面 $\Sigma_1, \Sigma_2, \Sigma_3$ 上,被积函数 $f(x,y,z)=xyz$ 均为零,所以
$$\iint_{\Sigma_1} xyz\,\mathrm{d}S = \iint_{\Sigma_2} xyz\,\mathrm{d}S = \iint_{\Sigma_3} xyz\,\mathrm{d}S = 0.$$

在 $\Sigma_4$ 上,曲面方程为 $z=1-x-y$,所以
$$\sqrt{1+z_x^2+z_y^2}=\sqrt{3}.$$

又 $\Sigma_4$ 在 $xOy$ 平面上的投影区域为
$$D=\{(x,y)\mid 0\leqslant x\leqslant 1, 0\leqslant y\leqslant 1-x\}.$$

从而
$$\oiint_{\Sigma} xyz\,\mathrm{d}S = \iint_{\Sigma_4} xyz\,\mathrm{d}S = \iint_{D}\sqrt{3}xy(1-x-y)\mathrm{d}x\mathrm{d}y$$
$$=\sqrt{3}\int_0^1 x\,\mathrm{d}x\int_0^{1-x} y(1-x-y)\mathrm{d}y$$
$$=\sqrt{3}\int_0^1 x\,\frac{(1-x)^3}{6}\mathrm{d}x=\frac{\sqrt{3}}{120}.$$

### 习题 11.3

1. 计算下列对面积的曲面积分:

(1) $\iint_{\Sigma} xyz\,\mathrm{d}S$,其中 $\Sigma$ 是由平面 $x=1, y=3, z=2$ 及三个坐标面围成的长方体的表面;

(2) $\iint_{\Sigma}\left(2x+\frac{4}{3}y+z\right)\mathrm{d}S$,其中 $\Sigma$ 为上平面 $\frac{x}{2}+\frac{y}{3}+\frac{z}{4}=1$ 在第一卦限中的部分;

(3) $\iint_\Sigma x^2 y^2 \mathrm{d}S$,其中 $\Sigma$ 为上半球面 $z=\sqrt{R^2-x^2-y^2}$;

(4) $\iint_\Sigma (xy+yz+zx)\mathrm{d}S$,其中 $\Sigma$ 为上半圆锥面 $z=\sqrt{x^2+y^2}$ 被柱面 $x^2+y^2=2ax$ 截得的部分;

(5) $\iint_\Sigma (x^2+y^2)\mathrm{d}S$,其中 $\Sigma$ 是锥面 $z=\sqrt{x^2+y^2}$ 及平面 $z=1$ 所围成的区域的整个边界曲面;

(6) $\iint_\Sigma z^3 \mathrm{d}S$,其中 $\Sigma$ 为上半球面 $z=\sqrt{R^2-x^2-y^2}$ 含在锥面 $z=\sqrt{x^2+y^2}$ 内的部分;

(7) $\oiint_\Sigma (3x^2+y^2+2z^2)\mathrm{d}S$,其中 $\Sigma$ 为球面 $(x-1)^2+(y-1)^2+(z-1)^2=3$.

2. 设曲面 $\Sigma$ 为抛物面 $z=2-x^2-y^2$ 在 $xOy$ 平面上方的部分,各点处的密度为 $\mu(x,y,z)=x^2+y^2$,利用对面积的曲面积分计算:

(1) 曲面 $\Sigma$ 的表面积;(2) 曲面 $\Sigma$ 的质量.

3. 求面密度为 $\mu_0$ 的均匀上半球壳 $x^2+y^2+z^2=R^2$ 对 $z$ 轴的转动惯量.

## 11.4 对坐标的曲面积分

### 11.4.1 对坐标的曲面积分的概念与性质

**定义 11-4(曲面的侧)** 通常我们遇到的曲面都是双侧的,例如由方程 $z=z(x,y)$ 表示的曲面分为上侧与下侧. 我们可以通过曲面上的法向量的指向来定义曲面的侧,在曲面上任意一点 $P$ 处曲面有两个方向相反的法向量,我们规定法向量的指向朝上的一侧,也就是法线的正方向与 $z$ 轴的正向成锐角的一侧为曲面的**上侧**,法向量的指向朝下的一侧为曲面的**下侧**. 类似地,如果曲面的方程为 $y=y(z,x)$,则曲面分为左侧与右侧,在曲面的右侧法线的正方向与 $y$ 轴的正向成锐角,另一侧为左侧. 如果曲面的方程为 $x=x(y,z)$,则曲面分为前侧与后侧,在曲面的前侧法线的正方向与 $x$ 轴的正向成锐角,另一侧为后侧. 对于封闭曲线,我们规定了内侧和外侧. 选定了侧的曲面成为有向曲面.

**定义 11-5(有向曲面的投影)** 设 $\Sigma$ 是有向曲面. 在 $\Sigma$ 上取一小块曲面 $S$,把 $S$ 投影到 $xOy$ 面上得一投影区域,这投影区域的面积记为 $(\Delta\sigma)_{xy}$. 我们规定 $S$ 在 $xOy$ 面上的投影 $(\Delta S)_{xy}$ 为

$$(\Delta S)_{xy} = \begin{cases} (\Delta\sigma)_{xy} & \gamma < \frac{\pi}{2}; \\ -(\Delta\sigma)_{xy} & \gamma > \frac{\pi}{2}; \\ 0 & \gamma = \frac{\pi}{2}. \end{cases}$$

其中 $0 \leq \gamma \leq \pi$ 为取定法向量与 $z$ 轴的正向所成的角,这里总假设 $S$ 上各点的法向量与 $z$ 轴的夹角 $\gamma$ 的余弦 $\cos\gamma$ 具有相同的符号. 类似地,可以定义 $S$ 在 $yOz$ 面及在 $zOx$ 面上的投影

$(\Delta S)_{yz}$ 及 $(\Delta S)_{zx}$.

**【引例 11-4】** 求流过某曲面的流量. 设某流体以一定的流速
$$v(x,y,z)=\{P(x,y,z),Q(x,y,z),R(x,y,z)\},$$
从给定的曲面 $\Sigma$ 的左侧流向右侧,其中 $P,Q,R$ 为所求区域上的连续函数,求单位时间内流经曲面 $\Sigma$ 的总流量 $E$(如图 11-6).

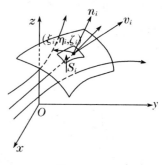

图 11-6

由流体力学的知识,如果 $\Sigma$ 为平面上面积为 $A$ 的一个闭区域,且流体在 $\Sigma$ 上各点处的流速 $v$ 为常向量,又设 $n$ 为该平面的单位法向量,那么在单位时间内流过这闭区域的总流量为
$$E=Av\cdot n.$$

由于问题中的 $\Sigma$ 为曲面,流速 $v$ 也不是常向量,因此不能直接采用上式计算 $E$. 为此,先把曲面 $\Sigma$ 分成 $n$ 小块: $S_i(i=1,2,\cdots,n)$,记 $S_i$ 的面积为 $\Delta S_i$. 由于 $\Sigma$ 是光滑曲面,$v$ 是连续的向量函数,故当 $S_i$ 的直径很小,我们就可以用 $S_i$ 上任一点 $(\xi_i,\eta_i,\zeta_i)$ 处的流速
$$v_i=v(\xi_i,\eta_i,\zeta_i)=\{P(\xi_i,\eta_i,\zeta_i),Q(\xi_i,\eta_i,\zeta_i),R(\xi_i,\eta_i,\zeta_i)\}$$
代替 $S_i$ 上其他各点处的流速,以该点 $(\xi_i,\eta_i,\zeta_i)$ 处曲面 $\Sigma$ 的单位法向量
$$n_i=\{\cos\alpha_i,\cos\beta_i,\cos\gamma_i\}$$
代替 $S_i$ 上其他各点处的单位法向量,这里 $\alpha_i,\beta_i,\gamma_i$ 为法向量 $n_i$ 分别与 $x,y,z$ 轴的正半轴所成的角,从而得到通过 $S_i$ 流向指定侧的流量的近似值为
$$\Delta E_i=\Delta S_i v_i\cdot n_i (i=1,2,\cdots,n).$$
于是,通过 $\Sigma$ 流向指定侧的流量
$$E=\sum_{i=1}^{n}\Delta E_i\approx\sum_{i=1}^{n}[P(\xi_i,\eta_i,\zeta_i)\cos\alpha_i+Q(\xi_i,\eta_i,\zeta_i)\cos\beta_i+R(\xi_i,\eta_i,\zeta_i)\cos\gamma_i]\Delta S_i.$$
又由于有向曲面 $S_i$ 在三坐标平面上的投影为
$$(\Delta S_i)_{xy}\approx\Delta S_i\cdot\cos\gamma_i,(\Delta S_i)_{xz}\approx\Delta S_i\cdot\cos\beta_i,(\Delta S_i)_{yz}\approx\Delta S_i\cdot\cos\alpha_i.$$
所以
$$E\approx\sum_{i=1}^{n}[P(\xi_i,\eta_i,\zeta_i)(\Delta S_i)_{yz}+Q(\xi_i,\eta_i,\zeta_i)(\Delta S_i)_{xz}+R(\xi_i,\eta_i,\zeta_i)(\Delta S_i)_{xy}].$$
令分割细度 $\lambda\to 0$,得总流量
$$E=\lim_{\lambda\to 0}\sum_{i=1}^{n}[P(\xi_i,\eta_i,\zeta_i)(\Delta S_i)_{yz}+Q(\xi_i,\eta_i,\zeta_i)(\Delta S_i)_{xz}+R(\xi_i,\eta_i,\zeta_i)(\Delta S_i)_{xy}].$$
由这种类型的和式极限我们抽象出如下对坐标的曲面积分的概念.

**定义 11-6** 设 $\Sigma$ 为光滑的有向曲面,函数 $R(x,y,z)$ 在 $\Sigma$ 上有界,将 $\Sigma$ 分成若干个小块 $S_i(i=1,2,\cdots,n)$. $S_i$ 在 $xOy$ 面的投影为 $(\Delta S)_{xy}$,又在 $S_i$ 上任取一点 $(\xi_i,\eta_i,\zeta_i)$,如果当分割细度 $\lambda\to 0$ 时,极限
$$\lim_{\lambda\to 0}\sum_{i=1}^{n}R(\xi_i,\eta_i,\zeta_i)(\Delta S_i)_{xy}$$
存在,则称该极限值为函数 $R(x,y,z)$ 在有向曲面 $\Sigma$ 上对坐标 $x,y$ 的曲面积分,记作
$$\iint_{\Sigma}R(x,y,z)\mathrm{d}x\mathrm{d}y,$$

即
$$\iint_\Sigma R(x,y,z)\mathrm{d}x\mathrm{d}y = \lim_{\lambda \to 0} \sum_{i=1}^n R(\xi_i,\eta_i,\zeta_i)(\Delta S_i)_{xy},$$

其中 $R(x,y,z)$ 称为被积函数，$\Sigma$ 称为积分曲面。

类似地，我们可定义 $P(x,y,z)$ 在有向曲面 $\Sigma$ 上对 $y,z$ 的曲面积分：
$$\iint_\Sigma P(x,y,z)\mathrm{d}y\mathrm{d}z,$$

$Q(x,y,z)$ 在有向曲面 $\Sigma$ 上对 $z,x$ 的曲面积分：
$$\iint_\Sigma Q(x,y,z)\mathrm{d}z\mathrm{d}x,$$

即
$$\iint_\Sigma P(x,y,z)\mathrm{d}y\mathrm{d}z = \lim_{\lambda \to 0} \sum_{i=1}^n P(\xi_i,\eta_i,\zeta_i)(\Delta S_i)_{yz},$$
$$\iint_\Sigma Q(x,y,z)\mathrm{d}z\mathrm{d}x = \lim_{\lambda \to 0} \sum_{i=1}^n Q(\xi_i,\eta_i,\zeta_i)(\Delta S_i)_{zx}.$$

这三类曲面积分也可统称为第二类曲面积分。

由此，本节开始所求的单位时间内流经曲面 $\Sigma$ 的总流量
$$E = \iint_\Sigma P(x,y,z)\mathrm{d}y\mathrm{d}z + \iint_\Sigma Q(x,y,z)\mathrm{d}z\mathrm{d}x + \iint_\Sigma R(x,y,z)\mathrm{d}x\mathrm{d}y,$$

为方便起见，常把上式右端写成
$$\iint_\Sigma P(x,y,z)\mathrm{d}y\mathrm{d}z + Q(x,y,z)\mathrm{d}z\mathrm{d}x + R(x,y,z)\mathrm{d}x\mathrm{d}y.$$

根据定义 11-6，容易推导出对坐标的曲面积分和对坐标的曲线积分有相似的性质。

### 11.4.2　对坐标的曲面积分的计算

我们可以将对面积的曲面积分转化为二重积分来计算，有下列定理：

**定理 11-4**　设积分曲面 $\Sigma$ 由方程 $z=z(x,y)$ 给出的，$\Sigma$ 在 $xOy$ 面上的投影区域为 $D_{xy}$，函数 $z=z(x,y)$ 在 $D_{xy}$ 上具有一阶连续偏导数，被积函数 $R(x,y,z)$ 在 $\Sigma$ 上连续，则有
$$\iint_\Sigma R(x,y,z)\mathrm{d}x\mathrm{d}y = \pm \iint_{D_{xy}} R[x,y,z(x,y)]\mathrm{d}x\mathrm{d}y,$$

其中当 $\Sigma$ 取上侧时，积分前取"$+$"；当 $\Sigma$ 取下侧时，积分前取"$-$"。

**证明**　由对坐标的曲面积分的定义，有
$$\iint_\Sigma R(x,y,z)\mathrm{d}x\mathrm{d}y = \lim_{\lambda \to 0} \sum_{i=1}^n R(\xi_i,\eta_i,\zeta_i)(\Delta S_i)_{xy},$$

当 $\Sigma$ 取上侧时，$\cos\gamma > 0$，所以 $(\Delta S_i)_{xy} = (\Delta\sigma_i)_{xy}$，又因 $(\xi_i,\eta_i,\zeta_i)$ 是 $\Sigma$ 上的一点，故 $\zeta_i = z(\xi_i,\eta_i)$，从而有
$$\sum_{i=1}^n R(\xi_i,\eta_i,\zeta_i)(\Delta S_i)_{xy} = \sum_{i=1}^n R(\xi_i,\eta_i,\zeta_i)(\Delta\sigma_i)_{xy}.$$

令 $\lambda \to 0$，取上式两端的极限，就得到

$$\iint\limits_{\Sigma} R(x,y,z)\mathrm{d}x\mathrm{d}y = \iint\limits_{D_{xy}} R(x,y,z)\mathrm{d}x\mathrm{d}y.$$

同理当 $\Sigma$ 取下侧时,有

$$\iint\limits_{\Sigma} R(x,y,z)\mathrm{d}x\mathrm{d}y = -\iint\limits_{D_{xy}} R(x,y,z)\mathrm{d}x\mathrm{d}y.$$

类似地,如果 $\Sigma$ 由 $x=x(y,z)$ 给出,则有

$$\iint\limits_{\Sigma} P(x,y,z)\mathrm{d}y\mathrm{d}z = \pm \iint\limits_{D_{yz}} P[x(y,z),y,z]\mathrm{d}y\mathrm{d}z.$$

其中当 $\Sigma$ 取前侧时,积分前取"$+$";当 $\Sigma$ 取后侧时,积分前取"$-$".

如果 $\Sigma$ 由 $y=y(z,x)$ 给出,则有

$$\iint\limits_{\Sigma} Q(x,y,z)\mathrm{d}z\mathrm{d}x = \pm \iint\limits_{D_{zx}} Q[x,y(z,x),z]\mathrm{d}z\mathrm{d}x.$$

其中当 $\Sigma$ 取右侧时,积分前取"$+$";当 $\Sigma$ 取左侧时,积分前取"$-$".

因此,我们一般也称前侧、右侧、上侧为正侧,后侧、左侧、下侧为负侧. 也就是分别用与 $x$ 轴,$y$ 轴及 $z$ 轴正向夹角为锐角的法向量的指向为正侧.

【例 11-11】 计算

$$\iint\limits_{\Sigma} x\mathrm{d}y\mathrm{d}z + y\mathrm{d}z\mathrm{d}x + z\mathrm{d}x\mathrm{d}y,$$

其中 $\Sigma$ 是柱面 $x^2+y^2=1$ 被平面 $z=0$ 及 $z=3$ 所截得的在第一卦限内的部分的前侧.

**解** 由于 $\Sigma$ 在 $xOy$ 平面上的投影为零,而在 $yOz$ 平面和 $zOx$ 平面上的投影分别为

$$D_{yz}: 0 \leqslant z \leqslant 3, 0 \leqslant y \leqslant 1 \text{ 和 } D_{zx}: 0 \leqslant z \leqslant 3, 0 \leqslant x \leqslant 1.$$

所以

$$\iint\limits_{\Sigma} x\mathrm{d}y\mathrm{d}z + y\mathrm{d}z\mathrm{d}x + z\mathrm{d}x\mathrm{d}y$$

$$= \iint\limits_{\Sigma} x\mathrm{d}y\mathrm{d}z + \iint\limits_{\Sigma} y\mathrm{d}z\mathrm{d}x + 0$$

$$= \iint\limits_{D_{yz}} \sqrt{1-y^2}\mathrm{d}y\mathrm{d}z + \iint\limits_{D_{zx}} \sqrt{1-x^2}\mathrm{d}z\mathrm{d}x$$

$$= \int_0^3 \mathrm{d}z \int_0^1 \sqrt{1-y^2}\mathrm{d}y + \int_0^3 \mathrm{d}z \int_0^1 \sqrt{1-x^2}\mathrm{d}x$$

$$= \frac{3\pi}{4} + \frac{3\pi}{4} = \frac{3\pi}{2}.$$

【例 11-12】 计算曲面积分

$$\iint\limits_{\Sigma} xyz\mathrm{d}x\mathrm{d}y,$$

其中 $\Sigma$ 是球面 $x^2+y^2+z^2=1$ 外侧在 $x \geqslant 0, y \geqslant 0$ 的部分.

**解** 把有向曲面 $\Sigma$ 分成以下两部分:

$\Sigma_1: z=\sqrt{1-x^2-y^2}$ $(x \geqslant 0, y \geqslant 0)$ 的上侧;

$\Sigma_2: z=-\sqrt{1-x^2-y^2}$ $(x \geqslant 0, y \geqslant 0)$ 的下侧.

$\Sigma_1$ 和 $\Sigma_2$ 在 $xOy$ 面上的投影区域都是 $D_{xy}: x^2+y^2 \leqslant 1(x \geqslant 0, y \geqslant 0)$. 于是

$$\iint_\Sigma xyz\,dxdy = \iint_{\Sigma_1} xyz\,dxdy + \iint_{\Sigma_2} xyz\,dxdy,$$
$$= \iint_{D_{xy}} xy\sqrt{1-x^2-y^2}\,dxdy - \iint_{D_{xy}} xy(-\sqrt{1-x^2-y^2})\,dxdy,$$
$$= 2\iint_{D_{xy}} xy\sqrt{1-x^2-y^2}\,dxdy.$$

利用极坐标计算该二重积分得

$$\iint_\Sigma xyz\,dxdy = 2\int_0^{\frac{\pi}{2}} d\theta \int_0^1 r^2\sin\theta\cos\theta\sqrt{1-r^2}\,r\,dr = \frac{1}{15}.$$

### 习题 11.4

1. 计算下列对坐标的曲面积分：

(1) $\oiint_\Sigma z^2\,dxdy + x^2\,dydz + y^2\,dzdx$，其中 $\Sigma$ 是由平面 $x=3, y=1, z=1$ 及三个坐标面围成的长方体表面的外侧；

(2) $\oiint_\Sigma \dfrac{x\,dydz + z^2\,dxdy}{x^2+y^2+z^2}$，其中 $\Sigma$ 是由曲面 $x^2+y^2=R^2$ 及两平面 $z=R, z=-R$ 所围立体表面的外侧；

(3) $\iint_\Sigma (y+2z)\,dydz + (z+3x)\,dzdx + (x+y)\,dxdy$，其中 $\Sigma$ 为含在柱面 $|x|+|y|=1$ 内的平面 $x+y+z=2$ 的上侧；

(4) $\oiint_\Sigma \dfrac{e^z\,dxdy}{\sqrt{x^2+y^2}}$，其中 $\Sigma$ 是锥面 $z=\sqrt{x^2+y^2}$ 及平面 $z=1$ 所围成的立体表面的内侧.

2. 当 $\Sigma$ 是 $xOy$ 平面内的一个闭区域时，曲面积分 $\iint_\Sigma R(x,y,z)\,dxdy$ 与二重积分有什么关系？

## 11.5 几类积分的关系

本节将介绍积分学中两个重要公式：格林（Green）公式和高斯（Gauss）公式. 其中格林公式建立了平面区域 $D$ 上的二重积分与 $D$ 的边界曲线 $L$ 上的第二型曲线积分之间的联系，而高斯公式则表达了空间闭区域上的三重积分与其边界曲面上的曲面积分之间的关系.

### 11.5.1 格林公式

**定义 11-7** 设 $D$ 为平面上的一个区域，若 $D$ 内任一条闭曲线所围成的部分都属于 $D$，则称 $D$ 为**单连通区域**，否则称为**复连通区域**. 例如平面上的单位圆 $\{(x,y)\mid x^2+y^2<1\}$ 就是单连通区域，而圆环 $\left\{(x,y)\;\Big|\;\dfrac{1}{2}<x^2+y^2<1\right\}$ 和 $\{(x,y)\mid 0<x^2+y^2<1\}$ 都是复连通区域. 通俗地讲，单连通区域之中不含有"洞"，复连通区域之中会有"洞".

**定义 11-8** 设区域 $D$ 是由一条或几条光滑曲线所围成. 边界曲线 $L$ 的正向规定为: 当人沿着 $L$ 行走时, 区域 $D$ 总在他的左边. 若与 $L$ 的正向相反, 就称为 $L$ 的**负向**, 记作 $-L$. 如图 11-7 所示的复连通区域 $D$ 由 $L$ 和 $l$ 所围成, 作为 $D$ 的正向边界, $L$ 为逆时针方向, $l$ 为顺时针方向.

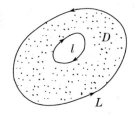

图 11-7

**定理 11-5（Green 公式）** 设闭区域 $D$ 由分段光滑的曲线 $L$ 围成, 函数 $P(x,y)$ 及 $Q(x,y)$ 在 $D$ 上具有一阶连续偏导数, 则有

$$\iint\limits_{D}\left(\frac{\partial Q}{\partial x}-\frac{\partial P}{\partial y}\right)dxdy=\oint_{L}Pdx+Qdy. \tag{11-9}$$

其中 $L$ 是 $D$ 的取正向的边界曲线.

**证明** (1) 首先我们证明一个特殊情况: $D$ 既可表示为 $X$-型区域, 也可表示为 $Y$-型区域.

由 $D$ 可表示为 $X$ 型区域（如图 11-8）, 不妨设

$$D=\{(x,y)\mid a\leqslant x\leqslant b,\varphi_{1}(x)\leqslant y\leqslant\varphi_{2}(x)\},$$

则

$$\iint\limits_{D}\frac{\partial P}{\partial y}dxdy=\int_{a}^{b}dx\int_{\varphi_{1}(x)}^{\varphi_{2}(x)}\frac{\partial P(x,y)}{\partial y}dy$$

$$=\int_{a}^{b}\{P[x,\varphi_{2}(x)]-P[x,\varphi_{1}(x)]\}dx,$$

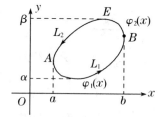

图 11-8

又 $\oint_{L}Pdx=\oint_{L_{1}}Pdx+\oint_{L_{2}}Pdx=\int_{a}^{b}P[x,\varphi_{1}(x)]dx+\int_{b}^{a}P[x,\varphi_{2}(x)]dx$

$$=-\int_{a}^{b}\{P[x,\varphi_{2}(x)]-P[x,\varphi_{1}(x)]\}dx,$$

因此有

$$\oint_{L}Pdx=-\iint\limits_{D}\frac{\partial P}{\partial y}dxdy.$$

同理, $D$ 可表示为 $Y$-型区域, 不难证明: $\oint_{L}Qdy=\iint\limits_{D}\frac{\partial Q}{\partial x}dxdy.$

将上面两式相加得

$$\oint_{L}Pdx+Qdy=\iint\limits_{D}\left(\frac{\partial Q}{\partial x}-\frac{\partial P}{\partial y}\right)dxdy.$$

(2) 对于一般的区域 $D$, 即如果闭区域 $D$ 不满足上述条件（既可表示为 $X$-型区域, 也可表示为 $Y$-型区域）, 则可以在 $D$ 内引进若干条辅助线, 把 $D$ 分成有限个部分闭区域, 使每个部分满足上述条件. 在每块小区域上分别运用 Green 公式, 然后相加即成.

如图 11-9 中 $D$ 的边界曲线 $L$, 通过作辅助线 $AE$ 将 $L$ 分为 $L_{1},L_{2}$, 同时将区域 $D$ 分为 $D_{1},D_{2}$, 它们都满足上述条件, 于是

$$\oint_{L_{1}+EA}[Pdx+Qdy]=\iint\limits_{D_{1}}\left(\frac{\partial Q}{\partial x}-\frac{\partial P}{\partial y}\right)dxdy,$$

$$\oint_{L_{2}+AE}[Pdx+Qdy]=\iint\limits_{D_{2}}\left(\frac{\partial Q}{\partial x}-\frac{\partial P}{\partial y}\right)dxdy,$$

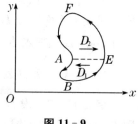

图 11-9

上面两式相加, 并注意到相加时沿辅助曲线 $AE$ 来回的曲线积分相互抵消, 于是

$$\oint_L [P\mathrm{d}x + Q\mathrm{d}y] = \iint_D \left(\frac{\partial Q}{\partial x} - \frac{\partial P}{\partial y}\right)\mathrm{d}x\mathrm{d}y.$$

格林公式沟通了沿闭曲线的积分与二重积分之间的联系,从而可用它来简化某些曲线积分或二重积分的计算.

【例 11 - 13】 计算
$$\oint_L (2x - y + 4)\mathrm{d}x + (5y + 3x - 6)\mathrm{d}y,$$
$L$ 为三顶点分别为 $(0,0),(3,0),(3,2)$ 的三角形正向边界.

**解** 令 $P = 2x - y + 4, Q = 5y + 3x - 6$,则
$$\frac{\partial Q}{\partial x} - \frac{\partial P}{\partial y} = 4.$$

因此,由格林公式有
$$\oint_L (2x - y + 4)\mathrm{d}x + (5y + 3x - 6)\mathrm{d}y = 4\iint_D \mathrm{d}x\mathrm{d}y = 12.$$

特别的,在格林公式中,令 $P = -y, Q = x$,可得到计算平面 $D$ 的面积公式:
$$\Delta D = \iint_D \mathrm{d}x\mathrm{d}y = \frac{1}{2}\oint_L x\mathrm{d}y - y\mathrm{d}x. \tag{11-10}$$

【例 11 - 14】 计算椭圆 $\dfrac{x^2}{a^2} + \dfrac{y^2}{b^2} = 1$ 围成的面积.

**解** 椭圆的参数方程为 $x = a\cos t, y = b\sin t, 0 \leqslant t \leqslant 2\pi$.

由 (11 - 10) 式,得
$$A = \frac{1}{2}\int_0^{2\pi} [a\cos t \cdot b\cos t - b\sin t(-a\sin t)]\mathrm{d}t$$
$$= \frac{ab}{2}\int_0^{2\pi} (\cos^2 t + \sin^2 t)\mathrm{d}t = \pi ab.$$

【例 11 - 15】 计算
$$\int_c (\mathrm{e}^x \sin y - my)\mathrm{d}x + (\mathrm{e}^x \cos y - m)\mathrm{d}y,$$
其中 $c$ 为从点 $O(0,0)$ 到 $A(a,0)$ 的上半圆周 $x^2 + y^2 = ax(a > 0)$,如图 11 - 10 所示.

**解** 设上半圆域 $D = \{(x,y) | x^2 + y^2 \leqslant ax, x > 0\}$ 的边界为 $L$,应用格林公式有

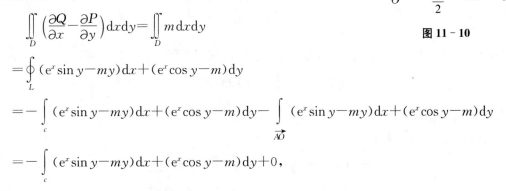

**图 11 - 10**

$$\iint_D \left(\frac{\partial Q}{\partial x} - \frac{\partial P}{\partial y}\right)\mathrm{d}x\mathrm{d}y = \iint_D m\mathrm{d}x\mathrm{d}y$$
$$= \oint_L (\mathrm{e}^x \sin y - my)\mathrm{d}x + (\mathrm{e}^x \cos y - m)\mathrm{d}y$$
$$= -\int_c (\mathrm{e}^x \sin y - my)\mathrm{d}x + (\mathrm{e}^x \cos y - m)\mathrm{d}y - \int_{\overrightarrow{AO}} (\mathrm{e}^x \sin y - my)\mathrm{d}x + (\mathrm{e}^x \cos y - m)\mathrm{d}y$$
$$= -\int_c (\mathrm{e}^x \sin y - my)\mathrm{d}x + (\mathrm{e}^x \cos y - m)\mathrm{d}y + 0,$$

所以

$$\int_C (e^x \sin y - my)\mathrm{d}x + (e^x \cos y - m)\mathrm{d}y = -\iint_D m\,\mathrm{d}x\mathrm{d}y = -\frac{1}{8}\pi m a^2.$$

**注意** （1） $D$ 无论是单连通区域还是复连通区域，格林公式右端应包括沿域 $D$ 的全部边界的曲线积分，并且边界 $L$ 对区域 $D$ 来说都是正向。

（2）格林公式中左端二重积分的被积函数是 $\dfrac{\partial Q}{\partial x} - \dfrac{\partial P}{\partial y}$，而且在 $D$ 内偏导连续。

**【例 11-16】** 计算 $I = \oint_L \dfrac{x\mathrm{d}y - y\mathrm{d}x}{x^2 + y^2}$，其中 $L$ 是包围原点在内的区域 $D$ 的正向边界曲线（如图 11-11）。

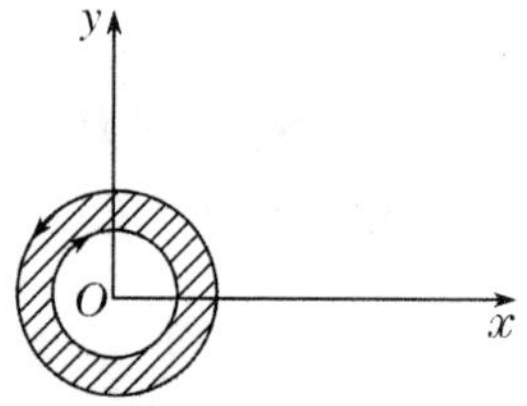

**解** 令 $P = -\dfrac{y}{x^2 + y^2}$, $Q = \dfrac{x}{x^2 + y^2}$. 因 $P, Q$ 在原点 $(0,0)$ 处不连续，故不能直接利用格林公式。选取充分小的半径 $r > 0$，在 $D$ 内部作圆周 $\lambda: x^2 + y^2 = r^2$. 记 $L$ 与 $\lambda$ 之间的区域为 $D_1$，$D_1$ 的边界曲线为 $L_1 = L + (-\lambda)$，这时 $D_1$ 内不含原点，$P, Q$ 在 $D_1$ 上连续，应用格林公式。由

图 11-11

$$\frac{\partial Q}{\partial x} = \frac{\partial P}{\partial y} = \frac{y^2 - x^2}{(x^2 + y^2)^2} \Rightarrow \frac{\partial Q}{\partial x} - \frac{\partial P}{\partial y} = 0;$$

$$\oint_{L_1} = \oint_L - \oint_\lambda = \iint_{D_1} 0\,\mathrm{d}x\mathrm{d}y = 0 \Rightarrow I = \oint_L \frac{x\mathrm{d}y - y\mathrm{d}x}{x^2 + y^2} = \oint_\lambda \frac{x\mathrm{d}y - y\mathrm{d}x}{x^2 + y^2}.$$

其中 $\lambda$ 的参数方程为：$x = r\cos t, y = r\sin t, 0 \leqslant t \leqslant 2\pi$.

$$I = \int_0^{2\pi} \frac{r^2 \cos^2 t + r^2 \sin^2 t}{r^2}\,\mathrm{d}t = \int_0^{2\pi}\,\mathrm{d}t = 2\pi.$$

利用格林公式我们容易得到如下推论。

**推论 11-1** 设 $D \subset \mathbb{R}^2$ 是单连通闭区域。若函数 $P, Q$ 在闭区域 $D$ 内连续，且有一阶连续偏导数，则以下三个条件等价：

（1）在 $D$ 内每一点处有

$$\frac{\partial Q}{\partial x} = \frac{\partial P}{\partial y};$$

（2）在 $D$ 中任一段光滑的闭曲线 $L$，有

$$\oint_L P\,\mathrm{d}x + Q\,\mathrm{d}y = 0;$$

（3）对 $D$ 中的任一段光滑的曲线 $L$，曲线积分

$$\oint_L P\,\mathrm{d}x + Q\,\mathrm{d}y$$

与曲线 $L$ 的形状无关，只与 $L$ 的起点终点有关，或者说曲线积分

$$\int_L P\,\mathrm{d}x + Q\,\mathrm{d}y$$

在 $D$ 内与路径无关。

**【例 11-17】** 计算

$$\int_L (2xy - y^4 + 3)\mathrm{d}x + (x^2 - 4xy^3)\mathrm{d}y,$$

其中 $L$ 是曲线 $y = e^{\sin x}$ 上从点 $(0,0)$ 到点 $(1,2)$ 的一段弧。

**解** 曲线 $L$ 的方程非常复杂，直接化为定积分计算有困难，由于

$$\frac{\partial(x^2-4xy^3)}{\partial x}=2x-4y^3=\frac{\partial(2xy-y^4+3)}{\partial y},$$

因此，此曲线积分与路径无关，于是取路径为连接点 $(0,0)$ 与点 $(1,2)$ 的折线段，则

$$\int_L (2xy-y^4+3)\mathrm{d}x+(x^2-4xy^3)\mathrm{d}y$$

$$=\int_0^1 3\mathrm{d}x+\int_0^2(1-4y^3)\mathrm{d}y=-11.$$

### 11.5.2 高斯公式

**定理 11 - 6（高斯公式）** 设空间闭区域 $\Omega$ 是由分片光滑的闭曲面 $\Sigma$ 所围成，函数 $P(x,y,z), Q(x,y,z), R(x,y,z)$ 在 $V$ 上具有连续偏导数，则有：

$$\oiint_{\Sigma}(P\mathrm{d}y\mathrm{d}z+Q\mathrm{d}z\mathrm{d}x+R\mathrm{d}x\mathrm{d}y)=\iiint_{\Omega}\left(\frac{\partial P}{\partial x}+\frac{\partial Q}{\partial y}+\frac{\partial R}{\partial z}\right)\mathrm{d}V,$$

其中左端的曲面积分是沿边界曲面 $\Sigma$ 的外侧。

**证明** 设闭区域 $\Omega$ 在 $xOy$ 面上的投影区域为 $D_{xy}$。假定穿过 $V$ 内部且平行于坐标轴的直线与 $\Sigma$ 有两个交点（如图 11 - 12），将 $\Sigma$ 分成上、下两块 $\Sigma_2$ 和 $\Sigma_1$，$\Sigma_1$ 和 $\Sigma_2$ 的方程分别为 $z=z_1(x,y)$ 和 $z=z_2(x,y)$，则由曲面积分的计算公式，有

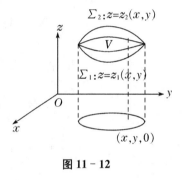

图 11 - 12

$$\oiint_{\Sigma}R(x,y,z)\mathrm{d}x\mathrm{d}y=\oiint_{\Sigma_2^+}R(x,y,z)\mathrm{d}x\mathrm{d}y+\oiint_{\Sigma_1^-}R(x,y,z)\mathrm{d}x\mathrm{d}y$$

$$=\iint_{D_{xy}}R[x,y,z_2(x,y)]\mathrm{d}x\mathrm{d}y-\iint_{D_{xy}}R[x,y,z_1(x,y)]\mathrm{d}x\mathrm{d}y$$

$$=\iint_{D_{xy}}\{R[x,y,z_2(x,y)]-R[x,y,z_1(x,y)]\}\mathrm{d}x\mathrm{d}y.$$

又由三重积分的计算方法，有

$$\iiint_{\Omega}\frac{\partial R}{\partial z}\mathrm{d}V=\iint_{D_{xy}}\left\{\int_{z_1(x,y)}^{z_2(x,y)}\frac{\partial R}{\partial z}\mathrm{d}z\right\}\mathrm{d}x\mathrm{d}y=\iint_{D_{xy}}\{R[x,y,z_2(x,y)]-R[x,y,z_1(x,y)]\}\mathrm{d}x\mathrm{d}y.$$

从而得

$$\oiint_{\Sigma}R(x,y,z)\mathrm{d}x\mathrm{d}y=\iiint_{\Omega}\frac{\partial R}{\partial z}\mathrm{d}V.$$

类似地可证

$$\oiint_{\Sigma}P(x,y,z)\mathrm{d}y\mathrm{d}z=\iiint_{\Omega}\frac{\partial P}{\partial x}\mathrm{d}V, \quad \oiint_{\Sigma}Q(x,y,z)\mathrm{d}z\mathrm{d}x=\iiint_{\Omega}\frac{\partial Q}{\partial y}\mathrm{d}V.$$

把以上三式相加，即得高斯公式：

$$\oiint_{\Sigma}(P\mathrm{d}y\mathrm{d}z+Q\mathrm{d}z\mathrm{d}x+R\mathrm{d}x\mathrm{d}y)=\iiint_{\Omega}\left(\frac{\partial P}{\partial x}+\frac{\partial Q}{\partial y}+\frac{\partial R}{\partial z}\right)\mathrm{d}V.$$

如果穿过 $\Omega$ 内部且平行于坐标轴的直线与边界曲面的交点为两个这一条件不满足,那么我们可用引进辅助曲面的方法把 $\Omega$ 分成若干个满足这样条件的闭区域. 由于沿辅助曲面相反两侧的两个曲面积分绝对值相等而符号相反,相加时正好抵消,因此对一般闭曲面 $\Omega$ 高斯公式也成立.

高斯公式沟通了沿闭曲面的积分与三重积分之间的联系,从而可利用三重积分计算曲面积分.

【例 11 - 18】 计算 $I = \iint\limits_{\Sigma}(x^2\mathrm{d}y\mathrm{d}z + y^2\mathrm{d}z\mathrm{d}x + z^2\mathrm{d}x\mathrm{d}y)$,$\Sigma$ 是 $\dfrac{x^2}{a^2} + \dfrac{y^2}{a^2} = \dfrac{z^2}{b^2}$ 介于 $z=0$ 与 $z=b$ 之间的曲面,取其外侧 ($a>0, b>0$),如图 11 - 13 所示.

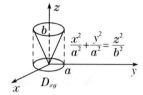

图 11 - 13

**解** 由于 $\Sigma$ 不是封闭的曲面,故不能直接利用高斯公式. 所以,加一个曲面 $\Sigma_1:z=b$,取其上侧. 这样,就构成了一个封闭的曲面,设其围成的区域为 $V$,在 $xOy$ 面的投影区域为 $D_{xy}$. 由图像中可以观察到 $V$ 关于 $xOz, yOz$ 面对称. 由两类曲面积分之间的关系及高斯公式,得

$$\begin{aligned}
I &= \iint\limits_{\Sigma}(x^2\mathrm{d}y\mathrm{d}z + y^2\mathrm{d}z\mathrm{d}x + z^2\mathrm{d}x\mathrm{d}y) \\
&= \oiint\limits_{\Sigma+\Sigma_1}(x^2\mathrm{d}y\mathrm{d}z + y^2\mathrm{d}z\mathrm{d}x + z^2\mathrm{d}x\mathrm{d}y) - \iint\limits_{\Sigma_1}(x^2\mathrm{d}y\mathrm{d}z + y^2\mathrm{d}z\mathrm{d}x + z^2\mathrm{d}x\mathrm{d}y) \\
&= \iiint\limits_{V}(2x+2y+2z)\mathrm{d}V - \iint\limits_{\Sigma_1}b^2\mathrm{d}x\mathrm{d}y \\
&= 2\iiint\limits_{V}(x+y+z)\mathrm{d}V - \iint\limits_{D_{xy}}b^2\mathrm{d}x\mathrm{d}y \\
&= 2\iiint\limits_{V}x\mathrm{d}V + 2\iiint\limits_{V}y\mathrm{d}V + 2\iiint\limits_{V}z\mathrm{d}V - \iint\limits_{D_{xy}}b^2\mathrm{d}x\mathrm{d}y.
\end{aligned}$$

由于 $V$ 关于 $xOz, yOz$ 面对称,故

$$\iiint\limits_{V}x\mathrm{d}V = \iiint\limits_{V}y\mathrm{d}V = 0.$$

从而 $I = 2\iiint\limits_{V}z\mathrm{d}V - b^2\iint\limits_{D_{xy}}\mathrm{d}x\mathrm{d}y = 2\int_0^b z\cdot\pi\left(\dfrac{a}{b}z\right)^2\mathrm{d}z - b^2 a^2\pi$

$= \dfrac{1}{2}a^2 b^2\pi - a^2 b^2\pi = -\dfrac{1}{2}a^2 b^2\pi.$

### 习题 11.5

1. 利用格林公式计算下列对坐标的曲线积分:

(1) $\oint_L \arctan y\,\mathrm{d}x - \dfrac{xy^2}{1+y^2}\mathrm{d}y$,其中 $L$ 为四个顶点分别为 $(0,0), (1,0), (1,1), (0,1)$ 的正方形区域的正向边界;

(2) $\oint_L (e^x \sin y - y)dx + (e^x \cos y - 1)dy$，其中 $L$ 是以 $(0,a),(a,0),(0,0)$ 为顶点的三角形的正向边界；

(3) $\oint_L (x+6y)dx + (y+2x)dy$，其中 $L$ 是沿逆时针方向的圆周 $(x-2)^2 + (y-3)^2 = 4$；

(4) $\int_L (2xy^3 - y^2\cos x)dx + (1-2y\sin x + 3x^2 y^2)dy$，其中 $L$ 为抛物线 $x=\frac{\pi}{2}y^2$ 上由点 $(0,0)$ 到点 $\left(\frac{\pi}{2},1\right)$ 的弧；

(5) $\int_L (3x^2+5y+7)dx + (5x+6y^5+7)dy$，其中 $L$ 为正弦曲线 $y=\sin x$ 上由点 $(0,0)$ 到点 $(\pi,0)$ 的弧；

(6) $\int_L \left[\left(y+\frac{e^y}{x}\right)dx + e^y \ln x\, dy\right]$，其中 $L$ 是在半圆周 $x=1+\sqrt{2y-y^2}$ 上从点 $(1,0)$ 到点 $(2,1)$ 的弧.

2. 验证下列曲线积分与路径无关，并计算积分值：

(1) $\int_{(1,2)}^{(3,4)} [(6xy^2 - y^3)dx + (6x^2 y - 3xy^2)dy]$；

(2) $\int_{(0,0)}^{(3,2)} (2xe^y dx + x^2 e^y dy)$；

(3) $\int_{(0,0)}^{(4,8)} (e^{-x}\sin y\, dx - e^{-x}\cos y\, dy)$.

3. 计算曲线积分 $I = \oint_L \frac{x\,dy - y\,dx}{2(x^2+y^2)}$，其中 $L$ 为逆时针方向的圆周 $(x-1)^2 + y^2 = 2$.

4. 设有一变力在坐标轴上的投影为 $X=x+y^2, Y=2xy+8$，这个变力确定了一个力场. 证明质点在此场内移动时，场力所做的功与路径无关.

5. 利用高斯公式计算下列曲面积分：

(1) $\oiint_\Sigma (x^2 dydz + y^2 dzdx + z^2 dxdy)$，其中 $\Sigma$ 为平面 $x=0, y=0, z=0, x=1, y=1, z=1$ 所围成的立体的表面的外侧；

(2) $\oiint_\Sigma (xdydz + ydzdx + zdxdy)$，其中 $\Sigma$ 是介于平面 $z=0$ 和 $z=3$ 之间的圆柱体 $x^2+y^2 \leqslant 9$ 的整个表面的外侧；

(3) $\iint_\Sigma 4xz\,dydz - 2zy\,dzdx + \left(1-\frac{3}{2}z^2\right)dxdy$，其中 $\Sigma$ 为抛物面 $z=x^2+y^2 (0 \leqslant z \leqslant 2)$ 的下侧.

6. 设流体的流速为 $v(x,y,z) = \{x(y-z), y(z-x), z(x-y)\}$，$S$ 为椭球面 $\frac{x^2}{16} + \frac{y^2}{9} + \frac{z^2}{4} = 1$. 求单位时间内，流体流向 $S$ 外侧的流量.

# 附录 1

 初等数学常用公式

## （一）代 数

### 1. 绝对值与不等式
(1) $\sqrt{a^2}=|a|$  (2) $-|a|\leqslant a\leqslant|a|$
(3) $|a|-|b|\leqslant|a\pm b|\leqslant|a|+|b|$  (4) $|a\cdot b|=|a|\cdot|b|$

### 2. 指数运算
(1) $a^m\cdot a^n=a^{m+n}$  (2) $a^m\div a^n=a^{m-n}$
(3) $(a^m)^n=a^{mn}$  (4) $(ab)^m=a^m\cdot b^m$
(5) $\left(\dfrac{a}{b}\right)^m=\dfrac{a^m}{b^m}$  (6) $a^{\frac{m}{n}}=\sqrt[n]{a^m}=(\sqrt[n]{a})^m$

### 3. 对数运算 ($a>0, a\neq 1$)
(1) 若 $a^x=M$，则 $x=\log_a M$  (2) $a^{\log_a x}=x$
(3) $\log_a 1=0$  (4) $\log_a a=1$
(5) $\log_a(xy)=\log_a x+\log_a y$  (6) $\log_a \dfrac{x}{y}=\log_a x-\log_a y$
(7) $\log_a x^m=m\log_a x$  (8) $\log_a x=\dfrac{\log_b x}{\log_b a}$
(9) $\log_a b\cdot\log_b a=1$

### 4. 乘法公式
(1) $(a\pm b)^2=a^2\pm 2ab+b^2$  (2) $(a\pm b)^3=a^3\pm 3a^2b+3ab^2\pm b^3$
(3) $(a+b+c)^2=a^2+b^2+c^2+2ab+2bc+2ca$  (4) $(a-b)(a+b)=a^2-b^2$
(5) $(a\pm b)(a^2\mp ab+b^2)=a^3\pm b^3$
(6) $(a+b)^n=a^n+C_n^1 a^{n-1}b+\cdots+C_n^k a^{n-k}b^k+\cdots+b^n$
(7) $C_m^n=\dfrac{m!}{n!(m-n)!}$

### 5. 数列
(1) 等差数列

　　通项公式 $a_n=a_1+(n-1)d$

　　前 $n$ 项和 $S_n=\dfrac{1}{2}(a_1+a_n)n=na_1+\dfrac{1}{2}n(n-1)d$

(2) 等比数列

　　通项公式 $a_n=a_1 q^{n-1}$

前 $n$ 项和 $S_n = \dfrac{a_1 - a_n q}{1-q} = \dfrac{a_1(1-q^n)}{1-q}$

## (二) 三角

### 1. 基本关系式

(1) $\sin\alpha \cdot \csc\alpha = 1$ \qquad (2) $\cos\alpha \cdot \sec\alpha = 1$

(3) $\tan\alpha \cdot \cot\alpha = 1$ \qquad (4) $\sin^2\alpha + \cos^2\alpha = 1$

(5) $1 + \tan^2\alpha = \sec^2\alpha$ \qquad (6) $1 + \cot^2\alpha = \csc^2\alpha$

(7) $\tan\alpha = \dfrac{\sin\alpha}{\cos\alpha}$ \qquad (8) $\cot\alpha = \dfrac{\cos\alpha}{\sin\alpha}$

### 2. 两角和的三角函数

(1) $\sin(\alpha \pm \beta) = \sin\alpha \cdot \cos\beta \pm \cos\alpha \cdot \sin\beta$

(2) $\cos(\alpha \pm \beta) = \cos\alpha \cdot \cos\beta \mp \sin\alpha \cdot \sin\beta$

(3) $\tan(\alpha \pm \beta) = \dfrac{\tan\alpha \pm \tan\beta}{1 \mp \tan\alpha \cdot \tan\beta}$

### 3. 倍角公式

(1) $\sin 2\alpha = 2\sin\alpha \cdot \cos\alpha$

(2) $\cos 2\alpha = \cos^2\alpha - \sin^2\alpha = 1 - 2\sin^2\alpha = 2\cos^2\alpha - 1$

(3) $\tan 2\alpha = \dfrac{2\tan\alpha}{1 - \tan^2\alpha}$

(4) $\sin 3\alpha = 3\sin\alpha - 4\sin^3\alpha$

(5) $\cos 3\alpha = 4\cos^3\alpha - 3\cos\alpha$

### 4. 半角公式

(1) $\sin\dfrac{\alpha}{2} = \pm\sqrt{\dfrac{1-\cos\alpha}{2}}$ \qquad (2) $\cos\dfrac{\alpha}{2} = \pm\sqrt{\dfrac{1+\cos\alpha}{2}}$

(3) $\tan\dfrac{\alpha}{2} = \dfrac{1-\cos\alpha}{\sin\alpha} = \dfrac{\sin\alpha}{1+\cos\alpha}$

### 5. 和差化积公式

(1) $\sin\alpha + \sin\beta = 2\sin\dfrac{\alpha+\beta}{2}\cos\dfrac{\alpha-\beta}{2}$ \qquad (2) $\sin\alpha - \sin\beta = 2\cos\dfrac{\alpha+\beta}{2}\sin\dfrac{\alpha-\beta}{2}$

(3) $\cos\alpha + \cos\beta = 2\cos\dfrac{\alpha+\beta}{2}\cos\dfrac{\alpha-\beta}{2}$ \qquad (4) $\cos\alpha - \cos\beta = -2\sin\dfrac{\alpha+\beta}{2}\sin\dfrac{\alpha-\beta}{2}$

### 6. 积化和差公式

(1) $\sin\alpha\cos\beta = \dfrac{1}{2}[\sin(\alpha+\beta) + \sin(\alpha-\beta)]$ \qquad (2) $\cos\alpha\cos\beta = \dfrac{1}{2}[\cos(\alpha+\beta) + \cos(\alpha-\beta)]$

(3) $\sin\alpha\sin\beta = -\dfrac{1}{2}[\cos(\alpha+\beta) - \cos(\alpha-\beta)]$

### 7. 三角形的基本关系

(1) 正弦定理 $\dfrac{a}{\sin A} = \dfrac{b}{\sin B} = \dfrac{c}{\sin C} = 2R$ ($R$ 为外接圆半径)

(2) 余弦定理 $c^2 = a^2 + b^2 - 2ab\cos C$

## (三) 平面解析几何

点 $P, Q, M$ 的坐标分别是 $(x_1, y_1), (x_2, y_2), (x_0, y_0)$

1. $|PQ| = \sqrt{(x_2-x_1)^2 + (y_2-y_1)^2}$

2. 定比分点公式 $x_0 = \dfrac{x_1 + \lambda x_2}{1+\lambda}, y_0 = \dfrac{y_1 + \lambda y_2}{1+\lambda}, \dfrac{PM}{MQ} = \lambda$

3. 过 $P, Q$ 两点的直线斜率为 $k = \dfrac{y_2 - y_1}{x_2 - x_1}$

4. 直线方程

   (1) 一般式: $Ax + By + C = 0$

   (2) 点斜式: $y - y_0 = k(x - x_0)$

   (3) 斜截式: $y = kx + b$

   (4) 截距式: $\dfrac{x}{a} + \dfrac{y}{b} = 1$

   (5) 两点式: $\dfrac{y - y_1}{y_2 - y_1} = \dfrac{x - x_1}{x_2 - x_1}$

5. 点 $M$ 到直线 $Ax + By + C = 0$ 的距离为
$$d = \dfrac{1}{\sqrt{A^2 + B^2}} |Ax_0 + By_0 + C|$$

6. 椭圆 $\dfrac{x^2}{a^2} + \dfrac{y^2}{b^2} = 1$

   (1) $a > b, c = \sqrt{a^2 - b^2}$, 离心率 $e = \dfrac{c}{a}$, 焦点 $F(\pm c, 0)$

   (2) $a < b, c = \sqrt{b^2 - a^2}, e = \dfrac{c}{a}, F(0, \pm c)$

7. 双曲线 $\dfrac{x^2}{a^2} - \dfrac{y^2}{b^2} = 1$

   (1) 焦点 $F(\pm c, 0), c = \sqrt{a^2 + b^2}$, 离心率 $e = \dfrac{c}{a}$

   (2) 渐近线 $y = \pm \dfrac{b}{a} x$

8. 抛物线 $y^2 = 2px$

   焦点 $F\left(\dfrac{p}{2}, 0\right)$, 准线 $x = -\dfrac{p}{2}$

## （四）初等几何

1. 圆周长 $S = 2\pi R$　面积 $A = \pi R^2$

   圆弧长 $S = R\theta$ ($\theta$ 为圆心角, 以弧度计)

   扇形面积 $A = \dfrac{1}{2} R^2 \theta$

2. 正圆锥

   体积 $V = \dfrac{1}{3} \pi R^2 h$, 侧面积 $A = \pi R l$

3. 正棱锥

   体积 $V = \dfrac{1}{3} \times$ 底面积 $\times$ 高, 侧面积 $A = \dfrac{1}{2} \times$ 斜高 $\times$ 底周长

4. 圆台

   体积 $V = \dfrac{1}{3} \pi h (R^2 + r^2 + Rr)$, 侧面积 $A = \pi l (R + r)$

5. 球

   体积 $V = \dfrac{4}{3} \pi R^3$, 面积 $A = 4\pi R^2$

# 附录 2

 简易积分表

## （一）含有 $a+bx$ 的积分

1. $\int (a+bx)^u dx = \begin{cases} \dfrac{(a+bx)^{u+1}}{b(u+1)} + C & u \neq -1 \\ \dfrac{1}{b}\ln|a+bx| + C & u = -1 \end{cases}$

2. $\int \dfrac{x}{ax+b} dx = \dfrac{1}{a^2}(ax+b-b\ln|ax+b|) + C$

3. $\int \dfrac{x^2}{ax+b} dx = \dfrac{1}{a^3}\left[\dfrac{1}{2}(ax+b)^2 - 2b(ax+b) + b^2\ln|ax+b|\right] + C$

4. $\int \dfrac{1}{x(ax+b)} dx = -\dfrac{1}{b}\ln\left|\dfrac{ax+b}{x}\right| + C$

5. $\int \dfrac{1}{x^2(ax+b)} dx = -\dfrac{1}{bx} + \dfrac{a}{b^2}\ln\left|\dfrac{ax+b}{x}\right| + C$

6. $\int \dfrac{x}{(ax+b)^2} dx = \dfrac{1}{a^2}\left(\ln|ax+b| + \dfrac{b}{ax+b}\right) + C$

7. $\int \dfrac{x^2}{(ax+b)^2} dx = \dfrac{1}{a^3}\left(ax+b-2b\ln|ax+b| - \dfrac{b^2}{ax+b}\right) + C$

8. $\int \dfrac{1}{x(ax+b)^2} dx = \dfrac{1}{b(ax+b)} - \dfrac{1}{b^2}\ln\left|\dfrac{ax+b}{x}\right| + C$

## （二）含有 $\sqrt{ax+b}$ 的积分

9. $\int x\sqrt{ax+b}\, dx = \dfrac{2}{15a^2}(3ax-2b)\sqrt{(ax+b)^3} + C$

10. $\int x^2\sqrt{ax+b}\, dx = \dfrac{2}{105a^3}(15a^2x^2 - 12abx + 8b^2)\sqrt{(ax+b)^3} + C$

11. $\int \dfrac{x}{\sqrt{ax+b}} dx = \dfrac{2}{3a^2}(ax-2b)\sqrt{ax+b} + C$

12. $\int \dfrac{x^2}{\sqrt{ax+b}} dx = \dfrac{2}{15a^2}(3a^2x^2 - 4abx + 8b^2)\sqrt{ax+b} + C$

13. $\int \dfrac{1}{x\sqrt{ax+b}} dx = \begin{cases} \dfrac{1}{\sqrt{b}}\ln\left|\dfrac{\sqrt{ax+b}-\sqrt{b}}{\sqrt{ax+b}+\sqrt{b}}\right| + C & (b>0) \\ \dfrac{2}{\sqrt{-b}}\arctan\sqrt{\dfrac{ax+b}{-b}} + C & (b<0) \end{cases}$

14. $\int \dfrac{1}{x^2\sqrt{ax+b}} dx = -\dfrac{\sqrt{ax+b}}{bx} - \dfrac{a}{2b}\int \dfrac{1}{x\sqrt{ax+b}} dx$

15. $\int \dfrac{\sqrt{ax+b}}{x}\mathrm{d}x = 2\sqrt{ax+b} + b\int \dfrac{1}{x\sqrt{ax+b}}\mathrm{d}x$

16. $\int \dfrac{\sqrt{ax+b}}{x^2}\mathrm{d}x = -\dfrac{\sqrt{ax+b}}{x} + \dfrac{a}{2}\int \dfrac{1}{x\sqrt{ax+b}}\mathrm{d}x$

### (三) 含有 $x^2 \pm a^2$ 的积分

17. $\int \dfrac{1}{x^2+a^2}\mathrm{d}x = \dfrac{1}{a}\arctan\dfrac{x}{a} + C$

18. $\int \dfrac{1}{(x^2+a^2)^n}\mathrm{d}x = \dfrac{x}{2(n-1)a^2(x^2+a^2)^{n-1}} + \dfrac{2n-3}{2(n-1)a^2}\int \dfrac{1}{(x^2+a^2)^{n-1}}\mathrm{d}x$

19. $\int \dfrac{1}{x^2-a^2}\mathrm{d}x = \dfrac{1}{2a}\ln\left|\dfrac{x-a}{x+a}\right| + C$

### (四) 含有 $ax^2+b$ $(a>0)$ 的积分

20. $\int \dfrac{1}{ax^2+b}\mathrm{d}x = \begin{cases} \dfrac{1}{\sqrt{b}}\arctan\sqrt{\dfrac{a}{b}}x + C & (b>0) \\[6pt] \dfrac{1}{2\sqrt{-ab}}\ln\left|\dfrac{\sqrt{a}x-\sqrt{-b}}{\sqrt{a}x+\sqrt{-b}}\right| + C & (b<0) \end{cases}$

21. $\int \dfrac{x}{ax^2+b}\mathrm{d}x = \dfrac{1}{2a}\ln|ax^2+b| + C$

22. $\int \dfrac{x^2}{ax^2+b}\mathrm{d}x = \dfrac{x}{a} - \dfrac{b}{a}\int \dfrac{1}{ax^2+b}\mathrm{d}x$

23. $\int \dfrac{1}{x(ax^2+b)}\mathrm{d}x = \dfrac{1}{2b}\ln\dfrac{x^2}{|ax^2+b|} + C$

24. $\int \dfrac{1}{x^2(ax^2+b)}\mathrm{d}x = -\dfrac{1}{bx} - \dfrac{a}{b}\int \dfrac{1}{ax^2+b}\mathrm{d}x$

25. $\int \dfrac{1}{x^3(ax^2+b)}\mathrm{d}x = \dfrac{a}{2b^2}\ln\dfrac{|ax^2+b|}{x^2} - \dfrac{1}{2bx^2} + C$

26. $\int \dfrac{1}{(ax^2+b)^2}\mathrm{d}x = \dfrac{x}{2b(ax^2+b)} + \dfrac{1}{2b}\int \dfrac{1}{ax^2+b}\mathrm{d}x$

### (五) 含有 $ax^2+bx+c$ $(a>0)$ 的积分

27. $\int \dfrac{1}{ax^2+bx+c}\mathrm{d}x = \begin{cases} \dfrac{2}{\sqrt{4ac-b^2}}\arctan\dfrac{2ax+b}{\sqrt{4ac-b^2}} + C & (b^2<4ac) \\[6pt] \dfrac{1}{\sqrt{b^2-4ac}}\ln\left|\dfrac{2ax+b-\sqrt{b^2-4ac}}{2ax+b+\sqrt{b^2-4ac}}\right| + C & (b^2>4ac) \end{cases}$

28. $\int \dfrac{x}{ax^2+bx+c}\mathrm{d}x = \dfrac{1}{2a}\ln|ax^2+bx+c| - \dfrac{b}{2a}\int \dfrac{1}{ax^2+bx+c}\mathrm{d}x$

### (六) 含有 $\sqrt{x^2+a^2}$ $(a>0)$ 的积分

29. $\int \dfrac{1}{\sqrt{x^2+a^2}}\mathrm{d}x = \ln(x+\sqrt{x^2+a^2}) + C$

30. $\int \dfrac{1}{\sqrt{(x^2+a^2)^3}}\mathrm{d}x = \dfrac{x}{a^2\sqrt{x^2+a^2}} + C$

31. $\int \dfrac{x}{\sqrt{x^2+a^2}}\mathrm{d}x = \sqrt{x^2+a^2} + C$

32. $\int \dfrac{x}{\sqrt{(x^2+a^2)^3}}\mathrm{d}x = -\dfrac{1}{\sqrt{x^2+a^2}} + C$

33. $\int \dfrac{x^2}{\sqrt{x^2+a^2}}dx = \dfrac{x}{2}\sqrt{x^2+a^2} - \dfrac{a^2}{2}\ln(x+\sqrt{x^2+a^2}) + C$

34. $\int \dfrac{x}{\sqrt{(x^2+a^2)^3}}dx = -\dfrac{x}{\sqrt{x^2+a^2}} + \ln(x+\sqrt{x^2+a^2}) + C$

35. $\int \dfrac{1}{x\sqrt{x^2+a^2}}dx = \dfrac{1}{a}\ln\dfrac{|x|}{a+\sqrt{x^2+a^2}} + C$

36. $\int \dfrac{1}{x^2\sqrt{x^2+a^2}}dx = -\dfrac{\sqrt{x^2+a^2}}{a^2 x} + C$

37. $\int \sqrt{x^2+a^2}\,dx = \dfrac{x}{2}\sqrt{x^2+a^2} + \dfrac{a^2}{2}\ln(x+\sqrt{x^2+a^2}) + C$

38. $\int \sqrt{(x^2+a^2)^3}\,dx = \dfrac{x}{8}(2x^2+5a^2)\sqrt{x^2+a^2} + \dfrac{3}{8}a^4\ln(x+\sqrt{x^2+a^2}) + C$

39. $\int x\sqrt{x^2+a^2}\,dx = \dfrac{1}{3}\sqrt{(x^2+a^2)^3} + C$

40. $\int x^2\sqrt{x^2+a^2}\,dx = \dfrac{x}{8}(2x^2+a^2)\sqrt{x^2+a^2} - \dfrac{a^4}{8}\ln(x+\sqrt{x^2+a^2}) + C$

41. $\int \dfrac{\sqrt{x^2+a^2}}{x}dx = \sqrt{x^2+a^2} + a\ln\dfrac{\sqrt{x^2+a^2}-a}{|x|} + C$

42. $\int \dfrac{\sqrt{x^2+a^2}}{x^2}dx = -\dfrac{\sqrt{x^2+a^2}}{x} + \ln(x+\sqrt{x^2+a^2}) + C$

## （七）含有 $\sqrt{x^2-a^2}$（$a>0$）的积分

43. $\int \dfrac{1}{\sqrt{x^2-a^2}}dx = \ln|x+\sqrt{x^2-a^2}| + C$

44. $\int \dfrac{1}{\sqrt{(x^2-a^2)^3}}dx = -\dfrac{x}{a^2\sqrt{x^2-a^2}} + C$

45. $\int \dfrac{x}{\sqrt{x^2-a^2}}dx = \sqrt{x^2-a^2} + C$

46. $\int \dfrac{x}{\sqrt{(x^2-a^2)^3}}dx = -\dfrac{1}{\sqrt{x^2-a^2}} + C$

47. $\int \dfrac{x^2}{\sqrt{x^2-a^2}}dx = \dfrac{x}{2}\sqrt{x^2-a^2} + \dfrac{a^2}{2}\ln|x+\sqrt{x^2-a^2}| + C$

48. $\int \dfrac{x^2}{\sqrt{(x^2-a^2)^3}}dx = -\dfrac{x}{\sqrt{x^2-a^2}} + \ln|x+\sqrt{x^2-a^2}| + C$

49. $\int \dfrac{1}{x\sqrt{x^2-a^2}}dx = \dfrac{1}{a}\arccos\dfrac{a}{|x|} + C$

50. $\int \dfrac{1}{x^2\sqrt{x^2-a^2}}dx = \dfrac{\sqrt{x^2-a^2}}{a^2 x} + C$

51. $\int \sqrt{x^2-a^2}\,dx = \dfrac{x}{2}\sqrt{x^2-a^2} - \dfrac{a^2}{2}\ln|x+\sqrt{x^2-a^2}| + C$

52. $\int \sqrt{(x^2-a^2)^3}\,dx = \dfrac{x}{8}(2x^2-5a^2)\sqrt{x^2-a^2} + \dfrac{3}{8}a^4\ln|x+\sqrt{x^2-a^2}| + C$

53. $\int x\sqrt{x^2-a^2}\,dx = \dfrac{1}{3}\sqrt{(x^2-a^2)^3} + C$

54. $\int x^2\sqrt{x^2-a^2}\,dx = \dfrac{x}{8}(2x^2-a^2)\sqrt{x^2-a^2} - \dfrac{1}{8}a^4\ln|x+\sqrt{x^2-a^2}| + C$

55. $\int \dfrac{\sqrt{x^2-a^2}}{x}dx = \sqrt{x^2-a^2} - \arccos\dfrac{a}{|x|} + C$

56. $\int \dfrac{\sqrt{x^2-a^2}}{x^2}\mathrm{d}x = -\dfrac{\sqrt{x^2-a^2}}{x} + \ln|x+\sqrt{x^2-a^2}| + C$

## （八）含有 $\sqrt{a^2-x^2}$ $(a>0)$ 的积分

57. $\int \dfrac{1}{\sqrt{a^2-x^2}}\mathrm{d}x = \arcsin\dfrac{x}{a} + C$

58. $\int \dfrac{1}{\sqrt{(a^2-x^2)^3}}\mathrm{d}x = \dfrac{x}{a^2\sqrt{a^2-x^2}} + C$

59. $\int \dfrac{x}{\sqrt{a^2-x^2}}\mathrm{d}x = -\sqrt{a^2-x^2} + C$

60. $\int \dfrac{x}{\sqrt{(a^2-x^2)^3}}\mathrm{d}x = -\dfrac{1}{\sqrt{a^2-x^2}} + C$

61. $\int \dfrac{x^2}{\sqrt{a^2-x^2}}\mathrm{d}x = -\dfrac{x}{2}\sqrt{a^2-x^2} + \dfrac{a^2}{2}\arcsin\dfrac{x}{a} + C$

62. $\int \dfrac{x^2}{\sqrt{(a^2-x^2)^3}}\mathrm{d}x = \dfrac{x}{\sqrt{a^2-x^2}} - \arcsin\dfrac{x}{a} + C$

63. $\int \dfrac{1}{x\sqrt{a^2-x^2}}\mathrm{d}x = \dfrac{1}{a}\ln\dfrac{a-\sqrt{a^2-x^2}}{|x|} + C$

64. $\int \dfrac{1}{x^2\sqrt{a^2-x^2}}\mathrm{d}x = -\dfrac{\sqrt{a^2-x^2}}{a^2 x} + C$

65. $\int \sqrt{a^2-x^2}\,\mathrm{d}x = \dfrac{x}{2}\sqrt{a^2-x^2} + \dfrac{a^2}{2}\arcsin\dfrac{x}{a} + C$

66. $\int \sqrt{(a^2-x^2)^3}\,\mathrm{d}x = \dfrac{x}{8}(5a^2-2x^2)\sqrt{a^2-x^2} + \dfrac{3}{8}a^4\arcsin\dfrac{x}{a} + C$

67. $\int x\sqrt{a^2-x^2}\,\mathrm{d}x = -\dfrac{1}{3}\sqrt{(a^2-x^2)^3} + C$

68. $\int x^2\sqrt{a^2-x^2}\,\mathrm{d}x = \dfrac{x}{8}(2x^2-a^2)\sqrt{a^2-x^2} + \dfrac{1}{8}a^4\arcsin\dfrac{x}{a} + C$

69. $\int \dfrac{\sqrt{a^2-x^2}}{x}\mathrm{d}x = \sqrt{a^2-x^2} + a\ln\dfrac{a-\sqrt{a^2-x^2}}{|x|} + C$

70. $\int \dfrac{\sqrt{a^2-x^2}}{x^2}\mathrm{d}x = -\dfrac{\sqrt{a^2-x^2}}{x} - \arcsin\dfrac{x}{a} + C$

## （九）含有 $\sqrt{\pm ax^2+bx+c}$ $(a>0)$ 的积分

71. $\int \dfrac{1}{\sqrt{ax^2+bx+c}}\mathrm{d}x = \dfrac{1}{\sqrt{a}}\ln|2ax+b+2\sqrt{a}\sqrt{ax^2+bx+c}| + C$

72. $\int \sqrt{ax^2+bx+c}\,\mathrm{d}x = \dfrac{2ax+b}{4a}\sqrt{ax^2+bx+c} + \dfrac{4ac-b^2}{8\sqrt{a^3}}\ln|2ax+b+2\sqrt{a}\sqrt{ax^2+bx+c}| + C$

73. $\int \dfrac{x}{\sqrt{ax^2+bx+c}}\mathrm{d}x = \dfrac{1}{a}\sqrt{ax^2+bx+c} - \dfrac{b}{2\sqrt{a^3}}\ln|2ax+b+2\sqrt{a}\sqrt{ax^2+bx+c}| + C$

74. $\int \dfrac{1}{\sqrt{-ax^2+bx+c}}\mathrm{d}x = \dfrac{1}{\sqrt{a}}\arcsin\dfrac{2ax-b}{\sqrt{b^2+4ac}} + C$

75. $\int \dfrac{x}{\sqrt{-ax^2+bx+c}}\mathrm{d}x = \dfrac{2ax-b}{4a}\sqrt{-x^2+bx+c} + \dfrac{b^2+4ac}{8\sqrt{a^3}}\arcsin\dfrac{2ax-b}{\sqrt{b^2+4ac}} + C$

76. $\int \dfrac{x}{\sqrt{-ax^2+bx+c}}\mathrm{d}x = -\dfrac{1}{a}\sqrt{-ax^2+bx+c} + \dfrac{b}{2\sqrt{a^3}}\arcsin\dfrac{2ax-b}{\sqrt{b^2+4ac}} + C$

## (十) 含有 $\sqrt{\dfrac{a\pm x}{b\pm x}}$ 的积分和含有 $\sqrt{(x-a)(b-x)}$ 的积分

77. $\displaystyle\int \sqrt{\dfrac{a+x}{b+x}}\,dx = \sqrt{(a+x)(b+x)} + (a-b)\ln(\sqrt{a+x}+\sqrt{a+x}) + C$

78. $\displaystyle\int \sqrt{\dfrac{a-x}{b+x}}\,dx = \sqrt{(a-x)(b+x)} + (a+b)\arcsin\sqrt{\dfrac{x+b}{a+b}} + C$

79. $\displaystyle\int \sqrt{\dfrac{a+x}{b-x}}\,dx = -\sqrt{(a+x)(b-x)} - (a+b)\arcsin\sqrt{\dfrac{b-x}{a+b}} + C$

80. $\displaystyle\int \dfrac{1}{\sqrt{(x-a)(b-x)}}\,dx = 2\arcsin\sqrt{\dfrac{x-a}{b-a}} + C$

## (十一) 含有三角函数的积分

81. $\displaystyle\int \tan x\,dx = -\ln|\cos x| + C$

82. $\displaystyle\int \cot x\,dx = \ln|\sin x| + C$

83. $\displaystyle\int \sec x\,dx = \ln|\sec x + \tan x| + C$

84. $\displaystyle\int \csc x\,dx = \ln|\csc x - \cot x| + C$

85. $\displaystyle\int \sec x \tan x\,dx = \sec x + C$

86. $\displaystyle\int \csc x \cot x\,dx = -\csc x + C$

87. $\displaystyle\int \sin^2 x\,dx = \dfrac{x}{2} - \dfrac{1}{4}\sin 2x + C$

88. $\displaystyle\int \cos^2 x\,dx = \dfrac{x}{2} + \dfrac{1}{4}\sin 2x + C$

89. $\displaystyle\int \sin^n x\,dx = -\dfrac{1}{n}\sin^{n-1}x\cos x + \dfrac{n-1}{n}\int \sin^{n-2}x\,dx$

90. $\displaystyle\int \cos^n x\,dx = \dfrac{1}{n}\cos^{n-1}x\sin x + \dfrac{n-1}{n}\int \cos^{n-2}x\,dx$

91. $\displaystyle\int \dfrac{1}{\sin^n x}\,dx = -\dfrac{1}{n-1}\dfrac{\cos x}{\sin^{n-1}x} + \dfrac{n-2}{n-1}\int \dfrac{1}{\sin^{n-2}x}\,dx$

92. $\displaystyle\int \dfrac{1}{\cos^n x}\,dx = \dfrac{1}{n-1}\dfrac{\sin x}{\cos^{n-1}x} + \dfrac{n-2}{n-1}\int \dfrac{1}{\cos^{n-2}x}\,dx$

93. $\displaystyle\int \cos^m x \sin^n x\,dx = \dfrac{1}{m+n}\cos^{m-1}x\sin^{n+1}x + \dfrac{m-1}{m+n}\int \cos^{m-2}x\sin^n x\,dx$

94. $\displaystyle\int \sin ax \cos bx\,dx = -\dfrac{1}{2(a+b)}\cos(a+b)x - \dfrac{1}{2(a-b)}\cos(a-b)x + C$

95. $\displaystyle\int \sin ax \sin bx\,dx = -\dfrac{1}{2(a+b)}\sin(a+b)x + \dfrac{1}{2(a-b)}\sin(a-b)x + C$

96. $\displaystyle\int \cos ax \cos bx\,dx = \dfrac{1}{2(a+b)}\sin(a+b)x + \dfrac{1}{2(a-b)}\sin(a-b)x + C$

97. $\displaystyle\int \dfrac{1}{a+b\sin x}\,dx = \dfrac{2}{\sqrt{a^2-b^2}}\arctan\dfrac{a\tan\dfrac{x}{2}+b}{\sqrt{a^2-b^2}} + C \quad (a^2 > b^2)$

98. $\displaystyle\int \dfrac{1}{a+b\sin x}\,dx = \dfrac{1}{\sqrt{b^2-a^2}}\ln\left|\dfrac{a\tan\dfrac{x}{2}+b-\sqrt{b^2-a^2}}{a\tan\dfrac{x}{2}+b+\sqrt{b^2-a^2}}\right| + C \quad (a^2 < b^2)$

99. $\int \dfrac{1}{a+b\cos x}\mathrm{d}x = \dfrac{2}{a+b}\sqrt{\dfrac{a+b}{a-b}}\arctan\left(\sqrt{\dfrac{a-b}{a+b}}\tan\dfrac{x}{2}\right)+C \quad (a^2>b^2)$

100. $\int \dfrac{1}{a+b\cos x}\mathrm{d}x = \dfrac{1}{a+b}\sqrt{\dfrac{a+b}{b-a}}\ln\left|\dfrac{\tan\dfrac{x}{2}+\sqrt{\dfrac{a+b}{b-a}}}{\tan\dfrac{x}{2}-\sqrt{\dfrac{a+b}{b-a}}}\right|+C \quad (a^2<b^2)$

101. $\int \dfrac{1}{a^2\cos^2 x + b^2\sin^2 x}\mathrm{d}x = \dfrac{1}{ab}\arctan\left(\dfrac{b}{a}\tan x\right)+C$

102. $\int x\sin ax\,\mathrm{d}x = \dfrac{1}{a^2}\sin ax - \dfrac{1}{a}x\cos ax + C$

103. $\int x^2\sin ax\,\mathrm{d}x = -\dfrac{1}{a}x^2\cos ax + \dfrac{2}{a^2}x\sin ax + \dfrac{2}{a^3}\cos ax + C$

104. $\int x\cos ax\,\mathrm{d}x = \dfrac{1}{a^2}\cos ax + \dfrac{1}{a}x\sin ax + C$

105. $\int x^2\cos ax\,\mathrm{d}x = \dfrac{1}{a}x^2\sin ax + \dfrac{2}{a^2}x\cos ax - \dfrac{2}{a^3}\sin ax + C$

## （十二）含有反三角函数的积分（$a>0$）

106. $\int \arcsin\dfrac{x}{a}\mathrm{d}x = x\arcsin\dfrac{x}{a} + \sqrt{a^2-x^2} + C$

107. $\int x\arcsin\dfrac{x}{a}\mathrm{d}x = \left(\dfrac{x^2}{2}-\dfrac{a^4}{4}\right)\arcsin\dfrac{x}{a} + \dfrac{x}{4}\sqrt{a^2-x^2} + C$

108. $\int x^2\arcsin\dfrac{x}{a}\mathrm{d}x = \dfrac{x^3}{3}\arcsin\dfrac{x}{a} + \dfrac{1}{9}(x^2+2a^2)\sqrt{a^2-x^2} + C$

109. $\int \arccos\dfrac{x}{a}\mathrm{d}x = x\arccos\dfrac{x}{a} - \sqrt{a^2-x^2} + C$

110. $\int x\arccos\dfrac{x}{a}\mathrm{d}x = \left(\dfrac{x^2}{2}-\dfrac{a^2}{4}\right)\arccos\dfrac{x}{a} - \dfrac{x}{4}\sqrt{a^2-x^2} + C$

111. $\int x^2\arccos\dfrac{x}{a}\mathrm{d}x = \dfrac{x^3}{3}\arccos\dfrac{x}{a} - \dfrac{1}{9}(x^2+2a^2)\sqrt{a^2-x^2} + C$

112. $\int \arctan\dfrac{x}{a}\mathrm{d}x = x\arctan\dfrac{x}{a} - \dfrac{a}{2}\ln(a^2+x^2) + C$

113. $\int x\arctan\dfrac{x}{a}\mathrm{d}x = \dfrac{1}{2}(a^2+x^2)\arctan\dfrac{x}{a} - \dfrac{a}{2}x + C$

114. $\int x^2\arctan\dfrac{x}{a}\mathrm{d}x = \dfrac{x^3}{3}\arctan\dfrac{x}{a} - \dfrac{a}{6}x^2 + \dfrac{a^3}{6}\ln(a^2+x^2) + C$

## （十三）含其他形式的积分

115. $\int x^n e^{ax}\mathrm{d}x = \dfrac{1}{a}x^n e^{ax} - \dfrac{n}{a}\int x^{n-1} e^{ax}\mathrm{d}x$

116. $\int x^u \ln x\,\mathrm{d}x = \dfrac{x^{u+1}}{(u+1)^2}[(u+1)\ln x - 1] + C \quad (u\neq -1)$

117. $\int x^n\sin x\,\mathrm{d}x = -x^n\cos x + n\int x^{n-1}\cos x\,\mathrm{d}x$

118. $\int x^n\cos x\,\mathrm{d}x = x^n\sin x - n\int x^{n-1}\sin x\,\mathrm{d}x$

119. $\int e^{ax}\sin bx\,\mathrm{d}x = \dfrac{e^{ax}}{a^2+b^2}(a\sin bx - b\cos bx) + C$

120. $\int e^{ax}\cos bx\,\mathrm{d}x = \dfrac{e^{ax}}{a^2+b^2}(a\cos bx + b\sin bx) + C$

# 附录 3

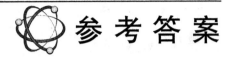

## 习题 1.1

1. (1) $x^2-2x+2$  (2) $\dfrac{1-x}{x^2}$  (3) $[1,e]$  (4) 0  (5) 原点

2. (1)、(2)不等,因定义域不同,(3)、(4)相等,(5)不等,(6)相等

3. 为使全程运输成本最小,当 $\sqrt{\dfrac{a}{b}} \leqslant c$ 时,行驶速度 $v=\sqrt{\dfrac{a}{b}}$;当 $\sqrt{\dfrac{a}{b}} > c$ 时,行驶速度 $v=c$

4. 原函数值域为: $y \in \left(-\infty, \dfrac{2}{5}\right) \cup \left(\dfrac{2}{5}, 1\right) \cup (1, +\infty)$

5. 函数 $f(x^2)$ 的定义域为 $[-1,1]$

   函数 $f(\sin x)$ 的定义域为 $[2k\pi,(2k+1)\pi]$

   函数 $f(x+a)$ 的定义域为 $[-a,-a+1]$

   函数 $f(x+a)+f(x-a)$ 的定义域为:① 若 $a<\dfrac{1}{2}$, $x\in[a,1-a]$;② 若 $a=\dfrac{1}{2}$, $x=\dfrac{1}{2}$;③ 若 $a>\dfrac{1}{2}$, $x\in\varnothing$

6. (1) $y$ 关于 $t$ 的函数关系式为 $y=\begin{cases} 8t & 0\leqslant t<1 \\ 8\sqrt{2}\left(\dfrac{\sqrt{2}}{2}\right)^t & t\geqslant 1 \end{cases} = \begin{cases} 8t & 0\leqslant t<1 \\ 2^{\frac{7-t}{2}} & t\geqslant 1 \end{cases}$  (2) 设第一次服药后,最迟过 $t$ 小时服第二次药,依题意 $t\geqslant 1$, $2^{\frac{7-t}{2}}=2$,解得 $t=5$,因此,第二次服药最迟应在第一次服药 5 小时后,即 11:00 服药  (3) 该病人每毫升血液中含药量为 4.7 微克.

7. (1) 依题意有 $f(x)=\begin{cases} 0.64x & 0\leqslant x\leqslant 4.5 \\ 4.5\times 0.64+(x-4.5)\times 3.2 & x>4.5 \end{cases}$ 所以 $f(3.5)=2.24$ 元, $f(4.5)=2.88$ 元, $f(5.5)=6.08$ 元  (2) ① 函数的定义域为 $\{x\mid -1<x<1\}$  $y=\dfrac{1}{2}+\lg\dfrac{1-x}{1+x}$ 在 $(-1,1)$ 上是减函数  ② 原不等式的解集为 $\left\{x\mid \dfrac{1-\sqrt{17}}{4}<x<0 \text{ 或 } \dfrac{1}{2}<x<\dfrac{1+\sqrt{17}}{4}\right\}$  (3) 略  (4) $V=\pi r^2 h$,则 $h=\dfrac{V}{\pi r^2}$, $V\in[0,\pi r^2 H]$

8. 略

9. 略

10. (1) $[-2,2]$  (2) $[-2,1)\cup(1,3)\cup(3,+\infty)$  (3) $\left[\dfrac{10}{e},10e\right]$  (4) $[-4,-\pi]\cup[0,\pi]$

11. $f(3)=2, f(2)=1, f(0)=2, f\left(\dfrac{1}{2}\right)=2, f\left(-\dfrac{1}{2}\right)=2^{-\frac{1}{2}}$

12. $[1,3]$

13. $f(x)=4x^2-x+C$($C$ 为常数)

14. (1) $y=e^x-2$  (2) $y=\log_2\dfrac{x}{1-x}$  (3) $y=\begin{cases}x-1 & x\geq 1\\ \sqrt[3]{x} & x<0\end{cases}$

15. (1) $y=f(x)=e^{x^2+1}$, $f(0)=e$, $f(2)=e^5$  (2) $y=f(x)=(e^{x+1}-1)^2+1$, $f(1)=e^4-2e^2+2$, $f(-1)=1$

## 习题 1.2

1. (1) $-1$  (2) 不存在  (3) 2  (4) 1

2. (1) 0  (2) 1/3  (3) 1  (4) 1/2  (5) 1  (6) 0

3. (1) 错,如 $x_n=1+\dfrac{(-1)^n n}{2n+1}$, $a=\dfrac{3}{2}$  (2) 对  (3) 对

6. (1) 2  (2) $\dfrac{1}{3}$  (3) 1  (4) 2  (5) $\lim\limits_{n\to\infty}\dfrac{n\arctan nx}{\sqrt{n^2+n}}=\begin{cases}\dfrac{\pi}{2} & x>0\\ 0 & x=0\\ -\dfrac{\pi}{2} & x<0\end{cases}$  (6) $\lim\limits_{n\to\infty}\dfrac{1-e^{-nx}}{1+e^{-nx}}=\begin{cases}1 & x>0\\ 0 & x=0\\ -1 & x<0\end{cases}$  (7) 1  (8) 0

## 习题 1.3

1. (1) $f(0-0)=-1$  $f(0+0)=1$  (2) $f(0-0)=f(0+0)=1$

2. (1) $3x^2$  (2) $-1$  (3) $-\dfrac{1}{56}$  (4) $-1$  (5) $\dfrac{1}{2}$  (6) 0

3. 不存在

4. 略

5. 略

6. 略

## 习题 1.4

1. (1) 无穷大  (2) 无穷大  (3) 无穷小  (4) 无穷大

2. (1) 0  (2) 0

3. (1) $x\to 0$ 时, $\dfrac{\sin x}{1+\cos x}$ 是无穷小  (2) $x\to\infty$ 时, $\dfrac{\arctan x}{1+x^2}$ 是无穷小  (3) $x\to-\infty$ 时, $e^x\sin x$ 是无穷小  (4) $x\to 0$ 时, $\dfrac{x+1}{\sin x}$ 是无穷大

## 习题 1.5

1. (1) $-9$  (2) 0  (3) 0  (4) 1/2  (5) $2x$  (6) 2  (7) 1/2  (8) 0  (9) 2/3  (10) 2  (11) 2  (12) 1/5

2. 不一定

3. (1) $\infty$  (2) $\infty$  (3) $\infty$

4. (1) 0  (2) 0  (3) 0

## 习题 1.6

1. (1) $\lim\limits_{x\to 0}\dfrac{\sin^2 x}{x^2}=\lim\limits_{x\to 0}\dfrac{\sin x}{x}\cdot\dfrac{\sin x}{x}=1$　(2) $\lim\limits_{x\to 0}\dfrac{\sin^2 4x}{x^2}=\lim\limits_{x\to 0}\dfrac{\sin 4x}{4x}\cdot\dfrac{\sin 4x}{4x}\cdot 4^2=16$

(3) $\lim\limits_{x\to 0}\dfrac{x^3}{3\sin^3 2x}=\lim\limits_{x\to 0}\dfrac{1}{3}\cdot\left(\dfrac{2x}{\sin 2x}\right)^3\cdot\dfrac{1}{8}=\dfrac{1}{24}$　(4) $\lim\limits_{x\to\infty}\dfrac{\tan\dfrac{1}{x}}{\dfrac{1}{x}}=\lim\limits_{x\to\infty}\dfrac{\sin\dfrac{1}{x}}{\dfrac{1}{x}}\cdot\dfrac{1}{\cos\dfrac{1}{x}}=1$　(5) $\lim\limits_{x\to 0}x\cot x$

$=\lim\limits_{x\to 0}\dfrac{x}{\sin x}\cos x=1\cdot\lim\limits_{x\to 0}\cos x=1$　(6) $\lim\limits_{x\to 0}\dfrac{\sin 4x}{\sqrt{x+1}-1}=\lim\limits_{x\to 0}\dfrac{(\sin 4x)\cdot 4x\cdot(\sqrt{x+1}+1)}{4x\cdot x}=4\lim\limits_{x\to 0}(\sqrt{x+1}+1)=8$

2. (1) $\lim\limits_{x\to\infty}\left(1+\dfrac{3}{x}\right)^{x+1}=\lim\limits_{x\to\infty}\left(1+\dfrac{3}{x}\right)^{\frac{x}{3}\cdot 3}\cdot\left(1+\dfrac{3}{x}\right)=e^3\lim\limits_{x\to\infty}\left(1+\dfrac{3}{x}\right)=e^3$　(2) $\lim\limits_{x\to\infty}\left(1-\dfrac{1}{x}\right)^{2x}=$

$\lim\limits_{x\to\infty}\left(1+\dfrac{1}{-x}\right)^{-x\cdot(-2)}=e^{-2}$　(3) $\lim\limits_{x\to 0}(1+9x)^{\frac{1}{x}}=\lim\limits_{x\to 0}(1+9x)^{\frac{1}{9x}\cdot 9}=e^9$　(4) $\lim\limits_{x\to 0}(1-2x)^{\frac{1}{x}}=\lim\limits_{x\to 0}[1+$

$(-2x)]^{\frac{1}{-2x}\cdot(-2)}=\dfrac{1}{e^2}$　(5) 1　(6) $e^3$　(7) 2/3　(8) 2

4. (1) 1　(2) 1　(3) $\dfrac{1}{2}$　(4) 1

5. (1) 由于 $\lim\limits_{x\to 0}\dfrac{\alpha(x)}{\beta(x)}=\lim\limits_{x\to 0}\dfrac{x^3+2x^2}{2x^2}=1$，所以当 $x\to 0$ 时，$x^3+2x^2$ 与 $2x^2$ 是等价无穷小，即 $x^3+$

$2x^2\sim 2x^2$，也可以说 $x^3+2x^2$ 是当 $x\to 0$ 时的二阶无穷小　(2) 由于 $\lim\limits_{x\to 0}\dfrac{\alpha(x)}{\beta(x)}=\lim\limits_{x\to 0}\dfrac{\sin x}{x}=1$，所以当 $x\to 0$

时，$\sin x$ 与 $x$ 是等价无穷小，即 $\sin x\sim x$　(3),(4)同理,当 $x\to 0$ 时，$\tan x\sim x$, $1-\cos x\sim\dfrac{1}{2}x^2$

6. $a=-7$　$b=6$

7. (1) $\dfrac{1}{6}$　(2) $\dfrac{1}{2}$　(3) 1　(4) $\dfrac{1}{16}$　(5) $-\dfrac{2}{3}$　(6) 1　(7) $\dfrac{1}{3}$　(8) $\dfrac{1}{4\sqrt{2}}$

9. ① 同阶但不等价　② 同阶且等价

10. 记 $x=\sqrt[n]{\cos n\varphi}$，则 $x\to 1(\varphi\to 0)$，原式 $=\lim\limits_{\varphi\to 0}\dfrac{(1-x)(1+x+\cdots+x^{n-1})}{\varphi^2(1+x+\cdots+x^{n-1})}=\lim\limits_{\varphi\to 0}\dfrac{1-x^n}{n\varphi^2}=$

$\lim\limits_{\varphi\to 0}\dfrac{1-\cos n\varphi}{n\varphi^2}=\lim\limits_{\varphi\to 0}\dfrac{\dfrac{1}{2}(n\varphi)^2}{n\varphi^2}=\dfrac{n}{2}$（当 $x\to 0, 1-\cos x\sim\dfrac{1}{2}x^2$）

11. 不一定

## 习题 1.7

1. (1) $f(0)=3/2$　(2) $f(0)=0$
2. (1) $x=-1$ 为可去间断点　(2) $x=0$ 为跳跃间断点, $x=1$ 为可去间断点, $x=-1$ 为第二类间断点
(3) $x=0$ 为跳跃间断点, $x=1$ 为第二类间断点　(4) $x=0$ 为第二类间断点
3. $a=0$　$b=e$
4. $x=\pi/4, x=5\pi/4$ 为第二类间断点　$x=3\pi/4, 7\pi/4$ 为可去间断点
5. (1) $f(x)=\begin{cases}ax^2+bx & 0\leqslant|x|<1\\ (a+b+1)/2 & x=1\\ (a-b-1)/2 & x=-1\\ 1/|x| & |x|>1\end{cases}$　(2) $\begin{cases}a=0\\ b=1\end{cases}$

6. (1) $x=0$ 为跳跃间断点，$x=k\pi(k\in\mathbb{Z},k\neq 0)$ 为第二类间断点　(2) $x=1$ 为第一类间断点　(3) 函数在非整数点处均连续，在整数点处间断，是第一类间断点　(4) $x=0$ 为第二类间断点，$x=1$ 为第一类间断点

7. $x=\pm 1$ 是其跳跃间断点

8. 略

9. $k=2$

### 习题 1.8

1. (1) T　(2) T　(3) T　(4) T　(5) T　(6) F

2. (1) $\dfrac{4}{3}$　(2) $-2$　(3) $0$　(4) $e^3$　(5) $2$　(6) $1$

3. (1) $1$　(2) $0$　(3) $\sqrt{e}$　(4) $e^3$　(5) $e^{-3/2}$　(6) $1/2$

4. $a=1$

### 习题 2.1

1. (1) 8 m/s　(2) 6 m/s

2. (1) $\dfrac{3}{2}$　(2) $3e^{3x}$　(3) 略

3. (1) $2$　(2) $-3f'(a)$　(3) $(n+m)f'(a)$

4. 略

5. (1) $f'_-(1)=-2, f'_+(1)=3$，函数在 $x=1$ 处不可导　(2) $f'(0)=2$

6. $(2,4)$

7. $a=\dfrac{1}{e}$

8. (1) $a=b=1$　(2) $a=\pm\sqrt{2}, b=1$

9. 略

10. (1) 函数在 $x=0$ 处连续，但是不可导　(2) 函数在 $x=0$ 处可导，从而必然连续

### 习题 2.2

2. (1) $y'=2x\cos x\ln\sqrt{x}-x^2\sin x\ln\sqrt{x}+\dfrac{x}{2}\cos x$　(2) $y'=\log_2 x+\dfrac{1}{\ln 2}$　(3) $y'=\ln x+\dfrac{1-\ln x}{x^2}+1$

(4) $y'=a^x x^a\ln a+a^x\cdot a x^{a-1}$　(5) $y'=\dfrac{1}{x^2-1}$　(6) $y'=2x(3x^4-28x^2+49)$　(7) $y'=\cos(\sin x)\cdot\cos x$

(8) $y'=-\dfrac{2}{\sqrt{1-4x^2}\arccos 2x}$　(9) $y'=\arcsin\dfrac{x}{2}$　(10) $y'=\dfrac{1}{\sqrt{2x+x^2}}$　(11) $y'=0$

(12) $y'=\dfrac{\operatorname{arccot} x-\arctan x}{1+x^2}$

3. (1) $x^{x^x}[x^x(\ln x+1)\ln x+x^{x-1}]$　(2) $x^{\sin x}\left(\cos x\ln x+\dfrac{\sin x}{x}\right)+2^x\ln 2$

(3) $\left(\dfrac{x}{1+x}\right)^x\left(\ln\dfrac{x}{1+x}+\dfrac{1}{1+x}\right)$　(4) $\dfrac{(x-3)^2(2x-1)}{(x+1)^3}\left(\dfrac{2}{x-3}+\dfrac{2}{2x-1}-\dfrac{3}{x+1}\right)$

(5) $\dfrac{1}{2}\sqrt{\dfrac{(x-1)(x-2)}{(x-3)(x-4)}}\left(\dfrac{1}{x-1}+\dfrac{1}{x-2}-\dfrac{1}{x-3}-\dfrac{1}{x-4}\right)$

(6) $(2^x+3^x)^{\frac{1}{x}}\left[\frac{2^x\ln 2+3^x\ln 3}{x(2^x+3^x)}-\frac{1}{x^2}\ln(2^x+3^x)\right]$

5. (1) 0   (2) $2f'(a)$   (3) $e^{f(\sin x)} \cdot f'(\sin x) \cdot \cos x$   (4) $\dfrac{2xf'(x^2)}{f(x^2)}$

6. (1) $\dfrac{f(x)f'(x)+g(x)g'(x)}{\sqrt{f^2(x)+g^2(x)+\pi}}$   (2) $\dfrac{f'(\ln x)}{x}+\dfrac{2g'(x)}{g(x)}$

7. (1) $\dfrac{-\sin(x-y)-y\cos x}{\sin x-\sin(x-y)}$   (2) $\dfrac{x+y}{x-y}$   (3) $\dfrac{y(1+xe^{x+y})}{x(y-1-ye^{x+y})}$   (4) $\dfrac{x-2y}{2x+y}$   (5) $\dfrac{y(e^{xy}+\sec^2 xy)}{1-x(e^{xy}+\sec^2 xy)}$

(6) $\dfrac{xy\ln y-y^2}{xy\ln x-x^2}$

8. 切线方程 $x+11y-23=0$,法线方程 $11x-y-9=0$

9. 略

10. 略

## 习题 2.3

1. (1) $6x\cos 2x-12x^2\sin 2x-4x^3\cos 2x$   (2) $2e^{-x}-4xe^{-x}+x^2e^{-x}$   (3) $4x^2f''(x^2)+2f'(x^2)$
(4) $2[f'(x)]^2+2f(x)f''(x)$

3. (1) $(x^2+x-11)\sin x-4(2x+1)\cos x$   (2) $2^{20}e^{2x}(x^2+20x+95)$   (3) 9   (4) $(\ln 2)^2-1$

4. (1) $(-1)^n n!\left[\dfrac{1}{(x-2)^{n+1}}-\dfrac{1}{(x-1)^{n+1}}\right]$   (2) $2^{n-1}\sin\left[2x+\dfrac{(n-1)\pi}{2}\right]$   (3) $e^x(x+n)$

(4) $2^n\sin\left(2x+\dfrac{n\pi}{2}\right)$   (5) $\dfrac{(-1)^{n-1}(n-1)!}{(x+3)^n}+\dfrac{(-1)^{n-1}(n-1)!}{(x-1)^n}$   (6) $\dfrac{(-1)^n(n-2)!}{x^{n-1}}$ $(n\geqslant 2)$

5. (1) $\dfrac{dy}{dx}=\dfrac{2}{2-\cos y}, \dfrac{d^2y}{dx^2}=\dfrac{-4\sin y}{(2-\cos y)^3}$   (2) $\dfrac{dy}{dx}=1+\dfrac{1}{y^2}, \dfrac{d^2y}{dx^2}=-\dfrac{2}{y^3}\left(\dfrac{1}{y^2}+1\right)$

## 习题 2.4

1. $\Delta y=0.110601, dy=0.11$

2. $f(x)=\dfrac{x^4}{2}$

3. (1) $\dfrac{1}{x}$   (2) $-\tan\sqrt{x}$   (3) $8x\tan(1+2x^2)\sec^2(1+2x^2)$   (4) $\dfrac{1}{3}\tan 3x+C$

4. (1) $dy=\dfrac{\frac{-x dx}{\sqrt{1-x^2}}}{\sqrt{1-(1-x^2)}}=\dfrac{-x dx}{|x|\sqrt{1-x^2}}$ $(x\neq 0)$   (2) $-6x\sin(2+6x^2)dx$   (3) $dy=-\dfrac{e^x\sin y+e^{-y}\sin x}{e^x\cos y+e^{-y}\cos x}dx$   (4) $dy=-\dfrac{2x+y}{x+2y}dx$

5. (1) 1   (2) $-1$   (3) 3

6. (1) $\dfrac{dy}{dx}=\dfrac{1}{t}, \dfrac{d^2y}{dx^2}=-\dfrac{t^2+1}{t^3}$   (2) $\dfrac{dy}{dx}=t, \dfrac{d^2y}{dx^2}=\dfrac{1}{f''(t)}$   (3) $\dfrac{dy}{dx}=\dfrac{1-3t^2}{-2t}, \dfrac{d^2y}{dx^2}=-\dfrac{3t^2+1}{4t^3}$   (4) $\dfrac{dy}{dx}=\dfrac{\sin t+t\cos t}{\cos t-t\sin t}, \dfrac{d^2y}{dx^2}=\dfrac{2+t^2}{a(\cos t-t\sin t)^3}$

7. 切线方程 $bx+ay-\sqrt{2}ab=0$,法线方程 $ax-by-\dfrac{\sqrt{2}}{2}(a^2-b^2)=0$

8. (1) $\dfrac{dy}{dx}=-2x\sin x^2$, $\dfrac{d^2y}{dx^2}=-2\sin x^2-4x^2\cos x^2$, $\dfrac{dy}{dx^2}=-\sin x^2$

(2) $dy=\left[\dfrac{1}{x}f'(\ln x)e^{f(x)}+f'(x)f(\ln x)e^{f(x)}\right]dx$

9. (1) 0.5076  (2) 2.7455  (3) −0.02  (4) 1.12

10. 0.33%

## 习题 3.1

1. 提示：$\xi=2$
2. 提示：$f'(x)=0$ 恰好有三个实根，分别在区间 $(1,2),(2,3),(3,4)$ 内
3. 提示：$\xi_1\in(x_1,x_2),\xi_2\in(x_2,x_3),\xi_3\in(x_3,x_4)$
4. 略
5. 提示：令 $F(x)=xf(x)$
6. 提示：令 $F(x)=f(x)e^x$
7. 提示：令 $F(x)=f(x)e^{-nx}$
8. 提示：令 $F(x)=f(x)e^{g(x)}$
9. 略
10. 提示：$\xi=\dfrac{a+b}{2}$
11. 略
12. 提示：$f(x)=|x|$，$x\in[-1,1]$
13. 提示：$f(x+a)-f(x)=f'(x)\cdot a$
14. 略
15. 略
16. 提示：令 $F(x)=\dfrac{f(x)}{e^x}$
17. 略
18. 提示：$\xi=\dfrac{14}{9}$
19. 提示：令 $g(x)=\ln x$

## 习题 3.2

1. (1) 1  (2) $\dfrac{3}{5}$  (3) $\dfrac{1}{3}$  (4) $\dfrac{1}{3}$  (5) $-\dfrac{1}{8}$  (6) $\dfrac{m}{n}a^{m-n}$  (7) 1  (8) $-\dfrac{1}{6}$  (9) 0  (10) $\dfrac{1}{2}$

(11) 0  (12) $-\dfrac{1}{2}$  (13) $-\dfrac{2}{\pi}$  (14) $e^2$  (15) $\dfrac{1}{e}$  (16) 2  (17) 3  (18) 1  (19) 1  (20) $\dfrac{1}{2}$

(21) $+\infty$  (22) 1  (23) 1

2. 略
3. 函数在点 $x=0$ 处连续

## 习题 3.3

1. $a>0$
2. $(-1,0)$ 单减，$(0,+\infty)$ 单增
3. $(-\infty,-2)$ 和 $(0,+\infty)$ 单增，$(-2,-1)$ 及 $(-1,0)$ 单减，极大值为 −4，极小值为 0

4. 提示：令 $f(x)=\ln x-ax$（只有一个实根）

5. 略

6. $a=-\dfrac{9}{2},b=6$

7. 略

## 习题 3.4

1. (1) 曲线在 $\left(-\infty,\dfrac{5}{3}\right]$ 内是凸的，在 $\left[\dfrac{5}{3},+\infty\right)$ 内是凹的，拐点为 $\left(\dfrac{5}{3},\dfrac{20}{27}\right)$　(2) 在 $(-\infty,-1]$ 和 $[1,+\infty)$ 内是凸的，在 $[-1,1]$ 内是凹的，拐点为 $(-1,\ln 2)$ 和 $(1,\ln 2)$　(3) 在 $(-\infty,+\infty)$ 内是凹的，无拐点　(4) 在 $(-\infty,2]$ 内是凸的，在 $[2,+\infty)$ 内是凹的，拐点为 $(2,2\mathrm{e}^{-2})$

2. $a=-\dfrac{3}{2},b=\dfrac{9}{2}$

3. $a=1,b=-3,c=-24,d=16$

4. 提示：$k=\pm\dfrac{\sqrt{2}}{8}$

5. 略

6. 提示：$(x_0,f(x_0))$ 是拐点.

7. 提示：(1) 设 $f(t)=t^n$　(2) 设 $f(t)=t\ln t$

## 习题 3.5

1. (1) $y=2x\pm\dfrac{\pi}{2}$　(2) $x=-1,y=x-1$　(3) $y=0,x=0$　(4) $y=x,x=0$

## 习题 3.6

1. (1) $f_{\min}(-1)=-1+\sqrt{2},f_{\max}\left(\dfrac{3}{4}\right)=1.25$　(2) $f_{\min}(2)=-14,f_{\max}(3)=11$　(3) $f_{\min}(-3)=27$　(4) $f_{\min}(1)=0,f_{\max}(0)=\dfrac{\pi}{4}$　(5) $f_{\min}(-1)=-4$

2. $S\left(\dfrac{16}{3}\right)=\dfrac{4096}{27}$

3. 当宽为 5 米，长为 10 米时，这间小屋面积最大

4. 降价 500 元，即每台卖 1000 元时，销售额最大

5. $d:h:b=\sqrt{3}:\sqrt{2}:1$

## 习题 3.7

1. (1) $\rho=\sqrt{2},K=\dfrac{\sqrt{2}}{2}$　(2) $\rho=1,K=1$　(3) $\rho=\dfrac{3a}{2}|\sin 2t|,K=\dfrac{2}{3a}|\csc 2t|$

2. $K=|2a|$，此时 $x=-\dfrac{b}{2a}$

3. 直径不得超过 2.50 单位长

## 习题 4.1

1. $\dfrac{1}{2}$   2. (1) ✓  (2) ✓  (3) ✓

## 习题 4.2

1. (1) $\int_0^1 x^4 dx < \int_0^1 x^2 dx$   (2) $\int_0^{\frac{\pi}{2}} \sin x dx > \int_0^{\frac{\pi}{2}} \sin^2 x dx$   (3) $\int_3^4 \ln x dx < \int_3^4 (\ln x)^3 dx$

3. (1) $6 \leqslant \int_1^4 (x^2+1) dx \leqslant 51$   (2) $\pi \leqslant \int_{\frac{\pi}{4}}^{\frac{5\pi}{4}} (\sin^2 x + 1) dx \leqslant 2\pi$

## 习题 4.3

1. (1) $\ln(1+x)$   (2) $-x^2 \sin x$   (3) $\dfrac{2x}{1+x^6}$

2. (1) $\dfrac{1}{3}$   (2) 0

3. (1) $\dfrac{4}{5}(2\sqrt[4]{2}-1)$   (2) $\dfrac{21}{8}$   (3) $\dfrac{a^2}{6}$   (4) $1+\dfrac{\pi}{4}$   (5) $1-\dfrac{\pi}{4}$   (6) $1-\dfrac{\pi}{2}$   (7) $\dfrac{\pi}{2}$   (8) $\dfrac{\pi}{2}+\dfrac{5}{3}$

## 习题 4.4

2. (1) $-\dfrac{1}{x}+C$   (2) $\dfrac{2}{5}x^{\frac{5}{2}}+C$   (3) $\dfrac{4}{7}x^{\frac{7}{4}}+4x^{-\frac{1}{4}}+C$   (4) $2x^{\frac{1}{2}}-\dfrac{3}{4}x^{\frac{4}{3}}+C$   (5) $2x^{\frac{1}{2}}-\dfrac{2}{7}x^{\frac{7}{2}}+C$

(6) $\sin x - \dfrac{1}{2}\cos x + e^x + C$   (7) $\dfrac{1}{3}x^3 - \dfrac{1}{2}x^2 + C$   (8) $\tan x - x + c$   (9) $\dfrac{1}{2}(x-\sin x)+C$

(10) $\dfrac{2^x e^x}{\ln 2 + 1} + C$   (11) $\dfrac{1}{2}x^2 - \dfrac{2}{3}\sqrt{x^3} + x + C$   (12) $2(x-\arctan x)+C$   (13) $-\dfrac{1}{x}+\arctan x + C$

(14) $\dfrac{1}{2}(\tan x + x) + C$   (15) $\dfrac{8}{15}x^{\frac{15}{8}} + C$   (16) $\sin x + \cos x + C$

3. $y = 1 - \cos x$

## 习题 4.1

1. $\dfrac{1}{2}$   2. (1) ✓  (2) ✓  (3) ✓

## 习题 4.2

1. (1) $\int_0^1 x^4 dx < \int_0^1 x^2 dx$   (2) $\int_0^{\frac{\pi}{2}} \sin x dx > \int_0^{\frac{\pi}{2}} \sin^2 x dx$   (3) $\int_3^4 (\ln x) dx < \int_3^4 (\ln x)^3 dx$   3. (1) $6 \leqslant \int_1^4 (x^2+1) dx \leqslant 51$   (2) $\pi \leqslant \int_{\frac{\pi}{4}}^{\frac{5\pi}{4}} (\sin^2 x + 1) dx \leqslant 2\pi$

## 习题 4.3

1. (1) $\ln(1+x)$  (2) $-x^2\sin x$  (3) $\dfrac{2x}{1+x^6}$

2. (1) $\dfrac{1}{3}$  (2) 0

3. (1) $\dfrac{4}{5}(2\sqrt[4]{2}-1)$  (2) $\dfrac{21}{8}$  (3) $\dfrac{a^2}{6}$  (4) $1+\dfrac{\pi}{4}$  (5) $1-\dfrac{\pi}{4}$  (6) $1-\dfrac{\pi}{2}$  (7) $\dfrac{\pi}{2}$  (8) $\dfrac{\pi}{2}+\dfrac{5}{3}$

## 习题 4.4

2. (1) $-\dfrac{1}{x}+C$  (2) $\dfrac{2}{5}x^{\frac{5}{2}}+C$  (3) $\dfrac{4}{7}x^{\frac{7}{4}}+4x^{-\frac{1}{4}}+C$  (4) $2x^{\frac{1}{2}}-\dfrac{3}{4}x^{\frac{4}{3}}+C$  (5) $2x^{\frac{1}{2}}-\dfrac{2}{7}x^{\frac{7}{2}}+C$
(6) $\sin x-\dfrac{1}{2}\cos x+e^x+C$  (7) $\dfrac{1}{3}x^3-\dfrac{1}{2}x^2+C$  (8) $\tan x-x+C$  (9) $\dfrac{1}{2}(x-\sin x)+C$
(10) $\dfrac{2^x e^x}{\ln 2+1}+C$  (11) $\dfrac{1}{2}x^2-\dfrac{2}{3}\sqrt{x^3}+x+C$  (12) $2(x-\arctan x)+C$  (13) $-\dfrac{1}{x}+\arctan x+C$
(14) $\dfrac{1}{2}(\tan x+x)+C$  (15) $\dfrac{8}{15}x^{\frac{15}{8}}+C$  (16) $\sin x+\cos x+C$

3. $y=1-\cos x$

## 习题 5.1

1. (1) $-\dfrac{1}{2}e^{-x^2}+C$  (2) $\dfrac{1}{2}(\ln x)^2+C$  (3) $\dfrac{1}{a}\arctan\dfrac{x}{a}+C$  (4) $\dfrac{1}{12}(2x-3)^6$  (5) $-\dfrac{1}{2}\dfrac{1}{x^2+1}+C$
(6) $\sin x-\dfrac{2}{3}\sin^3 x+\dfrac{1}{5}\sin^5 x+C$  (7) $2\sqrt{1+\ln x}+C$  (8) $x-\ln(e^x+1)+C$  (9) $\dfrac{x}{2}-\dfrac{1}{12}\sin 6x+C$
(10) $\dfrac{2}{3}e^{\sqrt[3]{x}}+C$  (11) $-\dfrac{1}{2}[\ln(x+1)-\ln x]^2+C$  (12) $\ln\dfrac{xe^x}{xe^x+1}+C$  (13) $\dfrac{\pi}{2}$  (14) $\dfrac{2}{3}$  (15) 2
(16) $\arctan e-\dfrac{\pi}{4}$  (17) $(\sqrt{2}-1)a$  (18) 1  (19) $\dfrac{\pi}{6}$  (20) $e-1$  (21) $\dfrac{4}{3}$

2. (1) 0  (2) 2  (3) $\dfrac{6}{5}$

3. (1) $\ln\dfrac{\sqrt{1+e^x}-1}{\sqrt{1+e^x}+1}+C$  (2) $2\sqrt{1+x}-2\ln(1+\sqrt{1+x})+C$  (3) $\dfrac{1}{2}\ln\left|\dfrac{2-\sqrt{4-x^2}}{x}\right|+C$
(4) $\sqrt{x^2-a^2}-a\arccos\dfrac{a}{x}+C$  (5) $\ln\left(\dfrac{x}{2}+\dfrac{\sqrt{x^2+4}}{2}\right)+C$  (6) $2\sqrt{x}+2\cos\sqrt{x}+C$  (7) $\dfrac{6}{7}x^{\frac{7}{6}}-\dfrac{6}{5}x^{\frac{5}{6}}$
$+2x^{\frac{1}{2}}-6x^{\frac{1}{6}}+6\arctan x^{\frac{1}{6}}+C$  (8) $2-\dfrac{\pi}{2}$  (9) $\dfrac{\pi}{16}$  (10) $\dfrac{\pi}{2}$  (11) $\dfrac{\pi}{12}+\dfrac{\sqrt{3}}{8}$  (12) $\dfrac{\sqrt{2}}{2}$

## 习题 5.2

(1) $\dfrac{x^2}{2}\ln(x-1)-\dfrac{1}{4}x^2-\dfrac{1}{2}x-\dfrac{1}{2}\ln(x-1)+C$  (2) $\dfrac{1}{2}xe^{2x}-\dfrac{1}{4}e^{2x}+C$  (3) $-\dfrac{1}{2}x\cos 2x+$
$\dfrac{1}{4}\sin 2x+C$  (4) $x(\ln x)^2-2x\ln x+2x+C$  (5) $-2\sqrt{x}\cos\sqrt{x}+2\sin\sqrt{x}+C$  (6) $-\dfrac{1}{2}e^{-x^2}(x^2+1)+C$

(7) $\dfrac{x^2}{4}+\dfrac{1}{4}x\sin 2x+\dfrac{1}{8}\cos 2x+C$  (8) $-x\cot x+\ln|\sin x|+C$  (9) $\dfrac{1}{2}x[\sin(\ln x)-\cos(\ln x)]+C$

(10) $\dfrac{e^{-x}}{5}(2\sin 2x-\cos 2x)+C$  (11) $\dfrac{\pi}{4}-\dfrac{1}{2}$  (12) $1$  (13) $1-\dfrac{\sqrt{3}}{6}\pi$  (14) $\dfrac{\pi}{2}$  (15) $\dfrac{35}{128}\pi$

(16) $\dfrac{1}{4}(1-\ln 2)$  (17) $2\left(1-\dfrac{1}{e}\right)$  (18) $\dfrac{1}{5}(e^{\pi}-2)$

## 习题 5.3

(1) $\dfrac{1}{2}\tan\dfrac{x+1}{2}+C$  (2) $\dfrac{4(x-10)\sqrt{5+x}}{3}+C$  (3) $\dfrac{x}{2}\sqrt{2x^2+9}+\dfrac{9\sqrt{2}}{4}\ln(\sqrt{2}x+\sqrt{2x^2+9})+C$

(4) $\ln|(x-2)+\sqrt{5-4x+x^2}|+C$  (5) $\dfrac{e^{5x}}{41}(5\sin 4x-4\cos 4x)+C$  (6) $-\dfrac{1}{2}\dfrac{\cos x}{\sin^2 x}+\dfrac{1}{2}\ln|\tan\dfrac{x}{2}|+C$

(7) $-\dfrac{\sin 8x}{16}+\dfrac{\sin 2x}{4}+C$  (8) $-\dfrac{1}{x}-\sqrt{2}\arctan\sqrt{2}x+C$  (9) $\dfrac{x}{2(1+x^2)}+\dfrac{1}{2}\arctan x+C$  (10) $x\ln^3 x-3x\ln^2 x+6x\ln x-6x+C$  (11) $\dfrac{x(x^2-1)\sqrt{x^2-2}}{4}-\dfrac{1}{2}\ln|x+\sqrt{x^2-2}|+C$  (12) $\dfrac{1}{\sqrt{21}}\ln\left|\dfrac{\sqrt{3}\tan\dfrac{x}{2}+\sqrt{7}}{\sqrt{3}\tan\dfrac{x}{2}-\sqrt{7}}\right|+C$

## 习题 5.4

(1) $\dfrac{\pi}{2}$  (2) $\dfrac{\pi}{4}+\dfrac{1}{2}\ln 2$  (3) $\pi$  (4) $\dfrac{\sqrt{3}}{9}\pi$  (5) $\dfrac{1}{2}$  (6) $1-\ln 2$  (7) $\dfrac{a}{a^2+b^2}$  (8) $\dfrac{\pi^2}{8}$  (9) $\dfrac{10}{3}$

(10) $2\ln 2$  (11) 发散  (12) 发散

## 习题 5.5

1. (1) $\dfrac{3}{2}-\ln 2$  (2) $2-\sqrt{3}+\dfrac{\pi}{3}$  (3) $\dfrac{9}{4}$  (4) $\dfrac{1}{3}(\pi+3\sqrt{3}-2)$  (5) $\dfrac{\pi}{2}+\dfrac{1}{3}$  (6) $\dfrac{4}{3}\pi^3 a^2$

(7) $\dfrac{1}{8}\pi a^2$

2. (1) $\dfrac{\pi}{5},\dfrac{\pi}{3}$  (2) $\dfrac{\pi}{6}$  (3) $160\pi^2$  (4) $\dfrac{4}{3}\pi ab^2,\dfrac{4}{3}\pi a^2 b$  (5) $\pi\left(\dfrac{\pi}{4}-\dfrac{1}{2}\right)$  (6) $2\pi^2 a^2 b$

3. (1) $\dfrac{8}{27}(10\sqrt{10}-1)$  (2) $\dfrac{1}{4}(e^2+1)$  (3) $\dfrac{1}{27}(85\sqrt{85}-13\sqrt{13})$  (4) $\dfrac{2}{3}(13\sqrt{13}-8)$

4. $\dfrac{4}{3}\pi R^4 g$  5. $3\,\text{N}\cdot\text{m}$  6. $\dfrac{k}{2l}(a-l)^2$  7. $\dfrac{\pi}{12}R^2 H^2$

8. $F_x=-\dfrac{km\rho l}{a\sqrt{a^2+l^2}}$  $F_y=km\rho\left(\dfrac{1}{a}-\dfrac{1}{\sqrt{a^2+l^2}}\right)$

9. 24373 N

10. (1) $\dfrac{1}{3}\rho g b h^2$  (2) 增加一倍

## 习题 6.1

1. (1) 一阶  (2) 三阶  (3) 一阶  (4) 一阶

2. (1) 是　(2) 是　(3) 不是　(4) 是

4. (1) $y=2-\cos x$　(2) $y=x^3+2x$

5. $yy'+2x=0$

6. $x=\dfrac{t^4}{12}-\dfrac{t^2}{2}+t$

## 习题 6.2

1. (1) $x^2+y^2=C$　(2) $y=e^{Cx}$　(3) $\arctan y=x+\dfrac{1}{2}x^2+C$　(4) $3x^4+4(y+1)^3=C$　(5) $\dfrac{1+y^2}{1-x^2}=C$　(6) $(x-4)y^4=Cx$　(7) $x-\ln(1+x)=-\sin y+C$　(8) $(e^x+1)(e^y-1)=C$

2. (1) $\sqrt{2}\cos y=\cos x$　(2) $e^x+1=2\sqrt{2}\cos y$

3. (1) $e^{\frac{y}{x}}=\dfrac{1}{C-\ln x}$　(2) $y=xe^{Cx}$　(3) $\sin\dfrac{y}{x}=\ln x+C$　(4) $\ln\dfrac{y}{x}=Cx+1$　(5) $x^2=C\sin^3\dfrac{y}{x}$　(6) $x+2ye^{\frac{x}{y}}=C$

4. (1) $y=e^{-x}(x+C)$　(2) $y=\dfrac{1}{3}x^2+\dfrac{3}{2}x+2+\dfrac{C}{x}$　(3) $y=e^{-\sin x}(x+C)$　(4) $y=C\cos x-2\cos^2 x$

5. (1) $y=\dfrac{x+1}{\cos x}$　(2) $y=(x-1-\pi)\cos x$　(3) $y=\dfrac{1-5e^{\cos x}}{\sin x}$　(4) $y=3e^x+2(x-1)e^{2x}$

## 习题 6.3

1. (1) $y=\dfrac{1}{6}x^3-\sin x+C_1x+C_2$　(2) $y=xe^x-3e^x+\dfrac{C_1}{2}x+C_2x+C_3$　(3) $y=x\arctan x-\dfrac{1}{2}\ln(1+x^2)+C_1x+C_2$　(4) $y=-\ln\cos(x+C_1)+C_2$　(5) $y=C_1e^x-\dfrac{1}{2}x^2-x+C_2$　(6) $y=C_1\ln|x|+C_2$　(7) $y^3=C_1x+C_2$　(8) $C_1y^2-1=(C_1x+C_2)^2$　(9) $x+C_2=\pm\left[\dfrac{2}{3}(\sqrt{y}+C_1)^{\frac{3}{2}}-2C_1\sqrt{\sqrt{y}+C_1}\right]$　(10) $y=\arcsin(C_2e^x)+C_1$

2. (1) $y=\sqrt{2x-x^2}$　(2) $y=-\dfrac{1}{a}\ln(ax+1)$　(3) $y=\dfrac{1}{a^3}e^{ax}-\dfrac{e^a}{2a}x^2+\dfrac{e^a}{a^2}(a-1)x+\dfrac{e^a}{2a^3}(2a-a^2-2)$　(4) $y=\ln\sec x$　(5) $y=\left(\dfrac{1}{2}x+1\right)^4$　(6) $y=\ln(e^x+e^{-x})-\ln 2$

3. $y=\dfrac{1}{6}x^3+\dfrac{1}{2}x+1$

## 习题 6.4

1. (1) 线性无关　(2) 线性相关　(3) 线性相关　(4) 线性无关　(5) 线性无关　(6) 线性无关　(7) 线性相关　(8) 线性无关　(9) 线性无关　(10) 线性无关

2. $y=C_1\cos\omega x+C_2\sin\omega x$

3. $y=(C_1+C_2x)e^{x^2}$

## 习题 6.5

1. (1) $y=C_1e^x+C_2e^{-2x}$　(2) $y=C_1+C_2e^{4x}$　(3) $y=C_1\cos x+C_2\sin x$　(4) $y=e^{-3x}(C_1\cos 2x+$

$C_2\sin 2x)$  (5) $x=(C_1+C_2t)e^{\frac{5}{2}t}$  (6) $y=e^{2x}(C_1\cos x+C_2\sin x)$

**2.** (1) $y=4e^x+2e^{3x}$  (2) $y=(2+x)e^{-\frac{x}{2}}$  (3) $y=e^{-x}-e^{4x}$  (4) $y=3e^{-2x}\sin 5x$  (5) $y=2\cos 5x+\sin 5x$  (6) $y=e^{2x}\sin 3x$

**3.** (1) $y=C_1e^{\frac{x}{2}}+C_2e^{-x}+e^x$  (2) $y=C_1\cos ax+C_2\sin ax+\dfrac{e^x}{1+a^2}$  (3) $y=C_1+C_2e^{-\frac{5}{2}x}+\dfrac{1}{3}x^3-\dfrac{3}{5}x^2+\dfrac{7}{25}x$  (4) $y=C_1e^{-x}+C_2e^{-2x}+\left(\dfrac{3}{2}x^2-3x\right)e^{-x}$  (5) $x=e^x(C_1\cos 2x+C_2\sin 2x)-\dfrac{1}{4}xe^x\cos 2x$  (6) $y=(C_1+C_2x)e^{3x}+\dfrac{x^2}{2}\left(\dfrac{1}{3}x+1\right)e^{3x}$  (7) $y=C_1e^{-x}+C_2e^{-4x}+\dfrac{11}{8}-\dfrac{1}{2}x$  (8) $y=C_1\cos 2x+C_2\sin 2x+\dfrac{1}{3}x\cos x+\dfrac{2}{9}\sin x$  (9) $y=C_1\cos x+C_2\sin x+\dfrac{e^x}{2}+\dfrac{x}{2}\sin x$  (10) $y=C_1e^x+C_2e^{-x}-\dfrac{1}{2}+\dfrac{1}{10}\cos 2x$ [提示:$\sin^2 x=\dfrac{1}{2}(1-\cos 2x)$]

**4.** (1) $y=-\cos x-\dfrac{1}{3}\sin x+\dfrac{1}{3}\sin 2x$  (2) $y=-5e^x+\dfrac{7}{2}e^{2x}+\dfrac{5}{2}$  (3) $y=\dfrac{1}{2}(e^{9x}+e^x)-\dfrac{1}{7}e^{2x}$  (4) $y=e^x-e^{-x}+e^x(x^2-x)$  (5) $y=\dfrac{11}{16}+\dfrac{5}{16}e^{4x}-\dfrac{5}{4}x$

**5.** $y''-y'=0$(提示:$1,e^x$ 为两个线性无关的解)

**6.** $\varphi(x)=\dfrac{1}{2}(\cos x+\sin x+e^x)$

## 习题 7.1

**1.** (1) $\dfrac{1}{2n-1}$  (2) $(-1)^n\dfrac{n+1}{n}$  (3) $n^{(-1)^{n+1}}$  (4) $\dfrac{(2x)^n}{n^2+1}$

**2.** (1) $S_n=\dfrac{5}{2}\left[1-\left(\dfrac{1}{5}\right)^n\right]$,$S=\dfrac{5}{2}$,收敛  (2) $S_n=-\dfrac{1}{4}(1-2^n)$,发散  (3) $S_n=\dfrac{1}{2}-\dfrac{1}{n+2}$,$S=\dfrac{1}{2}$,收敛  (4) $S_n=\ln(n+1)$,发散

**3.** (1) 发散  (2) 发散  (3) 发散  (4) 发散  (5) 收敛  (6) 发散  (7) 收敛  (8) 收敛

**4.** (1) $\dfrac{4}{9}$  (2) $\dfrac{532}{99}$

## 习题 7.2

**1.** (1) 发散  (2) 发散  (3) 收敛  (4) 收敛  (5) 收敛  (6) 收敛  (7) 收敛  (8) $a>1$ 时收敛,$a\leqslant 1$ 时发散  (9) 收敛

**2.** (1) 发散  (2) 收敛  (3) 发散  (4) 收敛  (5) 收敛  (6) 收敛

**3.** (1) 收敛  (2) 收敛  (3) 收敛  (4) 发散

**4.** (1) 绝对收敛  (2) 条件收敛  (3) 绝对收敛  (4) 条件收敛  (5) 发散  (6) 条件收敛  (7) 条件收敛  (8) 绝对收敛  (9) 条件收敛

## 习题 7.3

**1.** (1) $(-2,2]$  (2) $(-1,3)$  (3) $(-\infty,+\infty)$  (4) $[-1,1]$  (5) $(0,4)$  (6) $(-1,1)$  (7) $(-5,5]$  (8) $\left(-\dfrac{1}{3},\dfrac{1}{3}\right)$  (9) $\left(-\dfrac{1}{\sqrt{2}},\dfrac{1}{\sqrt{2}}\right)$  (10) $\left(-3-\dfrac{\sqrt{2}}{2},-3+\dfrac{\sqrt{2}}{2}\right)$

2. (1) $S(x)=\dfrac{1}{(2-x)^2}(0<x<2)$  (2) $S(x)=1-\dfrac{1}{2}\ln(1+x^2)$ $(|x|<1)$  (3) $S(x)=\dfrac{1}{2}[x+\ln(1-x)-x\ln(1-x)](|x|\leqslant 1)$  (4) $S(x)=xe^x+e^x-1(x\in\mathbb{R})$

3. $xe^{x^2}$, $3e$  4. $\dfrac{a}{(1-a)^2}$

## 习题 7.4

1. $\dfrac{1}{x}=-[1+(x+1)+(x+1)^2+\cdots+(x+1)^n]+(-1)^{n+1}\dfrac{(x+1)^{n+1}}{[-1+\theta(x+1)]^{n+2}}$  $\theta\in(0,1)$

2. $xe^x=x+x^2+\dfrac{x^3}{2!}+\cdots+\dfrac{x^n}{(n-1)!}+\dfrac{1}{(n+1)!}(n+1+\theta x)e^{\theta x}x^{n+1}$  $(0<\theta<1)$

3. $\sqrt{e}\approx 1.645$

4. $\sqrt[3]{30}\approx 3.10724$  $|R_3|<1.88\times 10^{-5}$

5. (1) $\arctan\dfrac{1+x}{1-x}=\dfrac{\pi}{4}+\sum_{n=0}^{\infty}\dfrac{(-1)^n}{2n+1}x^{2n+1}$  $x\in[-1,1)$  (2) $\dfrac{1}{4}\ln\dfrac{1+x}{1-x}+\dfrac{1}{2}\arctan x-x=\sum_{n=1}^{\infty}\dfrac{x^{4n+1}}{4n+1}$  $x\in(-1,1)$  (3) $\dfrac{x}{2+x-x^2}=\dfrac{1}{3}\sum_{n=0}^{\infty}\left[\dfrac{1}{2^n}-(-1)^n\right]x^n$  $x\in(-1,1)$  (4) $(1+x)\ln(1+x)=x+\sum_{n=1}^{\infty}\dfrac{(-1)^{n+1}x^{n+1}}{n(n+1)}$  $x\in(-1,1]$  (5) $\dfrac{x}{\sqrt{1+x^2}}=x+\sum_{n=1}^{\infty}(-1)^{n-1}\dfrac{(2n)!}{(n!)^2}\left(\dfrac{x}{2}\right)^{2n+1}$  $x\in(-1,1)$  (6) $\cos^2 x=1+\sum_{n=1}^{\infty}(-1)^{n-1}\dfrac{(2x)^{2n}}{2(2n)!}$  $x\in(-\infty,+\infty)$  (7) $e^{-x^2}=\sum_{n=0}^{\infty}\dfrac{(-1)^n}{n!}x^{2n}$  $x\in(-\infty,+\infty)$  (8) $\ln(4-3x-x^2)=\ln 4+\sum_{n=1}^{\infty}\left[(-1)^{n-1}\dfrac{1}{n4^n}-\dfrac{1}{n}\right]x^n$  $x\in[-1,1)$  (9) $\dfrac{3x}{2-x-x^2}=\sum_{n=1}^{\infty}\left[1-(-1)^n\dfrac{1}{2^n}\right]x^n$  $x\in(-1,1)$  (10) $x\arctan x-\ln\sqrt{1+x^2}=\sum_{n=0}^{\infty}(-1)^n\dfrac{1}{(2n+1)(2n+2)}x^{2n+2}$  $x\in(-1,1)$

6. (1) $\dfrac{1}{x+1}=-\sum_{n=0}^{\infty}\dfrac{(x+4)^n}{3^{n+1}}$  $x\in(-7,-1)$  (2) $\dfrac{1}{x^2+2x-3}=\dfrac{1}{4}\sum_{n=0}^{\infty}(-1)^n\left(1+\dfrac{1}{5^{n+1}}\right)(x-2)^n$  $x\in(1,3)$  (3) $\ln\dfrac{x}{x+2}=\ln 3+\sum_{n=0}^{\infty}(-1)^n\left(1+\dfrac{1}{3^{n+1}}\right)\dfrac{(x-1)^{n+1}}{n+1}$  $x\in(0,2]$  (4) $\sqrt[3]{x}=-1+\dfrac{x+1}{3}+\sum_{n=2}^{\infty}\dfrac{2\cdot 5\cdot 8\cdots(3n-4)}{3^n n!}(x+1)^n$  $x\in[-2,0]$  (5) $\cos x=\dfrac{1}{2}\sum_{n=0}^{\infty}(-1)^n\left[\dfrac{1}{(2n)!}\left(x-\dfrac{\pi}{3}\right)^{2n}+\dfrac{\sqrt{3}}{(2n+1)!}\left(x-\dfrac{\pi}{3}\right)^{2n+1}\right]$  $x\in(-\infty,+\infty)$  (6) $\ln(3x-x^2)=\ln 2+\sum_{n=1}^{\infty}\left[(-1)^{n-1}-\dfrac{1}{2^n}\right]\dfrac{(x-1)^n}{n}$  $x\in(0,2]$

7. $2\cos\dfrac{1}{2}\sum_{n=0}^{\infty}(-1)^n\dfrac{1}{(2n+1)!}\left(\dfrac{x-1}{2}\right)^{2n+1}+2\sin\dfrac{1}{2}\sum_{n=0}^{\infty}(-1)^n\dfrac{1}{(2n)!}\left(\dfrac{x-2}{2}\right)^{2n}$ (提示：$f(x)=2\sin\dfrac{x}{2}$)

8. $y^{(2k)}(0)=0, y^{(2k+1)}(0)=(-1)^{(k+1)}(2k)!, k\in\mathbb{N}$ (提示：利用幂级数展开，与泰勒级数展开对应)

## 习题 7.5

1. $\dfrac{2}{3}\pi$

2. $f(x)=\dfrac{\pi}{4}(a-b)+\sum_{n=1}^{\infty}\left\{\dfrac{[1-(-1)^n](b-a)}{n^2\pi}\cos nx+\dfrac{(-1)^{n-1}(a+b)}{n}\sin nx\right\}$  $(x\neq(2n+1)\pi, n=0,$

$\pm 1, \pm 2, \cdots)$

3. (1) $f(x) = \dfrac{1+\pi-e^{-\pi}}{2\pi} + \dfrac{1}{\pi}\left[\sum_{n=1}^{\infty}\dfrac{1-(-1)^n e^{-\pi}}{1+n^2}\right]\cos nx + \dfrac{1}{\pi}\left[\sum_{n=1}^{\infty}\dfrac{-n+(-1)^n e^{-\pi}}{1+n^2} + \dfrac{1-(-1)^n}{n}\right]$

$(-\pi < x < \pi)$   (2) $f(x) = \sum_{n=1}^{\infty}(-1)^{n+1}\dfrac{2}{n\pi}\sin nx \, (-\pi < x < \pi)$ (提示: $f(x) = \sin\left(\arcsin\dfrac{x}{\pi}\right) = \dfrac{x}{\pi}, -\pi \leqslant x \leqslant \pi$)

4. $f(x) = \sum_{n=1}^{\infty}\left[\dfrac{(-1)^{n+1}}{n} + \dfrac{2}{n^2\pi}\sin\dfrac{n\pi}{2}\right]\sin nx \, (x \neq (2n+1)\pi, n=0, \pm 1, \pm 2, \cdots)$

5. $f(x) = \dfrac{4}{\pi}\sum_{n=1}^{\infty}\left[(-1)^n\left(\dfrac{2}{n^3} - \dfrac{\pi^2}{n}\right) - \dfrac{2}{n^3}\right]\sin nx \, (0 \leqslant x \leqslant \pi)$

$f(x) = \dfrac{2}{3}\pi^2 + 8\sum_{n=1}^{\infty}\dfrac{(-1)^n}{n^2}\cos nx \, (0 \leqslant x < \pi)$

6. $\dfrac{x}{2} = \sum_{n=1}^{\infty}(-1)^{n+1}\dfrac{1}{n}\sin nx \quad x \in (-\pi, \pi) \quad -\dfrac{\pi}{4}$

8. $f(x) = -\dfrac{\pi}{4} + \sum_{n=1}^{\infty}\left\{\left[\dfrac{1-(-1)^n}{n^2\pi^2} + \dfrac{2\sin\frac{n\pi}{2}}{n\pi}\right]\cos n\pi x + \dfrac{1-2\cos\frac{n\pi}{2}}{n\pi}\sin n\pi x\right\} \, (x \neq 2k, x \neq 2k+\dfrac{1}{2},$

$k = 0, \pm 1, \pm 2, \cdots)$

9. $f(x) = \dfrac{4l}{\pi^2}\sum_{n=1}^{\infty}\dfrac{1}{n^2}\sin\dfrac{n\pi}{2}\cdot\sin\dfrac{n\pi x}{l} \, (0 \leqslant x \leqslant l)$

$f(x) = \dfrac{l}{4} + \dfrac{2l}{\pi^2}\sum_{n=1}^{\infty}\dfrac{1}{n^2}\left[2\cos\dfrac{n\pi}{2} - 1 - (-1)^n\right]\cos\dfrac{n\pi x}{l} \, (0 \leqslant x \leqslant l)$

10. $f(x) = \dfrac{4}{\pi}\sum_{n=1}^{\infty}\dfrac{1}{(2n-1)^2}\cos\left[(2n-1)\left(x - \dfrac{\pi}{2}\right)\right] \, (-\dfrac{\pi}{2} \leqslant x \leqslant \dfrac{3\pi}{2})$

11. $f(x) = -\dfrac{8}{\pi^2}\sum_{n=1}^{\infty}\dfrac{1}{(2n-1)^2}\cos\dfrac{(2n-1)\pi}{2}x \quad x \in [0, 2]$

12. $f(x) = 2 + |x| = \dfrac{5}{2} - \sum_{n=1}^{\infty}\dfrac{4}{\pi^2}\dfrac{1}{(2n-1)^2}\cos(2n-1)\pi x \quad x \in [-1, 1]$

13. $-\dfrac{1}{4}$

## 习题 8.1

1. $\dfrac{\frac{a}{|a|} + \frac{b}{|b|}}{\left|\frac{a}{|a|} + \frac{b}{|b|}\right|}$

2. $a+b \quad a-b$

3. $\left(0, 0, \dfrac{14}{9}\right)$

6. $z = 1$

7. $\{1, 2, \pm 2\}$

8. $\dfrac{\pi}{4}$ 或 $\dfrac{3\pi}{4}$

9. $(18, 17, -17)$

10. $P\left(\dfrac{32}{9}, \dfrac{11}{3}, 0\right) \quad \lambda = \dfrac{7}{2}$

## 习题 8.2

1. 7

2. 与 $a,b$ 垂直,模为 $\sqrt{3}$

3. $\pm 30$

4. $\pi$

5. $-15$

6. $\dfrac{\pi}{4}$

7. $\pm\dfrac{\{-2,3,7\}}{\sqrt{62}}$

8. $\dfrac{\pi}{3}$

9. $\dfrac{1}{2}\sqrt{19}$

## 习题 8.3

1. $x-3y-6z+8=0$
2. $22x-3y+7z-40=0$
5. $x+5y+z-1=0$
6. $x-y+z=0$
7. $\dfrac{x}{-2}=\dfrac{y-2}{3}=\dfrac{z-4}{1}$
8. $\dfrac{\pi}{4}$
9. $\dfrac{\pi}{3}$
10. $\dfrac{x-2}{2}=\dfrac{y-1}{-1}=\dfrac{z-3}{4}$
11. 平行
12. $\dfrac{x-12}{-3}=\dfrac{y-5}{-1}=\dfrac{z-9}{4}$

## 习题 8.4

1. $y^2+z^2=5x$
2. $x^2+y^2=(z-1)^2$
3. $4(x^2+y^2+z^2)=(x-2)^2+(y-3)^2+(z-4)^2$
4. 抛物柱面
5. $2\sqrt{(x-5)^2+(y-4)^2+z^2}=\sqrt{(x+4)^2+(y-3)^2+(z-4)^2}$
6. (1) $z=2x^2$ 绕 $z$ 轴旋转一周  (2) $4x^2+9y^2=36$ 绕 $x$ 轴旋转一周  (3) $x^2-\dfrac{y^2}{4}=1$ 绕 $y$ 轴旋转一周
7. $\begin{cases} 10x+2z-35=0 \\ y=9 \end{cases}$
8. (1) $\begin{cases} y^2=-2z \\ x=0 \end{cases}$   (2) $\begin{cases} x^2=2z \\ y=0 \end{cases}$   (3) $x=\pm y$
9. $\dfrac{\pi}{3}$

## 习题 8.5

1. $\begin{cases} x^2+y^2=1 \\ z=3 \end{cases}$

2. $2y=(x-1)(z-1)$

3. $\begin{cases} x=\dfrac{3\sqrt{2}}{2}\cos\theta \\ y=\dfrac{3\sqrt{2}}{2}\cos\theta \\ z=3\sin\theta \end{cases}$

4. $xOy$ 面上为圆 $x^2+y^2\leqslant 1$,$xOz$,$yOz$ 面上为三角形区域

5. 圆 $x^2+y^2\leqslant 1$

6. $\begin{cases} (z-1)^2=2y-1 \\ x=0 \end{cases}$

7. $2x^2-2x+y^2-8=0$   $\begin{cases} 2x^2-2x+y^2-8=0 \\ z=0 \end{cases}$

8. $\begin{cases} x^2+y^2-x-y=0 \\ z=0 \end{cases}$

9. $x^2-2y^2=9$   $\begin{cases} x^2-2y^2=9 \\ z=0 \end{cases}$

## 习题 9.1

1. (1) $xy^{x+y}+(x+y)^{xy}$   (2) $xy$

2. (1) $\{(x,y)\mid y^2\leqslant 4x, 0<x^2+y^2<1\}$   (2) $\{(x,y)\mid x\geqslant 0, y\geqslant \sqrt{x}\}$   (3) $\{(x,y)\mid |x|\leqslant 1\leqslant |y|\}$

3. (1) $-\dfrac{1}{4}$   (2) 4   (3) 0   (4) 1   (5) $\dfrac{1}{2}$

## 习题 9.2

1. (1) $\dfrac{\partial z}{\partial x}=3x^2\sin y+\dfrac{2}{1-2x-y^2}$, $\dfrac{\partial z}{\partial y}=x^3\cos y+\dfrac{2y}{1-2x-y^2}$   (2) $\dfrac{\partial z}{\partial x}=2^{\sqrt{x^2-y^2}}\dfrac{x\ln 2}{\sqrt{x^2-y^2}}$, $\dfrac{\partial z}{\partial y}=2^{\sqrt{x^2-y^2}}\dfrac{-y\ln 2}{\sqrt{x^2-y^2}}$   (3) $\dfrac{\partial z}{\partial x}=x^{y-1}+(1+y\ln x)x^{xy}$, $\dfrac{\partial z}{\partial y}=x^y\ln^2 x\cdot x^{xy}$   (4) $\dfrac{\partial z}{\partial x}=\dfrac{2y^{2x}\ln y}{1+y^{4x}}$, $\dfrac{\partial z}{\partial y}=\dfrac{2xy^{2x-1}}{1+y^{4x}}$   (5) $\dfrac{\partial u}{\partial x}=-\dfrac{2z^3 y}{x^2}\sec^2\dfrac{y}{x}$, $\dfrac{\partial u}{\partial y}=\dfrac{2z^3}{x}\sec^2\dfrac{y}{x}$, $\dfrac{\partial u}{\partial z}=6z^2\tan\dfrac{y}{x}$   (6) $\dfrac{\partial u}{\partial x}=\dfrac{y}{z}x^{\frac{y}{z}-1}$, $\dfrac{\partial u}{\partial y}=\dfrac{1}{2}x^{\frac{y}{z}}\ln x$, $\dfrac{\partial u}{\partial z}=-\dfrac{y}{z^2}x^{\frac{y}{z}}\ln x$

2. (1) $z_{xx}=(2+x+y^2)e^x$, $z_{xy}=2ye^x$, $z_{yy}=2e^x$   (2) $z_{xx}=\dfrac{\ln y}{x^2}y^{\ln x}(\ln y-1)$, $z_{xy}=\dfrac{y^{\ln x-1}}{x}(1+\ln x\ln y)$, $z_{yy}=\ln x(\ln x-1)y^{\ln x-2}$   (3) $z_{xx}=\dfrac{-1}{x^2}[\cos(xy)+xy\sin(xy)]$, $z_{xy}=-\sin(xy)$, $z_{yy}=\dfrac{-1}{y^2}[\cos(xy)+xy\sin(xy)]$

3. (1) $-\dfrac{1}{2}$   $\dfrac{1}{4}$   (2) $4e^2$   (3) $-3,1$

4. $dz = \dfrac{x}{1+x^2+y^2}dx + \dfrac{y}{1+x^2+y^2}dy$, $dz|_{(1,1)} = \dfrac{1}{3}(dx+dy)$

5. 不可微

6. (1) $dz = \dfrac{1}{y}\dfrac{1}{\sqrt{y^2-x^2}}(ydx-xdy)$  (2) $dz = \dfrac{2x-2y}{(x^2-2x+y^3)\ln 2}dx + \dfrac{3y^2-2x}{(x^2-2x+y^3)\ln 2}dy$  (3) $dz = [\cos x - \sin x \cdot f'(u)]dx + \sin y \cdot f'(u)dy$, 其中 $u = \cos x - \cos y$  (4) $dz = [f(u) + 2x^2 \cdot f'(u)]dx - 2xy \cdot f'(u)dy$, 其中 $u = x^2 - y^2$

7. $u = \dfrac{1}{2}\ln(x^2+y^3+z^4)$  $du = \dfrac{2xdx + 3y^2dy + 4z^3dz}{2(x^2+y^3+z^4)}$  $\dfrac{\partial^2 u}{\partial x \partial y} = -\dfrac{3xy^2}{2(x^2+y^3+z^4)^2}$

## 习题 9.3

1. (1) $e^{\sin t - 2t^3}(\cos t - 6t^2)$  (2) $yx^{y-1}(1+e^y) + x^y \ln x$  (3) $e^{xyz}\left(yz + \dfrac{xy^2z}{1-xy} + \dfrac{xyz}{xz-x}\right)$

2. (1) $\dfrac{\partial z}{\partial x} = e^{xy}[y\sin(x+y) + \cos(x+y)]$  $\dfrac{\partial z}{\partial y} = e^{xy}[x\sin(x+y) + \cos(x+y)]$  (2) $\dfrac{\partial u}{\partial x} = 2x(1+2x^2\sin^2 y)e^{x^2+y^2+x^4\sin^2 y}$  $\dfrac{\partial u}{\partial y} = (2y + x^4\sin 2y)e^{x^2+y^2+x^4\sin^2 y}$

3. 略

4. (1) $\dfrac{\partial z}{\partial x} = 3x^2 f + x^3 y^2 f_1 + x^3 y\cos(xy)f_2$, $\dfrac{\partial z}{\partial y} = x^3[2xyf_1 + x\cos(xy)f_2]$  (2) $u_x = \dfrac{1}{y}f_1$, $u_y = -\dfrac{x}{y^2}f_1 + \dfrac{1}{z}f_2$, $u_z = -\dfrac{y}{z^2}f_2$

5. (1) $\dfrac{\partial z}{\partial x} = f_1 \cos x + yf_2$, $\dfrac{\partial^2 z}{\partial x \partial y} = x\cos x f_{12} + xyf_{22} + f_2$  (2) $\dfrac{\partial z}{\partial x} = y^2(yf_1 + e^x f_2)$, $\dfrac{\partial z}{\partial y} = 2yf + xy^2 f_1$, $\dfrac{\partial^2 z}{\partial x \partial y} = 3y^2 f_1 + 2e^x yf_2 + xy^3 f_{11} + xy^2 e^x f_2$  (3) $\dfrac{\partial^2 z}{\partial x \partial y} = f_2 - \dfrac{y}{x^2}f_{11} - \dfrac{y}{x}f_{12}$  (4) $\dfrac{\partial^2 z}{\partial x \partial y} = f_2 + xf_{12} + xyf_{22} + 4xyg$  (5) $\dfrac{\partial z}{\partial y} = f_2 \cdot e^{2x+3y} \cdot 3$, $\dfrac{\partial^2 z}{\partial y \partial x} = (f_{21} \cdot 2x + f_{22} \cdot 2e^{2x+3y}) \cdot 3e^{2x+3y} + 6e^{2x+3y}f_2$

6. (1) $\dfrac{\partial z}{\partial x} = \dfrac{y(\cos xy - z)}{z^2 + xy}$, $\dfrac{\partial z}{\partial y} = \dfrac{x(\cos xy - z)}{z^2 + xy}$  (2) $\dfrac{\partial z}{\partial x} = \dfrac{z(1-2xyz)}{x-z}$, $\dfrac{\partial z}{\partial y} = \dfrac{z^2(1+yx^2)}{y(z-x)}$  (3) $\dfrac{\partial z}{\partial x} = \dfrac{yz - \sqrt{xyz}}{\sqrt{xyz} - xy}$, $\dfrac{\partial z}{\partial y} = \dfrac{xz - z\sqrt{xyz}}{\sqrt{xyz} - xy}$  (4) $\dfrac{\partial z}{\partial x} = \dfrac{yz}{z^2 - xy}$, $\dfrac{\partial z}{\partial y} = \dfrac{xz}{z^2 - xy}$

7. $dz|_{(1,0,-1)} = dx - \sqrt{2}dy$

8. $\dfrac{\partial z}{\partial x} = \dfrac{2z}{3z^2 - 2x}$, $\dfrac{\partial z}{\partial y} = \dfrac{1}{2x - 3z^2}$, $\dfrac{\partial^2 z}{\partial x^2} = -\dfrac{16xz}{(3z^2-2x)^3}$, $\dfrac{\partial^2 z}{\partial y^2} = -\dfrac{6z}{(3z^2-2x)^3}$

9. $\dfrac{\partial z}{\partial x} = \dfrac{2x}{1 - 2yz\varphi'(z^2)}$, $\dfrac{\partial z}{\partial y} = \dfrac{\varphi(z^2)}{1 - 2yz\varphi'(z^2)}$

10. 0

11. (1) $\dfrac{dz}{dx} = \dfrac{x}{1+3z}$, $\dfrac{dy}{dx} = -\dfrac{x(1+6z)}{2y(1+3z)}$  (2) $\begin{cases}\dfrac{\partial u}{\partial x} = \dfrac{\sin v}{e^u(\sin v - \cos v) + 1}, \dfrac{\partial u}{\partial y} = \dfrac{-\cos v}{e^u(\sin v - \cos v) + 1}\\ \dfrac{\partial v}{\partial x} = \dfrac{-\cos u}{e^u(\sin v - \cos v) + 1}, \dfrac{\partial v}{\partial y} = \dfrac{\sin v}{e^u(\sin v - \cos v) + 1}\end{cases}$

## 习题 9.4

1. $\dfrac{x-1}{2} = \dfrac{y}{-1} = \dfrac{z-1}{3}$, $2(x-1) - y + 3(z-1) = 0$  2. $\dfrac{x+1}{3} = \dfrac{y-1}{-2} = \dfrac{z+1}{1}$ 或 $\dfrac{x+\dfrac{1}{27}}{\dfrac{1}{3}} = \dfrac{y-\dfrac{1}{9}}{-\dfrac{2}{3}} = \dfrac{z+\dfrac{1}{3}}{1}$

3. $\dfrac{x-\left(\dfrac{\pi}{2}-1\right)}{1}=\dfrac{y-1}{1}=\dfrac{z-2\sqrt{2}}{\sqrt{2}}$

4. $\dfrac{x-1}{1}=\dfrac{y-2}{2}=\dfrac{z-7}{14}$

5. $x-4y+3z-12=0$

6. $(1,1,2)$

7. $8x+8y-z-12=0$, $\dfrac{x-2}{8}=\dfrac{y-1}{8}=\dfrac{z-12}{-1}$

8. $x+2y-4=0$, $\dfrac{x-2}{1}=\dfrac{y-1}{2}=\dfrac{z}{0}$

9. $(-3,-1,3)$

## 习题 9.5

1. $\sqrt{3}$  2. $\dfrac{10}{3}$  3. $\dfrac{81}{\sqrt{5}}$  4. $\dfrac{-3\sqrt{2}}{2}$

5. (1) $\dfrac{6}{25}\boldsymbol{i}+\dfrac{8}{25}\boldsymbol{j}$  (2) $(1+\mathrm{e})\boldsymbol{i}+\boldsymbol{j}$

6. 沿 $\{-1,2,-1\}$ 的方向导数值达到最大值 $2\sqrt{6}$

## 习题 9.6

1. (1) 极大值 $f(2,-2)=8$  (2) 极大值 $f(3,2)=36$  (3) 极小值 $f(0,0)=10$
(4) 极大值 $f\left(\dfrac{1}{2},-1\right)=-\dfrac{\mathrm{e}}{2}$

3. $f\left(0,\dfrac{1}{\mathrm{e}}\right)=-\dfrac{1}{\mathrm{e}}$

4. 最热点在 $\left(-\dfrac{1}{2},\pm\dfrac{\sqrt{3}}{2}\right)$，最冷点在 $\left(\dfrac{1}{2},0\right)$

5. $z\left(\dfrac{1}{2},\dfrac{1}{2}\right)=\dfrac{1}{4}$

6. 当长、宽都是 $\sqrt[3]{2k}$，而高为 $\dfrac{1}{2}\sqrt[3]{2k}$ 时表面积最小

7. 6

8. 最短距离 $\dfrac{\sqrt{2}}{2}$

## 习题 9.7

1. $f(x,y)=5+2(x-1)^2-(x-1)(y+2)-(y+2)^2$

2. $\mathrm{e}^x\ln(1+y)=y+\dfrac{1}{2!}(2xy-y^2)+\dfrac{1}{3!}(3x^2y-3xy^2+2y^3)+R_3$，其中 $R_3=\dfrac{\mathrm{e}^{\theta x}}{24}\left[x^4\ln(1+\theta y)+\dfrac{4x^3y}{1+\theta y}-\dfrac{6x^2y^2}{(1+\theta y)^2}+\dfrac{8xy^3}{(1+\theta y)^3}-\dfrac{6y^4}{(1+\theta y)^4}\right](0<\theta<1)$

## 习题 10.1

1. $\iint\limits_{D}\mu(x,y)\mathrm{d}x\mathrm{d}y$

2. $n \to \infty$ 只能描述分割份数的多少,不能描述细分的程度,即不能保证 $\lambda \to 0$

3. $\frac{1}{6}\pi R^3$

4. $I_1 \leqslant I_2 \leqslant I_3$

## 习题 10.2

1. (1) $\int_0^4 dy \int_{\frac{y^2}{4}}^y f(x,y)dx$ (2) $\int_0^r dy \int_{-\sqrt{r^2-y^2}}^{\sqrt{r^2-y^2}} f(x,y)dx$ (3) $\int_1^2 dy \int_{\frac{1}{y}}^y f(x,y)dx$

(4) $\int_{-2}^{-1} dx \int_{-\sqrt{4-x^2}}^{\sqrt{4-x^2}} f dy + \int_1^2 dx \int_{-\sqrt{4-x^2}}^{\sqrt{4-x^2}} f dy + \int_{-1}^1 dx \left[\int_{-\sqrt{4-x^2}}^{-\sqrt{1-x^2}} f dy + \int_{\sqrt{1-x^2}}^{\sqrt{4-x^2}} f dy\right]$

2. (1) $\int_{-\frac{\pi}{2}}^{\frac{\pi}{2}} d\theta \int_0^{2\cos\theta} f(\rho\cos\theta, \rho\sin\theta)\rho d\rho$ (2) $\int_0^{\frac{\pi}{2}} d\theta \int_0^{\frac{1}{\cos\theta+\sin\theta}} f(\rho\cos\theta, \rho\sin\theta)\rho d\rho$

(3) $\int_0^{\frac{\pi}{4}} d\theta \int_{\frac{\sin\theta}{2\cos^2\theta}}^{} f(\rho\cos\theta, \rho\sin\theta)\rho d\rho$

3. (1) $\frac{9}{8}$ (2) $\frac{7}{8} + \arctan 2 - \frac{\pi}{4}$ (3) $\pi - 2$ (4) 0 (5) $\frac{2}{9}$ (6) $\frac{15\pi^2}{128}$

4. (1) $\int_0^3 dy \int_1^{y-2} f(x,y)dx$ (2) $\int_{-1}^1 dx \int_{-1}^{x^3} f(x,y)dy + \int_1^3 dx \int_{-1}^{2-x} f(x,y)dy$

(3) $\int_{-1}^1 dx \int_0^{\sqrt{1-x^2}} f(x,y)dy$ (4) $\int_{-1}^0 dy \int_{-2\arcsin y}^{\pi} f(x,y)dx + \int_0^1 dy \int_{\arcsin y}^{\pi-\arcsin y} f(x,y)dx$

5. (1) $\int_0^{\frac{\pi}{2}} d\theta \int_0^{2a\sin\theta} f(\rho^2)\rho d\rho$ (2) $\int_0^{\frac{\pi}{4}} d\theta \int_{\frac{1}{\cos^2\theta}}^{\frac{1}{\sin\theta}} f(\rho\cos\theta, \rho\sin\theta)\rho d\rho$ (3) $\int_0^{\frac{\pi}{2}} d\theta \int_{\frac{1}{\cos\theta+\sin\theta}}^1 f(\rho\cos\theta, \rho\sin\theta)\rho d\rho$

6. (1) $\frac{1}{2}(e-1)$ (2) $\frac{1}{2}(1-\cos 4)$ (3) $\frac{2}{9}$ (4) $\frac{1}{15}$ (5) $\frac{7}{8}$ (6) $8\pi$ (7) $\pi$ (8) $\frac{7}{12}$

## 习题 10.3

1. (1) $\int_{-1}^1 dx \int_{-\sqrt{1-x^2}}^{\sqrt{1-x^2}} dy \int_1^2 f(x,y,z)dz$ (2) $\int_{-1}^1 dx \int_{-\sqrt{1-x^2}}^{\sqrt{1-x^2}} dy \int_{x^2+2y^2}^{2-x^2} f(x,y,z)dz$

(3) $\int_0^1 dx \int_0^{1-x} dy \int_{1-x-y}^1 f(x,y,z)dz$ (4) $\int_0^1 dx \int_0^{1-x} dy \int_0^{xy} f(x,y,z)dz$

2. (1) $\frac{7}{3}$ (2) $\frac{1}{2}\left(\frac{\pi^2}{8}-1\right)$ (3) $\frac{1}{120}$ (4) $\frac{2}{3}\pi$ (5) $\frac{1}{4}$ (6) $\frac{28}{45}$

3. (1) $\frac{5}{6}\pi$ (2) $\frac{16}{3}\pi$ (3) $\frac{8}{9}a^2$

4. (1) $8\pi$ (2) $\frac{2}{3}\pi a^3(2-\sqrt{2})$

5. $\frac{2\pi t h^3}{3} f(t^2)$

6. $\frac{256}{3}\pi$

## 习题 10.4

1. $\frac{3}{32}\pi a^4$

2. $16R^2$

3. $2\pi a^2(3-\sqrt{3})$

4. $\left(\dfrac{11}{10}, \dfrac{8}{25}\right)$

5. $\left(\dfrac{7}{3}, 0\right)$

6. $\left(0, 0, \dfrac{5}{4}R\right)$

7. $M=\dfrac{1}{2}\pi R^4$  $I=\dfrac{1}{3}\pi R^6$

8. (1) $\dfrac{8}{3}a^4$  (2) $\left(0, 0, \dfrac{56a^2}{45}\right)$  (3) $\dfrac{112}{45}\mu_0 a^6$

## 习题 11.1

1. (1) $4\sqrt{2}$  (2) $2(e^a-1)+\dfrac{\pi}{4}ae^a$  (3) $R^3\pi$  (4) $\dfrac{2}{3}\pi R^3$  (5) 9

2. $2\pi a^2\sqrt{a^2+b^2}$

## 习题 11.2

1. (1) $-1$  (2) $\dfrac{1-\sqrt{3}}{8}+\dfrac{5\pi}{12}$

2. 16

3. $\dfrac{8505}{512}$

4. $\pi a^2$

5. 144

6. $\pi$

7. $\dfrac{k^3\pi^3}{3}-a^2\pi$

8. 13

9. $q\left[\dfrac{1}{\sqrt{x^2(\alpha)+y^2(\alpha)+xz^2(\alpha)}}-\dfrac{1}{\sqrt{x^2(\beta)+y^2(\beta)+xz^2(\beta)}}\right]$

## 习题 11.3

1. (1) $\dfrac{33}{2}$  (2) $4\sqrt{61}$  (3) $\dfrac{2\pi R^6}{15}$（利用对称性）  (4) $\dfrac{64\sqrt{2}a^4}{15}$  (5) $\dfrac{1+\sqrt{2}}{2}\pi$  (6) $\dfrac{3}{8}\pi R^5$  (7) $144\pi$

2. (1) $\dfrac{13}{3}\pi$  (2) $\dfrac{149}{30}\pi$

3. $\dfrac{4}{3}\pi\mu_0 R^4$

## 习题 11.4

1. (1) 15  (2) $\dfrac{\pi^2 R}{2}$  (3) $-12$  (4) $-2\pi-4\pi e$

## 习题 11.5

1. (1) $-1$  (2) $\dfrac{a^2}{2}$  (3) $-16\pi$  (4) $\dfrac{\pi^2}{4}$  (5) $\pi^3+7\pi$  (6) $e\ln 2+1-\dfrac{\pi}{4}$

**2.** (1) 236　(2) $9e^2$　(3) $-e^{-4}\sin 8$

**3.** $\pi$

**5.** (1) 3　(2) $81\pi$　(3) $\dfrac{22\pi}{3}$

**6.** 0

# 参考文献

[1] 同济大学应用数学系.高等数学[M].第6版.北京:高等教育出版社,2007.
[2] 彭辉等.高等数学辅导[M].济南:山东科学技术出版社,2005.
[3] 王志平.高等数学大讲堂·提高冲刺版[M].大连:大连理工大学出版社,2005.
[4] 陈文灯.数学过关基本题型[M].北京:北京理工大学出版社,2007.
[5] 戴一明.高等数学[M].重庆:重庆大学出版社,1997.
[6] 陆庆乐.高等数学(修订版)[M].西安:西安交通大学出版社,1999.
[7] 胡东华.高等数学辅导(下册配套用书)[M].北京:机械工业出版社,2002.
[8] 蔡光兴.高等数学应用与提高[M].北京:科学出版社,2002.
[9] 李静.高等数学解题指导——概念、方法与技巧(上册)[M].北京:北京大学出版社,2003.
[10] 黄光谷.高等数学学习辅导与考题解析(上册)[M].武汉:华中科技大学出版社,2003.
[11] 李心灿.高等数学(本科使用)[M].北京:高等教育出版社,2003.
[12] 张元德.高等数学辅导[M].第3版.北京:清华大学出版社,2004.
[13] 张忠月.高等数学[M].北京:高等教育出版社,2002.
[14] 刘浩荣.高等数学自学辅导与习题选解[M].上海:同济大学出版社,2004.
[15] 孙清华.高等数学内容、方法与技巧[M].武汉:华中科技大学出版社,2004.